HUAGONG FENGXIAN KONGZHI
YU
ANQUAN SHENGCHAN

化工风险控制与安全生产

第二版

2 THE SECOND EDITION

程春生　等 编著

化学工业出版社
·北京·

内容简介

本书在第一版的基础上，结合当前国内外最新技术前沿，补充了作者研究团队近年来在反应风险研究、工艺风险评估和风险控制研究领域的成果和实践经验，详细介绍了化工反应风险研究、评估与控制系统理论和关键技术，重点阐述了开展多因素耦合风险评估、深入强化风险控制技术的开发与应用，同时补充了化工安全相关的国家最新的法律法规要求，更新了化工安全生产及过程安全管理相关知识，为实现化工安全治理模式向事前预防转型提供技术保障。

本书可作为化工行业从事研究开发、安全评估工作人员，以及化工过程安全管理人员的学习和参考用书，也可供高等院校化工、安全等专业师生阅读。

图书在版编目（CIP）数据

化工风险控制与安全生产 / 程春生等编著. -- 2版. 北京 : 化学工业出版社，2024. 12. -- ISBN 978-7-122-46576-4

Ⅰ. TQ06

中国国家版本馆 CIP 数据核字第 20249RU597 号

责任编辑：刘 军 孙高洁　　文字编辑：姚子丽 师明远

责任校对：宋 玮　　装帧设计：王晓宇

出版发行：化学工业出版社

(北京市东城区青年湖南街 13 号 邮政编码 100011)

印　　装：大厂回族自治县聚鑫印刷有限责任公司

787mm×1092mm 1/16 印张 25½ 字数 624 千字

2025 年 1 月北京第 2 版第 1 次印刷

购书咨询：010-64518888　　售后服务：010-64518899

网　　址：http://www.cip.com.cn

凡购买本书，如有缺损质量问题，本社销售中心负责调换。

定　　价：128.00 元

本书编著者名单

程春生　魏振云　马晓华
李全国　明　旭　刘　玄

序言

中国已发展成为全球第一化工大国，化学品产量达到全球总产量的约 45%，中国为全球经济发展和满足全人类生活和各方面的物质需求做出了巨大的贡献。然而，化工属于高危险制造业，化工在创造物质、给人们的基本生活和各行各业提供有效保障的同时，危险化学品的使用和危险工艺的运行存在诸多风险，各类爆炸、燃烧及中毒事故的发生，也造成了人员伤亡，给国家、人民群众和企业带来了损失，并对自然资源和生态环境造成了影响。党和国家提出了“人民至上、生命至上”的价值理念和“安全治理模式向事前预防转型”的发展要求，化工产业正在由传统的、经验的、事后处理的方式转变为现代的、系统的、事前预防与管控的方式。反应风险研究、工艺风险评估和风险控制系统理论与关键技术的开发应用，为实现风险感知、监测预警、应急处置提供了技术支撑，为化工 HSE 管理（健康、安全和环境管理）有效和可持续发展提供了科技保障。

作者领导的研究团队聚焦精细化工，结合多年的研究实例和技术成果，总结经验，对《化工风险控制与安全生产》第一版进行了全面的完善与补充，旨在丰富反应风险研究、评估与控制系统理论和关键技术，同时结合国家法律法规要求，强化开展风险控制技术开发应用，指引深入开展反应风险研究和多因素耦合风险评估，为实现化工安全从应急救援到预防预控的转变，做到预防在先、发现在早、处置在小垫石铺路。

这部著作对从事化工安全技术开发与应用的专家学者，从事化工生产的企业领导和专职人员，以及大专院校安全工程专业的学生，将具有很好的指导和学习价值。

中国石油和化学工业联合会　副会长

2024 年 8 月 19 日

前言

党的十八届五中全会提出创新、协调、绿色、开放、共享的发展理念，将“本质安全、绿色发展”提高到经济发展全局的战略高度。化工是我国国民经济的重要支柱型产业，新能源、化工新材料、精细化学品、安全与节能环保成为战略性新兴产业的重点发展方向，化学工业正在大踏步向新药、新材料、新能源等精细化工领域深度延伸。随着社会发展和技术进步，健康、安全、环保越来越受到国际社会、国家、地方政府和生产企业的高度重视，加快产业调整，追求安全性、绿色化、高端化、差异化发展，已经成为全行业每一个企业的内在要求。

中国是全球追求本质安全、绿色发展的典范，化工安全技术开发应用，从源头控制风险，是实现行业绿色增长的根本保障。我国政府出台了各种法律、法规和标准，强化推动化工本质安全和技术创新。开发化工安全技术，构建工艺、安全与工程有机结合与协同创新平台，是解决共性技术基础薄弱、产学研结合不紧密、工艺与工程脱节、科技成果转化率低等问题的技术途径。化工安全技术架起工艺向工程转化的桥梁，提高科技成果转化质量，缩短实验室到产业化的距离，是化工产业可持续绿色增长的必经之路，肩负着把我国建设成为一个世界领先的绿色发展国家，实现化工产业高质量发展的重要任务。

物质转化与传递、能量转化与传递、工程与信息的转化与传递是化学品从实验室到产业化需要经历的完整的技术链条。工艺技术的开发应用，实现了物质的转化与传递，推动了化学制造业的迅猛发展，以活性、功能性为目标的化合物更新换代快，化学合成方法日新月异。采用不同的原料，经过不同的合成工艺，获得各种不同的目标产物，在化学家手下都变得轻而易举，可谓条条工艺路线都能实现目标产物的制备。在实现物质转化与传递的过程中，围绕能量转化与传递的科学问题，化工安全技术开发应用必不可少。长期以来，由于化工安全技术与工程的系统理论、关键技术和研究方法不健全，导致化学品和化学反应的本质和规律性研究不深入，工艺向工程转化的机理研究和工程强化不到位，工艺设计缺乏表观实际参数，工艺精确和生产精准程度不高，工艺安全界限不分明，潜在风险及不安全的本质原因不清楚，造成能源、物资消耗和事故率高，环境污染重，甚至造成人员的伤亡和财产的损失，化工产业成为消耗和排放大户，令人们谈化色变。研究的最终目标是实现产业化，从实验室到产业化，化学品和化学反应的安全参数随着产业规模的放大而发生显著改变，安全敏感参数的获取、安全限值的确定，对过程安全性和目标的精准可控性，以及控制联锁、报警预警和应急处置至关重要。连续化、自动化、智能化是化工产业的发展方向，建立化工安全技术与工程研究平台，开发化工反应风险研究、风险评估、风险控制系统理论和关键技术，深入研究反应的机理和本质，为实现化工产业可持续安全发展奠定基础，是实现工程与信息的转化与传递的关键环节和重要学科领域。

自 2006 年以来，本研究团队以主持国际技术合作与交流为契机，吸收国际化工过程安全管理的先进理念和良好的实践经验，率先开展化工反应风险研究、评估与控制系统理论和核心关键技术的开发与推广应用，得到了国家重大科技成果转化项目和国家科技重大专项，以及辽宁省科技重大专项和中国中化的大力支持。按照化工物料、化学反应和反应失控分类，开展化工安全系统理论研究，开发化工安全关键技术，为过程安全、工艺优化、工艺设计提供技术数据，进一步通过工艺、安全与工程的有机结合与协同创新，保障化工安全生产，并为实现工艺精确、设计精细和生产精准提供科学依据。工艺研究实现了物质的转化与传递，建立了物料平衡；反应风险研究全面获得了化工安全数据和安全限值，建立了能量平衡，为自动化控制、智能化管理提供了技术与数据支撑，并且在实现能量转化与传递的过程中，深入研究了反应机理，提出了目标可控的工程转化条件，为进一步开展工程化研究，实现工程与信息的转化与传递奠定了基础。开展反应风险研究，反应安全风险评估，以及风险控制措施建立，是加强化工重点领域安全能力建设，确保重要产业链、供应链安全，推进安全生产风险专项整治，加强重点行业、重点领域安全监管，实现公共安全治理模式向事前预防转型的重要科技举措。

本书以普及化工安全技术为主要目标，在第一版的基础上进行了全面的完善与补充。作者结合提高精细化率的发展战略，补充了作者研究团队多年的反应风险研究、工艺风险评估和风险控制研究成果，案例分析与实践经验；完善了安全生产须知和化工安全相关的法律法规要求；聚焦危险工艺，进一步详细阐述了化工反应风险研究、评估与控制系统理论、研究方法和关键技术；拓展了研发、放大、设计和生产各阶段的风险分析与风险防控；完善了过程放大和本质安全策略，以及安全生产保障相关内容。

本书由程春生教授主笔，其他作者分工完成各方面内容，旨在为化工风险控制和精准生产，实现化工安全治理模式向事前预防转型贡献力量。

作者

2024 年 7 月于沈阳

第一版前言

我国是农业大国，也是精细化工生产规模位居世界前列的大国，化学防除依然是农业生产上虫、草、菌防治的主要途径。然而，精细化工生产大量使用危险化学品，经过危险性高的化学工艺过程，同时具有装置密集、高毒性、高污染、高风险性等显著特点。生产过程中容易发生火灾、爆炸、中毒和环境污染等事故，造成人员伤亡和财产损失。因此，化工生产的健康、安全和环保，越来越成为化工生产的重中之重。我国政府对精细化工安全生产工作的重视程度越来越高，制定出各种法律法规，强化本质安全技术研究的推广和应用。

我国精细化工行业本质安全研究处于起步阶段，欠缺本质安全的技术数据，工艺设计缺乏技术支撑，盲目性强，导致安全性事故原因不明确，控制措施不到位。自 2008 年开始，本研究团队得到中国中化集团公司的大力支持，通过引进国际领先的研究设备，开展化工反应风险研究和工艺风险评估平台建设，研究化工安全生产的本质影响因素，关注化工生产牵涉到的化工原料、化学工艺和化工设备，从物质风险、工艺过程风险、二次分解反应风险和腐蚀风险等方面，开展系统的本质安全研究，确定工艺安全条件，为工艺设计提供技术数据和科学依据，同时获得工艺优化的指导性参数，建立安全控制措施，保障安全生产。

精细化学品的开发生产，需要经历工艺研究、反应风险研究、工程化放大研究等必要的研究过程，实现“三传”和“三转”，包括物质传递与转化、能量传递与转化、信息传递与转化。通过工艺研究，建立物料平衡，实现了物质的传递与转化。通过反应风险研究，建立完整的能量平衡，实现了能量的传递与转化。化工反应风险研究和工艺风险评估是化学品开发生产的重要研究内容，是化工安全生产的技术保障。

以保障精细化工安全生产，实现工艺优化和降耗减排为主要目标，在已出版的《化工安全生产与反应风险评估》的基础上，结合多年的研究实例，总结研究经验，同时结合国家法律法规要求编写了本书，强化风险控制，延伸反应风险研究领域。

在本书编写和出版过程中，得到了中国中化集团公司、中化农化有限公司、沈阳化工研究院有限公司，以及沈阳科创化学品有限公司的高度重视和大力支持。另外，沈阳科创化学品有限公司反应风险研究中心的马晓华、李全国、刘玄等人在实验测试、数据处理和书稿校正中做了大量工作，在此表示衷心的感谢！

希望本书有效指导化工安全生产。笔者水平和经验有限，书中难免存在疏漏之处，敬请同仁和读者予以批评和指正。

编著者

2014 年 6 月于沈阳

符号与缩写对照表

1. 符号

a, b, c, d	维里方程系数	
A	传热面积	m^2
A，B，C，…	化合物	
c	浓度	$mol \cdot L^{-1}$
C_p	比热容	$kJ \cdot kg^{-1} \cdot K^{-1}$
d	直径	m
E	键能	$kJ \cdot mol^{-1}$
E_a	活化能	$kJ \cdot mol^{-1}$
F	法拉第常数	$C \cdot mol^{-1}$
$\Delta_r H$	反应热（焓）	kJ
$\Delta_r H_m$	摩尔反应热（焓）	$kJ \cdot mol^{-1}$
$\Delta_f H_m$	摩尔生成焓	$kJ \cdot mol^{-1}$
k	反应速率常数	$[mol \cdot L^{-1}]^{(1-\alpha)} \cdot s^{-1}$
k_0	指前参量或频率因子	$[mol \cdot L^{-1}]^{(1-\alpha)} \cdot s^{-1}$
K	传热系数	$W \cdot m^{-2} \cdot K^{-1}$
$L_{下}$	爆炸下限	%
$L_{上}$	爆炸上限	%
m	质量	kg
M	摩尔质量	$g \cdot mol^{-1}$
n	物质的量	mol
V	体积	m^3
p	风险发生可能性	
P	压力	MPa
phi	试样容器热修正系数	
Q	热量	J
Q_{ac}	热累积速率	W
Q_{ex}	热移出速率或冷却速率	W
Q_{rx}	反应放热速率	W
r	化学反应速率	$mol \cdot L^{-1} \cdot s^{-1}$
R	摩尔气体常数	$J \cdot mol^{-1} \cdot K^{-1}$
S	表面积	m^2
t	时间	s 或 h
T	温度	K 或℃

T_{cf}	热失控后反应体系温度	K 或℃
T_{D24}	绝热条件下热分解最大速率达到时间为 24h 时对应的温度	K 或℃
T_{end}	反应最终温度	K 或℃
T_{NR}	不可控的最低温度	K 或℃
T_p	工艺温度	K 或℃
ΔT_{ad}	绝热温升	K
u	流速	$m \cdot s^{-1}$
X	反应转化率或热转化率	%
X_{ac}	热累积度	%
α	反应级数	
ρ	密度	$kg \cdot m^{-3}$
η	加料过量比	
T_{mix}	混合体系的沸点	K 或℃

2. 缩写

AIA	美国保险协会
ARC	加速量热仪
Checklist	安全检查表
COA	分析报告单
COD	化学耗氧量
C80	微量热仪
DCS	分布式控制系统
DIERS	应急释放系统设计技术
DPT	分解压力测试
DSC	差示扫描量热仪或差示扫描量热
DTA	差热分析
ETA	事件树分析
EFCE	欧洲化学工程联合会
FMEA	故障模式与影响分析
FTA	事故树分析
GMP	生产质量管理规范
HAZAN	风险分析
HAZOP	危险与可操作性
HSE	健康、安全和环境
H-W-S	加热-等待-扫描
ICI	帝国化学工业有限公司
IDLH	立即威胁生命和健康浓度
IET	绝热放热测试

JHA	作业危害分析
JRA	作业条件危险性评价
LD_{100} 或 LC_{100}	绝对致死量或绝对致死浓度
LD_{50} 或 LC_{50}	半数致死量或半数致死浓度
LD_{0} 或 LC_{0}	最大耐受量或最大耐受浓度
LEL	爆炸下限
LOPA	保护层分析
MAC	最高容许浓度
MIE	最小点火能
MLD 或 MLC	最小致死量或最小致死浓度
MSDS	化学品安全数据说明书
MTSR	工艺反应能够达到的最高温度
MTT	技术最高温度
OB	氧平衡
PFD	工艺流程图
PHA	预先危险性分析
PHI-TEC	高性能绝热量热仪
PID	管道及仪表流程图
PSM	过程安全管理
QA	质量保证
QC	质量控制
QRA	定量风险评价
RBI	基于风险的检验
RC1	实验室全自动反应量热仪
RR	危险指数
RSST	反应系统筛选装置
SADT	自加速分解温度
SCL	安全检查表
SIF	安全仪表功能
SIL	安全完整性等级
SIS	安全仪表系统
SOP	标准操作规范
TG 或 TGA	热重分析
TLV	阈限值
TMR_{ad}	绝热条件下最大反应速率到达时间
UEL	爆炸上限
VSP	泄放口尺寸测试装置
WI	故障假设分析

目录

1 化工安全生产须知

化学工业又称化学加工工业，泛指在生产过程中表现为化学反应或生产相关化学产品的工业。化学工业的生产制造是利用化学反应，并通过必要的工艺过程来改变物质的结构、形态、成分等性质，因此，化学工业是创造新物质的制造业。化学工业涉及的范围比较宽泛，大的范畴可分为石油化工、煤化工、精细化工等，具体化学品包括无机酸、碱、盐，稀有元素，硅酸盐，烯烃和芳烃等基础化学品，以及天然气、橡胶、塑料、农药、医药、化肥、合成纤维、染料、日用化学品、电子化学品等。随着经济的飞速发展，化工行业在我国国民经济中占有着越来越重要的地位，已经成为国民经济的支柱性产业。

人们的衣食住行离不开化学品，化学工业也与人类的生存质量息息相关。以石油化工和煤化工生产的基础化工产品为原料，延伸生产具有专用性强、功能性强、技术密集度高、附加价值高、经济效益好等特点的精细化工产品，是化学工业的战略发展方向，中国政府提出了提高精细化率的战略发展要求。精细化工涉及到国民经济、国防、航天、民生等各个领域，精细化学品的应用范围宽，发展前景广阔。然而，精细化工复杂多变，化工科技人员在不断追求化工行业高端技术应用、技术创新和新产品开发生产的同时，应高度关注精细化学品的安全开发、绿色发展和稳定增长，形成可持续和本质安全发展的良好局面。

目前，我国已经发展成全球第一化工大国，但是，我们距离化工强国的目标还很远，精细化率的提升和精细化工行业可持续绿色发展，依然存在很大的安全风险和挑战，在连续化生产、过程强化提升，以及自动化控制等方面，存在很大的提升空间，建设本质安全的化工强国成为摆在每一位化学工作者面前的重要任务。我们应聚焦化工科学前沿，面向国际、国家的市场需求，以本质安全和绿色增长为目标，抢占先机，引领和支撑我国化工领域的技术进步、技术创新和产业发展。回顾化工发展史，欧美等西方发达国家化工产业起步早，化工安全事故血泪教训多，自 20 世纪 80 年代开始探索化工过程安全管理（PSM），并取得了良好成效。美国职业安全与健康管理局（OSHA）是过程安全管理的先行者，2007 年发布了基于风险的过程安全指南，标志着 PSM 体系的基本成熟。美国化学工程师协会化工过程安全中心（CCPS）通过举办全球性的过程安全管理会议，开展培训和发行出版物等活动全球推动过程安全管理。德国技术监督协会（TÜV）是国际知名的认证机构，以相关标准和指令为依据进行体系认证，覆盖 ISO 9001 质量管理体系、ISO 14001 环境管理体系、OHSAS 18001 职业健康安全管理体系等多个领域。部分国际先进公司和相关设备制造公司，例如 HEL、DEKRA 等，围绕化工安全测试装备的制造和销售应用，取得了一定的进展。但是，全球范围内的化工安全技术与工程研究、本质安全研究、热力学与动力学协同研究、反应机理研究，以及过程强化等各方面研究的深度、广度、协同性、交叉性和系统性不强，急需强化提升。党和政府遵循“人民至上、生命至上”的发展理念，全球首发了国家标准《精细化工反应安全风险评估规范》（GB/T 42300），开创了国际先河。进一步深入开展化工安全技术与工程研究，是化学工业迈上目标可控和精准生产新台阶的技术途径，将为防范化解重大化工风险，实现从应急救援到事前预防预控的转变奠定基础。

在过去的几十年间，全球性的化工安全事故时有发生，屡见不鲜。随着国际社会、国家和地方政府，以及各相关企业对化工安全重视程度的日益提高，现行的安全生产管理模式正在发生根本性的变化，逐渐地由传统的、经验的、事后处理的方式转变为现代的、系统的、事前预测的科学方法。为了保证化工安全生产，国家相继出台并更新了《中华人民共和国安全生产法》《危险化学品安全管理条例》等法律法规，安全生产监督管理部门也制定了《危险化学品重大危险源监督管理暂行规定》《首批重点监管的危险化工工艺安全控制要求、重点监控参数及推荐的控制方案》等一系列的管理条例，对化工生产中存在的危险化学品、危险工艺和重大危险源进行了详细的说明，提出了严格的要求，化工行业正在大踏步地向“本质安全、绿色增长”的方向挺进。以中国中化化工安全技术创新中心（依托沈阳化工研究院的全资子公司设立）为代表的企业院所，正在紧密结合产业实际，聚焦精细化率提升的国家战略，按照化学品、化学反应和反应失控分类，开展化工反应风险研究、风险评估与风险控制系统理论研究和关键技术体系构建，开发了反应风险研究、热力学与动力学联合研究、表观热力学再现反应动力学、全流程非线性拟合等关键技术，建立了工艺、安全与工程有机结合并协同研究的技术路线，建立了多因素耦合工艺风险评估和应急风险控制技术体系，形成了化工安全大数据系统，在化工安全技术领域不断开拓创新，促进机理理论向工程转化，提高科研成果转化质量，着力解决制约精细化工本质安全和绿色增长的关键核心问题，推动安全治理模式向事前预防转型，为满足化学工业高质量可持续发展的需要贡献科技力量。

本章首先介绍化工行业的特点，分析潜在的安全风险，选择典型的事故案例对事故的原因进行分析，然后介绍化工安全生产相关的国家法律、法规和标准要求，以及化工产业安全评价和职业危害防范要求，旨在使人们对化工安全的重要性有深刻的认识，对化工生产涉及的重要法律、法规，以及安全、健康与环保有初步的了解。

1.1 化工行业安全特性及分类

1.1.1 化工行业安全特性

化工行业生产工艺的特殊性，决定了化工生产具有很多不同于其他工业生产的特点。

1.1.1.1 生产装置密集

化学工业从原料出发制备目标产品，生产过程涉及的单元操作很多，通常需要在由多种设备连接而成的整套装置中进行。整套装置包括动设备和静设备，例如主体反应设备、罐类、管路、阀件、泵类、仪表等。多数化工产品的生产流程较长，工序多而繁杂，单个设备通过管路紧凑有序地连接成整套的生产装置非常多见，并形成若干的化工操作单元，例如反应单元、分离单元、干燥单元、输送单元等。对于精细化工行业来说，其生产特点是化工产品的生产规模小、品种多、工序繁杂，并且精细化学品的更新换代快，品种变更和生产切换频发。因此，精细化学品的生产装置，往往建设成多功能模式的生产装置，涵盖能满足多品种综合生产所需要的工艺流程，以降低制造成本，并尽可能缩短新产品的上市周期，从而能使设备利用的潜在能力得以充分发挥，显著提高经济效益。

1.1.1.2 知识和技术密集

化工产品的生产是综合性较强、技术密集型的生产过程。一个化工产品的研究开发，要经过市场调研、工艺路线探索、工艺开发、风险研究、工程化放大、工业化生产、应用研究、市场开发，以及相关技术服务等各个方面的全面考虑和具体实施。这不仅需要解决一系列的化工技术难题，还渗透着多学科、多领域、多行业的技术和知识，包括多领域、多行业的经验和手段。化工产品种类繁多，新的产品不断出现，更新换代快，需要不断进行新产品的技术开发和应用开发，所以研究开发费用很大。例如，精细化学品的研究经费，常常需要占原药产品销售额的 8%～10%，这就导致了较强的科技投入，也促使制造商提高了对技术垄断性的要求。随着科学技术的不断发展和技术进步，化工生产正朝着工艺流程更为复杂、设备更为先进、操作自动化程度更高的现代化生产过程快速发展，这就要求化工生产企业必须充实人才队伍，接受先进知识，重视风险控制，更新现有设备，以满足快速发展的需要。

1.1.1.3 资金密集

由于化工生产在多个操作单元装置连接而成的整套装置中进行，这就决定了化工行业是一个资金密集型的行业。在化工产品的生产过程中，所涉及的生产工艺流程比较长，导致了设备装置的投资额较大，而装置的生产能力受操作周期和设备利用率等条件的限制，所以，流动资金占用的时间相对较长。此外，在化工生产过程中，往往存在高温、高压、低温以及较强的腐蚀性等苛刻的工艺条件。因此，用于化工生产设备维修和保养维护等方面的相关费用相对高于其他生产工业。

1.1.1.4 资源密集

虽然化工行业对国民经济的发展和人民生活的保障与改善做出了重大的贡献，创造了巨大的社会财富，但是，对资源、环境也造成了严重的损害，化工事故的发生也给化学工业带来了负面和沉重的影响。在化工产品的生产过程中，通常原材料的消耗成本占产品总制造成本的 60%～70%，其中大部分原材料的获得需要消耗自然资源，这些自然资源大多为不可再生资源，例如石油资源和矿石资源等。随着世界经济的快速发展，这些不可再生的资源将变得越来越稀少，这就使得整个化学工业越来越受到对资源和能源需求的约束。因此，化学工业需要不断进行技术革新，提高产品收率和质量，降低原材料消耗，并且要保证生产安全。着眼未来，化工行业如何走可持续发展的道路，是我们必须面临和解决的重要问题。

1.1.1.5 高毒性、高污染、高风险

高毒性、高污染和高风险是化工行业不可忽视的严重问题，贯穿于绝大多数化工产品的生产流程之中。在一个化工产品的生产过程中，从原料采购、运输、仓储到生产的每一个环节都会使用到大量的危险化学品，这些化学品有的具有毒性，有的具有不稳定性等特殊危险特性，因此，它们蕴含着隐患和风险。而且，在生产过程中，会产生很多中间产物或是副产物，导致大量废气、废水、废渣的产生，如果这些“三废”物质处理不及时或处理不当，会对人身安全和生态环境造成严重的影响。此外，化工过程涉及到的化学反应复杂多样，人们对其认识还远远不够，常常会因为一些反应条件突变导致反应失控，引发灾难性事故。因此，化工生产具有一定的高风险性。如何保证化工过程实现本质安全是化工行业安全、环保和可持续发展必须重视和解决的首要问题。

1.1.2 化工行业安全分类

化工产品的生产安全，实施过程安全管理是重中之重。过程安全管理涉及管理人的不安全因素、设备的不安全状态和工艺的不安全条件三大要素，并且离不开化工安全技术与工程的支撑，包括化工工艺的过程安全、化学物质储运和操作使用的安全，以及装备设施的安全。

1.1.2.1 化工工艺过程安全

化工工艺即化工技术或化学品生产技术，指将主要化工原料经过化学反应转变为产品的方法和过程，同时还包括实现这一转变的全部措施条件。化工生产过程一般可概括为四个主要步骤：化工原料准备过程；化学反应过程；后处理过程，包括分离、精制、干燥等；出料和包装过程。

化工工艺的安全首先要考虑原料所具有的物理性质和化学性质及其危险性。在进行化学反应之前，原材料需要根据反应的要求进行规格确认和分析，必要的条件下进行净化、提纯、混合或乳化处理，有些固体原料还需要进行粉碎等多种不同的预处理，因此，需要深入了解物料的易燃性、爆炸性、腐蚀性和毒性等理化性质，例如物质的熔点、沸点、饱和蒸气压、闪点、爆炸极限、燃点、最低引燃能量等。

化学反应过程是化工产品生产的关键步骤，也是化工工艺安全关注的重中之重。化工生产需要使用准备妥善的原料在一定的工艺条件（包括温度、压力、pH 等）下进行化学反应，实现反应原料转化为目标产品，达到预期的转化率和产品收率目标。因此，需要考虑各物质间相互发生化学反应的稳定性、选择性、转化率等，工艺过程中需要同时考虑职业健康防护措施。例如，对于热效应显著、容易发生分解而引发火灾和爆炸危险事故的工艺过程，要制定相应的控制和防护措施，制定相应的应急预案，及时终止和淬灭反应，同时考虑实施应急泄放、安全泄爆等安全措施。

每一种化工产品的开发生产，都需要经历实验室研究开发阶段和中试放大研究阶段，并采取逐级经验放大的方法考察放大效应，最终实现工业化生产。在开发过程中，每一个环节都存在各种各样的风险，工艺风险除了主要体现在反应过程中温度、压力等工艺参数的偏差上以外，还体现为相关设备在生产过程中有可能出现的失效等情况。精细化学品的生产，以间歇反应为主，对于人工控制的精细化工生产过程，每一个生产环节基本上都离不开相关工作人员的协调操作，容易受到人为因素的影响。各种因素构成了工艺过程的安全控制，包括化学工艺、化学工程、设备设施、电气仪表、人员操作及彼此间的相互协调等作用。

此外，对于精细化学品的生产，大多数以间歇或半间歇操作为主，工厂车间内的设备往往具有多功能性，整套的设备可用于生产不同的精细化学品，在不同生产品种的生产切换过程中，还容易带来交叉污染。因此，对于将要开展的化工工艺项目，必须对整个生产工艺进行全方位的综合考虑，要考虑每一个细节发生偏差后有可能导致的后果。

1.1.2.2 化学物质安全

进行化工生产，首先必须收集、测试和建立所有化工原材料的基本安全信息，包括化工原料的物理和化学性质，储存、运输和使用等相关安全和防护要求，等等。这些信息可以通过查阅化学品安全数据说明书（Material Safety Data Sheet，MSDS）进行获取。MSDS 是化学品安全使用说明书，也可以称为化学品安全技术说明书。MSDS 是化学品生产企业、加工企业和经营销售企业按法律要求必须向客户提供的有关化学品特征的一份综合性法律文件。MSDS 能够提供化学品的名称、危险性概述、急救措施、消防措施、泄漏应急处理、操作处置和储存等信息，还含有物质的物理和化学性质，包括 pH 值、密度、熔点、沸点、爆炸极限、稳定性和反应活性以及有关的法律法规等十六项内容。化工生产企业和化学品经营企业，在对化工产品进行销售时，需要向用户提供产品的 MSDS，方便用户充分了解产品的所有信息，特别是相关的安全信息和危害信息，保证用户在使用相关产品时能主动采取防护措施，进行安全防护，起到减少职业健康危害和预防化学事故发生的作用。目前，美国、日本等发达国家已经普遍建立并实行了 MSDS 法律性制度，要求危险化学品的生产厂家在销售、运输或出口相关化学品时，必须同时提供一份该产品的安全说明书。我国正在参照发达国家的相关安全性原则建立相应的法律法规。然而，化学品和化学反应的表观安全相关数据，在 MSDS 里面有缺失，需要通过开展反应风险研究获取化学品静态和在工艺过程中的动态安全数据，获取化学反应的表观安全数据，并在操作规程中明确安全界限，保证安全生产。

1.1.2.3 设备安全

设备设施是完成工艺过程的必要工具。设备安全包括设备和管道材质选择安全，设备选型安全，设备安装安全，以及设备调试安全。设备和管道材质的选择要符合耐蚀性要求，设备选型要符合工艺传热和传质要求，设备安装和调试要满足打压试漏、机械设备完整性和合成工艺等要求。

本质安全是化工生产的重要内容，本质安全要重点关注工艺安全、设备安全和变更管理。

1.2 化工行业的安全事故

近年来，随着国家经济的飞速发展，国内一些化工生产企业应运而生。虽然各类化工产品的开发生产为人类生活带来了巨大的好处，但是，化工行业对社会、企业和操作人员的安全和健康的影响，对自然资源和生态环境的多种威胁远远大于其他制造行业。由于化工行业在生产过程中使用大量的易燃、易爆、有毒或者具有强腐蚀性的化工原料，如果在生产、储存、运输等过程中使用和处理不当，很容易发生火灾、爆炸、中毒、环境污染等危险事故，造成大量的人员伤亡和严重的经济损失，从而给整个社会带来极大的危害。此外，鉴于我国的具体状况，由于资金以及技术方面等诸多因素的限制，有很多企业的生产设备比较落后，生产技术还不够完善，存在大量的安全事故隐患和不稳定因素，还有一些企业为了片面追求经济效益而忽视了企业安全生产方面的工作。化工产品的安全生产，需要对化工原材料和化工生产过程的风险性有足够的认识，采取科学有效的防范措施，否则，将有可能导致化工安全事故的发生，给操作人员的生命安全带来极大的威胁，对企业和社会的发展造成影响，同时还会造成大量的经济财产损失和严重的环境危害。

1.2.1 化工行业的安全事故及分析

化工事故风险按照形式分类，可以分为热失控风险、腐蚀风险、粉尘爆炸风险、静电爆炸风险、设备风险、毒气泄漏风险、仓储风险、运输风险等。下面列举了上述各类事故风险的案例情况。

1.2.1.1 热失控风险事故

案例一 2017 年 12 月 9 日，某科技有限公司四车间年产 3000t 间二氯苯装置当班操作人员开始压料操作，由于制氮机损坏，擅自改用压缩空气将二楼保温釜中经脱水后的间二硝基苯压到高位槽。之后，操作人员对保温釜排空卸压，结束压料，保温釜视镜位置喷出明火火柱，回火引起保温釜内物料燃烧，同时保温釜法兰盖处有大量黑烟冒出。几秒钟后，高位槽底部大量泄漏，产生燃烧现象，随后二楼泄漏区域发生爆炸。本次事故造成10人死亡、1人受伤，直接经济损失4875万元，事故释放的爆炸总能量相当于14.15t的TNT（2,4,6-三硝基甲苯）当量。

事故主要原因分析：氯化工艺由于其反应速度快，放热量大，反应物料具有燃爆危险性，硝化产物、副产物具有爆炸危险性等特点，须引起我们高度重视和警醒。该公司在生产间二硝基苯时，保温釜压料严重超压，由正常设计的1.5kg氮气压料擅自提升为5.8kg的压缩空气压料，造成保温釜内物料从视镜处泄漏、冲料，摩擦产生的静电引燃物料，继而引发装置外侧下方的成品精馏釜等爆炸。此外，安全管理混乱，氯化反应操作规程不完善，作业人员应急处置能力差，装置自动化控制程序存在严重缺陷，单一温度显示仪表造成当班工人判断失误等都是导致本次事故的主要原因。

案例二 2018年2月3日上午10时50分，位于山东省临沂市临沭县经济开发区化工园区的某化工有限公司，氯甲基三甲基硅烷生产装置东侧氯化反应釜上方三楼回流冷凝器气相管道附近有大量白色烟雾逸出，紧接着厂房东南侧尾气吸收系统附近也有白色烟雾逸出，白色烟雾快速蔓延至厂房上部及两侧。10时51分左右，厂房内发生爆炸，造成5人死亡、5人受伤，直接经济损失1770余万元。

事故主要原因分析：氯甲基三甲基硅烷生产装置的四甲基硅烷与氯气发生放热反应过程中，未及时冷却降温，导致反应失控，造成釜内大量液相四甲基硅烷迅速汽化，压力急剧升高，四甲基硅烷等物料喷出，与空气混合形成爆炸性混合气体，遇点火源发生爆燃，并引发连环爆炸。

1.2.1.2 腐蚀风险事故

案例一 2017年5月13日，河北省沧州市某公司发生氯气泄漏事故，造成2人死亡，25人入院治疗。

事故主要原因分析：该公司未按安全设施设计要求使用液氯钢瓶，非法使用液氯储罐，违法改造特种设备，违规在液氯压力管道上加装电加热圈，致使压力管道管壁在高温环境下腐蚀加速而变薄，最终不能承受管内压力，发生破裂，造成液氯大量泄漏。

案例二 2017年2月12日凌晨2时59分左右，湖北宜化集团下属的某公司发生电石炉喷料事故，造成2人死亡，3人重伤，5人轻伤。

事故主要原因分析：由于电石炉内水冷设备漏水，料面石灰遇水粉化板结，形成积水，且料层透气性差，现场人员处理料层措施不当，导致积水与高温熔融电石发生剧烈反应，产生的大量可燃性气体（乙炔、一氧化碳、氢气、水煤气等）遇空气爆炸，引发电石炉喷料。

1.2.1.3 粉尘爆炸风险事故

案例一 2014年8月2日7时34分，位于江苏省苏州市昆山市昆山经济技术开发区的某公司抛光二车间发生特别重大铝粉尘爆炸事故，造成146人死亡、114人受伤，直接经济损失3.51亿元。

事故主要原因分析：调查发现，现场车间环境具备了粉尘爆炸的五要素（可燃粉尘、粉尘云、引火源、助燃物、空间受限），进而发生了爆炸。事故车间除尘系统较长时间未按规定清理，导致铝粉尘集聚。除尘系统风机开启后，打磨过程产生的大量高温颗粒在集尘桶上方形成粉尘云。部分除尘器由于长期使用，维护不当，导致集尘桶锈蚀破损，桶内铝粉受潮，发生氧化放热反应，达到粉尘云的引燃温度，引发除尘系统及车间的系列爆炸。最重要的是，事故车间没有泄爆装置，爆炸产生的高温气体和燃烧物经除尘管道瞬间从各吸尘口喷出，导致全车间所有工位操作人员直接受到爆炸冲击，造成群死群伤。此外，相关政府监管部门对该公司违反国家安全生产法律法规、长期存在安全隐患治理不力等问题失察，也是造成本次事故的主要原因。

案例二 2014 年 4 月 16 日上午 10 时，江苏省南通市某公司造粒车间发生粉尘爆炸，引发大火，导致造粒车间整体倒塌，造成 9 人死亡、8 人受伤，其中 2 人重伤，直接经济损失约 1594 万元。

事故主要原因分析：工人在造粒塔正常生产、没有采取停车清空物料措施的状态下，对造粒塔进行加装气锤改造，维修人员直接在塔体底部椎体上进行焊接作业，导致造粒系统内的硬脂酸粉尘发生爆炸，继而引发连续爆炸，造成整个车间燃烧，厂房坍塌。此外，企业技术力量不足、人员素质偏低，未对硬脂酸粉尘作业场所进行风险辨识，没有有效的燃爆危险性评估，也是导致本次事故的原因之一。

1.2.1.4 静电爆炸风险事故

案例一 2020 年 9 月 28 日 14 点 07 分左右，天门某公司发生爆炸，造成 6 人死亡、1 人受伤。

本次事故的主要原因：在使用压滤机对二硝基蒽醌滤料进行压滤试验时，滤料在压力下与聚丙烯纤维材质的滤布摩擦产生静电，能量积聚达到滤料的静电爆发临界值后，滤料起火分解，压滤机内温度、压力急剧升高，导致二硝基蒽醌爆炸。

案例二 2020 年 11 月 17 日，位于江西省吉安市井冈山经济开发区富滩产业园的某医药化工有限公司发生爆炸事故，造成 3 人死亡、5 人受伤。

本次事故的主要原因：303 釜处理的对甲苯磺酰脲废液中含有溶剂氯化苯，操作工使用真空泵转料至 302 釜时，因 302 釜刚蒸馏完前一批次物料尚未冷却降温，废液中的氯化苯受热形成爆炸性气体，转料过程中产生静电引起爆炸。

1.2.1.5 设备风险事故

案例一 2014 年 3 月 1 日，四川某化工有限公司 2 号黄磷冶炼炉生产现场发生爆炸，造成 3 人死亡，直接经济损失约 600 万元。

事故主要原因分析：该公司 2 号炉炉底耐火砖失效，熔池下沉，炉底烧穿，熔融磷铁磷渣泄漏遇湿爆炸，部分检修人员避险不及，导致伤亡事故发生。

案例二 2017 年 11 月 30 日，中国石油天然气股份有限公司乌鲁木齐石化分公司炼油厂二车间发生管束突出导致的机械伤害事故，造成 5 人死亡、2 人重伤、14 人轻伤，直接经济损失 644.52 万元。

事故主要原因分析：设备安装公司施工人员在进行油浆蒸汽发生器检修时，带压拆卸油浆蒸汽发生器壳体与管箱的连接螺栓，螺栓断裂失效，管箱与管束突出，撞击现场人员导致人员伤亡。

1.2.1.6 毒气泄漏风险事故

案例一 2019 年 4 月 15 日 15 时 10 分左右，位于济南市历城区董家镇的某制药有限公司四车间地下室，在冷媒系统管道改造过程中，发生重大着火中毒事故，造成 10 人死亡、12 人受伤，直接经济损失 1867 万元。

事故直接原因是：该公司四车间地下室管道改造作业过程中，违规进行动火作业，电焊或切割产生的焊渣或火花引燃现场堆放的冷媒增效剂（主要成分是氧化剂亚硝酸钠，有机物苯并三氮唑、苯甲酸钠），瞬间产生爆燃，放出大量氮氧化物等有毒气体，造成现场施工和监护人员中毒窒息死亡。

案例二 2018 年 4 月 26 日 20 时 40 分，位于天津市滨海新区天津港保税区临港区域的某化工集团有限责任公司所属天津某化工股份有限公司进行检维修作业时发生一起一氧化碳中毒事故，造成 3 人死亡、2 人受伤，直接经济损失（不含事故罚款）约为 356 万元人民币。

事故主要原因分析：事故企业煤化工事业部设备大修期间进行系统气密性试验，发现合成氨变换工段 3＃变换炉人孔处泄漏，承包商检维修作业人员在未办理检维修作业票的情况下拆卸人孔盖准备更换垫片时，3＃变换炉内有毒有害气体泄漏导致发生中毒或窒息事故。

1.2.1.7 仓储风险事故

案例一 2019 年 3 月 21 日，位于江苏省盐城市响水县生态化工园区的某化工有限公司发生特别重大爆炸事故，造成 78 人死亡、76 人重伤，640 人住院治疗，直接经济损失 19.86 亿元。

事故直接原因是：该公司旧固废库内长期违法储存的硝化废料持续积热升温导致自燃，燃烧引发硝化废料爆炸。

案例二 2015 年 8 月 12 日 23 时 30 分左右，坐落于天津市滨海新区天津港的某物流有限公司危险品仓库发生特别重大火灾爆炸事故，本次事故的爆炸总能量约为 450t 的 TNT 当量，两次爆炸分别形成直径×深度为 15m×1.1m、97m×2.7m 的圆形大爆炸坑，事故造成 165 人遇难、8 人失踪、798 人受伤，304 幢建筑物、12428 辆商品汽车、7533 个集装箱受损，并造成严重的大气、水、土壤等方面的环境污染，需要开展中长期环境风险评估，进一步监测、判断本次事故对人群健康的潜在风险与损害。截至 2015 年 12 月 10 日，依据《企业职工伤亡事故经济损失统计标准》等标准和规定统计，事故已核定的直接经济损失 68.66 亿元。

事故的主要原因：该公司危险品仓库运抵区南侧集装箱内储存的硝化棉由于湿润剂散失出现局部干燥，在高温、干燥等环境因素的作用下加速分解放热，积热自燃，引起周围集装箱内硝化棉燃烧，放出大量气体，箱内温度、压力升高，致使集装箱破损，大量硝化棉散落到箱外，形成大面积燃烧，其他集装箱（罐）内的硝酸铵、精萘、硫化钠、糠醇、三氯氢硅、一甲基三氯硅烷、甲酸等多种危险化学品被引燃。随着温度持续升高，硝酸铵分解速度不断加快，达到其爆炸温度后发生了爆炸。据爆炸和地震方面的相关专家分析，在大火持续燃烧和两次剧烈爆炸的作用下，现场可能发生过多次爆炸，但造成重大危害的主要为两次。经爆炸科学与技术国家重点实验室模拟计算得知，首次大爆炸的能量约为 15t 的 TNT 当量，第二次大爆炸的能量约为 430t 的 TNT 当量，综合考虑事故期间发生过多次小规模爆炸，认定本次事故爆炸总能量约为 450t 的 TNT 当量。此外，该公司违法违规经营和储存危险货物，硝酸铵储存量超标；港口管理体制不顺、职责不明、安全管理不到位等也是造成此次事故的主要原因之一。

1.2.1.8 运输风险事故

案例一 2014 年 7 月 19 日 2 时 57 分，湖南省邵阳市境内沪昆高速公路，一辆运载乙醇的轻型货车，与前方停车排队等候的大型普通客车发生追尾碰撞，轻型货车运载的乙醇瞬间大量泄漏起火燃烧，致使大型普通客车、轻型货车等 5 辆车被烧毁。事故造成 54 人死亡、6 人受伤（其中，4 人因伤势过重医治无效死亡），直接经济损失 5300 余万元。

本次事故的主要原因：轻型货车司机刘某驾驶严重超载的轻型货车，未按操作规范安全驾驶，忽视交警的现场示警，未注意观察和及时发现停在前方排队等候的大客车，未采取制动措施，致使轻型货车以 $85km \cdot h^{-1}$ 的速度撞上大客车。车厢内装载乙醇的聚丙烯材质罐体受到剧烈冲击，焊缝大面积开裂，乙醇瞬间大量泄漏并迅速向大客车底部和周边弥漫，轻型货车车头右前部由于碰撞变形造成电线短路产生火花，引燃泄漏的乙醇，火焰迅速沿地面向大客车底部和周围蔓延将大客车包围。

案例二 2020 年 6 月 13 日 16 时 41 分，沈海高速公路温岭段温州方向温岭西出口下匝道发生一起液化石油气运输槽罐车重大爆炸事故，造成 20 人死亡、175 人入院治疗（其中，24 人重伤），直接经济损失 9477 万余元。

事故主要原因分析：槽罐车司机谢某驾驶车辆从限速 $60km \cdot h^{-1}$ 的路段行驶至限速 $30km \cdot h^{-1}$ 的弯道路段时，未及时采取减速措施导致车辆侧翻，罐体前封头与跨线桥混凝土护栏端头猛烈撞击，形成破口，在冲击力和罐内压力的作用下快速撕裂、解体，罐体内液化石油气迅速泄出、汽化、扩散，形成蒸气云，遇过往机动车产生的火花爆燃，引发事故。

上述事故案例为不同事故原因引发的化工事故，在化工事故当中，因为化学物品本身不稳定、化工反应工艺过程本身不安全等内在因素造成的事故占绝大部分，因作业工人操作失误、粗心大意、擅离职守或是其他一些因素引起的事故是有限的。主要的事故原因是对化工生产的反应风险研究和工艺风险评估不到位。类似的化工事故还有许多。化工生产事故的发生，不仅造成了严重的经济损失，还威胁到工作人员和周边居民的人身安全，带来环境的污染，对周边环境也造成了不可忽视的影响。只有开展严格的反应风险研究和工艺风险评估，实现化工生产安全工作规范化，大多数化工生产事故才有可能避免。

1.2.2 化工行业的安全事故等级划分及事故处理要求

化工生产属于高危险制造业，事故率高，带来的人员伤亡和财产损失大。为此，国家以及地方政府，对牵涉到化学品经营、化工生产等的各行各业，都有明确的事故等级和事故处理要求，按照事故造成的伤亡人数，以及事故造成的直接经济损失情况，对事故等级进行划分，同时报告上级各主管部门，包括公安机关、劳动保障部门、工会、人民检察院等，并对报告程序等有明确的规定。

1.2.2.1 事故等级划分和报告规定

事故等级划分如表 1-1 所示。

表 1-1 事故等级划分

事故等级	死亡人数	重伤人数（或急性中毒人数）	直接经济损失/万元	上报部门
特别重大事故	≥30	≥100	≥10000	逐级上报至国务院安全监管部门和有关部门
重大事故	10～29	50～99	5000～9999	
较大事故	3～9	10～49	1000～4999	逐级上报至省、自治区、直辖市人民政府安全监管部门和有关部门
一般事故	<3	<10	<1000	市级人民政府安全监管部门和有关部门

对于事故的处理，要坚持实事求是、尊重科学的原则，要进行详细的事故原因调查，及时、准确地查清事故经过、事故原因和事故损失，查明事故性质，认定事故责任。同时要总结事故发生的经验和教训，妥善提出整改措施，对事故责任者要依法追究相关责任。

事故发生后，应当立即向本单位负责人报告，并于 1h 内向事故发生地县级以上人民政府安全生产监督管理部门报告情况，同时向负有安全生产监督管理职责的有关部门报告。在紧急情况下，事故现场有关人员可以直接向事故发生地县级以上人民政府安全生产监督管理部门和负有安全生产监督管理职责的有关部门报告。安全生产监督管理部门和负有安全生产监督管理职责的有关部门接到事故报告后，应当依据事故大小，按规定通报公安机关、劳动保障行政部门、工会和人民检察院等。对于特别重大事故，以及重大事故，国务院安全生产监督管理部门和负有安全生产监督管理职责的有关部门，以及省级人民政府，接到事故发生报告后，应立即报告国务院。必要时，安全生产监督管理部门和负有安全生产监督管理职责的有关部门可以越级上报事故情况。在各部门逐级上报事故情况过程中，每级上报的时间不得超过 2h。

对于事故报告的主要内容，有明确的规定，事故报告要包括事故发生单位概况，事故发生时间、地点，事故现场具体情况，事故的简要经过，以及事故已经造成或者可能造成的伤亡人数（包括下落不明人数），还要报告初步估计的直接经济损失情况，以及已经采取的具体措施，其他需要报告的情况也应报告。对于随时发生的事故新情况，需要及时补报。事故造成的伤亡人数的变化情况，也需要及时补报，并要求在规定时间内补报：道路交通事故和火灾事故，自事故发生之日起 7d 内；其他事故，自事故发生之日起 30d 内。事故发生后，有关单位和人员应当妥善保护事故现场以及相关证据，任何单位和个人不得破坏事故现场，不得毁灭相关证据。因为抢救人员的需要，以及为了防止事故范围扩大和疏通交通等，需要移动事故现场物件的，需要做出具体标志，绘制现场简图并做出书面记录，要妥善保存现场重要痕迹和物证。事故发生单位负责人接到事故报告后，应当立即组织启动事故应急预案，采取有效措施，组织救援，一定要想办法防止事故扩大，减少人员伤亡和财产损失。事故发生地有关地方人民政府、安全生产监督管理部门和负有安全生产监督管理职责的相关部门，在接到事故报告后，应当立即赶赴事故现场，积极组织事故救援。

1.2.2.2 事故原因调查

对特别重大事故、重大事故、较大事故和一般事故的原因调查要求不同。特别重大事故需要由国务院或经国务院授权批准的有关部门进行事故原因调查，要组织事故调查工作组对事故原因进行详细调查。重大事故、较大事故、一般事故分别由事故发生地省级人民政府、设区的市级人民政府、县级人民政府负责组织事故原因调查组，授权或者委托有关部门组织事故调查组进行调查。未造成人员伤亡的一般事故，可以委托事故发生单位组织事故调查组进行事故原因调查。化工安全事故，自事故发生之日起 30d 内，因事故伤亡人数变化导致事故等级发生变化时，上级部门可以另行组织事故调查组重新进行调查。

事故调查组需要聘请相关专家参与调查，所聘专家需要涵盖事故调查所需要的专业领域。事故调查组要以事实为依据，保证工作质量和工作效率。根据事故的具体情况，事故调查组由有关人民政府、安全生产监督管理部门、负有安全生产监督管理职责的有关部门、监察机关、公安机关以及工会派员组成，并应当聘请相关专业技术人员，必要情况下，需要邀请人民检察院派人参加。

事故调查组的职责主要包括下述几个方面，并在事故调查后提交事故调查总结报告，且附加有关证据材料。

① 查明事故发生的经过、原因，事故造成的人员伤亡情况及经济财产损失情况。

② 认定事故的性质和事故的责任。

③ 提出对事故责任者的处理处罚建议。

④ 总结事故教训，提出事故防范和整改措施。

在事故调查工作中，事故调查组成员应当诚信公正、恪尽职守，遵守事故调查组的纪律，保守事故调查的秘密。调查组有权向有关单位和个人了解与事故有关的情况，有权要求相关单位提供相关文件、资料，有关单位和个人不得拒绝。在事故调查期间，事故发生单位的负责人和有关人员不得擅离职守，并应当随时接受事故调查组的询问，如实提供有关情况。

1.2.2.3 事故处理和法律责任

对于特别重大事故，负责事故调查的主管部门需要在收到事故调查报告之日起 30d 内做出批复，特殊情况下，批复时间可以适当延长，但延长时间最多不超过 30d。对于重大事故、较大事故和一般事故，负责事故调查的主管部门，需要在收到事故调查报告之日起 15d 内做出批复。相关部门应当按照主管部门的批复，依照法律、行政法规等有关规定的权限和程序，对事故发生单位和有关人员进行处理或处罚，并对负有事故责任的国家工作人员进行处理。事故发生单位应当按照批复意见，对本单位负有事故责任的人员进行相应的处理。负有事故责任的相关人员，如果涉嫌犯罪，需要依法追究刑事责任。

事故发生后，事故发生单位要立即组织事故抢险，同时及时上报事故发展和控制情况，并在事故调查处理期间恪尽职守，否则，将依法追究刑事责任，进行罚款，并依法给予处分。

事故发生单位对造成 3 人以下死亡，或者 3 人以上 10 人以下重伤（包括急性工业中毒，下同），或者 300 万元以上 1000 万元以下直接经济损失的一般事故负有责任的，处 20 万元以上 50 万元以下的罚款。对于较大事故，造成 3 人以上 6 人以下死亡，或者 10 人以上 30 人以下重伤，或者 1000 万元以上 3000 万元以下直接经济损失的，处 50 万元以上 70 万元以下的罚款；造成 6 人以上 10 人以下死亡，或者 30 人以上 50 人以下重伤，或者 3000 万元以上 5000 万元以下直接经济损失的，处 70 万元以上 100 万元以下的罚款。对于重大事故，造成 10 人以上 15 人以下死亡，或者 50 人以上 70 人以下重伤，或者 5000 万元以上 7000 万元以下直接经济损失的，处 100 万元以上 300 万元以下的罚款；造成 15 人以上 30 人以下死亡，或者 70 人以上 100 人以下重伤，或者 7000 万元以上 1 亿元以下直接经济损失的，处 300 万元以上 500 万元以下的罚款。对于特别重大事故，造成 30 人以上 40 人以下死亡，或者 100 人以上 120 人以下重伤，或者 1 亿元以上 1.2 亿元以下直接经济损失的，处 500 万元以上 1000 万元以下的罚款；造成 40 人以上 50 人以下死亡，或者 120 人以上 150 人以下重伤，或者 1.2 亿元以上 1.5 亿元以下直接经济损失的，处 1000 万元以上 1500 万元以下的罚款；造成 50 人以上死亡，或者 150 人以上重伤，或者 1.5 亿元以上直接经济损失的，处 1500 万元以上 2000 万元以下的罚款。

有关地方政府、安全生产监督管理部门和负有安全生产监督管理职责的有关部门，迟报、漏报、谎报或者瞒报事故的，阻碍、干涉事故调查工作的，在事故调查中作伪证或者指使他人作伪证的，只要是有上述行为之一，对直接负责人员要依法给予处分；如果构成犯罪，需要依法追究刑事责任。

1.3 化工安全法律法规

国家安全生产的法律法规自上而下，包括国家安全生产法、国家安全生产行政法规、地方性安全生产法规，以及安全生产行政规章。安全生产行政规章分为部门规章和地方政府规章。其中，部门规章指的是国务院有关部门依照安全生产法律、行政法规，制定发布的安全生产规章，其法律地位和法律效力低于法律和行政法规，高于地方政府规章。地方政府规章指的是地方政府安全生产规章，地方政府规章属于最低层级的安全生产法，其法律地位和法律效力低于其他所有的上位法，地方政府规章不得与其他上位法相抵触。地方性安全生产法规的法律地位和法律效力低于有关安全生产的法律和行政法规，高于安全生产行政规章。经济特区安全生产法规和民族自治地方安全生产法规的法律地位和法律效力与地方性安全生产法规相同。

国家对各行各业安全生产都建立健全了法律规定，安全生产法规是对安全生产的法律规定。国家现行的安全生产法律有《中华人民共和国安全生产法》《中华人民共和国消防法》《中华人民共和国道路交通安全法》《中华人民共和国海上交通安全法》《中华人民共和国矿山安全法》。

安全生产相关法律包括：《中华人民共和国刑法》，指导分析安全生产犯罪应承担的刑事责任，生产安全的犯罪主体、定罪标准及相关疑难问题的法律事宜；《中华人民共和国行政处罚法》，指导判断安全生产活动中违反行政管理秩序的行为及应受到的行政处罚；《中华人民共和国行政许可法》，指导掌握行政许可的基本规定，分析行政许可的设定、实施机关和实施程序、监督检查等方面的有关法律问题，判断设定行政许可的条件和实施行政许可的合法性；《中华人民共和国职业病防治法》，指导掌握职业病防治的基本规定，分析职业病前期预防、劳动过程中的防护与管理、职业病病人保障等方面的有关法律问题，判断违法行为及应负的法律责任；《中华人民共和国劳动法》，指导分析劳动安全卫生、女职工和未成年工特殊保护、社会保险和福利、劳动安全卫生监督检查等方面的有关法律问题，判断违法行为及应负的法律责任；《中华人民共和国劳动合同法》，指导分析劳动合同制度中有关安全生产和职业病方面的有关法律问题，判断违法行为及应负的法律责任。另外还有《中华人民共和国工会法》《中华人民共和国矿产资源法》《中华人民共和国铁路法》《中华人民共和国公路法》《中华人民共和国民用航空法》《中华人民共和国港口法》《中华人民共和国建筑法》《中华人民共和国煤炭法》《中华人民共和国电力法》等等。

1.3.1 安全生产标准

国家制定的安全生产法，已经将安全生产标准作为生产经营单位必须执行的技术规范载入法律，因此，安全生产标准的法律化使其具有法律上的地位和效力。安全生产标准是法律规定必须执行的技术规范，要求各生产经营单位强制执行。执行安全生产标准是生产经营单位的法定义务，在生产经营活动中，如果违反了法定安全生产标准的要求，需要承担法律责任。因此，各生产经营单位，必须将法定的安全生产标准纳入安全生产法律体系范畴来认识，要构建完善的安全生产法律体系。

法定的安全生产标准分为国家标准和行业标准，无论是安全生产国家标准，还是行业标准，两者对生产经营单位的安全生产都具有同样的约束力。

国家标准化行政主管部门，依据《中华人民共和国标准化法》（简称《标准化法》）制定了安全生产国家标准，主要是安全生产方面的技术规范，包括《爆破安全规程》（GB 6722—2014），《烟花爆竹作业安全技术规程》（GB 11652—2012），以及《矿山安全标志》（GB/T 14161—2008）等。

国务院有关部门和直属机构，依据《标准化法》制定了安全生产行业标准，安全生产行业标准高于国家安全生产标准，但是，并不与国家安全生产标准相抵触。安全生产行业标准主要是对同一安全生产事项的技术要求，包括安全生产的技术规范，例如《企业安全文化建设评价准则》（AQ/T 9005—2008）；《煤矿用非金属瓦斯输送管材安全技术要求》（AQ 1071—2009）；《瓦斯管道输送水封阻火泄爆装置技术条件》（AQ 1072—2009）等。

1.3.2 安全法律法规分类

按照安全生产法律的作用类别进行分类，主要包含普通法规和特殊法规。普通法规和特殊法规的适用范围各有侧重，两者相辅相成，相互补充。普通法规主要是针对安全生产领域中普遍存在的基本问题和共性问题建立的法律规范，普通法规不能解决某一领域存在的特殊问题和专业性较强的相关问题。特殊法规是针对一些安全生产领域独立存在的特殊问题，以及专业性问题建立的法律规范，对特殊问题和专业性较强的问题规定得更为具体，具有可操作性。例如，《中华人民共和国安全生产法》是安全生产领域的普通法，《中华人民共和国安全生产法》制定了安全生产领域的基本法律制度，制定了安全生产领域需要遵循的基本方针和基本原则，普遍适用于生产经营活动的各个领域；《中华人民共和国消防法》（简称《消防法》）是安全生产领域的特殊法律制度，各生产经营单位，在执行《中华人民共和国安全生产法》的同时，对于消防安全领域存在的特殊问题，需要执行《消防法》的具体规定。

按照法律规范内容进行分类，主要包含综合法和单行法。综合法不受法律规范层级的限制，将各个层级的综合性法律规范看成一个整体，适用于安全生产的主要领域，以及某一领域的主要方面。在综合法的基础上建立了单行法，单行法的内容只涉及某一领域或某一方面的安全生产问题。在一定条件下，综合法与单行法可以相对独立。例如，《中华人民共和国安全生产法》的内容涵盖了安全生产各个领域的主要方面，包括各安全生产领域相关的基本问题，属于安全生产领域的综合性法律；针对矿山开采方面的安全生产而言，《中华人民共和国矿山安全法》既是矿山开采安全生产的综合法，又是单独适用于各个矿种矿山开采安全生产的单行法；针对于煤炭工业，《中华人民共和国煤炭法》既是煤炭工业安全生产需要遵循的综合法，又是煤炭工业安全生产的单行法。

1.3.3 新安全生产法

《中华人民共和国安全生产法》简称《安全生产法》，2021 年 6 月 10 日第十三届全国人民代表大会常务委员会第二十九次会议对《安全生产法》做出了第三次修订，新的《安全生产法》坚持以人为本，将坚持安全发展写入了总则，确定了“安全第一、预防为主、综合治理”的安全生产工作“十二字方针”，明确要求建立生产经营单位负责、职工参与、政府监管、行业自律、社会监督的机制，确定了各方安全生产职责。新的《安全生产法》提出了推进安全生产化标准工作，推进注册工程师制度，推进安全生产责任保险制度。新的《安全生产法》进一步明确了安全监管部门的执法地位，明确了乡镇人民政府以及街道办事处、开发区管理机构安全生产职责；进一步强化了生产单位的安全生产主体责任，并把加强事情预防和事故应急救援作为一项重要内容。此外，新的《安全生产法》对安全生产违法行为的责任追究力度进一步加大。

对于生产经营过程中发生的安全事故，国家依照相关法律、法规的有关规定，实行责任追究制度，追究生产安全事故责任单位和责任人员的法律责任。依照《中华人民共和国安全生产法》，各级管理部门，自上而下履行管理义务。按照保障安全生产的要求，国务院相关部门，应当依法及时制定相关的国家标准或者行业标准，并根据科技进步和经济发展具体情况，适时进行修订和完善。对于改善安全生产条件、防止发生生产安全事故的单位，对在参加抢险救援等方面取得显著成绩的单位和个人，国家依据有关规定给予相关奖励。国务院负责安全生产监督管理的部门，对全国安全生产工作实施综合监督管理；省、市、县级以上各级人民政府负责安全生产监督管理的部门，对本行政区域内安全生产工作实施综合监督管理。国务院和地方各级人民政府，需要持续不断地加强对安全生产工作的领导和指导，支持、督促各有关部门依法履行安全生产监督管理职责。各单位的工会，需要依法组织职工参加本单位安全生产工作的民主管理和民主监督工作，自觉维护职工在安全生产方面的合法权益。各级人民政府及其相关部门，应当采取多种形式，加强对安全生产法律、法规和安全生产相关知识的宣传和教育，提高职工的安全生产意识。

国家鼓励和支持安全生产科学技术研究和安全生产先进技术的推广应用。反应风险研究和工艺风险评估，从本质安全的角度出发，研究本质影响因素，建立安全保障措施，有效提高我国本质安全技术水平，提高安全生产管控水平，在安全生产监督管理方面，是国家、地方政府以及生产经营单位需要持续推广和应用的安全技术方法。

1.3.4 其他主要法律法规

1.3.4.1 《精细化工反应安全风险评估规范》

为加强精细化工企业安全生产管理，进一步落实企业安全生产主体责任，强化安全风险辨识和管控，提升本质安全水平，提高企业安全生产保障能力，有效防范事故，在《精细化工反应安全风险评估导则（试行）》取得良好效果的基础上，国家出台了《精细化工反应安全风险评估规范》。该规范通过关注物料、工艺过程和反应失控，研究测试获取各项热力学和动力学数据，从物料分解热评估、失控反应严重度、失控反应可能性、失控反应可接受程度，以及反应工艺危险度五个方面，开展可量化的反应安全风险评估，是工艺设计、工艺优化、工程化放大的科学依据和有效实施风险控制的重要举措，对进一步加强企业安全生产、防范危化品重特大事故、提升本质安全水平具有重要作用。

1.3.4.2 《危险化学品生产建设项目安全风险防控指南（试行）》

项目审批是确保项目合法合规的重要程序，是安全风险源头管控的关键环节。随着我国经济快速发展，近年来新建危险化学品生产建设项目因行政审批把关不严，直接或间接导致事故发生的案例屡见不鲜。同时，随着我国进入产业升级、高质量发展的关键期，部分化工产业由东部沿海地区向中西部地区转移，一些承接地在安全基础薄弱、安全风险管控能力不足的情况下，盲目承接高风险转移项目，违规审批、降低门槛、准入把关不严等现象严重，由此产生的问题开始集中暴露，事故多发，已成为危险化学品领域的突出风险。为认真落实《全国危险化学品安全风险集中治理方案》（安委〔2021〕12 号）和《危险化学品产业转移项目和化工园区安全风险防控专项整治工作方案》（安委办〔2021〕7 号），坚持人民至上、生命至上，推动各地统筹好发展和安全两件大事，强化源头准入和本质安全设计，明确危险化学品生产建设项目决策咨询服务、安全审查、安全设施建设、试生产、安全设施竣工验收等环节的安全风险和管控措施，提高危险化学品生产建设项目安全风险防控水平，防止无序违规发展，实现危险化学品生产建设项目“优生”，实现在安全发展中承接转移、在产业转移中升级，应急管理部在广泛征求意见、研讨论证的基础上，会同国家发展改革委、工业和信息化部、市场监管总局联合制定了《危险化学品生产建设项目安全风险防控指南（试行）》，旨在规范和严格危险化学品生产建设项目全过程安全风险防控，坚决防范危险化学品生产建设项目把关不严引发重特大事故，切实保障人民群众生命财产安全。

1.3.4.3 《危险化学品企业安全风险隐患排查治理导则》

该导则是深刻吸取了近年来化工和危险化学品重特大安全事故教训，针对事故暴露出的问题，同时借鉴国际化工行业科学的、行之有效的化工过程安全管理方法而制定的，主要内容包括总则、基本要求、排查方式及频次、排查内容、闭环管理和特殊条款等6个方面，坚持全面排查和突出重点相结合，推动企业强化安全管理基础性工作，科学有效排查安全风险、治理隐患，提高风险隐患排查治理的系统性。为了方便企业使用，专门将6个方面内容细化分解为安全领导能力、安全生产责任制、岗位安全教育和操作技能培训、设计管理、试生产管理、装置运行安全管理、作业许可管理、变更管理等14个管理要素，为了方便企业应用，按专业配套制定了《危险化学品企业安全风险隐患排查表》。

1.3.4.4 《化工园区安全风险排查治理导则（试行）》

《化工园区安全风险排查治理导则（试行）》的主要内容包括总则、设立、选址及规划、化工园区内布局、准入和退出、配套功能设施、一体化安全管理及应急救援和特殊条款等8个方面。其中，为指导各地开展化工园区安全风险排查治理，专门将8个方面内容分解细化，编制了《化工园区安全风险排查治理检查表》，分别赋予设立、选址及规划、布局、准入和退出、配套功能设施、一体化安全管理及应急救援等不同分值，详细列明了33项排查内容。依据检查表进行评估后，按照得分结果将化工园区划分为A、B、C、D四类安全风险等级，其中A类为高风险，B类为较高风险，C类为一般风险，D类为较低风险，对不同风险等级的化工园区采取差异化管理措施，以实现分级分类精准监管，不断提升化工园区安全生产水平。

1.3.4.5 《关于加强化工过程安全管理的指导意见》

化工过程伴随易燃易爆、有毒有害等物料和产品，涉及工艺、设备、仪表、电气等多个专业和复杂的公用工程系统。加强化工过程安全管理，是国际先进的重大工业事故预防和控制方法，是企业及时消除安全隐患、预防事故、构建安全生产长效机制的重要基础性工作。为此，原国家安全监督总局（现应急管理部）出台了《关于加强化工过程安全管理的指导意见》。主要内容为：收集和利用化工过程安全生产信息；风险辨识和控制；不断完善并严格执行操作规程；通过规范管理，确保装置安全运行；开展安全教育和操作技能培训；严格新装置试车和试生产的安全管理；保持设备设施完好性；作业安全管理；承包商安全管理；变更管理；应急管理；事故和事件管理；化工过程安全管理的持续改进等方面的要求和内容。

1.3.4.6 《危险化学品企业重大危险源安全包保责任制办法（试行）》

防控危险化学品重大安全风险，管控好重大危险源至关重要。重大危险源能量集中，一旦发生事故破坏力强，易造成重大人员伤亡和财产损失，社会影响大。从事故情况看，2011年以来全国化工企业共发生12起重特大事故，全部发生在重大危险源企业；从体量分布看，全国危险化学品重大危险源点多面广，32个省级行政单位区域均有分布，安全风险管控任务重、压力大。一些企业重大危险源安全管理不到位，自动化控制、监测监控、安全设施配备还存在突出问题，没有严格落实安全生产的要求。企业是影响安全生产的内因，为抓住主要矛盾和矛盾的主要方面，有必要进一步强化制度设计，抓住管理重大危险源的关键人、少数人，推动企业明确并压实相关人员的责任，确保重大危险源风险受控、安全运行。为此，应急管理部研究制定了《危险化学品企业重大危险源安全包保责任制办法（试行）》，推动企业端强化落实重大危险源安全管理责任，与政府端预警系统和联合检查机制形成合力，加快构建重大危险源常态化隐患排查和安全风险防控制度体系，有效防控危险化学品重大安全风险，遏制重特大事故。《危险化学品企业重大危险源安全包保责任制办法（试行）》的制度是，对于取得应急管理部门安全许可的危险化学品企业每一处重大危险源，企业都要明确重大危险源的主要负责人、技术负责人、操作负责人，从总体管理、技术管理、操作管理三个层面实行安全包保，保障重大危险源安全平稳运行。

1.3.4.7 《化工和危险化学品生产经营单位重大生产安全事故隐患判定标准（试行）》

《化工和危险化学品生产经营单位重大生产安全事故隐患判定标准（试行）》（简称《判定标准》）依据有关法律法规、部门规章和国家标准，吸取了近年来化工和危险化学品重大及典型事故教训，结合《安全生产法》《危险化学品安全管理条例》《生产经营单位安全培训规定》《特种作业人员安全技术培训考核管理规定》《危险化学品生产、储存装置个人可接受风险标准和社会可接受风险标准（试行）》《石油化工企业设计防火规范》《建筑设计防火规范》《液化烃球形储罐安全设计规范》《危险化学品生产企业安全生产许可证实施办法》《危险化学品重大危险源监督管理暂行规定》《关于进一步加强危险化学品安全生产工作的指导意见》《关于危险化学品企业贯彻落实〈国务院关于进一步加强企业安全生产工作的通知〉的实施意见》《危险化学品输送管道安全管理规定》《工程设计资质标准》《关于印发淘汰落后安全技术装备目录（2015年第一批）的通知》《关于印发淘汰落后安全技术工艺、设备目录（2016年）的通知》《石油化工可燃气体和有毒气体检测报警设计规范》《关于加强精细化工反应安全风险评估工作的指导意见》等法律法规、国家发文要求等，从人员要求、设备设施和安全管理三个方面列举了二十种应当判定为重大事故隐患的情形。

1.3.4.8 《危险化学品生产储存企业安全风险评估诊断分级指南（试行）》

为了加快完善安全风险分级管控和隐患排查治理工作机制，有效防范遏制重特大生产安全事故，国家应急管理部出台了《危险化学品生产储存企业安全风险评估诊断分级指南（试行）》（简称《指南》）。《指南》中提出，要对危险化学品企业进行安全风险评估诊断分级，评估诊断采用百分制，根据评估诊断结果按照风险从高到低依次将辖区内危险化学品企业分为红色（60分以下）、橙色（60分至75分以下）、黄色（75分至90分以下）、蓝色（90分及以上）四个等级，对存在在役化工装置未经正规设计且未进行安全设计诊断等四种情形的企业可直接判定为红色；涉及环氧化合物、过氧化物、偶氮化合物、硝基化合物等自身具有爆炸性的化学品生产装置的企业必须由省级安全监管部门组织开展评估诊断；要按照分级结果，进一步完善危险化学品安全风险分布“一张图一张表”，落实安全风险分级管控和隐患排查治理工作机制。危险化学品企业安全风险评估诊断分级实施动态管理，原则上每三年开展一次。

1.3.4.9 《危险化学品企业安全风险智能化管控平台建设指南（试行）》

化工生产过程复杂多样，涉及的物料易燃易爆、有毒有害，生产条件多高温高压、低温负压，现场危险化学品储存量大、危险源集中，化工（危险化学品）企业（以下简称危险化学品企业）重特大事故多发，暴露出传统安全风险管控手段“看不住、管不全、管不好”等问题突出。依靠物联网、大数据、云计算、人工智能（AI）、5G 等新一代信息技术，建设危险化学品企业安全风险智能化管控平台，加强在感知、监测、预警、处置、评估等方面赋能危险化学品企业，破解企业安全生产的痛点、难点、堵点问题，是实现危险化学品企业转型升级的必由之路。危险化学品企业安全风险智能化管控平台建设坚持以有效防范化解重大安全风险为目标，突出安全基础管理、重大危险源安全管理、安全风险分级管控和隐患排查治理双重预防机制（以下简称双重预防机制）、特殊作业许可与作业过程管理、智能巡检、人员定位等基本功能，打造企业“工业互联网＋危化安全生产”新基础设施建设，推动企业安全基础管理数字化、风险预警精准化、风险管控系统化、危险作业无人化、运维辅助远程化，为实现危险化学品企业安全风险管控数字化转型智能化升级注入新动能。该指南从编制依据、总体架构、系统功能、基础设施、数据交换与传输、平台信息系统安全、量化指标及系统集成 8 个方面进行了阐述。

1.3.5 安全生产保障

国家规定，各生产经营单位必须建立、健全本单位安全生产责任制。各生产单位的主要负责人，要对安全生产负责，要组织本单位安全生产规章制度和安全操作规程的制定；要督促、检查本单位安全生产的各项工作，及时消除各种安全事故隐患；要保证本单位安全生产投入的有效实施，组织制定并实施本单位的生产安全事故应急救援预案；要及时、如实报告生产安全事故。

各生产经营单位应当具备安全生产法律、法规，以及国家标准、行业标准规定的各种安全生产条件，不具备安全生产条件，不得从事生产经营活动。各生产经营单位应当具备安全生产所必需的各种资金投入，如果因为安全生产资金投入不足，导致安全性事故的发生，生产经营单位及主要责任人，必须对事故后果承担责任。

化工生产的重要内容离不开人、机、料、法，安全生产管理对人力资源、安全设施，以及危险化学品的重要规定简述如下。

1.3.5.1 人力资源

生产经营单位的主要负责人、主要安全生产管理人员，必须具备与本单位所从事的生产经营活动相适应的安全生产知识，具有对安全生产的管理能力，安全生产主管部门需要对相关管理人员的管理能力进行考核，考核合格后方可批准任职。生产经营单位需要采取各种方式，对从事生产经营活动的相关人员，进行安全生产教育和相关培训，要想方设法保证从业人员熟悉有关的安全生产规章制度和安全操作规程，具备必要的安全生产知识，掌握相关岗位的安全操作技能。对于生产经营单位的特种作业人员，必须执行国家有关规定要求，要对特种作业人员进行专门的安全作业培训，并取得特种作业操作岗位资格证书后，才能上岗作业。取得合格证但未通过安全生产教育培训的从业人员，不得上岗作业。

从业人员超过三百人的生产企业，应当设置安全生产管理机构，或配备专职安全生产管理人员。从业人员在三百人以下的生产企业，可以配备专职或者兼职安全生产管理人员，也可以委托符合国家规定的、具有相关专业技术资格的工程技术人员，提供安全生产管理服务。

1.3.5.2 安全设施和安全设施设计

开展化工生产，需要掌握生产采用的工艺技术，工艺过程使用的化工原料、生产所用设备及其安全技术特性，建立健全有效的安全防护措施。生产企业需要按照国家标准或者行业标准，开展安全设备的设计、制造、安装、使用、检测、维修、改造和报废，并严格执行化工生产“三同时”原则。也就是说，化工生产牵涉到的新建、改建、扩建工程项目的安全设施，必须与主体工程同时设计、同时施工、同时投入生产和使用。生产经营单位必须对安全设备进行经常性的维护与保养，定期检测，保证能够正常运转。维护、保养、检测应当做好记录，并由有关人员签字。生产经营单位使用的涉及生命安全、危险性较大的特种设备，以及危险物品的容器、运输工具等，必须按照国家有关规定，由具有相关资质的专业生产单位生产，通过具有专业资质的检测、检验机构检测和检验合格，并取得安全使用证或者安全使用标志后，才能投入使用。具有专业资质的检测、检验机构，要对检测和检验结果负责。涉及生命安全、危险性较大的特种设备目录，要由国务院负责特种设备安全的监督管理部门制定，并报请国务院批准。安全设施牵涉到的相关投资，必须纳入建设工程的投资概算中。

建设项目需要开展安全设施设计，安全设施设计单位和设计人，对安全设施设计负责。用于生产、储存危险物品的建设项目，要依照有关法律、行政法规的规定，在竣工投产或者使用前，对安全设施进行验收，验收合格后，方可投入生产和使用。验收部门及其验收人员，需要对验收结果负责。生产经营单位需要对具有较大危险因素的生产经营场所和有关设施、设备，设置明显的安全警示标志。

1.3.5.3 危险化学品和重大危险源

生产、经营、运输、储存、使用危险化学品，或者处置废弃危险化学品的单位，必须经过有关主管部门的审批，并进行必要的监督与管理。经营单位需要建立专门的安全管理制度，采取可靠的安全处理措施；必须执行相关的法律、法规和国家或行业标准要求，并接受有关主管部门依法实施的监督管理。

对于重大危险源，生产经营单位必须按照国家有关规定，将本单位的重大危险源及有关安全措施、应急措施，上报地方人民政府负责安全生产监督管理的部门和有关部门进行备案。生产经营单位需要制定应急预案，并登记建档，进行定期检测、评估和监控；要向从业人员如实告知作业场所和工作岗位存在的危险因素、防范措施以及事故应急处理措施。生产经营场所，应当与生活区保持安全距离；需要设置符合紧急疏散要求的出口，并标志明显、禁止堵塞，保持出口畅通。对于所有的从业人员和相关人员，需要进行应急培训和应急演练，从业人员必须严格执行本单位的安全生产规章制度和岗位操作规程、安全规程，必须佩戴劳动保护用品，劳保用品需要符合国家标准或者行业标准要求。生产经营单位的安全生产管理人员应当根据本单位的生产经营特点，对安全生产状况进行经常性的检查，并将检查及处理情况记录在案，对检查中发现的安全问题，应当立即处理，不能及时处理的，应当如实及时上报相关负责人或上级部门。

1.3.5.4 安全生产的监督管理

安全生产监督管理部门，要依照国家和地方政府相关法律、法规的规定，对涉及安全生产的事项进行审查批准，包括批准、核准、许可、注册、认证、颁发证照等。必须严格依照有关法律、法规和国家标准或者行业标准的规定，对安全生产条件和程序进行审查；不符合有关法律、法规和国家标准或者行业标准规定的安全生产条件的，不得批准或者验收通过。对未依法取得批准或者验收合格而擅自从事有关生产经营活动的单位，应当立即予以取缔，并依法予以处理。对已经依法取得批准的单位，如果发现其不再具备安全生产条件，应当撤销原批准。安全生产监督管理部门，对涉及安全生产的事项进行审查、验收过程中，不得收取费用，不得要求接受审查、验收的单位购买其指定品牌或者指定生产、销售单位的安全设备、器材或者其他产品。在进入生产经营单位进行检查时，要调阅有关资料，并向有关单位和人员了解情况，监督检查不得影响被检查单位的正常生产经营活动。对检查中发现的安全生产违法行为，当场予以纠正或者要求限期改正；对依法应当给予行政处罚的行为，依照本法和其他有关法律、行政法规的规定作出行政处罚决定。对检查中发现的事故隐患，应当责令立即排除；重大事故隐患排除前或者排除过程中无法保证安全的，应当责令从危险区域内撤出作业人员，责令暂时停产停业或者停止使用；重大事故隐患排除后，经审查同意，方可恢复生产经营和使用。对不符合保障安全生产的国家标准或者行业标准的设施、设备、器材，要予以查封或者扣押，并在十五日内依法作出处理决定。

安全生产监督检查人员应当忠于职守，坚持原则，秉公执法。生产经营单位对安全生产监督检查人员依法履行监督检查职责，应当予以配合，不得拒绝、阻挠。承担安全评价、认证、检测、检验的机构应当具备国家规定的资质条件，并对其安全评价、认证、检测、检验的结果负责。

1.3.6 火灾预防和消防

国家《消防法》规定了消防规划、消防安全布局、公共消防设施和消防装备。要求地方各级人民政府应当将包括消防安全布局、消防站、消防供水、消防通信、消防车通道、消防装备等内容的消防规划纳入相关规划，并负责组织实施。各地消防安全布局不符合消防安全要求的，应当调整、完善；公共消防设施、消防装备不足或者不适应实际需要的，应当增建、改建、配置或者进行技术改造。

国家《消防法》规定了易燃易爆危险物品的场所要求，要求生产、储存、装卸易燃易爆危险品的工厂、仓库的设置，应当符合消防技术标准。易燃易爆气体和液体的充装站、供应站、调压站，应当设置在符合消防安全要求的位置，并符合防火防爆要求。

必须按照国家工程建设消防技术标准要求进行消防设计，并开展建设工程施工，建设单位应当自依法取得施工许可之日起七个工作日内，将消防设计文件报公安机关消防机构备案，公安机关消防机构应当进行抽查。国务院公安部门规定的大型的人员密集场所和其他特殊建设工程，建设单位应当将消防设计文件报送公安机关消防机构审核。公安机关消防机构依法对审核的结果负责。

对消防设计未经审核，或者消防设计不合格的提出了明确要求，依法应当经公安机关消防机构进行消防设计审核的建设工程，未经依法审核或者审核不合格的，负责审批该工程施工许可的部门不得给予施工许可，建设单位、施工单位不得施工；其他建设工程取得施工许可后经依法抽查不合格的，应当停止施工。

消防验收、备案和抽查，要满足国家工程建设消防技术标准的要求，消防设计建设工程竣工，应依照规定进行消防验收和备案，未经消防验收或者消防验收不合格的，禁止投入使用，其他建设工程经依法抽查不合格的，应当停止使用。

各机关、团体、企业、事业单位等，需要落实消防安全责任制，制定本单位的消防安全制度、消防安全操作规程，制定灭火和应急疏散预案。按照国家标准、行业标准配置消防设施、器材，设置消防安全标志，并定期组织检验、维修，确保完好有效。对建筑消防设施每年至少进行一次全面检测，确保完好有效，检测记录应当完整准确，存档备查。保障疏散通道、安全出口、消防车通道畅通，保证防火防烟分区、防火间距符合消防技术标准要求。组织防火检查，及时消除火灾隐患。组织进行有针对性的消防演练。

消防产品要实行强制性论证及技术鉴定制度，消防产品必须符合国家标准要求；没有国家标准的，必须符合行业标准要求。禁止生产、销售或者使用不合格的消防产品以及国家明令淘汰的消防产品。依法实行强制性产品认证的消防产品，由具有法定资质的认证机构按照国家标准、行业标准的强制性要求认证合格后，方可生产、销售、使用。实行强制性产品认证的消防产品目录，由国务院产品质量监督部门会同国务院公安部门制定并公布。新研制的尚未制定国家标准、行业标准的消防产品，应当按照国务院产品质量监督部门会同国务院公安部门规定的办法，经技术鉴定符合消防安全要求的，方可生产、销售、使用。生产、储存易燃易爆危险品的企业，应当建立单位专职消防队，并承担本单位的火灾扑救工作。火灾现场扑救，由公安机关消防机构统一组织和指挥，并优先保障遇险人员的生命安全。

1.3.7 应急预案

易燃易爆物品、危险化学品等危险物品的生产、经营、储运、使用单位，属于高危企业，在从事生产经营活动时，一旦发生事故，将对人民群众生命财产安全造成严重损害。高危企业必须本着高度负责的态度，严格执行相关法律、法规和标准的规定，建立健全严格的安全管理规章制度，设置必要的安全防范设施，提高从业人员的素质，组织力量排查隐患，采取可靠的安全保障措施，保证生产经营活动的安全进行。高危企业应当按照应急预案导则编制要求，制定所在单位的应急预案，并对生产经营场所，有危险物品的建筑物、构筑物及周边环境开展隐患排查，及时采取措施消除隐患，防止发生突发事件。一旦发生突发事件，必须在第一时间采取有力措施控制事态发展，按照应急预案开展应急救援工作。

1.3.8 安全生产许可

在中华人民共和国领域内从事建筑施工和危险化学品生产等活动的所有企业法人、非企业法人单位和中国人、外籍人、无国籍人，不论其是否领取安全生产许可证，不论其所有制性质和生产方式如何，都要遵守《安全生产许可证条例》的各项规定。根据《安全生产许可证条例》的规定，安全生产许可证的发放范围涵盖五类企业，包括矿山企业、建筑施工企业、危险化学品经营和生产企业、烟花爆竹经营和生产企业，以及民用爆破器材生产企业。

1.3.8.1 取得安全生产许可证的条件

《安全生产法》重点规范了三类危险性较大的高危生产企业，包括矿山企业、建筑施工企业和危险物品生产企业。相关企业必须具备法定的安全生产条件，并依法申请领取安全生产许可证，方可从事生产建设活动。三类高危企业都具有危险性较大的共性，三类企业均应具备安全生产基本条件，基本安全生产条件需要细化为具体的、可操作的安全生产条件。

企业要想取得安全生产许可证，应当具备下述各方面的条件。包括：

① 建立、健全安全生产责任制，制定完备的安全生产规章制度和操作规程。

② 安全投入必须符合安全生产的要求。

③ 要设置安全生产管理机构，配备专职安全生产管理人员。

④ 主要负责人和安全生产管理人员需要通过安全生产相关考核并合格。

⑤ 特种作业人员需经有关业务主管部门考核合格，取得特种作业人员操作资格证书。

⑥ 从业人员需要经安全生产教育和培训合格。

⑦ 生产经营单位要依法参加工伤保险，为从业人员缴纳保险费。

⑧ 厂房、作业场所和安全设施、设备、工艺要符合有关安全生产法律、法规、标准和规程的要求。

⑨ 要求有职业危害防治措施，并为从业人员配备符合国家标准或者行业标准的劳动保护用品。

⑩ 生产经营单位要依法进行安全评价。

⑪ 要有重大危险源监测、评估、监控措施和应急预案。

⑫ 要有生产安全事故应急救援预案、应急救援组织或者应急救援人员，配备必要的应急救援器材、设备。

1.3.8.2 取得安全生产许可证的程序

（1）公开申请事项和要求　安全生产许可证颁发管理机关应当将有关申请领取安全生产许可证的时间、地点、机关和应当提交的文件、资料向社会公布，使申请人能够知道、了解有关申办事项及其具体要求，以便能够及时申请领取安全生产许可证。安全生产许可证颁发管理机关制定的安全生产许可证颁发管理的规章制度等具体规定应当公布。否则，不得作为实施行政许可的具体依据。

（2）企业应当依法提出申请　颁发安全生产许可证的前提，是企业必须依法向安全生产许可证颁发管理机关提出申请，即不申请不发证。

① 新设立生产企业的申请。现行有关法律、行政法规对设立企业审批、领取工商营业执照和颁发许可证的时间、顺序等程序性规定不尽相同，暂时难以统一。依照《安全生产许可证条例》的规定，不论法律、行政法规关于高危生产企业领取有关证照的时间和程序如何规定以及是否相同，安全生产许可证必须在企业建成投产前提出申请，如不提出申请并取得安全生产许可证，不得从事生产活动。

② 已经进行生产企业的申请。《安全生产许可证条例》对已经进行生产的企业，规定应当在本条例施行之日起 1 年内依法向安全生产许可证颁发管理机关申请办理安全生产许可证。1 年是这些企业申请领取安全生产许可证的法定期限，逾期不提出申请擅自生产的，以无证非法生产论处。

③ 企业必须依法向安全生产许可证颁发管理机关提出申请。企业具备了条例规定的安全生产条件，只能表明具备了从事生产的潜在安全资质，并不表示企业具备从事安全生产的资格，必须依法向安全生产许可证颁发管理机关申请领取安全生产许可证。根据《安全生产许可证条例》第三条、第四条、第五条的规定，安全生产监督管理部门负责非煤矿矿山企业和危险化学品、烟花爆竹生产企业安全生产许可证的颁发和管理，煤矿安全监察机构负责煤矿企业安全生产许可证的颁发和管理，建设行政主管部门负责建筑施工企业安全生产许可证的颁发和管理，国防科技工业主管部门负责民用爆破器材生产企业安全生产许可证的颁发和管理。除此之外，其他任何单位和个人都无权受理安全生产许可证申请事宜。

④ 申请人应当提交相关文件、资料。依照《安全生产许可证条例》及其配套实施规章的规定，6 种高危生产企业申请办理安全生产许可证，都要向安全生产许可证颁发管理机关提交相关文件、资料。每种企业需要提交的相关文件、资料不尽相同，应由有关安全生产许可证颁发管理机关作出具体规定。申请人提交的相关文件、资料必须能够满足对安全生产条件审查的需要。

(3) 受理申请及审查　接到申请人关于领取安全生产许可证的申请书、相关文件和资料后，安全生产许可证颁发管理机关应当决定是否受理和审查。审查工作分为两部分，一部分是形式审查，另一部分是实质性审查。

① 形式审查。所谓形式审查，是指安全生产许可证颁发管理机关依法对申请人提交的申请文件、资料是否齐全、真实、合法进行检查核实的工作。这时申请人提交的证明其具备法定安全生产条件的都是书面的文件、资料。这些书面文件、资料可以在一定程度上反映申请人的安全生产条件。安全生产许可证颁发管理机关受理申请以后的第一道程序，就是进行形式审查。如果发现提交的文件、资料不齐全、不真实、不符合法定要求，安全生产许可证颁发管理机关有权向申请人说明并要求补正，申请人应当按照要求补正。否则，安全生产许可证颁发管理机关有权拒绝受理安全生产许可证的申请。

② 实质性审查。申请人提交的文件、资料通过形式审查以后，安全生产许可证颁发管理机关认为有必要的，应当对申请文件、资料和企业的实际安全生产条件进行实地审查或者核实。譬如，需要对一些生产厂房、作业场所进行检查、审验；对一些安全设施、设备需要进行检测、检验或者试运行。这些审查工作不是在办公室里能够完成的，必须前往实地或者企业才能进行直接的审查或者核实。

安全生产许可证颁发管理机关进行实质性审查的方式主要有 3 种：一是委派本机关的工作人员直接进行审查或者核实；二是委托其他行政机关代为进行审查或者核实；三是委托安全中介机构对一些专业技术性很强的设施、设备和工艺进行专门的检测、检验。

(4) 决定　经审查或者核实后，安全生产许可证颁发管理机关可以依法作出两种决定：企业具备法定安全生产条件的，决定颁发安全生产许可证；不具备法定安全生产条件的，决定不予颁发安全生产许可证，书面通知企业并说明理由。

关于审查发证的法定时限，《安全生产许可证条例》第七条规定，安全生产许可证颁发管理机关完成审查和发证工作的时限是自收到申请之日起 45 日之内。确定安全生产许可证颁发管理机关是否在法定时限内完成审查发证工作，关系到是否符合法定程序要求的问题。如果安全生产许可证颁发管理机关未在法定时限内完成审查发证工作，将会构成行政违法并要承担相应的法律责任。在实践中，如何计算安全生产许可证审查发证工作的法定时限，需要视不同情形加以确定：

① 自安全生产许可证颁发管理机关收到申请人提交的相关文件、资料之日起计算，应当在 45d 内完成审查发证工作。45d 是指法定工作日，如遇法定节日、假日自动顺延，不连续计算。

② 安全生产许可证颁发管理机关收到申请人提交的相关文件、资料后，经审查相关文件、资料认为其不符合法定要求，安全生产许可证颁发管理机关要求申请人予以补正的，完成安全生产许可证审查发证工作的法定时限，自申请人重新提交补正的相关文件、资料之日起计算。

③ 安全生产许可证颁发管理机关对申请人的实际安全生产条件进行审查或者核实后，认为不具备安全生产条件需要纠正的，申请人纠正后再次提请安全生产许可证颁发管理机关进行审查的，完成安全生产许可证审查发证工作的法定时限，自申请人再次提出申请之日起计算。

④ 在审查过程中，安全生产许可证颁发管理机关认为需要聘请专家或者安全中介机构进行专门的检测、检验的，完成安全生产许可证审查发证工作的法定时限自提交检测、检验

报告之日起计算。

⑤ 审查发证工作中遇有不可抗力的情况，完成安全生产许可证审查发证工作的法定时限，自不可抗力的情况消失之日起计算。

（5）期限与延续　安全生产许可证有效期为3年，不设年检。在安全生产许可证有效期满后的延续问题上，行政法规规定了两种情形：

① 有效期满的例行延续。《安全生产许可证条例》第九条第一款规定，安全生产许可证的有效期为3年。安全生产许可证有效期满需要延期的，企业应当于期满前3个月内向原安全生产许可证颁发管理机关办理延期手续。企业办理安全生产许可证延期手续所需提供的文件、资料或者有关情况，由国务院安全生产监督管理部门、建设行政主管部门、国防科技工业主管部门和国家煤矿安全监察机构规定。

② 有效期满的免审延续。《安全生产许可证条例》第九条第二款关于对安全生产状况良好、没有发生死亡生产安全事故的企业予以免审延期的特殊规定，目的是要鼓励企业自觉做好安全生产工作，不出生产安全事故。但有一点需要注意，符合该规定的企业虽然不需经过审查即可延续3年，但不是自动延期，应当在有效期满前向原安全生产许可证颁发管理机关提出延期的申请，经其同意后方可免审延续3年。

（6）补办与变更　《安全生产许可证条例》的配套规章中对安全生产许可证的补办与变更的情况作出了明确的规定。企业持有的安全生产许可证如遇损毁、丢失等情况，就需要向原安全生产许可证颁发管理机关申请补办。经过审核，应当重新颁发安全生产许可证。另外，已经取得安全生产许可证企业的有关事项发生变化，也需要及时办理安全生产许可证变更手续。

（7）档案管理与公告　档案管理是安全生产许可证管理的一项重要内容。档案管理的主要目的是保证安全生产许可证管理的基本情况有据可查，规范安全生产许可证的颁发管理行为，为评价安全生产许可证颁发管理工作，监督有关工作人员依法履行职责，完善许可证制度提供基础。建立健全安全生产许可证档案管理制度，一是要建立、健全归档制度，保证及时、全面地将安全生产许可证申请、颁发及监督管理等有关情况存档入案；二是要加强对已归档材料的管理，强化日常监督检查，严格责任追究制度。

将安全生产许可证颁发的情况向社会公告，是行政许可工作公开透明的需要，是进行社会监督的需要。《安全生产许可证条例》第十条要求安全生产许可证颁发管理机关定期向社会公布企业取得安全生产许可证的情况。公布的具体形式可以多样但须规范，公布的时间由安全生产许可证颁发管理机关决定。

1.3.8.3　企业的安全生产许可违法行为及应负的法律责任

企业的安全生产许可违法行为如下：

① 未取得安全生产许可证擅自进行生产的。这是一种无证非法生产的违法行为。依照《安全生产许可证条例》的规定，无证非法生产的违法行为有3种情况：从未申请领取安全生产许可证擅自生产的；申请领取安全生产许可证，但经审查不具备安全生产条件，不予颁发安全生产许可证擅自生产的；被暂扣或者吊销安全生产许可证擅自进行生产的。

② 取得安全生产许可证后不再具备安全生产条件的。这是一种持证违法的行为。《安全生产许可证条例》第十四条第一款规定，企业取得安全生产许可证后，不得降低安全生产条件，并应当加强日常安全生产管理，接受安全生产许可证颁发管理机关的监督检查。持证企业在生产过程中降低安全生产条件是违法的。

③ 安全生产有效期满未办理延期手续，继续进行生产的。《安全生产许可证条例》第九条第一款规定，安全生产许可证的有效期为3年。安全生产许可证有效期满需要延期的，企业应当于期满前3个月向原安全生产许可证颁发管理机关办理延期手续。不设安全生产许可证年检是为了方便企业，简化手续。但是安全生产许可证有效期满，仍要依法办理延期手续。逾期仍不办理延期手续，继续生产的，以无证非法生产论处。

④ 转让、冒用安全生产许可证或者使用伪造安全生产许可证的。这是行政法规明令禁止的违法行为。安全生产许可证是企业具备安全生产条件、取得从事相应生产活动权利的法定凭证。《安全生产许可证条例》第十三条规定，企业不得转让、冒用安全生产许可证或者使用伪造的安全生产许可证。

⑤ 在《安全生产许可证条例》规定期限内逾期不办理安全生产许可证，或者经审查不具备本条例规定的安全生产条件，未取得安全生产许可证，继续进行生产的。安全生产许可制度不仅适用于新建企业，而且适用于已经生产的企业。《安全生产许可证条例》第二十二条规定，本条例施行前已经进行生产的企业，应当自本条例施行之日起1年内，依照本条例的规定向安全生产许可证颁发管理机关申请办理安全生产许可证。据此，已经生产的企业未在法定期限内办理安全生产许可证或者经申请未能取得安全生产许可证继续生产的，构成违法。

违法行为的行政处罚有责令停止生产、没收违法所得、罚款、暂扣和吊销安全生产许可证5种处罚规定。安全生产许可证颁发管理的原则是“谁发证、谁管理、谁处罚”。发证权、管理权和处罚权三位一体，不可分离。

按照职责分工，有权对安全生产许可行为实施行政处罚的行政执法主体不是1个部门，而是下述4个部门。

① 国务院和省级人民政府的安全生产监督管理部门，是对非煤矿矿山企业和危险化学品、烟花爆竹生产企业安全生产许可违法行为实施行政处罚的决定机关。

② 国家煤矿安全监察机构和省级煤矿安全监察机构，是对煤矿企业安全生产许可违法行为实施行政处罚的决定机关。

③ 国务院和省级人民政府的建设行政主管部门，是对建筑施工企业安全生产许可违法行为实施行政处罚的决定机关。

④ 国务院国防科技工业主管部门，是对民用爆破器材生产企业安全生产许可违法行为实施行政处罚的决定机关。

刑事处罚是追究安全生产许可违法行为的法律责任的主要方式。《安全生产许可证条例》规定适用刑事处罚的违法行为，主要包括安全生产许可证颁发管理机关工作人员构成职务犯罪的；企业未取得安全生产许可证擅自进行生产、造成重大生产安全事故或者其他严重后果，有关人员构成犯罪的；企业安全生产许可证有效期满逾期不办理延期手续，继续进行生产，有关人员构成犯罪的；企业转让、冒用安全生产许可证或者使用伪造的安全生产许可证，有关人员构成犯罪的；《安全生产许可证条例》施行前已经进行生产的企业逾期不办理安全生产许可证，或者经审查不具备安全生产条件，未取得安全生产许可证，继续进行生产，有关人员构成犯罪的。

1.3.9 危险化学品安全管理

具有毒害、腐蚀、爆炸、燃烧、助燃等性质，对人体、设施、环境具有危害的剧毒化学品和其他化学品归类为危险化学品。国务院安全生产监督管理部门会同国务院工业和信息化、公安、环境保护、卫生、质量监督检验检疫、交通运输、铁路、民用航空、农业主管部门，根据化学品危险特性的鉴别和分类标准确定、公布了危险化学品目录。

危险化学品生产、储存、使用、经营和运输的安全管理，执行《危险化学品安全管理条例》。废弃危险化学品处置，要执行有关环境保护的法律、行政法规和国家有关规定。危险化学品的进出口管理，要依照有关对外贸易的法律、行政法规、规章的规定执行。

依据《危险化学品安全管理条例》的规定，危险化学品安全管理，应当坚持安全第一、预防为主、综合治理的方针，强化和落实企业的主体责任。

生产、储存、使用、经营、运输危险化学品单位的主要负责人对本单位的危险化学品安全管理工作全面负责。

危险化学品单位应当具备法律、行政法规规定和国家标准、行业标准要求的安全条件，建立、健全安全管理规章制度和岗位安全责任制度，对从业人员进行安全教育、法治教育和岗位技术培训。从业人员应当接受教育和培训，考核合格后上岗作业；对有资格要求的岗位，应当配备依法取得相应资格的人员。

任何单位和个人不得生产、经营、使用国家禁止生产、经营、使用的危险化学品。

国家对危险化学品的使用有限制性规定的，任何单位和个人不得违反限制性规定使用危险化学品。

依照《危险化学品安全管理条例》第六条的规定，对危险化学品的生产、储存、使用、经营、运输实施安全监督管理的有关部门，依照下列规定履行职责。

① 安全生产监督管理部门负责危险化学品安全监督管理综合工作，组织确定、公布、调整危险化学品目录，对新建、改建、扩建生产、储存危险化学品（包括使用长输管道输送危险化学品，下同）的建设项目进行安全条件审查，核发危险化学品安全生产许可证、危险化学品安全使用许可证和危险化学品经营许可证，并负责危险化学品登记工作。

② 公安机关负责危险化学品的公共安全管理，核发剧毒化学品购买许可证、剧毒化学品道路运输通行证，并负责危险化学品运输车辆的道路交通安全管理。

③ 质量监督检验检疫部门负责核发危险化学品及其包装物、容器（不包括储存危险化学品的固定式大型储罐，下同）生产企业的工业产品生产许可证，并依法对其产品质量实施监督，负责对进出口危险化学品及其包装实施检验。

④ 环境保护主管部门负责废弃危险化学品处置的监督管理，组织危险化学品的环境危害性鉴定和环境风险程度评估，确定实施重点环境管理的危险化学品，负责危险化学品环境管理登记和新化学物质环境管理登记；依照职责分工调查相关危险化学品环境污染事故和生态破坏事件，负责危险化学品事故现场的应急环境监测。

⑤ 交通运输主管部门负责危险化学品道路运输、水路运输的许可以及运输工具的安全管理，对危险化学品水路运输安全实施监督，负责危险化学品道路运输企业、水路运输企业驾驶人员、船员、装卸管理人员、押运人员、集装箱装箱现场检查员等的资格认定。

⑥ 铁路主管部门负责危险化学品铁路运输的安全管理，负责危险化学品铁路运输承运人、托运人的资质审批及其运输工具的安全管理。

⑦ 民用航空主管部门负责危险化学品航空运输以及航空运输企业及其运输工具的安全管理。

⑧ 卫生主管部门负责危险化学品毒性鉴定的管理，负责组织、协调危险化学品事故受

伤人员的医疗卫生救援工作。

⑨ 工商行政管理部门依据有关部门的许可证件，核发危险化学品生产、储存、经营、运输企业营业执照，查处危险化学品经营企业违法采购危险化学品的行为。

⑩ 邮政管理部门负责依法查处寄递危险化学品的行为。

危险化学品生产企业进行生产前，应当依照《安全生产许可证条例》的规定，取得危险化学品安全生产许可证。

生产列入国家实行生产许可证制度的工业产品目录的危险化学品企业，应当依照《中华人民共和国工业产品生产许可证管理条例》的规定，取得工业产品生产许可证。

负责颁发危险化学品安全生产许可证、工业产品生产许可证的部门，应当将其颁发许可证的情况及时向同级工业和信息化主管部门、环境保护主管部门和公安机关通报。

危险化学品生产企业应当提供与其生产的危险化学品相符的化学品安全技术说明书，并在危险化学品包装（包括外包装件）上粘贴或者拴挂与包装内危险化学品相符的化学品安全标签。化学品安全技术说明书和化学品安全标签所载明的内容应当符合国家标准的要求。

危险化学品生产企业发现其生产的危险化学品有新的危险特性的，应当立即公告，并及时修订其化学品安全技术说明书和化学品安全标签。

生产实施重点环境管理的危险化学品的企业，应当按照国务院环境保护主管部门的规定，将该危险化学品向环境中释放等相关信息向环境保护主管部门报告。环境保护主管部门可以根据情况采取相应的环境风险控制措施。

危险化学品的包装应当符合法律、行政法规、规章的规定以及国家标准、行业标准的要求。危险化学品包装物、容器的材质以及危险化学品包装的形式、规格、方法和单件质量（重量），应当与所包装的危险化学品的性质和用途相适应。

生产列入国家实行生产许可证制度的工业产品目录的危险化学品包装物、容器的企业，应当依照《中华人民共和国工业产品生产许可证管理条例》的规定，取得工业产品生产许可证；其生产的危险化学品包装物、容器经国务院质量监督检验检疫部门认定的检验机构检验合格，方可出厂销售。

运输危险化学品的船舶及其配载的容器，应当按照国家船舶检验规范进行生产，并经海事管理机构认定的船舶检验机构检验合格，方可投入使用。

对重复使用的危险化学品包装物、容器，使用单位在重复使用前应当进行检查；发现存在安全隐患的，应当维修或者更换。使用单位应当对检查情况作出记录，记录的保存期限不得少于 2 年。

已建的危险化学品生产装置或者储存数量构成重大危险源的危险化学品储存设施不符合规定的，由所在地设区的市级人民政府安全生产监督管理部门会同有关部门监督其所属单位在规定期限内进行整改；需要转产、停产、搬迁、关闭的，由本级人民政府决定并组织实施。

因储存数量大构成重大危险源的危险化学品储存设施的选址，应当避开地震活动断层和容易发生洪灾、地质灾害的区域。

生产、储存危险化学品的单位，应当根据其生产、储存的危险化学品的种类和危险特性，在作业场所设置相应的监测、监控、通风、防晒、调温、防火、灭火、防爆、泄压、防毒、中和、防潮、防雷、防静电、防腐、防泄漏以及防护围堤或者隔离操作等安全设施、设备，并按照国家标准、行业标准或者国家有关规定对安全设施、设备进行经常性维护、保养，保证安全设施、设备的正常使用。

生产、储存危险化学品的单位，应当在其作业场所和安全设施、设备上设置明显的安全警示标志。

生产、储存危险化学品的单位，应当在其作业场所设置通信、报警装置，并保证处于适用状态。

生产、储存危险化学品的企业，应当委托具备国家规定的资质条件的机构，对本企业的安全生产条件每3年进行一次安全评价，提出安全评价报告。安全评价报告的内容应当包括对安全生产条件存在的问题进行整改的方案。

生产、储存危险化学品的企业，应当将安全评价报告以及整改方案的落实情况报所在地县级人民政府安全生产监督管理部门备案。在港区内储存危险化学品的企业，应当将安全评价报告以及整改方案的落实情况报港口行政管理部门备案。

生产、储存剧毒化学品或者国务院公安部门规定的可用于制造爆炸物品的危险化学品（以下简称易制爆危险化学品）的单位，应当如实记录其生产、储存的剧毒化学品、易制爆危险化学品的数量、流向，并采取必要的安全防范措施，防止剧毒化学品、易制爆危险化学品丢失或者被盗；发现剧毒化学品、易制爆危险化学品丢失或者被盗的，应当立即向当地公安机关报告。

生产、储存剧毒化学品、易制爆危险化学品的单位，应当设置治安保卫机构，配备专职治安保卫人员。

生产、储存危险化学品的仓库应当遵循下列要求：

① 危险化学品应当储存在专用仓库、专用场地或者专用储存室内，并由专人负责管理；剧毒化学品以及储存数量构成重大危险源的其他危险化学品，应当在专用仓库内单独存储，并实行双人收发、双人保管制度。

② 危险化学品的储存方式、方法以及储存数量应当符合国家标准或者国家有关规定。

③ 储存危险化学品的单位应当建立危险化学品出入库核查、登记制度。

④ 对剧毒化学品以及储存数量构成重大危险源的其他危险化学品，储存单位应当将其储存数量、储存地点以及管理人员的情况，报所在地县级人民政府安全生产监督管理部门（在港区内储存的，报港口行政管理部门）和公安机关备案。

⑤ 危险化学品专用仓库应当符合国家标准、行业标准的要求，并设置明显的标志。储存剧毒化学品、易制爆危险化学品的专用仓库，应当按照国家有关规定设置相应的技术防范设施。

⑥ 储存危险化学品的单位应当对其危险化学品专用仓库的安全设施、设备定期进行检测、检验。

生产、储存危险化学品的单位转产、停产、停业或者解散的，应当采取有效措施，及时、妥善处置其危险化学品生产装置、储存设施以及库存的危险化学品，不得丢弃危险化学品；处置方案应当报所在地县级人民政府安全生产监督管理部门、工业和信息化主管部门、环境保护主管部门和公安机关备案。安全生产监督管理部门应当会同环境保护主管部门和公安机关对处置情况进行监督检查，发现未依照规定处置的，应当责令其立即处置。

使用危险化学品的单位，申请危险化学品安全使用许可证的化工企业，应当向所在地设区的市级人民政府安全生产监督管理部门提出申请，并提交其符合申办规定条件的证明材料。设区的市级人民政府安全生产监督管理部门应当依法进行审查，自收到证明材料之日起

45d 内作出批准或者不予批准的决定。予以批准的，颁发危险化学品安全使用许可证；不予批准的，书面通知申请人并说明理由。

危险化学品生产企业、进口企业，应当向国务院安全生产监督管理部门负责危险化学品登记的机构（以下简称危险化学品登记机构）办理危险化学品登记。

危险化学品登记包括下列内容：分类和标签信息；物理、化学性质；主要用途；危险特性；储存、使用、运输的安全要求；出现危险情况的应急处置措施。

对同一企业生产、进口的同一品种危险化学品，不进行重复登记。危险化学品生产企业、进口企业发现其生产、进口的危险化学品有新的危险特性的，应当及时向危险化学品登记机构办理登记内容变更手续。

危险化学品单位应当制定本单位危险化学品事故应急预案，配备应急救援人员和必要的应急救援器材、设备，并定期组织应急救援演练。

危险化学品单位应当将其危险化学品事故应急预案报所在地设区的市级人民政府安全生产监督管理部门备案。

发生危险化学品事故，事故单位主要负责人应当立即按照本单位危险化学品应急预案组织救援，并向当地安全生产监督管理部门和环境保护、公安、卫生主管部门报告；道路运输、水路运输过程中发生危险化学品事故的，驾驶人员、船员或者押运人员还应当向事故发生地交通运输主管部门报告。

发生危险化学品事故，有关地方人民政府应当立即组织安全生产监督管理、环境保护、公安、卫生、交通运输等有关部门，按照本地区危险化学品事故应急预案组织实施救援，不得拖延、推诿。

1.3.10 特种设备安全管理

1.3.10.1 化工生产牵涉到的特种设备

（1）锅炉　是指利用各种燃料、电或者其他能源，将所盛装的液体加热到一定的参数，并对外输出热能的设备，其范围规定为容积大于或者等于 30L 的承压蒸汽锅炉；出口水压大于或者等于 0.1MPa（表压），且额定功率大于或者等于 0.1MW 的承压热水锅炉；有机热载体锅炉。

（2）压力容器　是指盛装气体或者液体，承载一定压力的密闭设备，其范围规定为盛装最高工作压力大于或者等于 0.1MPa（表压），且压力与容积的乘积大于或者等于 2.5MPa·L 的气体、液化气体和最高工作温度高于或者等于标准沸点的液体的固定式容器和移动式容器；盛装公称工作压力大于或者等于 0.2MPa（表压），且压力与容积的乘积大于或者等于 1.0MPa·L 的气体、液化气体和标准沸点等于或者低于 60℃的液体的气瓶；氧舱等。

（3）压力管道　是指利用一定的压力，输送气体或者液体的管状设备，其范围规定为输送最高工作压力大于或者等于 0.1MPa（表压）的气体、液化气体、蒸汽介质或者可燃、易爆、有毒、有腐蚀性、最高工作温度高于或者等于标准沸点的液体介质，且公称直径大于 25mm 的管道。

（4）电梯　是指动力驱动，利用沿刚性导轨运行的箱体或者沿固定线路运行的梯级（踏步），进行升降或者平行运送人、货物的机电设备，包括载人（货）电梯、自动扶梯、自动人行道等。

（5）起重机械　是指用于垂直升降或者垂直升降并水平移动重物的机电设备，其范围规定为额定起重量大于或者等于0.5t的升降机；额定起重量大于或者等于1t，且提升高度大于或者等于2m的起重机和承重形式固定的电动葫芦等。

（6）工厂内专用机动车辆 是指仅在工厂厂区使用的各种专用机动车辆。

1.3.10.2 特种设备安全监察部门

对于锅炉、压力容器（含气瓶）、压力管道、电梯、起重机械和场（厂）内专用机动车辆，由国务院特种设备安全监督管理部门负责全国特种设备的安全监察工作，县以上地方负责特种设备安全监督管理的部门对本行政区域内特种设备实施安全监察。

特种设备生产、使用单位应当建立健全特种设备安全、节能管理制度和岗位安全、节能责任制度。

特种设备生产、使用单位的主要负责人应当对本单位特种设备的安全和节能全面负责。

特种设备生产、使用单位和特种设备检验检测机构，应当接受特种设备安全监督管理部门依法进行的特种设备安全监察。

特种设备检验检测机构，应当依照本条例规定，进行检验检测工作，对其检验检测结果、鉴定结论承担法律责任。

特种设备生产单位，应当依照条例规定以及国务院特种设备安全监督管理部门制订并公布的安全技术规范（以下简称安全技术规范）的要求，进行生产活动。

特种设备生产单位对其生产的特种设备的安全性能和能效指标负责，不得生产不符合安全性能要求和能效指标的特种设备，不得生产国家产业政策明令淘汰的特种设备。

1.3.10.3 压力容器设计的安全管理

（1）设计单位的条件 依据《特种设备安全监察条例》的规定，压力容器的设计单位应当经国务院特种设备安全监督管理部门许可，方可从事压力容器的设计活动。

压力容器的设计单位应当具备下列条件：

① 有与压力容器设计相适应的设计人员、设计审核人员。

② 有与压力容器设计相适应的场所和设备。

③ 有与压力容器设计相适应的健全的管理制度和责任制度。

（2）设计文件鉴定 依据《特种设备安全监察条例》的规定，锅炉、压力容器中的气瓶（以下简称气瓶）以及高耗能特种设备的设计文件，应当经国务院特种设备安全监督管理部门核准的检验检测机构鉴定，方可用于制造。

1.3.10.4 特种设备及其安全附件、装置的安全管理

（1）新产品的试验和测试 依据《特种设备安全监察条例》的规定，按照安全技术规范的要求，应当进行型式试验的特种设备产品、部件或者试制特种设备新产品、新部件、新材料，必须进行型式试验和能效测试。

（2）锅炉等特种设备及部件的许可 依照《特种设备安全监察条例》的规定，锅炉、压力容器、电梯、起重机械、客运索道、大型游乐设施及其安全附件、安全保护装置的制造、安装、改造单位，以及压力管道用管子、管件、阀门、法兰、补偿器、安全保护装置等（以下简称压力管道元件）的制造单位和场（厂）内专用机动车辆的制造、改造单位，应当经国务院特种设备安全监督管理部门许可，方可从事相应的活动。

前款特种设备的制造、安装、改造单位应当具备下列条件：

① 有与特种设备制造、安装、改造相适应的专业技术人员和技术工人。

② 有与特种设备制造、安装、改造相适应的生产条件和检测手段。

③ 有健全的质量管理制度和责任制度。

（3）出厂附件规定　依照《特种设备安全监察条例》的规定，特种设备出厂时，应当附有安全技术规范要求的设计文件、产品质量合格证明、安装及使用维修说明、监督检验证明等文件。

（4）特种设备的监督检验　依据《特种设备安全监察条例》的规定，锅炉、压力容器、压力管道元件、起重机械、大型游乐设施的制造过程和锅炉、压力容器、电梯、起重机械、客运索道、大型游乐设施的安装、改造、重大维修过程，必须经国务院特种设备安全监督管理部门核准的检验检测机构按照安全技术规范的要求进行监督检验；未经监督检验合格的不得出厂或者交付使用。

1.3.10.5　特种设备使用的安全规定

特种设备使用单位，应当严格执行本条例和有关安全生产的法律、行政法规的规定，保证特种设备的安全使用。特种设备使用单位应当使用符合安全技术规范要求的特种设备。特种设备在投入使用前或者投入使用后 30d 内，特种设备使用单位应当向直辖市或者设区的市的特种设备安全监督管理部门登记。登记标志应当置于或者附着于该特种设备的显著位置。

特种设备使用单位应当建立特种设备安全技术档案。安全技术档案应当包括以下内容：

① 特种设备的设计文件、制造单位、产品质量合格证明、使用维护说明等文件以及安装技术文件和资料。

② 特种设备的定期检验和定期自行检查的记录。

③ 特种设备的日常使用状况记录。

④ 特种设备及其安全附件、安全保护装置、测量调控装置及有关附属仪器仪表的日常维护保养记录。

⑤ 特种设备运行故障和事故记录。

⑥ 高耗能特种设备的能效测试报告、能耗状况记录以及节能改造技术资料。

依据《特种设备安全监察条例》的规定，电梯应当至少每 15d 进行一次清洁、润滑、调整和检查。电梯的日常维护保养单位应当在维护保养中严格执行国家安全技术规范的要求，保证其维护保养的电梯的安全技术性能，并负责落实现场安全防护措施，保证施工安全。电梯的日常维护保养单位，应当对其维护保养的电梯的安全性能负责。接到故障通知后，应当立即赶赴现场，并采取必要的应急救援措施。

特种设备使用单位应当对特种设备作业人员进行特种设备安全、节能教育和培训，保证特种设备作业人员具备必要的特种设备安全、节能知识。特种设备作业人员在作业中应当严格执行特种设备的操作规程和有关的安全规章制度。

1.3.11　职业卫生安全

依据《使用有毒物品作业场所劳动保护条例》的规定，用人单位的设立，应当符合有关法律、行政法规规定的设立条件，并依法办理有关手续，取得营业执照。用人单位的使用有毒物品作业场所，除应当符合《职业病防治法》规定的职业卫生要求外，还必须符合下列要求：

① 作业场所与生活场所分开，作业场所不得住人。

② 有害作业与无害作业分开，高毒作业场所与其他作业场所隔离。

③ 设置有效的通风装置；对可能突然泄漏大量有毒物品或者易造成急性中毒的作业场

所，设置自动报警装置和事故通风设施。

④ 高毒作业场所设置应急撤离通道和必要的泄险区。

用人单位及其作业场所符合前两款规定的，由卫生行政部门发给职业卫生安全许可证，方可从事使用有毒物品的作业。

依据《使用有毒物品作业场所劳动保护条例》的规定，使用有毒物品作业场所应当设置黄色区域警示线、警示标识和中文警示说明。警示说明应当载明职业中毒危害的种类、后果、预防以及应急救治措施等内容。高毒作业场所应当设置红色区域警示线、警示标识和中文警示说明，并设置通信报警设备。

1.3.12 安全生产部门规章

①《注册安全工程师执业资格制度暂行规定》，指导掌握注册安全工程师执业资格考试的规定和注册安全工程师的职责。

②《注册安全工程师管理规定》，指导掌握生产经营单位配备注册安全工程师的要求，掌握注册安全工程师注册、执业、权利和义务、继续教育的规定和要求。

③《生产经营单位安全培训规定》，指导分析生产经营单位主要负责人、安全生产管理人员、特种作业人员和其他从业人员安全培训等方面的有关法律问题，判断违反规定的行为及应负的法律责任。

④《特种作业人员安全技术培训考核管理规定》，指导分析特种作业人员安全技术培训、考核、发证和复审等方面的有关法律问题，判断违反规定的行为及应负的法律责任。

⑤《劳动防护用品监督管理规定》，指导分析劳动防护用品生产、检验、经营、配备与使用和监督管理的有关法律问题，判断违反规定的行为及应负的法律责任。

⑥《作业场所职业危害申报管理办法》，指导分析作业场所职业危害申报方面的有关法律问题，判断违反规定的行为及应负的法律责任。

⑦《建设工程消防监督管理规定》，指导分析建设工程消防设计审核、消防验收以及备案审查方面的有关法律问题，判断违反规定的行为及应负的法律责任。

⑧《安全生产事故隐患排查治理暂行规定》，指导分析安全生产事故隐患排查和治理方面的有关法律问题，判断违反规定的行为及应负的法律责任。

⑨《生产安全事故应急预案管理办法》，指导分析生产安全事故应急预案编制、评审、发布、备案、培训、演练方面的有关法律问题，判断违反规定的行为及应负的法律责任。

⑩《生产安全事故信息报告和处置办法》，指导分析生产安全事故信息报告、处置方面的有关法律问题，判断违反规定的行为及应负的法律责任。

⑪《安全评价机构管理规定》，指导掌握安全评价机构取得资质应具备的条件和应遵守程序，分析安全评价活动方面的有关法律问题，判断违反规定的行为及应负的法律责任。

⑫《建设项目安全设施“三同时”监督管理暂行办法》，指导分析建设项目安全条件论证、安全预评价、安全设施设计审查、施工和竣工验收等方面的有关法律问题，判断违反规定的行为及应负的法律责任。

1.3.13 建设项目安全设施“三同时”监督管理

为了加强建设项目的安全管理，预防和减少生产安全事故，保障从业人员生命安全，根据《中华人民共和国安全生产法》《国务院关于进一步加强企业安全生产工作的通知》等法律法规，应急管理部（原国家安全生产监督管理总局）制定了《建设项目安全设施“三同时”监督管理暂行办法》。生产经营单位是建设项目安全设施建设的责任主体，建设项目安全设施必须与主体工程同时设计、同时施工、同时投入生产和使用，简称“三同时”，安全设施投资应当纳入建设项目概算。“三同时”管理适用于对县级以上人民政府及其有关主管部门依法审批、核准或者备案的生产经营单位进行的新建、改建、扩建工程项目，进行安全设施的建设及其监督管理。

生产经营单位在生产经营活动中用于预防生产安全事故的设备、设施、装置、构（建）筑物和其他技术措施统称为建设项目安全设施。应急管理部对全国建设项目安全设施“三同时”实施综合监督管理，并在国务院规定的职责范围内承担国务院及其有关主管部门审批、核准或者备案的建设项目安全设施“三同时”的监督管理。

《安全生产法》将建设项目分为高危建设项目和其他建设项目，存在高毒作业的建设项目的职业中毒危害防护设施设计，应当经卫生行政部门进行卫生审查。经审查，符合国家职业卫生标准和卫生要求方可施工。高危建设项目包括矿山和生产、储存危险物品等建设项目。国家将化工（含石油化工）、医药、冶金、建材、机械、轻工、纺织、烟草、商贸等行业大型建设项目的设计审查和竣工验收职责赋予了应急管理部。因此，《建设项目安全设施“三同时”监督管理暂行办法》将这些行业的国家和省级重点建设项目的“三同时”纳入高危建设项目范围予以监管。

生产、储存危险化学品的建设项目，在进行可行性研究时，生产经营单位应当分别对其安全生产条件进行论证和安全预评价。

1.3.13.1 安全论证

依据《建设项目安全设施“三同时”监督管理暂行办法》，生产经营单位在对建设项目进行安全条件论证时，应当编制安全条件论证报告。安全条件论证报告包括下列内容：

① 建设项目内在的危险和有害因素及对安全生产的影响。

② 建设项目与周边设施（单位）生产、经营活动和居民生活在安全方面的相互影响。

③ 当地自然条件对建设项目安全生产的影响。

④ 其他需要论证的内容。

1.3.13.2 安全预评价

安全预评价是指在建设项目可行性研究阶段、工业园区规划阶段或生产经营活动组织实施之前，根据相关的基础资料，辨识与分析建设项目、工业园区、生产经营活动潜在的危险、有害因素，确定其与安全生产法律法规、规章、标准、规范的符合性，预测发生事故的可能性及其严重程度，提出科学、合理、可行的安全对策措施建议，做出安全评价结论的活动。建设项目安全预评价遵循下列规定：

① 生产经营单位应当委托具有相应资质的安全评价机构，对其建设项目进行安全预评价，并编制安全预评价报告。

② 建设项目安全预评价报告应当符合国家标准或者行业标准的规定。

生产、储存危险化学品的建设项目安全预评价报告除符合国家标准或者行业标准的规定外，还应当符合《危险化学品建设项目安全许可管理规定》等有关危险化学品建设项目的规定。

1.3.13.3 建设项目安全设施设计审查

（1）安全设施设计　生产经营单位在建设项目初步设计时，应当委托有相应资质的设计单位对建设项目安全设施进行设计，编制安全专篇；安全设施设计必须符合有关法律、法规、规章和国家标准或者行业标准、技术规范的规定，并尽可能采用先进适用的工艺、技术和可靠的设备、设施；高危建设项目和国家、省级重点建设项目安全设施设计还应当充分考虑建设项目安全预评价报告提出的安全对策措施；安全设施设计单位、设计人应当对其编制的设计文件负责。

(2) 安全专篇　建设项目安全专篇应当包括的内容有：设计依据；建设项目概述；建设项目涉及的危险、有害因素和危险、有害程度及周边环境安全分析；建筑及场地布置；重大危险源分析及检测监控；安全设施设计采取的防范措施；安全生产管理机构设置或者安全生产管理人员配备情况；从业人员教育培训情况；工艺、技术和设备、设施的先进性和可靠性分析；安全设施专项投资概算；安全预评价报告中的安全对策及建议采纳情况；预期效果以及存在的问题与建议；可能出现的事故预防及应急救援措施；法律、法规、规章、标准规定需要说明的其他事项。

(3) 高危建设项目安全设施设计审查　根据《安全生产法》等相关法律法规的规定，高危建设项目安全设施设计审查是政府行政许可行为，生产、储存危险化学品的建设项目，在安全设施设计完成后，生产经营单位应当按照建设项目“三同时”安全监管权限划分的规定，向安全生产监督管理部门提出审查申请，并提交下列文件资料：

① 建设项目审批、核准或者备案的文件。

② 建设项目安全设施设计审查申请。

③ 设计单位的设计资质证明文件。

④ 建设项目初步设计报告及安全专篇。

⑤ 建设项目安全预评价报告及相关文件资料。

⑥ 法律、行政法规、规章规定的其他文件资料。

安全生产监督管理部门收到申请后，对属于本部门职责范围内的，应当及时进行审查，并在收到申请后5个工作日内作出受理或者不予受理的决定，书面告知申请人；对不属于本部门职责范围内的，应当将有关文件资料转送有审查权的安全生产监督管理部门，并书面告知申请人。

对已经受理的建设项目安全设施设计审查申请，安全生产监督管理部门应当自受理之日起26个工作日内作出是否批准的决定，并书面告知申请人。20个工作日内不能作出决定的，经本部门负责人批准，可以延长10个工作日，并应当将延长期限的理由书面告知申请人。

1.3.13.4 建设项目安全设施施工和竣工验收

(1) 施工　建设项目安全设施施工规定如下：

① 建设项目安全设施的施工应当由取得相应资质的施工单位进行，并与建设项目主体工程同时施工。

② 施工单位应当在施工组织设计中编制安全技术措施和施工现场临时用电方案，同时对危险性较大的分部分项工程依法编制专项施工方案，并附具安全验算结果，经施工单位技术负责人、总监理工程师签字后实施。

③ 施工单位应当严格按照安全设施设计和相关施工技术标准、规范施工，并对安全设施的工程质量负责。

④ 施工单位发现安全设施设计文件有错漏的，应当及时向生产经营单位、设计单位提

出。生产经营单位、设计单位应当及时处理。

⑤ 施工单位发现安全设施存在重大事故隐患时，应当立即停止施工并报告生产经营单位进行整改。整改合格后，方可恢复施工。

（2）监理 《建设项目安全设施“三同时”监督管理暂行办法》从三个方面对建设项目安全设施的监理作出规定：

① 工程监理单位应当审查施工组织设计中的安全技术措施或者专项施工方案是否符合工程建设强制性标准。

② 工程监理单位在实施监理过程中，发现存在事故隐患的，应当要求施工单位整改；情况严重的，应当要求施工单位暂时停止施工，并及时报告生产经营单位。施工单位拒不整改或者不停止施工的，工程监理单位应当及时向有关主管部门报告。

③ 工程监理单位、监理人员应当按照法律、法规和工程建设强制性标准实施监理，并对安全设施工程的工程质量承担监理责任。

（3）试运行 从下述三个方面对高危建设项目和国家、省级重点建设项目试运行作出规定：

① 高危建设项目和国家、省级重点建设项目竣工后，根据规定建设项目需要试运行（包括生产、使用，下同）的，应当在正式投入生产或者使用前进行试运行。

② 试运行时间应当不少于 30d，最长不得超过 180d，国家有关部门有规定或者特殊要求的行业除外。

③ 生产、储存危险化学品的建设项目，应当在建设项目试运行前将试运行方案报负责建设项目安全许可的安全生产监督管理部门备案。

（4）安全验收评价 安全验收评价是指在建设项目竣工后正式生产运行前，通过检查建设项目安全设施与主体工程同时设计、同时施工、同时投入生产和使用的情况，检查安全生产管理措施到位情况，检查安全生产规章制度健全情况，检查事故应急救援预案建立情况，审查建设项目与安全生产法律法规、规章、标准、规范要求的符合性，从整体上确定建设项目的运行状况和安全管理情况，做出安全验收评价结论的活动。安全验收评价对保证建设项目安全设施质量至关重要。《建设项目安全设施“三同时”监督管理暂行办法》从三方面对安全验收评价作出规定：

① 建设项目安全设施竣工或者试运行完成后，生产经营单位应当委托具有相应资质的安全评价机构对安全设施进行验收评价，并编制建设项目安全验收评价报告。

② 建设项目安全验收评价报告应当符合国家标准或者行业标准的规定。

③ 生产、储存危险化学品的建设项目安全验收评价报告除符合第 1 项、第 2 项规定外，还应当符合有关危险化学品建设项目的规定。

（5）高危建设项目竣工验收 依据《安全生产法》等有关法律法规的规定，对高危建设项目安全设施竣工验收是政府行政许可。

① 提交材料。生产、储存危险化学品的建设项目，在建设项目竣工投入生产或者使用前，生产经营单位应当按照建设项目安全设施“三同时”安全监管权限划分的规定向安全生产监督管理部门申请安全设施竣工验收，并提交下列文件资料：

a. 安全设施竣工验收申请。

b. 安全设施设计审查意见书（复印件）。

c. 施工单位的资质证明文件（复印件）。

d. 建设项目安全验收评价报告及其存在问题的整改确认材料。

e. 安全生产管理机构设置或者安全生产管理人员配备情况。

f. 从业人员安全培训教育及资格情况。

g. 法律、行政法规、规章规定的其他文件资料。

安全设施需要试运行（生产、使用）的，还应当提供自查报告。

② 受理。安全生产监督管理部门收到申请后，对属于本部门职责范围内的，应当及时审查，并在收到申请后5个工作日内作出受理或者不予受理的决定，并书面告知申请人；对不属于本部门职责范围内的，应当将有关文件资料转送有审查权的安全生产监督管理部门，并书面告知申请人。

③ 审查及作出决定。对已经受理的建设项目安全设施竣工验收申请，安全生产监督管理部门应当自受理之日起20个工作日内作出是否合格的决定，并书面告知申请人。20个工作日内不能作出决定的，经本部门负责人批准，可以延长10个工作日，并应当将延长期限的理由书面告知申请人。

1.4 安全评价机构与安全评价

为规范安全评价行为，建立公正、公平、竞争、有序的安全评价技术服务体系，国家对安全评价机构实行资质许可制度。安全评价机构需要取得相应的安全评价资质证书，并在资质证书确定的业务范围内，从事安全评价活动。未取得资质证书的安全评价机构，不得从事法定安全评价活动。

安全评价机构的资质分为甲级、乙级两种，根据其专业人员构成、技术条件确定各自的业务范围。甲级资质由省、自治区、直辖市安全生产监督管理部门、省级煤矿安全监察机构审核，应急管理部（原国家安全生产监督管理总局）审批、颁发证书；取得甲级资质的安全评价机构，可以根据确定的业务范围在全国范围内从事安全评价活动。乙级资质由设区的市级安全生产监督管理部门、煤矿安全监察分局审核，省级安全生产监督管理部门、省级煤矿安全监察机构审批、颁发证书；取得乙级资质的安全评价机构，可以根据确定的业务范围在其所在的省、自治区、直辖市内从事安全评价活动。

根据社会经济发展水平、区域经济结构和安全评价工作的需要，国家对安全评价机构的设置实行统筹规划、合理布局和总量控制。

生产剧毒化学品的建设项目，以及生产剧毒化学品的企业和其他大型生产企业的安全评价，必须由取得甲级资质的安全评价机构承担。

1.4.1 安全评价活动

安全评价机构应当依照法律、法规、规章、国家标准或者行业标准的规定，遵循客观公正、诚实守信、公平竞争的原则，遵守执业准则，恪守职业道德，依法独立开展安全评价活动，客观、如实地反映所评价的安全事项，并对作出的安全评价结果承担法律责任。被评价对象的安全生产条件发生重大变化的，被评价对象应当及时委托有资质的安全评价机构重新进行安全评价；未委托重新进行安全评价的，由被评价对象对其产生的后果负责。

安全评价机构开展安全评价业务活动时，应当依法与委托方签订安全评价技术服务合同，明确评价对象、评价范围以及双方的权利、义务和责任。

安全评价机构与被评价对象有利害关系的，应当回避。建设项目的安全预评价和安全验收评价不得委托同一个安全评价机构。

安全评价机构从事安全评价活动的收费，必须符合法律、法规和有关财政收费的规定。法律、法规和有关财政收费没有规定的，应当按照行业自律标准或者指导性标准收费；没有行业自律和指导性收费标准的，双方可以通过合同协商确定。安全评价行业组织应当加强自律管理，维护安全评价市场秩序，推进安全评价诚信体系建设，建立并完善从业人员管理制度，强化对从业人员的监督。从事安全评价活动的安全评价师、注册安全工程师应当每年参加必要的继续教育，不断提高安全评价水平。

1.4.2 工艺安全可靠性论证

工艺安全可靠性论证是企业提升危险工艺安全等级，夯实工艺安全基础的重要工具，主要目标是通过工艺安全可靠性审查，利用危险与可操作性分析（HAZOP 分析）、保护层分析（layer of protection analysis，LOPA）及安全完整性等级（safety integrity level，SIL）等工具，针对工艺设计建设合规性和运行控制的可靠性进行分析、论证，发现工艺安全相关问题，并提出针对性的建议，以提升工艺安全本质化水平。

进行工艺安全可靠性论证，需提供以下信息：

① 生产单位、研发单位基本情况。

② 实验室技术首次工业化生产的，提供小试、中试报告和工业化试验报告或技术可行性研究报告：小试、中试报告需注明试验的次数、原料投料量、使用的仪器设备、小试中试结果、是否发生安全事故或出现危险情况。

③ 反应过程的物料平衡、热平衡数据，涉及危险工艺的需提供反应风险评估报告。

④ 项目情况：项目指产品拟工业化生产的项目，项目情况包括项目拟建厂址、规模、主要设备、危化品存储设施、工艺情况，也可以以项目的可行性研究报告替代。

⑤ 建设项目安全风险分析和环境影响分析：如原料、产品情况和固有危险性分析，生产工艺过程介绍及危险性分析（含 HAZOP 分析）。

⑥ 工艺、技术、产品等方面的专利、标准或省级以上技术查询单位出具的查新报告。

⑦ 相关的、详细的工艺技术说明和生产工艺过程介绍，明确主副反应、工艺参数、工艺过程、溶剂使用等等。

⑧ 所购危险化学品安全技术说明书。

⑨ 操作规程（含开停车过程、正常状况工艺过程、异常状况判断及事故处理内容）等。

⑩ 三废处理的情况介绍。

⑪ 工艺安全可靠性论证企业委托书。

1.4.3 安全评价

根据安全生产相关法律法规、《安全评价通则》《安全预评价导则》和《安全验收评价导则》，开展安全评价的前期准备工作，辨识与分析危险、有害因素，提出消除或减弱危险、危害的技术和管理对策措施建议，参与编制安全评价报告。

1.4.3.1 安全预评价

安全预评价是在项目建设前，根据建设项目可行性研究报告的内容，分析和预测该建设项目可能存在的危险、有害因素的种类和程度，提出合理可行的安全对策措施和建议，用以指导建设项目的初步设计。

安全预评价内容主要包括危险及有害因素识别、危险度评价和安全对策措施及建议。它是以拟建建设项目为研究对象，根据建设项目可行性研究报告提供的生产工艺过程、使用和产出的物质、主要设备和操作条件等，研究系统固有的危险及有害因素，应用系统安全工程的方法，对系统的危险性和危害性进行定性、定量分析，确定系统的危险、有害因素及其危险、危害程度；针对主要危险、有害因素及其可能产生的危险、危害后果提出消除、预防和降低的对策措施；评价采取措施后的系统是否能满足规定的安全要求，从而得出建设项目应如何设计、管理才能达到安全要求的结论。

1.4.3.2 安全验收评价

在建设项目竣工后正式生产运行前或工业园区建设完成后，通过检查建设项目安全设施与主体工程同时设计、同时施工、同时投入生产和使用的情况或工业园区内的安全设施、设备、装置投入生产和使用的情况，检查安全生产管理措施到位情况，检查安全生产规章制度健全情况，检查事故应急救援预案建立情况，审查确定建设项目、工业园区建设与安全生产法律法规、标准、规范要求的符合性，从整体上确定建设项目、工业园区的运行状况和安全管理情况，得出安全验收评价结论的活动。

安全验收评价程序内容主要包括：前期准备；危险、有害因素辨识；划分评价单元；选择评价方法，定性、定量评价；提出安全管理对策措施及建议；得出安全验收评价结论；编制安全验收评价报告等。

1.4.3.3 安全现状评价

针对生产经营活动、工业园区的事故风险、安全管理等情况，辨识与分析其存在的危险、有害因素，审查确定其与安全生产法律法规、规章、标准、规范要求的符合性，预测发生事故或造成职业危害的可能性及其严重程度，提出科学、合理、可行的安全对策措施、建议，得出安全现状评价结论。安全现状评价既适用于对一个生产经营单位或一个工业园区的评价，也适用于某一特定的生产方式、生产工艺、生产装置或作业场所的评价。

1.4.4 危险、有害因素的分类

危险、有害因素分类的方法多种多样，安全评价中常用按“导致事故的直接原因”“参照事故类别”和“职业健康”的方法进行分类。对于化工生产，参照卫生部颁发的《职业危害因素分类目录》，将危害因素分为粉尘、放射性物质、化学物质、物理因素、生物因素、导致职业性皮肤病的危害因素、导致职业性眼病的危害因素、导致职业性耳鼻喉口腔疾病的危害因素、职业性肿瘤的职业危害因素、其他职业危害因素等进行分类。

1.4.5 危险、有害因素的识别

尽管现代企业安全事故千差万别，但如果能够通过事先对危险、有害因素的识别，找出可能存在的危险、危害，就能够对所存在的危险、危害采取相应的措施（如修改设计，增加安全设施等），从而大大提高系统的安全性。

在进行危险、有害因素的识别时，要全面、有序地进行，防止出现漏项，宜从厂址、总平面布置、道路运输、建（构）筑物、生产工艺、物流、主要设备装置、作业环境、安全管理措施等几方面进行。识别的过程实际上就是系统安全分析的过程。

（1）厂址　从厂址的工程地质、地形地貌、水文、气象条件、周围环境、交通运输条

件、自然灾害、消防支持等方面分析、识别。

（2）总平面布置 从功能分区、防火间距和安全间距、风向、建筑物朝向、危险有害物质设施、动力设施（氧气站、乙炔气站、压缩空气站、锅炉房、液化石油气站等）、道路、贮运设施等方面进行分析、识别。

（3）道路运输 从运输、装卸、消防、疏散、人流、物流、平面交叉运输和竖向交叉运输等几方面进行分析、识别。

（4）建（构）筑物 从生产厂房的火灾危险性分类、耐火等级、结构、层数、占地面积、防火间距、安全疏散等方面进行分析识别。从库房储存物品的火灾危险性分类、耐火等级、结构、层数、占地面积、安全疏散、防火间距等方面进行分析识别。

（5）工艺过程 主要涉及以下几个方面：

① 对新建、改建、扩建项目设计阶段危险、有害因素的识别。

A. 对设计是否合理进行考查，尽可能从根本上消除危险、有害因素。

B. 当消除危险、有害因素有困难时，对是否采取了预防性技术措施进行考查。

C. 在无法消除危险或危险难以预防的情况下，对是否采取了减少危险、危害的措施进行考查。

D. 在无法消除、预防、减弱的情况下，对是否将人员与危险、有害因素隔离等进行考查。

E. 当操作者失误或设备运行一旦达到危险状态时，对是否能通过联锁装置来终止危险、危害的发生进行考查。

F. 在易发生故障和危险性较大的地方，对是否设置了醒目的安全色，安全标志和声、光警示装置等进行考查。

② 对安全现状综合评价，可针对行业和专业的特点及行业和专业制定的安全标准、规程进行分析、识别。例如，原劳动部曾会同有关部委制定了冶金、电子、化学、机械、石油化工、轻工、塑料、纺织、建筑、水泥、制浆造纸、平板玻璃、电力、石棉、核电站等一系列安全规程、规定，评价人员应根据这些规程、规定及要求，对被评价对象有可能存在的危险、有害因素进行分析和识别。

③ 根据典型的单元过程（单元操作）进行危险、有害因素的识别。典型的单元过程是各行业中具有典型特点的基本过程或基本单元。这些单元过程的危险、有害因素已经归纳总结在许多手册、规范、规程和规定中，通过查阅均能得到。这类方法可以使危险、有害因素的识别比较系统，避免遗漏。

（6）生产设备、装置 对于工艺设备可从高温、低温、高压、腐蚀、振动、关键部位的备用设备、控制、操作、检修和故障、失误时的紧急异常情况等方面进行识别。对机械设备可从运动零部件和工件、操作条件、检修作业、误运转和误操作等方面进行识别。对电气设备可从触电、断电、火灾、爆炸、误运转和误操作、静电、雷电等方面进行识别。另外，还应注意识别高处作业设备、特殊单体设备（如锅炉房、乙炔站、氧气站）等的危险、有害因素。

（7）作业环境 注意识别存在毒物、噪声、振动、高温、低温、辐射、粉尘及其他有害因素的作业部位。

（8）安全管理措施 可以从安全生产管理组织机构、安全生产管理制度、事故应急救援预案、特种作业人员培训、日常安全管理等方面进行识别。

1.4.6 常用的安全评价方法

1.4.6.1 安全检查表方法

安全检查表方法是为了查找工程、系统中各种设备设施、物料、工件、操作、管理和组织措施中的危险、有害因素，事先把检查对象加以分解，将大系统分割成若干小的子系统，以提问或打分的形式，将检查项目列表逐项检查，避免遗漏，这种表称为安全检查表。

1.4.6.2 危险指数方法

危险指数（risk rank，RR）方法是通过评价人员对几种工艺现状及运行的固有属性（是以作业现场危险度、事故概率和事故严重度为基础，对不同作业现场的危险性进行鉴别）进行比较计算，确定工艺危险特性重要性大小及是否需要进一步研究的安全评价方法。

危险指数评价可以运用在工程项目的各个阶段（可行性研究、设计、运行等），可以在详细的设计方案完成之前运用，也可以在现有装置危险分析计划制定之前运用。当然它也可用于在役装置，作为确定工艺操作危险性的依据。

目前已有许多种危险指数方法得到广泛的应用，如危险度评价法，道化学公司的火灾、爆炸危险指数法，帝国化学工业集团（Imperial Chemical Industries，ICI）的蒙德法，化工厂危险等级指数法等等。

1.4.6.3 预先危险性分析方法

预先危险性分析（preliminary hazard analysis，PHA）是一项实现系统安全危害分析的初步或初始工作，在设计、施工和生产前，首先对系统中存在的危险性类别、出现条件、导致事故的后果进行分析，目的是识别系统中的潜在危险，确定危险等级，防止危险发展成事故。

预先危险分析方法的步骤如下：

① 通过经验判断、技术诊断或其他方法确定危险源，对所需分析系统的生产目的、物料、装置及设备、工艺过程、操作条件以及周围环境等，进行充分详细的了解。

② 根据以往的经验及同类行业生产中的事故情况，对系统的影响、损坏程度，类比判断所要分析的系统中可能出现的情况，查找能够造成系统故障、物质损失和人员伤害的危险性，分析事故的可能类型。

③ 对确定的危险源分类，制成预先危险性分析表。

④ 转化条件，即研究危险因素转变为危险状态的触发条件和危险状态转变为事故的必要条件，并进一步寻求对策措施，检验对策措施的有效性。

⑤ 进行危险性分级，排列出重点和轻、重、缓、急次序，以便处理。

⑥ 制定事故的预防性对策措施。

1.4.6.4 故障假设分析方法

故障假设分析（what... if，WI）方法是一种对系统工艺过程或操作过程的创造性分析方法。它一般要求评价人员用“what... if”作为开头对有关问题进行考虑，任何与工艺安全有关或与之不太相关的问题都可提出并加以讨论。通常，将所有的问题都记录下来，然后分门别类进行讨论。所提出的问题要考虑到任何与装置有关的不正常的生产条件，而不仅仅是设备故障或工艺参数变化。故障假设分析方法比较简单，评价结果一般以表格形式表示，主要内容有：提出的问题、回答可能的后果、降低或消除危险性的安全措施。

1.4.6.5 危险与可操作性研究方法

危险和可操作性研究是一种定性的安全评价方法。它的基本过程是以关键词为引导，找出过程中工艺状态的变化（即偏差），然后分析找出偏差的原因、后果及可采取的对策。其侧重点是工艺部分或操作步骤各种具体值。

危险和可操作性研究方法所基于的原理是，背景各异的专家们若在一起工作，就能够在创造性、系统性和风格上互相影响和启发，能够发现和鉴别更多的问题，这样做要比他们独立工作并分别提供结果更为有效。

危险和可操作性研究方法可按分析的准备、完成分析和编制分析结果报告 3 个步骤来完成。其本质就是通过系列会议对工艺流程图和操作规程进行分析，由各种专业人员按照规定的方法对偏离设计的工艺条件进行过程危险和可操作性研究。鉴于此，虽然某一个人也可能单独使用危险与可操作性研究方法，但这绝不能称为危险和可操作性研究。所以，危险和可操作性研究方法与其他安全评价方法的明显不同之处是，其他方法可由某人单独使用，而危险和可操作性分析则必须由一个多方面的、专业的、熟练的人员组成的小组来完成。

1.4.6.6 故障类型和影响分析

故障类型和影响分析（failure mode effect analysis，FMEA）是系统安全工程的一种方法。系统可以划分为子系统、设备和元件。按实际需要将系统进行分割，然后分析各自可能发生的故障类型及其产生的影响，以便采取相应的对策，提高系统的安全可靠性。

故障类型和影响分析的目的是辨识单一设备和系统的故障模式及每种故障模式对系统或装置的影响。故障类型和影响分析的步骤为：明确系统本身的情况，确定分析程度和水平，绘制系统图和可靠性框图，列出所有的故障类型并选出对系统有影响的故障类型，理出造成故障的原因。在故障类型和影响分析中不直接确定人的影响因素，但像人为失误、误操作等影响通常作为一个设备故障模式表示出来。

FMEA 的分析步骤如下：

① 确定分析对象系统。根据分析详细程度的需要，查明组成系统的元素（子系统或单元）及其功能。

② 分析元素故障类型和产生原因。由熟悉情况、有丰富经验的人员依据经验和有关的故障资料分析、讨论可能产生的故障类型和原因。

③ 研究故障类型的影响。研究、分析元素故障对相邻元素、邻近系统和整个系统的影响。

④ 填写故障类型和影响分析表格。将分析的结果填入预先准备好的表格，可以简洁明了地显示全部分析内容。

1.4.6.7 故障树分析

故障树又称为事故树，是一种描述事故因果关系的有方向的“树”，故障树分析（fault tree analysis，FTA）是安全系统工程中重要的分析方法之一。它能对各种系统的危险性进行识别评价，既适用于定性分析，又能进行定量分析，具有简明、形象化的特点，体现了以系统工程方法研究安全问题的系统性、准确性和预测性。

故障树分析的基本程序如下：

① 熟悉系统。要详细了解系统状态及各种参数，绘出工艺流程图或布置图。

② 调查事故。收集事故案例进行事故统计，设想给定系统可能要发生的事故。

③ 确定顶上事件。要分析的对象事件即为顶上事件。对所调查的事故进行全面分析，从中找出后果严重且较易发生的事故作为顶上事件。

④ 确定目标值。根据经验和事故案例，经统计分析后，求解事故发生的概率（频率），作为要控制的事故目标值。

⑤ 调查原因事件。调查与事故有关的所有原因事件和各种因素。

⑥ 画出故障树。从顶上事件起，一级一级找出直接原因事件，到所要分析的深度，按其逻辑关系，画出故障树。

⑦ 定性分析。按故障树结构进行简化，确定各基本事件的结构重要度。

⑧ 确定事故发生概率。确定所有事件发生概率，标在故障树上，进而求出顶上事件发生概率。

⑨ 比较。比较分对可维修系统和不可维修系统进行讨论，前者要进行对比，后者求出顶上事件发生概率即可。

⑩ 分析。故障树分析不仅能分析出事故的直接原因，而且能深入提示事故的潜在原因，因此在工程或设备的设计阶段、在事故查询或编制新的操作方法时，都可以使用故障树分析对它们的安全性做出评价。

1.4.6.8 事件树分析

事件树分析（event tree analysis，ETA）是用来分析普通设备故障或过程波动（称为初始事件）导致事故发生的可能性。

在事件树分析中，事故是典型设备故障或工艺异常（称为初始事件）引发的结果。与故障树分析不同，事件树分析是使用归纳法（而不是演绎法），事件树可提供记录事故后果的系统性的方法，并能确定导致事件后果事件与初始事件的关系。

事件树分析步骤如下：

① 确定初始事件。初始事件可以是系统或设备的故障、人员的失误或工艺参数偏移等可能导致事故发生的事件。初始事件一般依靠分析人员的经验和有关运行、故障、事故统计资料来确定。

② 判定安全功能。系统中包含许多能消除、预防、减弱初始事件影响的安全功能（安全装置、操作人员的操作等）。常见的安全功能有自动控制装置、报警系统、安全装置、屏蔽装置和操作人员采取措施等。

③ 发展事件树和简化事件树。从初始事件开始，自左至右发展事件树。首先把事件一旦发生时起作用的安全功能状态画在上面的分支，不能发挥安全功能的状态画在下面的分支。然后依次考虑每种安全功能分支的两种状态，层层分解直至系统发生事故或故障为止。

简化事件树是在发展事件树的过程中，将与初始事件、事故无关的安全功能和安全功能不协调、矛盾的情况省略、删除，达到简化分析的目的。

④ 分析事件树。事件树各分支代表初始事件一旦发生后其可能的发展途径，其中导致系统事故的途径即为事故联锁。

事件树分析适合用来分析那些产生不同后果的初始事件。它强调的是事件可能发生的初始原因以及初始事件对事件后果的影响，事件树的每一个分支都表示一个独立的事件序列，对一个初始事件而言，每一独立事件序列都清楚地界定了安全功能之间的功能关系。

1.4.6.9 作业条件危险性评价法

美国的 K. J. 格雷厄姆（K. J. Graham）和 G. F. 金尼（G. F. Kinney）研究了人们在具有潜在危险环境中作业的危险性，以所评价的环境与某些作为参考环境的对比为基础，将作业条件的危险性作为因变量（D），事故或危险事件发生的可能性（L）、暴露于危险环境的频率（E）及危险严重程度（C）作为自变量，确定了它们之间的函数式。根据实际经验，他们给出了 3 个自变量的各种不同情况的分数值，采取对所评价的对象根据情况进行“打分”的办法，然后根据公式计算出其危险性分数值，再在按经验将危险性分数值划分的危险程度等级表或图上查出其危险程度。这是一种简单易行的评价作业条件危险性的方法，即作业条件危险性评价（job risk analysis，JRA）法。

1.4.6.10 定量风险评价方法

在识别危险分析方面，定性和半定量的评估是非常有价值的，但是这些方法仅是定性分析，不能提供足够的定量分析，特别是不能对复杂的并存在危险的工业流程等提供决策的依据和足够的信息，在这种情况下，必须能够提供完全的定量的计算和评价。风险可以表征为事故发生的频率和事故的后果的乘积。定量风险评价（quantity risk analysis，QRA）方法对这两方面均进行评价，可以将风险的大小完全量化，并提供足够的信息，为业主、投资者、政府管理者提供定量化的决策依据。

对于事故后果模拟分析，国内外有很多研究成果。如美国、英国、德国等发达国家，早在 20 世纪 80 年代初便完成了一系列大规模现场泄漏扩散实验。在 90 年代，又针对毒性物质的泄漏扩散进行了现场实验研究。迄今为止，已经形成了数以百计的事故后果模型，如著名的 DEGADIS、ALOHA、SLAB、TRACE、ARCHIE 等。基于事故模型的实际应用也取得了发展，如 DNV 公司的 SAFETY Ⅱ 软件是一种多功能的定量风险分析和危险评价软件包，包含多种事故模型，可用于工厂的选址、区域和土地使用决策、运输方案选择、优化设计、提供可接受的安全标准。Shell Global Solution 公司提供的 Shell FRED、Shell SCOPE 和 Shell Shepherd 三个序列的模拟软件涉及泄漏、火灾、爆炸和扩散等方面的风险评价。这些软件涉及的都是建立在大量实验的基础上得出的数学模型，有着很强的可信度。评价的结果用数字或图形的方式显示事故影响区域，以及个人和社会承担的风险。根据风险的严重程度对可能发生的事故进行分级，有助于制定降低风险的措施。

1.4.7 安全评价报告

安全评价报告是安全评价工作过程形成的成果。安全评价报告的载体一般采用文本形式，为适应信息处理、交流和资料存档的需要，报告可采用多媒体电子载体。电子版本中能容纳大量评价现场的照片、录音、录像及扫描文件，可增强安全验收评价工作的可追溯性。

1.4.7.1 安全预评价报告

（1）报告要求　安全预评价报告应全面、概括地反映安全预评价过程的全部工作，文字应简洁、准确，提出的资料清楚可靠，论点明确，利于阅读和审查。

（2）报告内容　安全预评价报告主要包括以下内容：

① 结合评价对象的特点阐述编制安全预评价报告的目的。

② 列出有关的法律、法规、标准、行政规章、规范、评价对象被批准设立的相关文件及其他有关参考资料作为评价依据。

③ 被评价对象的概况，包括选址、总图及平面布置、水文情况、地质条件、工业园区

规划、生产规模、工艺流程、功能分布、主要设施设备、装置、主要原材料、中间体、产品、经济技术指标、公用工程及辅助设施、人流、物流等。

④ 对危险、有害因素进行辨识与分析，包括要列出辨识与分析危险、有害因素的依据，阐述辨识与分析危险、有害因素的过程。

⑤ 划分评价单元，阐述划分评价单元的原则、分析过程等。

⑥ 确定安全预评价方法，要简介选定的安全预评价方法，阐述选定方法的原因；详细列出定性、定量评价过程；对重大危险源的分布、监控情况以及预防事故扩大的应急预案的建议内容，应明确给出相关的评价结果；对得出的评价结果进行分析。

⑦ 列出安全对策措施建议的依据、原则、内容，确定安全措施建议。

⑧ 给出安全预评价结论，要简要列出主要危险、有害因素评价结果；指出评价对象应重点防范的重大危险有害因素；明确应重视的安全对策措施建议；明确评价对象潜在的危险有害因素在采取安全对策措施后，能否得到控制以及受控的程度如何；给出评价对象从安全生产角度是否符合国家有关法规、标准、行政规章、规范要求的客观评价。

1.4.7.2 安全验收评价报告

(1) 安全验收评价报告的要求　安全验收评价报告要求比安全预评价报告要更详尽、更具体，特别是对危险分析要求较高，因此整个评价报告的编制，要由懂工艺和操作的专家参与，并共同完成。

(2) 安全验收评价报告内容　安全验收评价报告一般具有如下内容：

① 项目单位简介、评价项目的委托方及评价要求和评价目的。

② 列出法规、标准、规范及项目的有关文件作为评价依据。

③ 评价项目概况，包括地理位置及自然条件、工艺过程、生产运行现状、项目委托约定的评价范围。

④ 对危险有害因素进行辨识与分析，包括工艺流程、工艺参数、控制方式、操作条件、物料种类与理化特性、工艺布置、总图位置、公用工程的内容，根据危险、有害因素分析的结果和确定的评价单元、评价要素，参照有关资料和数据，并运用选定的分析方法，对存在的危险、有害因素逐一分析。

⑤ 对评价单元进行划分，并阐述划分评价单元的原则、分析过程等。

⑥ 明确评价方法，说明针对主要危险、有害因素和生产特点选用的评价方法，事故发生可能性及其严重程度分析计算；对得出的评价结果进行分析。结合现场调查结果以及同行或同类生产的事故安全分析发生事故的概率，必要时，应运用相应的数学模型进行重大事故模拟。

⑦ 提出安全对策措施建议，给出综合评价结果，提出相应的对策措施，并按照风险程度的高低进行解决方案的排序。

⑧ 给出评价结论，并简要说明项目安全状态水平。

1.5 职业危害预防和管理

1.5.1 职业病和职业性有害因素分类

国家卫生计生委、人力资源社会保障部、原安全监管总局、全国总工会于2013年颁布

《职业病分类和目录》(国卫疾控发［2013］48号)(原《职业病目录》〈卫法监发［2002］108号〉同时废止),将10类共132种职业病列入法定职业病,包括:①职业性尘肺病及其他呼吸系统疾病19种;②职业性皮肤病9种;③职业性眼病3种;④职业性耳鼻喉口腔疾病4种;⑤职业性化学中毒60种;⑥物理因素所致职业病7种;⑦职业性放射性疾病11种;⑧职业性传染病5种;⑨职业性肿瘤11种;⑩其他职业病3种。

化工生产职业性有害因素按其来源可分为以下三类:

(1) 生产过程中产生的有害因素　主要包括化学因素、物理因素和生物因素。

① 化学因素。包括生产性粉尘和化学有毒物质。

生产性粉尘,例如矽尘、煤尘、石棉尘、电焊烟尘等。

化学有毒物质,例如铅、汞、锰、苯、一氧化碳、硫化氢、甲醛、甲醇等。

② 物理因素。包括异常气象条件(高温、高湿、低温)、异常气压、噪声、振动、辐射等。

③ 生物因素。包括附着于皮毛上的炭疽杆菌、甘蔗渣上的真菌、医务工作者可能接触到的生物传染性病原物等。

(2) 劳动过程中的有害因素　主要包括劳动组织和制度不合理,劳动作息制度不合理等;精神性职业紧张;劳动强度过大或生产定额不当;个别器官或系统过度紧张,如视力紧张等;长时间不良体位或使用不合理的工具等。

(3) 生产环境中的有害因素　主要包括自然环境中的因素,例如炎热季节的太阳辐射;作业场所建筑卫生学设计缺陷因素,例如照明不良、换气不足等。

1.5.2 职业危害识别

1.5.2.1 粉尘与尘肺

能够较长时间悬浮于空气中的固体微粒叫做粉尘。从胶体化学观点来看,粉尘是固态分散性气溶胶。其分散媒是空气,分散相是固体微粒。在生产中,与生产过程有关而形成的粉尘叫做生产性粉尘。生产性粉尘对人体有多方面的不良影响,尤其是含有游离二氧化硅的粉尘,能引起严重的职业病——矽肺。

不同分散度的生产性粉尘,因粉尘颗粒粒径大小的差异,其进入人体呼吸系统的情况存在差异,在生产性粉尘的采样监测与接触限值制定上,通常将其分为总粉尘与呼吸性粉尘两种类型:

(1) 总粉尘　可进入整个呼吸道(鼻、咽和喉、胸腔支气管、细支气管和肺泡)的粉尘,简称“总尘”。技术上系用总粉尘采样器按标准方法在呼吸带测得的所有粉尘。

(2) 呼吸性粉尘　按呼吸性粉尘标准测定方法所采集的可进入肺泡的粉尘粒子,其空气动力学直径均在7.07μm以下,空气动力学直径5μm粉尘粒子的采样效率为50%,简称“呼尘”。

2013年国家卫生计生委、人力资源社会保障部、原安全监管总局及全国总工会联合颁布的《职业病分类和目录》(国卫疾控发［2013］48号)职业病名单中,列出了13种法定尘肺病,即矽肺、煤工尘肺、石墨尘肺、炭黑尘肺、石棉肺、滑石尘肺、水泥尘肺、云母尘肺、陶工尘肺、铝尘肺、电焊工尘肺、铸工尘肺,以及根据《尘肺疾病诊断标准》和《尘肺病理诊断标准》可以诊断的其他尘肺。

1.5.2.2 生产性毒物与职业中毒

（1）生产性毒物及其危害 凡少量化学物质进入机体后，能与机体组织发生化学或物理化学作用，破坏正常生理功能，引起机体暂时或长期病理状态的，称为毒物。

在生产经营活动中，通常会生产或使用化学物质，它们发散并存在于工作环境空气中，对劳动者的健康产生危害，这些化学物质称为生产性毒物（或化学性有害物质）。

（2）毒物毒性 毒物毒性大小可以用引起某种毒性反应的剂量来表示。在引起同等效应的条件下，毒物剂量越小，表明该毒物的毒性越大。例如，60mg 的氯化钠一次进入人体，对健康无损害；60mg 的氰化钠一次进入人体，就有致人死亡的危险。这表明，氯化钠的毒性很小，氰化钠的毒性很大。化学物质的危害程度分级分为剧毒、高毒、中等毒、低毒和微毒 5 个级别。

（3）职业中毒的类型 侵入人体的生产性毒物引起的职业中毒，按发病过程可分为三种类型：

① 急性中毒。由毒物一次或短时间内大量进入人体所致。多数由生产事故或违反操作规程所引起。

② 慢性中毒。慢性中毒是长期小剂量毒物进入机体所致。绝大多数是由蓄积作用的毒物引起的。

③ 亚急性中毒。亚急性中毒介于以上两者之间，是在短时间内有较大量毒物进入人体所产生的中毒现象。

接触工业毒物，无中毒症状和体征，但实验室检查体内毒物或其代谢产物超过正常值的状态称为带毒状态，如铅吸收带毒状态等。有些毒物有致癌性。接触有些毒物还可能对妇女有害，甚至会累及下一代。

1.5.3 职业危害因素的检测与评价

依据职业卫生有关采样、测定等法规标准的要求，在作业现场采集样品后测定分析或者直接测量，对照国家职业危害因素接触限值有关的标准要求，是评价工作环境中存在的职业性危害因素的浓度或强度的基本方式。通过职业危害因素检测，可以判定职业危害因素的性质、分布、产生的原因和程度，也可以评价作业场所配备的工程防护设备设施的运行效果。

（1）职业危害因素检测 国家职业卫生有关法规标准对作业场所职业危害因素的采样和测定都有明确的规定，职业危害因素检测必须按计划实施，由专人负责，进行记录，并纳入已建立的职业卫生档案。常见政策法规主要为部门颁布的有关规章，例如《作业场所职业健康监督管理暂行规定》（原国家安全生产监督管理总局令第 23 号）规定，存在职业危害的生产经营单位（煤矿除外）应当委托具有相应资质的中介技术服务机构，每年至少进行一次职业危害因素检测。《煤矿安全规程》《煤矿作业场所职业危害防治规定（试行）》则对煤矿企业职业危害因素检测进行了规定。除国家主管部门颁布的有关规定外，现行职业卫生标准也对职业危害因素的布点采样等进行了详细的规定，主要职业卫生标准有《工作场所空气中有害物质监测的采样规范》（GBZ 159—2004）与《工作场所物理因素测量》（GBZ/T 189）有关技术规范等。

对于工作场所中存在的粉尘和化学毒物的采样来说，根据其采样方式的不同又可以分为定点采样和个体采样两种类型。定点采样是指将空气收集器放置在选定的采样点、劳动者的呼吸带进行采样；个体采样是指将空气收集器佩戴在采样对象（选定的作业人员）的前胸上部，其进气口尽量接近呼吸带所进行的采样。

（2）职业危害因素测定分析　对于多数物理性职业危害因素，在现场检测时可以借助测定设备直接进行读数，对于作业场所空气中存在的粉尘、化学物质等有害因素，还需要在采集作业场所样品后作进一步的分析测定。主要标准有粉尘测量有关技术规范《工作场所空气中粉尘测定》（GBZ/T 192.1—2007～GBZ/T 192.5—2007）、《工作场所空气有毒物质测定》（GBZ/T 160）等。

1.6 化工安全技术与工程概述

化学工业是国民经济的重要支柱性产业，为国防、航天等各行各业，以及人们的日常生活提供必要的物资基础和生活保障。化学工业使用并生产大量的化学品，生产过程发生各种各样的化学反应，尤其涉及到危险化学品和危险工艺，并且存在高温、高压、强腐蚀等苛刻的工况条件。在制造业领域，化工产业的职业健康危害、事故占比都相对偏高。化工火灾、爆炸、中毒、污染等事故也时有发生，造成人员伤亡和企业财产损失，甚至令人们谈化色变。因此，化学工业属于高风险制造业，与矿山、建筑、电力、水利等其他工业相比较，化学工业的易燃、易爆、高毒性、强腐蚀性等危险特性更突出，潜在的安全隐患更多，危险特性更显著，危害后果更严重。国家颁布了《安全生产法》，并根据化工产业的发展等实际情况，与时俱进，持续更新。在《安全生产法》中，化工生产被列入较易发生危险的类别，在诸多方面提出了更高的标准和更为严格的要求。

在化工生产过程中，采用不同的工艺路线生产不同的产品。工艺过程涉及的化学品包括反应原料、反应介质、催化剂、中间产品、产成品、副产品、废弃物等，有些涉及到有气体生成的反应，还包括尾气吸收装置的喷淋液、吸收液、淋洗液等。工艺涉及的化学反应对工艺条件都有特定的要求，包括反应温度、反应压力、pH 值、水分含量、金属离子含量等等，不同的工艺条件，对应的反应机理不同，导致生成不同的目标产物和副产物。因此，化工产业对工艺条件的控制非常重要，为了保证化学反应过程的目标可控，在工艺过程中进行控制分析，以及目标产物的定性与定量分析必不可少。此外，化学反应在朝着目标产物进行的同时，也伴随着某些副反应的发生，导致副产物和废弃物的生成，相应的主副产物分离与精制、尾气吸收、废液处理、废固焚烧等后处理和“三废”治理过程也是工艺过程的重要组成部分。因此，在化学品开发生产过程中，工艺技术包括了合成工艺技术、分析技术和三废治理技术。化学工业是创造新物质的产业，工艺技术完成了由原料到产品的创造，实现了物质的转化与传递。然而，在原料向产品的物质转化与传递过程中，原料化学键的断裂和产品化学键的生成，伴随着能量的释放与吸收，化工安全技术围绕能量转化与传递的科学问题，开发化工反应风险研究、风险评估与风险控制系统理论和关键技术，深入研究物质转化的微观和宏观机理，提出物质转化与传递的条件，架起由工艺向工程转化的桥梁。化工安全技术以工艺技术为基础，按照化学品、化学反应和反应失控分类，深入研究化学品静态和在工艺过程中的动态稳定性、危险性、安全性，研究化学反应的机理、表观反应热力学与动力学，同时开发工程放大与产业化模拟与仿真技术，研究过程强化、目标可控和本质安全。以反应风险研究为基础，开展工艺风险评估和多因素耦合风险评估，量化风险等级，提出风险控制措施要求，明确了从实验室到产业化的工程设计、工艺控制、报警与应急处置等联锁参数与安全工程条件。开展风险控制技术研究，开发应急淬灭阻爆抑爆，以及超压泄放风险控制方法，并在工艺设计中实施应用，有效实施风险管控。提高精细化率是全球化学工业的发展战略，精细化学品广泛应用于各个领域。精细化工涉及的工程技术多种多样，包括间歇、半间歇釜式反应，固定床、移动床、流化床反应，微通道、环流等管式反应，以及超重力、膜反应等等。化工反应风险研究、风险评估与风险控制系统理论和关键技术的开发应用，填补了化工安全技术与安全数据的缺失，对精细化工的产业发展和绿色增长尤为重要；工艺、安全与工程的有机结合与协同创新，综合解决了化工过程物质转化与传递、能量转化与传递，以及工程与信息的转化与传递的科学问题，同时为精细化工产业转型升级，实现连续化生产和自动化控制提供了科学依据和技术途径。化工安全技术与工程对化工行业尤为重要。

化工安全技术与工程是确保化学反应目标可控和本质安全的技术途径。绝大多数化学反应都是放热反应，尤其是氧化、过氧化、硝化、聚合、烷基化等危险工艺，反应放热量大，瞬时放热功率高，存在较高的风险。化工过程大多数使用易燃、易爆、有毒等危险化学品，存在工艺条件与爆炸极限控制的矛盾，联锁控制参数不详，安全控制界限不清，容易发生爆炸、燃烧等危险事故。某些氧化反应或过氧化反应，生成或使用危险性更大的过氧化物，过程中不可避免存在氧气，除了容易导致反应系统处于爆炸极限范围以内外，还存在过氧化物的化学稳定性差，容易在受热、摩擦或撞击等条件下发生分解引发爆炸事故的风险。以硝化危险工艺为例，首先是硝化物分解放热量大，爆炸威力显著，大多数硝化物在酸性、水分等工况条件下，稳定性显著下降；此外，大量的硝化反应速度快、放热量大、瞬时放热功率高，极易在温度、加料等失控条件下，导致反应失控，引发爆炸事故；再者，硝化反应体系的后处理涉及蒸馏、干燥、存储等单元操作，存在二次分解风险。因此，深入开展反应风险研究、风险评估与风险控制，全面获取化工安全数据，提供工艺设计参数，反应温度、加料，以及失控条件下的联锁自控参数，并制定严格的温度控制和报警限值，设计安装应急终止和超压泄放系统，是解决硝化、过氧化、重氮化、氯化等危险工艺本质不安全问题的技术途径，对有效避免化工燃烧爆炸事故的发生具有重大的意义。化工安全技术与工程充分考虑了化工物料、工艺过程、装备设施的综合安全和应急风险控制，确定安全操作条件、安全储运条件，以及在工艺过程中的动态安全条件。化工安全技术与工程深入研究温度、有害杂质含量、氧含量、水分含量等控制的安全限值，研究惰性气体保护，减小体系的爆炸威力，消减风险范围，提出传质和传热的较优条件和过程强化要求，使反应过程目标更可控，通过源头控制解决末端治理问题，使化工过程更安全可靠，促进化工产业绿色增长。化工安全技术与工程深入研究化学反应的表观热力学与动力学，包括工艺过程的安全运行条件、安全边界条件，以及反应失控的控制条件和应急风险控制方法，为工艺设计、工程控制，以及相应的风险控制措施提供技术参数，保证工艺设计符合工艺要求和目标可控，满足过程安全要求。

1.6.1　反应风险研究

化工产业涉及到工厂选址、工艺设计和工程建设，涉及到化工原材料的储存、运输、加工生产、废弃处理，以及相关的操作使用，操作控制不当也会引发风险。化工风险无处不在，包括化学品、化学反应，以及反应失控等各方面都会带来诸多的风险，化学工业是高风险制造业。然而，化学工业是国民经济的支柱性产业，化工产业正在向精细化工深度延伸。目前，我国的精细化率已经达到约45%，国防科技、航天航空，以及人们的衣食住行离不开精细化学品，包括新药、新材料、新能源等。精细化工以间歇或半间歇操作为主，与石油化工相比，潜在的风险隐患更多，精细化工事故占比高，管控精细化工风险是化工产业风险管控的重中之重。在精细化学品的开发和生产过程中，涉及大量的有机合成反应，并且放热反应居多，反应过程中伴有热量产生，部分反应还伴有气体放出。所以，精细化学品的开发生产，对反应系统热交换和控制要求极为严格，一旦发生冷却失效，反应体系温度升高、反应速度加快，热量累积增加，进一步导致体系温度迅速升高，有可能达到体系物料的热分解温度，促使体系物料进一步发生分解反应，放出大量的热量或大量的气体，必将导致反应失控，最终引发爆炸事故。因此，按照化学品和化学反应分类，开展反应风险研究，建立反应风险研究、评估与控制系统理论和关键技术，尤其是对化学反应的热风险进行研究和评估，建立风险控制措施，制定应急预案，是化工产业过程安全管理的技术途径，是实现化工过程安全、绿色增长的首要条件。

随着国际社会对化工产业安全环保的重视程度不断提高，化工生产已经从普遍重视化学反应工艺的研究开发和生产，转向优先注重本质安全和过程安全管理，从追求速度和短期效益，转向追求高质量发展和绿色增长。化工反应风险研究、评估与控制技术开发应用，自2017年国家发布《开展精细化工反应安全风险评估指导意见》一号文开始在我国拉开帷幕，反应安全风险评估以前所未有的出现率，映入大家的眼帘，并在全国精细化工产业全面展开。同时借鉴美国化学工程师协会倡导的并在全球推动的过程安全管理经验，精细化学品的开发生产开始从本质上建立反应风险研究方法和反应安全风险评估办法，识别工艺过程的风险，建立有效的风险控制措施，并将反应风险研究与评估结果融入工艺设计过程中，从根本上防止反应失控，提高工艺过程的本质安全性，建立以安全技术与数据为基础的过程安全管理体系。

目前，反应风险研究、反应安全风险评估，以及风险控制得到了化工生产企业、研究院所、大专院校的高度重视，追求化工本质安全，已经成为企业高质量安全发展的内生动力和主动行为。化工反应风险研究需要以工艺研究为基础，根据反应工艺条件开展相关反应风险测试和研究，并充分考虑最坏情形，以及在反应失控条件下的潜在危险。在反应风险研究的基础上，开展化工反应安全风险评估，同时考虑从小试到中试及产业化的放大过程，针对目标工艺和反应机理，开展工程放大研究和过程强化研究。化工反应风险研究、评估与控制是化学品开发生产的重要工作内容，是化工过程安全管理的有效技术手段，是化工本质安全的技术保障。化工反应风险研究的主要任务是以工艺研究为基础，对工艺涉及的相关化学品、化学反应，以及蒸馏、干燥、存储等单元操作开展风险研究，获取安全相关数据，并以数据为基础，开展反应安全风险评估，明确风险并建立相应的风险控制措施，同时针对高风险工艺，提出安全可靠的工艺优化、过程强化等要求，降低风险，实现风险可控。因此，开展反应风险研究、反应安全风险评估和风险控制措施建立，对于实现化工生产的本质安全具有重要的实际意义。反应风险研究的主要内容包括化学品静态和工艺条件下的动态风险研究，反应过程风险研究，相关蒸馏、干燥、存储等单元操作风险研究，可能的工艺条件偏离风险研究，以及反应失控风险研究。通过化学品风险研究，确定工艺所使用的各种化学物质的安全操作条件，同时充分考虑工艺条件下和工艺偏离条件下对化学品稳定性的影响。化学品风险研究涉及工艺过程的所有原料、中间体、产成品、催化剂、吸收系统，以及废弃物，包括对工艺过程涉及的受热操作的所有受热物料进行热稳定性研究，通过差示扫描量热、快速筛选量热、绝热加速量热、微量热等联合测试技术，获取相关化学品的起始放热分解温度、分解热、温升和压升速率等数据，进一步采用动力学仿真与模拟，预测相关化学品在放大规模下的热稳定特性，进行物理危险性测试，并考虑化合物的化学结构、氧平衡等情况，进行必要的爆炸性测试研究，为产业放大、储存、运输和操作使用提供安全技术参数，界定安全限值。

精细化工反应风险与控制的关键技术内容是按照工艺过程涉及的化学品、化学反应和反应失控分类，开展反应风险研究和工艺风险评估，有针对性地建立风险控制措施。反应风险研究通常在工艺条件基本确定，准备进入小试稳定实验和在工程化放大研究之前开展，反应风险研究结果应用于工艺优化和工程放大研究，确定最优安全工艺条件。当工程放大工艺条件发生变更时，应进一步开展反应风险研究，补充完善工艺条件变更后的风险研究数据。产业实施过程中，任何的技术变更、规模变更、操作参数变更或工艺变更，变更前都应开展必要的反应风险研究，以保证工艺变更风险可知、可控，技术变更更合理。风险研究过程中，应重点聚焦反应的热风险、压力风险和毒物释放风险，开展化学品和化学反应风险研究。应首先研究工艺过程涉及的化学品的静态稳定性和在工艺过程中的动态稳定性，研究化学品可能具有的自催化性质，化学品发生分解反应的条件和温度范围；应关注工艺过程涉及到的化学反应风险，充分考虑化学反应与化学物质的风险叠加，以及可能产生的最坏后果，并关注工艺过程中的气体产生条件、气体产生速率和气体产生量等。对于放热化学反应，开展反应风险研究，测量反应的表观放/吸热量，以及瞬时和平均放热功率非常重要。反应风险研究获取了化学创造新物质过程中化学键断裂重组的能量情况，深入研究反应的本质和规律，为工艺优化、过程强化、工艺设计和风险控制措施建立提供技术参数。反应风险研究应充分研究反应速率、放热速率与反应物浓度和温度的关系，反应物料累积和热累积，建立反应动力学方程，确定传质和传热条件。反应风险研究还包括失控反应风险研究，充分考虑气体逸出情况、温度升高情况和压力升高情况，确定反应失控后可能导致的最坏后果，建立风险控制措施。应研究各种工艺条件对表观热力学和反应动力学的影响，包括温度、催化剂、反应时间、物料配比、加料方式、pH 条件等影响因素。综合化学品、化学反应和反应失控，开展反应风险研究，对于精细化工风险控制和绿色增长十分重要。开展反应风险研究，应根据工艺条件的不同，选择反应量热、微量热、绝热量热、差热量热等反应量热研究，获得表观反应热、瞬时放热功率、失控反应绝热温升，以及失控体系能够达到的最高温度等数据，确定换热条件，划定风险等级，建立风险控制措施。

1.6.2 反应安全风险评估

反应风险研究的目的是评估风险和控制风险。以反应风险研究获取的数据为基础，开展反应安全风险评估，主要包括热风险评估、压力扩展和毒物扩散风险评估、设备和管道腐蚀风险评估，以及相关设备及流程的风险评估。关注化学品和化学反应，开展反应热安全风险评估对过程安全管理极为重要，评估方法要具有普适性和科学性，评估结果的应用要具有实际性和有效性。以反应热安全风险评估为基础，进一步开展压力扩展和毒物扩散耦合风险评估，将进一步补充热风险评估在压力和毒物释放风险评估方面的不足，实现从热到压力和毒物风险研究、评估和控制的系统理论和完整的技术体系，更有效地管控化工安全风险。围绕管道设备的材质，结合工艺条件开展腐蚀风险评估，具有一定的独立性，可以独成体系，依据腐蚀风险研究获得的具体数值进行腐蚀风险评估，在设备选型和设计加工过程中，应充分考虑适宜的腐蚀裕量。精细化工复杂多变，燃烧和爆炸是精细化工最严重的风险，因此，化工过程的燃烧和爆炸风险评估非常重要。

燃烧和爆炸的基本原理如图 1-1 所示。

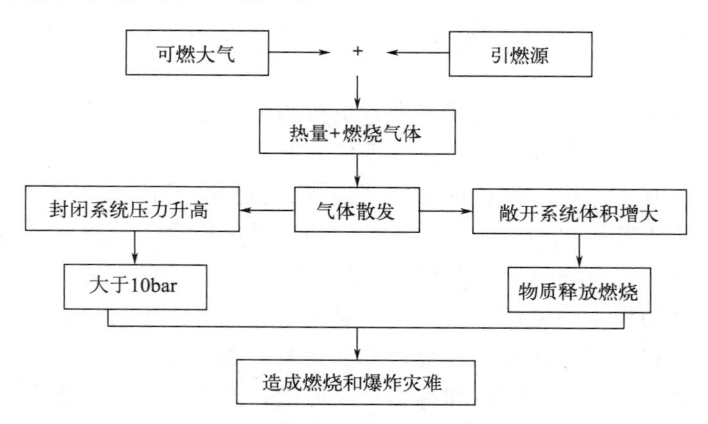

图 1-1 燃烧和爆炸的基本原理

(1bar=0.1MPa)

风险评估的重要基础是获取和应用安全数据，反应风险研究是获取数据的技术途径，安全数据和安全限值是风险防控的科学依据。化工生产过程中，涉及到易燃易爆体系的操作，惰化是基本的操作原则，通过系统惰化，人为地消除或隔断“火三角”中的氧气一角，保证易燃易爆有机溶剂的使用和操作安全，避免工艺过程导致燃烧和爆炸事故的发生。对于固体化学品，其风险除了来自固体化学品的稳定性、燃烧性、爆炸性、氧化性等物理危险性以外，还来自固体化学品的静电敏感性和粉尘安全性。固体化学品的粉尘安全性可以采用固体化学物质的粉尘云最小点火能、粉尘层和粉尘云最低着火温度、极限氧浓度和爆炸威力来衡量。固体化学品的粉尘爆炸风险防控措施应严格遵循净化原则，避免形成粉尘堆积。固体化学品操作区周围的泵类等电气设备，应根据固体化学物质的性质，选择符合相关标准要求的设备。固体化学品操作区域的设备，应配备必要的引风装置，避免粉尘积聚，从而避免粉尘爆炸和燃烧事故的发生。静电是一种点火源，静电风险对化工产业的危害极大。例如，1989年，震惊全国的青岛油库爆炸就是因为储油罐积聚电荷，在遭到雷击的时候，五个储油罐发生连续爆炸和燃烧，直接经济损失亿元以上。静电风险来自于静电荷的聚集，各种装置设备、物体等对电子的吸引力大小不同，当发生电子转移的时候，失去电子的带正电荷、得到电子的带负电荷。当装置设备、物体等接地不好，与大地形成绝缘的时候，电荷聚集在装置设备、物体的内部或表面，不流动并呈相对静止状态，这种电荷就是静电荷。静电荷的聚集对于存储有化学物质的装置设备，将会带来巨大的燃烧和爆炸风险，防范静电导致燃烧和爆炸风险的基本原则是通过对装置设备进行静电跨接，使装置设备达到良好的接地状态。在进行化学品装运过程中，易燃液体的槽罐车必须配备导除静电的装置，在灌装易燃液体时，灌装管道应采用导电橡胶制成，并应将灌装管插到桶底或罐底，保证装料桶或装料罐一定要完好接地，操作人员要穿戴有静电导出作用的防静电接地鞋，此外，静电对人体也有害，干燥季节应保持湿润，经常洗手和触摸水管，消除人体静电。燃烧和爆炸是化工过程的主要风险，因此，开展化学过程的燃烧和爆炸风险评估非常重要。关注危险化学品、危险工艺和重大危险源，明确化学品、危险工艺和重大危险源在工艺过程中的安全隐患，包括工艺过程是否产生易燃蒸气，工艺过程是否使用具有粉尘爆炸性质的物质和热不稳定的物质，工艺是否经历放热化学反应，是否经历氧化或过氧化反应、氯化反应、硝化反应、氟化反应、重氮化反应，以及聚合反应等危险过程，工艺过程中是否生成有毒气体以及有毒气体逸出速率和逸出量是多少，进而确定工艺过程潜在的主要危险源，建立风险防控措施。

化工项目建设初期，除了重视开展反应风险研究和反应安全风险评估以外，需要明确项目概况，包括采取的工艺路线和生产规模等信息；要在满足化学品生产许可的情况下进行建设与组织生产。应按照国家法律法规要求，获得危险化学品使用和生产的各种许可，例如建设项目规划许可、安全生产许可、环境影响评价以及相关许可、地方安全监管和环境保护部门的许可，以及消防安全许可等。此外，要重视过程安全管理，建立过程安全管理体系，按照过程安全管理要素进行过程安全管理。要对操作人员进行严格的上岗前培训、操作培训、特种作业培训等；操作人员需要学习了解国家和地方政府的法律法规和须知、规章制度和须知、设备调控和须知、岗位调控和须知，需要对操作人员进行操作技术培训、分析技术培训、安全培训、岗位技能培训和设备维护培训。应对项目生产过程中可能造成的安全事故、健康和环境危害进行评估，建立应急预案，组织开展应急演练。应清楚工艺过程中使用或产生的致敏物质、高毒性物质、粉尘物质、臭味释放物质、难降解物质等具有特殊危害的化学物质，明确相关化学物质的安全防护和处理方法。要清楚有毒气体可能发生的弥散，有毒待处理废物的产生、危害、安全防护及其安全处理方法，应明确生产厂区应急系统的应急处理能力以及处理效果，确定各项安全防范措施。

1.6.3 反应风险控制

反应风险控制的重点是做好工艺过程的风险防范，要遵循的安全原则主要是预防原则和保护原则。预防原则是指采取适宜的预防措施，在工艺设计和设备安装过程中充分体现和实施应用，形成被动型和程序型安全防护措施，要预先周密地考虑工艺过程可能潜在的风险，并合理地进行工艺控制，例如控制加料速度、控制物料配比、控制反应温度、控制气体排出速度、控制搅拌速度等。有目的、有办法地控制工艺过程的风险，适时阻断、控制或消除风险。预防措施是化工安全生产的基础要求，为了保证化工安全生产，需要首先对工艺风险的发生条件进行确认，把事故消除在萌芽状态。预防的主要目的是研究风险和控制风险，确定保证安全的关键部位，评价各种危险的程度，确定安全的设计准则，提出消除或控制危险的措施。此外，预防措施还可以提供制定或修订安全工作计划信息，确定安全性工作安排的优先顺序，确定进行安全性试验的范围，确定进一步分析的方法，可以采用故障树分析方法，确定不希望发生的事件。例如，编写初始危险分析报告，进行分析结果的书面记录，确定系统或设备安全要求，编制系统或设备的性能及设计说明书等。

反应风险控制应优先选择最小化、替代、缓和、简化等本质安全化策略进行工艺开发，并在设计、建设、操作、变更和维护等化工过程的全生命周期中实施应用，促使化工生产的安全条件通过工艺设计和工厂建设来达到，并依据仪器条件、报警设施、系统控制等相关条件形成各方面的保护层。工艺过程的主动型本质安全化与被动型和程序型安全防护措施一起构成了化工过程的安全保护层，并有效实现风险防控。本质安全化的工艺技术属于本质安全设计的技术内核，在所有保护层中处于最核心的地位，对安全风险控制起到重要的决定性作用。反应风险控制应以反应风险研究为基础，开展反应安全风险评估。包括化学物质风险评估和化学反应及反应失控风险评估，明确原料处理操作风险，确定各种原材料、中间体、产成品、废弃物的安全操作条件；研究测试表观反应热、反应失控条件下的绝热温升和体系能达到的最高温度、分解反应以及二次分解反应风险等。反应安全风险评估内容包括数据信息、危险识别和控制信息，完成危险和可操作性分析与评估。此外，在操作规程中需要严格控制操作条件。精细化学品生产过程中，通过安全操作进行风险防控主要有如下几个方面。

1.6.3.1 工艺参数控制

温度和压力是最为重要的工艺参数，精细化学品生产过程中，控制温度和压力是最基本的风险控制方法。各种化学反应都需要在一定的温度条件下完成，并具有其最适宜的反应温度范围，合理控制反应温度，不但可以保证产品的收率和质量，而且也是防止危险情况发生、避免反应爆炸的重要条件。因此，温度是化学工业生产最重要的控制参数之一。对于特定的化学反应，如果反应温度发生向上偏离，反应体系有可能发生分解反应或二次分解反应，造成目标失控，导致反应体系压力升高，严重情况下，会导致剧烈的联锁分解反应，进一步导致爆炸危险的发生，也可能因为反应温度过高而引发副反应，生成危险性更高的副产物或过度反应产物。因此，反应体系升温过快、温度过高或发生了冷却失效，都有可能引起剧烈的分解反应或二次分解反应的发生，导致冲料或引起爆炸事故的发生。因此，反应温度控制极为重要，化学反应速度随温度的升高而显著加快，压力往往随温度的升高而升高，控制了温度将会有效地控制压力。然而，反应温度并非越低越好，反应温度过低会造成反应速度减慢或停滞，反应时间延长，物料和热量在体系中累积，一旦引发反应，往往因为反应原料和反应热累积，导致反应加剧，极易引起冲料或引发爆炸事故。此外，温度过低还会使某些化学物料结晶，造成管道堵塞、设备设施损坏，致使易燃易爆化学品泄漏引发火灾或爆炸事故。大量的化学反应是放热反应，对于一个放热化学反应，为了防止原料和热量的积累，通常是确定反应温度的上限和下限，确定安全操作温度。化工生产过程中，分布式控制系统（distributed control system，DCS）和安全仪表系统（safety instrumented system，SIS）是合成工艺控制和保护的主要设备设施，DCS 和 SIS 的设计需要符合相关标准要求，应涵盖温度、压力、加料、搅拌电流等重要的联锁控制要求及联锁参数，并考虑了反应失控后的最坏后果，建立了相应的控制程序和控制措施。为了使工艺设计和电气、仪表等设计能够满足相应的控制要求，应在初步设计完成后，针对带控制点的工艺管道仪表流程图（process & instrumentation drawing，PID），开展危险与可操作性分析（HAZOP 分析）和保护层分析（LOPA），确定仪表系统安全完整性等级（SIL），并进行 SIL 验算，对工艺流程图进行完善。也可以采用事故树分析、事件树分析等方法分析工艺过程可能发生的风险，明确风险发生后可能导致的后果，明确在仪表失灵和系统失控的情况下，可能对人身安全及工厂造成威胁的严重程度，并建立适当的控制措施。要针对反应失控的情况考虑保护措施，保护措施建立的基本原则是考虑把可能造成的损失降低到最低点。保护措施建立的基本方法是以工艺研究和反应风险研究为基础，根据工艺研究结果和反应风险研究结果，进行工艺设计，设定工艺控制参数、限值和报警参数，并配备必要的自动控制措施。对于反应危险性较高、容易发生分解反应和引发二次分解反应的工艺过程，要求在工艺设计初始，就妥善考虑设计安装相应的保护措施，常用的工艺控制措施包括停止加料、停止升温、体统减压等，根据实际工况，进一步设计应急控制措施，包括常规的应急冷却、应急减压、应急卸料，以及特定的应急淬灭和超压泄放等。各种保护措施的设计和应用，需要开展反应风险研究和工艺风险评估，尤其要对失控反应过程进行严格的评估，考虑到最坏的情况，确保应急措施能够妥善处理失控情况下的最坏情况。化工产业正在朝着自动化、连续化方向发展，已经具备了自动测量、自动记录、自动调节、自动报警、自动切断等自动化功能，应急情况下，各种控制措施能根据设定的安全限值，实施自动控制。

化工生产取决于化学物质之间的化学反应，通常来讲，各种反应物的加入有不同的要求，首先要保证加入正确的物料，其次要保证物料的加入量、加入节点和加入速度满足目标工艺要求。加料错误、加料量错误、加料时间错误和加料速度错误都会给合成工艺带来巨大的风险。要避免加料错误，就要保证原料存储及标识的准确无误。物料在使用前要进行严格的取样分析，保证物料的质量和加料量正确无误。加料后需要按照工艺要求进行取样跟踪测试分析，保证反应按照目标进程正常进行，确保产物质量符合要求。为了保证操作人员加料正确，依据冷却系统条件，需要对加料的速度给予限定和控制，必要情况下，需要在加料管路上安装限流控制、开关控制和调节控制相结合的加料设施，保证加料速度和加料量满足工艺控制要求。物料加入速度的控制不仅对保证化学工业的生产稳定进行非常重要，而且对保证安全生产也至关重要。特别是放热化学反应，以及危险性较大的生产工艺，控制加料速度尤为重要。对于放热量大、反应速度快的合成工艺，如果反应物料的加入速度和加入量控制不稳定，物料的快速加入带来的瞬时放热功率高和放热量大，将导致工艺偏离或冲料事故，严重的情况下会造成爆炸燃烧等事故的发生。目前，随着化工产业自动化技术水平的不断提高，加料与温度联锁已经可以轻而易举地实现，通过加料与温度的联锁自控，在反应温度过高或过低的情况下，均可以做到自动调节或终止加料，避免物料的累积，还可以通过加料与搅拌的联锁，避免混合不充分造成传质、传热障碍和热累积的发生，确保反应安全。对于精细化工间歇或半间歇工艺，有加料控制型反应和动力学控制型反应，理想的半间歇工艺是加料控制型反应，通过自动调节与控制加料速度和加料量，实现反应控制。对于动力学控制型反应，应通过工艺创新，将动力学控制型反应转变成加料控制型反应，不可改变的动力学控制型反应，需要根据反应的表观热力学和动力学特征，研究开发满足目标热/动力学要求的工程方法，必要情况下，应开展过程强化研究，实现产业化。反应风险研究、工艺风险评估和反应风险控制构成化工过程安全的系统理论，架起工艺向工程转化的桥梁。通过开展反应风险研究，获取关键性安全数据，例如工艺反应能够达到的最高温度（maximum temperature of the synthesis reaction，MTSR），绝热条件下最大反应速率到达时间（time to maximum rate under adiabatic condition，TMR_{ad}），致爆时间 X 对应的温度 T_{Dx} 等重要的技术参数，以数据为基础，开展反应安全风险评估和风险控制措施建立。各种安全数据应在工艺控制、自动联锁、报警和应急处置等方面实施应用，必要情况下，提出工艺优化和过程强化要求，确保化工产业本质安全。

1.6.3.2 应急处置

当工艺参数控制失效，反应体系偏离了目标工艺，并处于危险情形时，要及时采取合适的应急处置措施，尽可能把风险控制在萌芽状态。常规的应急处置措施包括应急冷却、应急减压和应急卸料等，各种应急控制措施的启动，应根据反应风险研究结果进行设计、安装和实施应用。应急冷却就是在应急情况下对体系实施冷却降温，将体系温度降低到失控反应以下，及时终止反应失控。应急冷却的降温途径有多种，例如反应器夹套降温，反应器内置冷却设备降温等。根据反应风险研究结果，设计应急冷却系统，冷却系统可以采用常规降温系统，必要情况下，应设计安装独立的冷却系统，避免正常冷却系统能力不足或失效时造成应急冷却失效。失控的反应体系通常近似为绝热状态，应急冷却措施的启动点，应控制在反应放热速率高于系统冷却速率以前，通过自动联锁进行应急冷却。应急冷却使用的冷却介质必须保证在降温过程中具有较好的流动性，反应体系必须保证具有良好的搅拌效果，避免搅拌失效，体系传热能力下降，应急冷却无法起到预期的作用。应急冷却降低反应体系的温度，但体系最终温度不能低于体系物料的凝固点，否则，有可能导致物料凝固，影响传质、传热，进一步导致失控事态恶化，最终导致事故发生。应急减压就是在应急情况下对体系实施减压，避免体系超压，损坏设备设施或导致爆炸事故的发生。通常可通过泄爆片、安全阀、呼吸阀等实施应急减压；应根据反应风险研究结果，设计体系实施应急减压的实际压力，并设计压力报警、应急减压等联锁控制程序，设计安装相应的装备设施。应设计安装应急减压有组织气体收集和处理系统，根据应急减压排放的气体性质，对应急减压气体进行合理的无害化处理，避免向环境直接排放应急减压气体。泄爆片、安全阀、呼吸阀作为系统的安全附件，应按照相应的设计规范进行设计和安装使用，并按照管理规定进行定期检查和更换。应急卸料就是在应急情况下，将体系物料排放至特定的设备容器内。应根据反应风险研究结果，设计安装应急卸料风险控制设施，通常在应急冷却和应急减压不能奏效的情况下，设计安装应急卸料系统，对失控体系实施应急卸料，多途径终止反应失控，分解失控体系能量，降低失控体系风险。通常情况下，应急卸料系统内盛有反应终止剂、稀释剂、冷却剂等物料，物料接收设备设计安装有降温系统，在稀释或终止过程中同时进行降温。应急卸料系统物料接收设备，应根据反应风险研究结果，通过体系安全性、稳定性和能量平衡结果进行计算、设计、安装和使用。卸料后体系物料根据实际情况进行回收或处置。有时，应急冷却、应急减压和应急卸料会进行综合设计、安装和应用。在应急冷却、应急减压和应急卸料均不能奏效的情况下，应设计安装应急淬灭或超压泄放系统，避免爆炸事故的发生。

1.6.3.3 应急淬灭

精细化工以间歇或半间歇操作为主，使用的危险化学品和运行的危险工艺多，潜在的风险隐患大，应以反应风险研究为基础，开展工艺风险评估，建立健全应急风险控制措施。应急淬灭是精细化工最实用，并简单易行和切实有效的应急风险控制措施。应急淬灭主要依据能量平衡原理，研究并选择淬灭介质、淬灭点、淬灭速度和淬灭量，在紧急情况下，通过向失控体系加入淬灭介质，稀释、冷却和终止体系失控，通过降低体系的反应物浓度，降低体系温度，减缓或者终止失控反应，防止失控体系进一步恶化并导致事故的发生。应急淬灭风险控制措施可以有效地阻止精细化工事故的发生，对适宜体系的阻爆抑爆率可达100%。建立应急淬灭风险控制措施，涉及开展失控反应风险研究，根据热失控特性，选择淬灭点，确定淬灭温度和淬灭压力；应根据失控体系理化特性，选择对体系没有活性作用的组分作为淬灭剂（淬灭介质）；应根据失控体系的热释放速率和释放量，通过热平衡计算，确定淬灭速度。淬灭剂的选择、淬灭点的确定、淬灭速度和淬灭量的确定是应急淬灭措施建立的重要条件因素。通常情况下，淬灭剂通过两种途径达到减慢或者停止反应的目的。途径一是利用淬灭剂与体系的温差与反应体系进行物理层面的热量交换，降低反应体系温度，包括淬灭剂进入反应体系后发生温升并达到沸腾状态，通过蒸发回流带走体系的热量，实现安全的目的。途径二是淬灭剂作为特定的反应终止剂或反应抑制剂，实现淬灭反应的效果。通常情况下，水可以作为较好的淬灭剂，因为水的比热容为$4.2kJ \cdot kg^{-1} \cdot K^{-1}$，比热容较大，热交换过程中，水可以吸收更多的热量。另外，在化工园区，水是一种常见的冷却介质，廉价易得。但是，在两种情况下，不能使用水作为淬灭剂。一是水能够参与反应，二是反应体系在反应温度或淬灭温度下有固体析出。当水能够参与反应时，水的加入将引发副反应，带来更为严重的后果。对于能够析出固体的反应，水的加入常常导致反应物料结块，带来传质传热障碍，达不到淬灭效果。上述情况下，应该选用特定的惰性溶剂作为淬灭剂。此外，淬灭剂与反应物料的混合状态也对淬灭效果产生较大的影响，尤其是在聚合反应、反应发泡、反应体系高黏度等情况下，传质传热障碍将直接影响淬灭效果。此外，应急冷却、应急减压和应急卸料都是常规考虑的风险控制有效措施。必要的应急冷却，需要为冷却的系统配备独立的冷源；应急减压应通过合适的卸爆片、安全阀予以实现；应急卸料需要根据反应特性，配备必要的卸料装置，并在卸料装置内添加适宜的反应抑制剂或者稀释剂作为必要的卸料接受体系。应急卸料涉及的管路也是应急卸料成功与否的重要因素，要保证管道的通畅，并保证在公用工程出现故障的情况下仍然可以成功地进行应急卸料。

1.6.3.4 超压泄放

超压泄放可以称为应急风险控制的最后一道防线，当应急降温、应急减压、应急卸料和应急淬灭均不能奏效的情况下，通过超压泄放进行风险控制。超压泄放系统的设计，首先要进行超压识别，通过识别险场景，开展技术研究，研究超压泄放类型，确定相应的泄放面积、泄放速度和泄放量，并进行必要的实验验证，落实超压泄放系统的设计参数，同时考虑设备材质选型和必要的辅助设施设计。同时按照最坏情形考虑超压泄放对下游工序和生产可能带来的影响，以及妥善的处理措施。超压泄放研究比较复杂，涉及泄放面积、泄放速度和泄放量的计算和确定，因体系的不同而不同。超压泄放包括蒸汽体系、气体体系、气液混合体系，以及气液固混合体系。超压泄放需要根据体系特性，建立相应的计算模型，并通过必要的实验进行验证，确定计算模型和设计方案。超压泄放研究过程中，需要对泄放涉及的原材料、中间产物、目标产物、副产物，以及各种混合成分在超压泄放过程中的稳定特性进行实验研究，对超压泄放过程中涉及的气体压力，包括溶剂蒸气压、气体生成压，以及相应的混合压力进行实验研究；对超压泄放同时包含液相、固相或多相组分进行研究，确定适宜的超压泄放面积、泄放速度和泄放量。同时考虑在反应失控的情况下，可能发生的分解反应、二次分解反应，气体与液体、固体共同释放的情形，以及释放过程中气体生成，导致液体体积膨胀和液位升高对超压泄放的影响。充分考虑当液体夹带气体形成泡沫，气、液两相共同泄放时的情形，应通过实验研究，对超压泄放模型进行必要的验证。必要情况下，应对消泡剂的使用提出具体要求，消泡对风险控制很重要，有泡沫生成的系统，大量气泡的存在形成了对液体的夹带和推动，冷凝器的作用被消减，消泡对减缓体系超压至关重要。

多相流的超压泄放比较复杂，也是超压泄放研究的难点和热点。超压泄放面积、泄放速度和泄放量是超压泄放系统设计的重要参数。超压泄放面积的计算，主要考虑在反应失控情况下的压力数据、温度数据以及压力与温度的关系数据；热量释放数据，热量释放与温度的关系数据等。数据的获取，可以在实验室采用绝热量热或杜瓦量热，以及其他量热技术获取相关压力数据、温度数据、压力与温度的关系数据、热量释放数据、热量释放与温度的关系数据等，并进行超压泄放验证。进一步利用获取的基础数据，考虑产业化实际情况，通过建立数学模型，进行计算得到设计需要的基础数据。对于仅涉及蒸气超压泄放的系统来说，反应器中的压力主要源于反应体系内物料和反应溶剂的蒸气压，是超压泄放最简单、最常规的系统，超压泄放面积、泄放速度和泄放量的计算有相应的经验模型，通过开展必要的实验，研究获取能量释放速率与不同释放压力的关系，通过模型建立与计算确定释放面积。对于气体体系的超压泄放，在反应失控时，系统压力由于气体的产生而升高，超压泄放面积的确定，主要与体系的气体产生速率、产生量，以及最大释放速率相关，可以开展相关实验，在假定压力恒定的情况下进行研究和计算确定超压泄放面积。然而，大多数化学反应呈非均相状态，特别是使用固体催化剂涉及的均相和非均相反应，常常是固液气混合体系，超压泄放将呈现三相混合泄放。研究表明，少量固体物质的存在，除了需要考虑固体物质可能对超压泄放系统产生堵塞以外，对超压泄放面积的影响不大，安全设计时，重点需要妥善考虑如何保证超压泄放系统的畅通无阻。

反应风险研究、风险评估、风险控制是化工安全的关键技术，涉及风险研究、评估与控制的系统理论和技术方法。开展反应风险研究、风险评估与风险控制关键技术体系开发与应用，对保障化工过程安全，实现风险可知、可控和化工绿色制造具有重要的科学价值，也是化工行业可持续安全发展的必经之路。

1.6.4 小结

中国已经发展成为全球第一化工大国，实现高端化、绿色化、智能化，向化工强国迈进是我国化工行业的发展目标。大力开发新材料、新能源和新药，以及电子化学品，提高精细化率是国家战略，是国民经济增长的重要领域。然而，精细化工复杂多变，化工安全关键技术与数据缺失，工艺、安全与工程的有机结合与协同创新不足，事故多、污染重、消耗高，成为行业可持续发展的瓶颈和痛点问题。化工安全技术与工程属于学科交叉的研究领域，是近年来迅速发展且系统全面的一门新学科，是实现化工过程能量转化与传递的科学技术，是实验室到产业化技术链条上必不可少的重要组成部分。精细化工反应风险与风险控制是化工安全技术与工程的重要研究内容，为本质安全、工艺创新、工艺设计、风险控制和产业化提供科学依据，为过程安全管理和风险防控提供技术支撑。化工反应风险研究、评估与控制关键技术，充分考虑化学品、化学反应、反应失控和应急风险控制，研究化学品的静态安全、在工艺过程中的动态安全，以及在工艺偏离情况下可能带来的安全性改变；研究化学反应的表观动力学和表观热力学，并深入研究反应的机理和规律；研究反应安全风险评估方法和评估标准；研究失控反应机理及风险控制措施。化工反应风险研究、评估与控制关键技术为工艺设计提供技术数据，为工艺优化提供指导性参数，促进机理理论向工程转化，保障工程化放大和产业化的顺利实施；为安全生产、降耗减排，以及过程安全管理提供技术支撑；为化工产业可持续绿色发展，实现工艺精确、设计精细和生产精准保驾护航。精细化工反应风险与控制，积极践行了“人民至上，生命至上”的价值理念，对实现化工安全生产，有效保护人类的生命安全、身体健康，保护生态环境，具有重要的意义。

参考文献

[1]《中华人民共和国安全生产法》，中华人民共和国第九届全国人民代表大会常务委员会第二十八次会议，2002.11.01 施行，2021 年 6 月 10 日第十三届全国人民代表大会常务委员会第二十九次会议第三次修正.

[2]《中华人民共和国行政许可法》，中华人民共和国第十届全国人民代表大会常务委员会第四次会议，2004.07.01 施行.

[3]《中华人民共和国职业病防治法》修正版，中华人民共和国第十一届全国人民代表大会常务委员会第二十四次会议，2011.12.31 施行，2017 年 11 月 4 日第十二届全国人民代表大会常务委员会第三十次会议第三次修正.

[4]《中华人民共和国行政处罚法》修正版，中华人民共和国第十一届全国人民代表大会常务委员会第十次会议，2009.08.27 施行，2021 年 1 月 22 日第十三届全国人民代表大会常务委员会第二十五次会议修订.

[5]《中华人民共和国刑法》修正版，中华人民共和国第十一届全国人民代表大会常务委员会第七次会议，2011.05.01 施行.

[6]《中华人民共和国劳动合同法》，中华人民共和国第十届全国人民代表大会常务委员会第二十八次会议，2008.01.01 施行，2012 年 12 月 28 日第十一届全国人民代表大会常务委员会第三十次会议修正.

[7]《中华人民共和国劳动法》修正版，中华人民共和国第十一届全国人民代表大会常务委员会第十次会议，

2009.08.27 施行，2018 年 12 月 29 日第十三届全国人民代表大会常务委员会第七次会议第二次修正．

[8]《安全生产许可证条例》修正版，2014 年 7 月 9 日国务院第 54 次常务会议通过，2014 年 7 月 29 日中华人民共和国国务院令第 653 号公布施行．

[9]《中华人民共和国消防法》修订版，中华人民共和国第十一届全国人民代表大会常务委员会第五次会议，2009.05.01 施行，2021 年 4 月 29 日第十三届全国人民代表大会常务委员会第二十八次会议第二次修正．

[10]《中华人民共和国道路交通安全法》，中华人民共和国第十届全国人民代表大会常务委员会第五次会议，2004.05.01 施行，2021 年 4 月 29 日第十三届全国人民代表大会常务委员会第二十八次会议第三次修正．

[11]《中华人民共和国突发事件应对法》，中华人民共和国第十届全国人民代表大会常务委员会第二十九次会议，2007.11.01 施行．

[12]《中华人民共和国海上交通安全法》，中华人民共和国第六届全国人民代表大会常务委员会第二次会议，1984.01.01 施行．

[13]《中华人民共和国工会法》修正版，2021 年 4 月 29 日，中华人民共和国第十三届全国人民代表大会常务委员会第二十八次会议修订，2021 年 9 月 1 日起施行．

[14]《中华人民共和国铁路法》，中华人民共和国第七届全国人民代表大会常务委员会第十五次会议，1990.09.07 施行，2015 年 4 月 24 日第十二届全国人民代表大会常务委员会第十四次会议第二次修正．

[15]《中华人民共和国公路法》修正版，中华人民共和国第十届全国人民代表大会常务委员会第十一次会议，2004.08.28 施行，2017 年 11 月 4 日第十二届全国人民代表大会常务委员会第三十次会议通过第五次修正．

[16]《中华人民共和国民用航空法》，中华人民共和国第八届全国人民代表大会常务委员会第十六次会议，1996.03.01 施行，2021 年 4 月 29 日第十三届全国人民代表大会常务委员会第二十八次会议修改．

[17]《中华人民共和国港口法》，中华人民共和国第八届全国人民代表大会常务委员会第三次会议，2004.01.01 施行，2018 年 12 月 29 日第十三届全国人民代表大会常务委员会第七次会议第三次修正．

[18]《中华人民共和国建筑法》修正版，中华人民共和国第十一届全国人民代表大会常务委员会第二十次会议，1998.03.01 施行，2019 年 4 月 23 日第十三届全国人民代表大会常务委员会第十次会议第二次修正．

[19]《中华人民共和国电力法》，中华人民共和国第八届全国人民代表大会常务委员会第十七次会议，1996.04.01 施行，2018 年 12 月 29 日第十三届全国人民代表大会常务委员会第七次会议第三次修正．

[20] AQ/T 9005—2008. 企业安全文化建设评价准则．

[21]《特种设备安全监察条例》修正版，中华人民共和国国务院第四十六次常务会议，2009.05.01 施行．

[22]《使用有毒物品作业场所劳动保护条例》，中华人民共和国国务院第五十七次常务会议，2002.04.30 施行．

[23]《国务院关于特大安全事故行政责任追究的规定》，中华人民共和国国务院令第 302 号，2001.04.21 施行．

[24]《生产安全事故报告和调查处理条例》，中华人民共和国国务院第一百七十二次常务会议，2007.06.01 施行．

[25]《工伤保险条例》，中华人民共和国国务院第五次常务会议，2004.01.01 施行．

[26]《使用有毒物品作业场所劳动保护条例》，中华人民共和国国务院第五十七次常务会议，2002.05.12 施行．

[27]《生产安全事故报告和调查处理条例》，中华人民共和国国务院第一百七十二次常务会议，2007.04.09 施行．

[28]《危险化学品安全管理条例》修正版，中华人民共和国国务院第一百四十四次常务会议，2011.12.01 施行．

[29]《建设工程安全生产管理条例》，中华人民共和国国务院第二十八次常务会议，2004.02.01 施行．

[30]《注册安全工程师执业资格制度暂行规定》，人事部 国家安全生产监督管理局，2002.10.03 施行．

[31]《注册安全工程师管理规定》，国家安全生产监督管理总局局长办公会议，2007.03.01 施行．

[32]《生产经营单位安全培训规定》，国家安全生产监督管理总局局长办公会议，2006.03.01 施行．

[33]《特种作业人员安全技术培训考核管理规定》，国家安全生产监督管理总局局长办公会议，2010.07.01 施行．

[34]《劳动防护用品监督管理规定》，国家安全生产监督管理总局局长办公会议，2005.09.01 施行.
[35]《作业场所职业危害申报管理办法》，国家安全生产监督管理总局局长办公会议，2012.06.01 施行.
[36]《建设工程消防监督管理规定》，公安部部长办公会议，2009.05.01 施行.
[37]《安全生产事故隐患排查治理暂行规定》，国家安全生产监督管理总局局长办公会议，2008.02.01 施行.
[38]《生产安全事故应急预案管理办法》，国家安全生产监督管理总局局长办公会议，2009.05.01 施行.
[39]《生产安全事故信息报告和处置办法》，国家安全生产监督管理总局局长办公会议，2009.07.01 施行.
[40]《安全评价机构管理规定》，国家安全生产监督管理总局局长办公会议，2009.10.01 施行.
[41]《建设项目安全设施"三同时"监督管理暂行办法》，国家安全生产监督管理总局局长办公会议，2011.02.01 施行.
[42] GB/T 42300—2022. 精细化工反应安全风险评估规范.
[43] 应急管理部关于印发《危险化学品生产建设项目安全风险防控指南(试行)》的通知，应急〔2022〕52 号.
[44] 应急管理部关于印发《化工园区安全风险排查治理导则(试行)》和《危险化学品企业安全风险隐患排查治理导则》的通知，应急〔2019〕78 号.
[45] 国家安全监管总局关于加强化工过程安全管理的指导意见，安监总管三〔2013〕88 号.
[46] 应急管理部办公厅关于印发危险化学品企业重大危险源安全包保责任制办法(试行)的通知，应急厅〔2021〕12 号.
[47] 国家安全监管总局关于印发《化工和危险化学品生产经营单位重大生产安全事故隐患判定标准(试行)》和《烟花爆竹生产经营单位重大生产安全事故隐患判定标准(试行)》的通知，安监总管三〔2017〕121 号.
[48] 应急管理部关于印发危险化学品生产储存企业安全风险评估诊断分级指南(试行)的通知，应急〔2018〕19 号.
[49] 应急管理部办公厅关于印发《化工园区安全风险智能化管控平台建设指南(试行)》和《危险化学品企业安全风险智能化管控平台建设指南(试行)》的通知，应急厅〔2022〕5 号.

2 化工危险及风险分析

2.1 化工行业的主要危险源

2.1.1 危险

危险的英文词汇是hazard，危险的特征在于具有确定性的损失。对于化工生产来讲，危险是指在产品的生产系统、生产设备或者工艺操作过程中，其内部和外部存在风险的一种潜在状态，这种潜在风险的存在，可能造成人员伤害、职业病、财产损失或作业环境的破坏。化工生产过程中存在的危险因素大致分为以下几个方面。

① 化工本质安全数据缺失。没有足够化学品、化学反应的表观热力学和表观动力学数据，对潜在的风险隐患认识不足；对有危险的副反应认识不足；对工艺偏离、失控等异常情况监控不够，没有相应的管控措施。例如，化工生产过程使用的高危险性原料、中间体等热安全性数据缺失，安全操作限值不明确造成的事故。

② 化工本质安全设计不到位。由于本质安全数据缺失，设计参数以计算或估算为主，工艺设计符合性偏低，本质安全设计的技术内核存在先天不足。化工本质安全设计带来的危险性不容忽视，需要通过反应风险研究和工艺风险评估，在初步设计阶段，通过HAZOP分析和LOPA，提高本质安全设计水平，降低化工危险性。

③ 工艺工程技术缺陷。工艺技术本身存在缺陷：工艺过程使用高毒性、重污染原料，以及产生有毒有害副产物等；反应风险研究不到位，潜在风险不清楚；工程放大研究不充分，采用的工程方式不合理，存在传质传热障碍，以及工程放大困难，容易导致安全、质量或环境事故发生。

④ 设备缺陷。化工生产过程中所使用的生产设备本身有缺陷，例如，选材不当引起的装置腐蚀；设备长时间未使用，维护不当导致老化；设备在超过设计标准的工艺条件下运行；设备设施落后不能完全满足工艺要求且勉强使用等情况而导致的事故。

⑤ 工厂布局不合理。化工工艺初步设计阶段，在项目初始设计审查过程中存在未被发现的工艺设计缺陷。例如，工艺设备和储存设备过于密集；锅炉加热器等火源与可燃物工艺装置之间的距离不满足风险防范要求等，容易引发事故。

⑥ 误操作。化工生产自动控制水平低，尤其是精细化工，以间歇和半间歇操作为主，生产规模小，生产品种更新换代快，生产装置多功能性强，自动化、连续化程度差，存在人为操作失误等方面的误操作风险，例如变更生产品种、变更操作规程、变更加料方式、变更加料温度和速度等各方面的误操作造成事故的发生。

⑦ 其他。精细化工复杂多变，工艺风险评估过程中未能识别出系统故障，超压风险识别不到位，例如，由于品种和操作变更，生产系统缺乏维护，逐渐偏离了本质安全设计，对识别出来的风险，不能采取有针对性的控制措施，造成事故的发生。

总之，化工风险无处不在，需要打开本质安全设计的技术内核，通过工艺、安全与工程的协同研究，以及从人、机、料、法、环等各个方面进行风险识别，建立规避危险情形和危险事故发生的风险控制措施。

2.1.2 风险

欧洲化学工程联合会（European Federation of Chemical Engineering，EFCE）定义风险（risk）为潜在损失的度量。风险不同于危险，风险具有客观性、偶然性、损害性、不确定性和相对性（或可变性）等特点。风险是某种危险情况发生的可能性，以及这种危险情况发生后所造成伤害或财产损失等后果共同作用的结果。其中危险情况发生的可能性通常可以用这种危险情况发生的概率加以描述。同样，对于化工生产的风险，我们可以用危险情况发生的可能性和严重度来评价和比较风险对环境的破坏和对人员的伤害。

通常将风险表述为可能性与严重度的乘积。

风险（R）＝风险发生的可能性（L）×风险严重度（S）

其中，风险发生的可能性（L）是指产生风险事故发生的可能性概率；风险严重度（R）是指某种风险所引起的事故所造成的后果严重程度。可能性与严重度的乘积并不代表数学上的简单乘积，而是代表一种组合，即风险是可能性与严重度的组合，风险本身是无法改变的，人们只能从一定程度上改变风险发生的潜在条件和诱导因素，通过降低风险发生的可能性概率，降低风险和损失。这就意味着风险与具体事件情形密切相关，所以，为了用可能性和严重度来对风险进行分析和评估，必须首先对具体事件情况进行识别和精确的描述。换句话说，规避风险首先要识别出具体事件所存在的风险，并加以精确地描述，明确各类风险发生的条件，深入分析可能导致的后果，确定需要采取的战略策略和安全措施，只有这样才能保证化工操作以及生产的安全进行。

2.1.3 化工行业危险因素及危险源

化工行业的生产过程是通过包含化学反应，以及物理变化的各种化工单元操作完成的集合和动态的过程。在化工生产过程中，导致危险发生的因素是多种多样的，例如原料的储存、原材料和产品的输送、产品的包装，生产过程的萃取分离、结晶过滤、蒸馏、精馏以及物料干燥等。在不同的化工单元操作里，潜伏着不同的风险，例如原材料储存不当可能会导致着火甚至爆炸事故的发生；在原材料和产品运输过程中，一旦发生碰撞，可能会导致爆炸事故的发生等。化工生产安全事故的案例史表明，如果化工生产企业对所生产的化工产品，以及相关的合成原理不了解，很容易忽视过程与操作的安全，加之认识不深而导致的违章操作等因素，是酿成化工生产事故的主要原因。据有关资料介绍，在各类不同的工业爆炸事故中，化工生产发生的爆炸占 32.4%，所占的比例最大，安全事故造成的损失也以化学工业最为严重，约为其他工业部门的 5 倍以上。

为了有效预防化工生产中各类安全事故的发生，必须深入认识反应生产过程中的各种危险源，进行反应风险研究和评估，尤其是硝化、氯化、氟化、重氮化、过氧化等高危工艺，要开展全流程的反应风险研究与评估。化工产品的生产，特别是在使用易燃液体、含有可燃蒸气物质、有毒气体、具有粉尘爆炸性质的固体物质的化工生产过程中，工艺过程中潜伏着各种危险源，如果反应风险研究和风险评估不当，没有采取有效的控制措施，非常容易引发火灾、爆炸等危险性事故，给生产企业带来人员伤害和设备损坏，给企业和国家造成经济损失。美国保险协会（American International Assurance，AIA）对化学工业 317 起火灾和爆炸事故进行了详细的分析和调查，分析了主要和次要原因，美国保险协会把化学工业危险因素归纳为九个类型。

2.1.3.1 工厂地址选择

下述地区不宜选择作为化工生产厂址，否则，将潜藏巨大的风险。

① 容易发生地震、洪水、暴风雨等自然灾害的地区。

② 水源不充足的地区。

③ 缺少公共消防设施支援的地区。

④ 存在高湿度、温度变化显著等气候问题的地区。

⑤ 受邻近危险性大的工业装置影响较大的地区。

⑥ 邻近公路、铁路、机场等运输设施的地区。

⑦ 在紧急状态下难以把人和车辆疏散至安全地带的地区。

2.1.3.2 工厂布局

下述布局不适合于进行化工生产，否则，将潜藏巨大的风险。

① 工厂的工艺设备和贮存设备过于密集。

② 工厂内有显著危险性和无危险性的工艺装置间的安全距离不符合相关规定和要求。

③ 工厂内的昂贵设备相对过于集中。

④ 工厂对于不能替换的装置没有建立有效的防护设施。

⑤ 工厂内锅炉、加热器等火源与可燃物料和工艺装置之间的距离不符合相关的规定和要求。

⑥ 有地形障碍的工厂。

2.1.3.3 厂房结构

下述建筑物内不能进行化工生产，否则，将潜藏巨大的风险。

① 支撑物、车间的门和墙体等不符合防火结构的建筑要求。

② 厂房内的电气设备没有安装防护设施。

③ 防爆通风系统的排气能力不符合相关规定和要求。

④ 厂房内的控制、管理和指示装置没有防护设施。

⑤ 厂房内安装的装置基础相对比较薄弱。

2.1.3.4 对生产产品的危险性认识不足

在对生产产品危险性认识不足的情况下，不允许开展生产，否则，将潜藏巨大的风险。

① 研究和确认在装置中进行原料混合的过程中，是否存在物质间强烈的相互作用，或者存在某些催化作用，导致分解反应的发生。

② 对处理的气体、粉尘等具有爆炸性的物质，必须明确其在工艺条件下的爆炸范围和燃烧范围，建立相应的控制措施和防护措施。

③ 如果不能充分掌握因为误操作、不良控制而使工艺过程处于不正常状态时的详细情况，化工生产将存在巨大的安全隐患。

2.1.3.5 化工工艺

进行化工生产时，如果对化学工艺的认识不充分，潜在的工艺风险将没有有效的避免方法。

① 没有足够的有关化学反应的热力学数据和动力学数据，对反应速率和传质、传热的要求不明确。

② 对化学反应缺乏认识，特别是对具有危险性的副反应认识不足。

③ 没有足够的反应热数据，对于热失控、热爆炸和热反应风险性缺乏全面的认识。

④ 没有控制反应失控和处理工艺异常情况的监测手段和处理办法。

2.1.3.6 物料输送

下述情况下进行化工物料输送和开工生产，将潜伏巨大的风险。

① 在进行化工生产的各个单元操作时，对物料的流动和输送不能进行良好的控制。

② 化工产品的标识不完全。

③ 引风系统的设计不合理（容易发生粉尘聚集，引发粉尘爆炸）。

④ 工艺产生的废气、废水、废液和废渣没有明确的去处和妥善的处理方法。

⑤ 装置区域内没有考虑安装检修情况下的设备装卸设施。

2.1.3.7 误操作

没有建立妥善的措施，有效地控制误操作情况的发生。

① 忽略了对操作员进行设备运转、设备维护和设备保养等方面的培训教育。

② 没有建立严格的监督管理机制，没能充分发挥管理人员的监督作用。

③ 开车、停车没有合适的计划或者是计划不适当。

④ 缺乏紧急停车相关规定和相应的操作训练。

⑤ 没有建立岗位操作人员和安全管理人员之间的协作机制。

2.1.3.8 设备缺陷

设备存在下列任意一种缺陷时，不能进行化工生产，否则，将潜藏巨大的风险。

① 设备材质选择不合适而引起装置的腐蚀和损坏。

② 设备设计和安装不完善，例如，缺少可靠的控制仪表等。

③ 设备、管线等老化，出现装置材料的疲劳现象。

④ 对金属材料的焊接、安装等没有进行充分的无损探伤检查，没有经过专家组的验收评审。

⑤ 在设备设计和安装结构上存在缺陷，例如，不能停车，没有办法进行定期检查或进行维修维护等。

⑥ 设备在超过设计极限的工艺条件下运行。

⑦ 对运转过程中存在的问题或不完善的防护措施没有及时进行改进。

⑧ 不能连续记录温度、压力、开停车情况，不能记录中间储罐和压力容器内的压力变动情况。

2.1.3.9 防患计划不充分

化工生产需要以预防为主，防患计划不充分的情况下不能进行化工生产。

① 没有得到政府等相关管理部门的许可。

② 化工生产的责任分工不明确。

③ 装置运行异常或发生故障时仅仅依靠安全部门，没有建立联动机制。

④ 没有建立应急预案及预防事故发生的计划，或者应急预案和计划太简单。

⑤ 在遇有紧急情况的条件下不能采取得力的措施。

⑥ 化工生产需要实行包括 HSE（健康、安全和环境）等管理部门和生产部门在内，共同进行的定期安全检查。

⑦ 化工生产需要对生产负责人和技术人员进行安全生产的继续教育和必要的防患培训和教育。

瑞士再保险公司（Swiss Re-insurance Company）统计了多起化学工业的事故案例，分析了上述九类危险因素所引起事故的情况，统计结果见表 2-1。

表 2-1 化学工业的危险因素

序号	危险因素	危险因素所占比例/%
1	工厂选址问题	3.5
2	工厂布局问题	2.0
3	结构问题	3.0
4	对加工物质的危险性认识不足	20.2
5	化学工艺问题	10.6
6	物料输送问题	4.4
7	误操作问题	17.2
8	设备缺陷问题	31.1
9	防灾计划不充分	8.0

由表 2-1 可以看出，对于以化学反应为主的化学工业来说，设备缺陷问题、化学工艺问题、对加工物质的危险性认识不足以及误操作问题是造成安全事故发生的主要因素。

2.1.4 设备缺陷危险

设备缺陷问题是化工生产事故极其重要的危险因素，而由该问题所引起的化工安全事故比例高达 30%以上。与国际先进公司相比较，国内许多化工生产企业的设备都处于比较落后的状态，一些生产企业为了追求短期的经济效益，只要没有发生重大的安全事故，很多带有缺陷和落后的生产设备就会持续运行和使用，给化工生产带来了很多潜在的风险和隐患。

导致设备缺陷的因素有很多种，例如：设备布置考虑不完善（不能有效地避免安全事故的发生）；设备材质选择不当（容易引起装置的腐蚀和损坏，导致泄漏、不能正常运行等问题）；设备不够完善、缺少可靠的控制仪表或联锁控制装置，设备运转不灵、存在故障；设备采取人工控制、缺少自动控制措施等等。尤其是对于热效应比较明显的化学反应而言，关键组分的物料经常采取人工滴加的操作方式，滴加速度受人为因素影响较大，不能保证滴加速度的一致性。如果滴加速度过快，在反应搅拌不均匀或者是反应设备冷却能力不足等其他不利因素存在的情况下，容易引起局部过热，导致局部或者是整体温度的升高，引发整个反应出现热失控的现象，最终引发爆炸和燃烧事故。

案例一 2021 年 2 月 27 日 23 时 10 分，吉林某化纤公司发生一起较大中毒事故，造成 5 人死亡、8 人受伤，直接经济损失上千万元。事故发生时，车间部分排风机停电停止运行，位于车间三楼回酸高位罐酸液中逸出的硫化氢无法经排风管道排出，导致硫化氢从高位罐顶部敞口处逸出，并扩散到楼梯间，在楼梯间大量聚集，达到致死浓度。车间工艺班班长在经楼梯间前往三楼作业岗位途中，吸入硫化氢中毒，在对其施救过程中多人中毒，导致事故扩大。

经过事故调查和原因分析发现，事故发生的直接原因是：该公司设备布置考虑不完善，没有设置固定式有毒气体报警装置，导致硫化氢泄漏后没有及时发现，引发中毒事故。另外，该公司风险辨识和管控缺失，没有辨识出存在硫化氢中毒风险的位置，事故应急处置不力，没有现场处置方案，未配备应急器材等，是导致事故发生的间接原因。

2.1.5 化学工艺危险

化工生产涉及无机化工、有机化工、高分子化工等。精细化学品和药物的制备过程是典型的有机化工生产过程，有机化工生产过程要比无机化工和高分子化工更为复杂。在精细化学品和药物的生产过程中，化学工艺本身存在的问题导致反应失控是最值得重视的问题，多数事故的发生源于对工艺进行风险研究和评估的深度不够，潜在的风险认识不足。化学工艺本身存在的问题是多种多样的，例如：

① 化学反应的热数据不全面或者没有热数据，工艺过程中没有完善的冷却系统，从而造成热失控的发生；

② 对反应过程中可能生成的热敏性物质或有可能发生的自催化反应认识不充分，对反应设备材质的选择有欠缺，对设备材质腐蚀可能引入催化反应的活性成分没有清楚的认识，忽视了催化剂可以加速反应和副反应的发生引起反应失控等危险因素；

③ 对反应物浓度的要求和温度的控制不严格，发生加热失控，导致物料分解和反应失控；

④ 对物料累积带来的风险认识不足，应该采取滴加方式，却错误地采取了起始全加料方式，从而导致了物料在低温下的累积和在高温下突发反应的发生，造成反应失控；

⑤ 对原材料质量问题可能导致的反应失控情况不清楚，对指标要求和指标控制不严格，随意更换原料供应商，原料水分超标和杂质含量超标等，引起反应失控。

有效避免化学工艺本身存在的问题，需要进行合理的工艺设计，规范工艺操作。合理的工艺设计和规范的工艺操作是控制反应风险发生的重要因素。忽视合理的工艺设计，将会大大增加安全事故发生的概率。化学工艺存在的工艺设计不合理情况有：对热敏性较强的合成工艺，没有设计严格的温度控制系统，没有考虑在控制失灵的情况下采取必要的应急控制措施；搅拌器的选择或设计不合理，搅拌器尺寸或搅拌形式不合适，造成搅拌不充分，反应体系传质和传热效果不好，导致反应不完全或者发生局部过热现象等；温度计套管的设计不合理，设计材料传热差、温度显示滞后太多，不能有效地监控反应变化情况；对强放热反应没有考虑停电后的冷却和搅拌应急措施；操作过程中的加料速度设置不合理、加料顺序错误等。

案例二 2021 年 7 月 22 日 10 时 26 分许，茂名高新工业园西南片区广东某新材料科技有限公司甲类 A 车间 R1202 反应釜发生爆炸火灾事故，未造成人员伤亡，但导致事发反应釜解体，车间及车间内反应设备、管道和建筑物框架严重损毁，直接经济损失 117 万元。

事故的主要原因是对工艺本身不了解，试生产二叔丁基过氧化氢时，冒险采用未经审查同意的工艺流程，擅自改变投料顺序，降低反应温度，严重超量使用催化剂（硫酸）进行试生产，造成反应失控，物料从反应釜人孔高速喷出，形成的雾状易燃气体在空气中达到爆炸极限，遇到雾状物料相互高速摩擦撞击产生静电放电的电火花，引起燃烧爆炸，随即反应釜爆炸解体、生产车间发生多次燃爆，造成车间建筑物及车间内设备、管道、设施严重损毁。同时，此次爆炸事故间接反映了该厂领导对安全工作不够重视，抓得不严，安全管理制度及安全技术培训制度落实不到位，职工相关专业知识欠缺，劳动纪律松弛，没有对工艺操作和安全规程进行严格的审核和调整完善。

2.1.6 化学物质危险

化学工业使用的大多数物质属于易燃、易爆、有害、有毒或者具有腐蚀性的危险化学品，它们作为化工生产的原料、中间体或产品存在于储存、运输、生产、加工等各个环节。如果对化学物质的危险性认识不足，就很容易发生安全事故。

案例三 2019年3月21日14时48分许，江苏省盐城市响水县陈家港镇化工园区内江苏某化工有限公司固废库房发生爆炸事故。经调查，该公司固废库内长期违法贮存的硝化废料持续积热升温导致自燃，燃烧引发硝化废料爆炸。该事故波及周边16家企业。事故共造成78人死亡、76人重伤，640人住院治疗，直接经济损失19.86亿元。

经过事故调查和原因分析发现，事故发生的直接原因为硝化废料分解自燃起火，引发一系列的燃烧爆炸事故。经对硝化废料进行热安全性分析，发现其具有自分解特性，分解时释放热量，且分解速率随温度升高而加快。绝热条件下，硝化废料的贮存时间越长，越容易发生自燃。该公司旧固废库内贮存的硝化废料，最长贮存时间超过七年，在堆垛紧密、通风不良的情况下，长期堆积的硝化废料内部因热量累积，温度不断升高，当上升至自燃温度时发生自燃，火势迅速蔓延至整个堆垛，堆垛表面快速燃烧，内部温度快速升高，硝化废料剧烈分解发生爆炸，同时引爆库房内的所有硝化废料（共计约600t）。

2.1.7 误操作危险

化工生产操作人员的误操作问题也是化工生产事故发生的重要原因。对于化工生产操作人员来说，上岗前必须进行有效的岗前培训。如果忽略了操作人员的岗前操作培训，开车或停车计划不当，会导致误操作的发生，进而引发安全事故。尤其是使用低闪点或低沸点易燃有机溶剂的化学工艺过程、能够形成可燃蒸气的化学工艺过程、具有放热现象的化工生产过程，误操作风险的避免尤为重要。

案例四 2018年5月2日，泰兴市某医药化工企业准备全厂停产检修。加氢1期1号氢化釜在5月3日0时53分反应结束，经过静置和压料作业，并进行了两次乙醇洗涤作业。5时44分进自来水（约200L）并开启搅拌。5月3日下午，加氢车间副主任王某某安排1号氢化釜撤催化剂作业。13时41分许，1号氢化釜人孔打开。王某某随后三次逐步打开该釜上真空阀，致使大量空气吸入1号氢化釜，与釜内乙醇蒸气形成爆炸性混合气体。接着王某某走到该釜人孔口，用水冲洗1号氢化釜搅拌桨叶及釜壁上的残余催化剂。冲洗过程中，1号氢化釜闪爆，王某某被爆炸冲击波“撞飞”。事故导致1人死亡，直接经济损失144.6万元。

经过事故调查和原因分析发现，事故发生的直接原因是王某某误操作，在1号氢化釜人孔打开的状态下，未充氮气保护，反而打开真空泵，导致大量空气吸入反应釜内，与乙醇蒸气形成爆炸性混合气体，同时催化剂雷尼镍遇空气自燃，引发闪爆。

2.2 风险识别方法

在化工生产装置设计、运行、检修、技改和变更等过程中，为了避免安全事故的发生，需要在各个阶段进行风险识别，以期达到“预防为主”的目的。目前，用于化工风险识别的方法较多，包括安全检查表（safety check list，SCL）法、作业危害分析（job hazard analysis，JHA）、预先危险性分析（PHA）、故障类型和影响分析（FMEA）、事件树分析

(ETA)、事故树分析(FTA)、作业条件危险性评价(LEC)、危险与可操作性分析(HAZOP 分析)、安全完整性等级(SIL)分析、保护层分析(LOPA)、定量风险评价(QRA)、基于风险评估的设备检验技术(risk based inspection,RBI)、故障假设分析(WI),另外,还有道化学公司指数法、帝国化学公司指数法等分析方法。

2.2.1 安全检查表法

为了全面地找出系统中的不安全因素,需要把系统加以剖析,列出各层次的不安全因素,然后确定检查项目,以提问的方式把检查项目按系统的组成顺序编制成表,以便进行检查或评审,这种表就叫做安全检查表。主要是利用经验丰富的人员针对特定系统精心汇编的辅助备忘录,内容包含系统风险保护措施、程序步骤、材料特性和有效安全管理实践的具体特征,用于检查设计、操作和系统状态等,以确保它们符合已知的规定、标准或其他特定要求。安全检查表是进行安全检查,发现和查明各种危险和隐患、监督各项安全规章制度的实施,及时发现并制止违章行为的一个有力工具,适用于各类系统的设计、验收、运行、管理阶段以及事故调查过程,应用十分广泛。

精细化工生产过程以间歇或半间歇操作为主,大多数是在多功能的设备上完成的,例如,同一个反应釜,可以根据要求进行各种不同的有机合成反应,生产不同的产品。检查表法比较适合于间歇或半间歇操作的工艺过程,它是在总结过去经验的基础之上,不断修订完善而形成的。通过对有可能发生的故障进行列表汇总,并采用特定操作模式下的偏差列表对工艺和操作模式进行系统的检查。风险识别的基本资料是工艺过程的详细描述,每个工艺步骤都可以使用检查表法进行检查分析。

安全检查表由行和列构成的矩阵来表示,每一行代表要检查的一个对象,每一列代表一个工艺步骤。检查表的内容包括公用工程情况(表 2-2)和操作过程状态(表 2-3),在给定的工艺步骤下,分别评估公用工程设备发生故障和操作条件发生偏差是否会导致危险的发生。检查表法需要对工艺过程有详细的检查,检查工艺条件是否与设计相符合,是否有所遗漏等。检查表法通常将工艺步骤按次序排列,这样可以避免遗失分析的重要因素。同时也包括部分与设备维护保养、检查等相关的信息,这是为了确保分析的完整性,一旦识别出危险情况,则可以在其位置上进行标记来表示所找出的危险,例如,在 A16 处做出标记,说明对于工艺步骤 A 来说,当加料速度发生偏差时会对工艺产生危险,具体危险情况及后果、控制措施可以通过表 2-4 加以进一步描述。

表 2-2 公用工程检查表

偏差	工艺步骤							
	A	B	C	D	E	F	G	……
1 电源								
2 水								
3 蒸汽								
4 冷冻盐水								
5 氮气								
6 压缩空气								
7 真空								
8 通风								
9 吸收								

表 2-3 操作过程状态检查表

偏差	工艺步骤							
	A	B	C	D	E	F	G	……
10 清洁								
11 设备检查								
12 清空								
13 设备通风								
14 设备更换或保养								
15 物料量、流速								
16 加料速度								
17 加料次序								
18 反应物的混合								
19 静电危险								
20 温度								
21 压力								
22 pH								
23 加热或冷却								
24 搅拌								
25 与载热体反应性								
26 催化剂、惰化剂								
27 杂质								
28 分离								
29 连接								
30 废物消除								
31 工艺中断								
32 取样分析								

表 2-4 偏差危险性分析表

工艺步骤	序 号	危险性	后 果	控制措施	备 注
A	A16	……	……	……	……
……					

在反应风险研究的基础上开展反应安全风险评估，可以采取检查表法，检查表的编制，需要组织有丰富经验的人员来完成。检查表的编写，要求做到系统化和完整化，尽可能不漏掉可能导致危险的关键因素，最好在初始设计阶段完成。检查表的内容方式是有问有答，便于给人们留下深刻的印象，充分地起到安全控制和安全教育的作用。检查表内还可以标注改进措施以及相关要求，间隔一段时间后，重新检查改进情况。该方法主要是凭借经验进行，操作简单、容易掌握，但只能做到定性分析，不能给出定量的评价结果，并且只能对已存在的对象进行评价。

在对生产流程进行风险识别时采用安全检查表法，能够全面且精准掌握不同风险的主次关系，同时能够全方位地对生产流程中的各项危险因素进行排查，为实现安全管理提供重要依据。

2.2.2 事件树分析

事件树分析（ETA）是一种利用图形进行演绎的逻辑分析法。事件树分析主要利用逻辑思维的规律和形式，分析事故的起因、发展和结果以及全部过程。利用事件树分析事故发生的过程，是以“人、机、料、法、环”等综合系统为对象，分析各环节事件发生成功与失败的两种情况，从而预测系统可能出现的各种结果。事件树分析的基本原理是分析任何事物从初始到最终结果所经历的每一个环节，分出成功（或正常）或失败（或失效）两种可能的情况作为两种途径的分支。将成功记为 Y，作为上分支，将失败记为 N，作为下分支，然后再分别从这两个状态开始，仍将成功记为 Y，作为上分支，将失败记为 N，作为下分支的两种可能持续分析下去。这样一直分析到最后结果为止，就形成了一个水平放置的树状图（如图 2-1 所示）。

从事故发生的过程来看，任何突发事故都是由于在事物的一系列发展变化环节中接二连三地出现“失败”所致。因此，利用事件树原理对事故的发展过程进行分析，不但可以掌握事故过程的规律，还可以识别导致事故发生的危险源。

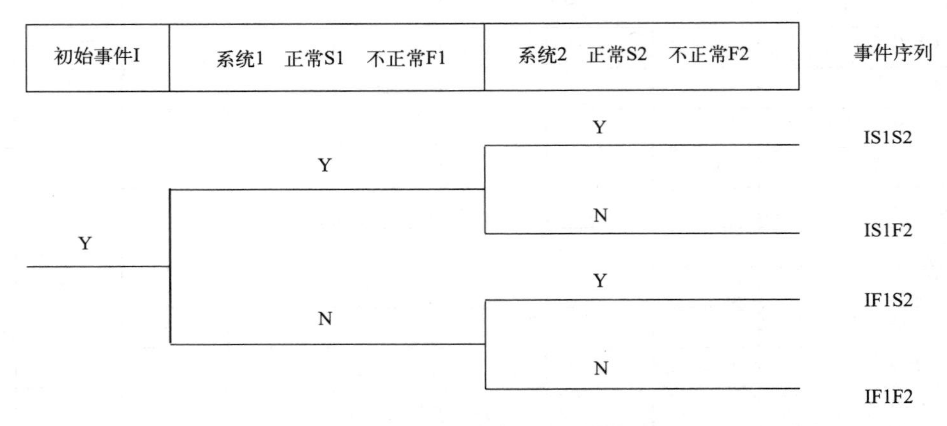

图 2-1 事件树分支树状图

完整的事件树分析通常包括六个步骤，首先是确定初始事件，在对消除事件的安全设计功能进行识别以后，编制事件树，描述导致事故发生的顺序和确定事故顺序的最小割集，最后编制分析结果。

2.2.2.1 确定初始事件

事件树分析首先要确定初始事件，确定初始事件是事件树分析的重要环节。初始事件是指可能引发系统安全性后果的系统内部故障或者外部事件，例如设备故障、系统故障、工艺异常或者是人为的操作失误。如果所确定的初始事件能直接导致一个具体的事故发生，事件树分析就能够较好地确定事故的原因。

2.2.2.2 识别消除事件的安全设计功能

设计初始事件的安全功能可以看成为防止初始事件发生，并造成后果的预防措施。安全功能通常包括下述 5 个方面：

（1）系统能够自动对初始事件做出相应保护性的反应，包括自动停车系统。

(2) 当初始事件发生时，联锁报警器能够向操作人员发出警报信号。

(3) 操作人员按设计要求或操作规程对报警信号做出相应的反应。

(4) 启动冷却、压力释放等应急系统，以减轻事故可能造成的严重后果。

(5) 设计限制初始事件可能造成影响的围堰或封闭方法。

2.2.2.3 编制事件树，描述导致事故发生的顺序和确定事故顺序的最小割集

事件树是由初始事件开始，展开事故序列，确定由初始事件引起的、有可能发生的事故。分析人员按照事件出现顺序列出安全功能动作或者安全措施。在某些情况下，几个事件可能会同时发生，在评估安全系统对异常状况的反应时，分析人员应仔细考虑正常工艺控制措施对异常状况的管控效果。

2.2.2.4 编制分析结果

编制分析结果指的是分析人员将事件树分析研究的结果进行汇总，列出不同的事故后果，并从事件树分析中得到一些建议和控制措施。

事件树建立的原则是根据系统工艺操作简图由左向右进行绘制。在表示各个事件的节点上，一般情况下，表示成功事件的分支向上，表示失败事件的分支向下，每个分支上注明其发生的概率，最后分别求出它们的积与和，作为系统的可靠系数。在事件树分析中，形成分支的每个事件的概率之和，一般都等于 1。事件树分析适用于多环节事件或多重保护系统的风险分析和评价，可同时满足定性和定量分析的需求。

例如，对图 2-2 的反应装置流程，提取出原料 A 的输送泵与阀门系统进行事件树分析，见图 2-3 和图 2-4。

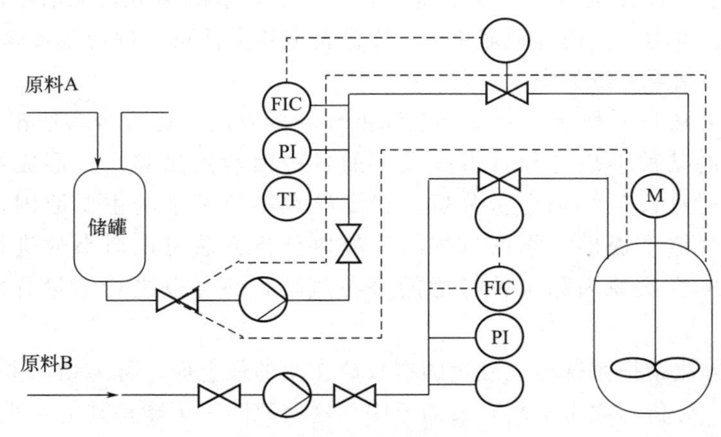

图 2-2 反应装置流程示意图

FIC—流量调节；TI—温度测量；PI—压力测量

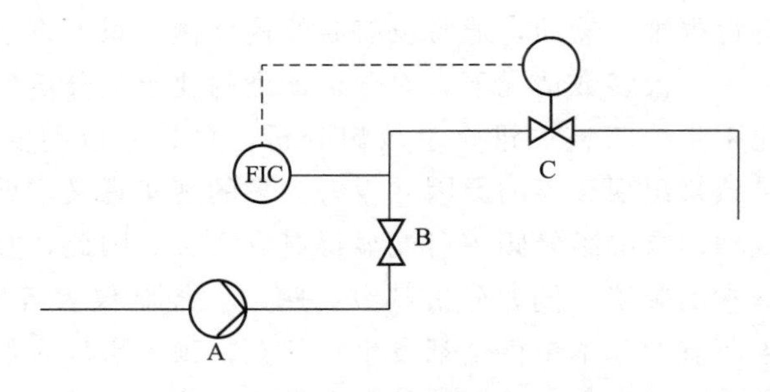

图 2-3 原料 A 输送系统示意图

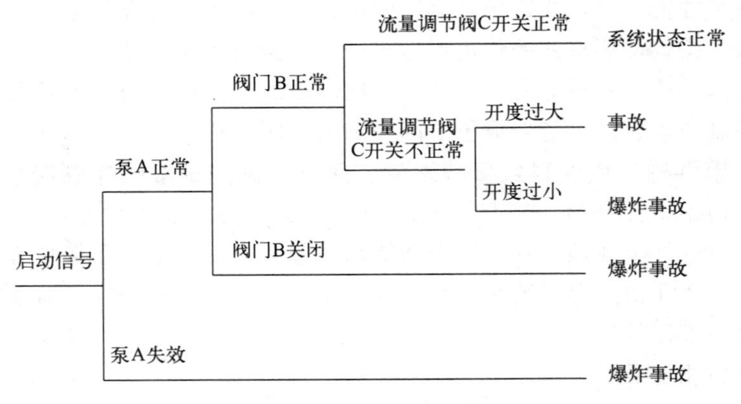

图 2-4 原料 A 输送系统事件树

由图 2-4 可以看出，导致事故的危险源涉及泵 A 失效、阀门 B 关闭、流量调节阀 C 开关不正常三个方面。

2.2.3 事故树分析

事故树分析（FTA）是安全性分析、风险评估和事故原因研究的重要分析方法之一。1961 年，事故树分析概念由美国 Bell 电话研究所的 H. A. Watson 提出，并应用于研究民兵式导弹发射控制系统的安全性评价。美国波音飞机公司 Hassle 等人对这个方法又作了重大的改进，并应用电子计算机进行辅助定量分析。目前，事故树分析方法已经广泛应用于化工、机械、电子、电力、交通等领域之中，事故树分析方法可以进行故障诊断，对系统的薄弱环节进行分析，指导系统的安全运行。

事故树分析方法是一种演绎的安全系统推理分析方法，通过带有逻辑关系的图形符号把系统可能发生的某种事故与导致事故发生的各种因素连接起来，形成类似树一样的事故图，并对事故树进行定性和定量分析，找出导致事故发生的主要原因，为确定安全措施、降低事故发生概率提供可靠的依据。事故树分析方法可以对事故进行定性分析，识别导致事故发生的主次原因和未曾考虑的潜在风险，还可以进行定量分析，预测事故发生的概率。

事故树分析方法是把系统可能发生的事故放在图的最上面，称为顶上事件，按系统构成要素之间的关系，分析与灾害事故有关的原因。这些原因，可能是其他一些原因的结果，称为中间原因事件（或中间事件），持续往下分析，直至找出不能进一步往下分析的原因为止，这样就可以构建出各事故原因的层次，每个中间原因事件与上下层原因的关系清晰明了。事故树理论上可以被分解得很细，然而，通常没有必要这样做，只要将事故树分解到能够满足分析需要的深度就可以了。大多数情况下，对分析深度的要求是分析到能够找到风险降低措施的程度。例如，在化工生产工艺中进行事故树分析，只是分析到发现泵出现故障就可以了，进一步深入查找导致泵出现故障的原因并没有太多的现实意义，就工艺过程的安全性而言，准备一个备用泵或增加泵的维修频率可能显得更有意义。因此，在用事故树进行分析的时候，只需要分析到基本的装置，例如分析到泵、阀门、控制仪表等发生故障的层次即可。在事故树分析中，如果所有的基本事件全都发生，那么，顶上事件必然要发生，但是，多数情况下，只要一个或几个事件发生，顶上事件也会发生，像这种情况下的基本事件的集合称为割集，能使顶上事件发生的最低限度基本事件的集合称为最小割集。事故树中每一个最小割集都对应一种顶上事件发生的可能性。

事故树分析法的特殊性还表现在不同事件之间逻辑关系的连接上。事故树通常含有两种逻辑途径，分别为“与门”和“或门”。例如，假设考虑A、B、C三种原因导致了事件X，如果三种原因必须同时存在，才能导致X，在事故树上与X的连接要通过“与门”途径，而A、B、C的逻辑运算称作事件X的“与”，也称为逻辑积，表达式为

$$X = A \cdot B \cdot C \tag{2-1}$$

反之，如果单一的A、B或C导致事故X的发生，则是“或门”途径，此时A、B、C的逻辑运算称作事件X的“或”，也称为逻辑和，表达式为

$$X = A + B + C \tag{2-2}$$

事故树分析包括前期准备、事故树的编制、事故树分析、事故树分析结果总结和应用等方面。

2.2.3.1 前期准备

前期准备主要涉及以下几个方面：

① 确定所要分析的对象范围。在分析过程中，要合理地处理好所要分析的范围与外界环境及其边界条件，明确影响整个生产系统安全的主要因素。

② 熟悉分析对象。对已经确定的分析范围要进行深入的调查研究，收集有关资料，包括生产过程的设备、工艺流程、操作条件、环境因素等情况，这是事故树分析的基础和依据。

③ 调查确定的分析对象曾经发生过的事故，以及潜在可能会发生的事故，收集相关资料。

2.2.3.2 事故树的编制

事故树的编制主要涉及以下几个方面：

① 确定事故树的顶上事件，并调查和分析引起顶上事件的各种原因。直接原因可以是机械故障、人的因素或环境原因等。一般情况下，可以从这几方面调查导致事故树顶上事件发生的所有的事故原因，可以通过以往的一些经验来确定导致顶上事件发生的原因并进行影响分析。

② 绘制事故树。在找出造成顶上事件的各种原因之后，就可以采用一些规定的事件符号和适当的逻辑门，从顶上事件开始从上到下分层连接起来，层层向下，直到最基本的原因事件，这样就构成了一个反映因果关系的事故树。

③ 审查绘制的事故树。绘制成的事故树是事件之间逻辑模型的表达。既然是逻辑模型，那么各个事件之间的逻辑关系应当合理且严密，否则在后续的计算过程中将会出现许多问题。在绘制过程中，一定要进行反复推敲、修改，有时需要局部做修改，有的需要重新绘制，直到符合实际情况为止。

2.2.3.3 事故树分析

事故树分析包括准备阶段、定性分析阶段、定量分析阶段和安全性评价阶段。其中，准备阶段包含熟悉系统、调查事故、确定顶上事件及调查事故发生的原因，定性阶段包含事故树绘制及定性分析等。

2.2.3.4 事故树分析结果总结和应用

在经过事故树的详细绘制和分析后，要及时对事故树分析的结果进行评价和总结，整理

事故树定性、定量分析的相关资料和数据，提出改进意见和相应的预防措施。

以危险化学品爆炸事故树分析为例，围绕顶上事件化工企业危险化学品爆炸事故，严格按照熟悉企业危险化学品堆存与运输系统、调查相关事故、确定顶上事件、建立事故树模型、确定中间事件与基本事件、定性分析与提出防范措施等基本流程进行事故分析。事故分析步骤，见图 2-5。

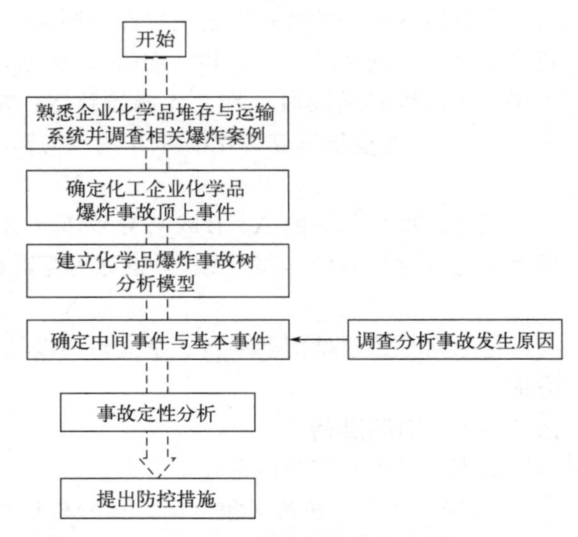

图 2-5 化工企业危险化学品爆炸事故树分析步骤

因此，从源头上避免化工企业危险化学品爆炸事件的发生，要从存在大量易燃易爆危险化学品和存在火源 2 个方面建立事故树模型，见图 2-6，具体代码含义，见表 2-5。

对化工企业危险化学品爆炸进行定性分析。根据上述事故树模型可知，导致危险化学品爆炸即顶上事件发生的初始原因有 34 个，并用 X1，X2，……，X34 表示 34 个基本事件，这些初始原因便是引起化工企业危险化学品爆炸事故发生的因素。

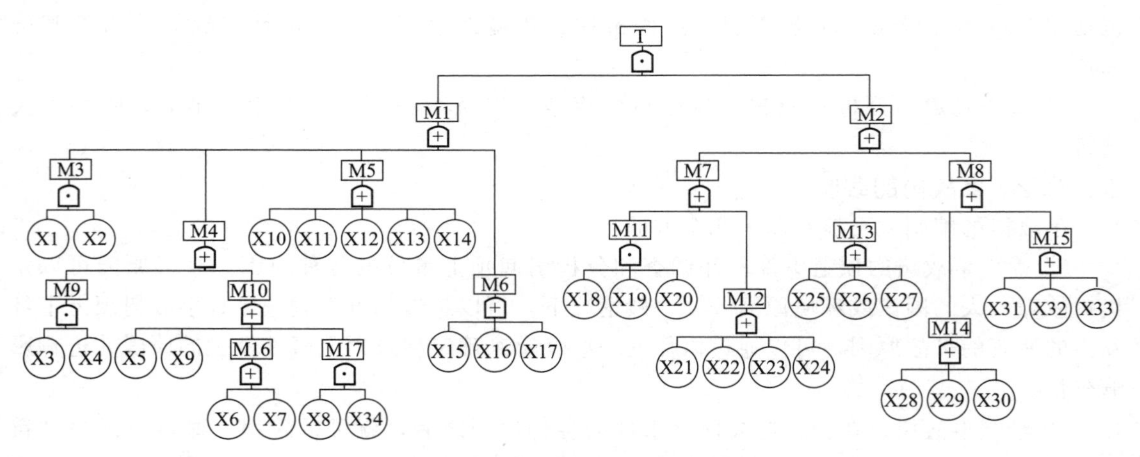

图 2-6 化工企业危险化学品爆炸事故树模型

表 2-5 化工企业危险化学品爆炸事故树各事件一览表

符号	事件类型	符号	事件类型
T	化工企业危险化学品爆炸	M7	明火火源
M1	存在大量易燃易爆危险化学品	M8	火花火源
M2	存在火源	M9	罐体质量问题
M3	严禁同贮的危险化学品混存混放反应放热爆炸	M10	罐体开裂或穿孔
M4	罐体泄漏	M11	危险化学品自燃产生明火
M5	附件或管道泄漏	M12	其他类明火
M6	其他泄漏情况	M13	静电火花

续表

符号	事件类型	符号	事件类型
M14	电气火花	X16	药品装卸过程中发生泄漏
M15	机械火花	X17	未按照规定操作导致除化学原料外的可燃气体泄漏
M16	罐体疲劳开裂	X18	违法贮存硝化品等自燃型危险化学品
M17	罐体腐蚀开裂	X19	氧分充足
X1	人员操作失误，将物料混放	X20	密闭可蓄热环境
X2	混入后开启设备，导致爆炸	X21	检修中违规动火
X3	罐体设计或制造不符合标准	X22	易燃危险化学品已泄漏情况下由于处置不当触动电器开关，产生明火
X4	设备质检或验收不合格	X23	厂区内人员违规吸烟
X5	人员违规操作使物料充装过量导致超压	X24	厂区机械车辆排烟喷火
X6	罐体安全阀失效	X25	操作中与导体接触产生火花
X7	罐体计量器失效	X26	撞击摩擦产生火花
X8	防腐层损坏	X27	遭遇雷击
X9	人员未能及时检修罐体问题	X28	设备短路
X10	阀门或法兰密封失效	X29	设备老化
X11	补充焊接不到位	X30	设备防爆装置损坏
X12	管道内压力过大	X31	设备接地电阻超标
X13	管道腐蚀减薄破裂	X32	电流过大
X14	管道存在泄漏隐患情况下检修及管理人员未按规定进行检查并立即维修	X33	设备卡涩摩擦，产生火花
X15	生产设备长期未按规定检修，导致物料泄漏	X34	危险化学品或外界环境腐蚀罐体

事故树的结构式为：

$$\begin{aligned} T &= M1\times M2 \\ &= (M3+M4+M5+M6)\times(M7+M8) \\ &= (X1\cdot X2+X3\cdot X4+X5+X9+X6+X7+X8\cdot X34+X10+X11+X12+X13+ \\ &\quad X14+X15+X16+X17)\times(X18\cdot X19\cdot X20+X21+X22+X23+X24+X25+ \\ &\quad X26+X27+X28+X29+X30+X31+X32+X33) \end{aligned} \tag{2-3}$$

由于并非上述34个基本事件全部发生的情况下顶上事件才会发生，因此，以上能够导致顶上事件必然发生且含有最少数量的基本事件合集，即最小割集可通过布尔代数法和其他数学方法得出。

2.2.4 危险与可操作性分析

危险与可操作性分析（HAZOP分析）是英国帝国化学工业集团（ICI）于20世纪70年代开发的风险分析方法，历经三十多年的实践应用和不断完善，HAZOP分析以其科学、系统的突出优势在风险识别领域备受推崇。如今，在世界知名化工生产企业和工程公司，

HAZOP 分析已被视为确保设计和运行安全的标准评估惯例。在欧洲和美国，HAZOP 分析已经广泛地应用于各类工艺过程和项目的风险评估工作过程中，甚至立法强制要求在工艺项目实施过程中必须进行 HAZOP 分析。例如，英国石化有限公司制定的《健康、安全和环境标准与程序》（HSE8）中明确规定在项目设计阶段必须对设计方案进行 HAZOP 分析；美国政府颁布的《高度危险化学品处理过程的安全管理》法规中也建议采用 HAZOP 分析方法对化工装置进行风险识别与风险评估。HAZOP 分析方法在国内的应用处于初级阶段，各相关企业正在逐渐认识 HAZOP 分析的重要性，并在大力推广使用 HAZOP 分析。2022 年，我国应急管理部、国家发展改革委、工业和信息化部、市场监管总局联合印发了《危险化学品生产建设项目安全风险防控指南（试行）》，指导和规范危险化学品生产建设项目安全风险防控，加强源头准入。指南规定涉及“两重点一重大”和首次工业化设计的建设项目，应在初步设计阶段开展 HAZOP 分析，建设单位应派遣有生产操作经验的人员参加审查；HAZOP 分析的过程控制和技术要求，应符合《危险与可操作性分析（HAZOP 分析）应用导则》（AQ/T 3049）、《危险与可操作性分析（HAZOP 分析）应用指南》（GB/T 35320）等有关规定，包括定义、准备工作、分析会议和结果报告以及跟踪落实；HAZOP 分析应形成改进意见汇总表，并明确每项改进意见的负责单位和负责人；应在初步设计阶段，根据过程危险分析提出的风险降低要求，确定安全仪表功能（safety instrumented function，SIF）的功能性要求及需要的安全完整性等级（SIL），并编制安全完整性等级（SIL）定级评估报告和安全仪表系统（SIS）安全要求技术文件。

HAZOP 分析工作的开展要求具有不同专业背景的人员组成专家团队，从初始设计开始或者针对现有装置，结合反应风险研究结果，开展相关风险识别与风险评估工作。专家团队的工作比各个专业人员的独自工作更具有全面性和系统性，能完整地识别所有的问题。通过危险与可操作性分析，可以达到如下目的：

① 识别并确认可能潜在的一些不正常的操作。

② 对不正常操作可能导致的后果进行分析和评估。

③ 明确可能导致的后果以及正确的解决措施，包括消除潜在风险和对可能的不良后果进行干预等等。

HAZOP 分析是通过多次系列的会议对工艺图纸和操作过程进行分析。因此，为了能使 HAZOP 分析工作顺利进行，一定要做好分析前的准备工作。HAZOP 分析的准备工作包括以下五个方面的内容。

2.2.4.1 组建 HAZOP 分析小组

HAZOP 分析工作是一个团队的工作，开展 HAZOP 分析工作前必须成立分析小组，组内成员的知识、技术和经验水平决定着整个 HAZOP 分析的准确性和可靠性，HAZOP 分析工作组的成员最好是技术水平高、经验丰富的专业资深专家。HAZOP 分析小组通常由下列人员组成，包括主持人，记录员，工艺、设备、仪表、电气、HSE 管理、操作等人员，在分析过程中应尽量保证主要分析人员不发生变换。HAZOP 分析小组的组长应该具有丰富的 HAZOP 分析经验和工艺经验，具有独立的工作能力，并且能保证 HAZOP 分析能够集中力量地进行下去。分析小组人员的主要职责：

主持人：进行 HAZOP 分析准备工作；选择分析小组人员；对分析小组人员进行方法培训；主持分析会议；编写分析报告等。

记录员：协助主持人进行 HAZOP 分析工作的准备；参加 HAZOP 分析会议，并记录分析结果，确保分析内容的完整、准确；把记录分发给小组人员，供他们审核和发表意见；保管好记录表；协助主持人编写 HAZOP 分析报告。

2.2.4.2 HAZOP 分析材料准备

HAZOP 分析所需的技术资料包括：带控制点的工艺管道仪表流程图（PID）、工艺物料流程图（process flow diagram，PFD）、工艺描述、装置设备设计资料、工艺化学品安全数据说明书（MSDS）、车间平面布局图等。这些技术资料是开展 HAZOP 分析的重要基础和依据，它们决定着后续分析工作的进度及分析结果的准确性和可靠性。

2.2.4.3 确定 HAZOP 分析的范围和目标

在项目设计的初始阶段，针对项目设计的 PID，开展 HAZOP 分析，HAZOP 分析步骤首先是在 PID 上定义相关评估节点，明确分析范围。明确 HAZOP 分析的范围和目标是进行风险识别和分析的重要前提。

2.2.4.4 设计适当的 HAZOP 分析表格

根据准备的技术材料，可以事先设计一个初步的偏差表，但是，偏差表并不是唯一确定的分析内容，需要经过 HAZOP 分析讨论通过方可执行。对于精细化工行业来说，大多数生产以间歇或半间歇操作为主，操作过程比较复杂，导致 HAZOP 分析表格设计工作量增大。为了使 HAZOP 分析有条不紊地进行，主持人等应在分析讨论会前期制定详细的分析计划，确定最佳的分析程序。

2.2.4.5 组织安排会议

所有资料准备齐全后，主持人负责组织进行 HAZOP 分析讨论会，开展分析工作。HAZOP 分析讨论会是多次连续进行的会议，可以一次会议解决一个待分析节点，直至整个项目分析完成为止。

HAZOP 分析组的分析工作从工艺设计开始，以带控制点的工艺管道仪表流程图（PID）和工艺物料流程图（PFD）为基本的资料依据，将工艺流程按照单元操作分解为不同的节点，专家们关注每条管路、每件设备的设计意图，精确地总结它们的功能和作用，运用预先规定的引导词，充分考虑不同的工艺参数、操作方法及操作条件，对操作条件的任何偏离，对于确认的有意义的偏差，要进一步对引发偏差的可能原因进行系统的调查。例如，当引导词“无流动”成立时，要考虑其可能的原因有储罐没有物料、进料阀门没有开启、进料阀门的方向有错误、进料泵有故障或者物料发生泄漏等。在引导词和不同的工艺参数的指引下，对各种危险进行评估，对严重程度进行分析，分析可能产生的后果，并对可操作性进行判断，同时，还可以早期识别异常情况，提出补救措施。

在使用 HAZOP 分析方法分析间歇工艺过程的危险性与可操作性时，需要使用一些有关时间和序列的引导词，通常包括“高或多”“没有或有”“低或高”“部分或全部”“反向或正向”等；工艺参数通常包括的内容有：流体的流速和流量、物料的浓度、反应的温度、反应的压力、反应时间、pH 值、热转移情况、液位的水平、分离过程、黏度变化、加料操作和混合操作等。评估各种操作行动过早或过迟，频率过高或过低，时间过长或过短，对工艺的影响情况。以流量作为工艺参数，危险与可操作性分析流程的简单示例如图 2-7 所示。

通过开展反应风险研究，获得了大量的本质安全数据，应在 HAZOP 分析中充分地应用数据，提高 HAZOP 分析和 LOPA 及风险管控水平。

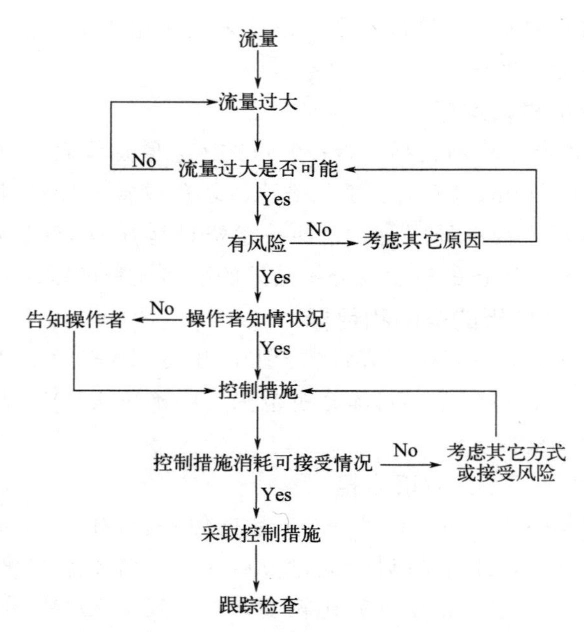

图 2-7 以流量作为工艺参数的 HAZOP 规程简单示例

2.3 风险分析

风险分析（hazard analysis，HAZAN）是指对暴露出的风险及其产生的后果进行分析，是深入研究生产和工艺各个环节中隐藏的风险点，通过分析方法来发现危险源，并判断危险源的级别。

风险分析可分为风险识别、风险评估、风险的控制与管理三个步骤。

2.3.1 风险识别过程

化工产品的开发生产，离不开化学物质、化学反应的风险研究与评估工作，化学反应风险评估的基础条件是风险识别。化工生产过程的风险识别包括化学物质、目标工艺反应过程、未知二次分解反应过程，以及生产过程中设备及其操作风险识别等。其中，生产过程中设备及其操作风险的识别可以通过危险与可操作性分析（HAZOP 分析）、安全检查表(checklist)、事件树分析（ETA)、事故树分析（FTA）等不同的方法开展，在工艺放大生产初始设计阶段或在生产阶段进行定性的识别，化学物质风险、目标工艺反应过程风险和未知二次分解反应过程风险则需要通过信息资料的查询和反应风险研究实验获取相关本质安全数据和结论。

化学物质风险需要进行大量的安全数据收集和必要的测试工作，包括原料、催化剂、中间产品、产品、副产物、废弃物，以及蒸馏、分馏处理过程涉及的各相关物料的安全性研究。部分物料的常规理化性质数据，可以通过查询化学品安全数据说明书（MSDS）得到，但是化学品热稳定性、物理危险性、固体化学品粉尘安全性等重要的安全数据，需要通过实验测试求取。重要的基础性安全性数据包括物质的燃烧性、闪点、爆炸极限、引燃温度、最低引燃能量、自燃温度等。

除了考虑物质的安全性参数以外，还需要考虑物质的毒性，考虑化学物质引起机体损伤的能力。评价化学物质的毒性，应将危害性和危险度两者区别开来。危害性表示某物质在一定条件下引起机体损伤的可能性，危险度表示接触某种物质可能出现不良作用的预期频率。

毒性一般以化学物质引起实验动物某种毒性反应所需的剂量表示（$mg \cdot kg^{-1}$）。如果为吸入中毒，则用空气中该物质的浓度表示（$mg \cdot m^{-3}$）。所需剂量或浓度愈小，表示物质的毒性愈大，最通用的毒性反应是动物的死亡数，常用的毒性指标有以下几种。

① 100%致死量或100%致死浓度（LD_{100} 或 LC_{100}），即所有染毒动物全部死亡的最小剂量或浓度。

② 半数致死量或半数致死浓度（LD_{50} 或 LC_{50}），即染毒动物半数死亡的剂量或浓度。毒物通过口腔或皮肤接触进入体内半致死量或半致死浓度分别代表经口和经皮半数致死量或半致死浓度，试验所用的试体应有统一的规格。

③ 最小致死量或最小致死浓度（MLD 或 MLC），即所有染毒动物中个别动物死亡的剂量或浓度。

④ 最大耐受量或最大耐受浓度（LD_0 或 LC_0），即全组染毒动物全部存活的最大剂量或浓度。

当化学物质发生泄漏时，应当判断相关化学毒性物质短期暴露的危害，因此，还需要有相关化学毒性物质的短期暴露限值，如立即威胁生命和健康浓度（immediately dangerous to life or health concentration，IDLH）。了解物质的毒性，可以提高操作人员对参与化学反应的物质的警惕，在进行化工生产操作时，必须做好个人防护，尽量避免人员直接暴露在毒性环境中。

因此，化工原料、中间体的安全性数据对化工风险评估非常重要，化工原料、中间体的安全性数据是保证工艺风险评估顺利开展的基础条件。

目标化合物合成的化学反应工艺过程的风险，可以通过反应风险研究，结合相关反应机理研究展开，首先需要确定目标合成工艺的反应类型。化学反应的类型有很多种，例如硝化反应、氧化反应、磺化反应、聚合反应、卤化反应等等。根据反应的类型，可以初步了解反应的风险性情况。例如，硝化反应属于强放热反应，温度越高，硝化反应速率越快，放出的热量越多，极易造成温度失控而引发爆炸。有些氧化反应也是强放热反应，特别是完全氧化反应，放出的热量比部分氧化反应大 8～10 倍，被氧化的物质大多是易燃易爆危险化学品，通常以空气或氧为氧化剂，反应体系随时都有可能形成爆炸性混合物。因此，诸如硝化、氧化等强放热反应，均属于非常危险的反应工艺，在反应过程中，如果控制不好，非常容易引起热失控，导致燃烧或爆炸风险的发生。所以，在工艺研发阶段，必须要对确定的工艺进行热风险识别，主要是放热反应的放热量，放热量越大，反应越容易引起体系热失控。此外，还有反应的绝热温升（ΔT_{ad}）、热转化率（X）、工艺反应能够达到的最高温度（MTSR）等重要热数据，这些热数据可以通过量热实验获取，例如采用实验室全自动反应量热仪（RC1）来获取热数据。热数据的获取，将为开展反应风险研究和工艺风险评估提供数据基础。

在放热工艺反应发生热失控以后，当放热速率很高时，可以近似考虑为绝热的反应体系，由于热失控导致体系温度升高，达到或超过了反应的最高温度，在这个温度下，有可能达到反应料液的最低热分解温度而引发未知的二次分解反应，使反应热失控加剧。因此，在工艺研发阶段，要明确工艺反应能够达到的最高温度（MTSR）、反应体系物料的热分解温度以及发生二次热分解反应后最大反应速率到达时间（TMR_{ad}）、爆炸压力等参数。工艺反应能够达到的最高温度 MTSR 如前面所述，可以通过 RC1 来获取，而反应体系物料的热分解温度以及发生二次热分解反应后最大反应速率到达时间 TMR_{ad} 可以通过等温差示扫描量热仪（DSC）或绝热加速量热仪（ARC）来获取。在化工反应风险研究领域，ARC 应用要优于 DSC，ARC 除了可以获取温度数据以外，还可以获取压力数据，这部分内容将在后续章节中做详细介绍。

因此，通过 DSC、RC1、ARC 等测试，基本可以识别出整个工艺反应过程的热风险，获得热风险数据，为下一步开展工艺风险评估奠定基础。

2.3.2 风险评估过程

完成了化工反应风险研究和过程风险识别工作之后，可以列出相关工艺过程的过程风险，进一步可以对识别出的风险进行评估，确定不同风险的优先次序或等级，按照风险级别的高低采取不同的措施进行控制防范。

风险评估的方法是多种多样的，每一种评估方法都有其适用的范围和限制条件。目前，对已识别出的风险进行评估的方法主要有定性评估、半定量评估和定量评估三种。

定性评估方法主要是根据以往所积累的经验对整个化工生产系统的工艺、设备装置、周围和工作环境、人员、管理等各方面进行定性评估。一般见到的定性评估方法主要有安全检查表法、故障类型和影响分析法、危险与可操作性分析（HAZOP 分析）等。这类方法相对而言比较简单直观，但是，这些方法对评估人员的要求相对较高，评估人员要具有相当丰富的化学工艺和化工设备等方面的经历经验。

半定量评估方法主要以化工生产系统中的危险物料和工艺为评估对象，将影响事故发生的频率和事故后果的各种因素转化成一系列的指标，再利用特定的数学模型及相关工具分析处理这些指标，从而评估出系统的危险程度。英国帝国化学公司蒙德工厂的蒙德评价法、美国陶氏化学公司的火灾爆炸指数法、日本的六阶段安全评价法及我国化工厂的危险程度分级法都属于这类方法。这类方法评估时需要的原始数据相对较少、评估成本较低。因此，许多国家和企业在开发设备风险评估分析技术的初期都是从半定量评估法开始的。目前，设备风险评估大多数仍处于半定量评估的技术水平，但是，各指标的取值方法主要依赖于主观意识和经验成分较高的评估方法，并且各种指标的层次关系和综合方法尚缺乏足够的数学依据。在对化工工艺反应尤其是放热化学反应，进行热风险识别获得必要的相关热风险数据之后，可以利用获得的热风险数据对工艺反应的风险性进行半定量的评估，例如，利用 DSC 或 ARC 实验获得的二次分解反应最大反应速率到达时间 TMR_{ad} 的大小，可以间接地评估工艺反应发生危险事故的可能性大小，并给出相应的等级标准。

定量评估方法是以化工生产系统发生事故的概率和后果来评估化工生产的危险程度。这类方法需要有充足的理论依据，所得到的结果必须准确可靠。定量评估方法在化工、航空、航天、核能等高端领域有着广泛的应用。定量评估方法对数据的要求很高，不但要有大量的数据，还要求数据的高度精确性，通常要投入大量的人力、物力和财力。目前，精细化工定量风险评估主要依据《精细化工反应安全风险评估规范》（GB/T 42300—2022）开展，通过实验测试获取化学品和化学反应的表观热力学和表观动力学数据，利用分解热、反应绝热温升、绝热条件下最大反应速率到达时间、工艺反应能够达到的最高温度、技术最高温度等参数，评估物料燃爆危险性、失控反应可能性、失控反应严重度、失控反应可接受程度和反应工艺危险度，并给出相应的风险管控措施建议。

2.3.3 风险降低措施

在对风险进行评估时，一旦风险被评估为不可接受风险，必须采取措施来降低风险，否则后果会越来越严重。从化工工程的角度来说，如果能从根本上消除化工过程中的风险，该风险控制措施应该是最为有效的，因为它能够使事故完全不发生，或者至少做到事故后果的严重度大大降低。但是，从化学工艺的角度来说，从根本上消除工艺风险意味着必须要对现行的工艺合成路线进行技改，技改过程中，应避免反应过程中出现不稳定的中间体，避开强烈的放热反应，避免生成高毒性物质等，这在化工工艺路线的选择上往往是非常困难的。在进行工艺研究和工艺设计时，应尽可能避免选用低闪点的易燃有机溶剂以及高毒和危害环境的溶剂。可以说，绝对安全的化学工艺不存在，任何的化学工艺都潜藏失控的风险，消除化学反应失控风险的有效措施是降低或减少能量，从而达到不引发失控反应的目的。

预防性控制措施的采纳，可以做到让事故不容易发生，但是，并不能完全避免事故的发生。减少危险物质的品种和使用量，选用连续化工艺替代间歇和半间歇工艺等均属于很好的预防性措施。应急预案的制定、应急响应组织的建立等是有效的风险弱化性措施，可以避免事故发生以及产生严重的后果。工艺的设计应以尽可能避免人为差错的发生为目的，例如，在化工生产车间设计安装联锁或安全切断装置等，保证在一些特定情况下，当公用工程发生故障时也能够正常工作。工艺过程中管路、阀件等的标识属于组织措施，组织措施是基于操作人员的行为，在精细化工行业，反应器加料以手动操作居多，而且产品的识别主要靠操作人员。在诸如声光报警系统、工艺控制过程中的药品识别分类、复检等等，这些措施是否能够有效实施都与操作人员的能力有关，而操作人员的工作能力完全取决于其工作纪律和所受到的培训程度。因此，需要建立必要的组织措施。

通过风险识别的方法确认的风险，可以通过设计变更或改变操作条件加以避免，然而，全部控制风险是不可能的。风险只能通过各种技术手段加以降低，降低至可以接受的水平。但是，化工生产的风险不可能完全消除，也就是说在化工生产过程中不存在零风险。例如，一个加料阀门，如果操作开关失灵或者操作人员忘记开关，后果将非常可怕，为了保证安全，可以安装 2 个阀门，安装双阀门显然比单一阀门安全，但是，2 个阀门同时失灵的可能性依然存在，风险不可能完全得到避免。在经过详细的风险分析后，可以采取相应的风险降低措施，但是，仍会存在一定的残余风险，残余风险主要包括如下内容。

① 有意识接受的风险。有意识接受的风险是指在进行风险识别过程中，接受那些被识别出来，并被评估为低等级的风险，这些风险不足以产生化工事故危害，这些风险可以被接受，处于可控范围内。但是，由于风险具有可变性，对于识别出的可接受的风险，并不代表永久都可以接受，随着时间的推移，低等级风险可能会逐渐演变成不可接受的风险。因此，在后续的风险控制管理过程中，被识别出的低等级风险也不能被忽视，应当正常纳入管理范围内，以免风险升级，引发严重的后果。

② 误判断的风险。在风险识别和风险评估过程中，参与工作的人员是一个专家组，专家组由各个专业经验丰富的专家组成，但是，由于各位专家的经验有限，在对识别出的风险进行评估的过程中，难免会出现误判断的情况。将低风险评估为高风险，这是一种保守性的评估，是可以接受的风险，但是，当高风险被评估为低风险时，这种残余风险是非常可怕的。所以，一般情况下，专家们在对风险进行识别和评估的过程往往需要经过多次反复的修

改和完善，尽量避免高残余风险被遗漏和被误判。

③ 未识别出的风险。风险评估专家在进行风险识别过程中，由于经验有限，可能存在风险未被识别出的情况，在这类残余风险中存在高风险和低风险，所以，风险识别过程要多次反复进行修改完善，尽量识别出生产系统中的所有风险。

风险分析应以高度负责任的态度尽量减少残余的风险，特别是已识别出来而错误判断的风险和未识别出的风险。残余风险的评价应依据相应的评估标准进行，选择的控制措施和已有的控制措施应当考虑降低风险发生的可能性，某些风险可能在选择了适当的控制措施后仍处于不可接受的风险范围内，应考虑是否接受此类风险或增加控制措施。为确保所选择控制措施的充分性，必要时可以进行再评估，通过控制措施实施的有效性，评价残余风险是否可以接受。因此，风险评估是一项技术性很强的工作，需要具备杰出技能的工艺技术和工程技术人员的参与。

2.3.4 风险分析的影响因素

对于化工生产过程进行风险分析的成功与否，本质上取决于以下三个方面的因素。

① 风险识别的系统性和全面性。风险分析和风险评估团队成员的专业全面性决定了风险识别的系统性和全面性，决定了风险分析的广度。风险分析团队成员的专业覆盖面越广，在进行工艺风险识别时，被识别出的风险就越多，越全面。因此，风险分析团队人员应至少包括工艺研究人员、化学工程人员、设计人员、自动化仪表人员以及具体操作人员等等。

② 风险分析团队的经验和技术水平。在进行风险分析过程中，分析团队成员的经验非常重要，风险分析专家的经验直接决定着风险分析的深度。经验越丰富的风险分析专家能够识别出的风险就越多，对风险分析得就越透彻，同时也会提出更多的风险降低措施，更加切实有效地执行后续的风险控制管理。

③ 风险分析数据的可靠性和安全性。对风险进行分析时，所依据的基础数据必须保证具有可靠性和安全性，如果在风险分析评估过程中所使用的工艺数据与真实值存在偏差，这可能又会产生另外一个风险偏差。因此，在进行风险分析之前，向风险分析专家提供的基础数据资料必须经过认真核实，确保数据的真实性和可靠性。

对化工工艺进行风险分析的工作是一项具有经验性和创造性的工作，它要求风险分析团队成员应当具有一定的实际工作经验、具有一定的创造力和开阔的思路，更重要的是要具有较高的团队合作精神。可以说，化工工艺风险识别、评估分析、后续控制管理的成果是集体智慧的结晶。

2.4 重要危险化工工艺及安全措施的建立

精细化工生产涉及使用多种危险化学品，运行各种危险工艺，容易导致爆炸、火灾、中毒等安全事故的发生，造成人员伤亡和经济损失。为了提高危险化学品储运、使用和化工生产装置的本质安全水平，指导化工行业对涉及危险工艺的生产装置进行自动化改造，原国家安全生产监督管理总局（现中华人民共和国应急管理部，以下简称应急管理部）组织编制了《首批重点监管的危险化工工艺目录》和《首批重点监管的危险化工工艺安全控制要求、重点监控参数及推荐的控制方案》，首批重点监管的危险工艺为 15 种，2013 年扩充为 18 种。

18 种危险工艺分别为硝化工艺、过氧化工艺、氧化工艺、氯化工艺、光气及光气化工艺、加氢工艺、磺化工艺、氟化工艺、重氮化工艺、偶氮化工艺、胺化工艺、聚合工艺、烷基化工艺、裂解（裂化）工艺、电解工艺（氯碱）、合成氨工艺、新型煤化工工艺及电石生产工艺。不同工艺过程的操作方法、反应器类型、处理方法各不相同，按照操作过程可分为釜式间歇反应、釜式半间歇反应、釜式连续化反应、流化床反应、固定床反应及微反应等。在反应安全风险研究与评估过程中，需要根据工艺操作过程、反应器类型及反应的特点，建立相应的反应安全风险研究与评估模型，明确反应风险等级和风险管控措施要求，提升企业本质安全水平，有效防范事故发生。

本节主要对精细化工生产过程中常见的18种危险工艺的危险特性、重点监控工艺参数，以及如何建立有效的控制措施进行分析与探讨。

2.4.1 硝化工艺

2.4.1.1 案例分析

2017年12月9日1时40分，江苏某公司生产车间二氯苯装置当班操作人员开始压料操作，将二楼保温釜中经脱水后的间二硝基苯用压缩空气压到高位槽，2时2分47秒，操作人员对保温釜排空卸压，结束压料。2时3分17秒，疑似保温釜视镜位置喷出明火火柱，回火引起保温釜内物料燃烧，同时保温釜法兰盖处有大量黑烟冒出。2时3分25秒，高位槽底部大量泄漏，产生燃烧现象。2时3分45秒，二楼泄漏区域发生爆炸。事故造成10人死亡、1人受伤，间二氯苯装置与其东侧相邻的3-苯甲酸装置整体坍塌，部分厂房坍塌、建筑物受损严重，直接经济损失4875万元。经计算，本次事故释放的爆炸总能量为14.15t的TNT当量。事故企业被罚款500万元、吊销安全生产许可证，45名责任人和10家责任单位被追责，其中13名责任人被建议追究刑事责任。

经过事故调查和原因分析发现，事故发生的直接原因是尾气处理系统的氮氧化物（夹带硫酸）蹿入保温釜，与加入回收残液中的间硝基氯苯、间二氯苯、1,2,4-三氯苯、1,3,5-三氯苯和硫酸根离子等形成混酸，在绝热高温下，与釜内物料发生化学反应，持续放热升温，并释放氮氧化物气体（冒黄烟）；使用压缩空气压料时，高温物料与空气接触，反应加剧，紧急卸压放空时，遇静电火花燃烧，釜内压力骤升，物料大量喷出，与釜外空气形成爆炸性混合物，遇火源发生爆炸。

事故发生的间接原因如下：

① 该公司未落实安全生产主体责任，包括：安全管理混乱，装置没经过正规科学设计，未取得危险化学品安全生产许可证的前提下违法组织生产，变更管理严重缺失，教育培训不到位，操作人员资质不符合规定要求，自动控制水平低，厂房设计与建设违法违规等。

② 与该公司合作的设计、监理、评价、设备安装等技术服务单位未依法履行职责，违法违规进行设计、安全评价、设备安装、竣工验收。

③ 该化工企业隶属的县委县政府和化工园区管委会安全生产红线意识不强，对安全生产工作重视不够，属地监管责任不落实。

④ 负有安全生产监管和建设项目管理责任的有关部门未认真履行职责，审批把关不严，监督检查不到位。

2.4.1.2 硝化工艺危险特性

硝化是指向有机化合物分子中引入硝基（$—NO_2$）而生成硝基化合物的反应过程。硝化反应主要有三类，一类是硝基（$—NO_2$）取代有机化合物中与碳相连的氢原子的化学反应，生成硝基化合物，也称为C-硝基化合物，如硝基甲苯、硝基萘、三硝基甲苯等；二类是硝基（$—NO_2$）取代有机化合物分子中羟基氢的化学反应，生成物为硝酸酯，也叫O-硝基化合物，如硝化甘油、硝化纤维素等；三类是硝基（$—NO_2$）通过氮原子相连生成化合物硝胺的化学反应，生成物也称为N-硝基化合物，如乌洛托品（六亚甲基四胺）经硝化生成黑索金（环三亚甲基三硝胺）。硝化工艺在炸药、医药、农药、溶剂和染料等精细化工产品、中间体生产中广泛应用，是有机化工生产中一种重要的化学工艺。

硝化工艺由于其反应速度快、放热量大，反应物料具有燃爆危险性，硝化产物、副产物具有爆炸危险性等特点，安全事故频发，事故后果严重，受到社会各界的高度关注。2019年江苏响水某化工有限公司“3·21”特别重大爆炸事故、2017年江苏某生物科技有限公司“12·9”爆炸事故、2015年山东某化学有限公司“8·31”爆炸事故等，带来了巨大的财产损失和惨重的人员伤亡。因此，明确硝化工艺危险特性，制定硝化工艺安全控制措施，对保障安全生产尤为重要。

硝化工艺的危险特性总结如下：

① 硝化反应原料普遍具有燃爆危险性，易燃且有毒，如苯、甲苯等，属于甲类火灾危险性物质，如果使用或者储运不当，很可能造成爆炸燃烧，甚至酿成火灾和中毒事故。

② 硝化剂具有强氧化性、吸水性和腐蚀性，常用的硝化剂是浓硝酸、混酸（浓硝酸和浓硫酸的混合物），与油脂、有机物，特别是不饱和的有机化合物接触后，能引起燃烧或爆炸事故；部分硝化物在酸性条件下稳定性下降。

③ 含有硝基的硝化产物具有爆炸危险性，能量规模大，分解热普遍高于$1000J \cdot g^{-1}$，特别是多硝基化合物和硝酸酯，在受热、摩擦、撞击或接触火源时，极易发生爆燃事故，例如，2,4,6-三硝基甲苯（TNT）是一种烈性炸药；脂肪族硝基化合物通常闪点较低，属于易燃液体；芳香族硝基化合物中苯及其同系列的硝基化合物属于可燃液体或可燃固体；二硝基和多硝基化合物性质极不稳定，在受热、摩擦、撞击或接触火源时都可能发生分解，甚至爆炸，并且爆炸破坏力很大。与此同时，部分硝基化合物具有高毒性，甚至致癌性，例如，硝基苯毒性很强，人经口最小中毒剂量（血液毒性）为$200\ mg \cdot kg^{-1}$；亚硝胺是强致癌物。

④ 硝化反应放热量大，反应进行速度快，温度不易控制。硝化反应过程中，温度越高，反应速率越快，硝化反应过程必须及时移除反应热。硝化反应在冷却失效、加料失控、反应时间延长、搅拌中途停止等各种失控和传质故障的情况下，极易造成局部热点，导致体系温度急剧升高，引发爆炸事故；混酸配置过程中，也会产生大量的热量，若不能及时移出，体系温度将持续升高，可能造成硝酸分解，释放出氮氧化物等有毒气体，导致中毒事故。

⑤ 非均相硝化反应过程中，各反应组分分布不均匀，易引起局部过热，导致危险事故的发生，尤其是在反应起始阶段，停止搅拌等原因造成传热失效是非常危险的，一旦再次开动搅拌，会导致局部剧烈反应，短时间内释放大量热量，引起爆炸事故。

⑥ 硝化反应易发生副反应和过反应，例如硝化原料和产品的水解、氧化，目标硝化物的过硝化等，加剧工艺危险性。若在硝化反应过程中发生氧化反应，反应放出热量，同时释放大量红棕色氮氧化物气体，在体系温度升高后，可能导致氮氧化物气体与硝化混合物同时从设备中喷出，发生爆炸事故。在蒸馏或精馏硝基化合物时，存在分解可能性，会引发爆炸事故。

⑦ 硝化釜的搅拌装置一般采用甘油或普通机油等作为润滑剂，其与反应物料混合，有

可能发生硝化反应而形成爆炸性物质。

化工生产过程中，典型的硝化工艺列举如下：

① 直接硝化工艺：苯硝化制备硝基苯；萘硝化制备 α-硝基萘；氯苯硝化制备邻硝基氯苯、对硝基氯苯；苯酚硝化制备邻硝基苯酚、对硝基苯酚，以及 2,4-二硝基苯酚和 2,4,6-三硝基苯酚；对叔丁基苯酚制备邻硝基对叔丁基苯酚；丙三醇与混酸反应制备硝酸甘油；蒽醌硝化制备 1-硝基蒽醌；甲苯硝化生产邻硝基甲苯、对硝基甲苯、三硝基甲苯（俗称梯恩梯，TNT）；浓硝酸、亚硝酸钠和甲醇制备亚硝酸甲酯；丙烷等烷烃与硝酸通过气相反应制备硝基烷烃等都属于直接硝化工艺。

② 间接硝化工艺：芳香族化合物或杂环化合物上的—SO_3H，用硝酸处理，可被—NO_2 取代生成硝基化合物。例如，硝基胍、硝酸胍的制备，苯酚采用磺酰基的取代硝化制备苦味酸等属于间接硝化工艺。

③ 亚硝化工艺：亚硝化反应的试剂是亚硝酸，一般是对酚、芳胺的亚硝化反应。例如，二苯胺与亚硝酸钠和硫酸水溶液反应制备对亚硝基二苯胺，2-萘酚与亚硝酸盐反应制备 1-亚硝基-2-萘酚等属于亚硝化工艺，亚硝化工艺潜藏更高的风险。

以某取代甲苯 A 经硝化反应，制备邻硝基某取代甲苯 B 为例，研究硝化反应的热危险性。

工艺过程简述：向反应釜中加入物料 A 和 98%的浓硫酸，控制温度为 30℃，滴加 65%的浓硝酸，滴加时间为 2.0h，滴加完毕后保温 2.0h。物料 B 合成反应放热速率曲线如图 2-8 所示。

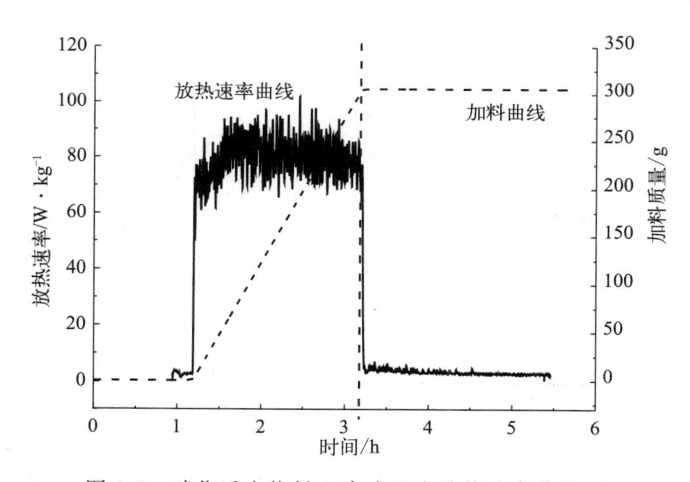

图 2-8　硝化反应物料 B 合成反应放热速率曲线图

从图 2-8 中可以看出，滴加浓硝酸后，体系立即放热，滴加过程反应放热速率较高，基本稳定在 90.0W·kg^{-1} 左右，说明滴加阶段反应放热量大，反应速率快；滴加结束后，反应放热速率迅速下降至 0W·kg^{-1}，保温过程反应基本无热量放出，说明基本不存在物料累积，反应速率快，且反应较为完全，该硝化反应近似为加料控制型反应。物料 B 合成过程表观反应热为−187.44kJ·mol^{-1}（以物料 A 物质的量计），反应绝热温升为 151.2K，技术原因影响的最高温度（简称技术最高温度，MTT）为体系泡点 83℃。

该硝化反应一旦发生热失控，立即停止加料的情况下，反应 T_{cf}、X_{ac}、X、X_{fd} 曲线如图 2-9 所示。

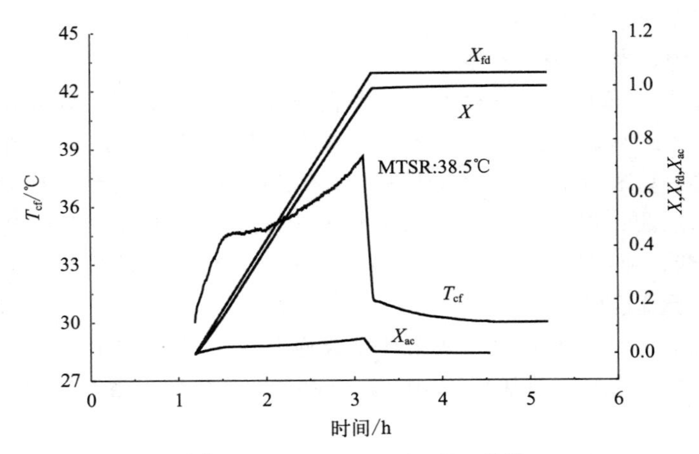

图 2-9　T_{cf}、X_{ac}、X、X_{fd} 曲线

X_{fd}—加料比例；X—热转化率；T_{cf}—反应任意时刻冷却失效后，反应体系所能达到的最高温度,℃；X_{ac}—热累积度

由图 2-9 的 T_{cf} 曲线可看出，反应过程中，体系能够达到的最高温度 T_{cf} 随时间变化呈现先增大后减小的趋势；由热转化率 X 曲线可以看出，该反应物料热累积少，浓硝酸滴加结束后，热转化率接近 100%。该工艺条件下，反应在物料热累积最大时失控后，立即停止加料，工艺反应能够达到的最高温度 MTSR 为 38.5℃。此外，当物料热累积为 100%时，工艺反应能够达到的最高温度 MTSR 为 181.2℃。

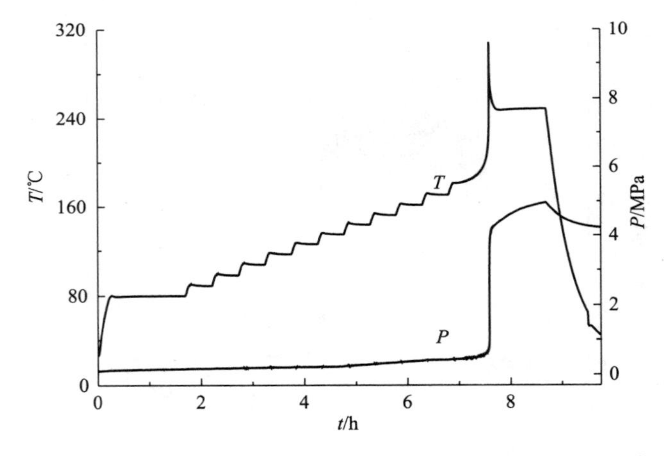

图 2-10　B 合成反应终点体系物料绝热量热时间-温度与压力曲线

利用差示扫描量热、快速筛选量热、绝热加速量热等联合测试方法，进一步开展分解动力学研究，获得 B 合成反应终点体系物料的分解热力学和分解动力学数据，研究二次分解反应发生的可能性。如图 2-10 所示，物料在 134.0℃发生放气分解，在 181.5℃发生放热分解，分解过程伴随体系温度和压力的迅速升高，放热量为 810J · g^{-1}（以样品重量计），最大温升速率为 1141.7℃ · min^{-1}，最大压升速率为 4.5MPa · min^{-1}。结合非绝热动态升温测试，进行分解动力学研究分析，获得分解动力学数据。物料自分解反应初期活化能为 131kJ · mol^{-1}，中期活化能为 70kJ · mol^{-1}，分解最大反应速率到达时间为 8h 和 24h 对应的温度 T_{D8} 为 138℃、T_{D24} 为 125℃。

根据研究结果，B合成过程冷却失效后及时切断进料，反应安全风险评估结果如下：

① B合成反应绝热温升 ΔT_{ad} 为151.2K，失控反应严重度为“2级”，一旦发生反应失控，工厂将会受到破坏。

② 绝热条件下失控反应最大反应速率到达时间（TMR_{ad}）大于24h，失控反应发生的可能性为“1级”，为很少发生，一旦发生热失控，人为处置失控反应有足够的时间，导致事故发生的概率较低。

③ 失控反应可接受程度为“Ⅰ级”，属于可接受风险，生产过程中按设计要求及规范要求采取控制措施。

④ 反应工艺危险度等级为“1级”（T_p＜MTSR＜MTT＜T_{D24}），反应危险性较低。MTSR小于MTT和 T_{D24} 时，体系不会引发物料的二次分解反应，也不会导致反应物料剧烈沸腾而冲料。但是，仍需要避免反应物料长时间受热，以免达到MTT。对于反应工艺危险度为“1级”的工艺过程，应配置常规的自动控制系统（分布式控制系统或可编程逻辑控制器），对主要反应参数进行集中监控及自动调节。

2.4.1.3 重点监控工艺参数及安全措施

硝化工艺重点监控的工艺参数包括：硝化反应釜内搅拌速率、温度；硝化剂流量；冷却介质流量；反应体系pH值；产物中杂质含量；蒸馏或精馏分离系统温度；蒸馏或精馏塔釜杂质含量等。

硝化工艺安全控制的基本要求为：实现自动进料并设置安全联锁；设置反应釜温度的报警和联锁系统；设置搅拌的稳定控制和联锁系统；紧急冷却系统；实现分离系统温度控制与联锁；设置塔釜杂质监控系统；设置安全泄放系统等。

硝化工艺宜采取的控制方式为：使硝化反应釜内温度与搅拌、硝化剂流量、硝化反应釜夹套冷却水进水阀形成联锁关系，在硝化反应釜处设置紧急停车系统，当硝化反应釜内温度超标或搅拌系统发生故障时，能自动报警并自动停止进料；分离系统温度与加热、冷却形成联锁，温度超标时，能停止加热并紧急冷却；应设有泄爆管和紧急排放系统；硝化工艺的控制系统最好采用DCS，确保安全设施的配置齐全和完好，提高本质安全装备设施水平。

化工生产中涉及硝化工艺过程，部分细化的安全控制措施列举如下：

① 相关企业应开展硝化全流程反应安全风险研究与评估，获取化学品、化学反应全面的表观热力学和表观动力学数据，并将数据应用于工艺设计、过程安全管理、HAZOP/SIL分析等方面，实现工艺本质安全可控。

② 硝化反应配制混酸作为硝化剂时，应先用水将浓硫酸稀释，稀释时应在搅拌和冷却条件下将浓硫酸缓慢滴加至水中，不可反加料，以免发生爆溅；浓硫酸稀释后，在不断搅拌和冷却条件下加入浓硝酸，并要严格控制体系温度以及配比，直至充分混合均匀，不能把未经稀释的浓硫酸与浓硝酸混合，以免剧烈放热，引起突然沸腾冲料或者爆炸。

③ 硝基化合物具有爆炸性，形成的中间产物（如二硝基酚盐等）有强爆炸威力，在蒸馏或精馏硝基化合物（如硝基苯）时，应防止热残渣与空气混合，以免发生爆炸。

④ 应确保硝化设备严密不漏，防止硝基化合物溅到蒸汽管道等高温表面发生分解、爆炸和燃烧。同时严防因硝化器夹套焊缝腐蚀使冷却水漏入硝化反应体系中；硝化反应器搅拌轴润滑时，不可使用普通机油或者甘油，以免被硝化形成爆炸性物质。

⑤ 使硝化反应釜内温度与釜内搅拌、硝化剂滴加速率、硝化反应釜夹套冷却水进水阀形成联锁自控关系；在硝化反应釜处于异常情况下，启动紧急停车系统，当硝化反应釜内温

度超过规定温度或搅拌系统发生故障，自动报警并立即自动停止加料；硝化剂加料应采用双阀控制，固体物质则必须采用漏斗等设备，使加料工作机械化；硝化岗位应设置一定容积的紧急放料槽。

⑥ 分离系统温度与加热、冷却系统形成联锁自控，体系超过规定温度时，能够立即停止加热并启动紧急冷却。

⑦ 硝化岗位生产设备采用防腐材料，以防硝酸、硫酸等腐蚀设备，发生泄漏，造成人员伤害或是引发火灾和爆炸事故。

2.4.2 过氧化工艺

2.4.2.1 案例分析

2021 年 7 月 22 日 10 时 26 分许，茂名高新工业园某公司甲类车间发生爆炸，未造成人员伤亡，但导致事发反应釜解体，爆炸车间及车间内反应设备、管道和建筑物框架严重损毁，直接经济损失 117 万余元。22 日 8 时 23 分，操作工许某打开 R1202 反应釜人孔塑料盖对反应釜进行检查，未发现釜内壁有裂纹，未发现搅拌轴异常。8 时 42 分，外操工戴某、陈某将 50%的双氧水抽入 R1202 反应釜中，后将 99%的叔丁醇抽到位于 R1202 反应釜上方的高位槽。9 时 15 分，操作工钟某开启加硫酸阀，将 80%的硫酸加入 R1202 反应釜中 (15.6℃)。10 时 01 分，钟某打开 DCS 叔丁醇气动调节阀，从高位槽往 R1202 反应釜 (15.7℃) 中加叔丁醇，后交接给换班的林某，林某继续往反应釜（20.6℃）中加叔丁醇，并加快了加料速度。DCS 数据显示，10 时 26 分，R1202 反应釜内物料温度瞬间（1 秒钟内）从 35.9℃升至 100℃以上。车间现场视频监控显示，10 时 26 分开始有气状物料从 R1202 反应釜人孔盖喷出，掀开人孔盖，反应釜外发生燃爆，随即 R1202 反应釜爆炸解体，相继引爆储存叔丁醇的 2 个高位槽等，发生多次爆炸，整个车间全部过火。

经过事故调查和原因分析发现，造成本次事故发生的直接原因是投放的原料叔丁醇、双氧水和催化剂浓硫酸均超出工艺规定浓度，造成反应釜内物料活性氧含量过高；叔丁醇采取滴加方式投入，投料速度过快，搅拌不均匀，导致釜内局部反应激烈、大量发热，釜内反应失控；反应釜搅拌叶片搪瓷脱落，叶片基质铸铁材料受腐蚀后有杂质掺入，诱发过氧化氢分解；DCS 被人为解除，自动化联锁控制失效，应急用的冷冻水和液态二氧化碳缺失，导致应急降温措施失效，造成釜内过氧化物分解发生爆炸。

事故发生的间接原因如下：

① 主体责任严重缺位。该公司主要责任人长期不在岗，未按规定培训考核持证，未依法履行主要负责人职责，将主要负责人假手于生产厂长，对生产工艺和安全风险不了解、不熟悉，主要负责人责任悬空、严重缺位。

② 安全管理机构缺失。企业未按规定设置安全管理机构，配备专门的安全管理人员，企业宣称的安全管理人员与生产厂长、生产班长等生产人员交叉任职，也未依法配备注册安全工程师。DCS 操作人员未经培训考核持证上岗，仅靠生产主管提供的作业单操作，不了解工艺、不了解参数、不了解风险。

③ 生产管理极其混乱。车间工人未按操作规程操作，生产操作发生重大变更，与操作规程严重不符。

④ 自动化控制联锁严重失控。事故发生前，公司调整原料规格和产品配方，生产控制条件发生变动，但未同步更新 DCS 监控联锁参数，人为解除 DCS 对 R1103 等反应釜的自动

化控制和联锁，造成DCS失效，反应过程全部依靠人工监测和控制，导致反应釜控温失效、反应失控，紧急处置设施全部失效，严重违背了国家重点危险化工工艺安全控制基本要求。

⑤ 安全管理制度形同虚设。企业安全管理制度不符合企业实际，照搬照抄。生产操作规程硬性执行不力，人为干预、随意变更。

2.4.2.2 过氧化工艺危险特性

过氧化工艺是指将过氧基（—O—O—）引入有机化合物分子的工艺过程。此外，酰基、烷基等基团将过氧化氢的氢原子取代，生成相应的有机过氧化物的工艺过程也属于过氧化工艺。过氧化工艺用于制备有机过氧化物，其可用作聚酯聚合物生产中的催化剂、聚合反应中的自由基型引发剂、聚乙烯树脂交联剂；此外，在漂白剂、固化剂、防腐剂、除溴剂、氧化剂等领域也有着广泛的应用。但是，过氧化工艺中涉及性质非常不稳定的过氧基和过氧化产物，若操作不当，引发火灾爆炸事故的危险性较大。因此，明确过氧化工艺的危险特性，对制定相应安全控制措施显得十分重要。过氧化工艺的危险特性总结如下：

① 过氧化物，如酮的过氧化物、醚的过氧化物、酸的过氧化物、酯的过氧化物、过氧化氢（俗称双氧水）等都含有过氧基（—O—O—），过氧基结合力弱，断键时所需要的能量不大，分解反应活化能低，过氧化物稳定性很差，对受热、振动、冲击或摩擦等因素都极为敏感，受到轻微的外力作用即可发生分解，分解过程释放大量热量和气体，极易引发爆炸事故，导致严重后果。

② 多数过氧化物易燃烧，并且燃烧迅速而剧烈。过氧化物中过氧基燃烧的活化能低于一般的爆炸物质，这导致了有机过氧化物的自燃温度低于其他有机化合物。另外，过氧化物氧化性极强，过氧基与有机物、纤维接触时也容易发生氧化反应，放出大量热，一旦热量不能及时移出，将会引发爆炸或火灾。

③ 过氧化物的氧化性强，接触后对眼睛、皮肤及上呼吸道有伤害作用。

④ 过氧化反应过程中若物料配比控制不当、温度控制不当、滴加速度过快、氧化剂超量，会造成温度失控，引发燃烧、爆炸事故；反应气相组成能非常容易达到爆炸极限，具有燃爆危险。

⑤ 过氧化反应通常在酸性介质中进行，对反应的设备、管道等腐蚀相对严重，容易导致其发生泄漏，因此设备和管道材质的选择非常重要。

⑥ 在生产设备冷却效果不好，或者发生冷却失效、搅拌失控等异常情况下，有可能引发局部反应加剧、釜内温度骤升等问题，甚至可能导致物料分解放热、放气，设备内温度和压力急剧升高，引发爆炸等安全事故。

生产过程中，典型的过氧化工艺主要有以下几种：双氧水的生产工艺；乙酸在硫酸存在下与双氧水作用，制备过氧乙酸水溶液；酸酐与双氧水作用直接制备过氧乙酸；苯甲酰氯与双氧水的碱性溶液制备过氧化苯甲酰；叔丁醇与双氧水制备叔丁基过氧化氢工艺；异丙苯经空气氧化制备过氧化氢异丙苯等。

以某物料A经双氧水氧化生成过氧化物B为例，研究过氧化反应的热危险性。

工艺过程简述：向反应釜中加入物料A、溶剂S及50%硫酸，20℃下滴加双氧水，滴加完毕保温1.5h，合成反应放热速率曲线如图2-11所示。

由图2-11可以看出，开始滴加双氧水时，反应立即开始放热，放热速率迅速升高，随着双氧水的加入，反应放热速率迅速升高后逐渐降低。滴加结束，放热速率约为60W·kg^{-1}，说明反应过程中物料存在一定累积。过氧化物B合成过程表观反应热为

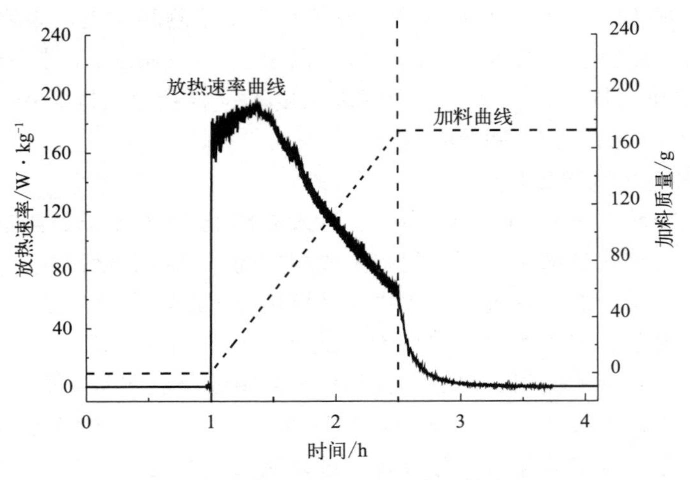

图 2-11 过氧化物 B 合成反应放热速率曲线图

$-121.38kJ \cdot mol^{-1}$（以物料 A 物质的量计），反应绝热温升为 59.6K。

该过氧化反应过程一旦发生热失控，立即停止加料时，反应 T_{cf}、X_{ac}、X、X_{fd} 曲线如图 2-12 所示。

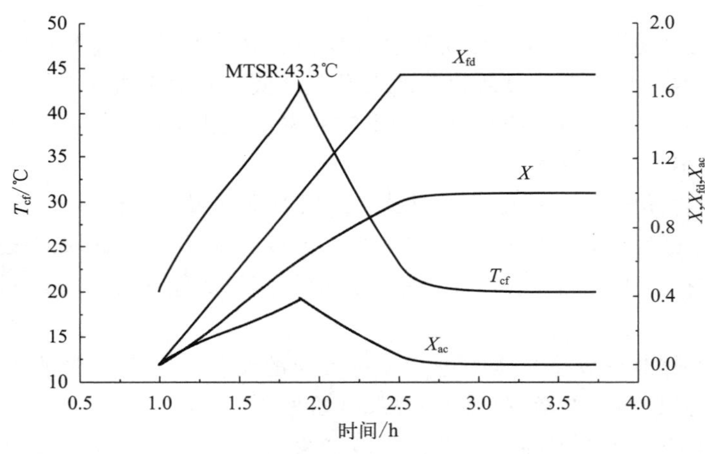

图 2-12 T_{cf}、X_{ac}、X、X_{fd} 曲线

X_{fd}—加料比例；X—热转化率；T_{cf}—反应任意时刻冷却失效后，反应体系所能达到的最高温度，℃；X_{ac}—热累积度

由图 2-12 的 T_{cf} 曲线可看出，在反应过程中，反应体系所能达到的最高温度 T_{cf} 随时间变化呈现先增大后减小的趋势。由热转化率 X 曲线可以看出，该反应存在一定的物料热累积，双氧水滴加结束后，热转化率为 95.6%。按目前的工艺条件，在物料热累积最大时反应发生失控，立即停止加料，体系所能达到的最高温度 MTSR 为 43.3℃，当物料热累积为 100%时，体系能够达到的最高温度 MTSR 为 79.6℃。

取过氧化反应终点体系物料进行安全性测试，结果见图 2-13，物料在 44.5℃时发生放气分解，在 49.6℃时发生放热分解，分解过程体系温度及压力迅速升高，放热量为 $1610J \cdot g^{-1}$（以样品重量计），最大温升速率为 $558.7℃ \cdot min^{-1}$，最大压升速率为 $7.4MPa \cdot min^{-1}$。结合非绝热动态升温测试，进行分解动力学研究分析，获得分解动力学数据。过氧化反应终点

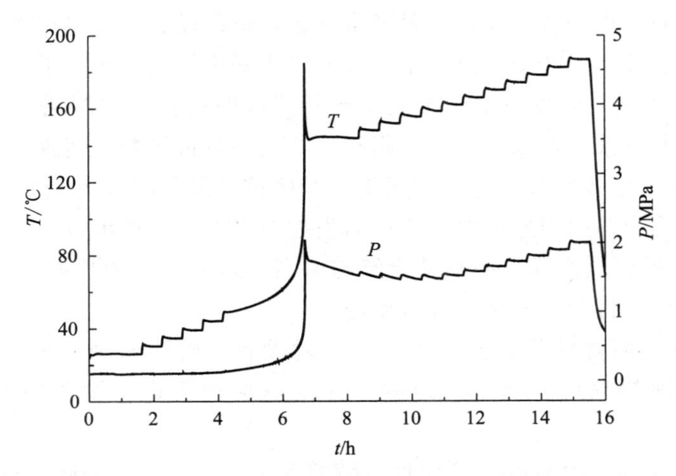

图 2-13 过氧化物 B 合成反应终点体系物料绝热量热测试时间-温度与压力曲线图

体系物料自分解反应初期活化能为 $26kJ \cdot mol^{-1}$，中期活化能为 $45kJ \cdot mol^{-1}$；过氧化反应终点体系物料热分解最大反应速率到达时间为 8h 和 24h 对应的温度 T_{D8} 为 36℃、T_{D24} 为 31℃。

根据研究结果，过氧化反应一旦发生热失控立即停止加料的情况下，反应安全风险评估结果如下：

① B 合成反应绝热温升 ΔT_{ad} 为 59.6K，反应失控的严重度为“2 级”，一旦发生失控，有可能使工厂受到破坏。

② 绝热条件下失控反应最大反应速率到达时间（TMR_{ad}）大于 1h 且小于 8h，失控反应发生的可能性等级为“3 级”，很有可能发生，一旦发生热失控，人为处置失控反应的时间不足 8h，事故发生的概率较高。

③ 工艺失控反应可接受程度为“Ⅱ级”，属于有条件接受风险，在控制措施落实的条件下，可考虑通过工艺优化降低风险等级。放大实验及生产过程中，要严格控制双氧水加料速度，实现自控联锁，避免加料失控，有效控制风险。

④ 反应工艺危险度等级为“5 级”（$T_p < T_{D24} <$ MTSR $<$ MTT），爆炸风险较高。在反应发生失控后，MTSR 大于 T_{D24}，失控体系很容易引发二次分解反应，二次分解反应不断放热，体系温度很可能超过 MTT，导致反应体系处于更加危险的状态。这种情况下，单纯依靠蒸发冷却和降低反应系统压力措施已经不能满足体系安全保障的需要。因此，“5 级”危险度是一种非常危险的情形，普通的技术措施不能解决“5 级”危险度的情形，应选择工艺优化、区域隔离措施。例如，采取改变反应物料浓度、改变加料方式和改变溶剂等措施，尽可能优化反应条件和操作方法，减小反应失控后物料的累积程度，保障生产安全。

2.4.2.3 重点监控工艺参数及安全措施

过氧化工艺的重点监控单元为过氧化反应釜，工艺过程中的重点监控参数有：过氧化反应釜内的温度、搅拌速率；（过）氧化剂流量；体系的 pH 值；原料配料比；过氧化物的浓度；气相氧含量等。

针对过氧化工艺本身的危险性特点，应急管理部对过氧化工艺提出安全控制的基本要求，主要内容为：设置反应釜温度和压力的报警和联锁系统；设置反应物料的比例控制和联锁及紧急切断动力系统；设置紧急断料系统；设置紧急冷却系统；设置紧急送入惰性气体系统；气相氧含量监测、报警和联锁；设置紧急停车系统；设置安全泄放系统；设置可燃和有毒气体检测报警装置等。生产使用过程中，部分细化安全控制措施如下：

① 过氧化反应工艺危险度较高，车间生产装置应使用自动控制系统，同时，反应系统设置泄爆管和安全泄放系统，以及超温、超压、最高含氧量报警等装置。

② 反应过程中应严格控制各物料的配比、严格控制滴加速度和反应温度，以免因氧化剂超量、物料配比不当等原因造成温度或压力失控而引发安全性事故。

③ 严格控制原料杂质指标，特别是能够与双氧水等氧化剂发生化学作用的杂质，必须对原料进行严格监控、检验，合格后方可使用。

④ 过氧化反应一般都在酸性介质中进行，对设备、管道腐蚀严重，易使其发生泄漏，因此，必须选择耐蚀的反应设备、管道等，并定期检查管道、设备腐蚀情况，及时排除隐患。

⑤ 过氧化物与金属、有机物、还原剂、碱类等接触，可加速分解，存储时须妥善隔离，存储地方应保持避光、通风、阴凉，某些特殊的过氧化物需要低温冷储。

⑥ 使过氧化反应釜内温度与釜内搅拌速度、过氧化物流量、过氧化反应釜夹套冷却水进水阀形成自控联锁关系，设置紧急停车系统和氮气或水蒸气灭火装置。

⑦ 过氧化物回收及生产时，对于含有机过氧化物的废水，处理均应有严格的安全操作规程和安全对策措施，以防意外事故发生。

2.4.3 氧化工艺

2.4.3.1 案例分析

2021 年 10 月 22 日 23 时许，内蒙古某化工公司氧化车间发生闪爆，造成 4 人死亡，1 人重伤、2 人轻伤，直接经济损失 795 万元。22 日 19 时左右，夜班人员准备处理氧化蒸发釜到刮板蒸发器管道堵塞问题，公司技术总监李某安排将氧化蒸发釜的物料通过临时管线真空抽到结晶釜的过程中，发现临时连接管线堵塞，重新准备了一根临时管线，连接好后未进行抽料作业，并要求对刮板蒸发器再走一遍工艺流程。工人闫某把排液阀阀门打开，觉察到有真空度，大约 22 时 50 分左右，发现氧化蒸发釜的物料未下降，23 时，发生闪爆。

经过事故调查和原因分析发现，事故的直接原因是企业在处理蒸发出料泵管道堵塞作业中，磁力循环泵吸入空气造成泵腔内物料（2-硝基-4-甲砜基甲苯与 2-硝基-4-甲砜基苯甲酸的混合物）断流，泵腔内物料遇高温分解爆炸，并造成氧化蒸发釜底阀断裂，氧化蒸发釜内的高温物料泄喷后遇到爆炸残留明火，发生闪爆和燃烧。

本次事故的间接原因如下：

① 企业安全管理不到位，违反了《国家安全监管总局关于加强化工过程安全管理的指导意见》（安监总管三〔2013〕88 号）的规定，在变更管理、风险辨识管理等方面存在严重缺陷。在事故管道发生堵塞时，临时采用软管短接而未履行工艺变更手续，未对变更产生的风险进行分析。

② 企业相关工作制度不合理，操作人员疲劳上岗现象严重；企业安全生产责任制存在缺项，未按要求落实全员安全生产责任制，同时企业未制定相应的安全教育培训制度，操作人员缺乏对突发生产安全事故的预判和处置能力。

2.4.3.2 氧化工艺危险特性

氧化反应指反应物失去电子的反应，大多数有机化合物的氧化反应表现为反应原料得到氧或失去氢，涉及氧化反应的工艺过程即为氧化工艺。常用的氧化剂有氧气（或空气）、重铬酸钠（钾）、双氧水、氯酸钾、高锰酸钾、硝酸盐等。氧化反应在农药、医药、冶金、轻工、军工、纺织等领域有着广泛的应用，如煤、天然气、汽油等燃料与空气或氧气发生燃烧反应；锂电池制造、电解电镀、脱氢等，纺织物的漂白等。大多数爆炸和燃烧都属于氧化反应，因此，氧化工艺存在爆炸、火灾等风险，生产过程中，了解氧化工艺的危险性特点，对氧化工艺采取安全控制措施十分重要。氧化工艺的危险特性总结如下：

① 大多氧化反应涉及的原料、中间产物及产品均具有燃爆危险性。参加氧化反应的还原剂大多为具有可燃性或易燃易爆性的物质，其发生氧化反应后生成的中间产物和产品也都具有可燃性或易燃易爆性，如乙烯氧化生成环氧乙烷过程中，原料乙烯及其氧化产物环氧乙烷都属于易燃物质，反应过程中的副产物乙醛等也是易燃液体。氧化过程中还可能使用过氧化物，其化学稳定性较差，受热、摩擦或撞击等作用时即可发生分解、燃烧或者爆炸。

② 部分氧化剂具有燃爆危险性，如氯酸钾、高锰酸钾、铬酸酐等都属于强氧化剂，如受热、摩擦或撞击以及与还原性有机物、酸类等接触，皆可能引起爆炸、火灾。若是环境中氧含量过高，部分不易燃的物质也将变得易燃。

③ 氧化反应大多数为放热反应，有的甚至为强放热反应，部分高温氧化表现为先吸热后放热。例如，催化气相氧化反应一般都在 250～600℃的高温下进行，氧化反应初始阶段需要吸收热量，反应过程则持续放出热量，若反应过程中释放的热量不能及时移出，会导致体系温度升高，引发冲料、二次分解反应甚至爆炸事故。

④ 如果氧化工艺中存在可燃液体物质，且氧化反应过程使用氧气作为氧化剂或是反应过程中产生氧气，氧化工艺反应气相组成容易达到可燃物的爆炸极限，具有闪爆危险。例如，甲醇、氨和乙烯蒸气在空气中氧化，物料配比接近爆炸下限，若控制不当极易形成爆炸性混合气体，遇引火源则会发生爆炸。

化工生产中，典型的氧化工艺列举如下：乙烯氧化制备环氧乙烷；克劳斯法气体脱硫；甲醇氧化制备甲醛；丁醛氧化制备丁酸；一氧化氮、氧气和甲（乙）醇制备亚硝酸甲（乙）酯；对二甲苯氧化制备对苯二甲酸；甲苯氧化制备苯甲醛、苯甲酸；异丙苯经氧化-酸解生产苯酚和丙酮；双氧水或有机过氧化物为氧化剂生产环氧丙烷、环氧氯丙烷；环己烷氧化制备环己酮；天然气氧化制备乙炔；邻二甲苯或萘氧化制备邻苯二甲酸酐；4-甲基吡啶氧化制备 4-吡啶甲酸；丁烯、丁烷、C_4 馏分或苯氧化制备顺丁烯二酸酐；喹啉氧化制备 2,3-吡啶二甲酸；3-甲基吡啶氧化制备 3-吡啶甲酸；均四甲苯氧化制备均苯四甲酸二酐；2-乙基己醇氧化制备 2-乙基己酸；苊氧化制备 1,8-萘二甲酸酐；对氯甲苯氧化制备对氯苯甲醛和对氯苯甲酸；对硝基甲苯氧化制备对硝基苯甲酸；环己酮/醇混合物氧化制备己二酸；环十二醇/酮混合物开环氧化制备十二碳二酸；乙二醛硝酸氧化法合成乙醛酸；氨氧化制备硝酸等。

以物料 A 经氯酸钠氧化反应生成产物 B 为例，研究氧化反应的热危险性。

工艺过程简述：25℃条件下向反应釜中加入水、硫酸、物料 A、氯酸钠及助剂 C，升温至 95℃，保温约 16h，氧化反应放热速率曲线如图 2-14 所示。

由图 2-14 放热速率曲线可知，25℃条件下，原料混合过程无明显吸放热信号产生，加料完开始升温，95℃前期保温过程，体系放热速率缓慢增大，保温约 6h 时，体系达到保温过程最大放热速率 67.8W·kg^{-1}（以物料总重计），之后反应放热速率缓慢减小，保温约

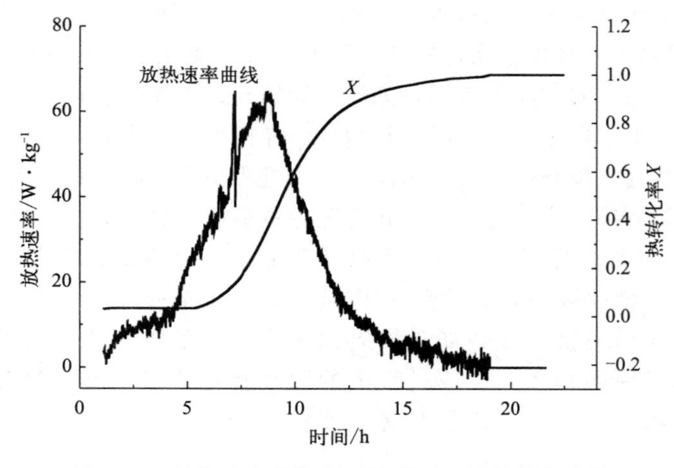

图 2-14　氧化反应升温-保温阶段反应放热速率曲线

1029.6min，体系放热结束。该氧化过程表观反应热为－249.77kJ·mol^{-1}（以物料 A 物质的量计），反应绝热温升为 369.4K。

该氧化反应属于间歇操作，反应物料在起始阶段一次性全部加入，反应过程中未加入任何物料，可认为物料热累积为 100%，工艺反应能够达到的最高温度 MTSR 为 464.4℃。

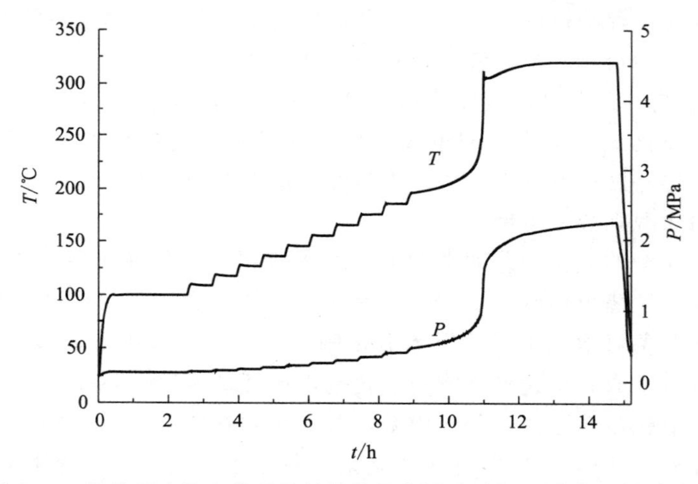

图 2-15　氧化反应终点体系物料绝热量热测试时间-温度与压力曲线图

取氧化反应终点体系物料进行安全性测试，结果见图 2-15，物料在 196.6℃时发生放热分解并伴随气体生成，分解过程体系温度及压力迅速升高，放热量为 820J·g^{-1}（以样品重量计），最大温升速率为 57.0℃·min^{-1}，最大压升速率为 0.3MPa·min^{-1}。结合非绝热动态升温测试，进行分解动力学研究分析，获得分解动力学数据。物料自分解反应初期活化能为 135kJ·mol^{-1}，中期活化能为 85kJ·mol^{-1}，热分解最大反应速率到达时间为 8h 和 24h 对应的温度 T_{D8} 为 153℃、T_{D24} 为 139℃。

结合反应风险研究数据，进行反应安全风险评估，结果如下：

① 氧化反应绝热温升 ΔT_{ad} 为 369.4K，反应失控的严重度为“3 级”；一旦反应失控，温升导致反应速率的升高占据主导地位，体系温度会在短时间内发生剧烈的变化，造成工厂严重损失。

② 反应的 MTSR 为 464.4℃，对应的最大反应速率到达时间小于 1h，失控反应发生的可能性等级为“4 级”，为频繁发生。一旦反应失控，人为处置失控反应的时间不足 1h，事故发生的概率较高。

③ 工艺失控反应风险可接受程度为“Ⅲ级”，应优先通过工艺优化降低风险等级，对于风险高但需开展产业化的项目，生产过程中应按设计及规范要求采取控制措施，采取必要的区域隔离，全面实现自动控制。

④ 反应工艺危险度等级为“4 级”（T_p＜MTT＜T_{D24}＜MTSR），冲料和分解风险较高，存在爆炸风险。MTSR 大于 MTT 和 T_{D24}，体系的温度可能超过 MTT，引起反应物料沸腾导致冲料危险的发生，并引发二次分解反应。在这种情况下，反应体系在 MTT 时的各种反应的放热速率对整个工艺的安全性影响很大。体系物料的蒸发冷却、紧急减压、紧急冷却措施有一定的安全保障作用；但是，不能完全避免二次分解反应的发生。对于“4 级”危险度而言，应建立可靠、有效的技术和工程设计措施。

2.4.3.3　重点监控工艺参数及安全措施

氧化工艺为放热反应过程，部分原料、中间体及产品具有燃爆危险性，重点监控单元为氧化反应釜。工艺过程中的重点监控参数有：氧化反应釜内的温度、压力及搅拌速率；氧化剂流量；物料配比；气相氧含量；过氧化物含量等。

针对氧化工艺本身的危险性特点，应急管理部对氧化工艺提出安全控制的基本要求，主要内容为：设置反应釜温度和压力的报警和联锁系统；设置反应物料比例控制和联锁及紧急切断动力系统；设置紧急断料系统；设置紧急冷却系统；设置紧急送入惰性气体系统；气相氧含量监测、报警和联锁；设置安全泄放系统；设置可燃和有毒气体检测报警装置等。化工生产中涉及氧化工艺过程，部分细化的安全控制措施列举如下：

① 确保进行氧化反应过程的设备具有良好的移热能力，通常可以采用夹套、内置盘管等冷却方式，对于放热量大、放热功率高的反应，可使用外循环冷却等方式进行冷却。

② 氧化工艺为高危险反应工艺，应设置自动报警、自动控制、自动泄压等装置，使氧化反应釜内的温度和压力与反应物的配比和流量、氧化反应釜夹套冷却水进水阀、紧急冷却系统形成自控联锁关系，在氧化反应釜处设立紧急停车系统，当氧化反应釜内温度超标或搅拌系统发生故障时自动停止加料并紧急停车。

③ 氧化过程如果使用空气或者氧气作为氧化剂时，各反应物料配比应严格控制在爆炸极限范围之外。空气进入反应器之前，应先进行净化处理，消除空气中携带的灰尘、水汽、油污以及可使催化剂活性降低或中毒的杂质，以保持催化剂的活性，减小火灾和爆炸的危险。

④ 在使用硝酸、高锰酸钾、氯酸钠等氧化剂时，要严格控制加料速度和加料顺序，必须杜绝加料过量、加料错误，并尽量使用液体状态氧化剂，反应过程中应持续搅拌，且控制反应温度在还原物质的自燃点以下。

⑤ 氧化工艺过程中使用的原料或生成物大多具有易燃易爆性或属于毒害品，必须按危化品管理规范，采取相应的防火措施。

⑥ 部分有机化合物进行氧化反应，尤其是在高温下进行氧化反应，可能会产生胶状物质，应及时清除残留或是附着在设备和管道内的胶状物质，以防胶状物料分解或自燃。

⑦ 应为氧化反应系统设置氮气或者蒸汽灭火系统，并配置应急电源。

2.4.4 氯化工艺

2.4.4.1 案例分析

2011 年 1 月 18 日，内蒙古乌海某化工企业在处理合成工段的高纯盐酸中间罐废气排空管漏点过程中，发生爆炸，现场作业的 3 名工人死亡，直接经济损失 300 万元。17 日上午 10 时左右，运行工李某在巡查中发现合成工段高纯酸罐废气回收 PVC 管 T 形接口处有盐酸漏点，随即向当班班长伊某汇报，二人查看漏点后向副工段长刘某作了汇报。17 时左右，刘某告诉塑焊工高某高纯酸罐的 PVC 管焊口开了，有漏点，但高某并未处理。1 月 18 日上午 8：30，刘某通知塑焊工高某、李某上高纯酸罐顶部查看漏点，并让高某焊前打磨好焊口。李某、高某用直磨机将漏点的 PVC 管 T 形接口进行打磨，发现开口较大（这时罐内的氢气已经大量外泄），离开去重新配管。10：26 左右，李某和高某返回防腐工段，维修工周某说罐顶法兰螺栓锈死了，后用角磨机切割生锈的螺栓，导致合成工段三个盐酸储罐同时爆炸。

经过事故调查和原因分析发现，事故发生的直接原因是高纯酸中间罐排空管与排空汇总管连接处开裂，造成氢气泄漏。维修工使用角磨机在作业过程中产生火花，引爆氢气，由于各盐酸储罐气相空间相连，造成三个盐酸储罐爆炸。

事故发生的间接原因如下：

① 企业安全管理混乱，安全管理规章制度、安全生产操作规程不落实，习惯性违规操作现象严重。

② 企业管理人员违章指挥，组织工人冒险作业。

③ 合成工段盐酸储罐尾气排空管线设计、选材存在缺陷。

2.4.4.2 氯化工艺危险特性

氯化反应指的是向化合物分子中引入氯原子的反应，涉及氯化反应的工艺过程为氯化工艺。氯化工艺在化工生产中占有重要地位，广泛应用于制备有机溶剂、有机合成中间体、医药、农药、塑料、制冷剂等，如应用广泛的氯乙烯就是通过氯化工艺制备的。需要注意的是，在化工生产过程中，氯化工艺极易引发火灾、爆炸、中毒等事故，造成人身伤亡与财产损失，同时也会造成严重的环境污染，这些都是与氯化工艺独特的工艺危险性相关：

① 氯化工艺所使用的原料大多具有燃爆危险性，而氯化反应本身为放热反应，尤其是在高温条件下进行的氯化，反应过程放热剧烈，极易导致温度失控而发生爆炸。

② 氯化工艺常使用氯气作为氯化剂，氯气本身为剧毒化学品，空气中允许的氯气最高浓度仅为 $1mg \cdot m^{-3}$，浓度达 $90mg \cdot m^{-3}$ 就可引起剧烈咳嗽，达到 $3000mg \cdot m^{-3}$ 时深吸少许即可致死。氯气的氧化性强，储存压力较高，多数氯化工艺是采用液氯生产，先将液氯汽化再进行氯化反应，因而一旦泄漏危险性较大。另外，三氯氧磷、氯化亚砜等氯化剂遇水分解，放出大量热量并产生腐蚀性气体。

③ 氯气中的杂质，如水、氧气、氢气和三氯化氮等，在使用过程中易发生危险，尤其是三氯化氮，其对热、震动、摩擦和撞击相当敏感，极易分解并发生爆炸，若氯气缓冲罐不能定期排出三氯化氮，可能会因三氯化氮的积聚而引发爆炸。

④ 氯化工艺产生的尾气可能会形成爆炸性混合物，其中，氯化氢气体在遇水后腐蚀性极强，使用的相关设备必须具有防腐蚀性能，且应保证设备严密，无漏点。

典型的氯化工艺主要分为以下 4 种：

① 取代氯化。即氯与苯、醇、酸和烷烃等发生取代反应，得到氯化产品。例如，氯取代苯中的氢原子生产六氯化苯；甲醇与氯反应生产氯甲烷；醋酸与氯反应生产氯乙酸；氯取代烷烃中的氢原子制备氯代烷烃；氯取代甲苯的氢原子生产苄基氯等；氯取代萘中的氢原子生产多氯化萘。

② 加成氯化。即氯与烯烃、炔烃等不饱和烃发生加成反应，得到氯化产物的过程。例如，氯气与乙烯加成生产1,2-二氯乙烷；氯化氢和乙炔加成生产氯乙烯等；氯气与乙炔加成生产1,2-二氯乙烯。

③ 氧氯化。介于加成氯化和取代氯化之间，通常在有催化剂、氧气、氯化氢存在的条件下，进行氯化反应得到氯化产物的工艺过程。例如，甲烷氧氯化生产甲烷氯化物；乙烯氧氯化生产二氯乙烷；丙烷氧氯化生产丙烷氯化物；丙烯氧氯化生产1,2-二氯丙烷等。

④ 其他氯化工艺。例如，次氯酸、次氯酸钠、N-氯代丁二酰亚胺与胺反应生产N-氯化物；高钛渣、石油焦与氯反应生产四氯化钛；硫与氯反应生产一氯化硫；黄磷与氯气反应生产三氯化磷、五氯化磷；氯化亚砜作为氯化剂生产氯化物等。

以某芳烃与氯气在催化剂的存在下发生氯化反应为例，对氯化反应的热危险性进行分析。

工艺过程简述：向反应釜中加入芳烃和催化剂，反应温度为45℃，以一定速率通入氯气，合成反应放热速率曲线如图2-16所示。

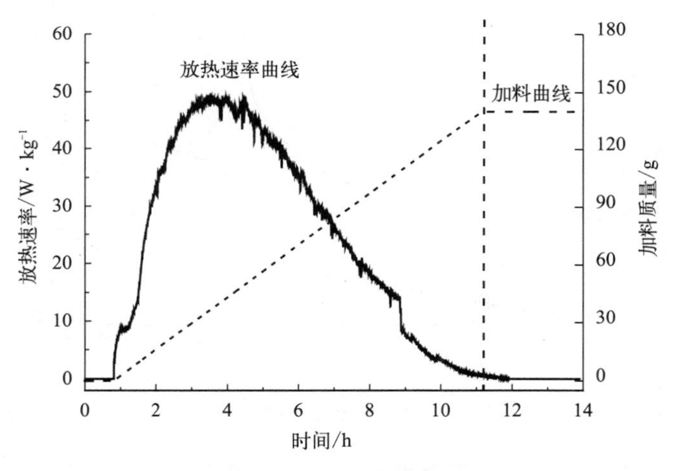

图2-16 合成反应放热速率曲线图

从图2-16中可以看出，通入氯气后，反应立即放热，随着加料质量的增加，反应放热速率逐渐增大，通入氯气2.7h达到最大放热速率49.3$W \cdot kg^{-1}$后，反应放热速率缓慢下降；停止通气后，反应放热速率迅速下降至0$W \cdot kg^{-1}$，保温过程反应基本无热量放出，说明几乎不存在物料累积，反应速率快，且反应较为完全，该氯化反应过程近似为加料控制型反应。氯化反应过程表观反应热为$-212.9kJ \cdot mol^{-1}$（以芳烃物质的量计），反应绝热温升为895.3K。

该氯化过程一旦发生热失控，立即停止通入氯气时，反应T_{cf}、X_{ac}、X、X_{fd}曲线如图2-17所示。

由图2-17的热转化率X曲线可以看出，该反应物料热累积少，氯气通入结束后，热转化率接近100%。按目前的工艺条件，即使在物料热累积最大时反应发生失控，立即停止通入氯气，工艺反应能够达到的最高温度MTSR为45.8℃。

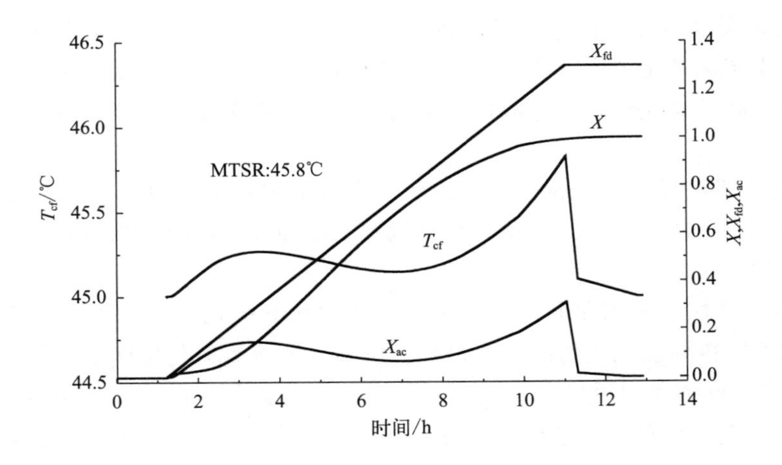

图 2-17 T_{cf}、X_{ac}、X、X_{fd} 曲线

X_{fd}—加料比例；X—热转化率；T_{cf}—反应任意时刻冷却失效后，反应体系所能达到的最高温度,℃；X_{ac}—热累积度

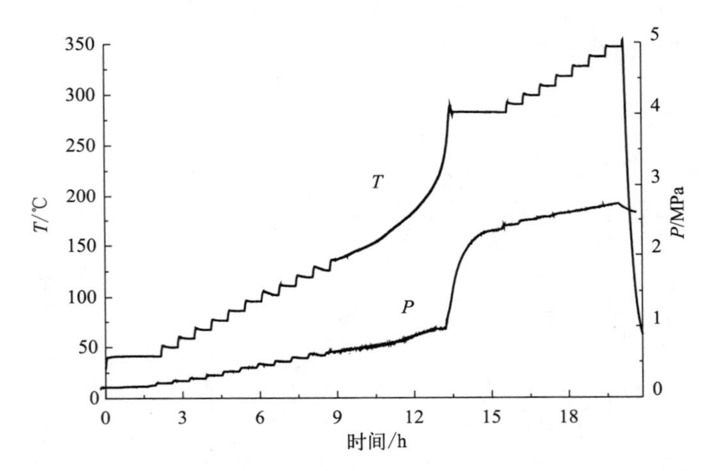

图 2-18 氯化反应终点体系物料绝热量热时间-温度与压力曲线

对氯化反应终点体系物料进行安全性测试，结果见图 2-18，物料在 135.2℃时发生放热分解，并伴随气体生成，分解过程放热量为 1230J·g^{-1}（以样品重量计），最大温升速率为 7.9℃·min^{-1}，最大压升速率为 1.2MPa·min^{-1}。结合非绝热动态升温测试，进行分解动力学研究分析，获得分解动力学数据。氯化反应终点体系物料自分解反应初期活化能为 66kJ·mol^{-1}，中期活化能为 95kJ·mol^{-1}；氯化反应终点体系物料热分解最大反应速率到达时间为 8h 和 24h 对应的温度 T_{D8} 为 159℃、T_{D24} 为 139℃。

根据研究结果，氯化反应一旦发生热失控立即停止加料的情况下，反应安全风险评估结果如下：

① 氯化反应绝热温升 ΔT_{ad} 为 895.3K，失控反应严重度为“4 级”，一旦反应失控，体系温度会在短时间内发生剧烈的变化，造成工厂毁灭性的损坏。

② 在绝热条件下，失控反应最大反应速率到达时间（TMR_{ad}）大于 24h，失控反应发生的可能性等级为“1 级”，为很少发生，一旦发生热失控，人为处置失控反应的时间较为充足，事故发生的概率较低。

③ 失控反应可接受程度为“Ⅰ级”，属于可接受风险，生产过程中按设计要求及规范要求采取控制措施。

④ 反应工艺危险度等级为 1 级（T_p＜MTSR＜MTT＜T_{D24}），反应危险性较低。MTSR 小于 MTT 和 T_{D24} 时，体系不会引发物料的二次分解反应，也不会导致反应物料剧烈沸腾而冲料。但是，仍需要避免反应物料长时间受热，以免达到 MTT。对于反应工艺危险度为 1 级的工艺过程，应配置常规的自动控制系统（分布式控制系统或可编程逻辑控制器），对主要反应参数进行集中监控及自动调节。

2.4.4.3 重点监控工艺参数及安全措施

氯化工艺的重点监控单元主要是氯化反应釜与氯气储运单元。氯化工艺涉及到的剧毒气体氯气，在生产使用过程中要格外谨慎，工艺过程中要重点监控的参数主要有：氯化反应釜的温度和压力；反应物料的配比；反应釜的搅拌速率；氯化剂的进料流量；氯气杂质含量；冷却系统中冷却介质的温度、压力及流量；氯化反应的尾气组成等。

结合工艺参数、氯化工艺重点监控单元与应急管理部法规要求，氯化工艺的安全控制基本要求为：具备反应釜温度、压力的联锁和报警系统；具备反应物料的比例控制与联锁系统；安装进料缓冲器；具备紧急进料切断系统；搅拌的稳定控制；具备紧急冷却系统；具备安全泄放系统；具备事故状态下的氯气吸收中和系统；需安装可燃与有毒气体检测报警装置等。部分细化的安全控制措施如下：

① 车间厂房设计要符合国家爆炸危险场所的安全规定，易燃易爆设备和部位要安装可燃气体检测报警仪，设置与工艺特性相符合的消防设施。

② 生产过程若处于密闭空间内，生产场所要加强通风，严格防止有毒蒸气泄漏到工作场所中。

③ 氯化工艺最常用的氯化剂是氯气，储罐内的液氯进入氯化器之前必须先进入蒸发器进行汽化，液氯蒸发器一般使用水汽混合作为热源进行升温，严禁使用蒸汽、明火直接加热钢瓶，此外还应定期排放三氯化氮，以免发生积聚，造成爆炸事故。

④ 氯化工艺的反应设备必须具备良好的冷却系统，工艺过程若存在遇水猛烈分解的物料如三氯氧磷、三氯化磷等，不宜用水作为冷却介质；氯化反应釜内的温度、压力与釜内搅拌、氯化剂流量、反应釜夹套冷却水进水阀应形成联锁关系，并设立紧急停车系统与自动泄压系统。

⑤ 氯化工艺多有氯化氢气体生成，应通过增设吸收与冷却装置除去尾气中的氯化氢气体，相关设备必须防腐蚀，严密不漏。

2.4.5 光气及光气化工艺

2.4.5.1 案例分析

2016 年 9 月 20 日 17 时 22 分，某化工企业二苯基甲烷二异氰酸酯生产装置在停车退料过程中，一容积为 12m^3 的 4,4′-二苯基甲烷二异氰酸酯（MDI）缓冲罐发生爆裂，造成 4 人死亡、4 人受伤，直接经济损失 573.62 万元。事故发生在 MDI 生产装置的光化工序。该工序为光气与二氨基二苯基甲烷（DAM）在溶剂氯苯中反应，经脱光气塔、氯苯除去塔、氯化氢吸收塔、汽提塔形成粗 MDI，经分离提纯后得到产品 MDI。

经过事故调查和原因分析发现，事故发生的直接原因是 DAM 管线进料手动球阀限位板损坏导致阀门未关严，且仪表操作人员没有按操作规程将 DAM 管线远程开关阀关闭，造成

DAM 误入反应系统，与系统中粗 MDI 反应生成缩聚脲和缩二脲。缩聚脲和缩二脲进入粗 MDI 缓冲罐，在高温（200℃）下催化粗 MDI 自聚反应，生成碳化二亚胺和二氧化碳。粗 MDI 自聚产生的高黏度聚合物以及脲类物质将粗 MDI 缓冲罐出料口、进料口、两根压力平衡管堵塞。随着聚合反应的持续发生，粗 MDI 缓冲罐内 CO_2 量不断增多，压力逐渐升高，最终超压爆炸。

事故发生的间接原因如下：

① 工艺管理不到位。操作规程中规定停车时应关闭远程切断阀，但实际操作中将远程切断阀作为紧急切断阀使用，停车操作时仅关闭流量调节阀和现场手动切断阀；当班班长、工序主管、工艺工程师、装置经理等各级管理人员均未纠正仪表操作工未按操作规程关闭远程切断阀的行为。

② 生产异常情况处置不得当。操作人员及生产管理人员均未能及时发现系统温度、液位、流量等参数异常；在对粗 MDI 缓冲罐异常情况处置过程中，现场人员发现本次异常与以往不同，未意识到可能存在的风险，未及时向有关部门报告，未停止作业、撤离人员。

③ 不了解脲类物质对 MDI 缩聚的催化机理。本次事故之前，未对脲类物质对 MDI 缩聚的催化机理进行过科学研究，无法预见 DAM 误入系统导致脲类催化 MDI 自聚反应引发的严重后果。

2.4.5.2 光气及光气化工艺危险特性

光气及光气化工艺指的是包含光气的制备工艺，以及以光气为原料生产光气化产品的工艺过程。鉴于光气及光气化工艺所用的物料性质与反应特点，其工艺危险性也与其他工艺相比有着明显不同，具体如下：

① 光气又称为碳酰氯，为剧毒气体，在储运或使用过程中发生泄漏后，容易造成大面积污染、中毒等事故。光气的毒性比氯气大 10 倍，相对密度也比空气大，是一种窒息性毒气，高浓度吸入后易导致肺水肿；光气沸点为 8.3℃，常温时为无色气体，低温下为黄绿色液体，泄漏到大气中可汽化成烟雾，吸入后会损害呼吸通道，具有致死危险；光气一旦发生泄漏，很容易造成严重的灾害，本次案例中的安全事故就是由于光气泄漏造成的。

② 工艺反应中的介质具有燃爆危险性，光气及光气化工艺中涉及的原料、中间体和产品等物质，不仅有易燃的有机溶剂，还存在氯气等助燃物质。

③ 主要的副产物氯化氢具有腐蚀性，会对设备和管线造成严重腐蚀，易造成设备和管线泄漏，有毒光气逸出后，导致人员中毒等安全事故。

典型的光气及光气化工艺主要分为以下几类：一氧化碳与氯气反应得到光气；使用光气合成双光气、三光气；以光气作为单体合成聚碳酸酯；异氰酸酯的制备；甲苯二异氰酸酯（TDI）的合成；4,4′-二苯基甲烷二异氰酸酯（MDI）的制备等工艺。化工生产过程中，要尽量避免使用上述工艺过程，如必须使用此类工艺，则要保持高度重视，采取相应的安全控制措施，避免灾难性事故的发生。

以某酰胺化物与光气氯仿溶液在催化剂的存在下发生光气化反应为例对光气及光气化反应的热危险性进行分析。

工艺过程简述：向反应釜中加入氯仿、催化剂和酰胺化物，反应温度为 5℃，滴加一定浓度的光气氯仿溶液，滴加时间为 30min，滴加完毕后保温约 30min。反应放热速率曲线如图 2-19 所示。

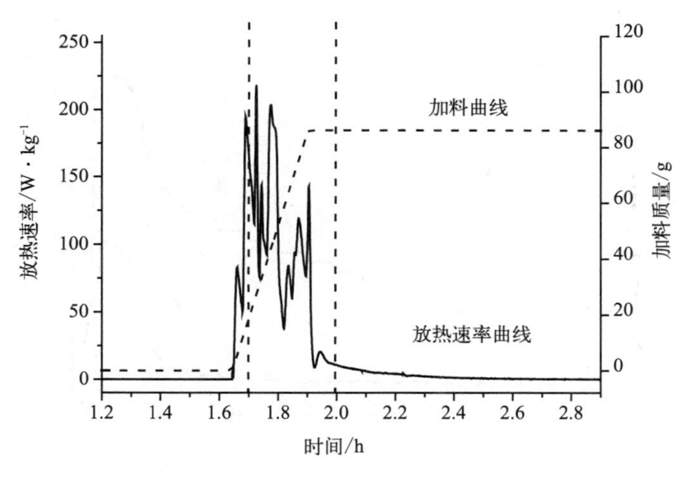

图 2-19 合成反应放热速率曲线图

从图 2-19 中可以看出，滴加光气氯仿溶液后，反应立即放热，滴加过程反应放热速率较高，滴加过程最大放热速率为 219.1W·kg^{-1}，滴加阶段反应放热量大，且反应速率快；滴加结束后，反应放热速率迅速下降至 20.2W·kg^{-1}，保温过程反应有少量热量放出，保温 0.7h 后体系放热结束。该光气化反应过程表观反应热为 −1807.8kJ·kg^{-1}（以酰胺化物重量计），反应绝热温升为 109.2K。

该光气化反应过程一旦发生热失控，立即停止滴加光气氯仿溶液时，T_{cf}、X_{ac}、X、X_{fd} 曲线如图 2-20 所示。

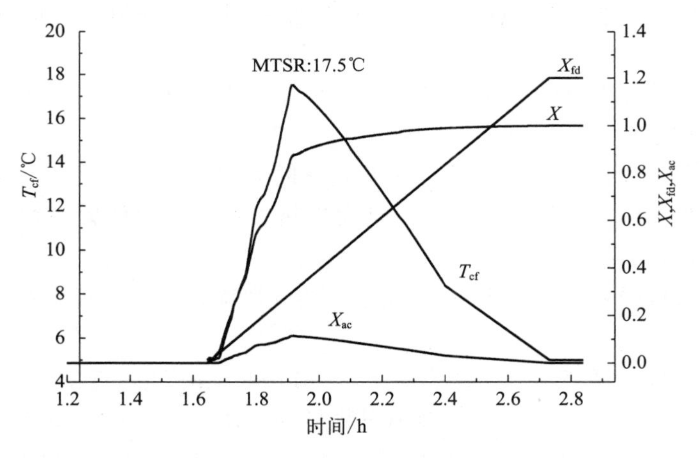

图 2-20 T_{cf}、X_{ac}、X、X_{fd} 曲线

X_{fd}—加料比例；X—热转化率；T_{cf}—反应任意时刻冷却失效后，反应体系所能达到的最高温度，℃；X_{ac}—热累积度

由图 2-20 的 T_{cf} 曲线可看出，在反应过程中，反应体系所能达到的最高温度 T_{cf} 随时间变化呈现先增大后减小的趋势。由热转化率 X 曲线可以看出，该反应存在一定的物料累积。按目前的工艺条件，一旦反应发生失控，立即停止加料，工艺反应能够达到的最高温度 MTSR 为 17.5℃。此外，当物料热累积为 100%时，工艺反应能够达到的最高温度 MTSR 为 114.2℃。

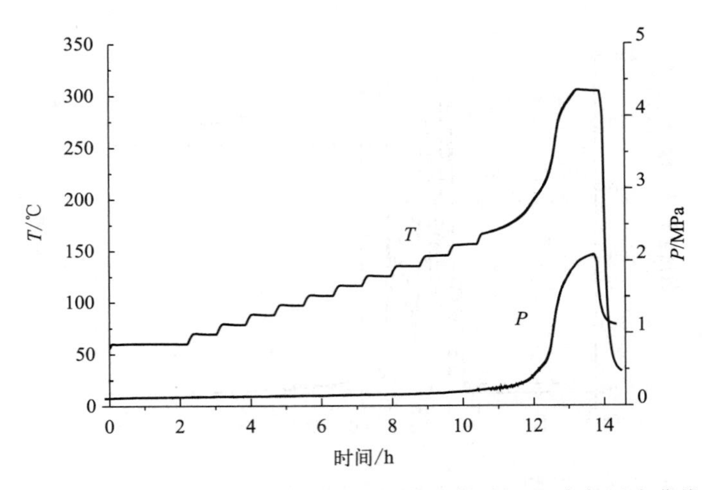

图 2-21 光气化反应终点体系物料绝热量热时间-温度与压力曲线

对光气化反应终点体系物料进行安全性测试，结果见图 2-21，物料在 145.4℃时发生放气分解，在 167.2℃时发生放热分解，分解过程体系温度及压力迅速升高，放热量为 840J·g^{-1}（以样品重量计），最大温升速率为 4.3℃·min^{-1}，最大压升速率为 0.1MPa·min^{-1}。结合非绝热动态升温测试，进行分解动力学研究分析，获得分解动力学数据。光气化反应终点体系物料自分解反应初期活化能为 120kJ·mol^{-1}，中期活化能为 150kJ·mol^{-1}；光气化反应终点体系物料分解最大反应速率到达时间为 8h 和 24h 对应的温度 T_{D8} 为 141℃、T_{D24} 为 128℃。

根据研究结果，若光气化过程一旦发生热失控立即停止加料，反应安全风险评估结果如下：

① 光气化反应绝热温升 ΔT_{ad} 为 109.2K，失控反应严重度为“2 级”，一旦发生反应失控，工厂将会受到破坏。

② 绝热条件下，失控反应最大反应速率到达时间（TMR_{ad}）大于 24h，失控反应发生的可能性等级为“1 级”，为很少发生，一旦发生热失控，人为处置失控反应的时间较为充足，事故发生的概率较低。

③ 失控反应可接受程度为“Ⅰ级”，属于可接受风险，生产过程中按设计要求及规范要求采取控制措施。

④ 反应工艺危险度等级为“1 级”（T_p＜MTSR＜MTT＜T_{D24}），反应危险性较低。MTSR 小于 MTT 和 T_{D24} 时，体系不会引发物料的二次分解反应，也不会导致反应物料剧烈沸腾而冲料。但是，仍需要避免反应物料长时间受热，以免达到 MTT。对于反应工艺危险度为“1 级”的工艺过程，应配置常规的自动控制系统（分布式控制系统或可编程逻辑控制器），对主要反应参数进行集中监控及自动调节。

2.4.5.3 重点监控工艺参数与安全措施

光气及光气化工艺的反应单元和光气储运为重点监控的主要单元。根据光气及光气化工艺类型的不同可以分为以下两类，其光气合成与光气化产品合成，重点监控参数如下所示。

① 光气合成。一氧化碳单元：监控原料气中氢气、二氧化碳、氧气、水分的含量；氯气单元：监控氯气含水量以及氯气压力是否满足工艺条件要求，同时还要设有氯气缓冲罐；

光气合成单元：监控一氧化碳与氯气的配比及流量，反应器中的温度与压力，冷却介质的进出口温度、压力以及流量等。

② 光气化产品合成。主要监控的是光气压力、流量，反应器内温度、压力以及冷却介质的进出口温度与压力等。除此之外，还需对生产场所的光气含量进行监控，避免光气泄漏，引发安全事故。

由于光气及光气化工艺本身具有危险特性，在生产及使用过程中必须采取安全控制措施，最大限度地避免安全事故的发生，结合光气及光气化工艺的重点监控单元与工艺参数及应急管理部的法规要求，对光气及光气化工艺安全控制的基本要求为：设置紧急冷却系统；配备事故紧急切断阀；设置局部排风设施；配备自动泄压装置（配备收集装置）；设置有毒气体回收及处理系统；反应釜温度、压力报警联锁；设置自动氨或碱液喷淋装置；设置光气、一氧化碳、氯气监测及超限报警装置；配备双电源供电。细化的部分安全控制措施汇总如下所示。

① 生产车间设备的布置要有利于安全生产，光气及光气化装置处在密闭车间或区域时，需要配备机械排气系统。对于重要设备，如光气化反应器等，最好安装有局部排风罩，排出的气体要接入应急破坏处理系统；装置控制室需有隔离设置，控制室内应保证良好的正压通风状态。安全疏散的通道应畅通无阻，便于操作人员能够迅速撤离现场，车间应有不少于2个出入口。

② 光气生产车间要设置氨水喷淋或蒸汽喷淋装置，便于现场破坏有毒气体。在可能泄漏光气的部位设置可移动式弹性软管负压抽气系统，把有毒气体输送至破坏处理系统进行破坏。

③ 光气及光气化反应生产过程中严禁使用有缝钢管，输送液态光气的管道应采用厚壁的无缝钢管，且管道要尽量减少长度，避免过多使用接头，管道间的连接应采用焊接，并且对焊缝做百分之百的X射线探伤与气密性试验，须满足GB 50235—2010《工业金属管道工程施工规范》规定的要求；管道在必须采用法兰连接时，应选用榫槽面法兰或者凹凸平焊法兰，公称压力不小于1.5691MPa。

④ 设置有毒、易爆气体泄漏监测与报警系统，当光气、氯气、一氧化碳等有毒气体发生泄漏时，可进行报警或启动预设的应急处置程序。

⑤ 光气管道严禁穿过办公区、休息室、生活间，也不应穿过没有使用光气的其他厂房或者生产车间。对于光气及光气化产品的生产安全防护设施的用电，应配备双电源供电。

⑥ 配备自控联锁装置，光气及光气化生产系统如果出现异常或发生光气及其剧毒产品泄漏事故时，可通过自控联锁装置启动紧急停车，并且自动切断所有进出生产装置的物料，对反应装置迅速冷却降温。依据事故的严重程度，把发生事故设备中的剧毒物料导入事故槽内，启动氨水、稀碱液喷淋装置，启动通风排毒系统，把发生事故区域内的有毒气体排送至处理系统。

⑦ 光气合成及光气化反应过程排出的尾气，必须进行破坏性处理，检测合格后才可以排放，也可根据实际需要，使用溶剂法或深冷法回收残余光气。对于经过破坏性处理后的尾气，达到排放要求后，要通过高空排气筒排入大气。当风速达到2～3级时，在其顺风方向100m内地面各点进行监测，其最高容许浓度不能超过$0.1mg \cdot m^{-3}$。

2.4.6 加氢工艺

2.4.6.1 案例分析

2022年1月5日14时08分22秒，河南某化工企业年产300000t煤焦油加氢精制装置原料罐区发生爆炸事故，造成3人死亡，直接经济损失547.9万元。1月5日下午，油库清罐作业班长张某发现T4207蒽油储罐出口处有漏点，向油库班长李某报告，并询问操作工贯某是否可以补焊，贯某查看后说可以补焊，李某口头告知贯某、杜某未经允许严禁作业，随后离开现场向厂长张某某汇报情况。14时06分，在尚未办理动火作业审批手续情况下，贯某、杜某擅自对T4207罐人孔处漏点开始动火焊接，14时08分22秒发生爆炸。

经过事故调查和原因分析认为，该起事故直接原因是T4207储罐动火前未进行清洗、置换，残存蒽油挥发出的低闪点物质萘、苯并噻吩、1-甲基萘、2-甲基萘、1,6-二甲基萘等可燃蒸汽与罐内空气达到爆炸极限，形成爆炸性混合物。外来施工人员贾某、杜某违反有关规定，在尚未办理动火作业审批手续情况下，擅自冒险对T4207储罐人孔处进行焊接作业。焊接高温引起罐内爆炸性混合气体爆炸，罐体损毁，罐内物料冲出起火。

事故发生的间接原因如下：

① 企业安全生产意识淡薄，对安全生产工作不重视，安全管理工作薄弱，安全管理人员未按规定认真履职，安全生产责任制落实不到位；违法将维修作业发包给无任何证照的周某及其组织的临时人员，未对周某等临时人员证照情况进行审核，未对临时作业人员持证情况进行审核，未按要求签订安全生产管理协议，导致无特种作业证人员进入厂区危险区域开展焊接作业；对外来临时施工人员安全教育培训不到位，未将储罐内物料所具有的理化特性和存在风险对外来施工人员进行有效安全交底；动火作业安全管理和现场安全管理不到位，对外来临时施工人员管理松懈，致使外来临时施工人员在不了解化工企业特种作业风险、未办理动火作业票的情况下，擅自冒险对T4207蒽油储罐人孔盖进行焊接作业。事故发生后，未按照有关规定及时报告事故涉险人员失联情况，存在事故信息迟报的事实。

② 在无相关证照、特种作业人员无特种作业操作证的情况下，违法承揽维修作业；在作业前未对罐内残存物料挥发出的可燃气体与空气混合后形成了爆炸性混合物进行风险辨识；在未履行动火作业审批相关手续，未对T4207蒽油储罐进行认真清洗、置换，并分析罐内可燃气体含量是否合格情况下，擅自冒险开展动火作业。

2.4.6.2 加氢工艺危险特性

加氢通常是指在化合物分子中引入氢原子的过程，涉及到加氢的工艺过程即为加氢工艺。大多数加氢反应属于放热反应，并且在较高温度下才能进行，所使用的原料氢气或其他化合物大部分都属于易燃品，有燃爆危险性。此外，有一些物料、产品或中间产物可能还存在腐蚀性、毒性。在生产过程中，若出现反应器自身故障、体系物料泄漏、人为操作失误或安全控制措施不当，很容易诱发火灾、爆炸等危险性事故。所以，一旦生产中涉及到加氢类工艺，必须明确加氢工艺危险特性，以便采取相应控制措施。详细的加氢工艺危险特性如下所述：

① 氢气为加氢类反应所需的原料，与空气混合可形成爆炸性混合物，爆炸范围较宽，为4%～75%。氢气密度比空气密度小，在室内使用或存储氢气时，若发生泄漏，可上升至棚顶或屋顶，不易排出，聚集到一定量后，遇引火源可发生燃爆等事故。

② 加氢反应所涉及到的原料及产品大多数为可燃和易燃物质，例如烯烃类、芳香烃类、

醛类、硝基化合物以及醇类等含氧化合物，反应过程有时会伴随副产物生成，如硫化氢、氨气等；加氢反应通常需要使用到催化剂，如钯炭、雷尼镍等，这些物质均属于易燃固体，易发生自燃，其他催化剂如氢化铝钾、氢化铝锂、硼氢化钠等在再生和活化过程中很容易发生爆炸。

③ 大多数加氢工艺为强放热反应，且反应温度和压力通常较高，如果发生局部反应、反应器各部分受热不均匀、管式反应器通道堵塞等问题，很容易使体系温度和压力急剧升高或使反应器内物料温度局部升高，产生热应力使反应器泄漏，易燃易爆物料逸出至环境中，易发生爆炸事故。

④ 在高温高压下氢气可与钢材接触，钢材内的碳容易和氢气发生一些系列反应生成碳氢化合物，导致钢材发生氢脆，不仅使钢制设备的强度降低，还可能因钢材强度的降低而发生物理爆炸。

⑤ 加氢工艺尾气中可能有未完全反应的氢气及其他可燃杂质，在尾气排放时容易发生着火或爆炸等危险。

⑥ 有些加氢工艺可能伴随硫化氢（Ⅱ级高度危害毒物）、氨气及二氧化硫生成，部分工艺过程可能会用到毒性很大的二硫化碳（Ⅱ级高度危害毒物），此外，加氢工艺是在加压条件下完成，这些有毒物质存在泄漏的风险，因此，有使人员中毒乃至死亡的可能性存在。

目前，常见的典型加氢工艺有：不饱和炔烃、烯烃的三键及双键加氢，比如环戊二烯与氢气反应生产环戊烯等；含氧化合物加氢，如一氧化碳与氢气反应生产甲醇；丁醛与氢气反应生产丁醇；辛烯醛与氢气反应生产辛醇等；芳烃加氢，如苯与氢气生产环己烷；苯酚与氢气反应生产环己醇等；油品加氢，如馏分油与氢气反应裂化生产石脑油、柴油以及尾油；油加氢改质；减压馏分油与氢气反应改质；含氮化合物加氢，如己二腈与氢气发生反应生产己二胺；硝基苯在催化剂作用下与氢气反应生产苯胺等。

以某取代硝基苯 A 经加氢反应，制备某取代苯胺 B 为例，对加氢反应的热危险性进行分析。

工艺过程简述：向反应釜中加入物料 A、甲苯、水，控制温度为 65℃，通入氢气，反应压力为 0.2MPa，保温至反应完全。物料 B 合成反应放热速率曲线如图 2-22 所示。

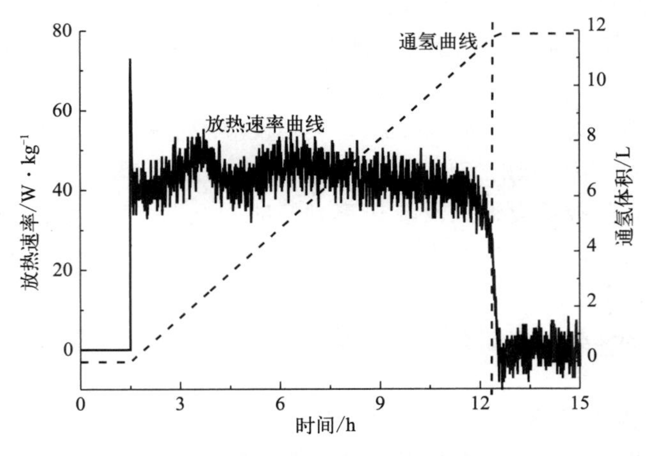

图 2-22 物料 B 合成放热速率曲线图

从图 2-22 中可以看出，通入氢气后，反应立即放热，通氢过程反应放热速率基本稳定在 40.0W・kg^{-1} 左右，通氢阶段反应放热量大，且反应速率快；通氢结束后，反应放热速率迅速下降至 0W・kg^{-1}，保温过程反应基本无热量放出，说明该反应几乎不存在物料累积，反应速率快，且反应较为完全，该加氢反应过程可近似为加料控制型反应。物料 B 合成过程表观反应热为 −581.65kJ・mol^{-1}（以物料 A 物质的量计），反应绝热温升为 360.1K。

该加氢过程一旦发生热失控，立即停止通入氢气，反应釜内剩余氢气继续参与反应，该情形下，工艺反应能够达到的最高温度 MTSR 为 79.0℃。但是，当物料热累积为 100%时，工艺反应能够达到的最高温度 MTSR 为 425.1℃。

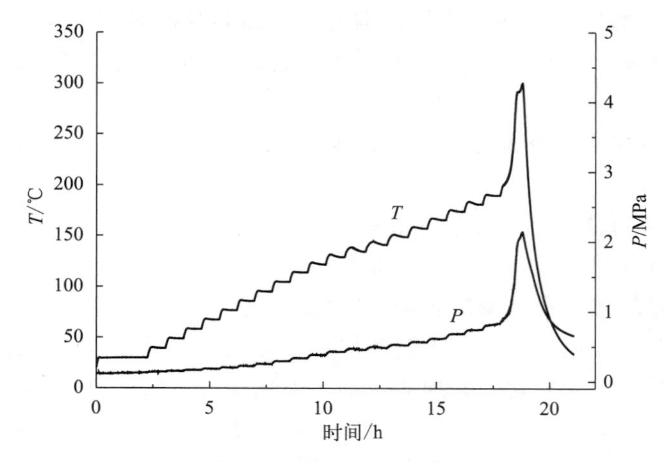

图 2-23 B 合成反应终点体系物料绝热量热时间-温度与压力曲线

取 B 合成反应终点体系物料进行安全性测试，结果见图 2-23，物料在 199.8℃时发生放热分解，分解过程体系温度及压力迅速升高，放热量为 670J・g^{-1}（以样品重量计），最大温升速率为 12.2℃・min^{-1}，最大压升速率为 0.2MPa・min^{-1}。结合非绝热动态升温测试，进行分解动力学研究分析，获得分解动力学数据。B 合成反应终点体系物料自分解反应初期活化能为 91kJ・mol^{-1}，中期活化能为 30kJ・mol^{-1}；B 合成反应终点体系物料热分解最大反应速率到达时间为 8h，对应的温度 T_{D8} 为 148.6℃、T_{D24} 为 129.7℃。

根据研究结果，若加氢过程一旦发生热失控立即停止通入氢气，反应安全风险评估结果如下：

① 加氢反应绝热温升 ΔT_{ad} 为 360.1K，失控反应严重度为“3 级”，一旦反应失控，体系温度会在短时间内发生剧烈的变化，造成工厂严重损失。

② 绝热条件下，失控反应最大反应速率到达时间（TMR_{ad}）大于 24h，失控反应发生的可能性等级为“1 级”，为很少发生，一旦发生热失控，人为处置失控反应的时间较为充足，事故发生的概率较低。

③ 失控反应可接受程度为“Ⅰ级”，属于可接受风险，生产过程中按设计要求及规范要求采取控制措施。

④ 反应工艺危险度等级为“2 级”（T_p＜MTSR＜T_{D24}＜MTT），存在分解风险。MTSR 小于 MTT 和 T_{D24}，体系不会引发物料的二次分解反应，也不会导致反应物料剧烈沸腾而冲料。但是，由于 MTT 高于 T_{D24}，如果反应体系持续停留在失控状态，有可能引发二次分解反应，二次分解反应继续放热，最终使反应体系达到 MTT，有可能会引起冲料

等危险事故。

2.4.6.3 重点监控工艺参数及安全措施

加氢工艺需要重点监控的单元有：氢气压缩机及加氢反应釜。加氢工艺涉及使用氢气这种高燃爆气体，在使用氢气过程中应格外小心谨慎。加氢工艺过程中需重点监控的参数主要包括：反应釜内搅拌器转速；加氢反应釜或者催化剂床层的温度及压力；氢气流速及流量；反应体系中氧含量；反应物质之间物料比；冷却介质流量；氢气压缩机运行相关参数、尾气成分等。

对加氢工艺过程重点需要监控的单元以及重点监控的参数进行分析后，应急管理部对加氢工艺安全控制给出了以下基本要求：设置反应温度和反应压力的报警及联锁控制系统，反应物的比例控制及联锁系统，搅拌装置的稳定控制系统，紧急冷却系统，安全泄压系统，紧急切断系统；加装安全阀、爆破片等安全设施，确保超压时能够快速泄压；设置循环氢压缩机停机后报警，并进行联锁自控系统；加装氢气浓度检测报警装置等。生产过程中，部分细化的加氢工艺安全控制措施列举如下：

① 生产厂房内所有的电气设备必须达到防爆要求，且厂房内须通风良好，防止氢气积聚。

② 由于大部分加氢反应是在高压反应釜中实现的，因此进行高压加氢反应的设备必须安装安全阀及爆破片，同时要实行自动控制，此外还应配备氢气浓度检测和报警装置。

③ 设备、管道的选材要符合要求，防止造成氢腐蚀。定期检查设备、管道是否存在严重腐蚀或者泄漏等现象。

④ 设置急冷氮气或氢气系统，并使加氢反应釜内的温度、压力与反应釜内搅拌电机、氢气流量以及加氢反应釜夹套冷却介质入口阀形成联锁自控关系，发生意外时，可紧急停车。

⑤ 如果加氢反应体系超温、超压或搅拌装置发生故障，造成加氢系统停车，体系应保持少量的余压，防止空气进入系统，任何情况下，禁止带压拆卸检修加氢釜。

2.4.7 磺化工艺

2.4.7.1 案例分析

2012 年 5 月 14 日 9 时，江西某化工企业磺化车间氯磺酸工段，操作人员按操作规程将原料氯磺酸、催化剂氨基磺酸及硝基苯按顺序投入 2＃釜，投料半小时后停止搅拌。15 日 10 时，开启搅拌并开蒸汽升温至 90℃，关闭蒸汽，自然升温至 118℃，自升温过程发现反应速率较慢。操作人员分别于 19 时 30 分、20 时 57 分及次日 0 时 02 分、5 时 40 分取样中控，中控结果显示均未达到工艺要求。但 5 时 40 分操作人员已经发现样品状态发生变化，7 时 30 分 2＃釜 U 形管真空度波动较大，7 时 45 分 2＃釜发生冲料，冒出大量具有刺激性的白烟，随后发生两次爆炸，事故发生时安全联锁未起作用。事故造成 3 人死亡、2 人受伤，直接经济损失 600 余万元。

经过事故调查和原因分析认为，造成爆炸事故的直接原因是：2＃磺化釜投料后，氯磺酸、氨基磺酸、硝基苯等物料在釜内放置时间较长，催化剂在 2＃磺化釜底部短管堆积、沉淀，致使在反应体系中催化剂量不足，磺化反应不能达到终点。同时由于水进入 2＃磺化釜内，与氯磺酸发生剧烈放热反应，导致磺化釜内温度和压力迅速升高，同时生成硫酸和盐酸，并诱发硝基苯以及磺化反应产物发生剧烈分解反应，导致磺化釜内温度和压力急剧上升，造成磺化釜爆炸。水的来源有两种可能：由于2#磺化釜回流片式冷凝器搪瓷损坏，器壁被盐酸腐蚀穿孔，水进入釜内；2#磺化釜夹套搪瓷损坏，反应器壁被反应生成的硫酸、氯化氢腐蚀穿孔，导致循环水进入釜内。

事故发生的间接原因是：工艺管理混乱，在生产装置长时间处于异常状态、工艺参数出现明显异常（硝基苯含量高、反应长时间达不到终点）的情况下，企业技术与管理人员均未到现场进行处理，操作人员盲目维持生产；设备管理混乱，2#釜釜壁及冷凝器搪瓷损坏，导致循环水进入釜内。

2.4.7.2 磺化工艺危险特性

磺化反应是指向芳香族化合物如苯、萘及其衍生物等有机分子中引入磺酸基（—SO_3H）或氯磺酰基（—SO_2Cl）的反应，涉及磺化反应的工艺过程是磺化工艺。按照反应原理，磺化方法主要可以分为过量硫酸磺化、共沸去水磺化、三氧化硫磺化、氯磺酸磺化、加成磺化（烯烃化合物与亚硫酸氢盐发生加成磺化）、烘焙磺化、三氧化硫加氯气或是臭氧磺化、间接磺化等。磺化反应在现代化工生产中有着广泛的应用，向有机分子中引入磺酸基可以增强水溶性，因此，大部分水溶性染料都含有磺酸基。部分磺化产物还可用作润湿剂、乳化剂、增溶剂、增黏剂、分散剂、洗涤剂、水溶性合成胶等。有机化合物上的磺酸基通过反应可以转化为氯磺酰基、羟基、卤代基等，从而获得一系列的中间体。但是，磺化反应涉及多种危险性高、有害的物质，并且磺化反应大多为强放热反应，若反应过程中体系温度过高，有可能使磺化反应转变为燃烧反应，造成爆炸或火灾事故。因此，详细了解磺化工艺危险特性，对化工生产制定安全控制措施十分重要。磺化工艺危险特性总结如下：

① 磺化反应原料主要为芳香烃或直链烷烃，都是易燃易爆化学品，使用的磺化剂本身也具有强氧化性，如果操作不当就可能造成反应温度升高，可能使磺化反应变为燃烧反应，引起火灾或者爆炸事故。

② 磺化反应常用的磺化剂有浓硫酸、发烟硫酸、三氧化硫、氯磺酸等，这些磺化剂都具有强吸水性，遇水放出大量热量，造成体系温度升高，可能引发体系沸腾、冲料，甚至爆炸。另外，此类磺化剂还具有强腐蚀性，对设备腐蚀严重，甚至导致设备发生穿孔泄漏，引起腐蚀性伤害和火灾等事故。氯磺酸等磺化剂在潮湿空气中与金属接触，腐蚀金属的同时还释放氢气，遇火源可能发生燃爆事故。

③ 磺化工艺是强放热反应过程，若操作不当（投料速度过快、投料顺序颠倒、搅拌效果差、冷却能力较低等），致使反应过程体系温度过高，可能使磺化反应变为燃烧反应，引起火灾或爆炸事故。

④ 磺化反应原料如芳烃等大多是易挥发液体或易升华固体，有毒有害、危险性高；磺化剂氧化硫易冷凝造成管路堵塞，泄漏后易形成酸雾，危害性较大。

在化工生产过程中，典型的磺化工艺列举如下：

① 三氧化硫磺化：气体三氧化硫和十二烷基苯等制备十二烷基苯磺酸钠；甲苯磺化生产对甲基苯磺酸和对甲基苯酚；硝基苯与液态三氧化硫制备间硝基苯磺酸；对硝基甲苯磺化生产对硝基甲苯邻磺酸等。

② 共沸去水磺化：甲苯磺化制备甲基苯磺酸；苯磺化制备苯磺酸等。

③ 氯磺酸磺化：乙酰苯胺与氯磺酸生产对乙酰氨基苯磺酰氯；芳香族化合物与氯磺酸反应制备芳磺酸和芳磺酰氯等。

④ 烘焙磺化：如苯胺磺化制备对氨基苯磺酸等。

⑤ 亚硫酸盐磺化：1-硝基蒽醌制备 α-蒽醌硝酸；2,4-二硝基氯苯制备 2,4-二硝基苯磺酸钠等。

以某芳香烃 A 经磺化反应，制备芳香磺酸 B 为例，对磺化反应的热危险性进行分析。

工艺过程简述：向反应釜中加入物料 A，控制温度为 75℃，滴加 98%的浓硫酸，滴加时间为 1.5h，滴加完毕后保温 1.0h。物料 B 合成反应放热速率曲线如图 2-24 所示。

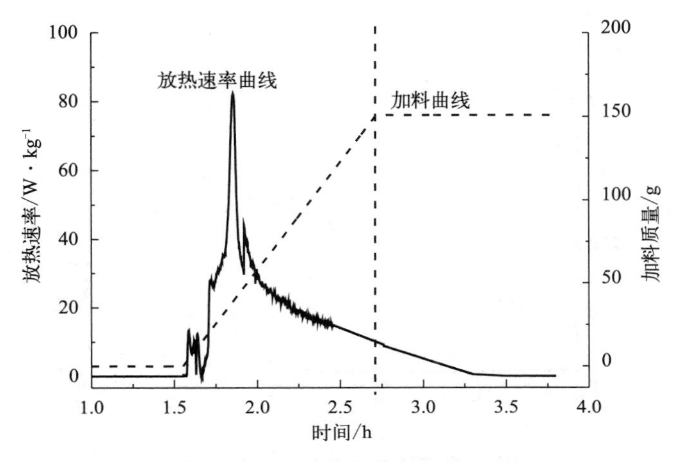

图 2-24 物料 B 合成放热速率曲线图

从图 2-24 中可以看出，滴加浓硫酸后，反应体系缓慢放热，滴加前期反应放热速率维持在 $10\text{W}\cdot\text{kg}^{-1}$（以瞬时料液重量计）左右，滴加浓硫酸 6min 后，体系放热速率明显增大，反应放热速率达到最大值为 $81.7\text{W}\cdot\text{kg}^{-1}$（以瞬时料液重量计），此后反应放热速率逐渐减小。保温过程体系放热速率持续减小至 $0\text{W}\cdot\text{kg}^{-1}$（以瞬时料液重量计）。物料 B 合成过程表观反应热为 $-34.34\text{kJ}\cdot\text{mol}^{-1}$（以物料 A 物质的量计），反应绝热温升为 61.9K。

该磺化过程一旦发生热失控，立即停止加料时，T_{cf}、X_{ac}、X、X_{fd} 曲线如图 2-25 所示。

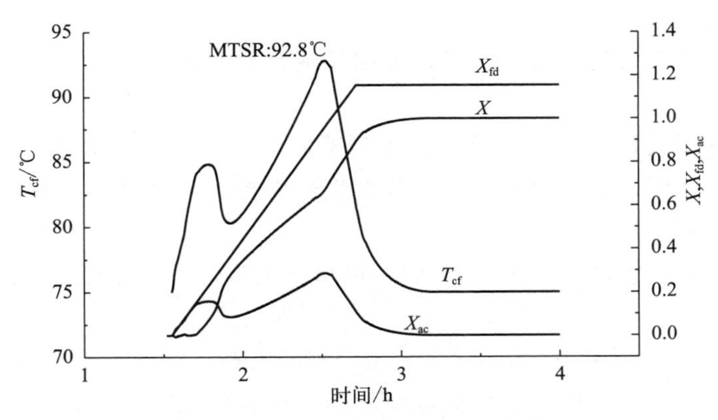

图 2-25 T_{cf}、X_{ac}、X、X_{fd} 曲线

X_{fd}—加料比例；X—热转化率；T_{cf}—反应任意时刻冷却失效后，反应体系所能达到的最高温度,℃；X_{ac}—热累积度

由图 2-25 中的 T_{cf} 曲线可看出，在反应过程中，反应体系所能达到的最高温度 T_{cf} 随时间变化呈现先增大后减小再增大后减小的趋势。由热转化率 X 曲线可以看出，该反应物料热累积较大，浓硫酸滴加结束后，热转化率为 81.7%。按目前的工艺条件，即使在物料热累积最大时反应发生失控，立即停止加料，工艺反应能够达到的最高温度 MTSR 为 92.8℃。但是，当物料热累积为 100% 时，工艺反应能够达到的最高温度 MTSR 为 136.9℃。

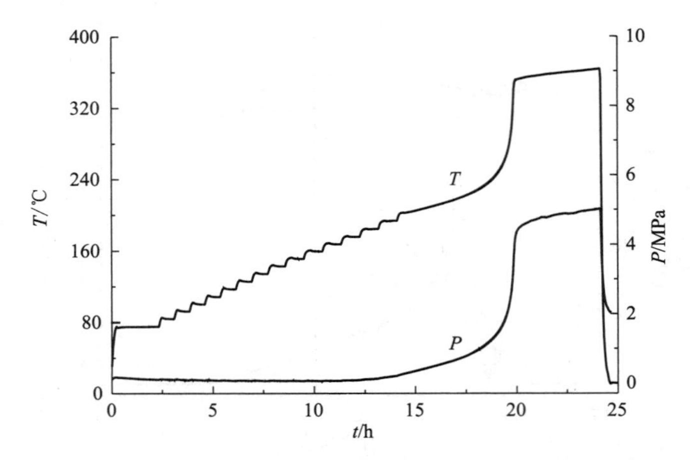

图 2-26　B 合成反应终点体系物料绝热量热时间-温度与压力曲线

取 B 合成反应终点体系物料进行安全性测试，结果见图 2-26，物料在 175.4℃时发生放气分解，在 202.3℃时发生放热分解，分解过程体系温度及压力迅速升高，放热量为 $910J \cdot g^{-1}$（以样品重量计），最大温升速率为 $8.8℃ \cdot min^{-1}$，最大压升速率为 $0.2MPa \cdot min^{-1}$。结合非绝热动态升温测试，进行分解动力学研究分析，获得分解动力学数据。B 合成反应终点体系物料自分解反应初期活化能为 $84kJ \cdot mol^{-1}$，中期活化能为 $178kJ \cdot mol^{-1}$；B 合成反应终点体系物料热分解最大反应速率到达时间为 8h 和 24h 对应的温度 T_{D8} 为 193℃、T_{D24} 为 179℃。

根据研究结果，若磺化过程一旦发生热失控立即停止加料，反应安全风险评估结果如下：

① 此反应绝热温升 ΔT_{ad} 为 61.9K，失控反应严重度为“2 级”，一旦发生反应失控，工厂将会受到破坏。

② 在绝热条件下失控反应最大反应速率到达时间（TMR_{ad}）大于 24h，失控反应发生的可能性等级为“1 级”，为很少发生，一旦发生热失控，人为处置失控反应的时间较为充足，事故发生的概率较低。

③ 失控反应可接受程度为“Ⅰ级”，属于可接受风险，生产过程中按设计要求及规范要求采取控制措施。

④ 反应工艺危险度等级为“2 级”（T_p＜MTSR＜T_{D24}＜MTT），存在分解风险。MTSR 小于 MTT 和 T_{D24}，体系不会引发物料的二次分解反应，也不会导致反应物料剧烈沸腾而冲料。但是，由于 MTT 高于 T_{D24}，如果反应体系持续停留在失控状态，有可能引发二次分解反应，二次分解反应继续放热，最终使反应体系达到 MTT，有可能会引起冲料等危险事故。

2.4.7.3 重点监控工艺参数及安全措施

磺化工艺为放热工艺过程，使用的磺化剂具有强氧化性和强腐蚀性。该工艺的重点监控单元为磺化反应釜，工艺过程中的重点监控参数有：磺化反应釜内温度；磺化剂流量；磺化反应釜内搅拌速率；冷却水流量。

针对磺化工艺本身的危险性特点，应急管理部对磺化工艺提出的安全控制基本要求为：反应釜温度的报警和联锁；设置搅拌的稳定控制和联锁系统；设置紧急冷却系统；设置紧急停车系统；设置安全泄放系统；设置三氧化硫泄漏监控报警系统等。化工生产中涉及磺化工艺过程，部分细化的安全控制措施列举如下：

① 使用的磺化剂必须严格防潮防水，严格防止接触各种可燃、易燃物和还原性物质，以免发生火灾、爆炸；应选择使用耐蚀材料作为磺化工艺设备、管道材质，并经常检查磺化工艺设备、管道，防止因腐蚀造成穿孔泄漏，引起腐蚀性伤害和火灾等事故。

② 严格控制磺化反应原料纯度（主要控制含水量），操作时投料顺序不能颠倒，并严格控制加料速度，不能过快，以控制反应正常进行，避免温度升高、正常冷却能力不足、反应失控等。

③ 磺化反应为强放热反应，需保证反应系统有良好和足够的冷却能力，在反应进行期间，能够及时移出反应产生的热量，避免温度过高发生失控。

④ 在釜式反应器中进行磺化反应，需等原料升温到一定温度范围内才可滴加磺化剂，避免低温下滴加磺化剂，由于反应速率过慢，造成物料累积，导致后续升温过程发生突发放热，引发事故。

⑤ 磺化工艺系统需设置应急电源，作业场所应加强通风并安装有毒气体检测仪，有毒物质浓度应控制在职业接触限值范围内。

⑥ 磺化反应应实现自动控制，使磺化反应釜内温度与磺化剂流量、磺化反应釜夹套冷却水进水阀、釜内搅拌电流形成自控联锁关系，当磺化反应釜内各参数偏离工艺指标时，能自动报警、停止加料，甚至紧急停车。

2.4.8 氟化工艺

2.4.8.1 案例分析

2020 年 1 月 5 日上午 9 时 15 分左右，江西某氟化工公司进行检修作业中，发生一起氢氟酸中毒事故，造成 1 人死亡、1 人受伤，直接经济损失约 170 万元。1 月 5 日上午 7 时 40 分，技术部主任严某发现一线粗冷循环系统两台水泵无法启动，通知机修班班长刘某，刘某安排机修工汪某、刘某进行检修作业。设备技术主管胡某在机修工汪某、刘某还未到现场的情况下先行到达作业现场，并在未确认故障水泵（B 泵）进出水管阀门关闭到位的情况下开始维修作业，随后汪某、刘某两人到达现场一同作业。几人在作业前未将池外两台循环水泵管路内的氢氟酸同时清理或置换，且均未按要求穿戴劳动防护用品。9 时 12 分，公司无水氟化氢厂副总经理文某到达现场察看检维修作业，文某未穿戴任何劳动防护用品并违章进入作业区域近距离察看。9 时 13 分，胡某和汪某两人将故障水泵（B 泵）泵盖撬开时，连接处喷出大量含有氢氟酸的循环水，直接喷射到文某和汪某身上。

经过事故调查和原因分析发现，事故发生的直接原因是：检维修作业中，未按要求关闭循环水泵阀门，未佩戴劳动防护用品，违章冒险作业，导致大量含有氢氟酸的循环水直接喷射到正在察看的厂副总经理的脸部及嘴上并溅到机修工脚面。

事故的间接原因如下：

① 企业主体责任履职不到位。公司落实安全生产责任制不力，公司领导、相关管理部门及作业人员未有效履行安全责任制；员工未严格遵守安全生产法律法规、本单位的安全生产规章制度、安全操作规程，检修现场管理混乱，未制定有效的安全防范措施和应急处置方案。

② 检维修作业制度执行不到位。未制定检维修方案，未明确安全措施和应急处置预案，未执行作业审批制度。

③ 安全风险识别不到位。在检修作业前未开展有效的安全风险辨识，对循环水泵管路内存在氢氟酸产生的后果认识不足，未对检修作业现场采取切实有效的安全防范措施；未监督、教育检修人员按照使用规则佩戴、使用劳动防护用品。

④ 安全意识淡薄。企业安全管理人及作业人员安全意识淡薄，在未确认安全条件下及未按要求穿戴劳动防护用品情况下违章冒险检维修作业。

2.4.8.2 氟化工艺危险特性

氟化反应通常是指用氟原子将有机化合物中氢原子和其他原子进行取代的反应。氟化氢为常用的氟化剂，可将氟化氢与含双键有机化合物的加成列入氟化反应。

氟化工艺的危险性总结如下：

① 氟化氢存在很强的毒性，已经列入《高毒物品目录》，其蒸气可极大地损害神经、骨骼、呼吸等系统。浓氢氟酸灼伤皮肤后，治愈较难。氟化氢的职业接触国家标准极限为 $1mg \cdot m^{-3}$，与氯气一样。

② 氟化反应为放热过程，氟化反应过程，控制不好冷却盐水或冷却水突然中断，不能及时移出放出的热量，反应温度将会进一步升高。氟化过程采用的原料多为易燃的有机物和强氧化剂，泄漏后造成有毒物质扩散，并且在高温条件下，物料泄漏还会造成着火甚至引发爆炸。

③ 很多进行氟化反应采用的原料及溶剂均属于易燃性物品，若反应失控，极易引发燃爆事故。氟化过程可能使用浓硫酸，因其具有强氧化性，与有机物接触发生的反应极其剧烈，与普通金属反应极易放出氢气发生爆炸；进行氟化反应使用的原料、产生的中间产品及最终产品等本身同样具有极高的有害危险特性。

④ 在生产工艺过程中，物料配比不恰当、氟化氢流速过快、冷却效果不好等情况都将造成容器内压增大，将引发容器爆炸事故；当工艺操作不当时，反应物将倒流至氟化氢钢瓶内，将会发生激烈的反应而造成爆炸。

⑤ 氟化氢的尾气不能完全被吸收时，极易发生中毒事故。

⑥ 氟化氢具有强腐蚀性，可与各种物质（包括玻璃）发生化学反应，可造成管道、设备的腐蚀，将发生有毒气体的泄漏，引发大面积的中毒事故。

化工生产过程中，典型的氟化工艺包括：直接氟化反应，如黄磷进行氟化制备五氟化磷等；金属氟化物或氟化氢气体的氟化反应，如金属氟化物 SbF_3、AgF_2、CoF_3 等与烃类反应制备氟化烃；氢氧化铝与氟化氢气体反应制备氟化铝等；置换氟化反应，如三氯甲烷氟化制备二氟一氯甲烷；氟化钠与 2,4,5,6-四氯嘧啶反应制备 2,4,6-三氟-5-氟嘧啶等；其他氟化物的制备反应，如氟化钙（萤石）与浓硫酸制备无水氟化氢等。

以某氯取代化合物 A 经与 KF 反应，制备氟取代 B 为例，对氟化反应的热危险性进行分析。

工艺过程简述：向反应釜中加入物料A及溶剂C，控制温度为90℃，匀速加入KF固体，时间约为0.5h，滴加完毕后保温4.5h。

物料B合成反应放热速率曲线如图2-27所示。

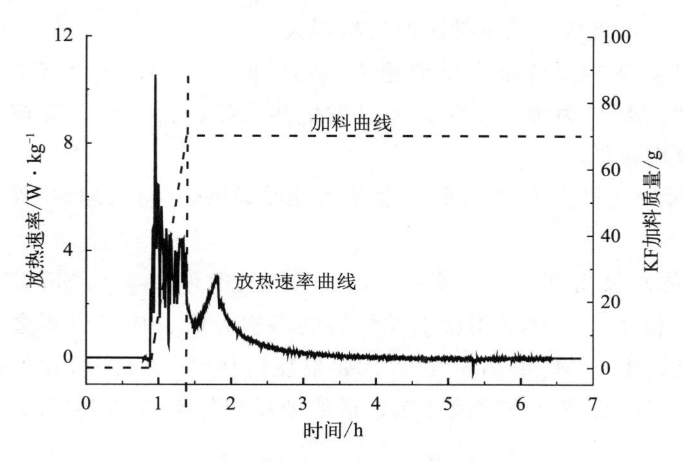

图2-27　物料B合成放热速率曲线图

加入KF后，反应立即放热，加料过程反应放热速率不高，加料约5min后，反应放热速率到达瞬时最大值10.6W·kg^{-1}（以料液瞬时重量计），之后放热速率迅速下降，并维持在4.0W·kg^{-1}（以料液瞬时重量计）左右。滴加过程平均放热速率为3.8W·kg^{-1}（以加料完毕后体系总料液重量计）。保温过程反应仍有热量放出，说明该反应存在一定的物料累积。物料B合成过程表观反应热为−53.21kJ·mol^{-1}（以物料A物质的量计），反应绝热温升为20.0K。当物料热累积为100%时，工艺反应能够达到的最高温度MTSR为110.0℃。

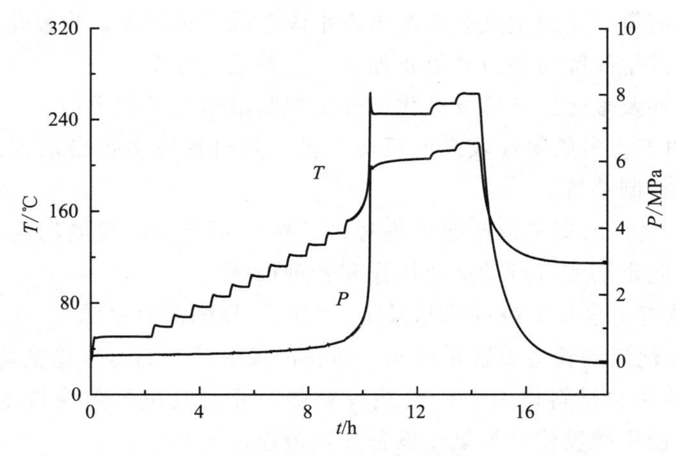

图2-28　B合成反应终点体系物料绝热量热时间-温度与压力曲线

取B合成反应终点体系物料进行安全性测试，结果见图2-28，物料在151.9℃时发生放热分解，分解过程体系温度及压力迅速升高，放热量为960J·g^{-1}（以样品重量计），最大温升速率为64.0℃·min^{-1}，最大压升速率为36.2MPa·min^{-1}。结合非绝热动态升温测试，进行分解动力学研究分析，获得分解动力学数据。B合成反应终点体系物料自分解反应初期活化能为119kJ·mol^{-1}，中期活化能为25kJ·mol^{-1}；B合成反应终点体系物料热分解最大反应速率到达时间为 8h，对应的温度 T_{D8} 为 138℃、T_{D24} 为 124℃。

根据研究结果，B 合成过程反应安全风险评估结果如下：

① 氟化反应绝热温升 ΔT_{ad} 为 20.0K，失控反应严重度为“1 级”，在没有气体导致压力增长带来的危险时，将会造成单批次的物料损失。

② 绝热条件下，失控反应最大反应速率到达时间（TMR_{ad}）大于 24h，失控反应发生的可能性等级为“1 级”，为很少发生，一旦发生热失控，人为处置失控反应的时间较为充足，事故发生的概率较低。

③ 失控反应可接受程度为“Ⅰ级”，属于可接受风险，生产过程中按设计要求及规范要求采取控制措施。

④ 反应工艺危险度等级为“2 级”（T_p＜MTSR＜T_{D24}＜MTT），存在分解风险。MTSR 小于 MTT 和 T_{D24}，体系不会引发物料的二次分解反应，也不会导致反应物料剧烈沸腾而冲料。但是，由于 MTT 高于 T_{D24}，如果反应体系持续停留在失控状态，有可能引发二次分解反应，二次分解反应继续放热，最终使反应体系达到 MTT，有可能会引起冲料等危险事故。

2.4.8.3 重点监控工艺参数及安全措施

氟化工艺过程中进行重点监控的工艺参数包括：氟化反应的釜内压力、温度及搅拌速率；氟化物的进料流量；助剂流量；反应物的物料配比；氟化物浓度。对氟化工艺的安全控制应急管理部提出的基本要求为：反应釜内温度、压力与进料、紧急冷却系统的报警和联锁；设置稳定的搅拌控制系统；设置安全泄放系统；设置检测可燃和有毒气体报警的装置等。对氟化工艺宜采用的控制措施主要包括：对氟化反应操作中的氟化物浓度、投料配比、进料速度和反应温度等参数进行严格控制。必要时通过设置自动比例调节装置和自动联锁控制装置，在氟化反应釜处设立紧急停车系统，通过控制装置将氟化反应的釜内温度、压力与搅拌速度、氟化物流量、反应釜夹套冷却水进水阀形成联锁控制，当氟化反应釜内温度或压力超标或搅拌系统发生故障时将自动停止加料并进行紧急停车。

对化工生产中涉及氟化工艺部分细化的安全控制措施列举如下：

① 氟化反应的工艺为危险性较高的反应工艺，其过程应实行自动控制、自动报警、自动连锁控制，设置控制装置。

② 制定科学、完整的安全生产操作规程，严格控制反应过程的温度、压力、配料比和进料速度等参数，制定切实可行的应急操作和管理措施。

③ 氟化反应装置需设计良好的冷却系统，配备可靠的应急电源。

④ 应对输送氟化氢的管道设置止逆阀，防止因反应器压力过大造成物料倒流的现象。

⑤ 使用耐氟腐蚀的材料作为生产管线及容器，并对其进行防腐蚀处理，防止跑、冒、滴、漏发生；严禁使用橡胶垫作为氟化设备和管道连接的法兰。

⑥ 应在作业场所设置碱水事故的应急池，喷淋、洗眼器，配备完善的药品和应急救援器材。

⑦ 应设置检测氟化氢泄漏的报警装置。

⑧ 接触氟化物的作业场所，应有良好的通风，配备相应的防护用品。

⑨ 应定期对作业人员进行健康检查，如发现有心肺、神经、骨骼等方面职业病，及时对其治疗。

2.4.9 重氮化工艺

2.4.9.1 案例分析

2007年11月27日6时30分江苏盐城市某重氮盐工段，该公司5车间当班4名操作人员接班，在上班制得亚硝酰硫酸的基础上，将重氮化釜温度降至25℃。6时50分，开始向5000L重氮化釜加入6-溴-2,4-二硝基苯胺，先后分三批共加入1350kg。9时20分加料结束后，开始打开夹套蒸汽对重氮化釜内物料加热至37℃，9时30分关闭蒸汽阀门保温。按照工艺要求，保温温度控制在（35±2）℃，保温时间4～6h。10时许，当班操作人员发现重氮化釜冒出黄烟（氮氧化物），重氮化釜数字式温度仪显示温度已达70℃，在向车间报告的同时，将重氮化釜夹套切换为冷冻盐水。10时6分，重氮化釜温度已达100℃，车间负责人向公司报警并要求所有人员立即撤离。10时9分，公司内部消防车赶到现场，用消防水向重氮化釜喷水降温。10时20分，重氮化釜发生爆炸，造成抢险人员8人死亡（其中，3人当场死亡）、5人受伤（其中，2人重伤）。建筑面积为735平方米的5车间B7厂房全部倒塌，主要生产设备被炸毁。

经过事故调查和原因分析，认为造成爆炸事故的直接原因是操作人员没有将加热蒸汽阀门关到位，造成重氮化反应釜在保温过程中被继续加热，重氮化釜内重氮盐剧烈分解，发生化学爆炸。

事故发生的间接原因是：在重氮化保温时，操作人员未能及时发现釜内超温，并及时调整控制；装置自动化水平低，重氮化反应系统没有装备自动化控制系统和自动紧急停车系统；岗位操作规程不完善，未制定有针对性的应急措施，应急指挥和救援处置不当。

2.4.9.2 重氮化工艺危险特性

重氮化反应是指芳香族伯胺，在低温和强酸溶液中与亚硝酸钠作用，生成重氮盐的反应，涉及重氮化反应的工艺过程是重氮化工艺。重氮盐的化学性质很活泼，能发生许多化学反应，总体分为两大类：一类为反应时失去氮的反应，指重氮盐在一定条件下（比如硫酸）进行分解，重氮基被其他基团如H原子、羟基、卤素、—CN等取代；另一类为反应时保留氮，用还原剂变成苯肼类或偶合反应增加大基团成偶氮染料。重氮化过程中反应温度控制不好，冷却不足，超温、突然断水、搅拌故障等原因造成的温度过高等因素均会导致亚硝酸分解，产生大量的氮氧化物气体，导致火灾、爆炸及中毒事故的发生；重氮化釜密封性不好，见光均会导致重氮盐迅速分解、爆炸或中毒事故的发生，造成爆炸或火灾事故。因此，详细了解重氮化工艺危险特性，为化工生产制定安全控制措施十分重要。重氮化工艺危险特性总结如下：

① 主要原料苯胺类、亚硝酸钠毒性很大，且易燃易爆。芳胺类、亚硝酸钠受热分解，均可引起爆炸，特别是亚硝酸钠氧化剂与有机物、可燃物的混合物即能燃烧爆炸，遇酸加热会产生高毒性的氮氧化物。

② 在重氮化生产过程中，若亚硝酸钠投料过快或过量，或亚硝酸钠的浓度增加，反应加剧，会加速物料 $NaNO_2$ 分解；产物重氮盐极不稳定，分解活化能较低，受热极易分解，分解产生大量的高毒性氮氧化物，可以引起火灾爆炸和中毒等危险事故。

③ 重氮化过程中反应温度控制不好，冷却不足或冷却失效、搅拌故障等原因造成的体系温度过高会导致亚硝酸分解，产生大量的氮氧化物气体，导致火灾、爆炸及中毒事故的发生。

④ 重氮化釜密封性不好、见光均会导致重氮盐迅速分解、爆炸或中毒事故的发生；重氮盐的溶液洒落在地上、蒸汽管道上，干燥后能引起着火和爆炸等事故；重氮化所用介质为强酸，具有强腐蚀性。

⑤ 特别提出的是重氮化的前工段大多为芳烃类硝基物加氢还原，与重氮化工段紧邻，使用的原料均为易燃易爆物，两单元之间相互影响，不容忽视。

在化工生产过程中，典型的重氮化工艺列举如下：

① 顺法重氮化：对氨基苯磺酸钠与2-萘酚制备酸性橙-Ⅱ染料；大多数溶于稀无机酸的芳香族伯胺制备芳香族重氮物。

② 逆法重氮化：间苯二胺生成二氟硼酸间苯二重氮盐；苯胺与亚硝酸钠反应制备苯胺基重氮苯；稀酸中难溶解的氨基芳香磺酸等制备芳香族磺酸重氮物。

③ 亚硝酰硫酸法：2-氰基-4-硝基苯胺、2-氰基-4-硝基-6-溴苯胺、2,4-二硝基-6-溴苯胺、2,6-二氰基-4-硝基苯胺偶氮化制备单偶氮分散染料；2-氰基-4-硝基苯胺为原料制备蓝色分散染料等。

④ 盐析法：氨基偶氮化合物通过盐析法进行重氮化生产多偶氮染料等。

以某芳香胺A经重氮化反应，制备芳香重氮盐B为例，对重氮化反应的热危险性进行分析。

工艺过程简述：向反应釜中加入水、物料A及盐酸，控制温度为0℃，滴加35%的亚硝酸钠水溶液，滴加时间为0.5h，滴加完毕后保温0.5h。

物料B合成反应放热速率曲线如图2-29所示。

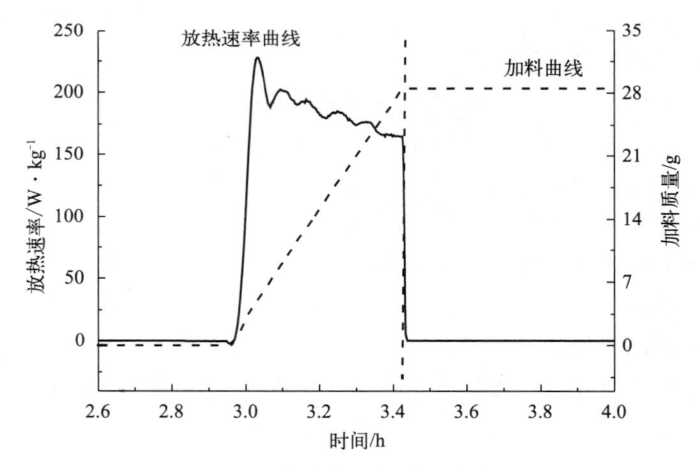

图2-29 物料B合成放热速率曲线图

从图2-29中可以看出，滴加亚硝酸钠水溶液后，反应体系迅速放热，滴加过程反应放热速率较高，基本维持在150～230W·kg^{-1}左右，说明滴加阶段反应放热量大，且反应速率快；滴加结束后，反应放热速率迅速下降至0W·kg^{-1}，保温过程反应基本无热量放出，说明几乎不存在物料累积，反应速率快，且反应较为完全，该重氮化反应过程近似为加料控制型反应。该合成过程表观反应热为−164.80kJ·mol^{-1}（以物料A物质的量计），反应绝热温升为31.9K。

该重氮化过程一旦发生热失控立即停止加料时，T_{cf}、X_{ac}、X、X_{fd}曲线如图2-30所示。

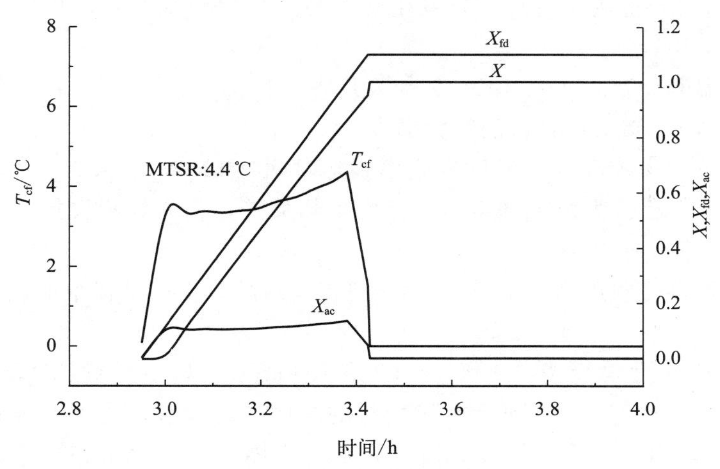

图 2-30 T_{cf}、X_{ac}、X、X_{fd} 曲线

X_{fd}—加料比例；X—热转化率；T_{cf}—反应任意时刻冷却失效后，反应体系所能达到的最高温度，℃；X_{ac}—热累积度

由图 2-30 的 T_{cf} 曲线可看出，在反应过程中，反应体系所能达到的最高温度 T_{cf} 随时间变化呈现先增大后减小的趋势。由热转化率 X 曲线可以看出，该反应物料热累积较大，亚硝酸钠水溶液滴加结束后，热转化率为 99.7%。按目前的工艺条件，即使在物料热累积最大时反应发生失控，立即停止加料，工艺反应能够达到的最高温度 MTSR 为 4.4℃。但是，当物料热累积为 100%时，工艺反应能够达到的最高温度 MTSR 为 31.6℃。

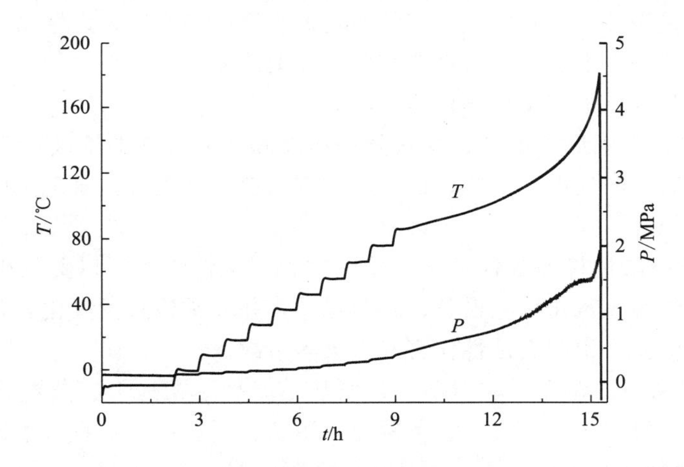

图 2-31 B 合成反应终点体系物料绝热量热时间-温度与压力曲线

取 B 合成反应终点体系物料进行安全性测试，结果见图 2-31，B 合成反应后料液在 66.0℃时发生放气分解，在 85.7℃时发生放热分解，分解过程体系温度及压力迅速升高，放热量为 890J·g^{-1}（以样品重量计），最大温升速率为 8.5℃·min^{-1}，最大压升速率为 0.26MPa·min^{-1}。结合非绝热动态升温测试，进行分解动力学研究分析，获得分解动力学数据。B 合成反应终点体系物料自分解反应初期活化能为 89kJ·mol^{-1}，中期活化能为 62kJ·mol^{-1}；B 合成反应终点体系物料热分解最大反应速率到达时间为 8h 和 24h 对应的温度 T_{D8} 为 61℃、T_{D24} 为 43℃。

根据研究结果，若重氮化过程一旦发生热失控立即停止加料，反应安全风险评估结果如下：

① 反应绝热温升 ΔT_{ad} 为 31.6K，失控反应严重度为“1 级”，在没有气体导致压力增长带来的危险时，将会造成单批次的物料损失。

② 绝热条件下，失控反应最大反应速率到达时间（TMR_{ad}）大于 24h，失控反应发生的可能性等级为“1 级”，为很少发生，一旦发生热失控，人为处置失控反应的时间较为充足，事故发生的概率较低。

③ 失控反应可接受程度为“Ⅰ级”，属于可接受风险，生产过程中按设计要求及规范要求采取控制措施。

④ 反应工艺危险度等级为“2 级”（T_p＜MTSR＜T_{D24}＜MTT），存在分解风险。MTSR 小于 MTT 和 T_{D24}，体系不会引发物料的二次分解反应，也不会导致反应物料剧烈沸腾而冲料。但是，由于 MTT 高于 T_{D24}，如果反应体系持续停留在失控状态，有可能引发二次分解反应，二次分解反应继续放热，最终使反应体系达到 MTT，有可能会引起冲料等危险事故。

2.4.9.3 重点监控工艺参数及安全措施

重氮化工艺为放热工艺过程，苯胺类、亚硝酸钠毒性很大，且易燃易爆，产物重氮盐极不稳定，受热极易分解。该工艺的重点监控单元为重氮化反应釜，工艺过程中的重点监控参数有：重氮化反应釜内温度；亚硝酸钠流量和浓度；重氮化反应釜内搅拌速率；冷却水流量。

针对重氮化工艺本身的危险性特点，应急管理部对重氮化工艺提出的安全控制基本要求为：反应釜温度的报警和联锁；设置搅拌的稳定控制和联锁系统；设置紧急冷却系统；设置紧急停车系统；设置安全泄放系统；设置有毒气体泄漏监控报警系统等。化工生产中涉及重氮化工艺过程，部分细化的安全控制措施列举如下：

① 工艺上应严格控制反应温度、物料滴加速度和亚硝酸钠的浓度；滴加料采用双重阀门控制，并严格控制加料速度，不能过快，以控制反应正常进行，避免温度升高、正常冷却能力不足、反应失控等。

② 严格防止亚硝酸钠接触各种可燃、易燃物和氧化性物质，以免发生火灾、爆炸；应选择使用耐蚀材料作为重氮化工艺设备、管道材质，并经常检查重氮化工艺设备、管道，防止因腐蚀造成穿孔泄漏，引起腐蚀性伤害和火灾等事故。

③ 设备应严格密封、避光；防泄漏，重氮盐不能洒落在地上、蒸汽管道上，如发生此情况，应迅速用湿布轻轻擦干移去；设备避免使用铁、铜、锌，不宜将重氮盐物料与这些金属接触。

④ 重氮盐极易分解，制备后尽快供下一工段使用。

⑤ 电器要整体防爆，整个车间注意泄压；备双路电源或应急电源，防止因停电造成搅拌停止和冷却不足引发事故。要特别注意与上工段加氢和下工段水解或还原一起防范。

⑥ 重氮化反应应实现自动控制，使重氮化反应釜内温度与亚硝酸钠流量、重氮化反应釜夹套冷却水进水阀、釜内搅拌速率形成自控联锁关系，当重氮化反应釜内各参数偏离工艺指标时，能自动报警、停止加料，甚至紧急停车。

2.4.10 偶氮化工艺

2.4.10.1 案例分析

2011年4月13日22时12分，黑龙江省大庆某化工厂非法生产偶氮二异丁腈进程中产生爆炸燃烧。现场作业人员总计14人，9人当场死亡。产生爆炸的厂房是一栋两层建筑，从现场的一片狼藉便可推断爆炸威力之大。所有门窗全部被炸毁，内部墙体焦黑，设施几近完全损毁。在厂房外地面，玻璃碎片、损毁的装备零件随处可见，还横着几只空置的蓝色原料桶，空气中弥漫着化学品气味和物体燃烧的焦糊味。

事故发生的直接原因是：偶氮二异丁腈生产车间大量甲醇气体挥发，甲醇气体含量在生产车间内达到爆炸极限，遇明火发生爆炸燃烧，温度的升高导致反应釜内大量偶氮二异丁腈发生分解。

事故发生的间接原因是：该企业无证生产，2005年取得安全生产许可证，2008年8月，安全生产许可证到期后，企业未提出延期申请，在安监部门已下达停产停业指令后仍然违规、非法生产；该厂的本质安全条件极差，厂房设计弊端多，工艺设计不完善，厂房布局不合理，设备管理及工艺管理混乱，现场无可燃气体报警装置，事故发生前期未采取有效措施。

2.4.10.2 偶氮化工艺危险特性

偶氮化反应是指芳香族重氮化合物与活泼芳香族化合物（酚类、芳香胺等）在弱碱性、中性或弱酸性溶液中作用，发生芳香环亲电取代反应，生成偶氮化合物。芳香族重氮化合物称为重氮剂。酚类和芳胺称为偶合组分，大多数为电子云密度较高的试剂，如苯酚、萘酚、苯胺及它们的衍生物等，偶合能力随着电子云密度的升高而增强，涉及偶氮化反应的工艺过程是偶氮化工艺。偶氮化合物作为一种重要的化合物中间体，被广泛地应用于有机染料、生物医药、食品添加剂、自由基诱发剂、液晶材料及非线性光学材料等许多领域。但是，原料芳香族重氮化合物的化学性质很活泼，很不稳定，见光、受热、摩擦或震荡等条件下，极易发生分解，生成高毒性的氮氧化物；部分偶氮化合物加热时容易分解，释放出氮气或氮氧化物，导致火灾、爆炸或中毒事故的发生。详细了解偶氮化工艺危险特性，为化工生产制定安全控制措施十分重要。偶氮化工艺危险特性总结如下：

① 主要原料芳香胺类、酚类化合物、肼类化合物及产品偶氮化合物毒性很大，且易燃易爆。芳香胺类、酚类化合物受热分解，肼类化合物还具有腐蚀性，遇氧化剂能自燃，可能引起爆炸、火灾等事故的发生。

② 在偶氮化生产过程中，若重氮剂的投料过快或过量，可能导致重氮剂大量累积，在受热条件下可能发生分解；若偶氮化过程中反应温度控制不好，如冷却不足或冷却失效、搅拌故障等原因造成体系温度过高会导致重氮剂分解，产生大量的氮氧化物气体；部分偶氮化合物稳定性差，受热、摩擦或撞击等作用下可能发生分解，释放出氮气或氮氧化物，导致火灾、爆炸及中毒事故的发生。

③ 特别提出的是偶氮化的前工段大多为重氮化，与偶氮化工段紧邻，使用的原料均为易燃易爆物，两单元之间相互影响，不容忽视。

在化工生产过程中，典型的偶氮化工艺列举如下：

① 脂肪族偶氮化合物合成：水合肼与丙酮氰醇反应，再经液氯氧化制备偶氮二异丁腈；次氯酸钠水溶液氧化氨基庚腈；甲基异丁基酮与水合肼缩合后与氰化氢反应，再经氯气氧化

制备偶氮二异庚腈；偶氮二甲酸二乙酯（DEAD）和偶氮二甲酸二异丙酯（DIAD）的制备。

② 芳香族偶氮化合物合成：由重氮化合物偶联反应制备偶氮化合物，如 4-二甲氨基偶氮苯的制备、5-甲基-2-羟基偶氮苯的制备等。

以某芳香胺 A 与重氮剂 B 经偶氮化反应，制备偶氮化合物 C 为例，对偶氮化反应的热危险性进行分析。

工艺过程简述：向反应釜中加入水、醋酸钠和物料 A，控制体系 pH 值为 5～7，反应温度为 0℃，滴加重氮剂 B，滴加时间为 2.0h，滴加完毕后保温 1.5h。物料 C 合成反应放热速率曲线如图 2-32 所示。

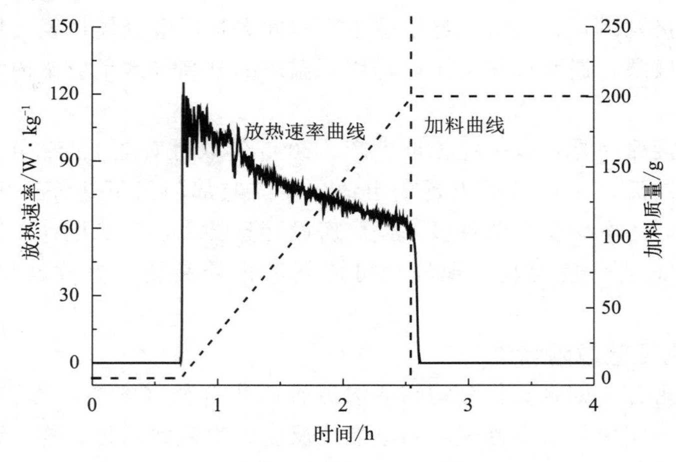

图 2-32 物料 C 合成放热速率曲线图

从图 2-32 中可以看出，滴加重氮剂 B 后，反应体系立即放热，并迅速到达最大放热速率 122.5W · kg^{-1}（以料液瞬时重量计），滴加过程反应放热速率逐渐下降；滴加结束后，反应放热速率迅速下降至 0W · kg^{-1}，保温过程反应基本无热量放出，说明该反应几乎不存在物料累积，反应速率快，且反应较为完全，该偶氮化反应过程近似为加料控制型反应。物料 C 合成过程表观反应热为－93.28kJ · mol^{-1}（以物料 A 物质的量计），反应绝热温升为 73.7K。

该偶氮化过程一旦发生热失控，立即停止加料，T_{cf}、X_{ac}、X、X_{fd} 曲线如图 2-33 所示。

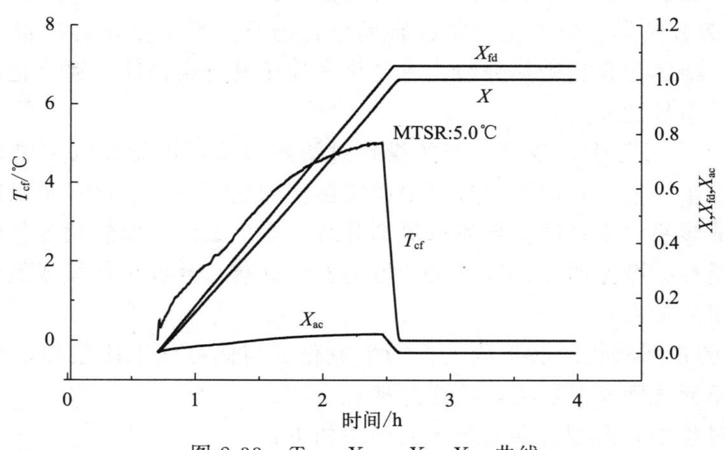

图 2-33 T_{cf}、X_{ac}、X、X_{fd} 曲线

X_{fd}—加料比例；X—热转化率；T_{cf}—反应任意时刻冷却失效后，反应体系所能达到的最高温度，℃；X_{ac}—热累积度

由图 2-33 的 T_{cf} 曲线可看出，在反应过程中，反应体系所能达到的最高温度 T_{cf} 随时间变化呈现先增大后减小的趋势。由热转化率 X 曲线可以看出，该反应几乎不存在物料热累积，滴加结束后，热转化率为 98.1%。按目前的工艺条件，即使在物料热累积最大时反应发生失控，立即停止加料，工艺反应能够达到的最高温度 MTSR 为 5.0℃。但是，当物料热累积为 100%时，工艺反应能够达到的最高温度 MTSR 为 5.0℃。

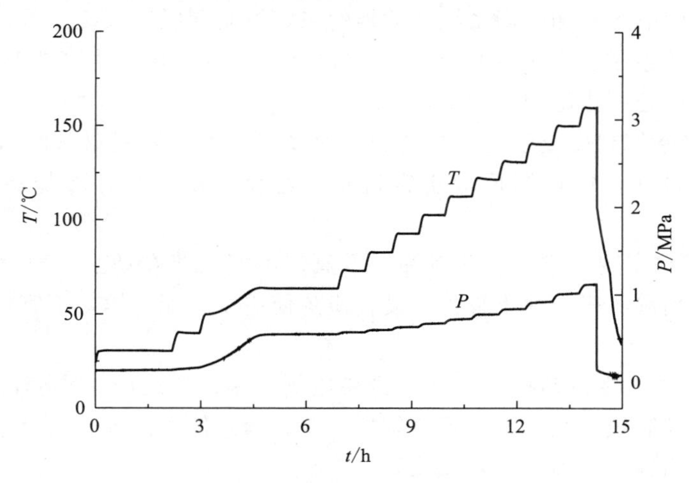

图 2-34　C 合成反应终点体系物料绝热量热时间-温度与压力曲线

取 C 合成反应终点体系物料进行安全性测试，结果见图 2-34，物料在 39.6℃时发生放气分解，在 50.0℃时发生放热分解，分解过程体系温度及压力迅速升高，放热量为 $120J \cdot g^{-1}$（以样品重量计），最大温升速率为 $0.3℃ \cdot min^{-1}$，最大压升速率为 $0.01MPa \cdot min^{-1}$。结合非绝热动态升温测试，进行分解动力学研究分析，获得分解动力学数据。C 合成反应终点体系物料自分解反应初期活化能为 $122kJ \cdot mol^{-1}$，中期活化能为 $86kJ \cdot mol^{-1}$；C 反应终点体系物料热分解最大反应速率到达时间为 8h 和 24h 对应的温度 T_{D8} 为 41℃、T_{D24} 为 34℃。

根据研究结果，C 合成过程反应安全风险评估结果如下：

① 偶氮化反应绝热温升 ΔT_{ad} 为 73.7K，失控反应严重度为“2 级”，一旦发生反应失控，工厂将会受到破坏。

② 在绝热条件下失控反应最大反应速率到达时间（TMR_{ad}）大于 24h，失控反应发生的可能性等级为“1 级”，为很少发生，一旦发生热失控，人为处置失控反应的时间较为充足，事故发生的概率较低。

③ 失控反应可接受程度为“Ⅰ级”，属于可接受风险，生产过程中按设计要求及规范要求采取控制措施。

④ 反应工艺危险度等级为“2 级”（T_p＜MTSR＜T_{D24}＜MTT），存在分解风险。MTSR 小于 MTT 和 T_{D24}，体系不会引发物料的二次分解反应，也不会导致反应物料剧烈沸腾而冲料。但是，由于 MTT 高于 T_{D24}，如果反应体系持续停留在失控状态，有可能引发二次分解反应，二次分解反应继续放热，最终使反应体系达到 MTT，有可能会引起冲料等危险事故。

2.4.10.3 重点监控工艺参数及安全措施

偶氮化工艺为放热工艺过程，苯芳香胺类、酚类化合物及产品偶氮化合物毒性很大，且易燃易爆，此外重氮剂、肼类化合物极不稳定，受热极易分解。该工艺的重点监控单元为偶氮化反应釜，工艺过程中的重点监控参数有：偶氮化反应釜内温度、压力、液位及pH值，重氮剂、肼类化合物流量和浓度，偶氮化反应釜内搅拌速率，冷却水流量，反应物配比及后续单元温度等。

针对偶氮化工艺本身的危险性特点，应急管理部对偶氮化工艺提出的安全控制基本要求为：设置反应釜温度的报警和联锁系统、搅拌的稳定控制和联锁系统、紧急冷却系统、紧急停车系统、安全泄放系统、有毒气体泄漏监控报警系统等。化工生产中涉及偶氮化工艺过程，部分细化的安全控制措施列举如下：

① 工艺上应严格控制反应温度、物料滴加速度；滴加料采用双重阀门控制，并严格控制加料速度，不能过快，以控制反应正常进行，避免温度升高、冷却能力不足、反应失控等。

② 设备上应严格密封、避光、防泄漏，重氮剂不能洒落在地上、蒸汽管道上，如发生此类情况，应迅速用湿布轻轻擦干移去；设备避免使用铁、铜、锌，不宜将重氮剂物料与这些金属接触。

③ 偶氮化反应应实现自动控制：反应物料比例控制；使反应釜夹套冷却水进水阀、釜内搅拌电机形成自控联锁关系；设置紧急切断系统，紧急停车系统，安全泄放系统；后续单元配置温度检测、惰性气体保护的联锁装置。

2.4.11 胺化工艺

2.4.11.1 案例分析

2017年7月2日4时30分，某化工公司对（邻）硝基苯胺车间7#反应釜投加原料操作结束。操作工甲打开蒸汽阀对7#反应釜进行加热，将反应釜内温度缓慢升温至160℃，此时反应釜内压力为4.6MPa，之后将蒸汽阀门关闭，让反应釜内物料进入自然反应阶段。上午11时，当班班长及车间主任发现7#反应釜温度为140℃，安排操作工乙对反应釜进行升温，并将反应温度控制在168～170℃，反应压力控制在5.2MPa以下。16时左右，操作工乙发现7#反应釜温度又降至150℃，于是再次进行升温操作，并开启搅拌。大约16时30分，7#反应釜第一台安全阀起跳（起跳压力为6.2～6.4MPa），车间主任立即带领当班班长及操作工丙到达现场，试图用冷却水冲淋反应釜壳体的办法进行紧急降温。17时左右，7#反应釜第一台安全阀第二次起跳，2分钟后第二台安全阀又接连起跳，4秒后发生爆炸，造成3人死亡、3人受伤，直接经济损失约2380万元。

事故调查和原因分析发现，事故发生的直接原因是该公司违法购买、安装和使用已报废且存在严重质量缺陷的反应釜，搅拌桨不能持续进行搅拌，导致反应釜内物料局部反应较为剧烈，速率难以控制，且该公司在生产过程中违规停用了控制压力、温度的安全联锁装置，致使反应釜温度、压力的异常升高不能得到及时有效控制，超过了工艺要求的安全控制范围，最终导致温度、压力异常升高而发生爆炸。

事故间接原因如下：

① 企业安全生产主体责任未落实，管理人员安全意识、法律意识淡薄，为节省成本，以物换物置换报废的反应釜，伪造相关资料，规避监督检验并投入使用。

② 企业对重点监管的危险化工工艺管控不到位，特种设备管理人员、操作人员无证操作。

③ 企业安全教育培训不到位，未按规定对特种设备作业人员进行三级安全教育和岗前培训，未有效开展特种设备规章制度和安全操作规程、危险因素、防范措施和事故应急措施等方面的安全生产教育和培训；车间操作人员安全意识淡薄，对事故隐患缺乏排查和治理能力。

2.4.11.2 胺化工艺危险特性

在有机化合物分子中引入—NH_2 以取代其他原子或基团的反应，称为胺化反应，如氨与卤代烷烃发生胺化反应可生成伯、仲、叔胺或季铵盐；氨与醇或酚反应可生成相应脂肪胺、芳香胺或稠环芳香胺。胺化反应中使用的氨化剂主要有气氨、液氨、浓氨水等。胺化工艺的危险性总结如下：

① 氨为高毒物质，接触限值为 $30mg \cdot m^{-3}$，氨气浓度过高可造成细胞组织溶解坏死，使眼部、皮肤灼伤，严重时甚至引起反射性呼吸停止。

② 胺化反应常在高温、高压的条件下进行，若安全防护失效，反应器容易发生超温、超压，甚至导致火灾、爆炸等事故。

③ 若胺化反应设备涉及的管道、阀门、泵、容器等发生泄漏，释放出氨气，可造成作业人员中毒、窒息等严重事故的发生，此外氨的爆炸极限为 15.7%～27.4%（体积分数），若泄漏后与空气生成混合气达到爆炸极限，遇静电或其他点火源可引起爆炸等事故。

④ 反应过程中通氨速度较快，若过程中搅拌停止，冷却系统冷却能力不足或失效，反应热不能被及时移出，导致反应釜内温度骤升，严重时甚至导致冲料、灼伤、中毒、燃爆等事故。

⑤ 在通氨过程中，氨气缓冲罐与氨化釜之间如不设置止逆阀，反应物料可能发生倒灌现象，在缓冲罐内发生化学反应，引发事故。

⑥ 被胺化有机物多为易燃物品或毒害品，胺化后产品亦有部分易燃，如低碳脂肪胺；有些尚具有相当的毒性，如某些芳香胺，易燃物料在冲洗过程或渗漏时遇点火源易发生燃爆；作业人员如接触有毒有害的胺类化合物可引起中毒等事故。

下面列举了一些在化工生产过程中，典型的胺化工艺：

邻硝基氯苯和氨水作用生产邻硝基苯胺；对硝基氯苯和氨水作用合成对硝基苯胺；间甲酚和氯化铵的混合物在催化剂存在下，与氨水反应生成间甲苯胺；1-硝基蒽醌和氨水在氯苯中合成 1-氨基蒽醌；2,6-蒽醌二磺酸胺化反应制备 2,6-二氨基蒽醌；苯乙烯和胺反应合成 *N*-取代苯乙胺；亚乙基亚胺或环氧乙烷与胺或氨反应，合成氨基乙醇或二胺；由甲苯经过氨氧化合成苯甲腈；丙烯经过氨氧化合成丙烯腈等。

以某取代吡啶 A 与某胺类物质 B 发生反应，制备某胺基取代物 C 为例，对胺化反应的热危险性进行分析。

工艺过程简述：向反应釜中加入物料胺类物质 B 及溶剂 *N*,*N*-二甲基甲酰胺，控制温度为 20～30℃，滴加 A，滴加时间为 4.0h，滴加完毕后保温 3.0h。物料 C 合成反应放热速率曲线如图 2-35 所示。

从图 2-35 中可以看出，滴加 A 后，反应立即放热，滴加过程反应放热速率不高，基本稳定在 $7.5W \cdot kg^{-1}$ 左右；滴加结束后，反应放热速率迅速下降，保温过程反应有少量热量放出。物料 C 合成过程表观反应热为 $-60.4kJ \cdot mol^{-1}$（以物料 A 物质的量计），反应本身绝热温升为 39.0K，当物料热累积为 100%时，工艺反应能够达到的最高温度 MTSR 为 69.0℃。

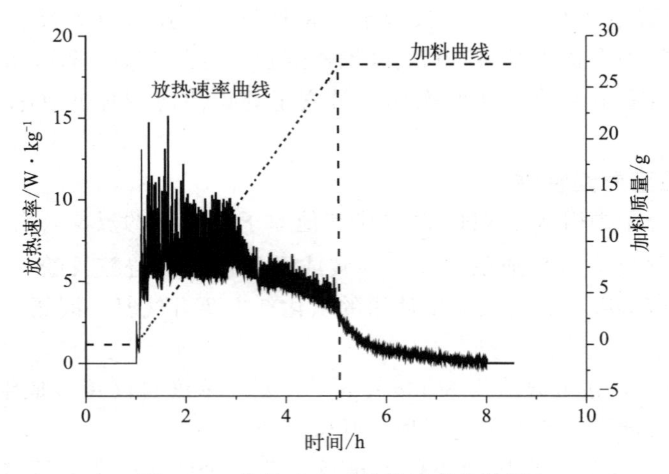

图 2-35　物料 C 合成放热速率曲线图

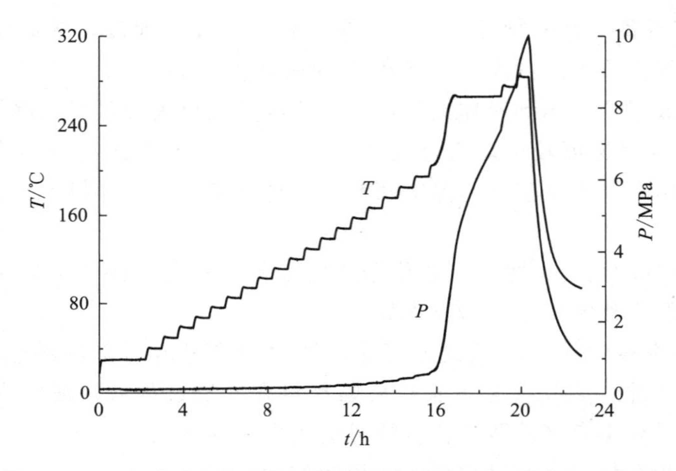

图 2-36　C 合成反应终点体系物料绝热量热时间-温度与压力曲线

取 C 合成反应终点体系物料进行安全性测试，结果见图 2-36，物料在 166.6℃时发生放气分解，在 205.3℃时发生放热分解，分解过程体系温度及压力迅速升高，放热量为 260J·g^{-1}（以样品重量计），最大温升速率为 2.6℃·min^{-1}，最大压升速率为 0.1MPa·min^{-1}。结合非绝热动态升温测试，进行分解动力学研究分析，获得分解动力学数据。C 合成反应终点体系物料自分解反应初期活化能为 40kJ·mol^{-1}，中期活化能为 137kJ·mol^{-1}；C 合成反应终点体系物料热分解最大反应速率到达时间为 8h 和 24h 对应的温度 T_{D8} 为 141℃、T_{D24} 为 124℃。

根据研究结果，C 合成过程反应安全风险评估结果如下：

① 胺化反应绝热温升 ΔT_{ad} 为 39.0K，失控反应严重度为"1 级"，在没有气体导致压力增长带来的危险时，将会造成单批次的物料损失。

② 在绝热条件下失控反应最大反应速率到达时间（TMR_{ad}）大于 24h，失控反应发生的可能性等级为"1 级"，为很少发生，一旦发生热失控，人为处置失控反应的时间较为充足，事故发生的概率较低。

③ 失控反应可接受程度为"Ⅰ级"，属于可接受风险，生产过程中按设计要求及规范要

求采取控制措施。

④ 反应工艺危险度等级为“1 级”（T_p＜MTSR＜MTT＜T_{D24}），反应危险性较低。MTSR 小于 MTT 和 T_{D24} 时，体系不会引发物料的二次分解反应，也不会导致反应物料剧烈沸腾而冲料。但是，仍需要避免反应物料长时间受热，以免达到 MTT。对于反应工艺危险度为“1 级”的工艺过程，应配置常规的自动控制系统（分布式控制系统或可编程逻辑控制器），对主要反应参数进行集中监控及自动调节。

2.4.11.3 重点监控工艺参数及安全措施

胺化工艺过程中需要重点监控的工艺参数有：胺化反应釜内压力、温度；釜内搅拌速率；反应物配料比；物料流量；气相氧含量等。国家应急管理部对胺化工艺安全控制的基本要求为：设置反应釜温度、压力的报警和联锁系统、加料比例控制和联锁系统、紧急送入惰性气体的系统、气相氧含量监控联锁系统、紧急冷却系统、紧急停车系统、安全泄放系统、可燃和有毒气体检测报警装置等。胺化工艺适合采用的控制方法有：确保体系安全设施的配置齐全、完好，从根本上提高本质安全装备设施水平；将胺化反应釜内温度、压力与物料流量、釜内搅拌、反应釜夹套冷却水控制阀设置联锁关系，设置紧急停车系统；配置安全设施如爆破片、安全阀、单向阀和紧急切断装置等。

化工生产中涉及胺化工艺过程，部分细化的安全控制措施列举如下：

① 胺化反应为较高危险度的化工反应单元，在工艺过程中，生产装置宜采取自动控制，特别是高温、高压条件下的胺化过程更应采用 DCS 控制，避免人员直接现场操作，根本上提升装置安全度。

② 生产作业场所需保持通风良好，配备可靠的安全泄压设施，相应的事故应急救援器材、药品及防护用品。

③ 在使用液氨钢瓶时，操作过程中需保证钢瓶内压力大于使用侧压力，钢瓶与反应器之间应设置止逆阀和足够容积的缓冲罐，防止物料倒灌；管道系统必须完好，保证连接紧密无泄漏。

④ 液氨钢瓶严禁露天存放，不得曝晒，更不得与可燃、易燃物料混放。

⑤ 应在氨存在的作业场所安装浓度监测报警装置。

⑥ 胺化反应体系必须设置应急电源并保证冷却系统正常运转。

⑦ 胺化反应需保持设备、管道完好，并加强防腐，避免跑冒滴漏，特别是氨气吸收装置和尾气排空系统均需保证良好运行，并及时维护和保养。

⑧ 将胺化反应釜内温度、压力与釜内搅拌、物料流量、胺化反应釜夹套冷却水进水阀设置联锁关系，并设置紧急停车系统。

⑨ 配备全套安全设施，如爆破片、安全阀、单向阀及紧急切断装置等。

2.4.12 聚合工艺

2.4.12.1 案例分析

2021 年 10 月 26 日，山东省淄博市某化工企业 MBS（甲基丙烯酸甲酯-丁二烯-苯乙烯三元共聚物）生产装置发生爆炸事故，造成 1 人受伤，厂内装置设施严重损毁，周边企业的部分厂房、门窗及车辆受损。25 日，刘某班组在种子制备釜 R1001A 进行投料操作，先后投入软水、苯乙烯、丁二烯以及其他辅助反应原料。20 时，殷某班组接班开始升温。26 日 1 时，R1001A 内物料开始反应，由于脱气系统阀门在反应期间一直处于打开的状态，常压设备V1030B承受着0.7MPa的压力。10月26日4时41分，V1030B上部视镜发生破裂，种子制备釜中的物料（以未反应完的丁二烯为主）从该视镜破口处向外喷出。5时10分，殷某和车间技术员白某佩戴防毒面具返回生产厂房，打开了种子制备釜R1001A和附聚釜之间卸料管线连接阀门，通过控制室远程操作将R1001A中剩余物料倒入R1003A，泄漏出厂房的大量丁二烯气体根据风向逐渐向厂区北部扩散，积聚在围墙外洼地处。5时31分，厂区西北角门卫室首先发生爆炸，在极短的时间内，北墙外西北及北侧洼地处积聚的爆炸性混合气体相继发生爆炸。

经过事故调查与原因分析，发现本次事故发生的直接原因是企业在生产MBS过程中，因聚合釜（压力容器）上部联通的气液分离器（非压力容器）的气相连接阀门未关闭，导致气液分离器的视镜承压破损，聚合釜内的气液混合物（主要成分为丁二烯、苯乙烯、丁苯胶乳）通过气液分离器大量泄漏，丁二烯、苯乙烯与空气形成爆炸性混合气体，遇点火源发生爆炸。

引起本次事故的间接原因主要有以下几个方面。

① 公司安全生产主体责任不落实 在未经正规设计和安全论证的情况下，擅自在试生产装置上增加设备、改变流程，为事故的发生埋下隐患。

② 公司变更管理制度形同虚设 增加设备、改变流程后，公司没有将变更后的工艺编入操作规程，没有对员工进行针对性的教育培训，致使操作人员在无规程指导的情况下盲目操作，操作失误的概率大大增加。

2.4.12.2 聚合工艺危险特性

聚合反应是一种或几种小分子化合物生成大分子化合物（也称为高分子化合物或聚合物）的反应。直观上的理解为具有双键或羟基、氨基、羧基、环氧基等有机官能团的单体生成高分子聚合物的反应。聚合工艺广泛应用于制备各种高分子材料（如塑料、树脂、橡胶、涂料、黏合剂、纺织印染助剂等）领域。详细了解聚合工艺的危险特性，对制定聚合工艺的安全控制措施，保障安全生产十分重要，现将聚合工艺的危险及有害性总结如下：

① 本体聚合是在没有其他介质参与的情况下，使用浸于冷却剂中的管式聚合釜（或在反应釜中设盘管、列管进行冷却）进行聚合的一种方法，如甲醛的聚合反应等。本体聚合的主要危险性来自于聚合热不易传导散出，倘若这些热不能及时移出，待上升到一定温度时，有发生暴聚的危险。

② 悬浮聚合是在机械搅拌的作用下使用分散剂将不溶的液态单体和溶于单体中的引发剂分散于水中，悬浮成珠状物而进行的聚合反应，如苯乙烯、氯乙烯、甲基丙烯酸乙酯的聚合等。这种聚合方法在工艺条件控制不好时，极易发生溢料，可能导致未聚合的单体、引发剂遇到火源而引发着火、爆炸事故。

③ 溶液聚合是选择一种溶剂与单体溶成均相体系，通过加入强氧化剂或引发剂发生聚合反应的一种聚合方法。溶液聚合适用于制造低分子量的聚合体，该聚合体溶液可以直接用作涂料，如氯乙烯在甲醇中的聚合，醋酸乙烯在醋酸乙酯中的聚合；溶液聚合一般在溶剂的回流温度下进行反应，反应温度可以得到有效的控制，同时可借助溶剂的蒸发来移除反应热，这种聚合方法的主要危险来自于聚合和分离过程，易燃溶剂容易挥发和产生静电火花。

④ 乳液聚合是通过机械搅拌或超声波振动，使用乳化剂把不溶于水的液态单体在水中分散成乳液进而进行聚合的反应，如氯乙烯、氯丁二烯的聚合，丁二烯与苯乙烯的聚合等。乳液聚合常用无机过氧化物作为引发剂，聚合反应速度较快，若过氧化物在水中的配比控制

出现问题，将导致反应温度升高太快而发生冲料。

⑤ 缩合聚合是指具有两个或两个以上官能团的单体反应生成聚合物，同时有小分子副产物产生的聚合反应，如己二酸、甘油以及苯二甲酸酐发生缩合聚合生产聚酯，精双酚 A 与碳酸二苯酯生产聚碳酸酯等；缩合聚合由于有小分子副产物生成，反应温度过高，会导致系统的压力增加，甚至导致爆裂，泄漏出易燃易爆的单体与溶剂等。

⑥ 聚合反应使用的单体大多是易燃易爆和有毒有害物质，如甲醛、乙烯、丙烯、苯乙烯、丙烯腈、环氧乙烷、环氧丙烷、异氰酸酯等；而单体一旦泄漏可引发火灾、爆炸。

⑦ 聚合反应的引发剂有的为有机过氧化物，其化学性质活泼，对热、摩擦和震动极为敏感，易燃易爆并极易分解。

⑧ 聚合反应放出的热量如不能及时移出，如搅拌发生故障、停水、停电、聚合物黏壁而造成局部过热等，均可导致反应器温度迅速增加，发生爆炸事故。

⑨ 聚合反应多在高压下进行，又多为放热反应，反应条件控制不当就会导致暴聚发生，使反应器内压力骤增而发生爆炸；在使用过氧化物作为引发剂时，物料配比控制不当也会产生暴聚；高压下的乙烯聚合、丁二烯聚合、氯乙烯聚合具有极大的危险性。

以某卤代烯烃的聚合反应为例，对聚合反应的热危险性进行分析。

工艺过程简述：向反应釜中加入水和助剂，氮气置换后，通入卤代烯烃至压力为 2.2MPa，升温至 65℃，加入引发剂溶液，开始反应，当体系压力下降至一定压力后，加入阻聚剂终止反应。该聚合反应的放热速率曲线如图 2-37 所示。

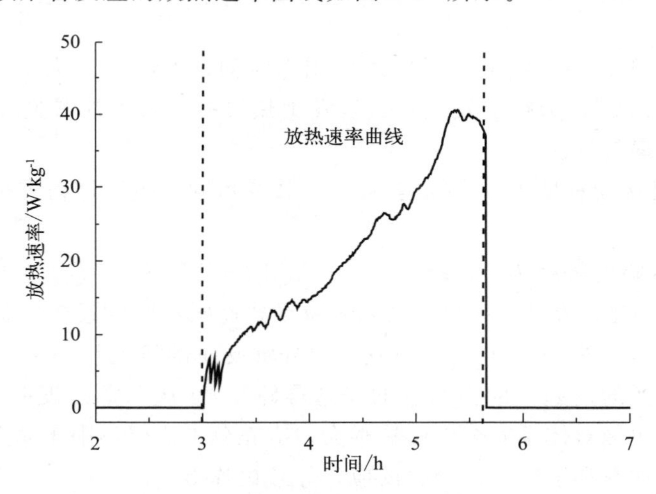

图 2-37　聚合反应放热速率曲线图

从图 2-37 中可以看出，滴加引发剂后，反应立即放热，反应过程放热速率以 16.2W · kg^{-1} · h^{-1} 的速度逐渐增大，2.3h 达到最大放热速率 40.6W · kg^{-1}，之后反应仍持续放热，但反应放热速率呈逐渐下降趋势。保温反应 2.5h 后，加入阻聚剂，反应立即停止放热。该聚合反应过程表观反应热为−53.81kJ · mol^{-1}（以卤代烯烃物质的量计），反应本身绝热温升为 64.8K。该聚合反应为间歇工艺，一旦发生热失控，工艺反应能够达到的最高温度 MTSR 为 129.8℃。

对聚合反应终点体系物料进行安全性测试，结果见图 2-38，物料在 169.5℃时发生放气分解，在 200.8℃时发生放热分解，分解过程体系温度及压力迅速升高，放热量为 740J · g^{-1}（以样品重量计），最大温升速率为 4.8℃ · min^{-1}，最大压升速率为 0.3MPa · min^{-1}。结合

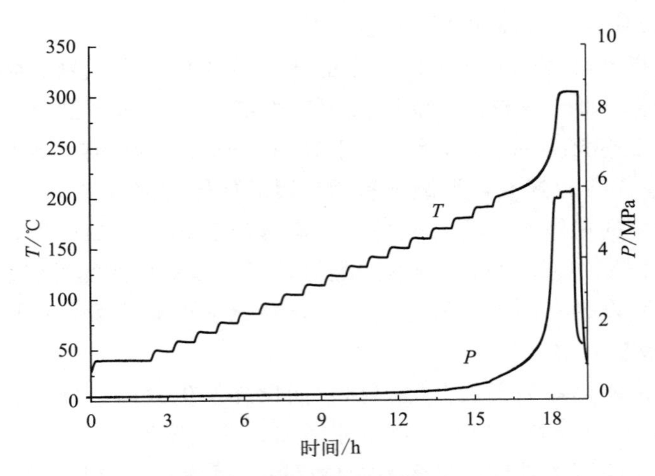

图 2-38　B合成反应终点体系物料绝热量热时间-温度与压力曲线

非绝热动态升温测试，进行分解动力学研究分析，获得分解动力学数据。聚合反应终点体系物料自分解反应初期活化能为 108kJ·mol^{-1}，中期活化能为 90kJ·mol^{-1}；聚合反应终点体系物料热分解最大反应速率到达时间为 8h 对应的温度 T_{D8} 为 170℃、T_{D24} 为 153℃。

根据研究结果，聚合过程反应安全风险评估结果如下：

① 聚合反应绝热温升 ΔT_{ad} 为 64.8K，失控反应严重度为“2 级”，一旦发生反应失控，工厂将会受到破坏。

② 在绝热条件下失控反应最大反应速率到达时间（TMR_{ad}）大于 24h，失控反应发生的可能性等级为“1 级”，为很少发生，一旦发生热失控，人为处置失控反应的时间较为充足，事故发生的概率较低。

③ 失控反应可接受程度为“Ⅰ级”，属于可接受风险，生产过程中按设计要求及规范要求采取控制措施。

④ 反应工艺危险度等级为“3 级”（T_p＜MTT＜MTSR＜T_{D24}），存在冲料和分解风险。MTSR 大于 MTT，容易引起反应料液沸腾导致冲料危险的发生，甚至导致体系瞬间压力的升高，但是，MTSR 小于 T_{D24}，引发二次分解反应的可能性不大，体系物料的蒸发冷却也可以作为热交换的措施，成为系统的安全屏障。“3 级”危险度时，反应体系在 MTT 时的反应放热速率快慢对体系安全性影响很大，应充分考虑但不限于紧急减压、紧急冷却风险控制措施，避免冲料和引发二次分解反应，导致爆炸事故。

2.4.12.3　重点监控工艺参数及安全措施

聚合工艺的重点监控单元为聚合反应釜的温度、压力、搅拌速率、料仓静电、引发剂流量、冷却水流量、可燃气体监控等。应急管理部对聚合工艺安全控制的基本要求为：设置反应釜温度、压力的报警和联锁系统，紧急冷却系统，搅拌的稳定控制和联锁系统，紧急切断系统，紧急加入反应终止剂系统，料仓静电消除、可燃气体置换系统，可燃、有毒气体检测报警装置；高压聚合反应釜要设有防爆墙和泄爆面等。

化工生产中涉及聚合工艺过程，部分细化的安全控制措施列举如下：

① 反应器的搅拌与温度应有控制和联锁装置，设有反应抑制剂添加系统，出现异常情况可自动启动抑制剂添加系统，自动停车；高压反应系统应设置爆破片、导爆管等；要有良好的静电移出系统。

② 严格控制工艺条件，保证设备正常运转，确保冷却效果，防止暴聚；搅拌装置应可靠，冷却介质要充足，还应采取避免黏壁的措施。

③ 设置可燃气体检测报警系统，以便及时发现泄漏，采取对策。

④ 控制好过氧化物引发剂的配比，避免冲料。

⑤ 应特别重视所用溶剂的毒性及燃爆性，加强对引发剂的管理。电气设备要采取防爆措施，消除各种火源。必要时，可对聚合装置采取一定的隔离措施。

⑥ 氯乙烯聚合反应所用的原料除单体氯乙烯外，还有分散剂（明胶、聚乙烯醇）与引发剂（偶氮二异庚腈、过氧化二甲苯酰）。主要的安全措施有：采取有效措施及时移除反应热；必须要有可靠的搅拌装置；采取加水相阻聚剂或单体水相溶解抑制剂以减少聚合物的黏壁作用，减少人工清釜的频次，减小聚合操作岗位的毒物危害；聚合釜的温度要采用自动控制。

⑦ 聚合生产系统应配有纯度在 99.5%以上的氮气保护系统，在危险发生时可立即向设备充入氮气加以保护。

⑧ 反应系统应设置双回路电源或应急电源。

2.4.13 烷基化工艺

2.4.13.1 案例分析

2023 年 1 月 15 日，盘锦某化工有限公司在烷基化装置水洗罐入口管道带压密封作业过程中发生爆炸着火事故，造成 13 人死亡、35 人受伤，直接经济损失约 8799 万元。1 月 11 日，该企业发现事故管道弯头夹具边缘处泄漏，化工设备部组织进行维保，并于 11、12、14 日三次组织堵漏，均未成功。15 日 13 时左右，该公司再次开始组织实施带压密封作业。现场采用两台吊车分别各吊一个吊篮，每个吊篮里安排两名堵漏作业人员，由吊车吊至泄漏点旁，吊车用非防爆对讲机指挥。13 时 24 分，在新夹具两侧各安装紧固 1 套螺栓时，原夹具水平端的管道焊缝处突然断裂，大量介质从断口喷出，现场监护人员立即向外疏散并安排烷基化装置内操人员紧急停车，随后烷基化装置区发生爆炸并着火。

事故调查和原因分析发现，该事故发生的直接原因是事故管道发生泄漏，在带压密封作业过程中发生断裂，水洗罐内反应流出物大量喷出，与空气混合形成爆炸性蒸气云团，遇点火源爆炸并着火，造成现场作业、监护及爆炸冲击波波及范围内重大人员伤亡。

事故间接原因包括：建设单位未经设计变更擅自决定将事故管道用 20 钢代替 316 不锈钢；带压密封作业没有按照规范要求制定施工方案和应急措施、开展现场勘测和办理作业审批；企业特种设备日常管理严重缺位等。

2.4.13.2 烷基化工艺危险特性

将烷基引入有机化合物分子中，并取代碳、氮、氧等原子上氢原子的一类反应被称作烷基化反应。涉及烷基化反应的工艺过程称为烷基化工艺，可分为 *C*-烷基化反应、*N*-烷基化反应、*O*-烷基化反应等。烷基化工艺具有以下危险性：

① 被烷基化的物质大都具有易燃易爆的性质，如苯是甲类液体，闪点－11℃，爆炸极限 1.5%～9.5%；苯胺是丙类液体，闪点 71℃，爆炸极限 1.3%～4.2%。

② 烷基化物料一般比被烷基化物料的燃爆危险性大，如丙烯是易燃气体，爆炸极限 2%～11%；甲醇是甲类液体，爆炸极限 6%～36.5%；十二烯是乙类液体，闪点 35℃，自燃温度 220℃。

③ 烷基化过程应用的催化剂具有很高的反应活性且不稳定。如三氯化铝是腐蚀性强的忌湿物质，遇水或水蒸气放热分解，同时放出氯化氢气体，若接触可燃物，易着火、爆炸；三氯化磷是腐蚀性忌湿液体，遇水或乙醇则剧烈分解，放出大量的热和氯化氢气体，具有极强的刺激性和腐蚀性，有毒，遇酸（主要是硝酸、乙酸）放热、冒烟，严重时会引发起火、爆炸。

④ 烷基化反应需在加热条件下进行，若原料、催化剂、烷基化试剂等物料的加料顺序错误、加料速度过快或搅拌突然停止，将会引发剧烈的反应，引起冲料，甚至造成着火或爆炸事故。

⑤ 烷基化反应产品具有一定的火灾风险，如异丙苯是乙类液体，闪点 35.5℃，自燃点 434℃，爆炸极限 0.68%～4.2%；烷基苯是丙类液体，闪点 127℃；二甲基苯胺是丙类液体，闪点 61℃，自燃点 371℃。

化工生产过程中，典型的烷基化工艺列举如下：

① *C*-烷基化反应：应用乙烯、丙烯及长链 α-烯烃作为烷基化试剂，制备乙苯、异丙苯和高级烷基苯；用脂肪醛和芳烃衍生物制备对称的二芳基甲烷衍生物；苯酚与丙酮在酸催化下制备 2,2-对（对羟基苯基）丙烷（双酚 A）；苯系物与氯代高级烷烃在催化剂作用下制备高级烷基苯；乙烯与苯发生烷基化反应生产乙苯等。

② *N*-烷基化反应：苯胺和甲醚烷基化生产苯甲胺；苯胺和甲醇制备 *N*,*N*-二甲基苯胺；苯胺与氯乙酸生产苯基氨基乙酸；氨或脂肪胺和环氧乙烷制备乙醇胺类化合物；对甲苯胺与硫酸二甲酯制备 *N*,*N*-二甲基对甲苯胺；苯胺和氯乙烷制备 *N*,*N*-二烷基芳胺；环氧乙烷与苯胺制备 *N*-（β-羟乙基）苯胺；苯胺与丙烯腈反应制备 *N*-（β-氰乙基）苯胺等。

③ *O*-烷基化反应：硫酸二甲酯与苯酚制备苯甲醚；对苯二酚、氢氧化钠水溶液和氯甲烷制备对苯二甲醚；高级脂肪醇或烷基酚与环氧乙烷加成生成聚醚类产物等。

以某取代化合物 A 经甲基化反应制备甲基取代物 B 为例，对甲基化反应的热危险性进行分析。

工艺过程简述：向反应釜中加入溶剂苯、物料 A、催化剂、硫酸二甲酯，回流状态下（约 78℃）滴加 45%的液碱，滴加时间为 25min，滴加完毕后保温 1.0h。物料 B 合成反应放热速率曲线如图 2-39 所示。

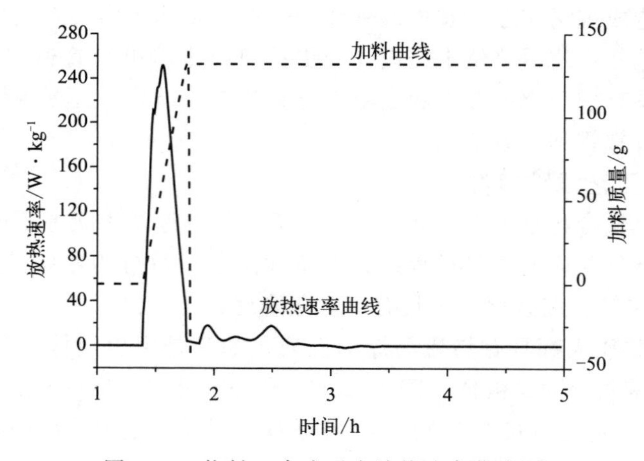

图 2-39　物料 B 合成反应放热速率曲线图

从图 2-39 中可以看出，滴加液碱后，反应立即放热，滴加过程反应放热速率较高，滴加约 10min 后，反应放热速率到达瞬时最大值，为 251.8W · kg^{-1}（以料液瞬时重量计）左右，之后放热速率迅速下降。滴加过程平均放热速率为 140.7W · kg^{-1}（以加料完毕后体系总料液重量计）。保温过程反应有较少热量放出，说明该反应几乎不存在物料累积，反应速率快，且反应较为完全，反应过程可近似为加料控制型反应。物料 B 合成过程表观反应热为－143.61kJ · mol^{-1}（以物料 A 物质的量计），反应本身绝热温升为 101.6K。当物料热累积为 100%时，体系能够达到的最高温度 MTSR 为 179.6℃。

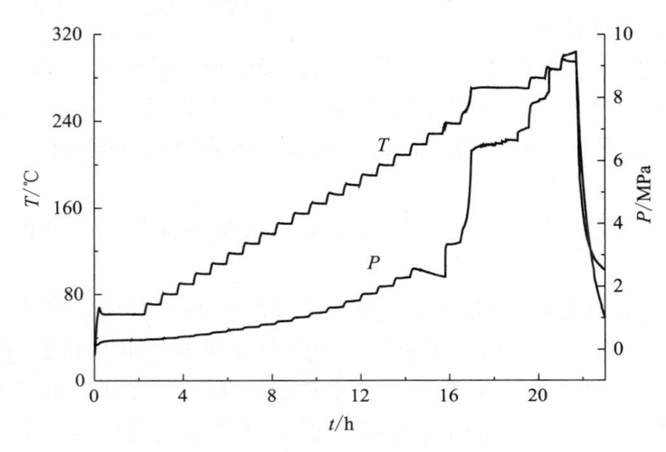

图 2-40　B 合成反应后料液绝热量热时间-温度-压力曲线

取 B 合成反应后料液进行安全性测试，结果见图 2-40，B 合成反应后料液在 238.0℃时发生放气分解，在 247.7℃时发生放热分解，分解过程体系温度及压力迅速升高，放热量为 140J · g^{-1}(以样品重量计)，最大温升速率为 3.6℃ · min^{-1}，最大压升速率为 0.4MPa · min^{-1}。结合非绝热动态升温测试，进行分解动力学研究分析，获得分解动力学数据。B 合成反应后料液自分解反应初期活化能为 418kJ · mol^{-1}，中期活化能为 63kJ · mol^{-1}；B 合成反应后料液热分解最大反应速率到达时间为 8h 和 24h 对应的温度 T_{D8} 为 244.5℃、T_{D24} 为 237.7℃。

① 根据研究结果，烷基化反应绝热温升 ΔT_{ad} 为 101.6K，失控反应严重度为“2 级”，一旦发生失控，将使工厂受到破坏。

② 绝热条件下，失控反应最大反应速率到达时间（TMR_{ad}）大于 24h，失控反应发生的可能性等级为“1 级”，为很少发生，一旦发生热失控，人为处置失控反应的时间较为充足，事故发生的概率较低。

③ 风险矩阵评估的结果：风险等级为“Ⅰ级”，属于可接受风险。生产过程中需采取常规的控制措施，并适当提高安全管理和装备水平。

④ 反应工艺危险度等级为“3 级”（T_p＝MTT＜MTSR＜T_{D24}），存在冲料和分解风险。MTSR 大于 MTT，容易引起反应物料沸腾导致冲料危险的发生，甚至导致体系瞬间压力的升高，但是，MTSR 小于 T_{D24}，引发二次分解反应的可能性不大，体系物料的蒸发冷却也可以作为热交换的措施，成为系统的安全屏障。“3 级”危险度时，反应体系在 MTT 时的反应放热速率快慢对体系安全性影响很大，应充分考虑但不限于紧急减压、紧急冷却风险控制措施，避免冲料和引发二次分解反应导致爆炸事故。

2.4.13.3 重点监控工艺参数及安全措施

烷基化工艺过程中需重点监控的工艺参数有：烷基化反应釜内温度和压力；釜内搅拌速率；反应物料的配比及流量等。应急管理部对烷基化工艺的安全控制基本要求为：设置进料口紧急切断系统、紧急冷却系统、安全泄放系统、可燃及有毒气体检测报警装置等。烷基化工艺的控制系统宜采用的控制措施包括：使烷基化反应釜内温度和压力与釜内搅拌、烷基化物料流量、烷基化反应釜夹套冷却水进水阀形成联锁关系，当烷基化反应釜内温度超标或搅拌系统发生故障时自动停止加料并紧急停车；设置安全设施，包括安全阀、爆破片、紧急放空阀、单向阀及紧急切断装置等。

化工生产中涉及烷基化工艺过程，部分细化的安全控制措施列举如下：

① 车间厂房的设计需符合国家爆炸危险场所相关安全规定。车间内需保持良好通风，严格控制各种点火源，电气设备要防爆，易燃易爆设备需安装可燃气体监测报警仪，同时设置完善的消防设施。

② 反应物具有自燃危险性，应注意管道运输，以及系统开停车过程中的升温速率和升压速率。

③ 烷基化催化剂亦具有自燃危险性，遇水或醇时会剧烈反应，放出大量热量和腐蚀性气体，易引起火灾甚至爆炸；操作过程中需特别注意催化剂的填装和定期更换。

④ 烷基化反应需在加热条件下进行，若原料、催化剂、烷基化剂等加料次序错误，加料速度过快或搅拌突然停止等，易引起局部剧烈反应，造成跑料，甚至引起火灾或爆炸事故，应特别注意控制反应速度。

⑤ 反应过程中需严格控制烷基化反应釜内温度、压力、搅拌速率、反应物料的配比和流速流量等。

⑥ 体系应配备加料紧急切断系统、安全泄放系统、紧急冷却系统、可燃和有毒气体检测报警装置等。

⑦ 使烷基化反应釜内温度和压力与釜内搅拌、烷基化物料流量、烷基化反应釜冷却水阀形成联锁关系，当系统检测到任一参数超标时，自动停止加料并紧急停车。

⑧ 配置完善的安全设施，包括爆破片、安全阀、紧急放空阀、单向阀及紧急切断装置等。

⑨ 应对装置进行定期检查，并注意低压系统压力变化，以避免高压气体蹿入低压系统引起物理爆炸；若因不明原因发现低压系统压力突然升高，应作紧急停车处理。

⑩ 要经常检查各设备内件的运转、密封、润滑等情况，若出现撞击、震动、泄漏等异常情况，应及时停车处理，避免引发着火和爆炸等二次事故。

⑪ 操作人员需认真学习消防安全知识和安全生产知识，切实做到“三懂”“三会”。“三懂”是指懂得岗位火灾危险性，懂得预防火灾的措施，懂得扑救方法；“三会”是指会报警，会使用灭火器材，会处置险肇事故。

2.4.14 裂解（裂化）工艺

2.4.14.1 案例分析

2022 年 3 月 30 日 13 时 37 分许，某石油化工公司化工分部 2# 裂解装置 3 号炉发生安全事故，事故未造成人员伤亡，直接经济损失约 62 万元。30 日 10 时 15 分，白班中控主操赵某汇报调度，开始投料石脑油。当班内操赵某、车某进行 DCS，裂解班长陈某、副班长何某，外操李某在现场调整。11 时 40 分，裂解炉 HB-103 投料完成，运行正常。13 时 17 分，HB-103 炉第六组急冷器压力由 0.06MPa 开始缓慢上涨，13 时 28 分上涨至 0.13MPa，同时稀释蒸汽流量略有下降，稀释蒸汽调节阀开度由 38.1%开始变大；13 时 30 分急冷器入口压力达到压力表上限 0.21MPa，稀释蒸汽流量继续下降，稀释蒸汽流量调节阀开度升高至 40.7%且继续增大，石脑油进料量上升。13 时 33 分，主操赵某发现第六组稀释蒸汽流量由 4.5$t \cdot h^{-1}$ 快速降为零，稀释蒸汽调节阀开度增加至 100%，急冷器入口压力已超过压力表上限 0.21MPa。主操赵某马上汇报工艺员常某、工艺主任唐某，2 人收到通知后赶赴中控室，同时主操赵某通知陈某、何某、李某到现场进行检查。13 时 37 分，班长陈某发现 HB-103 裂解炉第六组急冷器位置现场出现爆炸燃烧情况，马上通知主操赵某，赵某汇报调度并启动应急预案。

经过事故调查和原因分析发现，事故发生的直接原因是 HB-103 裂解炉裂解气急冷器存在结焦，开工后在原有结焦位置继续扩大结焦面积，导致裂解气压力上升，2＃裂解炉第六组稀释蒸汽受裂解气压力升高影响，稀释蒸汽压力开始自动增压，至 100%后稀释蒸汽压力下降明显，2min 后稀释蒸汽压力开始急剧下降至零，导致 EB-103F 急冷器内换热管内孔急剧结焦，全部堵塞，从而导致急冷器进料管道内压力急剧上升，超过管道设计压力 0.35MPa 后（正常工作压力 0.07MPa），急冷器进料管道入口处大小头管壁受压力影响呈撕裂状态，裂解后泄漏出来的乙烯、丙烯、乙烷、丙烷等混合蒸气与空气混合形成爆炸性混合物，遇裂解炉出口急冷器入口 800℃以上高温（裂解炉出口温度为 842～862℃）热能引起爆炸燃烧。

事故发生的间接原因是化工分部裂解车间从业人员未严格执行本单位的《2＃裂解装置裂解炉事故应急预案》等安全管理规定，在设备设施工况和参数出现异常状况后，应急处置工作不规范，应急处置不力。

2.4.14.2 裂解（裂化）工艺危险特性

裂解又称裂化，是指有机化合物受热分解和缩合生成分子量不同的产品的过程，如在高温条件下，石油系的烃类原料发生脱氢或碳链断裂反应，生成烯烃及其他产物。产品主要以乙烯、丙烯为主，同时产生副产物，如丁烯、丁二烯等烯烃，裂解汽油、柴油、燃料油等产品。一般烃类原料在裂解炉内进行高温裂解，产出为氢气、芳烃类、低/高碳烃类以及馏分在 288℃以上的裂解气混合物，经过急冷、激冷、压缩、分馏、干燥及加氢等方法，分离出目标产物及副产物。而裂解过程中，同时往往伴随缩合、脱氢和环化等反应。一般反应比较复杂，通常反应分成两个阶段。第一阶段，原料生成的目的产物为乙烯、丙烯，这种反应一般称为一次反应。在第二阶段，由一次反应生成物继续反应转化为炔烃、二烯烃、芳烃等，最终甚至转化为氢气和焦炭，这种反应一般称为二次反应。裂解后的产物往往是混合物。温度和反应的持续时间是影响裂解的主要基本因素。在化工生产中一般用热裂解的方法生产小分子烯烃、炔烃和芳香烃，如乙烯、乙炔、丁二烯、苯等。裂解工艺的危险性特点如下：

① 在高温、高压下进行的反应，反应装置内的物料温度大多超过其自身燃点，如果泄漏很可能引起火灾。

② 炉管内壁会生成结焦，这会使流体的阻力增加，从而影响传热，当焦层不断积累，达到一定厚度时，会导致炉管壁温度过高，从而使设备不能继续运行，必须对设备进行清焦，不然会烧穿炉管，裂解气外泄，可能引起裂解炉的爆炸。

③ 如果引风机发生故障突然停转，这时炉膛内很快变成正压，火焰会从窥视孔或烧嘴等处向外喷出，严重时甚至会导致炉膛爆炸。

④ 如果燃料系统出现问题，比如燃料气压力过低，有可能造成裂解炉烧嘴回火，会烧坏烧嘴，甚至会引起爆炸。

⑤ 部分裂解后的产物单体会自聚或爆炸，这时需要向生成的单体中加入稀释剂或阻聚剂等。

典型的裂解工艺包括：热裂解制烯烃工艺；重油催化裂化制汽油、柴油、丙烯、丁烯等；乙苯裂解制苯乙烯；二氟一氯甲烷（HCFC-22）热裂解制四氟乙烯（TFE）；二氟一氯乙烷（HCFC-142b）热裂解制偏氟乙烯（VDF）；四氟乙烯和八氟环丁烷热裂解制六氟乙烯（HFP）等。

2.4.14.3 重点监控工艺参数及安全措施

裂解工艺重点监控的工艺参数包括：裂解炉进料流量；燃料油进料流量；裂解炉温度；燃料油压力；引风机电流；稀释蒸汽比及压力；主风流量控制、滑阀差压超驰控制、机组控制、外取热器控制、锅炉控制等。

裂解工艺安全控制的基本要求为：裂解炉进料压力、流量控制报警与联锁；紧急裂解炉温度报警和联锁；设置紧急冷却系统；设置紧急切断系统；反应压力与压缩机转速及入口放火炬控制；再生压力的分程控制；滑阀差压与料位控制；温度的超压控制；再生温度与外取热器负荷控制；外取热器汽包和锅炉汽包液位的三冲量控制；锅炉的熄火保护；机组相关控制；设置可燃与有毒气体检测报警装置等。

裂解工艺宜采取的控制方式为：使引风机电流与裂解炉进料阀、燃料油进料阀、稀释蒸汽阀之间形成联锁关系，一旦引风机故障停车，则裂解炉会自动停止进料并切断燃料供应，但应继续供应稀释蒸汽，以带走炉膛内的热量；使燃料油压力与裂解炉进料阀、燃料油进料阀之间形成联锁关系，燃料油压力降低，则切断燃料油进料阀，同时切断裂解炉进料阀；分离塔应安装安全阀和放空管，低压系统与高压系统之间应有止逆阀并配备固定的氮气装置、蒸汽灭火装置；使裂解炉电流与锅炉给水流量、稀释蒸汽流量之间形成联锁自控关系，一旦提供水、电、蒸汽等公用设施出现故障，裂解炉能自动紧急停车；在正常情况下由压缩机转速控制反应压力，开工及非正常工况下压力由压缩机入口放火炬控制；再生压力由烟机入口蝶阀和旁路滑阀（或蝶阀）分程控制；再生、待生滑阀在正常情况下分别由反应温度信号与反应器料位信号控制，如果滑阀差压出现低限，这时转由滑阀差压控制；再生温度则由流化介质流量或外取热器催化剂循环量控制；锅炉汽包和外取热汽包液位采用液位、蒸发量和补水量三冲量控制；带有明火的锅炉应设置熄火保护控制装置；大型机组应设置相关的油压、油温、轴温、轴震动、轴位移、防喘振等控制装置；在装置存在可燃气体、有毒气体并可能发生泄漏的部位设置可燃气体报警器和有毒气体报警器。

2.4.15 电解工艺（氯碱）

2.4.15.1 案例分析

2009 年 1 月 23 日，内蒙古某氯碱厂氯化氢合成装置循环槽爆炸，当天的气温为－20℃。操作人员发现循环槽冒氯气，并发现氯化氢合成炉火焰呈黄色，明显过氯。操作人员及时降氯，共经 3 次调整，但每次调整 2～3s 后氯化氢合成炉火焰又变黄，同时，发现氢气流量计 FE-02 显示流量逐步减小，由 $1545m^3 \cdot h^{-1}$ 降至 $730m^3 \cdot h^{-1}$；PI-05 显示进合成炉的氢气压力正在下降；氢气分配台排空阀 PV-01 的开度在增加。岗位操作人员立即用蒸汽加热氢气调节阀 FV-02，却同时发现循环槽仍在跑氯，于是，要求 DCS 操作人员降氯增氢，氯气流量由1565$m^3 \cdot h^{-1}$降到最低值310$m^3 \cdot h^{-1}$。在降氯的过程中，同时开启氢气阀FV-02，8min后，循环槽发生爆炸。

经过事故调查和原因分析发现，事故发生的直接原因是天气寒冷，氢气中的水进入合成装置时，调节阀冻结，进合成炉的氢气流量减少，造成进合成炉的氯气和氧气配比不当；但循环槽内有排空管线，可将过量的氯气和氢气及时排到外部，不应发生爆炸，但爆炸还是发生了。分析其原因，过量的氯气和氧气都堆积在循环槽内，没有顺利地通过放空烟囱排走，具备了爆炸条件，才造成事故。

事故发生的间接原因是企业对操作人员的业务培训不到位，导致操作人员应对突发事故的能力较弱；企业没有制定针对性应急措施，应急指挥和救援处置不当；外界温度过低时，没有高度警戒与重视，并采取积极的必要措施进行处理。

2.4.15.2 电解工艺危险特性

电流通过熔融电解质或电解质溶液时，在两极上所发生的化学变化称为电解反应。工艺过程涉及电解反应的称为电解工艺。通过电解可以制备许多基本化学工业产品（氢气、氧气、烧碱、氯气、过氧化氢等）。电解工艺具有的危险性特点如下：

① 通过电解食盐水可以产生氯气和氢气，氯气是氧化性很强的剧毒气体，氢气是极易燃烧的气体，这两种气体混合后，氯气中含氢量达到5%以上时，在光照或受热情况下非常可能发生爆炸。

② 当盐水中含有的铵盐超标时，在合适的条件（pH值$<$4.5）下，铵盐可以和氯生成氯化铵，而浓度高的氯化铵溶液还可以与氯生成三氯化氮。三氯化氮为黄色油状，是爆炸性物质，当被撞击、摩擦或加热至90℃以上，以及与许多有机物接触时，即可发生剧烈分解从而引起爆炸。

③ 电解溶液的腐蚀性强。

④ 液氯在生产、包装、储存、运输的过程中可能发生泄漏。

常见的电解工艺包括：电解氯化钠水溶液生产氢气、氯气、氢氧化钠；电解氯化钾水溶液生产氢气、氯气、氢氧化钾。

2.4.15.3 重点监控工艺参数及安全措施

在电解工艺过程中需要重点监控的工艺参数为：电解槽的温度和压力；电解槽内电流和电压；电解槽内液位；电解槽进出物料流量；原料中铵含量；可燃和有毒气体浓度；氯气中杂质（水、氧气、氢气、三氯化氮等）含量等。

电解工艺安全控制的基本要求：电解槽内温度、压力、液位、流量报警以及联锁；电解槽供电和电解供电整流装置的报警与联锁；设置事故状态下的氯气吸收中和系统；设置紧急联锁切断装置；设置有毒和可燃气体检测报警装置等。

电解工艺适宜使用的控制方法有：使槽电压与电解槽内的压力等形成联锁关系，并设立联锁停车系统；配备安全设施，包括液位计、高压阀、安全阀、单向阀、紧急排放阀以及紧急切断装置等。

2.4.16 其他工艺

2.4.16.1 金属有机工艺

（1）案例分析　2014年1月6日上午8时，江苏某精细化工公司的格氏试剂制备车间进行格氏试剂制备操作，本批作业系未预留格氏试剂底料的单批作业，在进行烘釜及氮气置换后，依次向釜内投入镁粉、溶剂四氢呋喃，釜温升至55℃时滴加氯代叔丁烷2～3kg，再加入引发剂碘1kg引发反应。9时30分，该车间主任和当班班长感到反应已引发，即令员工开始滴加氯代叔丁烷与四氢呋喃的混合溶液，但在滴加过程中发现釜内温度逐步下降至46℃后，停止了物料滴加而采用蒸汽进行升温，在温度并未上升的情况下又继续滴加混合溶液，12时9分，反应釜内温度急剧升高导致爆炸发生，据估计当时已滴加总量的30%。事故造成1人当场死亡、2人受伤，受伤人员烧伤面积分别为10%、40%，两位伤者医治后康复出院。

经过事故调查和原因分析发现，本次事故最直接的原因是反应在未能有效引发的情况下继续滴加反应物料，造成未反应物料大量积聚，釜内局部过热，导致突发反应，产生高温、高压，使釜内易燃易爆的物料从釜垫喷出，高速气流在喷射过程中产生了静电，造成爆炸并引起大火。

该事故间接原因如下：

① 车间管理人员、技术人员技术素养差，对反应引发成功与否未能做出准确判断。温度出现降低后，对这一现象的原因不明确，又继续进行滴加操作。

② 车间管理不到位，操作人员对格氏试剂制备反应的危险性没有足够认识，操作过程劳动保护用品佩戴不符合要求。事故发生后没有相关的应急措施，相关安全技术不完善。

③ 该厂对反应设备的日常管理差，反应釜没有做定期检修，釜上螺栓松动未能及时发现，留下重大的安全隐患。

(2) 金属有机工艺危险特性　金属有机反应是指以金属原子与碳原子相连成键的金属有机化合物作为反应物或生成物的反应，涉及金属有机反应的工艺过程为金属有机工艺。金属有机工艺在化工生产中有着重要地位，广泛应用于石油化工、医药、农药、材料、能源等领域。完整的金属有机工艺通常可分为金属有机物制备、金属有机反应与淬灭反应，需要注意的是，在化工生产过程中，金属有机工艺极易引发火灾、爆炸等事故，这些都与金属有机工艺独特的工艺危险性相关。

金属有机工艺的工艺危险性简述如下：

① 若反应釜内残留酸、水时，在投料升温后，会与金属发生反应，产生氢气，在金属有机物制备过程中，也会导致金属有机物发生水解，生成易燃的烷烃气体，具有爆炸危险。

② 如果反应釜未采用氮气置换，反应过程中釜内溶剂蒸发会产生大量易燃气体，副反应也会产生少量的烃类可燃气体，它们与空气混合会形成爆炸性混合气体，极易发生爆炸。

③ 对于初期需要引发的金属有机物制备反应，如果反应不能被顺利引发，则可能造成物料大量积聚，一旦开始反应后会大量放热、急剧升温，此时反应釜来不及将热量导出，将会造成冲料、爆炸事故。

④ 金属有机物制备通常为强放热反应，若回流冷凝系统的冷却能力不足，可能造成体系内的溶剂冲料甚至引起爆炸事故。如果冷凝器发生漏水现象，可导致已生成的金属有机物迅速水解并产生大量易燃气体，可能造成反应釜超压和爆炸。

⑤ 金属有机物制备反应操作控制比较复杂，一旦自动控制系统不能精准地适应反应进程，可能导致失控、冲料、爆炸等事故的发生。

⑥ 由于金属有机物制备及其参与的反应多使用易燃溶剂，如果未采用氮气置换，反应过程中接触到空气可能引起火灾、爆炸事故。

⑦ 金属有机反应属于强放热反应，若夹套冷冻能力不足、进料速度过快，都可能造成

体系内的溶剂冲料引起爆炸等事故。

⑧ 金属有机反应结束后，物料中通常会存在过量的金属有机物或过量的金属，其为活性物质，如果不进行淬灭处理，而是直接带入下一步工序，与后工序的物料发生反应，会带来极大的安全风险。

⑨ 金属有机反应物料淬灭时，若淬灭剂加入过快，会产生大量气体，同时会迅速放热，极易导致反应釜冲料事故或超压爆炸的发生。

⑩ 淬灭反应会生成大量烷烃和氢气，具有很宽的爆炸极限范围，且引燃点火能极低，较易发生爆炸事故。

化工生产中，典型的金属有机反应工艺有：格氏试剂制备和格氏反应，如镁与卤代烷烃反应制备烷基卤化镁；锂与卤代烷烃反应制备烷基锂；铁粉与环戊二烯反应制备二茂铁；四氯化锡与丁基氯化镁反应制备四丁基锡；烷基锂参与的合成反应等。

以某卤代烷烃 A 与镁粉在四氢呋喃为溶剂下发生的格氏试剂制备反应为例，对金属有机反应的热危险性进行分析。

工艺过程简述：反应釜干燥除水、氮气置换后，向反应釜中加入四氢呋喃和镁粉，反应温度为 45℃，加入总量 3%的卤代烷烃 A 的四氢呋喃溶液进行引发，引发成功后，滴加剩余的卤代烷烃四氢呋喃溶液，滴加时间为 2.5h，滴加完毕后保温 1h，合成反应放热速率曲线如图 2-41 所示。

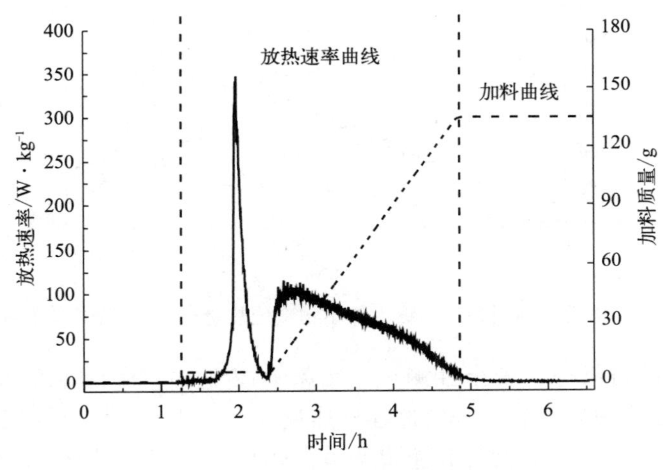

图 2-41　合成反应放热速率曲线图

从图 2-41 中可以看出，加入卤代烷烃四氢呋喃溶液后，体系无明显放热，25min 后反应放热速率快速升高，并达到最大值 347.4W·kg^{-1}，之后放热速率快速下降，说明反应引发成功；反应引发后，继续加入剩余溶液，反应放热速率达到 113.7W·kg^{-1} 后逐渐下降，滴加完毕后反应基本无热量放出，说明几乎不存在物料累积。该反应过程摩尔反应热为 −306.31kJ·mol^{-1}（以卤代烷烃物质的量计），反应绝热温升为 240.0K。

该反应滴加过程一旦发生热失控立即停止加料时，T_{cf}、X_{ac}、X、X_{fd} 曲线如图 2-42 所示。

由图 2-42 的热转化率 X 曲线可以看出，该反应物料热累积少，卤代烷烃四氢呋喃溶液加入结束后，热转化率接近 100%。按目前的工艺条件，即使在物料热累积最大时反应发生失控，立即停止加料，工艺反应能够达到的最高温度 MTSR 为 56.1℃。此外，当物料热累积为 100%时，工艺反应能够达到的最高温度 MTSR 为 285.0℃。

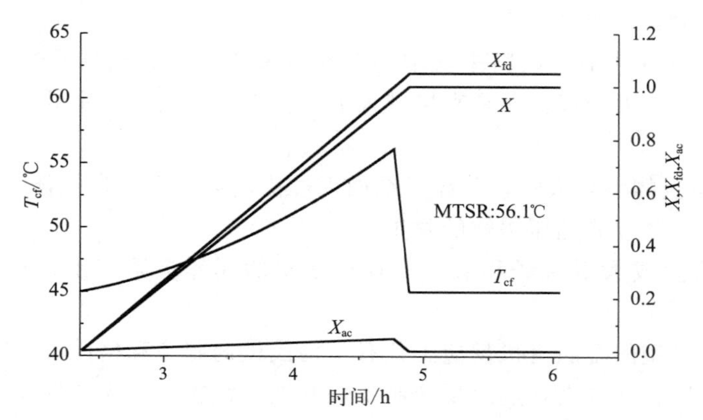

图 2-42 T_{cf}、X_{ac}、X、X_{fd} 曲线

X_{fd}—加料比例；X—热转化率；T_{cf}—反应任意时刻冷却失效后，反应体系所能达到的最高温度,℃；X_{ac}—热累积度

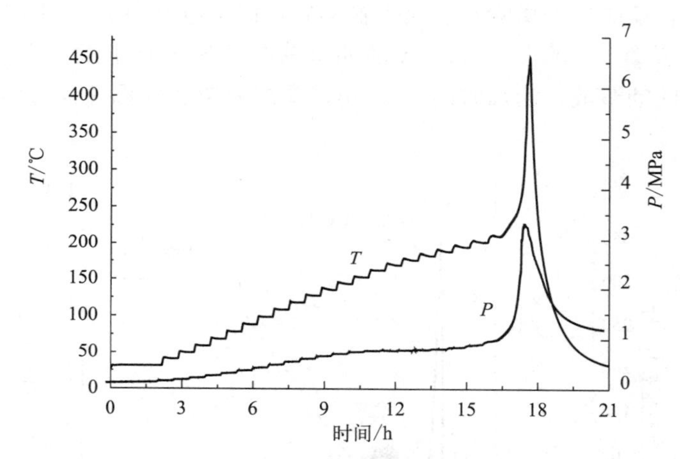

图 2-43 格氏试剂制备反应终点体系物料绝热量热时间-温度与压力曲线

对反应终点体系物料进行安全性测试，结果见图 2-43，物料在 203.4℃时发生放气分解，在 210.4℃时发生放热分解，分解过程放热量为 1680J·g^{-1}（以样品重量计），最大温升速率为 65.5℃·min^{-1}，最大压升速率为 0.8MPa·min^{-1}。结合非绝热动态升温测试，进行分解动力学研究分析，获得分解动力学数据。反应终点体系物料自分解反应初期活化能为 223kJ·mol^{-1}，中期活化能为 140kJ·mol^{-1}；反应终点体系物料热分解最大反应速率到达时间为 8h 时对应的温度 T_{D8} 为 193℃，T_{D24} 为 180℃。

根据研究结果，若格氏试剂制备反应过程一旦发生热失控，立即停止加料，反应安全风险评估结果如下：

① 格氏试剂制备反应绝热温升 ΔT_{ad} 为 240.0K，失控反应严重度为“3 级”，失控后温升导致反应速率的升高占据主导地位，一旦反应失控，体系温度会在短时间内发生剧烈的变化，造成工厂严重损失。

② 在绝热条件下失控反应最大反应速率到达时间（TMR_{ad}）大于 24h，失控反应发生的可能性等级为“1 级”，为很少发生，一旦发生热失控，人为处置失控反应的时间较为充足，事故发生的概率较低。

③ 失控反应可接受程度为“Ⅰ级”，属于可接受风险，生产过程中按设计要求及规范要求采取控制措施。

④ 反应工艺危险度等级为“1 级”（T_p＜MTSR＜MTT＜T_{D24}），反应危险性较低。MTSR 小于 MTT 和 T_{D24} 时，体系不会引发物料的二次分解反应，也不会导致反应物料剧烈沸腾而冲料。但是，仍需要避免反应物料长时间受热，以免达到 MTT。对于反应工艺危险度为 1 级的工艺过程，应配置常规的自动控制系统（分布式控制系统或可编程逻辑控制器），对主要反应参数进行集中监控及自动调节。

(3) 重点监控工艺参数及安全措施　金属有机工艺虽然不是应急管理部列出的危险工艺，但因其反应放热剧烈、反应条件严苛，在生产操作过程中要格外谨慎。工艺过程中要重点监控的参数主要有：反应釜的温度和压力；反应物料的配比；反应物与溶剂的水分含量；系统氧含量；反应釜的搅拌速率；物料的进料流量；冷却系统中冷却介质的温度、压力及流量等。

部分细化的安全控制措施如下：

① 金属有机反应釜应确保清洁、干燥，反应涉及的物料应确保水分含量合格，在投料前通氮气进行置换保护，必要时氮气保护持续至反应结束。

② 对于需要引发的金属有机反应（如格氏试剂制备反应），在反应开始阶段只应加入少量溶剂，这是因为在反应初始阶段溶剂量较少的情况下提高了反应物浓度便于引发反应，而且也不会产生大量回流，有利于控制反应进程。待反应平稳后再逐渐加入溶剂能在一定程度上起到冷却作用，便于稳定控制反应。

③ 由于金属有机反应通常为强放热反应，且反应溶剂沸点一般较低，要保证冷凝器具有足够的冷却能力，冷媒要有足够的低温。建议在冷凝器的出口端设置缓冲接收装置，一旦发生冲料能有效收集并回流入釜。

④ 反应过程中意外漏水可能造成金属有机物急剧分解、超压、爆炸，反应釜应设置爆破片。

⑤ 淬灭过程可能会产生氢气、烷烃等易燃气体，产生的气体不应在室内排空，要通过管道接至室外排放，并且放空口应设置阻火器防止回火。淬灭过程须控制淬灭剂的滴加速度并观察反应釜内压力情况，避免反应釜内大量放出气体造成超压危险。

2.4.16.2 合成氨工艺

(1) 案例分析　2011 年 1 月 6 日 4 时许，新疆某焦化有限责任公司年产 120000t 合成氨、210000t 尿素煤气综合利用生产项目，在试生产过程中，合成车间脱碳泵房内发生煤气中毒事故，造成 3 人死亡，1 人轻伤。2010 年入冬以后，当地出现极寒天气，最低气温达零下 43℃，室外冷凝管线出现冰冻堵塞，未正常使用，故进饱和塔的闸阀处于关闭状态。2011 年 1 月 5 日上午，合成车间安排加电阻丝通电伴热解冻冷凝液管道，由于进饱和塔的闸阀已关闭，为解冻放水需要，导淋处于开启状态。1 月 6 日 15 时，随着伴热解冻，冷凝液管线内由冰冻堵塞状态变为畅通，因为进饱和塔的闸阀内漏，饱和塔内焦炉煤气反蹿至冷凝液管线导淋，致使煤气从导淋口逸散至脱碳泵房空间。1 月 7 日 11 时 30 分，现场检查冷凝液管线畅通，进饱和塔的闸阀关闭并确认关紧，开调节阀“后切”三扣，半开导淋，分两次各持续 1min，发现有大量煤气排出，在周围空间监测得到 CO 含量为 1mg・L^{-1}。确认导淋和调节阀“后切”不存在内漏问题，进饱和塔的闸阀（DN80）存在内漏现象。

经过事故调查和原因分析发现，在试生产过程中，设备缺陷和极寒天气等多种原因，造成设备失效，致使饱和塔内焦炉煤气反蹿至脱碳泵房，是导致事故发生的直接原因。

事故发生的间接原因：

① 设计存在缺陷，工艺布置，设备选材、选型不完善，且考虑新疆极端恶劣环境气候特性不足，存在不安全因素。冷凝液管线连接饱和塔进口处选用单道闸阀；脱碳泵房内有管线与有煤气的装置连通，室内未设置有毒有害气体报警器，导淋未设置在室外；室外冷凝液管线未设防冻伴热设施。

② 安全生产管理存在薄弱环节，制度和责任制落实不到位。操作工违反操作规程，未佩戴气体防护用具开展巡检工作。

③ 管理和职工队伍对安全生产思想认识不足，安全意识淡薄，安全责任心不到位，岗位操作技能经验欠缺。基层干部和职工队伍非常年轻，大多是从大、中专学校招录，刚走出校门，虽然依规进行安全理论教育，但缺乏现场实际操作经验，正确查找安全隐患和事故预判能力弱。

④ 公司及化肥试车指挥部安全隐患排查治理工作不到位，对极端天气的安全生产工作认识不足，安全管理不严，监督检查不力，虽然建立多项安全管理制度和专项应急处置预案，但执行、落实不到位。

⑤ 项目试生产指挥部成员涉及多家合作单位人员，组织管理不协调，安全生产职责不清，对试生产工作期间出现的问题，不能做到及时和有效处置。

（2）合成氨工艺危险特性　合成氨工艺指的是氮气和氢气两种组分按照一定配比（1：3）组成的气体（合成气），在高温、高压下（一般为400～450℃，15～30MPa）经催化反应生成氨的工艺过程。合成氨工艺的危险性特点如下：

① 高温、高压条件可使可燃气体爆炸范围变宽，气体物料一旦过氧（也称透氧），极易在反应设备和管道内发生爆炸。

② 高温、高压的气体物料从设备管线泄漏时会迅速膨胀与空气混合形成爆炸性混合物，遇到明火，或者高流速物料于裂（喷）口处摩擦产生静电火花引起着火和空间爆炸。

③ 气体压缩机等转动设备在高温下运行，润滑油挥发裂解，在附近管道内造成积炭，可导致燃烧或爆炸。

④ 高温、高压可加速设备金属材料发生蠕变、改变金相组织，还会加剧氢气、氮气对钢材的氢蚀及渗氮，加剧设备的疲劳腐蚀，使其机械强度减弱，引发物理爆炸。

⑤ 液氨大规模事故性泄漏会形成低温云团引起大范围人群中毒，遇明火还会发生空间爆炸。

典型的合成氨工艺：节能AMV法，德士古水煤浆加压气化法。

（3）重点监控工艺参数及安全措施　合成氨工艺过程需要重点监控的工艺参数包括：合成塔、压缩机、氨储存系统的运行基本控制参数，包括温度、压力、液位、物料流量及比例等。合成氨工艺安全控制的基本要求有：合成氨装置温度、压力报警和联锁；物料比例控制和联锁；压缩机的温度、入口分离器液位、压力报警联锁；设置紧急冷却系统；设置紧急切断系统；设置安全泄放系统；设置可燃、有毒气体检测报警装置。合成氨工艺宜采用的控制方式：使合成氨装置内温度、压力与物料流量、冷却系统形成联锁关系；使压缩机温度、压力、入口分离器液位与供电系统形成联锁关系；设置紧急停车系统。合成单元自动控制还需要设置几个控制回路：氨分、冷交液位；废锅液位；循环量控制；废锅蒸汽流量；废锅蒸汽压力。要设置安全设施，包括安全阀、爆破片、紧急放空阀、液位计、单向阀及紧急切断装置等。

2.4.16.3 新型煤化工工艺

（1）案例分析　2014年5月2日15时09分许，四川省广元市某煤化工公司生产厂区内隔油沉淀池盖板上方，三名工人进行水泵管道焊接安装动火作业时发生爆炸，造成3人死亡、部分设施损坏，事故直接经济损失约260万余元。

经过事故调查和原因分析发现，事故发生的直接原因是煤化工公司任某、陈某、万某违章冒险操作，在未取得动火作业许可和未采取必要的安全措施情况下，使用电弧焊焊接管道，产生火花引燃爆炸性混合物。

事故发生的间接原因：

① 煤化工公司未采取有效的管理技术和手段，加强对隔油沉淀池内含油污水中挥发出的气体监测监控，对污水残油中挥发出的可燃蒸气形成爆炸性混合物风险性认识不足。

② 煤化工公司未严格执行环保设施“三同时”管理规定，自行在厂区内建设一座废水处理站处理废水，并对事故水池进行改造。

③ 煤化工公司对员工的安全生产教育培训工作不到位，员工安全意识普遍淡薄，对企业危险源和岗位安全风险认识严重不足。

（2）新型煤化工工艺危险特性　以煤为原料，经化学加工使煤直接或者间接转化为气体、液体和固体燃料、化工原料或化学品的工艺过程为煤化工工艺。主要包括煤制油（甲醇制汽油、费-托合成油）、煤制烯烃（甲醇制烯烃）、煤制二甲醚、煤制乙二醇（合成气制乙二醇）、煤制甲烷气（煤气甲烷化）、煤制甲醇、甲醇制醋酸等工艺。新型煤化工工艺的危险性特点如下：

① 反应介质涉及一氧化碳、氢气、甲烷、乙烯、丙烯等易燃气体，具有燃爆危险性。

② 反应过程多为高温、高压过程，易发生工艺介质泄漏，引发火灾、爆炸和一氧化碳中毒事故。

③ 反应过程可能形成爆炸性混合气体。

④ 多数煤化工新工艺反应速率快，放热量大，造成反应失控。

⑤ 反应中间产物不稳定，易造成分解爆炸。

（3）重点监控工艺参数及安全措施　新型煤化工工艺过程需要重点监控的工艺参数包括：反应器温度和压力：反应物料的比例控制；料位；液位；进料介质温度、压力与流量；氧含量；外取热器蒸汽温度与压力；风压和风温；烟气压力与温度；压降；H_2/CO比；NO/O_2比；NO/醇比；H_2、H_2S、CO_2含量等。

新型煤化工工艺安全控制的基本要求有：反应器温度、压力报警与联锁；进料介质流量控制与联锁；反应系统紧急切断进料联锁；料位控制回路：液位控制回路；H_2/CO比例控制与联锁；NO/O_2比例控制与联锁；外取热器蒸汽热水泵联锁；主风流量联锁；设置可燃和有毒气体检测报警装置；设置紧急冷却系统；设置安全泄放系统。

新型煤化工工艺宜采用的控制方式：将进料流量、外取热蒸汽流量、外取热蒸汽包液位、H_2/CO比例与反应器进料系统设立联锁关系，一旦发生异常工况启动联锁，紧急切断所有进料，开启事故蒸汽阀或氮气阀，迅速置换反应器内物料，并将反应器进行冷却、降温。要设置相应的安全设施，包括安全阀、防爆膜、紧急切断阀及紧急排放系统等。

2.4.16.4 电石生产工艺

（1）案例分析　2019年5月2日，陕西某电化有限公司2号电石炉处理炉内料面板结过程中发生塌料导致高温炉料向外喷出，造成5人死亡，15人受伤。2019年5月2日凌晨1

时 10 分左右，电化公司 2 号炉大夜班交接班后，停电处理料面。由 1、2 号两班人员进行放水炮松动料面操作，放水炮前车间主任孟某某和副主任曹某某将两班人员撤离至靠 1 号炉二层炉面处，并安排两组人员轮流放水炮。由一班班长康某某、副班长刘某某、开炉工乔某某为一组，二值班长赵某某、副班长白某某、开炉工贺某某为一组，先后由两个组的人员轮流放了四次水炮。第四次水炮未爆，二值班长赵某某、副班长白某某放入第五次后，电石炉内瞬间大面积塌料，高温炉料向外喷出。李某在电炉中控室发现监控异常，查看情况，发现有人员烧伤，立即安排运行部部长拨打 120，并展开现场急救，送伤者入院进行救治。

经过事故调查和原因分析认为，该公司 2 号电石炉在停电处理炉内料面板结的过程中，为抢进度、抢时间，现场指挥人员违章指挥员工违规冒险作业，存在安全操作门多处同时打开作业、作业人员数量多、其余人员未按规定撤离到安全区域等违反操作规程作业行为；在电石炉炉内用水炮处理板结料面导致发生塌料，致使高温气体和固体向外喷出，造成现场作业人员灼伤。

事故发生的间接原因如下：

① 企业负责人和员工安全意识淡薄。

② 企业安全管理制度和操作规程形同虚设，没能形成制约把控。

③ 安全生产责任制落实不到位。

④ 安全培训教育不到位，职工操作技能低下。

(2) 电石生产工艺危险特性　电石生产工艺指的是以石灰和炭素材料（焦炭、兰炭、石油焦、冶金焦、白煤等）为原料，在电石炉内依靠电弧热和电阻热在高温下进行反应，生成电石的工艺过程。电石炉型式主要分为两种：内燃型和全密闭型。电石生产工艺的危险特点如下：

① 电石炉工艺操作具有火灾、爆炸、烧伤、中毒、触电等危险性。

② 电石遇水会发生剧烈反应，生成乙炔气体，具有燃爆危险性。

③ 电石的冷却、破碎过程具有人身伤害、烫伤等危险性。

④ 反应产物一氧化碳有毒，与空气混合到 12.5%～74%时会引起燃烧和爆炸。

⑤ 生产中漏糊造成电极软断时，会使炉气出口温度突然升高，炉内压力突然增大，造成严重的爆炸事故。

典型的电石生产工艺：石灰和炭素材料（焦炭、兰炭、石油焦、冶金焦、白煤等）反应制备电石。

(3) 重点监控工艺参数及安全措施　电石生产工艺过程需要重点监控的工艺参数包括：炉气温度；炉气压力；料仓料位；电极压放量；一次电流；一次电压；电极电流；电极电压；有功功率；冷却水温度、压力；液压箱油位、温度；变压器温度；净化过滤器入口温度、炉气组分分析等。

电石生产工艺安全控制的基本要求有：设置紧急停炉按钮；电炉运行平台和电极压放视频监控、输送系统视频监控和启停现场声音报警；原料称重和输送系统控制；电石炉炉压调节、控制；电极升降控制；电极压放控制；液压泵站控制；炉气组分在线检测、报警和联锁；设置可燃和有毒气体检测和声光报警装置；设置紧急停车按钮等。

电石生产工艺宜采用的控制方式：使炉气压力、净化总阀与放散阀形成联锁关系；使炉气组分氢、氧含量高与净化系统形成联锁关系；使料仓超料位、氢含量与停炉形成联锁关系。应设置相应的安全设施，包括安全阀、重力泄压阀、紧急放空阀、防爆膜等。

2.4.16.5 蒸馏

（1）案例分析 2014 年 5 月 29 日 18 时 10 分，江苏省扬州市宝应县某化工助剂厂蒸馏釜爆炸，事故造成 3 人死亡、1 人重伤、2 人轻伤，直接经济损失 251.5 万元。5 月 28 日 19 时，肖某安排当班的郝某等四人将蒸馏釜清洗干净，之后的工作由常立元指挥。5 月 29 日 0 时左右常某来到厂里，指挥将 5t HY-10 母液投入釜内开始蒸馏。5 月 29 日 12 时左右，开始馏出成品，至蒸馏结束，釜内有残液约 200kg。出料结束后，未关闭真空泵，关闭了导热油阀门。5 月 29 日 18 时许，肖某到现场查看，观察到蒸馏釜的温度为 171℃左右。在其刚转身离开数步，蒸馏釜突然爆炸。

经过事故调查和原因分析认为，事故发生的直接原因：HY-10 母液样品中大部分溶剂蒸馏出去以后，残余物具有较强的分解放热现象，在一定的条件下发生分解爆炸。

事故发生的间接原因：二甲基乙醇胺是危险化学品，加工 HY-10 母液生产二甲基乙醇胺，属于危险化学品生产过程，应当领取危险化学品安全生产许可证。公司擅自用本企业生产装置加工 HY-10 母液，生产二甲基乙醇胺，未申请领取安全生产许可证，不具备生产危险化学品的资质和条件。

（2）蒸馏危险特性 蒸馏是利用液体混合物中各组分沸点的不同，经部分汽化或者部分冷凝，来实现组分相对分离的一类化工单元操作。蒸馏操作在化工、医药等行业有着广泛的应用，如石油炼制过程中的常/减压蒸馏，基本有机化工产品的提纯过程，对精细化工产品进行精制，回收化学制药过程中的溶剂。从生产连续性角度，蒸馏操作可分为连续蒸馏和间歇蒸馏。间歇蒸馏过程涉及的物料大多具有易燃、易爆、有毒或有腐蚀性等特性；蒸馏过程中常伴随系统（设备）内压力的改变。因此，蒸馏系统的危险性主要包括：火灾、爆炸、中毒、窒息和灼烫等。蒸馏过程中可能会出现的危险情形举例如下：

① 具有爆炸危险性的杂质在蒸馏设备内富集积聚引起爆炸，如硝基物中混有的多硝基物、液氧中混入的烃类、能引起环氧乙烷发生聚合反应的催化剂等。

② 在蒸馏过程中，体系内始终呈现气液共存状态，若有易燃、易爆物料发生泄漏或者吸入空气，可形成爆炸性混合气体。特别是在高温的条件下，对自燃点低的物料进行蒸馏操作时，一旦高温物料发生泄漏，遇空气即能发生自燃从而导致火灾事故。

③ 蒸馏的残留物，尤其是间歇蒸馏过程的残留物，通常具备高沸点、高黏度，以及在高温下容易发生分解或聚合反应的特性，这类成分复杂的混合物极易在高温下发生热分解、自聚或积热自燃。如果残留物中含有热敏性或者燃烧爆炸性的物质，那么发生火灾或者爆炸的危险性更甚。

④ 蒸馏易燃液体，尤其是不易导电的液体时，一旦物料在管道内流速过高、蒸馏设备内液体搅拌太快，或者发生摩擦、喷溅等情况，存在静电放电进而引发火灾的可能性。

⑤ 高温下运行的蒸馏设备内，如混进冷水或其他低沸物，会引起瞬间发生大量汽化从而造成设备内压力骤升，最终导致容器爆炸。

⑥ 蒸馏凝固点较高的物质时，设备的出口管道容易发生凝结、堵塞，这将会造成设备内压力升高，导致容器爆炸。

⑦ 蒸馏有毒或有腐蚀性的物料时，设备若发生泄漏将极易引发中毒或化学灼伤。

⑧ 蒸馏过程中若使用高、低温物料，防护不当时会造成烫伤或冻伤。

⑨ 周期性地加入和放出易燃易爆物料时，容易因置换不彻底而混入空气引发事故。

⑩ 加热介质的流量过大，会使釜内汽化速度变快，导致设备超压。

⑪ 蒸馏设备内液位低于工作下限，有蒸干的风险，从而引发事故。

⑫ 因加料量超工作负荷，可造成物料沸溢，从而引发火灾。

（3）重点监控工艺参数及安全措施　蒸馏工艺需要重点监控的工艺参数包括：

① 蒸馏塔（釜）：塔（釜）的温度、液位，关键塔板的温度、组分，进料的流量、温度，塔顶的温度、压力（真空度）以及回流量等。

② 再沸器：温度、压力（真空度），加热介质的流量、温度和压力。

③ 冷凝器：温度，冷却介质的流量、温度及其压力。

④ 回流罐：液位、压力（真空度）。

蒸馏过程中，要严格控制温度、压力、液位、进料量、回流量等工艺参数，注意它们相互之间的制约与影响，尽量设置自动控制操作系统，减少人为操作的失误，例如，蒸馏过程的馏出物料阀门一旦关闭时，应设置可以保证塔内压力处于正常范围的安全设施；应设置蒸馏设备的高液位和低液位报警，并设置蒸馏设备的低液位与切断加热介质的系统联锁。

参考文献

[1] Thomas H. Use reaction calorimetry for safer process designs[J]. Chemical Engineering Progress，1992，1(1)：70-74.

[2] Gygax R. Chemical reaction engineering for safety[J]. Chemical Engineering Science，1988，43(8)：1759-1771.

[3] Sroessel F. What is your thermal risk[J]. Chemical Engineering Progress，1993，89(10)：68-75.

[4] Elgendy A，Abdel-Aty A H，Youssef A A，et al. Exact solution of arrhenius equation for non-isothermal kinetics at constant heating rate and n-th order of reaction[J]. Journal of Mathematical Chemistry，2020，58(1)：922-938.

[5] Frank-Kamenetskii D A. Diffusion and heat transfer in chemical kinetics[M]. 2nd ed. London：Plenum Press，1989.

[6] Pantony M F，Scilly N F，Barton J A. Safety of exothermic reactions a UK strategy[J]. Int Symp on Runaway Reactions，1989，8(2)：504-524.

[7] Zatka A V. Application of thermal analysis in screening for chemical process hazards[J]. Thermochimica Acta，1979，28(1)：7-13.

[8] Collins R. Process hazard analysis quality[J]. Process Safety Progress，2004，29(2)：113-117.

[9] Frank-Kamenetskii D A. Diffusion and heat exchange in chemical kinetics[M]. 2nd ed. New York：Plenum Press，1969.

[10] Fauske H K，Grolmes M A，Clare G H. Process safety evaluation applying DIERS methodology to existing plant operations[J]. Plant/Operations Progress，1989，8(1)：19-24.

[11] Nolan P F，Barton J A. Some lessons from thermal-runaway incidents[J]. Journal of Hazardous Materials，1987，14(2)：233-239.

[12] 施特塞尔．化工工艺的热安全：风险评估与工艺设计[M]. 陈网桦，彭金华，陈利平，译．北京：科学出版社，2009：40.

[13] Cheng C S，Wei Z Y，Ming X，et al. Study on reaction mechanism and process safety for epoxidation[J]. ACS Omega，2023，8(49)：47254-47261.

[14] Mcnaught I J. Nonlinear fitting to kinetic equations[J]. Journal of Chemical Education，1999，76(10)：1457.

[15] 程春生，秦福涛，魏振云．化工安全生产与反应风险评估[M]. 北京：化学工业出版社，2011.

[16] 程春生，魏振云，秦福涛．化工风险控制与安全生产[M]. 北京：化学工业出版社，2014.

[17] Poling B E, Prausnitz J M. The properties of gases and liquids[M]. 5th ed. New York: McGraw-Hill, 2001.

[18] Yavari Z, Noroozifar M. Kinetic, isotherm and thermodynamic studies with linear and non-linear fitting for cadmium(Ⅱ) removal by black carbon of pine cone[J]. Water Science & Technology, 2017, 76(8): 2242-2253.

[19] Reid R C, Prausniz J M, Poling B E. The properties of gases and liquids[M]. 3rd ed. London: McGraw-Hill, 2000.

[20] 张克武，张宇英．分子热力学前沿基础研究领域中的新理论9：烃类和羧酸的常沸点理论方程[J]. 黑龙江大学自然科学学报，2004 (21)：94-99.

[21] 张宇英，张克武．预测不同温度下有机纯质汽化热的新方程[J]. 化工学报，2005 (12)：2259-2264.

[22] 于婷婷．连续与间歇化工工艺过程特点与流程[J]. 民营科技，2013 (2)：23-24.

[23] 程春生，魏振云，李全国，等．烯草酮合成工艺热危险性及动力学研究[J]. 农药，2014(53)：28-31.

[24] Ma X H, Tan J S, Wei Z Y, et al. Thermal safety study of (5,6-(dicarboxylate)-pyridin-3-yl) methyl-trimethyl ammonium bromide based on decomposition kinetics[J]. Journal of Thermal Analysis and Calorimetry, 2021, 145(5): 2431-2439.

[25] Schneider M A, Stoessel F. Determination of the kinetic parameters of fast exothermal reactions using a novel microreactor-based calorimeter[J]. Chemical Engineering Journal, 2005, 115(1-2, 15), 73-83.

[26] Lerchner J, Seidel J, Wolf G, et al. Calorimetric detection of organic vapours using inclusion with coating materials[J]. Sensors and Actuators B Chemical, 1996, 32(1): 71-75.

[27] GB/T 42300—2022. 精细化工反应安全风险评估规范．

[28] NY/T 3784—2020. 农药热安全性检测方法 绝热量热法．

[29] T/CAPDA 034—2022. 农药粉尘云爆炸极限氧含量测定方法．

[30] T/CAPDA 033—2022. 农药粉尘云爆炸性测试方法．

3 化工过程本质安全及反应安全风险评估

化工行业属于高风险制造业，尤其是精细化工，以间歇或半间歇操作为主，大多数反应是有机合成反应，并且以放热有机反应居多，在反应过程中伴随有热量和气体的放出，在化学反应进行过程中，一旦发生冷却失效或反应失控，就会导致反应体系热量的累积，体系温度迅速升高，并且有可能达到反应混合物料的热分解温度，促使物料发生分解反应，进一步放出大量的热量或迅速放出气体，最终导致分解反应更为剧烈，甚至导致爆炸事故的发生。此外，在热交换失效或反应失控的情况下，容易达到反应体系溶剂或反应混合物的沸点，造成体系剧烈的沸腾甚至冲料，遇空气、静电或明火后发生爆燃事故。目前，化工反应风险研究、工艺风险评估，以及风险控制措施的建立作为化工安全的系统理论和关键技术体系，其开发应用得到了党中央、国家和地方政府，以及企事业单位、大专院校的高度重视，化工过程安全管理也得到了化工生产企业的高度重视，“安全至上、生命至上”已经成为化工过程本质安全的发展理念。“安全失去屏障，一切都将归零”正在逐步深入人心。研究和感知风险，评估和控制风险是实现化工过程本质安全的主要技术途径。

反应风险研究的主要内容包括物质风险研究、工艺过程风险研究和反应失控风险研究。通过失效模型的建立，可以按照事前预防和事后救援两个区域开展风险研究。事前预防区域的风险研究主要包含所涉及的化学物质和化学反应的静态和动态稳定特性、分解特性、冷却或加料失控情况下的绝热温升、体系能达到的最高温度等安全特性，以及失控体系最大反应速率到达时间。最大反应速率到达时间是把风险控制在可控区间的重要参数，当最大反应速率到达时间短到一定程度时，风险将失去有效的控制，并升级为事后救援状态。延长最大反应速率到达时间，是有效进行风险管控的技术措施。事后救援区域的风险研究，主要包括在反应体系失控、达到最大反应速率、引发二次分解，并发生爆炸后的气体逸出情况、体系绝热温升、最大温升和压升速率等最坏情形的温度升高情况和压力升高情况，反应失控后可能导致的最坏后果。开展风险研究，实现从事后救援向事前预防转型是风险研究的主要目标。物质风险研究主要对反应过程中涉及的所有原料、中间体、产成品、废弃物，以及工艺过程涉及受热操作的物料进行热稳定性研究，获取起始热分解温度、分解热、温升及压升速率等数据，确定工艺所使用的各种化学物质的安全操作条件，并充分考虑各种化学物料在工艺条件下和工艺偏离条件下的风险。采用差示扫描量热、快速筛选量热、绝热加速量热、微量热等方法，测试的样品量由小到大开展风险研究，并进一步开展动力学仿真与模拟，预测产业规模下的热安全性。同时，还要对化学品的物理危险性进行测试，考虑化合物的化学结构、氧平衡等情况，进行必要的安全性测试研究，为产业放大和储存运输提供必要的安全技术参数。工艺过程风险研究主要是研究工艺过程涉及的所有化学反应，获取反应过程的表观热力学参数，包括表观反应热、放热速率、绝热温升，以及失控体系能够达到的最高温度等数据，并通过在线光谱技术、在线 HPLC/GC 分析技术，深入研究反应机理和反应过程，通过开发反应热力学再现反应动力学技术，获取表观动力学和动力学参数，确定工艺过程涉及的所有化学反应的热交换条件，以及与之相匹配的工程技术与装备。应在反应风险研究的基础上，从本质安全出发，开展过程研究，进行必要的工艺优化和过程强化，例如，针对精细化学品制造，开发管式、超重力、膜反应等连续化技术与装备，替代釜式间歇与半间歇设备。工艺过程反应风险研究，可以根据反应工艺的不同，选择反应量热、微量热、高压量热和绝热量热等技术研究手段。以反应安全风险研究为基础，开展反应安全风险评估，建立风险控制措施，架起了工艺向工程转化的桥梁，是实现化工本质安全、工艺优化和过程强化，迈上工艺精确、设计精细和生产精准新台阶的技术途径。

本章将介绍化工过程本质安全技术内容，包括系统理论和关键技术，阐述化学反应的表观热力学和表观动力学，重点阐述反应安全风险研究与工艺风险评估技术体系，包括化学物质风险研究、化学反应风险研究和反应失控风险研究。根据反应风险研究结果，建立以热风险、压力风险和毒物释放风险为主的反应安全风险评估技术体系。在风险研究和风险评估的基础上，开发风险控制技术，建立风险控制措施，为实现化工本质安全治理模式从应急救援到事前预防的转变奠定基础。

3.1 热相关概念

3.1.1 比热容

比热容（specific heat capacity）是指单位质量的物质改变单位温度时所吸收或释放的能量，通常用符号 C_p 表示，单位为 $kJ \cdot kg^{-1} \cdot K^{-1}$。

常见物质的比热容 C_p 值如表 3-1 所示。

表 3-1　常见物质比热容 C_p 值（15.6℃）

物质	C_p/（$kJ \cdot kg^{-1} \cdot K^{-1}$）	物质	C_p/（$kJ \cdot kg^{-1} \cdot K^{-1}$）
水	4.186	10% H_3PO_4	3.89
95%乙醇	2.51	95% HNO_3	2.09
90%乙醇	2.72	60% HNO_3	2.68
甲苯	1.76	10% HNO_3	3.77
苯	1.72	31.55% HCl	2.51
纯丙酮	2.15	100%乙酸	2.01
甘油	2.43	10%乙酸	4.02
邻苯二甲酸酐	0.97	乙二酸	2.43
90% H_2SO_4	1.47	50% NaOH 溶液	3.27
60% H_2SO_4	2.18	30% NaOH 溶液	3.52
20% H_2SO_4	3.52	100%氨	4.61
20% H_3PO_4	3.56	25% NaCl 水溶液	3.29

物质的比热容与温度相关，随着温度的改变而变化，大多数物质在不同温度下的比热容变化不大，水在不同温度下的比热容 C_p 值如表 3-2 所示。

表 3-2 水在不同温度条件下的比热容 C_p 值

温度（T）/℃	C_p/（$kJ \cdot kg^{-1} \cdot K^{-1}$）	温度（T）/℃	C_p/（$kJ \cdot kg^{-1} \cdot K^{-1}$）
0	4.212	90	4.208
10	4.191	100	4.220
20	4.183	120	4.250
30	4.174	140	4.287
40	4.174	160	4.346
50	4.174	180	4.417
60	4.178	200	4.505
70	4.187	250	4.844
80	4.195	300	5.730

当化学物质在较大的温度范围内变化时，物质在不同温度下的比热容，可以根据维里方程（Virial equation）进行计算，见式（3-1）。

$$C_p = a + bT + cT^2 + dT^3 \tag{3-1}$$

对某一物质来讲，式中，a、b、c、d 均为常数，可以通过相关化工手册查得。

反应风险研究在获取相关数据过程中，会使用比热容数值，通常情况下，采用较低温度下的比热容值进行绝热温升等方面的计算。

混合物的比热容，可以通过测试得到，也可以根据混合规则，由不同化合物的比热容估算得到，估算公式如式（3-2）所示。

$$C_p = \frac{\sum_i m_i C_{pi}}{\sum_i m_i} = \frac{m_1 C_{p1} + m_2 C_{p2} + m_3 C_{p3} + m_4 C_{p4} + \cdots}{m_1 + m_2 + m_3 + m_4 + \cdots} \tag{3-2}$$

式中 m_i——混合物中组分 i 的质量，kg。

3.1.2 绝热温升

绝热温升（adiabatic temperature rise）是指在绝热条件下进行的某一放热反应，当反应物完全转化时放出的热量导致的物料温度的升高，用 ΔT_{ad} 表示。

ΔT_{ad} 可以通过测试获取的反应热，由式（3-3）进行计算得到。

$$\Delta T_{ad} = \frac{\Delta_r H}{mC_p} = \frac{n_A \Delta_r H_m}{mC_p} \tag{3-3}$$

式中 ΔT_{ad}——失控反应绝热温升，K；

$\Delta_r H_m$——摩尔反应热，$kJ \cdot mol^{-1}$；

n_A——反应物 A 的物质的量，mol；

m——物料的质量，kg；

C_p——物料的比热容，$kJ \cdot kg^{-1} \cdot K^{-1}$。

当反应体系处于绝热条件时，反应体系不能与外界进行能量交换，放热反应所放出的热量全部用来提高反应体系自身的温度。失控反应的绝热温升与反应的放热量成正比，对于放热反应来说，一旦发生反应失控，反应的放热量越大，导致的后果也越严重。因此，绝热温升可以用来间接衡量一个放热反应失控后所造成破坏的严重程度。

在对化学反应进行风险评估时，绝热温升是一个非常重要的数据，可用于评估体系失控的严重程度。在产业规模下的间歇与半间歇反应过程中，当冷却系统失效时，反应体系可以近似看成绝热体系，反应放出的热量全部用于加热反应体系，致使反应体系升至最高温度。对于间歇工艺，失控体系最高温度为工艺温度和绝热温升的加和；对于半间歇工艺，失控体系最高温度与反应的热累积程度有关，通过测量和计算获取。如果失控体系最高温度低于操作条件下的物料分解温度，并且保持在体系的沸点以下，工艺风险较低；如果失控体系能达到的最高温度高于操作条件下的物料分解温度和体系的沸点，反应失控后，将引发物料分解和体系的剧烈沸腾，工艺风险较大。

3.1.3 反应热

反应体系在等温、等压过程中发生物理或化学变化时所放出或吸收的热量，通常称为反应热（reaction heat），例如聚合反应热、硝化反应热、中和反应热等。通过燃烧完成的化学反应的热量变化，称为燃烧热。当用反应焓（$\Delta_r H$）或摩尔反应焓（$\Delta_r H_m$）来描述反应热时，遵循盖斯定律。焓是状态函数，只与始和终态相关，与过程无关。

盖斯定律是指一个化学反应不管是一步完成还是分几步完成，其摩尔反应焓相同。也就是说，如果一个反应可以分几步进行，则各步的反应焓之和与该反应一步完成时的反应焓相同，即化学反应的摩尔反应焓只与该反应的始态和终态有关，与反应过程无关。

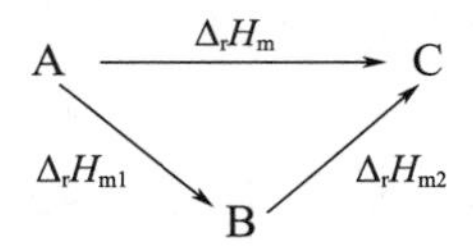

根据盖斯定律，摩尔反应焓：

$$\Delta_r H_m = \Delta_r H_{m1} + \Delta_r H_{m2} \tag{3-4}$$

表 3-3 列举了一些典型化学反应的摩尔反应焓。

表 3-3 典型化学反应的摩尔反应焓

反应类型	$\Delta_r H_m$/（$kJ \cdot mol^{-1}$）	反应类型	$\Delta_r H_m$/（$kJ \cdot mol^{-1}$）
中和反应（HCl）	−55	环氧化反应	−100
中和反应（H_2SO_4）	−105	聚合反应（苯乙烯）	−60
重氮化反应	−65	加氢反应（烯烃）	−200
磺化反应	−150	加氢（氢化）反应（硝基类）	−560
胺化反应	−120	硝化反应	−130

摩尔反应焓获取的途径简介如下。

3.1.3.1 通过键能计算摩尔反应焓

拆开某化学键所需要的能量叫做该化学键的键能，通常以 1mol 物质需要的能量为单位。键能通常用符号 E 表示，单位为 $kJ \cdot mol^{-1}$。在反应生成物明确，且反应物的分子结构和平均键能数据都已知时，化学反应的摩尔反应焓，可以通过文献报道的产物与原料的键能数值进行估算，摩尔反应焓等于反应物的键能总和与生成物键能总和之差。

$$\Delta_r H_m = \sum E(\text{反应物}) - \sum E(\text{产物}) \tag{3-5}$$

许多常规键的键能可以通过文献或相关手册查得，常见化学键的键能如表 3-4 所示。

表 3-4　常见化学键的键能

化学键	键能/（kJ·mol^{-1}）	化学键	键能/（kJ·mol^{-1}）	化学键	键能/（kJ·mol^{-1}）
B—F	644	H—H	436	O═O	498
B—O	515	H—Br	366	P—Br	272
Br—Br	193	H—Cl	431	P—Cl	331
C—B	393	H—F	565	P—H	322
C—Br	276	H—I	298	P—O	410
C—C	332	I—I	151	P═O	—
C═C	611	K—Br	380	P—P	213
C≡C	837	K—Cl	433	Pb—O	382
C—Cl	328	K—F	498	Pb—S	346
C—F	485	K—I	325	Rb—Br	381
C—H	414	Li—Cl	469	Rb—Cl	428
C—I	240	Li—H	238	Rb—F	494
C—N	305	Li—I	345	Rb—I	319
C═N	615	N—H	389	S—H	339
C≡N	891	N—N	159	S—O	364
C—O	326	N═N	456	S═O	—
C═O	728	N≡N	946	S—S	268
C═O(CO_2)	803	N—O	230	S═S	—
C—P	305	N═O	607	Se—H	314
C—S	272	Na—Br	367	Se—Se	—
C═S	536	Na—Cl	412	Se═Se	—
C═S(CS_2)	577	Na—F	519	Si—Cl	360
C—Si	347	Na—H	186	Si—F	552
Cl—Cl	243	Na—I	304	Si—H	377
Cs—I	337	O—H	464	Si—O	460
F—F	153	O—O	146	Si—Si	176

3.1.3.2　通过生成焓 $\Delta_f H_m$ 计算摩尔反应焓

从生成焓 $\Delta_f H$ 的角度看，化学反应的摩尔反应焓等于产物的摩尔生成焓与反应物的摩尔生成焓之差。计算公式如下：

$$\Delta_r H_m = \sum \Delta_f H_m(\text{产物}) - \sum \Delta_f H_m(\text{反应物}) \tag{3-6}$$

一些化学物质的摩尔生成焓 $\Delta_f H_m$ 可以通过文献或相关手册查得。

当用表观反应热来描述反应热时，表观反应热是过程函数，不仅仅与化学反应相关，还与过程涉及的溶解、析出、蒸发、冷却等相关，表现了化学工业的过程相关性。

按照物理化学的概念，以环境为基准进行热计量（Q），$Q>0$，为正值，代表环境向系统放热，也就是系统从环境吸热；$Q<0$，为负值，代表环境从系统吸热，也就是系统向环境放热。因此，对于放热反应体系来讲，对应的反应热 $\Delta_r H$ 应为负值；吸热反应体系对应的反应热 $\Delta_r H_m$ 应为正值。

对于大部分放热反应，事故造成损失的大小与反应能够释放出的能量大小有着直接的关系。因此，在规避反应风险的过程中，是否能够获取准确的反应热数据，是风险评估成功与否的重要影响因素。

3.1.4 表观反应热

化学反应的摩尔反应焓可以通过摩尔生成焓 $\Delta_f H_m$、键能、基团贡献法、盖斯定律等进行估算，但是，在实际的化学反应过程中，除了化学反应，还经常伴随着物料混合、机械搅拌、蒸发、冷却、结晶、摩擦等物理过程，实际化学反应过程中的能量变化是这些过程能量变化综合作用的结果，这种能量的变化统称为表观反应热，也可称为表观反应能。表观反应热是化学反应过程实际释放的能量的综合表现。对于同一个化学反应，改变工艺过程，例如增加或减少了稀释、结晶等过程，都会使表观反应热发生改变。因此，只有结合实际工况，才能够获取准确的表观反应热，并用于热交换设计和工艺控制。

通过生成焓、键能、基团贡献法、盖斯定律等进行估算获得的反应热只是表观反应热的一部分，仅考虑了理论上化学反应的能量变化行为，不考虑其他能量的释放。通过这种理论计算获得的结果通常会与实际有较大差距，例如，浓硫酸与水在宏观层面上来讲并不会发生化学反应，但是两者混合后的混合热却很大。因此，通过理论计算方式获取的反应焓，在大多数情况下对于实际化工安全生产的参考价值有限，采用这种估算的数据进行化工厂安全设计或安全评价，所设计的安全控制措施有可能起不到应有的保护作用，甚至可能造成严重的后果。例如，浓硫酸与氢氧化钠水溶液进行中和反应时，如果不考虑浓硫酸与水的混合热，仅考虑氢氧化钠和硫酸的中和热，那么在进行换热面积设计时，就会导致换热面积设计过小，反应释放的热量不能及时移除而导致超温，进而引起剧烈沸腾和冲料危险的发生。

表观反应热是化工过程和热交换设计的重要参数，对化工产业非常重要。表观反应热可以采用反应量热进行测试获取，获取过程中，涉及到利用相关测试数据，采取相应的计算方法得到。可以通过与生产工艺相一致的过程，采取量热的实验方法来测试获取。反应量热，通常使用高精确度的反应量热仪。例如，采用实验室全自动反应量热仪（RC1）测试反应热，通过进行反应量热实验，在线记录反应的瞬时放热速率，实验结束后，通过数据处理，对反应过程的放热速率曲线进行积分，获得反应热。某放热反应的放热速率曲线如图 3-1 所示。

3.1.5 工艺反应能够达到的最高温度

工艺反应能够达到的最高温度（MTSR）指的是冷却失效情况下，反应体系温度能够达到的最高值。

对于间歇、半间歇的恒温反应过程，工艺反应能够达到的最高温度是冷却失效情况下，热累积导致体系的绝热温升与工艺温度之和。恒温反应过程的工艺温度如果存在波动范围，取波动范围的上限值。

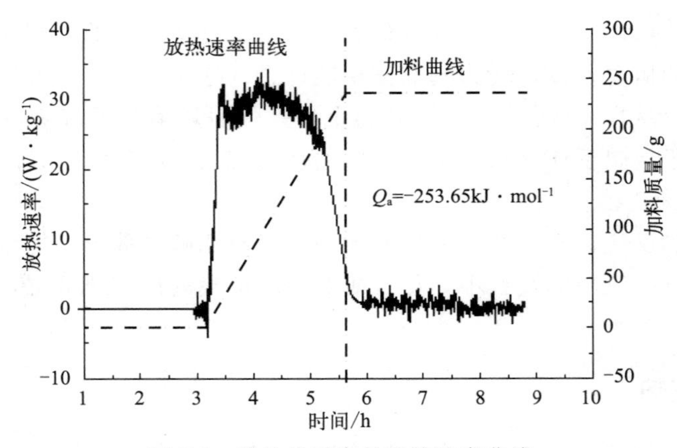

图 3-1　某放热反应的放热速率曲线

间歇反应过程，MTSR 通过式（3-7）计算。

$$\mathrm{MTSR}=T_{\mathrm{p}}+\Delta T_{\mathrm{ad}} \tag{3-7}$$

半间歇反应过程，冷却失效时，立即停止加料，MTSR 通过式（3-8）计算。

$$\mathrm{MTSR}=\left(T_{\mathrm{p}}+X_{\mathrm{ac}}\Delta T_{\mathrm{ad}}\frac{m_{\mathrm{rf}}}{m_{\mathrm{r}(t)}}\right)_{\max} \tag{3-8}$$

注：化学计量点之后，$X_{\mathrm{ac}}=1-X$；

化学计量点之前，$X_{\mathrm{ac}}=X_{\mathrm{fd}}-X=\dfrac{\eta m_t}{m_{\mathrm{fd}}}-X$。

式中　T_{p}——工艺温度，℃；

X_{ac}——热累积度，%；

m_{rf}——反应混合物总质量，g；

$m_{\mathrm{r}(t)}$——任意时间反应混合物瞬时总质量，g；

X_{fd}——加料比例，%；

X——热转化率，%；

η——过量比，例如，其中一种或几种反应物过量 25%，则 $\eta=1.25$；

m_t——瞬时加料质量，g；

m_{fd}——加料总质量，g。

对于梯度升/降温工艺过程，不同恒温阶段的工艺温度为变量，取各阶段控制温度值或波动范围的上限值；绝热温升根据工艺条件，取单位时间内热累积导致的体系绝热温升。对于 T_0 到 T_1 直至 T_{n-1} 到 T_n 的升/降温过程，结合工艺要求的升/降温速率，同时考虑热转化率，MTSR 通过式（3-9）计算获得。

$$\begin{aligned}
\mathrm{MTSR}_0&=T_0+\Delta T_{\mathrm{ad}}\\
\mathrm{MTSR}_1&=T_1+(1-X_0)\Delta T_{\mathrm{ad}}\\
\mathrm{MTSR}_2&=T_2+(1-X_1)\Delta T_{\mathrm{ad}}\\
&\vdots\\
\mathrm{MTSR}_n&=T_n+(1-X_{n-1})\Delta T_{\mathrm{ad}}
\end{aligned} \tag{3-9}$$

式中　T_0——起始工艺温度，℃；

T_1，T_2，$T_3\cdots T_n$——不同温度梯度对应的工艺温度，℃；

X_0，X_1，X_2，$X_3\cdots X_{n-1}$——不同温度梯度下的物料转化率，%；

$MTSR_0$、$MTSR_1$、$MTSR_2$ 至 $MTSR_n$——不同温度梯度下失控反应能够达到的最高温度,℃。

3.1.6 绝热条件下最大反应速率到达时间

绝热条件下最大反应速率到达时间（TMR_{ad}）是指绝热条件下，放热反应从起始至达到最大反应速率所需要的时间。其中，绝热条件是指体系与环境没有热交换的条件，即体系热量无法向外传递，环境热量无法进入体系。

通过绝热加速量热、差示扫描量热、微量热等测试手段获得基础数据，再通过式（3-10）计算获得 TMR_{ad}。

$$TMR_{ad}=\frac{C_pRT_0^2}{q_0E}-\frac{C_pRT_{max}^2}{q_mE} \tag{3-10}$$

测试过程中，反应放出的热量，一部分被测试体系吸收，一部分被物料吸收，φ 用于确定多少热量被物料吸收，$\varphi=1+\frac{m_bC_{pb}}{m_sC_{ps}}$。$TMR_{ad}$ 的修正值通过式（3-11）计算获得。

$$TMR_{ad}=\frac{C_pRT_0^2}{q_0E\varphi}-\frac{C_pRT_{max}^2}{q_mE\varphi} \tag{3-11}$$

式中 R——摩尔气体常数，8.314J·mol^{-1}·K^{-1}；

T_{max}——反应速率最大值所对应的温度，K；

q_0——T_0 温度下的反应放热速率，W·kg^{-1}；

q_m——T_m 温度下的反应放热速率，W·kg^{-1}；

φ——热惯性因子；

m_s——测试物料的质量，kg；

C_{ps}——测试物料的比热容，kJ·kg^{-1}·K^{-1}；

m_b——测试容器的质量，kg；

C_{pb}——测试容器的比热容，kJ·kg^{-1}·K^{-1}。

对于测试范围内分解反应完全、放热过程完整、遵循零级动力学模型的分解反应，TMR_{ad} 通过式（3-12）计算获得。

$$TMR_{ad}=\frac{C_pRT_0^2}{q_{T,0}E\varphi} \tag{3-12}$$

3.1.7 化学反应速率

在考虑化工工艺热风险的关键问题时,必须考虑反应体系的热行为,反应动力学在评价反应体系热行为时起决定性作用。为了避免化工反应失控情况的发生,控制反应的进程尤为重要,控制反应进程的关键在于控制反应速率。因为反应速率越快,放热反应的放热速率也就越快,就越容易造成失控,也就是说化学反应速率是导致反应失控的原动力。

对于精细化工行业来讲,以间歇或半间歇反应为主,为了达到良好的传质和传热效果,大多数化学反应属于液相或均相反应。因此,本书重点介绍液相或均相反应的反应动力学。液相或均相反应的化学反应速率是指单位时间、单位体积反应体系内,某一反应组分的消耗量或某一生成组分的生成量,其数学表达式如下。

$$r_i=\pm\frac{\mathrm{d}n_i}{V\mathrm{d}t} \tag{3-13}$$

式中 r_i——组分 i 的化学反应速率，$\mathrm{mol\cdot L^{-1}\cdot s^{-1}}$；

n_i——组分 i 的物质的量，mol；

V——均相反应体积，L；

t——反应时间，s。

由于化学反应速率总是正值，而反应物的量总随时间的增加而减少，即 $\mathrm{d}n_i/\mathrm{d}t<0$，此时反应速率表达式右端取“－”；而对于反应产物的情况则正好相反，即 $\mathrm{d}n_i/\mathrm{d}t>0$，此时反应速率表达式右端取“＋”。

根据化学反应速率的定义，对于一个单一反应 $\mathrm{A}\longrightarrow\mathrm{B}$，A 和 B 组分的反应速率分别可表示为：

$$r_\mathrm{A}=-\frac{\mathrm{d}n_\mathrm{A}}{V\mathrm{d}t},r_\mathrm{B}=\frac{\mathrm{d}n_\mathrm{B}}{V\mathrm{d}t} \tag{3-14}$$

对于 A 组分，由于 $n_\mathrm{A}=Vc_\mathrm{A}$，代入式（3-14）中可得：

$$r_\mathrm{A}=-\frac{\mathrm{d}n_\mathrm{A}}{V\mathrm{d}t}=-\frac{\mathrm{d}(Vc_\mathrm{A})}{V\mathrm{d}t}=-\frac{\mathrm{d}c_\mathrm{A}}{\mathrm{d}t}-\frac{c_\mathrm{A}}{V}\times\frac{\mathrm{d}V}{\mathrm{d}t} \tag{3-15}$$

对于恒容反应过程，反应速率可表示为：

$$r_\mathrm{A}=-\frac{\mathrm{d}c_\mathrm{A}}{\mathrm{d}t} \tag{3-16}$$

对于变容反应过程，式（3-15）中等式右边 $-\frac{c_\mathrm{A}}{V}\times\frac{\mathrm{d}V}{\mathrm{d}t}$ 项不为零，此时，化学反应和反应物系体积变化均可以引起组分浓度的变化。

在均相化学反应过程中，反应组分浓度、压力、温度以及发生催化反应时的催化剂性质等都是影响化学反应速率的因素。在压力、催化剂等因素一定的情况下，反应组分的化学反应速率方程可表示为：

$$r_\mathrm{A}=f(c,T) \tag{3-17}$$

对于大多数均相反应来说，以幂函数型的反应速率方程居多。对于基元反应，由于反应物分子通过化学碰撞可一步转化为产物分子，所用的重要的动力学定律，是质量作用定律和阿伦尼乌斯（Arrhenius）定律。质量作用定律是指基元反应的反应速率与反应物的浓度的幂成正比，而与反应产物的浓度的幂无关。对于目前绝大多数的反应而言，反应机理尚不清楚，仍以实验为基础来确定反应速率方程。通常采用分离变量法来处理温度和反应物浓度对反应速率的影响，对于反应级数为 α 的 $\mathrm{A}\longrightarrow\mathrm{B}$ 的化学反应，反应的微分速率方程为：

$$r_\mathrm{A}=-\frac{\mathrm{d}c_\mathrm{A}}{\mathrm{d}t}=kc_\mathrm{A}^\alpha=kc_\mathrm{A0}^\alpha(1-X_\mathrm{A})^\alpha \tag{3-18}$$

式中 r_A——反应速率，$\mathrm{mol\cdot L^{-1}\cdot s^{-1}}$；

c_A——未反应的 A 组分的浓度，$\mathrm{mol\cdot L^{-1}}$；

k——速率常数，$(\mathrm{mol\cdot L^{-1}})^{(1-\alpha)}\cdot\mathrm{s^{-1}}$；

c_A0——A 组分的初始浓度，$\mathrm{mol\cdot L^{-1}}$；

X_A——A 组分的转化率，%；

α——反应级数。

反应微分速率方程中速率常数 k 与温度的关系遵循阿伦尼乌斯方程（Arrhenius Equation）。

$$k=k_0\exp(-\frac{E_a}{RT}) \tag{3-19}$$

式中　R——摩尔气体常数，8.314J・mol^{-1}・K^{-1}；

k_0——指前参量或频率因子；

E_a——活化能，kJ・mol^{-1}。

3.1.8　热量平衡

对于放热化学反应，反应过程中会有热量生成，使体系温度升高，为使反应维持在工艺要求的反应温度，需要采取相应的冷却方式，以几乎相同的速度移出反应热，使体系维持一种热量平衡的状态，确保反应在一定温度条件下进行。因此，应充分考虑化工过程的热量平衡，将其作为设计的前提条件。一旦热量失去平衡，反应体系容易进入失控状态，失控后果不堪设想。因此，在化工生产和反应安全风险评估过程中，充分考虑由热生成和热交换构成的热量平衡非常重要。

3.1.8.1　热生成

放热化学反应的热生成速率即反应放热速率，与反应速率成正比，可用式（3-20）进行描述。

$$Q_{rx}=r_A VQ_a \tag{3-20}$$

式中　Q_{rx}——反应放热速率，W・kg^{-1}；

r_A——反应速率，mol・L^{-1}・s^{-1}；

V——均相反应体积，L；

Q_a——表观反应热，J・mol^{-1}。

如果将式（3-18）和式（3-19）代入式（3-20）中，可得下式。

$$Q_{rx}=k_0\exp\left(-\frac{E_a}{RT}\right)C_{A0}^{\alpha}(1-X_A)^{\alpha}VQ_a \tag{3-21}$$

由式（3-21）可知，热生成速率主要与下述几个因素有关。

① 反应温度 T：热生成速率与温度呈指数关系。

② 反应体积 V：热生成速率与反应体积成正比，随容器线尺寸的立方值（L^3）而变化，在进行反应放大时，这一因素显得尤为重要。

③ 反应物料的初始浓度 C_{A0}。

④ 反应级数 α。

⑤ 反应的转化率 X_A。

⑥ 反应的表观反应热 Q_a。

除了上述影响因素外，影响热生成速率的因素还有反应的加料方式，即采取起始全加料方式还是滴加物料方式；反应过程中的原料累积情况；热事件的发生情况，例如结晶、分解、气体放出、相改变等。

3.1.8.2　热移出

对于放热反应来说，反应热的移出通常是采取夹套、盘管、外循环冷却等方式进行外部热交换，在溶剂回流条件下完成的化学反应，通过溶剂蒸发的相变潜热进行热交换是常用的一种方式，回流反应既能保持体系温度稳定，又能节省能源，是反应体系热量移出的优良方法，溶剂蒸发冷却保持回流状态，维持体系热量平衡或温度恒定。热移出的过程本质上是一种传热过程，根据传热原理，传热可分为三种方式，即热传导、热对流和热辐射。热传导是指热量从物体的高温部分向该物体的低温部分传递，或者从一个高温物体向一个与其直接接触的低温物体传递的过程。热对流是指将热量由一处带到另一处的传递现象。热辐射是指因为热的原因而产生的电磁波在空间中的传递，也可以直观地理解为冷源与热源没有直接接触的传热过程。精细化工生产中的釜式反应器内传热过程基本都属于热对流和热传导，例如，釜式反应的夹套冷却，反应热通过釜壁向夹套换热介质（冷却水、冷冻盐水、换热油等）传递。

本书中我们只考虑热对流情况，热对流发生在冷源与热源的接触面上，满足下列关系：

$$Q_{ex}=KA(T-T_c) \tag{3-22}$$

式中 Q_{ex}——热移出速率即冷却速率，W·kg；

K——传热系数，$W\cdot m^{-2}\cdot K^{-1}$；

A——传热面积，m^2；

T——物料温度,℃；

T_c——冷却温度,℃。

由上式可以看出，热移出速率主要与下述三个因素有关：

① 有效的传热面积 A。

② 夹套冷却介质与物料体系的传热温差 $T-T_c$，它是热量传递的推动力，热移出速率与传热温差成线性关系。

③ 反应物的物理化学性质、反应器壁情况、冷却介质的性质，都可以对传热系数 K 产生影响；物料的传质情况，如釜式反应器的搅拌桨类型、形状以及搅拌速度，也会影响传热系数 K。

有效的传热面积是影响热移出速率最为主要的一个因素，热移出速率与传热面积成正比，这就意味着在进行工艺放大时，热移出速率的增加远不及热量生成速率的增加。因此，对于较大的反应容器来说，需要高度重视有效传热面积对热平衡的影响。

假设某一反应的反应温度为 80℃，环境温度为 20℃，容器的装料系数为 80%，表 3-5 列举了使用几种实验室常见容器时该反应在空气环境中自然冷却情况下的热移出速率的数据，并使用了近似于绝热体系的杜瓦瓶反应器考察了反应的极限情况。从表 3-5 可以看出，随着容器体积的增大，体系温度降低速率和热移出速率逐渐降低，按照上述规律，在进行反应放大时，要特别注意热移出速率降低的情况，这也就意味着，如果在实验室小试规模下进行的化学反应，如果没有发现反应放热效应，这并不代表该反应不放热，也不能代表在放大规模的条件下反应是安全的。表 3-5 中还给出一个信息，就是对于相同体积的容器，敞开体系与绝热体系热移出速率的差值也非常大，同是 1000mL 杜瓦瓶的热移出速率与烧杯相差 1 个数量级。这对实际过程非常重要，对于一个放大规模的放热反应，如果突然出现冷却失效的情况，那么，此时的反应体系近似于绝热体系，热移出速率将在瞬间变得很小，造成热量传递失去平衡，致使体系内温度陡然上升，有可能会引起爆炸事故。因此，在进行工艺反应放大时，要充分考虑冷却系统的移热能力，考虑所用冷却系统是否能够平衡反应中生成的热量，保证化工生产能够安全地进行。

表 3-5 不同类型和体积容器的热移出速率

容器类型	体积/mL	温度降低 1K 所需时间/s	温度降低速率/(K·min^{-1})	热移出速率/(W·kg^{-1})
试管	10	11	5.5	385
烧杯	100	20	3.0	210
烧瓶	1000	120	0.5	35
绝热杜瓦瓶	1000	3720	0.0161	1.125

3.1.8.3 热累积

根据式（3-21），热生成速率与温度呈指数关系，且随容器线尺寸的立方值（L^3）变化；根据式（3-22），热移出速率与温度差成线性关系，且随容器线尺寸的平方值（L^2）变化。由此可以看出，热生成和热移出二者存在一定的差异。而当反应器尺寸必须改变时（如工艺放大），反应热移出速率的增加远不及热生成速率的增加，这将导致反应器内物料的温度发生变化。

反应体系内的热累积就源于热生成和热移出二者的差，在忽略其他热效应影响的情况下，反应体系内的热累积速率等于热生成速率与热移出速率的差值，如式（3-23）所示：

$$Q_{ac}=Q_{rx}-Q_{ex} \tag{3-23}$$

反应热累积在实验室小试规模的情况下，体现得并不是很明显，但是，当反应工艺规模逐渐放大时，反应体系内热累积的显著性将大幅提升，这主要是由于反应体系内热生成速率的增加远远大于热移出速率的增加。所以，在反应工艺规模放大时，要充分考虑反应热累积的实际情况，并通过提高冷却系统的冷却能力，保证热量能够及时移出，防止反应热累积导致反应失控的发生。

3.2 化工本质安全及关键技术

3.2.1 本质安全概念

本质安全（inherent safety），具有“本质的”“固有的”和“内在的”等含义。顾名思义，本质安全就是不会因自身的原因造成事故的发生。所以，本质安全也常常被称为内在的安全或固有的安全。化工本质安全的概念起源于20世纪60年代，创新地设计了一项不打火花、不会引起瓦斯爆炸的电气开关，其成为了煤矿领域使用、保证本质安全的开关。本质安全化的电器开关推广应用后，本质安全的概念很快地传播起来，本质安全成为了设计各种产品的功能指标，也成为了各种运作程序和管理系统的一项重要指标。

本质安全技术的开发应用与过程安全管理的内容有所不同，但是，技术与管理的目标都是为了安全。本质安全的内容主要是从设备和工艺两方面考虑，工艺安全和设备安全是实现本质安全的根本保障。开展反应风险研究和工艺风险评估，明确化工制造涉及的化学品、化学反应和反应失控风险，并进行有效的风险控制，提供设计参数，实现工艺本质安全。开展工程和过程强化研究，提出适宜的工程方法，以及必要的过程强化要求，解决传质传热障碍和装备设施问题，实现设备本质安全。工艺安全、设备安全和过程安全管理改善，是保障化工产业具有本质安全性的必要途径。尽管在实现本质安全目标的过程中，工艺安全和设备安全非常重要，但是，离不开过程安全管理，部分国际先进公司也常常把安全事故的根本原因归结为管理问题，可见过程安全管理在本质安全中的重要地位。因此，我们在建立健全先进的工艺和工程技术方法的同时，需要重视提高管理水平，紧密围绕风险认知、风险监控和风险管控，从领导作用、规划保障、能力建设、沟通推广、合规保障、事件学习和持续改进等管理要素方面，做好过程安全管理。本质安全设计作为实现本质安全的一种技术途径，在各个工程技术领域应用广泛。打开化工本质安全设计的技术内核，需要关注两方面的技术措施，包括本质安全设计和本质安全防护措施。开展本质安全设计，首先要辨识系统中可能存在的危险源，并针对辨识出来的危险源，选择消除、替代、减缓、控制等有效的技术方法，并在本质安全设计中充分体现。对于本质安全防护措施而言，可以从其发挥作用的原理上进行区分，一是被动防护措施，二是主动防护措施。被动防护措施主要是指一些没有动作的部件，被动地减缓、限制能量释放或者危险物质的释放，成为风险防护的物理屏蔽。主动防护措施是指检查非正常状态，并使系统处于安全状态，例如报警、联锁控制、紧急停车等控制措施。应针对不同产品的生产系统中存在危险源的不同，建立必要的本质安全防护技术措施。开展本质安全设计，可以消除或控制系统中的危险源，从而降低系统的危险性，然而，系统中仍然存在一定的“残余危险”，同时，系统中残余的危险常常会高于可接受风险，因此，还应采取进一步的安全防护措施，降低系统存在的危险性，直至达到风险可接受的水平为止。因此，也有人建议“本质安全设计”表述为“本质较安全设计”，旨在提示人们不要因此产生误解。此外，还要开展过程安全管理，只有过程安全管理水平提升，才能真正保证本质安全设计切实有效。

3.2.2 化工过程本质安全及研究技术简介

化工作为国民经济的重要支柱产业，在人类健康和营养、农业、国防，以及人们的日常生活中发挥着重要作用，为社会的发展和人类进步提供了重要的物质基础和保障。然而，化工是高危险制造业。化工生产使用大量化学品，运行各种各样化学反应，具有有毒有害、易燃易爆、高温高压等危险特性，火灾、爆炸、泄漏和中毒等安全事故频繁发生，不仅造成了人员伤亡和财产重大损失，同时也对环境造成了持久的破坏。在全球范围内，随着化学工业生产规模的不断扩大，化工生产过程中潜在的危险也随之增加，从而使得化工生产过程中存在的危害被广泛关注，带动了全世界对化工安全技术研究的兴起。

传统上通过在危险源与人、物及环境之间建立保护层等技术方法和手段达到控制危险的目的，这种依靠附加安全系统的传统方法在一定程度上改善了化工行业的安全状况，但该方法在实施过程中也存有诸多弊处。首先，在建立保护层及后期维护过程中投入很高，包括最初的设备装置投入、安全培训、维修保养费用等；其次，保护层在失效后其自身也有可能成为新的危险源，一旦发生事故，后果可能更加严重；最后，保护层只起到限制危险的作用，但危险仍然存在，在某种诱因的作用下，仍然有可能会发生事故，这就增加了事故发生的突然性。面对这种现状，人们急需找到一种新的安全技术手段，从源头上尽可能地消除危险，即“本质”安全化。20 世纪 70 年代，英国教授克莱兹（Trevor Kletz）首次提出了化工过程本质安全化的概念，赋予了过程安全新涵义。他指出，避免化学工业中重大事故发生最有效的手段，不是通过依靠更多、更可靠的附加安全设施，而是从根源上消除或者减少系统内发生重大事故的可能性，通过工艺设计，达到减少或者消除工艺过程中潜在危险的目的，使之达到可接受的水平。1985 年，克莱兹把化工工艺过程中的本质安全归纳为五条基本原则，包括：消除、最小化、替代、缓和和简化。1991 年克莱兹又提出了采用六条基本原则来定义“本质安全化”，六条基本原则的内容如表 3-6 所示。

1997 年，欧盟的 INSIDE 项目探讨了欧洲本质安全技术在工业过程中的应用情况，并验证了在化工行业中本质安全设计方法的应用是可行的。2001 年，Mansfield 提出了关于本质安全的健康环境分析方法工具箱（INSET）理论，其中包含多达 31 种本质安全设计的方法，在总体上可分为四个过程：化学路线选择、化学路线的具体评估分析、工艺过程设计最优化及工艺设备设计。

表 3-6 本质安全化基本原则

基本原则	释义
最小化	尽可能减少系统中危险物质的数量
替换	使用安全或危险性小的物质或工艺替代危险的物质或工艺
缓和	采用危险物质的最小危害形态或者是危害最小的工艺条件
限制影响	通过改进设计和操作，限制或减小事故可能造成的破坏程度
简化	通过设计来简化操作，减少安全防护装置的使用，进而减少人为失误的可能性
容错	使工艺、设备具有容错功能，保证设备能够经受扰动，反应过程能承受非正常反应

化工行业使用的大多数原材料及工艺过程都具有危险性，想要完全消除这些危险是不可能的，但可以通过合理地利用本质安全相关理论，并使之能够与化工过程更好地结合，做到最大限度地减少或消除化工生产过程中存在的潜在危险。

开展化工本质安全设计，应针对化学反应过程中的危险性进行深入和透彻的分析，例如研究评估化学物质的危险性、分解特性和不稳定特性，化学反应的放热特性、反应过程的压力变化、爆炸性气体的形成、爆炸范围等。本质安全设计的目的是要从根本上减少或消除危险源。开展本质安全设计，不仅可以减少对外部安全装置的使用及维护费用，同时也会降低事故的危害及事故发生所造成的经济损失、社会影响和环境污染，具有一定的经济优势。在化工产业不断发展的过程中，一些本质上不太安全的技术仍在使用，化工安全技术进步必不可少，应不断寻找本质上更为安全的替代技术和方法，通过本质安全化新技术的研发和应用，给化学工业带来更可靠、更经济、更稳定和可持续发展的前景。

3.3 物质风险研究

物质风险和反应过程风险是化工生产过程中的主要风险，物质风险研究需要收集大量的安全性数据，例如通过文献获得一些化学物质的稳定性、燃烧性、毒性、爆炸极限、闪点等数据。但是，一旦没有相应的安全数据作参考，就需要开展必要的安全性测试，包括但不限于物质的热稳定性测试、爆炸性测试等。综合物质风险研究的结果，明确化学物质在合成、分离、精制、储存、运输过程中的危险因素，确定相应的安全措施，保证化工生产安全。

3.3.1 物质的稳定性

本节阐述的物质稳定性指的是物质的热稳定性，即物质在受热条件下是否稳定，能否发生分解反应。物质的热稳定性研究是物质风险研究的重要组成，对反应中所涉及的所有原料、中间体、产成品、混合物、废弃物，以及工艺过程涉及受热操作的蒸馏料液进行热稳定性研究，获取起始热分解温度、分解热、温升压升速率等数据，测试样品量由小到大，可以采用差示扫描量热、快速筛选量热、绝热加速量热、微量热等方法进行研究，进一步配合动力学仿真，预测放大规模下的热行为，为产业放大和储存运输提供安全技术参数。

据世界著名的 Ciba Geigy 公司对 1971～1980 年十年间工厂事故统计，发现其中 56％的事故是由反应失控造成的。而大部分失控反应都与工艺过程中的原料、中间体、产品的分解反应相关，分解反应放出热量而使体系温度升高，反应体系发生“放热反应加速-温度再升高”以至超过了反应器冷却能力极限的恶性循环，分解的同时产生大量气体，压力急剧升高，最后导致喷料、反应器破坏，甚至燃烧、爆炸等事故。因此，全面了解工艺过程中涉及物料的热稳定性对化工过程安全至关重要。

3.3.1.1 起始分解温度

对于分解反应，并没有确切的起始分解温度，分解反应速率与反应温度呈指数关系，温度越低，分解反应速率越慢，分解过程放热速率越小；测试仪器的检测限、样品量及测试方法对检测到的起始分解温度影响很大。

对于同一物质，当测试仪器的检测限为 $10W \cdot g^{-1}$，样品量为 5mg 时，检测到的起始分解温度为 189℃；当测试仪器的检测限为 $1W \cdot g^{-1}$，样品量为 100mg 时，检测到的起始分解温度为 174℃；当测试仪器的检测限为 $0.1W \cdot g^{-1}$，样品量为 5g 时，检测到的起始分解温度为 153℃。

3.3.1.2 分解热

分解反应通常都是放热反应，分解热是物质发生分解时所释放的能量，但是大部分分解反应产物为气体，具体产物往往很难确定，因此，很难通过标准生成焓、键能等方式计算求得分解反应放热量。Grewer 基于汇总结果编制了官能团的标准分解热，但是该方法与真实测试结果往往存在很大偏离。例如，2,5-二氯苯胺，分子中有不同的官能团，就很难判断采用哪种官能团的标准分解热进行估算。因此，通过实验手段进行测试才是获取分解热最直接、最准确的方法。

此外，在分解反应过程中，杂质可能有催化作用，且反应过程中涉及的物料多数为混合物，测试时应尽量使用工况条件下的物料，保证测试结果具有参考意义。物料热稳定性研究采取联合测试研究手段，包括但不限于差示扫描量热、压力跟踪差示扫描量热、快速筛选量热、绝热量热、微量热，应根据物料特征进行毫克级到克级测试。对于均相物料，起始分解温度取联合测试结果的最低值，分解热取联合测试结果的最高值；其中，分解剧烈、分解热大的物料，绝热测试难以获取完整的分解热数据，取毫克级测试结果。对于非均相混合物料，进行联合测试的克级测试，测试装置对非均相物料应具有混合功能，起始分解温度取克级联合测试结果的最低值，分解热取克级联合测试结果的最高值。

3.3.1.3 分解动力学

分解动力学研究的方法有很多种，包括传统的分解动力学研究法、Friedman 法、Ozawa 法、Coats-Redfern 法、Kissinger 法、热惰性因子法等。每种动力学研究方法都有不同的假设和限制条件，根据物料特性、测试类型及测试特点选择不同的研究方法至关重要。对于化学品而言，起始分解反应没有定值，随化学品存储或操作使用规模的不同而改变。为了满足实验室研究指导产业化操作的要求，引入一个更加科学的概念——绝热条件下最大反应速率到达时间（TMR_{ad}），可通俗地理解为绝热条件下化学物质的致爆时间，是化工安全技术领域广泛应用的参数。TMR_{ad} 是温度的函数，也是一个衡量时间的尺度，用于评估失控情况下的最坏情形，以及发生的可能性，也可用于判断当工艺过程处于危险状态时体系物料的稳定性，以及能否有足够的时间来采取相应措施控制风险，同时也可以作为判断工况条件下体系物料是否稳定的依据。TMR_{ad} 与物料体系温度相关，温度越高，TMR_{ad} 越小，反之，TMR_{ad} 越大，见图 3-2。

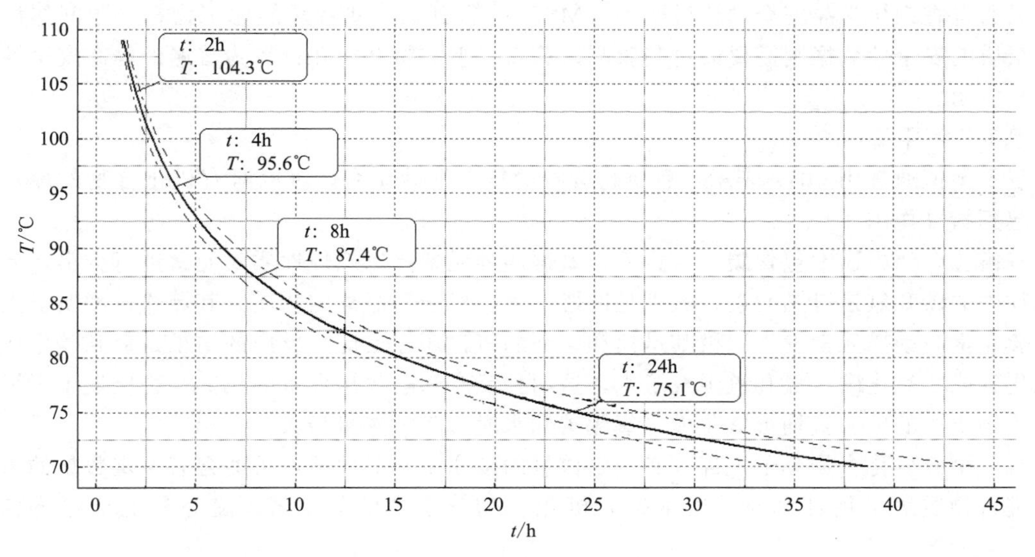

图 3-2　某物料 TMR_{ad} 曲线

TMR_{ad} 的获取，需要用到该物料的比热容，不同温度下的放热速率、分解反应速率及分解活化能这些参数的获取，都需要通过开展动力学研究。此外，分解反应会产生气体，并可能伴随蒸气压升高，反应器内压力增大，最终可能导致反应器破裂。因此，还需要对分解反应的压力效应进行研究，获得分解过程放气量、起始放气温度等数据，从而判断反应物质分解剧烈程度，为反应安全风险评估提供依据。

3.3.2　静态安全

化工生产相对于其他制造行业来说，危险性比较高，由于使用大量的有机化工原料，特别是低沸点、低闪点、热稳定性差、毒性高的化学原料及中间体，存在各种各样潜在的风险，这种由物料本身的物理危险性和其他危险性带来的安全性问题称为静态安全。物质的静态安全主要体现在易燃、易爆、有毒、有害等危险性，生产过程中涉及的危险性高的化工原料在存储、运输和使用过程中存在较大的风险，可能引发严重的事故。

因此，为了保证化工企业的安全生产，首先需要了解生产所用的各种化工原材料的静态安全，获得原材料的稳定性、燃烧性、爆炸性、毒性等特性数据，进一步需要对工艺过程的风险进行合理的研究和评估。在化工过程前期的实验研究过程中，尽量选择安全的原材料，如选择闪点高、不易挥发、稳定性好的物料作为反应原料。选择相对安全的原材料，能够有效地减少或避免生产过程中的燃烧和爆炸风险。但是，完全使用闪点高、不易挥发且稳定性好的物料是比较困难的，大部分物料都具有闪点低、挥发性强和易燃烧等危险性。针对使用了低闪点、强挥发性及易燃性物料的工艺过程，需要在实验室工艺研究的基础上，开展反应风险研究、物理危险性鉴定等，明确反应中涉及的原料、中间产品、反应产物及其他物料的危险性，以及反应过程的安全风险，并依靠优化工艺过程制定详尽的生产操作规程，控制过程风险，将风险降至可接受的范围。

物质的静态安全关键性数据包括稳定性、燃烧性、闪点、自燃温度、最低引燃能量、爆炸极限、毒性、氧化性、自反应性，以及固体的撞击感度和摩擦感度等。本书中涉及的物质稳定性主要是热稳定性，相关内容在3.3.1中有涉及，此处不做赘述。以上提到的参数一部分可以通过查询化学品安全数据说明书（MSDS）得到，一些特殊的化工物料、中间体以及相关杂质的安全性数据则需要通过实验测试获得。下文将介绍几种较为普遍的静态安全性参数及其应用。

3.3.2.1 氧平衡

氧平衡值通常用OB%表示，有机化合物的氧平衡的研究，可以对有机化合物的爆炸性研究起到指导作用。

有机化合物中通常包含碳、氢、氧、氮这四种元素，以燃烧性质对元素进行分类，有机化合物中的碳和氢是可燃元素，氧则是助燃元素。对于易爆炸的物质，其爆炸过程实质上就是可燃元素与助燃元素发生了极其迅速和猛烈的氧化还原反应，反应的结果是氧和碳生成了二氧化碳或一氧化碳，氢和氧生成了水，这两种反应都会放出大量的热。当物质发生了燃爆反应，物质中的碳、氢均被氧化成二氧化碳和水时，其放热量最大。

每一个有机化合物分子里都含有一定数量的碳原子和氢原子，可能含有一定数量的氧原子，进行物质氧平衡计算时，通常把有机化合物分子中的氮、氯、硫等其他杂原子忽略不计。

物质的氧平衡就是物质本身所含有的氧原子数与可燃元素被完全氧化需要的氧原子数的平衡关系。当有机化合物发生爆燃反应时，其分子中本身存在的碳、氢和氧原子的数量不一定能够完全匹配，可以根据物质中所含氧原子数的多少，将物质的氧平衡划分为下列几种情况。

① 零氧平衡。当OB%＝0时，为零氧平衡，零氧平衡的有机化合物分子本身含有的氧原子可以使可燃元素完全氧化；

② 正氧平衡。当OB%＞0时，为正氧平衡，正氧平衡的有机化合物分子本身含有的氧原子可以使可燃元素完全氧化，并有剩余；

③ 负氧平衡。当OB%＜0时，为负氧平衡，负氧平衡的有机化合物分子本身含有的氧原子不足以使可燃元素完全氧化。

当有机化合物中含有—NO、$—NO_2$、$—N_3$、—N＝N—、$—NX_2$、ClO_3^-、ClO_4^-、OCl^-、—O—O—、—O—O—O—等不稳定性基团时，会增加物质的不稳定性，爆炸危险性增强，这时就需要充分考虑物质的氧平衡。

假设某物质分子式是$C_XH_YO_Z$，该化合物与氧气的反应式如下：

$$C_XH_YO_Z+\left(2X+\frac{Y}{2}-Z\right)O = XCO_2+\frac{Y}{2}H_2O \tag{3-24}$$

氧平衡值计算式如下：

$$OB\%=-\frac{16}{M}\times\left(2X+\frac{Y}{2}-Z\right)\times 100=-\frac{1600}{M}\times\left(2X+\frac{Y}{2}-Z\right)$$

式中 X——物质中碳原子数目；

Y——物质中氢原子数目；

Z——物质中氧原子数目；

$(2X+Y/2-Z)$——可燃元素碳、氢完全氧化所需的氧原子数；

M——物质的摩尔质量，$g \cdot mol^{-1}$；

16——氧的摩尔质量，$g \cdot mol^{-1}$。

例：计算乙二醇二硝酸酯（$C_2H_4N_2O_6$）的氧平衡值（OB%）。

解：乙二醇二硝酸酯的分子式为 $C_2H_4N_2O_6$，其摩尔质量 M 为 152.0$g \cdot mol^{-1}$，碳原子数 X 为 2，氢原子数 Y 为 4，氧原子数 Z 为 6。

$$OB\% = -\frac{1600}{M}\left(2X+\frac{Y}{2}-Z\right) = -\frac{1600}{M}\left(2\times 2+\frac{4}{2}-6\right) = 0$$

所以，乙二醇二硝酸酯的氧平衡值 OB%为 0，为零氧平衡物质。

通过物质氧平衡值的计算，可以初步评估化合物的危险程度。可以认为，绝大部分能够发生爆炸反应的化合物的氧平衡值均在－100 至＋40 之间。依据物质的氧平衡来评估物质危险程度，通常的原则是如果该物质的氧平衡值达到－200 以上，则认为该物质具有潜在的燃爆危险性，需要通过进一步的爆炸性测试确定其危险度。需要注意的是，单独的氧平衡值计算并不足以作为物质危险性评估的主要依据，还须对物质进行爆炸性测试、热稳定性与安全性测试等。

3.3.2.2 燃烧性

化工企业所发生的大多数重大事故来自于可燃化工物料的燃烧甚至爆炸，更为严重的是燃烧和爆炸过程通常伴随较强的放热效应，在反应失控状态下引发分解反应或者是二次分解反应，最终导致冲料、燃烧甚至是爆炸。因此，为了给化工生产提供有力保障，了解生产过程中各种化工原材料的物理性质以及化学性质成了首要任务，并进一步明确原材料的稳定性及其发生燃烧和爆炸的可能性，从而对工艺过程的热风险进行合理的预判和规避。

可燃物质能够与空气中的氧气或其他氧化剂发生燃烧反应，具有可燃性的物质是非常广泛的，包括气体、蒸气、液体、固体以及粉尘。燃烧需要具备三个必要条件，即可燃物质、助燃物质和引燃能量，三者共同存在时，才能发生燃烧，这三个条件通常用燃烧“火三角”来表示，如图 3-3 所示。对于可燃性物质而言，物质单独存在并不能发生燃烧和爆炸，其燃烧和爆炸还需要有点火源和助燃物质同时存在。因此，避免可燃物质燃烧的关键是去除或切断“火三角”的任意一个或两个要素。通常情况下，助燃物质是空气中的氧气，因此，可燃物质的安全操作原则即采取惰化方法，有效隔绝空气、氧气，以达到避免发生燃烧和爆炸危险的要求。

图 3-3 燃烧“火三角”

燃烧通常是指可燃物质在较高的温度下与助燃物质发生发光、发热的剧烈氧化反应。但是，某些特殊的情况下，燃烧也能够在没有氧气的情况下进行，一些剧烈的发光、发热的化学反应，同样属于燃烧。例如，金属钠在氯气中燃烧生成氯化钠的反应，$2Na + Cl_2 = 2NaCl$；氢气在氯气中燃烧生成氯化氢气体的反应，$H_2 + Cl_2 = 2HCl$；镁条在二氧化碳中燃烧生成氧化镁的反应，$Mg + CO_2 = MgO + CO$；等等。上述反应虽然都没有氧气参与，但是，也同样属于燃烧的范畴。

可燃物质发生燃烧的过程与物质的物理性质和化学性质有关。对于大部分固体和液体来讲，其燃烧都要经历熔化、汽化等过程才能进行。气体的燃烧是能够直接发生的，并不需要经历熔化和汽化等过程。因此，气体物质的燃烧通常比液体和固体物质的燃烧进行得更容易和更充分。相对于同一种可燃物质而言，物质的表面积与体积的比值越大，则与助燃物质产生接触的面积越大，燃烧速率越快。因此，在化工实际生产中，对于粉末状固体、颗粒状固体而言，在其储存、运输以及使用过程中，应建立有效的控制措施，避免火灾和爆炸事故的发生。另外，可燃物质的化学组成对其燃烧也有很大的影响。物质中碳、氢、磷、硫等可燃元素的含量越高，其燃烧速率越快。例如，乙醇中碳元素含量为52.2%，氢元素占13.0%，甲苯中碳元素含量为91.3%、氢元素占8.7%，因此，甲苯的燃烧速率比乙醇的燃烧速率快得多。

明确物质的燃烧性，需要了解燃烧的条件。

（1）可燃物质　能与空气中的氧气或其他氧化剂发生燃烧化学反应的物质称为可燃物质。可燃物质在与助燃剂同时存在时，可以被引燃能源点燃，并且当移去引燃能源后仍然能保持燃烧，直至燃烧完全。可燃物质的种类繁多，根据可燃物组成的不同，可以将可燃物质分为无机可燃物和有机可燃物两大类。单质无机可燃物质包括氢气、钠、镁、钾、硫、磷、钙等；无机化合物可燃物质包括一氧化碳、氨、硫化氢、磷化氢、联氨、氢氰酸等；有机物由于碳和氢元素的存在，大部分都容易燃烧，根据有机可燃物质分子量的大小，可以将有机可燃物质分为低分子可燃物质和高分子可燃物质。

（2）助燃物质　燃烧是一种氧化反应，在燃烧过程中，助燃物质充当氧化剂的角色，助燃物质能够帮助和支持可燃物质燃烧。通常情况下助燃物质是空气中的氧气，此外，诸如氟、氯、高锰酸钾等具有较强的氧化性的物质，也可以作为燃烧反应的氧化剂。因此为了保证安全生产，避免燃烧和爆炸危险的发生，在使用易燃、易爆的有机溶剂等物质前，需要向反应釜中通入氮气对反应系统进行惰化，并基于体系溶剂和反应原料的性质，将系统内的氧含量降至8%或5%以下，在“火三角”中有效地切断氧气一角，达到避免发生燃烧和爆炸的目的。

（3）引燃能源　引燃能源通常是指供给可燃物质与氧气或其他助燃剂发生燃烧的能量来源。最常见的引燃能源是热能，除了热能以外，诸如电能、静电能、机械能、化学能、光能等等能量也能引起燃烧反应的发生。根据能量产生方式的不同，通常将引燃能源分成以下几种。

① 明火焰。明火焰是最为常见的引燃能源，煤炉火焰、工业蒸汽锅炉火焰、气焊切割火焰都是常见的明火焰。化工设备在生产过程中处理的都是具有易燃或易爆性质的物料，在进行设备检修维护时，动火作业是不可避免的。因此在进行设备维修动火作业之前，必须将反应釜及管路内残留的物料清理干净，并进行充分的清洗，确保反应釜及管路内没有物料残留方可进行操作。

② 高温物体及高温表面。化工工业生产中常见的高温物体及高温表面主要是无焰燃烧或载热体的热能，也构成了燃烧反应能量的主要来源。加热装置、蒸汽锅炉表面、加热后的金属表面、高温物料输送管路都是常见的高温物体及高温表面。因此，化工生产过程中，严禁超温操作，避免高温物体及高温表面的热能达到易燃物质需要的最低引燃能量，否则，在氧气存在的条件下，将引起物料的燃烧甚至爆炸，造成火灾和爆炸事故。

③ 电火花。常见的电火花包括高电压条件下的火花放电、漏电产生的电火花，开关电闸时引起的弧光放电、电线绝缘层老化或破损导致的电线短路产生的火花等。在化工生产车间，为了避免产生电火花，必须使用防爆电气设备，且防爆等级应满足实际生产需求。

④ 撞击与摩擦。撞击和摩擦属于物体间的机械作用，当两种易燃、易爆物质相互发生摩擦和撞击时，由于这种机械作用产生的可燃粉尘或易燃气体、易燃蒸气形成爆炸性混合物，在摩擦和撞击的机械能作用下，将产生火花或火星，进而发生燃烧。因此，在化学品物料的存储、装卸以及运输的过程中需格外注意避免易燃、易爆物质的摩擦和撞击，控制由此造成的火灾和爆炸事故的发生。

⑤ 静电。化工过程中产生静电的情况有很多，如气动输送、泵送料液，液体的高速流动引起静电荷的聚集；高速喷出的气体带电；物料储罐的接地设施不完备等。静电在日常生活中十分常见，因此人们常常会忽视静电对于化工生产带来的影响。静电产生的能量虽然不大，但是，静电产生的电压很高，非常容易发生放电。对于存有易燃、易爆物质的场所，尤其需要注意静电对工作环境造成的影响，做到化工设备合理接地、装运易燃液体的罐（槽）车必须配备静电导除装置、进入工作场所的人员严格进行静电检查和除静电工作，防止静电产生，控制事故的发生。

⑥ 化学反应热。化学反应以放热反应居多，化学反应释放的热量可以提高反应体系的温度，当反应体系的温度超过体系内可燃物质的自燃点时，将发生可燃物质自燃，引起火灾或爆炸事故。因此，在放热化学反应过程中，应选择合适的冷却系统，保证合适的冷却能力以及冷却效率，有效移出反应热，实现放热化学反应的安全生产。

⑦ 光线照射与聚焦。光线照射与聚焦是将光能转变为热能的一种能量转换方式，在某些情况下光照可以引发或加速化学反应，如甲烷与氯气的反应。

根据燃烧反应的条件，就可以进行火灾的预防和控制，只要有效控制燃烧三要素中的任何一个要素，就可以实现化工生产火灾和爆炸事故的有效预防，保证化工生产的安全进行。

3.3.2.3 闪点

在空气氛围下，易燃液体蒸气火焰开始传播的最低浓度和最高浓度，分别称为易燃液体的最低可燃浓度和最高可燃浓度，二者之间的范围称为可燃范围。例如丙酮和甲醇的可燃范围分别是2.5%～12.8%和6%～36%。易燃液体挥发时，在液体表面上形成易燃液体蒸气与空气的混合气后，如果易燃液体蒸气浓度刚好达到其爆炸下限的浓度时，会发生一闪即灭的燃烧现象，这种现象称为闪燃。易燃液体发生闪燃时对应的温度称为闪点，闪点是物质蒸气与空气混合发生闪燃或爆炸的最低温度，是物质在一定条件下开始燃烧的临界状态，是可燃液体贮存、运输的安全指标，也是可燃液体的挥发性指标。闪点越低，火灾危险性越大，易燃液体的闪点通常不大于93℃。通常情况下，易燃液体按闪点的高低可以分为三类，低闪点液体，即闭杯试验闪点低于−18℃的液体；中闪点液体，闭杯试验闪点在−18～23℃；高闪点液体，闭杯试验闪点在23～61℃。

闪点是易燃液体安全性的重要衡量指标之一，按照闪点测定方法的不同，闪点分为开杯式闪点（open cup）和闭杯式闪点（close cup）两种。闪点的单位用℃表示，在通常情况下，能够从文献及手册中查到的闪点是闭杯式闪点，除非特殊说明，否则都是指闭杯式闪点。闪点越低，燃爆的危险性越大。易燃液体大多数是有机化合物，其中以石油化工产品居多，例如汽油、二氯乙烷、石油醚、甲醇、乙醇、苯、甲苯等。

根据易燃液体的闪点不同，可以对易燃液体的火灾危险性进行分类。易燃、可燃液体分为甲、乙、丙三个类别。

① 甲类。甲类易燃、可燃液体指的是闪点<28℃的液体，典型的低闪点液体包括汽油、乙硫醇、乙醚、丙酮、二乙胺等。甲类易燃、可燃液体的操作危险性很高，需要严格进行惰

化处理，保证操作使用过程中的安全。

② 乙类。乙类易燃、可燃液体的闪点在≥28℃至＜60℃区间，乙类易燃、可燃液体的操作危险性仍然较高，与甲类易燃、可燃液体一样，要严格执行惰化操作原则。

③ 丙类。丙类易燃、可燃液体的闪点≥60℃，尽管丙类易燃、可燃液体的安全性相对较高，但是，有机化合物同样需要对系统进行惰化操作以确保安全生产。

在空气氛围下，当温度达到或大于物质的闪点时，增加浓度、提高温度或增加氧气含量，都会使易燃液体在空气中的浓度达到可燃范围，变得更加危险，相反，降低物质浓度、减少氧气含量、降低温度都会减少易燃液体在空气中的含量，使其降到可燃范围以外，有助于提高系统的安全性。

通常情况下，大多数易燃液体具备闪点低的性质，除此之外，易燃液体还有如下几方面的特性，应从安全的角度予以重视。

① 易燃液体具有易挥发性。绝大部分易燃液体都是有机化合物，有机化合物多为非极性分子，通常情况下，易燃液体有机化合物黏度都较小，流动性好。由于存在渗透、浸润及毛细现象等作用，易燃液体很容易渗出到容器壁外，进而持续不断地挥发，导致空气中易燃液体蒸气的浓度逐渐升高，当易燃液体蒸气与空气混合的浓度达到爆炸极限时，易引起爆炸危险。

② 易燃液体具有受热膨胀性。易燃液体物质的膨胀系数通常比较大，也就是说易燃液体受热后体积较容易膨胀，与此同时蒸气压也会升高。因此，密闭容器内装满易燃液体，往往会由于受热导致容器内部压力显著增大，造成容器膨胀、破裂甚至泄漏，严重时可能导致爆裂事故的发生，在容器爆裂过程中产生的火花则会引起更为严重的燃烧和爆炸事故。因此，易燃液体物质的包装容器需要留有充足的膨胀余位。一般规定桶装的易燃液体物质体积膨胀余位为≥5%，不允许装满桶。对于一些膨胀系数较大的易燃液体，其膨胀余位需要相应地增大，特别是遇到运输过程中温差变化较大的情况，要求留有充足的膨胀余位。

③ 易燃液体具有毒性。大多数易燃液体及其蒸气都具有不同程度的毒性，在操作的过程中，通过呼吸道吸入或通过皮肤接触都可能引起中毒，严重的可致人死亡。

④ 易燃液体易产生静电。大多数易燃液体都是非电介质，容易产生静电，尤其是烃类物质。如苯、汽油、石油醚、乙酸乙酯等电阻率较大的有机化合物，在转料、运输、装卸过程中，通过震动、摩擦的作用容易产生静电，如果不能及时导出静电，当静电累积到一定程度时，就会发生放电，产生静电火花，严重时将引起着火灾或爆炸事故。

3.3.2.4 自燃温度

自燃是一类特殊的燃烧，空气氛围下，可燃物在没有外来明火源的条件下，靠热量的积累达到一定温度而发生自行燃烧的现象称为自燃。如果物质自身产生生物性和化学性变化导致热量积累、物质温度升高，进而引起物质的自燃，称为本身自燃；如果物质外部的物理性变化导致热量积累、物质温度升高，引起了物质的自燃，称为受热自燃。无论是哪种自燃，都需要达到一定的温度，这个温度称为自燃温度，即自燃点，是指规定条件下，不需任何引燃能源而达到自燃的最低温度。自燃点越低，说明物质越容易发生自燃，发生火灾的风险越高。常见的容易自燃的物质有油脂类、煤等，像磷、磷化氢则是自燃点低的物质，储存、运输及使用过程需格外注意。

一些常见物质的自燃温度如表 3-7 所示。

表 3-7 常见物质的自燃温度

物质	自燃温度/℃	物质	自燃温度/℃
甲醇	385	丙烯	455
乙醇	365	乙醛	175
异丙醇	399	丙酮	465
甲烷	537	乙炔	306
丙烷	450	环氧乙烷	429
正丁烷	287	氯甲烷	632
戊烷	260	乙酸乙酯	427
异丁烷	462	乙醚	170
环己烷	245	乙胺	472
正己烷	225	赤磷	200～250
正庚烷	204	锌粉	360
氯代甲烷	632	丁酮	515
乙烯	49	一氧化碳	607
氯乙烯	472	硫化氢	260
1,1-二氯乙烯	570	煤油	240～290
苯乙烯	490	汽油	280
氢气	400	氨	651

在自燃物质的储存、运输及使用过程中，要尽量将其隔绝空气，如采取溶剂密封或惰性气体保护等措施，避免发生火灾和爆炸事故，保证化工生产安全。

3.3.2.5 最低引燃能量

易燃固体在常温下以固态形式存在，受热以后，易燃固体状态发生改变，经过熔化、蒸发、汽化，再到分解氧化等变化过程达到燃点发生燃烧。易燃固体的易燃性在一定程度上受到熔点的影响，熔点较低的固体在较低的温度下就能熔化，进行接下来的蒸发或汽化，挥发出来的气体与空气形成爆炸性混合物较容易燃烧，而且燃烧速度较快。因此，很多低熔点的易燃固体都有闪燃现象。

易燃固体的粉尘具有粉尘爆炸性，可燃性粉尘与空气形成混合物（粉尘云）后，在明火或者高温的条件下，能够发生爆炸，爆炸的过程中火焰能够瞬间传播至整个混合空间，同时释放热量及有害气体，破坏力很强。

粉尘爆炸容易伴随二次爆炸，粉尘爆炸产生的气浪，能够将沉积在设备表面或地面的粉尘再次扬起，并在一次爆炸的基础上发生二次爆炸，且破坏力较一次爆炸更强。同其他爆炸一样，粉尘爆炸同样需要粉尘与空气的混合物达到一定的浓度，即处于爆炸范围。在生产加工过程中，粉尘之间发生相互碰撞也能够使粉尘带有静电，当静电积累到某一值时便会发生爆炸。

能够使粉尘云燃烧的最小火花能量称为最低引燃能量，即最小点火能（minimum ignition energy，MIE），是用来衡量可燃气体、蒸气、粉尘爆炸危险性的重要参数。最小点火能与粉尘的浓度、体系温度、压力有关，通常情况下，最小点火能随着压力的增大而降低，随着氮气浓度的增加而增大。

粉尘爆炸通常发生在铝粉、锌粉、有机药品中间体、煤尘、药草粉尘的生产加工场所，因此，在易发生粉尘爆炸的危险场所作业时，需合理进行通风除尘及惰化操作，严禁明火和电火花，并配备完整的消防及泄爆装置。另外，需通过实验手段，获得物质的最小点火能信息，进行有针对性的处理，杜绝粉尘爆炸事故的发生，保证化工过程安全。

3.3.2.6 爆炸极限

爆炸是物质在短时间内发生的一种剧烈的物理或化学能量释放或转化的过程，爆炸过程中，瞬间形成的大量能量在有限体积和极短时间内发生释放或转化。爆炸常伴随发热、发光、高压、真空、电离等现象，并且破坏力巨大，其范围之大、破坏力之强远超火灾。爆炸是在化工生产过程中最为可怕的事故，化工车间发生爆炸后，飞散的设备碎片、泄漏的化学品以及爆炸过程中产生的有毒物质，都会对现场操作人员造成严重的人身伤害，同时造成巨大的财产损失。

爆炸物是指能够通过化学反应在内部产生一定速度、一定温度和压力的气体，且对周围环境具有破坏作用的一类物质。爆炸物并不是在任何混合比例下都具有燃爆性，要在一定氧气浓度的环境下，并要求爆炸物也达到一定的浓度，只有在一定浓度范围且与空气混合时，才可能发生燃爆。而且燃烧或爆炸的速率也与混合比例的变化有关，混合比例不同，爆炸的危险程度亦不相同。一氧化碳（CO）与空气构成的混合物在火源作用下的燃爆实验情况如表 3-8 所示。

表 3-8 CO的燃爆情况

CO在混合气中所占体积/%	燃爆情况
＜12.5	不燃不爆
12.5	轻度燃爆
＞12.5～＜30	燃爆逐渐加强
30	燃爆最强烈
＞30～＜74.2	燃爆逐渐减弱
74.2	轻度燃爆
＞74.2	不燃不爆

CO与空气的混合气中CO体积分数＜12.5%不燃不爆，CO体积分数为30%时发生剧烈燃爆，当CO与空气的混合气中CO体积分数＞74.2%时体系不发生燃爆，说明可燃物质与空气混合有一个发生燃烧和爆炸的浓度范围，即一个最低浓度、一个最高浓度，混合物中的可燃物浓度在这两个浓度之间，才会发生燃爆。可燃物质，包括可燃气体、可燃蒸气和固体粉尘，当与空气或氧气混合，通过引燃能量的作用，能造成爆炸的浓度范围称为爆炸范围，也可以称为爆炸浓度范围。混合气体能发生燃烧爆炸时物质的最低浓度，称为爆炸下限（LEL），反之则称为爆炸上限（UEL）。爆炸上限与爆炸下限统称为爆炸极限。爆炸上限与爆炸下限之间的范围为爆炸范围，物质的爆炸下限越低，或者爆炸范围越大，说明发生爆炸的可能性越大。爆炸下限越低，形成爆炸的条件越容易达到，物质发生爆炸的概率越大。当爆炸物在与空气形成的混合物中的浓度低于爆炸下限或高于爆炸上限时，物质既不发生爆炸，也不会燃烧，爆炸下限以下以及爆炸上限以上是物质安全的浓度区间。当易燃物浓度低

于爆炸下限时，由于空气过量，可燃物浓度不足，过量的空气形成了对易燃物的冷却作用，阻止火焰蔓延，不能引起物质燃爆。当易燃物的浓度高于爆炸上限时，氧气量不足，由于易燃物浓度过高且氧气含量的不足，亦不能支撑火焰蔓延。然而当可燃物的浓度相当于燃烧反应的当量浓度时，此浓度值称为浓度等当点，易燃物在浓度等当点具有最大的爆炸威力，可以导致最高的燃爆温升。

当 CO 在与空气形成的混合物中浓度为 30%时，其燃爆威力最大，此时对应的浓度即浓度等当点。可燃气体或可燃蒸气的爆炸极限用其在与空气形成的混合物中所占的体积分数（%）来表示，如前文所提到的 CO 与空气形成的混合物的爆炸下限为 12.5%。而可燃粉尘的爆炸极限则是以单位体积中固体粉尘物质质量（$g \cdot m^{-3}$）来表示，如铝粉的爆炸上限为 $40g \cdot m^{-3}$。

（1）爆炸上限和爆炸下限的计算　爆炸极限可以通过测试获取，爆炸极限测试受物质状态和仪器设备所限，目前存在一定的难度，可以采用计算方法获取爆炸极限参考值。例如，可燃气体和可燃蒸气的爆炸极限数据可以通过实验测试获得，当有些物质在实验室条件下的爆炸极限尚不明确时，可以通过经验公式计算获得物质的爆炸极限。计算得到的爆炸极限值仅是近似值，并未考虑实际情况中其他因素对爆炸极限的影响，但是却能为实际的爆炸极限数值提供参考，具有非常重要的意义。爆炸极限主要依据物质完全燃烧所需要的氧原子数、化学当量浓度等参数进行计算，常用的几种经验公式如下：

① 根据完全燃烧反应所需的氧原子数计算爆炸极限。通式为 $C_X H_Y O_Z$ 的可燃气体或蒸气，燃烧 1mol 该物质所必需的氧原子物质的量为 N，在完全燃烧的情况下，燃烧反应式与 N 的计算式如下：

$$C_X H_Y O_Z + \left(2X + \frac{Y}{2} - Z\right) O = X CO_2 + \frac{Y}{2} H_2 O \tag{3-25}$$

$$N = 2X + \frac{Y}{2} - Z \tag{3-26}$$

爆炸上限和爆炸下限的计算公式为：

$$L_{下} = \frac{100}{4.76(N-1)+1}\% \tag{3-27}$$

$$L_{上} = \frac{4 \times 100}{4.76N+4}\% \tag{3-28}$$

式中　$L_{下}$——可燃气体或蒸气爆炸下限，%；

$L_{上}$——可燃气体或蒸气爆炸上限，%；

N——每摩尔可燃气体或蒸气完全燃烧所需要的氧原子物质的量。

例： 根据完全燃烧反应所需要的氧摩尔数，求甲烷在空气中的爆炸下限和爆炸上限。

解： 甲烷完全燃烧的反应式：$CH_4 + 2O_2 \longrightarrow CO_2 + 2H_2O$

$$N = 4$$

爆炸下限：$L_{下} = \frac{100}{4.76\ (N-1)\ +1}\% = \frac{100}{4.76 \times\ (4-1)\ +1}\% = 6.5\%$

爆炸上限：$L_{上} = \frac{4 \times 100}{4.76N+4}\% = \frac{4 \times 100}{4.76 \times 4 + 4}\% = 17.4\%$

因此，甲烷的爆炸下限为 6.5%，爆炸上限为 17.4%。

② 根据可燃混合气体完全燃烧时的化学当量浓度计算爆炸极限　当空气中氧气浓度为 20.9%，空气中的可燃气体化学当量浓度 X（%）为：

$$X=\frac{1}{1+\frac{n}{0.209}}\times 100\%=\frac{100}{1+\frac{n}{0.209}}\%=\frac{20.9}{0.209+n}\% \tag{3-29}$$

式中 n——每摩尔可燃气体或蒸气完全燃烧所需氧气的物质的量。

在此基础上，爆炸极限的经验公式为：

$$L_{下}=0.55X \tag{3-30}$$

$$L_{上}=4.8\sqrt{X} \tag{3-31}$$

式中 X——可燃气体或蒸气在空气中的化学当量浓度，%。

例：根据化学当量浓度，求甲烷在空气中的爆炸下限和爆炸上限。

解：甲烷完全燃烧的反应式为：$CH_4+2O_2 \longrightarrow CO_2+2H_2O$

$$X=\frac{20.9}{0.209+n}\%，其中 n=2$$

所以：

$$爆炸下限：L_{下}=0.55X=0.55\times\frac{20.9}{0.209+2}=5.2\%$$

$$爆炸上限：L_{上}=4.8\sqrt{X}\times 100\%=4.8\sqrt{\frac{20.9}{0.209+2}}=14.8\%$$

所以，甲烷的爆炸下限为5.2%，爆炸上限为14.8%。

上述经验公式适用于链状烷烃爆炸极限的计算，计算值与实验值的误差小于10%，参考价值很高。但是，在估算 H_2、C_2H_2 以及含 N_2、CO_2 等可燃气体的爆炸极限时，计算值与实测值的差别则很大。

③ 根据含碳原子数计算爆炸极限　适用于脂肪族饱和碳氢化合物爆炸极限的计算，可燃气体中的含碳原子数用 n_c 表示，其爆炸上限 $L_{上}$（%）、爆炸下限 $L_{下}$（%）的经验计算公式如下：

$$\frac{1}{L_{下}}=0.1347n_c+0.04343 \tag{3-32}$$

$$\frac{1}{L_{上}}=0.01337n_c+0.05151 \tag{3-33}$$

例：利用分子中所含碳原子数，计算丙烷 C_3H_8 的爆炸极限。

解：$L_{下}=1/(0.1347\times 3+0.04343)=2.23\%$

$L_{上}=1/(0.01337\times 3+0.05151)=10.91\%$

因此，丙烷的爆炸下限为2.2%，爆炸上限为10.9%。

④ 根据闪点计算爆炸下限　经验计算公式如下：

$$L_{下}=100\times\frac{P_{闪}}{P_{总}} \tag{3-34}$$

式中 $L_{下}$——爆炸下限，%；

$P_{闪}$——在闪点下液体的饱和蒸气压，mmHg（1mmHg=133Pa）；

$P_{总}$——混合气体总压力，通常取760mmHg。

例：苯（C_6H_6）闪点是－14℃，查得－14℃时苯（C_6H_6）的饱和蒸气压为11mmHg，利用闪点计算苯的爆炸下限。

解：苯（C_6H_6）的爆炸下限为：

$$L_{下}=100\times\frac{P_{闪}}{P_{总}}=1.45\%$$

因此，苯的爆炸下限为1.45%（实验数据为1.4%）。

(2) 爆炸极限的影响因素　爆炸极限不是一个固定的数值，它与很多因素相关，并且随着各种因素的变化而变化。尽管外界条件的变化对爆炸极限能够产生影响，但是，在一定条件下，通过实验测得的爆炸极限数值，仍具有普遍的参考价值。影响爆炸极限的主要因素有以下几点：

① 温度。温度对爆炸极限的影响较大，提高爆炸物的初始温度，能够降低爆炸下限，并提高爆炸上限，换言之，提高温度能够增大爆炸范围，增加爆炸发生的可能性。因为在温度升高的情况下，物质分子内能增加，导致物质可燃性变化，所以提高温度可以导致爆炸危险性增加。温度对丙酮爆炸极限的影响实验结果如表3-9所示。

表3-9　温度对丙酮爆炸极限的影响

混合物温度/℃	爆炸下限/%	爆炸上限/%
0	4.2	8.0
50	4.0	9.8
100	3.2	10.0

②压力。压力对爆炸极限的影响同温度类似，压力对爆炸极限的影响也是非常显著的。当系统压力增大时，爆炸极限范围也会随之增大，反之，系统压力减小时，爆炸范围也随之缩小。从微观上来看，当体系压力增大时，分子间距离减小，碰撞概率增大，反应更容易进行；同理，当体系压力降低时，分子间距离变大，碰撞概率降低，爆炸范围随之缩小。值得注意的是，当体系压力减小到某一数值时，物质的爆炸上限与爆炸下限无限接近，甚至重合，此压力值称为临界压力。处于临界压力下的爆炸物爆炸风险降低，因此，在密闭容器内对易爆物进行负压操作更加安全，能够尽量保证操作的安全性。

以甲烷为例说明压力对爆炸极限的影响，如表3-10所示。

表3-10　压力对甲烷爆炸极限的影响

压力/MPa	爆炸下限/%	爆炸上限/%
0.1	5.6	14.3
1.0	5.9	17.2
5.0	5.4	29.4
12.5	5.7	45.7

压力对爆炸极限的影响也有特例，如磷化氢，通常情况下磷化氢与氧气不发生反应，但是当压力降至一定值，反而会引起爆炸。

③ 惰性介质。惰性介质的加入是对易爆物的安全操作的必要保障。在易爆物中添加适当的惰性介质，能够缩小易爆物的爆炸极限，当惰性介质量达到一定浓度后，可以避免发生爆炸。惰性介质的影响如表3-11所示。

表 3-11 可燃气体在空气和纯氧中的爆炸极限范围

物质	在空气中	在纯氧中
	爆炸极限/%	爆炸极限/%
甲烷	4.9～15	5～61
乙烷	3～15	3～66
丙烷	2.1～9.5	2.3～55
丁烷	1.5～8.5	1.8～49
乙烯	2.75～34	3～80
乙炔	1.53～34	2.8～9.3
氢	4～75	4～95
氨	15～28	13.5～79
一氧化碳	12～74.5	15.5～94
丙烯	2～11.1	2.1～53
氯乙烯	3.8～31	4.0～70
环丙烷	2.4～10.4	2.5～63
乙醚	1.95～36.5	2.1～82
1-丁烯	1.6～10	1.8～58

从表 3-11 中不难发现，惰性介质的存在能够缩窄爆炸极限范围，尤其对爆炸上限的影响更为明显。当物质处于爆炸上限时，氧气的浓度很小，此时，惰性气体含量越大，氧气在混合物中占比越小，因此爆炸上限显著下降。因此，在处理易爆化学品时可以通过体系惰化，提高过程的安全性。

④ 容器的直径及材质。容器直径对爆炸极限的影响可以用最大灭火间距或者临界直径来解释。当容器的直径较小时，容器表面的散热量多于燃烧放出的热量，燃烧产生的火焰不能通过容器，因此火焰自行熄灭，此管径称为临界直径。实验证明，容器的直径越大，爆炸极限范围越宽；反之，容器的直径越小，爆炸极限范围也就越窄。

⑤ 其他因素。除了之前提到的影响因素外，其他一些因素也对爆炸极限产生一定的影响。比如光照的影响，氢气和氯气在黑暗环境下反应十分缓慢，但是在强光照的条件下剧烈反应，甚至发生爆炸。因此对于易爆物的处置需要格外注意，避免使用不当造成意外。

3.3.2.7 毒性

凡是能够对正常有机体造成影响或产生破坏的物质都称为毒性物质，由毒性物质侵入机体造成的病理状态称为中毒。大多数化学物质均属于毒性物质，对人、畜都有不同程度的毒性，且容易造成环境污染。一些物质进入机体后，能够与机体发生作用，这种作用可以是物理化学作用，也可以是生物化学作用，能够扰乱甚至破坏机体的正常生理功能，给机体带来损伤，严重时甚至威胁生命。在化学工业生产中，毒性物质的存在是十分广泛的，例如工艺过程原料、催化剂、溶剂等，有机合成过程中产生的中间体、产品、副产物以及化学工业产生的废弃物等。

（1）化学工业毒物的分类　工业毒物的分类方法有很多种，国标 GBZ/T 230—2010 中使用的危害程度等级，是以毒物的急性毒性、扩散性、蓄积性、致癌性、生殖毒性、致敏性、刺激与腐蚀性、实际危害后果等 9 项指标为基础的定级标准。

按照毒物对人体的作用对毒物进行分类，可分为刺激性物质、窒息性物质、麻醉性物质、溶血性物质、腐蚀性物质、致敏性物质、致癌性物质、致畸性物质、致突变性物质等，毒物的种类非常多，这里仅讨论化学工业中使用的毒物，在使用具有毒性的化学品时，需根据其危害特性采取适当的防护措施，避免造成人身伤害。

化工工业生产是将原料转化成产品的过程，要对各个环节的原材料、中间产品进行加热、粉碎、燃烧、混合等操作，在这些过程中，毒物可能会以固体、液体、气体形式存在，更具体的还可能以蒸气、烟雾、粉尘形式存在，对于固体和液体，人们往往容易重视，能够根据物质的性质进行防护，尽量避免伤害。而人们往往容易忽略大气中存在的毒物，大气中存在的毒物分为以下五类：

① 粉尘。粉尘通常指的是悬浮于空气中的固体颗粒，这些固体颗粒一部分是由于固体颗粒本身粒度较小，容易逸散在空气中，如淀粉等；另一部分则是生产加工过程机械粉碎、研磨甚至爆破时形成的。粉尘的直径大于 0.1μm，例如煤、石棉、水泥、有机农药、有机染料、合成纤维等。根据粉尘性质的不同，将粉尘分为无机粉尘、有机粉尘和混合性粉尘。

② 烟尘。烟尘又称为烟雾，与粉尘不同，烟尘是烟状的固体微粒，比粉尘的颗粒小，通常直径小于 0.1μm，例如某些农药或中间体在融化精制等工艺过程中产生的有机化合物蒸气或有机化合物烟尘。烟尘可以是燃烧或金属冶炼、焊接过程中形成的气体，在空气中凝聚形成的。

③ 雾。雾是悬浮于空气中的微小液滴，雾的形成来自于物质蒸气的冷凝或液体的喷散。化工工业中使用很多有机物，特别是有机溶剂，在蒸馏、回流反应及后处理过程中，能够形成雾，因此，应配备完善的冷却系统阻止物质微小液滴——雾的形成，保证化工生产安全及人员健康。

④ 蒸气。蒸气由液体蒸发或固体升华形成。一般物质都具有一定的沸点，在通常情况下，物质在达到沸点温度时，发生汽化转化成气体。例如，常见的有机溶剂二氯乙烷、苯、甲醇、乙醇等，在汽化时都可以形成蒸气。但是，有些物质能够发生升华，从固体直接变为气体，不必先转化为液体。物质汽化的这两种方式升华和蒸发，都能够形成蒸气毒物。

⑤ 气体。有毒气体在化工过程中经常使用，如作为还原气的氢气，作为氯化反应原料氯气，常作氧化剂的氧气以及反应产生的尾气等。像一氧化碳、氯气这种本身带有毒性的气体，在工艺过程中常常受到关注，但是如氮气、氧气这种，本身没有毒性的气体，工作环境中的合理使用浓度容易被忽视。以氮气为例，空气中 78%都是氮气，但是当氮气含量过高，会降低空气中的氧分压，引起人缺氧窒息，当氮气浓度超过 84%，人体已经不能进行正常呼吸。因此，即使是无毒的气体也需要特别重视，避免造成人身伤害。

(2) 毒物毒性及其评价指标　毒物在生物体中达到一定的浓度才会发生中毒，引起中毒反应，毒性物质的剂量与毒害作用之间的关系通常用毒性来表示。在研究化学物质的毒性时，以试验动物的死亡作为终点，测定毒物引起动物死亡的剂量。经口服或皮肤吸收进行试验时，剂量的常用单位是每公斤体重毒物的质量，单位用 $mg \cdot kg^{-1}$ 来表示。吸入的浓度则用单位体积空气中毒物的质量，单位用 $mg \cdot m^{-3}$ 或 $mg \cdot L^{-1}$ 来表示。

常用半数致死剂量或半数致死浓度来描述急性经口、经皮肤和吸入毒性，半数致死剂量和半数致死浓度用 LD_{50} 或 LC_{50} 表示，是指引起全组染毒动物半数（50%）死亡的毒性物质的最小剂量或浓度。

国标 GB 30000.18—2013 将化学品的急性经口、经皮肤和吸入毒性划分成五类危害，如表 3-12 所示。

表 3-12 化学品的急性经口、经皮肤和吸入毒性

接触途径	单位	类别 1	类别 2	类别 3	类别 4	类别 5
经口	mg/kg	5	50	300	2000	具体见标准 4.2.4 注
经皮肤	mg/kg	50	200	1000	2000	
气体	mg/L	0.1	0.5	2.5	20	
蒸气	mg/L	0.5	2.0	10	20	
粉尘/烟雾	mg/L	0.05	0.5	1.0	5	

在此基础上 GBZ/T 230—2010 中规定危害程度等级，分级原则是依据急性毒性、影响毒性作用的因素、毒性效应、实际危害后果等 4 大类 9 项分级指标进行综合分析、计算毒物危害指数确定。每项指标均按照危害程度分 5 个等级并赋予相应分值（轻微危害：0 分；轻度危害：1 分；中度危害：2 分；高度危害：3 分；极度危害：4 分）；同时根据各项指标对职业危害影响作用的大小赋予相应的权重系数。依据各项指标加权分值的总和，即毒物危害指数，确定职业性接触毒物危害程度的级别。毒物危害指数计算公式为：

$$\mathrm{THI}=\sum_{i=1}^{n}k_iF_i \tag{3-35}$$

式中 THI——毒物危害指数；

k——分项指标权重系数；

F——分项指标积分值。

危害程度分级范围：

轻度危害（Ⅳ级）：THI＜35；

中度危害（Ⅲ级）：THI≥35～＜50；

高度危害（Ⅱ级）：THI≥50～＜65；

极度危害（Ⅰ级）：THI≥65。

（3）工业毒物的最高容许浓度　工作场所工业毒物的最高容许浓度（maximum allowable concentration，MAC），单位用 $\mathrm{mg\cdot m^{-3}}$ 表示，指工作场所中对气体、蒸气或者粉尘所能允许的最大平均浓度，但这是平均值，存在一定的个体差异，所以当现场浓度值低于 MAC 时不能保证对任何人都没有影响。我国《工业企业设计卫生标准》中，规定了生产车间空气中有害物质的最高容许浓度值，在生产过程中，化工企业需要按照毒物的毒性以及最高容许浓度对化学品的使用进行控制，保证人员的人身安全，提高安全生产水平。

3.3.2.8 氧化性

氧化性是指物质的得电子能力，处于高价态的物质和活泼单质（如氯气、氧气）通常具有氧化性。具有氧化性的物质，本身未必易燃烧，但却可以进行氧化反应，促进其他物质的燃烧。这类物质对于环境条件比较敏感，有些氧化剂在受热或见光的条件下，易发生分解，如双氧水、高锰酸钾等，应严格控制储运或使用条件；有些氧化剂遇酸易发生爆炸，如氯酸钾、过氧化苯甲酰等，应避免与酸类接触；过氧化钠等这类的氧化性物质，在有水的环境下，能够发生放热分解，并能够释放出氧，引起可燃物的燃烧，因此在存储及使用的过程中不能受潮，在发生燃烧或爆炸时，不可用水灭火。很多氧化剂均易发生爆炸，如氯酸盐、硝酸盐等，特别是有机过氧化物，在摩擦、撞击、震动等条件下，均能够引起爆炸，危险性极高。

基于氧化性物质的危险性，此类物质在进行仓储、运输的过程中，需要保持包装的完好，不能出现撒漏的情况；储存环境需保持良好通风，避免热源及光照，并在储存场所配备二氧化碳、干粉或泡沫灭火器。尤其需要注意要与不相容物质隔离存放，避免引起燃烧和爆炸。不相容物质包括爆炸物、卤素、酸、碱、还原性物质等。

3.3.3 动态安全

化工生产过程复杂，涉及的化学物质种类繁多，这些化学物质始终处于工艺体系的动态运转过程中。通常情况下，物质的转化与传递会按照目标反应的工艺路线进行，但是，由于工艺条件的偏离、失控，以及设备腐蚀、金属离子或某些杂质催化作用等因素，会引发副反应、分解反应或其他未知反应，化学物质间的相互作用会偏离了目标路线，从而导致反应热失控、反应压力升高、目标反应失控等未知风险的发生。因此，化工过程动态风险的危险性往往远高于化学物质存储、运输等静态过程的危险性。研究工艺过程的动态变化风险，对化工安全生产极为重要。

本节主要针对物质在化工操作过程中的风险和腐蚀风险等方面来介绍物质的动态安全性。

3.3.3.1 物质的混合风险

反应过程中通常存在多种物质，各种物质间会发生相互作用，它们之间存在的相互作用可用矩阵的形式进行分析，在矩阵的行列交叉处标注可能发生的目标反应和其他非目标反应。如“—”表示无安全问题，“E”表示爆炸，“F”表示火灾，“R”表示温和反应，“H”表示放热反应，“G”表示释放气体，“T”表示有毒性，“C”表示有腐蚀性等。

表 3-13 给出了一个对安全数据和相互作用进行小结的示例矩阵。

表 3-13 物质相互作用矩阵

项目	A	B	C	D	E	F	G	H	I	J
A										
B										
C										
D										
E										
F										
G										
H										
I										
J										

除两种物质之间在相互接触作用过程中可能存在的危险性以外，多种物质在混合后的安全性也需要考虑。各种物质在发生化学反应，并处在动态变化过程中时，其危险性往往远高于物质在静置状态时的危险性。在一定的条件下，可能引起危险的因素很多，尤其是处于高

温、高压等特殊条件时，工艺过程的危险性会进一步加大。对于物质混合后的风险可以采用差示扫描量热、绝热加速量热、常压反应量热、高压反应量热等测试手段来进行研究。

在工艺研发阶段，必须对工艺过程中所用的化学物质及其混合物的安全性进行研究，因为这些化学物质既可以按设定路线发生反应，也可能在混合后产生新的风险。对于已投产的工艺，也要对反应终点体系物料进行安全性研究，明确反应终点体系物料的稳定性情况，为确定合适的操作、储运条件提供合理建议，保证化工生产的顺利进行。

除了需要考虑化学物质在混合过程中的风险，对于不同流体（如载热体）、反应废液以及构件材料之间的相互作用也必须充分考虑。如某些特定状态下，单一物质在工况条件下较为稳定，混入另外一种或几种稳定物质后，混合物整体的稳定性下降，在工况条件下变得相对不稳定，这种情况在化工操作过程中尤其需要重视，在考虑体系稳定性的同时，不能忽视物质间的相互作用。

3.3.3.2 腐蚀风险

化工生产使用的静设备、动设备和管道等装备设施，与一般行业相比，化工行业的设备腐蚀较为严重，因腐蚀导致设备损坏和反应失控屡见不鲜，由于腐蚀导致的危险事故也时有发生，因此，腐蚀风险是化工生产过程中的一种重要风险，本节将对腐蚀风险进行简单介绍。

（1）腐蚀的定义与分类　在化工生产中，经常会用到各种具有不同物理性质和化学性质的化工原料，有些物质容易对生产设备产生腐蚀，在设备选型时需要选择适宜的设备材质。发生腐蚀主要是因为金属或其他设备材质与所处环境介质之间发生了化学或电化学作用。因此，化工生产过程存在许多潜在的腐蚀风险。

腐蚀的基本分类方法一般有以下 3 种：按腐蚀过程的历程对腐蚀分类；按腐蚀形式的不同对腐蚀分类；按腐蚀环境的不同对腐蚀分类。

① 依据腐蚀过程的相关特点，金属的腐蚀可以分为化学腐蚀、电化学腐蚀及物理腐蚀三类。

a. 化学腐蚀，指的是金属表面与非电解质之间发生纯化学反应所引起的腐蚀，会对设备造成严重的损坏。

b. 电化学腐蚀，指的是金属表面与电解质溶液之间发生电化学反应而产生的腐蚀，其结果与化学腐蚀相同，也会使设备造成严重损坏。从腐蚀原理上来看，在电化学腐蚀反应过程中有电流产生。

c. 物理腐蚀，指的是金属或其他设备材质，由于发生了单纯的物理溶解作用所引起的腐蚀。同样，物理腐蚀也会使设备发生比较严重的损坏，例如，使用钢质容器来盛放熔融锌原料，由于铁被液态锌所溶解而造成了腐蚀损坏。

② 依据腐蚀形式的不同，腐蚀可以分为全面腐蚀与局部腐蚀两大类。

a. 全面腐蚀，腐蚀发生在整个金属表面上，它可以是均匀的或不均匀的，通常是不均匀的，但是，碳钢在某些强酸或强碱中发生的腐蚀反应为均匀腐蚀。

b. 局部腐蚀，腐蚀主要发生在金属表面的某一区域，导致了局部损坏，但金属表面的其余部分则几乎未被损坏。局部腐蚀可以细分为很多类型，主要包括孔蚀、缝蚀、沿晶腐蚀、选择性腐蚀等等。局部腐蚀不一定会发生，可以通过保证设备材质质量方面来进行预防。

③ 依据腐蚀的环境对腐蚀进行分类，通常可以将腐蚀分为干腐蚀与湿腐蚀两种类型。

a. 干腐蚀，是指金属等设备材质在干燥的环境中发生的腐蚀。

b. 湿腐蚀，是指金属等设备材质在潮湿的环境中发生的腐蚀。湿腐蚀还可以进一步分为自然环境下的湿腐蚀与工业环境中的湿腐蚀两种。自然环境下的湿腐蚀有大气腐蚀、土壤腐蚀、海水腐蚀及微生物腐蚀等；工业环境中的腐蚀有酸性腐蚀、碱性腐蚀、盐介质腐蚀、工业水中的腐蚀及生物环境下的腐蚀等。

（2）常见的腐蚀因素　腐蚀因素有很多，常见的有腐蚀性气体、腐蚀性液体、腐蚀性固体等，具体可分为以下几种腐蚀因素：在工艺过程中生成或使用了腐蚀性气体；工艺过程中使用或生成了腐蚀性液体；工艺过程中使用或生成了腐蚀性固体；工艺过程中生成了具有其他腐蚀性的物质。

（3）腐蚀的表示方法　金属或其他设备材质被腐蚀以后，其质量、尺寸、组织结构、力学性能、加工性能等都会发生一定程度的变化。通常可以根据腐蚀破坏的不同形式对腐蚀程度进行评价。对腐蚀的评价方法主要包括以下几种：

① 电流密度法。以电化学腐蚀过程中阳极电流密度的大小来评价金属腐蚀速率的大小，单位以 $A \cdot cm^2$ 表示。1 摩尔（1mol）物质在发生电化学反应时所需要的电量定义为 1 法拉第（1F），如果通电时间为 t，电流为 I，则通过的电量就为 It。从而可以得到金属阳极溶解的质量 ΔW：

$$\Delta W = \frac{MIt}{Fn} \tag{3-36}$$

式中　M——金属的原子量；

n——转移电子数；

F——法拉第常数（$F = 96485.3383 \pm 0.0083\ C \cdot mol^{-1} = 26.8\ A \cdot h^{-1}$）。

② 腐蚀深度法。将试样因为腐蚀而减少的质量作为腐蚀评价的方法，以腐蚀深度来表示。腐蚀深度法是对质量损失换算为腐蚀深度的方法，计算方法如下：

$$v_L = \frac{V \times 24 \times 365}{1000\rho} = \frac{8.76V}{\rho} \tag{3-37}$$

式中　v_L——以腐蚀深度表示的腐蚀速率，$mm \cdot a^{-1}$；

V——失重时的腐蚀速率，$g \cdot m^{-2} \cdot h^{-1}$；

ρ——金属密度，$g \cdot cm^{-3}$。

③ 失重法与增重法。以金属在被腐蚀后在金属单位表面积与单位时间内的质量变化来表示。其腐蚀程度的大小可以根据试样在腐蚀前后质量变化情况，选取失重或增重来表示，计算方法如下：

$$v = \frac{g_0 - g_1}{St} \tag{3-38}$$

式中　v——失重时的腐蚀速率，$g \cdot m^{-2} \cdot h^{-1}$；

g_0——试样的初始质量，g；

g_1——试样腐蚀后的质量，g；

S——试样的表面积，m^2；

t——腐蚀的时间，h。

失重法适用于试样表面的腐蚀产物能够较好地被清除时的腐蚀情况。若腐蚀后的产物吸附在试样表面，可采用增重法，公式如下：

$$v=\frac{g_2-g_0}{St} \tag{3-39}$$

式中 v——增重时的腐蚀速率，$g \cdot m^{-2} \cdot h^{-1}$；

g_0——试样的初始质量，g；

g_2——试样腐蚀后的质量，g；

S——试样的表面积，m^2；

t——腐蚀的时间，h。

（4）腐蚀产生的风险 当设备被腐蚀后，轻则导致设备的强度发生改变，严重的会导致设备损坏，进一步引起内部化学物质的泄漏。如果设备内存有易燃、易爆的危险品，一旦发生泄漏，有可能引起进一步的燃烧、火灾、爆炸等事故。如果发生高毒性物质的泄漏，可能导致发生毒性事故，也可能污染环境和破坏自然资源。毒性物质的危害还与有毒物质本身所固有的特性及有毒物质的泄漏量、人员暴露于危险环境中的程度等因素有关。此外，在设备受到腐蚀导致化学物质发生泄漏以后，还需要投入人力和物力对损坏的设备进行更换或维修，并对环境进行清理。事故处理期间，由于设备装置处于停工状态，必然给企业造成一定的经济损失，包括直接经济损失与间接经济损失。直接经济损失指的是更换被腐蚀的结构、机械和其他零部件所产生的费用，例如，对机械、装置构件进行更换的费用，管道的保护或更换过程涉及的工程设施费及其维护费，更换材质或采用耐蚀合金而增加的额外费用，有时还包括添加缓蚀剂而产生的费用，设备零件的保存与干燥费用。间接经济损失包括：由于设备腐蚀造成的停产、停工与更换设备造成的损失；因泄漏而造成的产品、溶剂、原料等损失；由于腐蚀泄漏而引起的产品污染，致使产品报废等产生的费用；生产效率降低，腐蚀产物堆积、附着造成管线堵塞、热传递效率降低，而提高泵功率等产生的费用；为了延长设备的使用寿命，对设备、构件、装置进行过度设计，预留量加大，管壁厚度增加等产生的费用。

（5）腐蚀风险评估 为了预防腐蚀，需要对腐蚀以及腐蚀风险进行研究与评估，常规的腐蚀风险研究及评估可以首先对腐蚀机理进行研究，明确腐蚀原理，并建立对应的防范与控制措施；详细分析设备材料的腐蚀原因，选择耐腐蚀的设备材质，避免腐蚀现象的发生；对因腐蚀而引起的风险及其产生的后果进行评估，采取适当的预防与控制措施；对因腐蚀造成的损失进行评估，建立合理的应急处理预案；确定风险等级，并采取相应的防范措施，使腐蚀风险降至最低。需要说明的是，金属腐蚀性研究的全部内容较为复杂，目前仅仅考虑了金属的常规性腐蚀，即应力腐蚀、晶间腐蚀等，还需要进一步开展专业性研究与评估。

3.3.4 物质自加速分解及使用安全

化学物质通常具有反应性，在生产、运输、储存等过程中都可能发生变质、分解，并伴随能量的释放，造成内部热量的不断积累，最终导致热失控或热爆炸的发生。目前，国际上普遍采用自加速分解温度作为评价反应性化学物质的热危险性指标，也是判断其储存安全性的重要依据。自加速分解温度（self accelerating decomposition temperature，SADT）是化学物质在一定的包装尺寸和包装材料的条件下，7 日内发生自加速分解的最低环境温度。

自反应性化学物质在生产、储运过程中，发生分解反应产生的能量由内向外扩散，并在包装表面与环境产生热对流和向环境散热，但是，当环境温度升高时，化学物质分解产生的热量无法再向环境散热，内部热量将不断累积，内部温度不断升高，最终会导致失控引发爆炸事故。化学物质的分解没有固定温度，与物质的量相关，量越大，分解温度越低。在实际操作和使用过程中，评价自反应性化学物质的热危险性，不仅要考虑物质的物理性质、化学性质，还要考虑物质的储存、运输和操作的规格，包括包装尺寸、包装材料等，尤其应重视化学物质所处的环境温度。

自加速分解温度是衡量化学物质在包装规格下的环境温度、分解动态、包装大小、散热性质的综合效应尺度，可以为物料的储存、运输等提供安全性数据。目前，国际上采用SADT作为衡量自反应性化学物质热稳定性的方法之一。化学物质SADT的获得方法主要有两种，为实测法和推算法。

3.3.4.1 实测法

实测法是采用该物料的标准包装或模拟标准包装，7日内物料温度超过环境温度并持续升高的最低环境温度即为SADT。联合国《关于危险货物运输的建议书》中推荐了4种SADT的实测方法。

（1）自加速分解温度实验法　自加速分解温度实验法也称为美国式实验法，美国式测定方法是测定在特定包装下反应性化学物质安全储存与运输的温度。

具体测定方法是将商业包装品放在一个等温炉内，判定标准是被测样品发生自加速分解而刚好破坏包装物及刚好不破坏包装物时的温度。具体的判定标准是在超过168h（7d）的实验期间内，特定包装内的样品温度与环境温度的差值≤6℃，自分解恰好发生时的温度，就是被测样品的SADT。

具体实验条件是使用恒温炉，能够提供循环的空气，并且不会点燃分解产物，炉内有可控加热和制冷的元器件。恒温炉设置多点热电偶，分别位于循环空气的进出口，恒温炉顶部、底部和中部，最重要的测温点是包装规格的样品中心，包装规格样品中心热电偶的设置，不得降低包装的强度和循环空气的排气能力。恒温检测室内含有可控制加热和冷却的装置，从而可以使得被测包装物周围的环境温度保持均匀。

测试过程中，首先应对被测样品进行物理、化学特性和反应特性分析，并通过DSC和ARC等进行初步的热分析测试，根据被测样品的初步热分析结果，选定初始实验温度，开始进行测试。具体测试方法简述如下，详细测试，参见《关于危险货物运输的建议书》H.1。

实验开始时，需要首先对样品及包装称重，并将热电偶插入样品中心和其他各个部位；然后采用电热炉对试样进行加热，并自动连续记录温度。记录试样温度达到比电热炉温度低2℃时的时间，连续进行7天，或至试样温度高于电热炉6℃或更高为止；记录试样温度达到比电热炉温度低2℃至最高温度的时间。实验完成后，将试样冷却。如果试样温度并未升高至高于炉温6℃，则需将炉温提高5℃重新测试。

在该方法中，自加速分解温度是试样中心温度超过炉温6℃或更高的最低炉温。如果每次实验中，均未超过炉温6℃，则自加速分解温度高于所使用的最高炉温。被测样品一般为25 kg标准包装，由于被测药量很大，此实验方法有可能破坏测试实验室，从事该项测试的实验室必须考虑到实验过程可能发生的各类危险情况，如出现明火，由于被测试物质分解生成有毒气体，以及由热积累而导致的自燃和热爆炸等，需要对实验室采取必要的安全防护措施。

本方法用于确定在特定包装中发生自加速分解的最低恒定环境温度，适用于220L以下包装的化学品。

（2）绝热储存实验　绝热储存实验法是测定物质在温度影响下，发生反应或分解而产生的热量。测试仪器由可控温的加热炉和杜瓦瓶组成，可控温的加热炉保证杜瓦瓶外环境的温度与杜瓦瓶内被测物质的温度一致。使用1.5L杜瓦瓶，内装1L的反应性化学物质，杜瓦瓶内安装热电偶监测被测样品的温度。测试过程中，记录该物质在杜瓦瓶内由于自反应发热随时间的延续而上升的温度，由此得到热生成量的参数，再根据被测包装的传热数据，计算出被测物质的 SADT。典型测试装置示意图如图 3-4 所示。测试方法简述如下，详细测试方法参见《关于危险货物运输的建议书》H. 2。

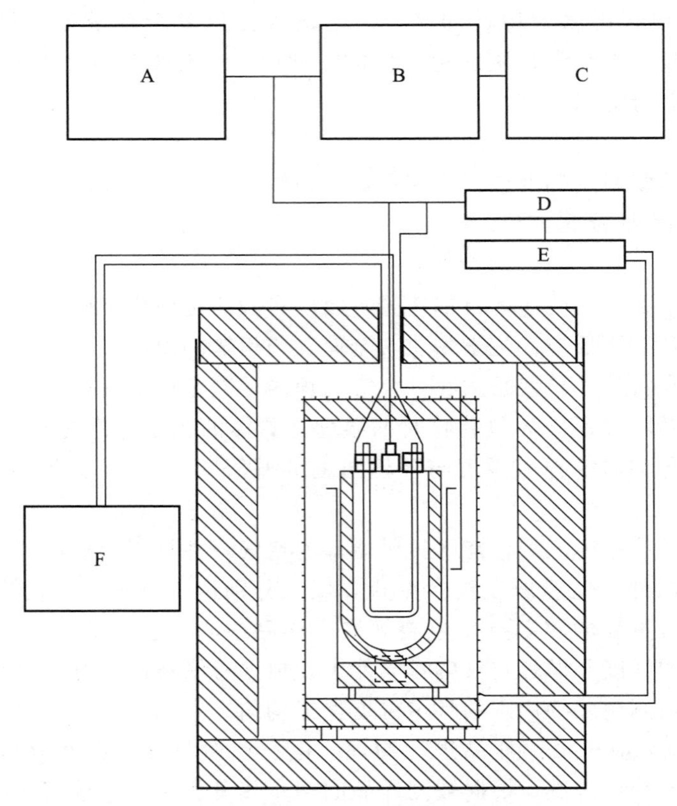

图 3-4 绝热储存实验典型测试装置示意图

A—多点记录器和温度控制器（10mV）；B—外部零位调整装置；
C—最大精确度记录器；D—控制器；E—继电器；F—内部预热器

测试过程分为校正和实验两步，校正时杜瓦瓶中装入惰性物质（如氯化钠、邻苯二甲酸二丁酯或硅油等），并置于电炉内；使用已知功率的内部加热系统按间隔 20℃进行加热，并确定不同温度下的热损失；实验时对试样和包装称重，装入杜瓦瓶；用内部加热器将试样加热至预设温度；停止内部加热后，记录温度，如 24h 内未观察到自加热引起的温度升高，需将预设温度提高 5℃，重复上述操作至检测到由于自反应放热引起温度变化时为止，并进行冷却。

测试结束后，利用校准程序中的各不同温度下的降温速率 A，绘制降温速率 A 与温度的关系曲线，并计算杜瓦瓶热容量 H。

$$H=\frac{3600E_1}{A+B}-M_1C_{p_1} \tag{3-40}$$

式中 H——杜瓦瓶热容量，J·℃$^{-1}$；

E_1——内部加热功率，W；

A——预设温度下，降温速率，℃·h^{-1}；

B——内部加热（校准物质）曲线在预设温度下的斜率，℃·h^{-1}；

M_1——校准物质质量，kg；

C_{p_1}——校准物质比热，J·g^{-1}·℃$^{-1}$。

计算热损失 K 并绘制温度与热损失关系曲线，计算公式如式（3-41）所示。

$$K=\frac{A(H+M_1C_{p_1})}{3600} \tag{3-41}$$

式中 K——预设温度下的热损失，W。

计算试样比热 C_{p_2}，如式（3-42）所示。

$$C_{p_2}=\frac{3600(E_2+K)}{CM_2}-\frac{H}{M_2} \tag{3-42}$$

式中 C_{p_2}——试样比热，J·g^{-1}·℃$^{-1}$；

E_2——内部加热功率，W；

C——内部加热曲线在该温度下的斜率，℃·h^{-1}；

M_2——试样质量，kg。

计算每间隔 5℃时，试样放热功率，如式（3-43）所示。

$$Q_T=\frac{(M_2C_{p_2}+H)\times\frac{D}{3600}-K}{M_2} \tag{3-43}$$

式中 Q_T——预设温度下发热功率，W·kg^{-1}；

D——自加热阶段曲线在预设温度下的斜率，℃·h^{-1}。

绘制单位质量的放热功率与温度拟合曲线，确定单个包装、中型散货箱或罐体单位质量热损失 L，绘制一条斜率为 L、与放热功率相切的直线，该直线与横坐标的交点为临界环境温度，即包装中物质不显示自加速分解的最高温度 T_{NR}，如图 3-5 所示。自加速分解温度则是临界环境温度值向上修整到 5℃倍数的温度。

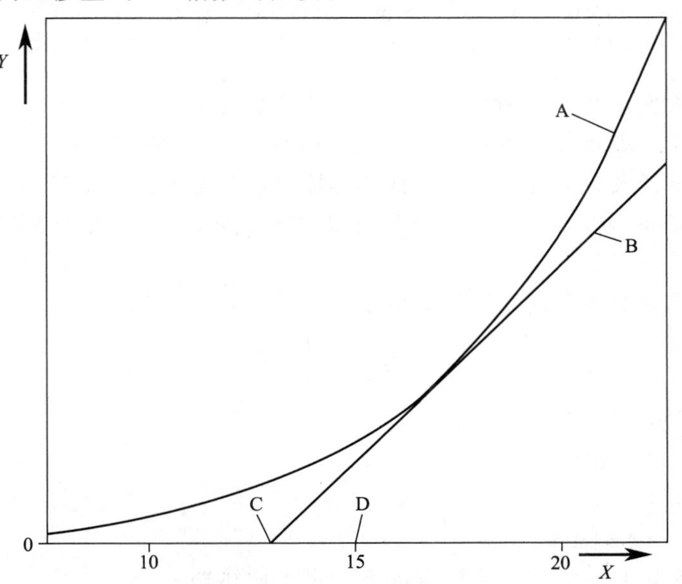

图 3-5 自加速分解温度求取

A—放热曲线；B—斜率等于热损失率并与放热曲线相切的直线；C—临界环境温度（热损失与横坐标交点）；D—自加速分解温度（临界环境温度化整到下一个 5℃的倍数）

（3）等温储存实验　化学物质发生反应或分解反应的放热量是时间和恒定温度的函数，等温储存实验测定物质在等温条件下发生反应或分解反应随时间变化而产生的热量，通过测量在不同温度下等温实验过程的热生成量，得到样品放热特性参数，综合考虑放热特性参数和包装物的传热特性，通过计算得到一定包装规格内反应性化学物质的 SADT。

本方法测试的温度范围为$-20\sim200$℃，测试仪器主要包括可加热、制冷的炉体，用于确保炉体能够在任意温度下保持恒温；参比池和样品池及热流检测器，参比池和样品池的容积均为 $70cm^3$，分别用于承装试样和惰性物质约 20g。典型测试装置示意图如图 3-6 所示。

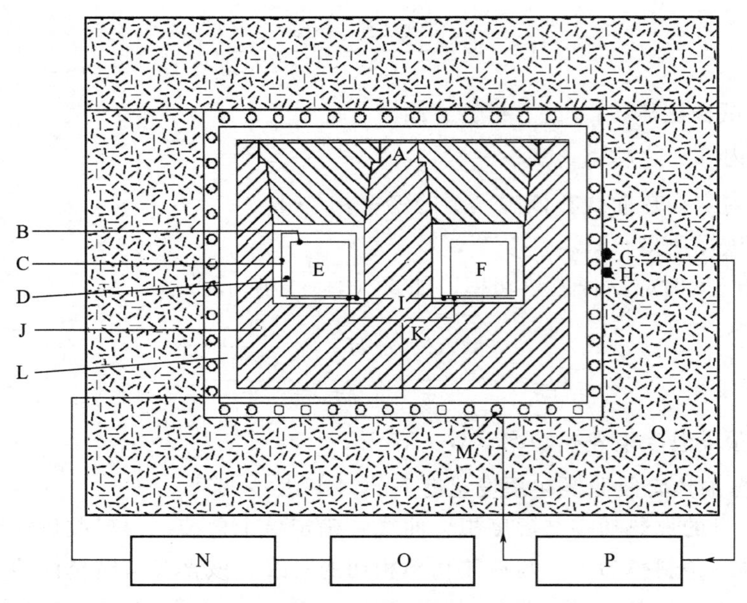

图 3-6　等温储存实验典型测试装置示意图

A—铂电阻温度计；B—试样容器；C—圆柱形支座；D—空隙；E—试样；F—惰性物质；G—控温铂电阻传感器；H—安全控制铂电阻传感器；I—珀尔帖原件；J—铝块；K—电路；L—空隙；M—加热金属线；N—放大器；O—记录器；P—温度控制器；Q—玻璃棉

测试过程分为校正和实验两步，校正时将测试装置调节至实验温度；在样品、参比容器内均装入惰性物质（如氯化钠等）；确定空白信号；使用不同电功率，确定热流检测器的灵敏度；测试时对试样及包装称重，装入样品容器内，升温至预设温度，测量放热功率；从平衡时间过后继续记录至少 24h，直至放热功率从最大值下降或大于 $1.5W\cdot kg^{-1}$；每间隔 5℃重复上述测试。

利用校准数据计算不同功率下的灵敏度，如式（3-44）所示。

$$S=\frac{P}{U_d-U_b} \tag{3-44}$$

式中　S——灵敏度，$mW\cdot mV^{-1}$；

P——电功率，mW；

U_d——假信号，mV；

U_b——空白信号，mV。

利用灵敏度和实验数据计算不同温度下的最大放热功率 Q，如式（3-45）所示。

$$Q=\frac{(U_s-U_b)S}{M} \tag{3-45}$$

式中 U_s——试样信号，mV；

M——试样质量，kg。

热损失速率可以通过测量系统的冷却时间来进行推算或对已知尺寸和材料的包装进行直接计算得到。将实验测得的各温度下的最大放热速率与热损失速率对温度绘图，得到系统的热平衡曲线，放热曲线和温度坐标轴的交点即为临界环境温度，进一步得到 SADT 值。详细测试方法参见《关于危险货物运输的建议书》H.3。

（4）热累积储存实验　本方法根据西门若夫原理，即容器壁是热对流的主要阻力，可用于通过模拟运输过程的热损失，确定物质在包装中的自加速分解温度。

测试装置包括恒温炉及杜瓦瓶，恒温炉内控温系统应确保杜瓦瓶内惰性液体试样温度 10 天内保持偏差不大于 1℃；样品中心，杜瓦瓶底部、中部、顶部及瓶外侧空间分别放置热电偶；杜瓦瓶容积应大于 0.5L。装有 400mL 样品、热损失为 80～100mW·kg^{-1}·K^{-1} 的杜瓦瓶，通常可以代表 50kg 包装；热损失为 16～34mW·kg^{-1}·K^{-1} 的 1L 球形杜瓦瓶可以代表中型散货箱和小型罐体；对于更大的包装应当使用热损失更小、容积更大的杜瓦瓶。低挥发性或中等挥发性液体所用的封闭装置示意图如图 3-7 所示。

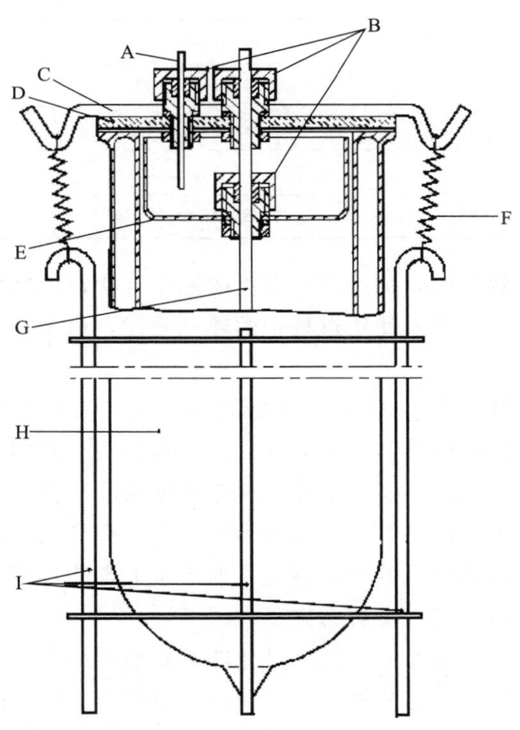

图 3-7　测试液体和水浸润固体所用的杜瓦瓶及其密封装置示意图

A—聚四氟乙烯毛细管；B—带有 O 形圈的特质螺纹；C—金属条；D—玻璃盖；E—玻璃烧杯底；F—弹簧；G—玻璃保护管；H—杜瓦瓶；I—钢夹持装置

调节测试炉体至储存温度，将测试样装至杜瓦瓶容积的 80%，记录质量；加热试样，并连续记录试样温度及炉内温度。记录试样温度到达比炉温低 2℃的时间，连续进行 7 天，或直至试样温度高于炉温 6℃或更多；或记录试样温度比炉温低 2℃升高至最高温度的时间。在间隔 5℃的不同储存温度下，用新试样重复测试。

如为确定是否需要温度控制，则应该进行足够次数的测试以便确定自加速分解温度至最接近5℃的倍数，或确定自加速分解温度是否大于等于60℃。如果为了确定测试物是否符合自反应物质的自加速分解温度标准，则应当确定50kg包装的自加速分解温度是否小于等于75℃。

自加速分解温度是7日内试样中心超过炉体温度6℃或更高的最低温度，如果每次测试试样温度均未超过炉体温度6℃或更高，则自加速分解温度即为大于测试过程的最高储存温度。

由于实验过程可能引起样品不稳定，测试完毕后需将试样立即冷却后取出，如包装完整可确定质量损失率和成分变化，并及时处理，以确保测试样品不能继续发生变化。关于热累积储存实验，详细测试方法参见《关于危险货物运输的建议书》H.4。

联合国《关于危险货物运输的建议书》中指出，通过实测法或其他相同作用的实验，确定该物质50kg包装时自加速分解温度是否小于等于75℃，进而可以确定该物质是否为自反应性物质。通过SADT的测试结果，也可以推算运输包装的控制温度及紧急温度，如表3-14所示。

表3-14 控制温度及紧急温度

储存类型	自加速分解温度/℃	控制温度/℃	紧急温度/℃
单个包装	≤20	比SADT低20℃	比SADT低10℃
中型散货箱	>20且≤35	比SADT低15℃	比SADT低10℃
	>35	比SADT低10℃	比SADT低5℃
便携式罐体	<50	比SADT低20℃	比SADT低5℃

上述四种反应性化学物质的自加速分解温度的测定方法，虽然能很好地反映反应性化学物质在实际的生产、运输、储存及使用过程中的热危险性，但是，四种测定方法也存在如下缺点。

一是实验药量大，上述四种SADT的实验测定方法，实验所需药量在400～200kg之间。用药量大，可以使实验取样更具有代表性，也可降低实验的相对误差，从某种意义上来讲，大样品量的实验方法更能反映实际情况，测定数据的准确性、可靠性和实用性增加。但是，鉴于反应性化学物质的危险特性，实验药量的加大，会导致实验测定过程本身潜在的危险性增加，实验过程中，被测物质的分解，也可能产生大量的有毒、有害气体，不仅对测试人员的健康不利，也对环境造成一定的污染。

二是实验周期长，通常需要几周或几个月才能得到实验结果，此外，由于设定的初始环境温度不一定就是该物质的自加速分解温度，因此，需要用升降温度法进行多次实验，导致实验周期加长。

三是具有一定的不确定性，例如，对于同一种物质，采用不同的实验方法得到的实验结果有时也有很大的差别。

四是通常实测法均测试单个包装的SADT，实际过程大多采用多个包装堆叠的方式进行存储运输过程，测试获得的SADT有时缺乏代表性。例如，某化学物质采用大小为20cm×20cm×20cm、壁厚为2mm的纤维材料进行包装，单个包装质量为7.5kg，通过实验获得单个包装的SADT为55℃；但是实际运输过程采用3袋×3袋×3袋堆叠方式进行运输，控制环境温度不高于55℃，仅4天实验样品就发生了爆炸。因此，根据SADT确定控制温度及紧急温度时，必须选择合适的测试类型，并结合实际储运情况慎重选择。

鉴于上述原因，如何用小药量在短时间内得到较为准确的SADT，已经受到了研究人员的广泛关注。大量安全工程与技术的研究者、专家、学者们都在尝试利用热分析仪器（例如DSC、ARC等）进行小样品量的实验研究，根据测得的自反应性物质的热分解曲线来推算该物质的自加速分解温度。目前，尽管研究取得了一定的成果，但是，对于具有自催化加速分解特性的反应性物质，分解反应机理极为复杂，热分析推算法也很难得到正确的结论。

另外，物质的起始放热分解温度可以作为评判化学物质热危险性的参考数据，通过其能对化学物质的热危险性有粗浅的判断。例如，采用DSC测得过氧化二叔丁基、四甲基丁基过氧化氢等有机过氧化物的起始放热分解温度 T_{0DSC}，与美国式实验法测得的SADT呈线性关系，并得到 $T_{0DSC} \approx SADT + 39.5$。因此，物质的起始放热分解温度在一定程度上能定性或半定量地评价反应性化学物质的热危险性。然而，尽管物质的起始放热分解温度是表征反应性化学物质自身化学性质的一个重要参数，但是，所测得的数值不仅仅与被测试的化学物质有关，还与实验条件，以及所用测试仪器的特性有关。此外，拟合得到的关系式并不适用于所有的反应性化学物质，只有当反应性化学物质的反应机理较为简单，并符合阿伦尼乌斯定律时拟合式才能成立。当物质分解反应机理较为复杂时，例如在反应初期发生物理相变或者化学反应机理发生变化时，用 T_{0DSC} 来评价反应性化学物质的热危险性，就显得很不妥当，具有一定的局限性，有时会出现很大的误差。

3.3.4.2 SADT推算法

实测法在测试过程中使用的样品量大、周期长、具有不确定性和不具有代表性等缺陷，推算法采用热分析仪器，例如微量热仪C80、差式扫描量热仪、绝热加速量热仪等进行小样品量测试，获得活化能、指前因子及反应级数动力学相关数据，进一步结合Semenov模型及Frank-Kamenetskii模型，建立不同模型下该物料热平衡方程，通过对热平衡方程求解，推算得到化学物质的自加速分解温度。

（1）Semenov模型推算法　Semenov模型是一个比较理想化的模型，适用于流动性较好的气体、液体物系及导热性很好的固体物系，在模型中假设体系内部温度分布一致，不存在温度梯度；体系与环境间的热交换均发生在体系表面。

根据阿伦尼乌斯方程，化学反应速率如式（3-46）所示。

$$\frac{d\alpha}{dt} = A\exp\left(-\frac{E}{RT}\right)(1-\alpha)^n \tag{3-46}$$

式中　E——分解反应活化能，$kJ \cdot mol^{-1}$；

A——指前因子；

T——温度，K；

α——分解反应转化率；

n——反应级数。

计算分解反应转化率，如式（3-47）所示。

$$\alpha = \frac{M_0 - M}{M_0} \tag{3-47}$$

式中　M_0——反应物起始浓度，$mol \cdot L^{-1}$；

M——反应过程中任意时刻反应物浓度，$mol \cdot L^{-1}$。

进一步整理得到分解反应放热功率，如式（3-48）所示。

$$q_G=\frac{dH}{dt}=HM_0A\exp\left(-\frac{E}{RT}\right)\left(\frac{M}{M_0}\right)^n \tag{3-48}$$

此时，体系散热功率如式（3-49）所示。

$$q_L=US\ (T-T_0) \tag{3-49}$$

式中 U——表面传热系数，$W \cdot m^{-2} \cdot K^{-1}$；

S——表面积，m^2；

T_0——环境温度，K。

将式（3-48）和式（3-49）对温度作图，见图 3-8。当传热曲线和放热曲线相切时，散热曲线与温度轴交点所对应的温度，代表该自反应性物质发生自加速分解时的最低环境温度，即 SADT。

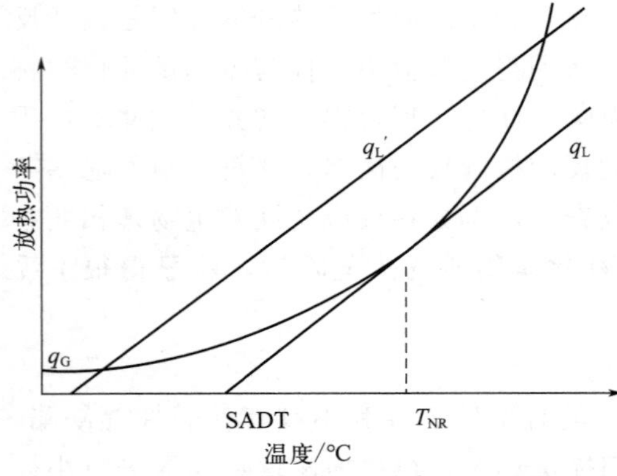

图 3-8 Semenov 模型中的 SADT 示意图

（2）Frank-Kamenetskii 模型估算法 Frank-Kamenetskii 模型考虑了体系的温度分布情况，假设体系内温度随时间及空间的变化而变化。由于体系内部空间复杂多变，利用该模型求解 SADT 具有一定的难度。一般将实际体系的空间构造简化，用无限球或柱坐标来求解 SADT。通过建立 Frank-Kamenetskii 模型下的热平衡方程，对于不同的初始环境温度，可以求解出一系列的环境温度下体系内部的温度随时间的分布图。当体系内部温度发生失控时，所对应的最低环境温度即为该体系的 SADT。

简化后的 Frank-Kamenetskii 模型热平衡方程如式（3-50）所示。

$$\lambda T^2+q=\rho C_V\frac{\partial T}{\partial t} \tag{3-50}$$

式中 λ——热导率，$W \cdot m^{-1} \cdot K^{-1}$；

ρ——物料密度，$g \cdot cm^{-3}$；

q——体系任意点的热流量，W；

C_V——定容比热容，$J \cdot kg^{-1} \cdot ℃^{-1}$。

在某一初始环境温度下，将该体系自反应性化学物质分解反应动力学参数、热导率和包装材料的热导率代入热平衡方程后，可以求解该体系的温度随空间和时间的变化规律。

$\partial T/\partial t=0$ 时，表示系统处于临界状态，Frank-Kamenetskii 模型热平衡方程也称为 Poisson 方程，此时，物料处于基本稳定的状态。由 Poisson 方程得到的关于环境温度的解即为 Frank-Kamenetskii 模型下的 SADT。但是，要得到 Poisson 方程式的解非常困难，在工程应用中通常用数值解方法来求解 SADT。当考虑到温度和空间的关系，可以考虑选择典型的几何形状，例如平面、球体、圆柱等来简化热平衡。$\partial T/\partial t<0$ 时，体系的温度将不断下降，表明体系将不会发生热自燃（或热爆炸）。$\partial T/\partial t>0$ 时，物料体系温度将不断升高，最终导致热失控。当体系发生热失控时，所对应的最低环境温度为该体系的自加速分解温度。

通过对比可以发现，SADT 估算法便于测试，而且测试过程更加安全，随着估算模型的不断完善及更新，估算法获得的 SADT 也逐渐被接受。

3.4　反应过程风险研究

反应过程风险研究主要是研究并获取反应过程的表观反应热，以及放热速率、绝热温升、失控体系能够达到的最高温度等数据；获取失控反应气体逸出情况、温度升高情况和压力升高情况，确定反应失控后可能导致的最坏后果，建立风险控制措施，为工艺优化、工艺设计和风险控制措施建立提供技术参数。此外，化学反应涉及各种反应过程，使用不同的反应器，在进行反应过程风险研究过程中，需要针对不同的反应过程建立相应的研究模型，选择合适测试手段，有针对地进行反应过程风险研究。

3.4.1　间歇、半间歇和连续过程风险研究

化学反应是化工生产过程的核心，化学反应过程种类繁多，按其操作方式的不同大体上可分为间歇反应、半间歇反应和连续流反应。反应过程的操作方式不同，则其存在的风险也有所区别，在反应过程风险研究时需要根据不同的反应过程操作方式建立不同的、有针对性的研究模型，为开展反应安全风险评估、建立风险控制措施提供充分的理论依据。

3.4.1.1　间歇反应过程风险

理想的间歇反应可以理解为在密闭的反应器内、反应期间没有任何物料的进入或移出的反应，后来将间歇反应范围扩大，允许部分产物（如气体产物）在反应期间移出反应器。间歇反应过程是在操作初期将反应物全部加入反应器，然后加热至反应温度，在该温度下保持至反应完成。

对于放热反应而言，重点在于控制反应速率，由于间歇反应操作的特殊性，加料过程一次性完成，加料结束后或未达到反应温度前，目标反应尚未开始，物料累积量及热量累积最大，并且反应物浓度无法通过外界手段进行控制。一旦工艺过程升温过快或冷却系统发生故障，将有可能导致反应在短时间内剧烈放热，如果反应放热大于冷却系统的移热能力，将引发反应失控。因此，间歇反应过程比较危险，其风险主要来自于原料的大量累积；反应过程也必须严格控制体系温度，起始加料温度、升温速率及冷却系统的冷却能力等都对反应过程的安全性有着至关重要的影响。同时，在间歇反应过程中，必须保证加料过程的准确性，反应物的种类、加入量及纯度都必须严格遵守操作规程，一旦发生加料错误，就相当于发生能量输入错误，会给合成工艺带来巨大的风险。

进行反应过程风险研究，可以通过反应量热、绝热量热、微量热等设备测试并求取反应过程的表观反应热、放热速率、绝热温升等相关数据，确定热交换条件，保证产业化设计能够满足工艺要求的冷却能力，保证安全生产。

此外，对于精细化工生产过程而言，理想的合成工艺是加料控制型反应，间歇工艺优先通过工艺创新、工艺优化，转变成半间歇工艺，保证工艺安全。

3.4.1.2　半间歇反应过程风险

半间歇反应是指在反应过程中至少加入一种反应物的反应过程，是精细化工行业常见的工艺操作过程。根据半间歇操作的特性，可以通过控制加料的速度和反应温度来控制反应物浓度及反应放热速率。因此，必须保证物料的加入量、加入节点和加入速度的准确，同时也需要选择合适的反应温度，精准地控制反应的进行。

① 加料控制。对于加料控制型反应，加入的反应物可以迅速转化为生成物，体系无明

显的物料累积，一旦体系发生失控，可以通过调节加料速度甚至停止加料来控制反应进程。对于动力学控制型反应，加入的反应物不会立即转化为生成物，体系与间歇过程类似，物料累积很大，加料对反应进程影响很小，一旦发生失控，即使停止加料，反应仍然持续进行。因此，动力学控制型的反应可控性差、危险性较高，可通过提高反应温度或加入适合的催化剂等方式来降低物料累积，将其转化为加料控制型反应，提高反应安全性。

常见的加料方式有匀速加料及分段加料。加料速率是匀速加料过程的关键参数，合适的加料速率能够提高反应的选择性，也会对放热速率、物料累积、反应温度、过程安全性等方面产生至关重要的影响，反应量热则是优化加料速率最有效的手段。分段加料也是一种常见的控制累积的方法，但这种方法需要明确物料转化情况和反应的动力学等信息，结合化学分析、反应量热等测试，确定分段加料的工艺条件。

此外，在工业化设计过程中，可以通过加料与温度、搅拌自控联锁等来实现安全生产。

② 动力学控制。大多数半间歇反应都是动力学控制型的放热反应，首先在恒温条件下进行加料，并通过控制夹套冷却介质的温度、流速来保持体系温度的恒定，加料结束后，反应并没有完成，需要进一步进行升降温操作，促使反应完成。因此，需要开展反应风险研究，通过反应量热等测试手段，明确反应过程放热速率的变化情况，热转化率和热累积随温度的变化情况，为减少热累积，防范热失控，以及反应器冷却系统设计提供重要依据。动力学控制型反应，通常需要采取反应量热和动力学仿真相结合的方法，优化加料速率、初始反应温度、升温速率及冷却系统的冷却能力等因素，优化成梯度加料控制型反应，或通过过程强化实现连续化反应，保证生产安全。

3.4.1.3 连续反应过程风险

连续反应与间歇、半间歇反应有区别，在连续反应过程中，原料连续不断地进入反应体系，产品连续不断地离开反应体系，生产过程连续进行。正是由于连续反应的诸多特性，其反应过程的风险与间歇、半间歇反应有着很大的不同。连续反应的方式有很多种，按反应器形式的不同，连续反应的特点和风险简述如下。

① 连续釜式反应。连续釜式反应与间歇、半间歇釜式反应不同，连续釜式反应是在反应物持续进入反应釜的同时，采取溢流或液位控制方式，连续产出产品，并保持反应釜内物料的体积恒定、进出物料流速恒定、物料停留时间恒定。当进、出反应釜物料停止时，可以视为连续釜式反应最危险的情形，此时，相当于间歇反应器，反应体系的危险性与间歇反应类似。但是，对于反应正常运行的情况，由于反应转化率通常较高，原料与产物持续进入与排出，因此，物料累积或热累积较少，失控时体系绝热温升也相对较低。

② 管式反应。典型的管式反应，反应物从管式反应器的一端流入，产物从另一端流出，物料停留时间由管式反应器长短和流速决定，通常物料停留时间短、反应转化率高，可以根据工艺需要承受一定的压力。与间歇、半间歇反应器相比，管式反应器换热面积更大，热交换能力更强。在反应发生失控时，尽管反应在短时间内快速放出热量，但是反应放出的热量被反应器内物料与反应器同时吸收，导致体系的绝热温升相对较低。因此，管式反应比间歇与半间歇反应的安全性更高。

相比于间歇、半间歇反应，连续反应还具有设备利用率高、易于实现自动化操作、工艺参数及产品质量相对稳定等优点，但是，并不是所有的化学反应都可以采用连续工艺完成，需要结合反应的具体情况分析，能通过过程强化研究实现连续反应的工艺，尽可能实现连续化操作。连续化工艺对降低工艺风险、实现安全生产与经济效益的最大化很有益处。

3.4.2 工艺偏离过程风险研究

化工生产过程中，各种工艺条件的偏离都会影响目标反应的进程，带来反应的失控、突发放热、物料和热累积，以及产品质量的降低，容易引发安全事故。常见的工艺偏离包括但不限于温度、压力、催化剂、浓度、水分、溶剂、pH 值、搅拌速度、光效应、微量杂质、反应物颗粒大小、反应物之间的接触面积和反应物状态等各种因素的影响。因此，在开展反应风险研究过程中，需要根据实际工况，考虑可能存在的偏离因素，有针对性地进行测试研究，获得工艺偏离条件下的安全性数据，为实现工艺安全提供科学依据。

① 浓度偏离。在化学反应过程中，能够发生化学反应的碰撞，叫做有效碰撞；能够发生有效碰撞的分子，称为活化分子。当反应的其他条件一致时，增加反应物浓度就增加了单位体积内活化分子的数目，从而增加了有效碰撞。通常情况下，反应速率会随着反应物浓度的提高而加快。

进料偏差是造成浓度偏离的重要因素，在反应风险研究过程中，主要考虑两个方面，一是偏离工艺规定的物料量，多投料或是少投料；二是投料速度高于或是低于工艺规定的速度，投料过快或是过慢，尤其是投料过快，导致反应体系局部浓度过高，容易发生突发反应，引发安全事故。

② 温度偏离。对于化学反应，只要升高温度，就会提高反应能量，促使一部分能量较低的分子变成活化分子，增加了活化分子的数量，使得有效碰撞次数增多，反应速率提高。温度升高，分子运动速率加快，单位时间内反应物分子碰撞次数增多，也会相应加快反应。在其他条件相同的情况下，升高温度，可以加快反应速率，对绝大多数化学反应进行统计分析发现，温度每升高 10℃，化学反应速率通常增大到原来的 2～4 倍，导致反应放热速率增大。此外，对于化学反应来说，如果反应温度超过工艺温度，反应物可能会发生分解反应或二次分解反应，导致体系温度和压力升高，严重的将会导致剧烈的分解反应，进一步引发爆炸；也可能因为温度过高而引起副反应，生成危险性高的副产物或不稳定的中间体。通过研究温度偏离对工艺过程风险的影响，明确反应温度的上限与下限，获得生产条件下有可能发生失控的最低温度，并依据最低失控温度确定安全操作的温度限值。

③ 压力偏离。对于有气体参与的化学反应，当其他条件不变时，加入更多的气体相当于增大气体反应物浓度，将使反应体系压力增大，单位体积内活化分子数增多，单位时间内有效碰撞次数也相应增多，反应速率加快；反之反应速率则减小。当其他条件不变时，若加入不参加化学反应的惰性气体增大反应压力，尽管反应器内单位体积的活化分子数不变，但是，压力升高也会带来反应器的承压风险。开展反应风险研究，要考虑压力偏离对反应放热速率的影响，要进行超压识别，并设置适宜的压力控制措施，避免因超压导致反应风险的升高。

④ 溶剂偏离。溶剂对反应的影响是一个极其复杂的问题，溶剂的不同可能会对反应机理产生影响，溶剂的多少也可能会对反应速率及表观反应热产生影响。溶剂的偏离因素有多种。一是向反应器中加入了错误的溶剂，这种情况下，需要明确溶剂与反应原料间的相容性，考虑可能造成反应原料在错误溶剂中不能按照指定目标发生化学反应，偏离了目标工艺。二是较为常见的溶剂偏离，即加入的溶剂量发生偏离，如果溶剂量较少，会造成反应浓度升高，体系的传质效果变差，进而影响目标反应；如果溶剂量过大，导致反应体系被稀释，反应物的浓度偏低，影响到反应的进程、反应周期、反应收率和产品质量等，也有可能

导致反应体系物料累积和热累积，在后续处理等单元操作过程中，引发更严重的工艺风险。

⑤ 微量杂质偏离。杂质对反应有显著的影响，有些反应会因为微量杂质的进入，催化反应或副反应，例如铁锈、设备腐蚀等产生的金属离子可能会对反应产生催化作用，尤其是有双氧水或其他过氧化物存在的化学反应，金属离子的存在，将会加快双氧水的分解，产生氧气，不仅会使反应进程偏离目标反应，也会造成反应体系的氧气浓度升高，形成气相爆炸空间，引发爆炸事故。此外，微量杂质的引入，可能会导致体系的稳定性变差，引发分解或二次分解反应。因此，需要针对具体工艺，考虑可能的微量杂质的引入，开展反应风险研究，必要情况下，可以通过添加抑制剂的方式，避免因微量杂质的存在，导致工艺风险的升高。

3.4.3 失控反应风险研究

对于化学反应来说，任何情况下都存在发生失控的潜在风险，特别是放热的化学反应，一旦发生失控，温度上升导致放热反应的反应速率急剧增大，如果反应系统的传热及移热效果不好，热生成和热转移不能均衡，必将造成热量累积，从而导致反应体系温度急剧升高，进一步加大反应速率或热生成速率，将有可能进一步引发副反应和二次分解反应，若同时伴有分解反应发生和气体生成时，存在反应失控导致爆炸的风险。1988 年，在瑞士巴塞尔举办的第 10 届国际化学反应工程（ISCRE10）研讨会上，参会专家对化工生产中存在的热危险作了较为详实的描述，专家们认为化工企业的热失控发生，最终都与反应的放热功率超过工艺设备的热散失能力有关，控制热风险的重要因素是有效移出反应热。

热失控可以分为以下三种类型。

① 工艺使用的物质本身具有的热不稳定性导致的热失控。许多化学物质都具有热不稳定性，这类物质在运输、储存和使用的过程中，外界热量、摩擦生热、分解放热等热因素，都可能引起热失控，破坏体系的能量平衡。在体系仅具有较低的散热能力情况下导致热失控，热失控的主要原因就是物质本身热稳定性较差。

② 反应性化合物混合导致的失控。相互之间具有反应性的化合物不能混合，不然将导致化学物质混合事故的发生，这一类的事故属于意外的失控事故。例如，遇水发生分解的物质必须严格与水隔离，一旦有少量的水混入物质中，就可能导致物质的快速分解；对于遇水分解的化学反应，引入少量的水就会引起反应的失控，此类反应失控与化工生产本身没有关系，主要的原因是意外的化学因素影响。

③ 化学反应过程中的反应失控。化学反应引发的热失控对化工安全生产的影响最大，这类热失控与工艺过程中的固有因素相关。工艺过程中具有较高敏感性的一些杂质会引起反应的失控，基于错误的动力学假设建立了不恰当的设计易导致反应失控，反应过程中的误操作等因素将引发反应的失控。例如，操作条件的偏离将会导致反应物不能充分混合，加料速度过快导致传质不好、造成物料累积和热量累积，反应温度过高或过低导致反应不能按预期进行，搅拌故障引起物料的传质不好进而导致局部超温等这些失控的条件下，反应放出大量热量，一旦冷却能力不足或者冷却系统失效，反应放热速率以及体系温度将持续升高，造成反应系统中剩余的能量进一步快速释放，并可能达到近似绝热的极限情况，最终导致反应热失控的发生，引发事故。

3.4.3.1 冷却失效

对于大多数的放热化学反应，反应过程中最主要的危险来自于反应失控。大量反应物的累积和反应温度的升高会导致反应速率的快速升高，造成反应瞬间放出大量热量，引发反应失控。一般来说，放热化学反应最为严重的情形在于反应过程中突然发生的冷却失效，在冷却失效的情形下，反应放出的热量无法经过正常的热交换移去，反应体系的热生成速度远远大于热移出速度，导致体系热量的严重失衡，使反应体系温度短时间内大幅度升高，导致失控反应发生。R. Gygax 首先提出了冷却失效模型，失控情形如图 3-9 所示。

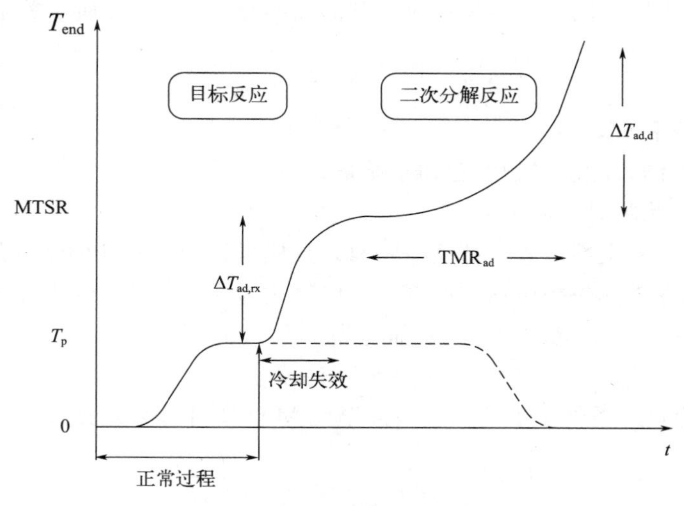

图 3-9　放热反应冷却失控情形

图 3-9 描述了放热化学反应由正常状态到失控状态下的反应温度随时间的变化情况。正常的化学工艺，对反应体系进行升温，达到工艺温度 T_p 时反应开始，同时通过冷却系统进行热交换，维持反应体系的热平衡，保持在工艺温度 T_p 下进行反应，直到反应结束。在发生冷却失效的情况下，由于没有了热交换，可以把整个反应体系近似看成绝热体系，反应体系经过第一段绝热温升 $\Delta T_{ad,rx}$，达到了最高温度 MTSR，在 MTSR 温度下，可能会引发反应体系内物料的二次分解反应，分解反应放出的热量，促使体系温度进一步升高，体系经过一定的时间达到最大反应速率，经过第二段绝热温升 $\Delta T_{ad,d}$，达到最终温度 T_{end}，并发生爆炸。失效模型展示了应急控制和应急救援两个区间。失控过程中，有效延长最大反应速率到达时间 TMR$_{ad}$，对失控体系进行应急控制，将会实现安全治理模式向事前预防转变。

归纳总结冷却失效带来的反应风险，可以从以下六个关键问题入手，考虑进行反应安全风险评估和反应风险控制。

① 考虑反应所采用的冷却系统是否能够满足控制工艺反应温度的要求。正常工艺条件下，必须保证冷却系统能够移出反应体系内所释放出的热量，以保证冷却系统能够达到有效控制反应温度的目的。这个问题必须在工艺研发阶段和初步设计阶段认真细致地考虑，以确保在生产过程中，冷却系统有足够的冷却能力，可有效控制反应温度。通过反应风险研究获得目标反应的放热速率，从而在工艺设计过程中，充分考虑冷却系统的冷却能力。

② 考虑反应失控后体系能够达到的最高温度。当放热化学反应发生冷却失效和热失控时，由于反应体系存在热累积，使整个反应体系在一个近似绝热的情况下发生温度升高，使体系温度达到一个较高的数值，该数值用失控后体系的温度 T_{cf} 表示。不同时间发生热失控所达到的 T_{cf} 不同，反应体系的热累积越大，失控后体系的温度 T_{cf} 也越高。当加入反应物料达到化学计量点时，反应体系的热累积最大，此时的 T_{cf} 称为热失控（绝热）条件

下工艺合成反应最高温度，用 MTSR 表示。通过热失控后体系最高温度 T_{cf} 和热失控条件下反应可能达到的最高温度 MTSR 能够看出工艺反应热累积情况，可用于评估反应的危险性。

可以采用下述方法计算热失控工艺反应可以达到的最高温度 MTSR：

a. 热失控后体系最高温度 T_{cf} 对于半间歇操作，在反应进行过程中不断加入一种反应物料，工艺温度和不同时刻发生热失控所达到的 T_{cf} 有式（3-51）所示关系：

$$T_{cf}=T_p+X_{ac}\Delta T_{ad}\frac{m_{rf}}{m_{r(t)}} \tag{3-51}$$

式中 X_{ac}——热累积度，%；

m_{rf}——加料结束时反应物混合物总质量，g；

$m_{r(t)}$——反应物瞬时总质量，g。

对于间歇操作，一次性加入全部反应物料，反应过程中没有任何组分加入或被移出，工艺温度和不同时刻发生热失控所达到的 T_{cf} 可以简化为式（3-52）所述关系：

$m_{rf}=m_{r(t)}$，$X_{ac}=1$，则式（3-51）简化为：

$$T_{cf}=T_p+\Delta T_{ad} \tag{3-52}$$

b. 热失控（绝热）条件下工艺反应最高温度 MTSR 计算公式见式（3-53）。

$$\text{MTSR}=\left(T_p+X_{ac}\Delta T_{ad}\frac{m_{rf}}{m_{r(t)}}\right)_{\max} \tag{3-53}$$

c. 热累积度 X_{ac}。热累积度 X_{ac} 是指未反应部分所占的百分数，即式（3-54）。

$$X_{ac}=1-X=\frac{\int_t^{\infty}Q_{rx}\mathrm{d}\tau}{\int_0^{\infty}Q_{rx}\mathrm{d}\tau}=1-\frac{\int_0^{t}Q_{rx}\mathrm{d}\tau}{\int_0^{\infty}Q_{rx}\mathrm{d}\tau} \tag{3-54}$$

热累积度 X_{ac} 反映了放热反应物料热累积情况，计算如式（3-55）和式（3-56）所示：

对于间歇操作，$X_{ac}=1$。

对于半间歇操作，按照下述不同情形考虑：

Ⅰ. 化学计量点之前：

$$X_{ac}=X_{fd}-X=\frac{\eta t}{t_{fd}}-X \tag{3-55}$$

式中 X_{fd}——加料比例，%；

X——热转化率，%；

η——过量比，例如，过量 25%则 $\eta=1.25$；

t——瞬时时间，s；

t_{fd}——加料总时间，s。

Ⅱ. 化学计量点之后：

$$X_{ac}=1-X \tag{3-56}$$

热失控（绝热）条件下，计算工艺合成反应最高温度（MTSR）所需要的相关数据，可以通过实验室全自动反应量热仪测试获得，例如热转化率 X（%）和绝热温升 ΔT_{ad}（K）等。

通过计算获得的 T_{cf}、X_{ac} 等数据对反应时间作图（如图 3-10），能够比较直观地体现整个反应过程的热量累积情况。

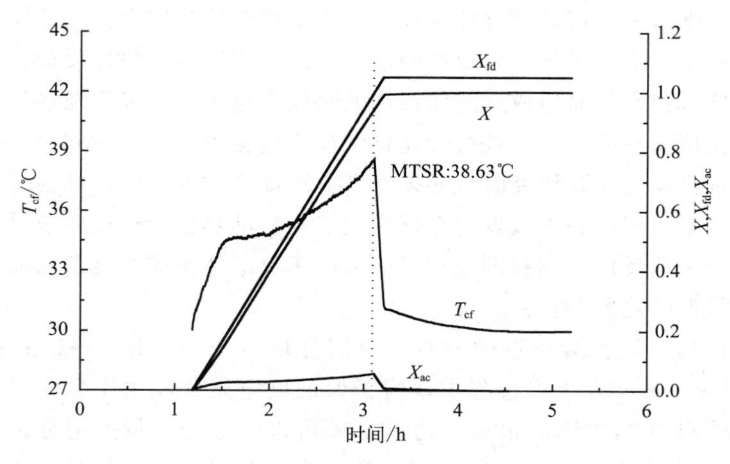

图 3-10 T_{cf}、X、X_{fd}、X_{ac} 曲线

由图 3-10 中可以看出，反应发生热失控后，反应的热累积程度很小，工艺合成反应最高温度 MTSR 为 38.63℃。

d. 梯度升/降温工艺过程。MTSR 对于梯度升/降温工艺过程，不同恒温阶段工艺温度为变量，取各阶段控制温度值或波动范围的上限值；绝热温升根据工艺条件，取单位时间内热累积导致体系的绝热温升。对于 T_0 到 T_1 直至 T_{n-1} 到 T_n 的升/降温过程，结合工艺要求的升/降温速率，同时考虑热转化率，MTSR 通过式（3-57）计算。

$$
\begin{aligned}
\mathrm{MTSR}_0 &= T_0 + \Delta T_{ad} \\
\mathrm{MTSR}_1 &= T_1 + (1 - X_0)\Delta T_{ad} \\
\mathrm{MTSR}_2 &= T_2 + (1 - X_1)\Delta T_{ad} \\
\mathrm{MTSR}_n &= T_n + (1 - X_{n-1})\Delta T_{ad}
\end{aligned}
\tag{3-57}
$$

式中 T_0——起始工艺温度，℃；

T_1、T_2、T_3 至 T_n——不同温度梯度对应的工艺温度，℃；

X_0、X_1、X_2、X_3 至 X_{n-1}——不同温度梯度下物料转化率，%；

MTSR_0、MTSR_1、MTSR_2 至 MTSR_n——不同温度梯度下失控反应能够达到的最高温度，℃。

③ 考虑反应失控后体系能达到的最高温度 MTSR。当反应发生失控后，由于体系物质存在明显的热不稳定性，将进一步导致分解反应的发生，考虑极限情况的绝热温升，体系温度可能达到的最高数值用 MTSR 表示，体系在 MTSR 下，有可能进一步引发物料发生二次分解反应，二次分解反应的发生将导致反应体系温度进一步升高，体系温度达到的最终值，用 T_{end} 表示，MTSR 和 T_{end} 的关系如下：

$$T_{end} = \mathrm{MTSR} + \Delta T_{ad,d} \tag{3-58}$$

④ 考虑由于发生冷却失效而导致的最严重后果的时间。对于釜式反应，常采用两种不同的投料操作方法，包括起始全投料的间歇操作方法和物料滴加的半间歇操作方法。对于放热量较大的化学反应，大多数都采用物料滴加的操作方法，并且需要严格控制反应温度，避免失控情形的发生，保证操作安全。

不同化学反应的反应速率有所不同，大致可以分为快速反应和慢速反应。对于快速反应，一般要求反应速率接近于加料速率，以减少物料在体系中的累积现象，此类型的反应一且出现异常现象，操作人员可以通过控制加料速率来控制反应速率，在极端的情况下，可以通过停止加料来停止反应的进行，有效控制反应失控。相比较于快速反应，慢速反应的加料速率可能远超过反应速率，易造成反应体系内的物料大量累积，即存在热量累积的情况。慢速反应的危险性比快速反应大。在进行慢速化学反应过程中，什么时间会发生冷却失效并不确定，因此，在进行反应风险研究时，必须要考虑冷却失效发生的最坏情况，假设冷却失效发生在最糟糕的时刻，即冷却失效发生在反应混合物料的热稳定性最差或是物料热累积达到最大的时候。对于慢速反应，物料的累积多少取决于反应体系中浓度最低的物料，反应原料的转化率受浓度最低的物料的控制。

为了说明反应物料累积最严重的时刻，我们分析一个 $A+B \longrightarrow C$ 的化学反应。对于 $A+B \longrightarrow C$ 的反应，在实际生产过程中，为了保证反应充分，往往会使用一个物料配比过量的概念。如果物料 A 是关键的组分，物料 B 则可以考虑为过量的组分。操作过程中，先把物料 A 加入到反应釜中，物料 B 采取滴加的方式，在二者反应化学计量点之前，物料 B 的浓度低，反应的转化率受物料 B 浓度限制，随着物料 B 的不断加入，反应速率也相对较快；在接近化学计量点时，物料 A 和物料 B 的浓度相当，反应速率较慢，物料存在累积；而在化学计量点之后，随着物料 B 的不断滴入，物料 A 浓度不断降低，使得物料 A 起主导作用，可加速反应的进行。

综上所述，化学反应在达到化学计量点时，物料的累积最严重。对于放热化学反应来说，物料累积最严重的时刻也是热量累积最严重的时刻，一旦在此时发生冷却失效，后果将是最严重的。在工艺设计的时候，要充分考虑此时发生冷却失效后的控制措施。除此之外，还需要考虑反应混合物料的热稳定性最差时的情况，可以通过对反应物料进行差示扫描量热或绝热反应量热测试，获取物料的热稳定性，根据物料热稳定性进行工艺设计。

⑤ 考虑目标反应发生失控时的最快速度。对于一个放热化学反应，如果在反应过程中突然发生冷却失效，尚未反应的物料会继续发生放热反应，此时，再进行的反应已经是体系热失控的情况，体系将产生绝热温升，随着反应釜内物料温度持续不断地升高，在一段时间内，体系温度将达到最高值 MTSR。在实际的反应过程中，温度升高会加速反应，体系温度达到最高值 MTSR 的时间通常都很短，这可以通过反应初始放热速率和最大反应速率到达的时间（TMR_{ad}）来估算，计算公式如式（3-59）所示。

$$\mathrm{TMR_{ad}}=\frac{C_p R T_{\mathrm{p}}^2}{Q_{T_{\mathrm{p}}} E_{\mathrm{a}}} \tag{3-59}$$

式中 C_p——反应体系比热容，$\mathrm{kJ \cdot kg^{-1} \cdot K^{-1}}$；

R——气体常数，$8.314\mathrm{J \cdot mol^{-1} \cdot K^{-1}}$；

T_{p}——工艺反应温度，K；

$Q_{T_{\mathrm{p}}}$——T_{p} 温度下的反应放热速率，$\mathrm{W \cdot kg^{-1}}$；

E_{a}——反应的活化能，$\mathrm{J \cdot mol^{-1}}$。

⑥ 考虑二次分解反应发生的最快速度。发生冷却失效时，体系温度在短时间内就达到最高值 MTSR，这是目标反应发生热失控的结果。如果 MTSR 能够达到物料发生二次分解反应的温度，将进一步发生二次分解反应，反应体系的温度会持续升高，达到最终值 T_{end}。从 MTSR 到 T_{end} 也需要经历一段时间，这个时间段对实际的工艺过程非常重要，它能够直接反映出事故是否能够发生。

按照与目标反应发生失控相类似的考虑方式，从 MTSR 到 T_{end} 经历的时间也可以用 TMR_{ad} 来估算。

$$TMR_{ad}=\frac{C_p RT_{MTSR}^2}{Q_{MTSR}E_a} \tag{3-60}$$

式中　C_p——反应体系比热容，$kJ \cdot kg^{-1} \cdot K^{-1}$；

R——气体常数，8.314$J \cdot mol^{-1} \cdot K^{-1}$；

T_{MTSR}——工艺合成反应的最高温度，K；

Q_{MTSR}——T_{MTSR} 温度下的反应放热速率，$W \cdot kg^{-1}$；

E_a——反应的活化能，$J \cdot mol^{-1}$。

3.4.3.2　Semenov 热温图

化学反应发生失控是由于反应体系发生了热失控，破坏体系热平衡所致。反应体系的热平衡可以通过 Semenov 热温图来体现，如图 3-11 所示。

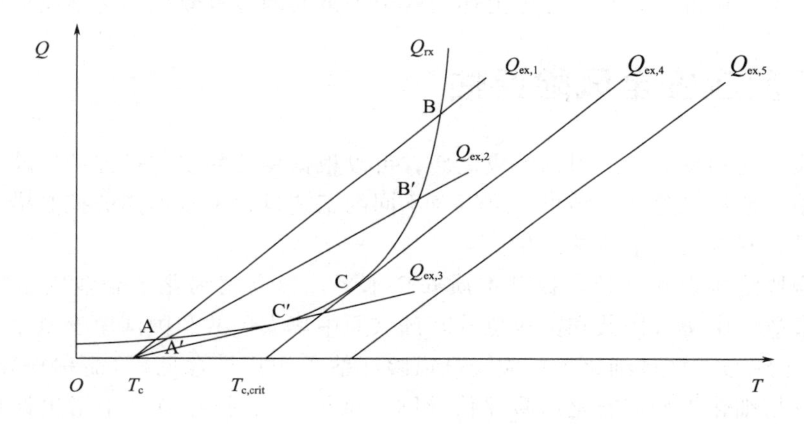

图 3-11　Semenov 热温图

根据热生成速率表达式可以看出，热生成速率是温度的指数函数，如 Semenov 热温图中热生成速率曲线 Q_{rx} 所示。依据热移出速率的表达式，热移出速率为温度的线性函数，斜率为 KA，如 Semenov 热温图中热移出速率曲线 Q_{ex} 所示。在斜率 KA 不变的情况下，热移出速率的曲线随冷却介质温度而平行移动，如 Semenov 热温图中 $Q_{ex,4}$ 和 $Q_{ex,5}$ 所示。

在热平衡的情况下，热生成速率与热移出速率相等，即 $Q_{rx}=Q_{ex}$。Semenov 热温图中热移出速率曲线 $Q_{ex,1}$ 与热生成速率曲线 Q_{rx} 有两个交点，分别为 A 点和 B 点，在这两个点上，满足 $Q_{rx}=Q_{ex}$，此时反应体系内处于热量平衡状态。不同的是，若在 A 点操作，反应体系温度稍有波动，就会立即恢复到 A 点，例如，当体系温度升高时，热移出速率大于热生成速率，使体系温度下降，降至 A 点；当温度低于 A 点对应的温度时，热生成占主导地位，会使温度再次回到 A 点。因此，A 点就是一个稳定的平衡点。若在 B 点进行操作，当温度低于 B 点对应的温度时，热移出占主导地位，会使体系温度回到 B 点，一旦体系温度高于 B 点对应的温度，热生成就占主导地位，此时热移出速率的增加远小于热生成速率的增加，冷却系统已没有能力将体系温度降下来，进而导致反应热失控。

然而在 A 点的反应温度低，反应速率慢，生产周期长，经济性差。为了解决这一问题，一种有效的办法是降低冷却介质循环量使得热移出速率曲线斜率 KA 减小，如图 3-11$Q_{ex,2}$

所示。此时，反应体系的稳定工作点 A 移到 A′点，不稳定工作点 B 移到 B′点。随着反应的进行一段时间后，换热系统和反应器内可能会产生结垢，这都可以使得 KA 减小。但也不能使 KA 无限制减小，当 KA 减小到 A′点与 B′点重合于 C′点时，即热生成速率曲线与热移出速率曲线相切时，会形成一个不稳定的体系。保持 KA 不变是提高体系操作温度的另外一种办法，提高了冷却介质的温度 T_c，但是，冷却介质的温度 T_c 也不能无限制地提高，当热生成速率曲线与热移出速率曲线相切时，二者相交于 C 点，C 点也是一个不稳定的工作点，相对应的冷却系统温度称为冷却临界温度 $T_{c,crit}$。若冷却介质的温度大于 $T_{c,crit}$，热移出速率曲线 Q_{ex} 与热生成速率曲线 Q_{rx} 没有交点，意味着热平衡状态不存在，失控不可避免会发生。因此，$T_{c,crit}$ 是化工过程中热风险的一个重要参数。综上所述，若要保证化工反应过程安全进行，必须要使热移出速率曲线 Q_{ex} 和热生成速率曲线 Q_{rx} 有两个交点，较低温度下的交点即是稳定平衡点。

应全面开展化工反应风险研究和工艺风险评估，通过工艺反应的热风险分析以及冷却失效模型建立的系统分析方法，充分考虑上述的六个关键问题，有效控制化学反应的风险。

3.5 化工反应安全风险评估

在反应风险研究和反应风险识别完成之后，可以根据相关的工艺过程的风险，对识别出的风险进行评估。依据风险评估结果，可以对不同的工艺过程采取不同的控制措施，进而提升本质安全水平，有效防范事故的发生。

为强化安全风险辨识和管控，提升本质安全水平，提高精细化工企业安全生产保障能力，有效防范事故，中华人民共和国应急管理部（原中华人民共和国国家安全生产监督管理总局）于 2017 年颁布了《精细化工反应安全风险评估工作指导意见》（简称指导意见），编者牵头起草了《精细化工反应安全风险评估导则（试行）》。指导意见中指出评估试行范围包括：国内首次使用的新工艺、新配方，投入工业化生产的新工艺以及国外首次引进的新工艺且未进行过反应安全风险评估的；现有的工艺路线、工艺参数或装置能力发生变更，且没有反应安全风险评估报告的；因反应工艺问题，发生过生产安全事故的。涉及上述情形的重点监管的危险化工工艺和金属有机合成反应均要开展反应安全风险评估。

指导意见提出“要根据《精细化工反应安全风险评估导则（试行）》的要求开展精细化工反应安全风险评估，对反应中涉及的原料、中间物料、产品等化学品进行热稳定测试，对化学反应过程开展热力学和动力学分析”。《精细化工反应安全风险评估导则（试行）》主要包括反应安全风险评估方法、反应安全风险评估流程及评估标准。《精细化工反应安全风险评估导则（试行）》中评估标准主要分为分解热评估、严重度评估、可能性评估、矩阵评估和工艺危险度评估。在《危险化学品安全专项整治三年行动计划方案》（安委［2020］3 号）中提出了全流程反应安全风险评估的要求，进一步扩大了评估的范围。为进一步贯彻落实中共中央办公厅、国务院办公厅印发的《关于全面加强危险化学品安全生产工作的意见》，加强精细化工企业安全生产风险辨识和管控，提高精细化工本质安全水平，防范重特大事故发生，笔者牵头制定了《精细化工反应安全风险评估规范》（GB/T 42300—2022），并于 2022 年颁布实施。

通过反应安全风险评估，确定反应工艺危险度，并采取有效管控措施，以此改进安全设施设计，完善风险控制措施，提升企业本质安全水平，有效防范事故发生，对于保障化工企业安全生产意义重大。

3.5.1 物料分解热评估

对某个化学物料进行评估，首先对所需评估的物料进行实验测试研究，获取评估所需要的技术数据。这些数据主要包括起始分解温度、分解热、绝热条件下最大反应速率到达时间为24h对应的温度等。然后依据不同的参数，开展工艺条件下热稳定性评估和分解燃爆性评估。

评估流程如图3-12所示。

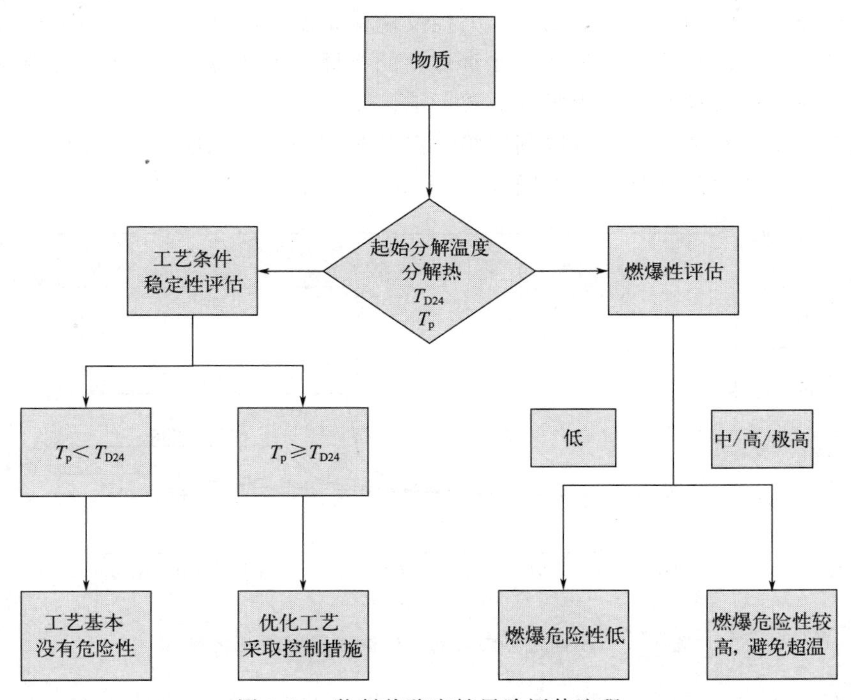

图3-12 物料热稳定性风险评估流程

其中，绝热条件下最大反应速率到达时间为24h对应的温度（T_{D24}）是物料热稳定性评估的重要参数。实际应用过程中，要通过风险研究和风险评估，分析物料分解导致的危险性情况，对比工艺温度和物料稳定性要求，如果工艺温度低于T_{D24}，则工艺基本没有危险性；如果工艺温度等于或者高于T_{D24}，则物料在工艺条件下不稳定，需要优化已有的工艺条件，或者采取一定的技术控制措施，保证物料在工艺过程中的安全和稳定。分解热是进行物料燃爆危险性评估的重要参数，它指的是物料分解释放出的热量，分解放热量越大的物料，分解过程的绝热温升就越高，潜在的燃爆危险性也就越大。

物料分解热评估标准见表3-15。

表3-15 物料分解热评估标准

等级	分解热/$J \cdot g^{-1}$	说明
1	<400	存在潜在爆炸危险性
2	≥400且≤1200	分解放热量较大，潜在爆炸危险性较高
3	>1200且<3000	分解放热量大，潜在爆炸危险性高
4	≥3000	分解放热量很大，潜在爆炸危险性很高

3.5.2 失控反应严重度评估

失控反应严重度是指失控反应在不受控的情况下能量释放可能造成破坏的程度。由于精细化工行业的大多数反应是放热反应，反应失控的后果与释放的能量有关。反应释放出的热量越大，失控后反应体系温度的升高情况越显著，容易导致反应体系温度超过某些组分的热分解温度，导致发生分解反应以及二次分解反应，产生气体或者造成某些物料本身的汽化，进而导致体系压力的增大。在体系压力增大的情况下，可能致使反应容器破裂以及爆炸事故的发生，造成企业财产损失、人员伤亡。失控反应体系温度的升高情况越显著，造成后果的严重程度越高。反应的绝热温升是一个非常重要的指标，绝热温升不仅仅是影响温度水平的重要因素，同时还是失控反应动力学的重要影响因素。

绝热温升与反应热成正比，可以利用绝热温升来评估放热反应失控后的严重度。不同绝热温升的反应温度随时间变化曲线如图 3-13 所示。

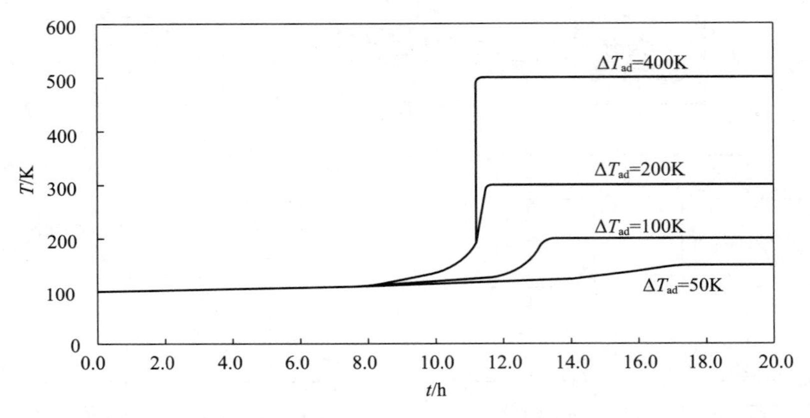

图 3-13 不同绝热温升的反应温度随时间变化曲线

当绝热温升达到 200K 或 200K 以上时，反应物料的多少对反应速率的影响不是主要因素，温升导致反应速率的升高占据主导地位，一旦反应失控，体系温度会在短时间内发生剧烈的变化，并导致严重的后果。而当绝热温升为 50K 或 50K 以下时，温度随时间的变化曲线比较平缓，体现的是一种体系自加热现象，反应物料的增加或减少对反应速率产生主要影响，在没有溶解气体导致压力增长带来的危险时，这种情况的严重度低。

根据所需评估的工艺，通过实验测试获取反应过程绝热温升，考虑工艺过程的热累积度为 100%，利用失控体系绝热温升，对失控反应可能导致的严重程度进行反应安全风险评估。根据严重度评估失控反应的危险性，可以将危险性分为四个等级，评估标准参见表 3-16。

表 3-16 失控反应严重度评估标准

等级	ΔT_{ad}/K	后果
1	$\Delta T_{ad} \leqslant 50$ 且无压力影响	在没有气体导致压力增长带来的危险时，将会造成单批次的物料损失
2	$50 < \Delta T_{ad} < 200$	工厂受到破坏
3	$200 \leqslant \Delta T_{ad} < 400$	温升导致反应速率的升高占据主导地位，一旦反应失控，体系温度会在短时间内发生剧烈的变化，造成工厂严重损失

续表

等级	$\Delta T_{ad}/K$	后果
4	≥400	温升导致反应速率的升高占据主导地位，一旦反应失控，体系温度会在短时间内发生剧烈的变化，造成工厂毁灭性的损失

绝热温升为200K或200K以上时，将会导致剧烈的反应和严重的后果；绝热温升为50K或50K以下时，如果没有压力增长带来的危险，将会造成单批次的物料损失，危险等级较低。

3.5.3　失控反应可能性评估

失控反应可能性是指由于工艺反应本身导致危险事故发生的概率大小，是一种对失控反应发生可能性的半定量分析方法。利用时间尺度可以对事故发生的可能性进行反应安全风险评估，可以设定最危险情况的报警时间，便于在失控情况发生时，在一定的时间限度内，及时采取相应的补救措施，降低风险或者强制疏散，最大限度地避免爆炸等恶性事故发生，保证化工生产安全。图3-14为不同化学反应失控后体系温度随时间的变化情况。

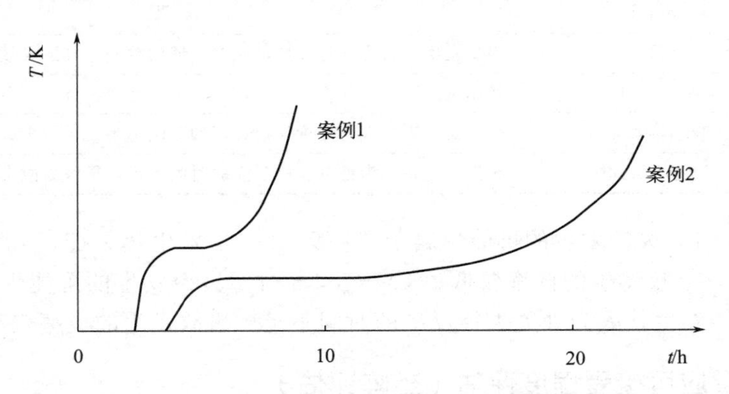

图3-14　不同化学反应失控后体系温度随时间的变化情况

在案例1中，目标反应热失控后，体系温度升高，在短时间内即引发了体系的二次分解反应，导致体系温度继续迅速升高，人为处置失控反应的时间不足，无法采取应急措施控制风险，不能使体系恢复到安全状态，事故发生的概率较高；在案例2中，目标反应热失控后，体系温度升高，但是在经历了较长的一段时间后，引发了体系的二次分解反应，人为处置失控反应的时间较为充足，能够采取应急措施控制风险，使体系恢复到安全状态，事故发生的概率较低。

对于工业生产规模的化学反应来说，如果在绝热条件下失控反应最大反应速率到达时间大于等于24h，人为处置失控反应有足够的时间，导致事故发生的概率较低。如果最大反应速率到达时间小于等于8h，人为处置失控反应的时间不足，导致事故发生的概率升高。采用上述的时间尺度进行评估时，还取决于其他许多因素，如操作人员操作水平和培训情况、化工生产自动化程度、生产保障系统的故障频率等，工艺安全管理也非常重要。

传统失控反应可能性的评估，通常遵守六等级准则，如表3-17所示。

表 3-17 失控反应可能性评估准则（六等级准则）

简化三等级分类	扩展六等级分类	TMR_{ad}/h
高级	频繁发生	≤1
	很可能发生	>1 且≤8
中级	偶尔发生	>8 且<24
	很少发生	≥24 且<50
低级	极少发生	≥50 且≤100
	几乎不可能发生	>100

在《精细化工反应安全风险评估规范》中将六等级准则简化，根据所需评估的工艺，通过实验测试获取体系热失控情况下工艺反应可能达到的最高温度，以及失控体系达到最高温度对应的最大反应速率到达时间等安全性数据，对反应失控发生的可能性进行评估，评估标准参见表 3-18。

表 3-18 失控反应可能性评估标准（简化）

等级	TMR_{ad}/h	后果
1	≥24	很少发生。人为处置失控反应有足够的时间，导致事故发生的概率较低
2	>8 且<24	偶尔发生
3	>1 且≤8	很可能发生。人为处置失控反应的时间不足，导致事故发生的概率升高
4	≤1	频繁发生。人为处置失控反应的时间不足，导致事故发生的概率升高

TMR_{ad}≥24 时，失控发生的可能性属于“1 级”，一旦发生热失控，人为处置失控反应的时间较为充足，事故发生的概率较低；TMR_{ad}≤8 时，失控发生的可能性属于“3 级”或“4 级”，为很可能发生，人为处置失控反应的时间不足，事故发生的概率较高。

3.5.4 失控反应可接受程度评估（矩阵评估）

严重度评估和可能性评估都是单因素反应安全风险评估。根据风险的定义，风险可以表述为严重度与可能性的乘积，即风险＝严重度×可能性；风险矩阵是以失控反应发生后果严重度和相应的发生概率进行组合，进行混合叠加因素反应安全风险评估，得到不同的风险类型，从而对失控反应的反应安全风险进行评估。将风险分为可接受风险、有条件接受风险和不可接受风险，并按照不同的风险等级分别用不同的区域表示，具有良好的辨识性。综合失控体系绝热温升和最大反应速率到达时间，对失控反应进行复合叠加因素的矩阵评估，判定失控过程风险可接受程度。如果为可接受风险，说明工艺潜在的热危险性是可以接受的；如果为有条件接受风险，则需要采取一定的技术控制措施，降低反应安全风险等级；如果为不可接受风险，说明常规的技术控制措施不能奏效，已有工艺不具备工程放大条件，需要重新进行工艺研究、工艺优化或工艺设计，保障化工过程的安全。

以最大反应速率到达时间作为风险发生的可能性，失控体系绝热温升作为风险导致的严重程度，通过组合不同的严重度和可能性等级，对化工反应失控风险进行评估。风险评估矩阵参见图 3-15。

失控反应安全风险的危险程度由风险发生的可能性和风险带来后果的严重度两个方面决定，风险分级原则如下：

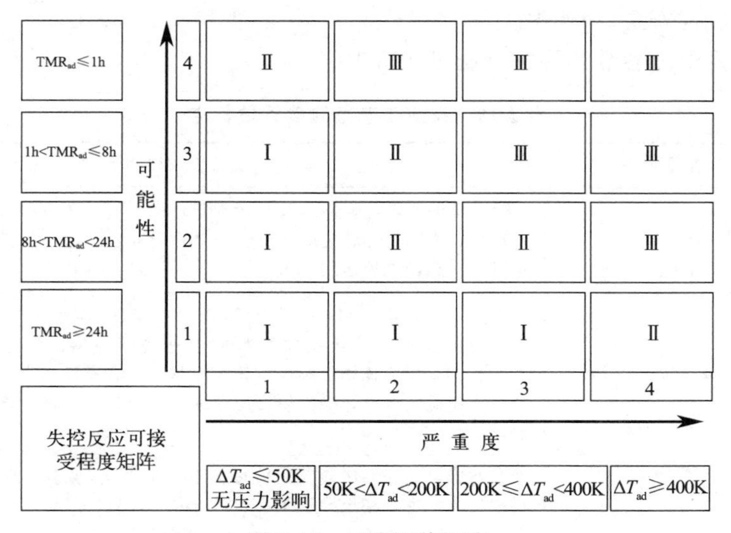

图 3-15 风险评估矩阵

Ⅰ级，生产过程中按设计要求及规范要求采取控制措施。

Ⅱ级，生产过程中按设计及规范要求采取控制措施，保证控制措施的有效性，宜通过工艺优化降低风险等级。

Ⅲ级，应优先选择通过工艺优化降低风险等级，对于风险高但需开展产业化的项目，生产过程中应按设计及规范要求采取控制措施，进行必要的区域隔离，全面实现自动控制。

3.5.5 反应工艺危险度评估

反应工艺危险度评估是精细化工反应安全风险评估的重要内容。反应工艺危险度指的是工艺反应本身的危险程度，危险度越大的反应，反应失控后造成事故的严重程度就越大。

温度作为评价基准是工艺危险度评估的重要原则。实验测试获取包括工艺操作温度（T_p）、技术最高温度（MTT）、失控体系最大反应速率到达时间（TMR_{ad}）为 24h 对应的温度 T_{D24}，以及失控体系可能达到的最高温度（MTSR）等数据。

① 工艺操作温度（T_p）。目标工艺的操作温度，取工艺温度范围的上限值。

② 技术最高温度（MTT）。反应体系温度允许的最高值。常压反应体系，技术最高温度取设计温度和体系泡点的低值；密闭反应体系，技术最高温度取体系允许最大压力对应的温度和设计温度的低值。

③ 失控体系最大反应速率到达时间（TMR_{ad}）为 24h 对应的温度 T_{D24}。这是衡量反应物料能否发生二次分解反应的重要参数，与物料本身的性质相关。

④ 失控体系可能达到的最高温度（MTSR）。很大程度上由工艺本身、物料性质等决定。

在反应发生热失控后，对失控反应进行反应工艺危险度评估，四个温度数值大小排序不同，形成不同的危险度等级；根据危险度等级，有针对性地采取控制措施。应急冷却、减压等安全措施均可以作为系统安全的有效保护措施。对于反应工艺危险度较高的反应，需要对工艺进行优化或者采取有效的控制措施，降低危险度等级。常规控制措施不能奏效时，需要重新进行工艺研究或工艺优化，改变工艺路线或优化反应条件，减少反应失控后物料的累积程度，实现化工过程安全。

考虑四个重要温度参数的评估标准见表 3-19。

表 3-19 反应工艺危险度评估标准

等级	温度参数关系	后果及说明
1	$T_p \leqslant MTSR < MTT < T_{D24}$	反应危险性较低。MTSR 小于 MTT 和 T_{D24}，体系不会引发物料的二次分解反应，也不会导致反应物料剧烈沸腾而冲料。但是，仍需要避免反应物料长时间受热，以免达到 MTT
2	$T_p \leqslant MTSR < T_{D24} < MTT$	存在分解风险。MTSR 小于 MTT 和 T_{D24}，体系不会引发物料的二次分解反应，也不会导致反应物料剧烈沸腾而冲料。但是，由于 MTT 高于 T_{D24}，如果反应体系持续停留在失控状态，有可能引发二次分解反应，二次分解反应继续放热，最终使反应体系达到 MTT，有可能会引起冲料等危险事故
3	$T_p \leqslant MTT \leqslant MTSR < T_{D24}$	存在冲料和分解风险。MTSR 大于 MTT，容易引起反应物料沸腾导致冲料危险的发生，甚至导致体系瞬间压力的升高，但是，MTSR 小于 T_{D24}，引发二次分解反应的可能性不大，体系物料的蒸发冷却也可以作为热交换的措施，成为系统的安全屏障。“3 级”危险度时，反应体系在 MTT 时的反应放热速率快慢对体系安全性影响很大，应充分考虑但不限于紧急减压、紧急冷却风险控制措施，避免冲料和引发二次分解反应，导致爆炸事故
4	$T_p \leqslant MTT < T_{D24} < MTSR$	冲料和分解风险较高，存在爆炸风险。MTSR 大于 MTT 和 T_{D24}，体系的温度可能超过 MTT，引起反应物料沸腾导致冲料危险的发生，并引发二次分解反应。在这种情况下，反应体系在 MTT 时的各种反应的放热速率对整个工艺的安全性影响很大。体系物料的蒸发冷却、紧急减压、紧急冷却措施有一定的安全保障作用；但是，不能完全避免二次分解反应的发生。对于“4 级”危险度而言，应建立可靠、有效的技术和工程设计措施
5	$T_p < T_{D24} < MTSR < MTT$ 或 $T_p < T_{D24} < MTT < MTSR$	爆炸风险较高。MTSR 大于 T_{D24}，失控体系很容易引发二次分解反应，二次分解反应不断放热，体系温度很可能超过 MTT，导致反应体系处于更加危险的状态。这种情况下，单纯依靠蒸发冷却和降低反应系统压力措施已经不能满足体系安全保障的需要。因此，“5 级”危险度是一种非常危险的情形，普通的技术措施不能解决“5 级”危险度的情形，应选择工艺优化、区域隔离措施

当 $T_p \leqslant MTSR < MTT < T_{D24}$，反应工艺危险度等级为“1 级”。在反应发生热失控后，体系温度升高并达到热失控时工艺反应可能达到的最高温度（MTSR），但 MTSR 低于技术最高温度（MTT）及体系在绝热过程中最大反应速率到达时间为 24h 时所对应的温度 T_{D24}。此时，体系将不会引发物料发生二次分解反应，也不会引起由于反应体系剧烈沸腾而导致冲料的现象。体系热累积产生的部分热量，也可以通过反应混合物的蒸发冷却等方式带走，为系统安全提供一定的保障条件。只有当反应物料长时间停留在失控体系可能达到的最高温度（MTSR）时，才会发生二次分解反应并导致体系温升。因此，需要避免反应物料在热累积状态下停留时间过长，以免达到技术最高温度（MTT）。反应工艺危险度等级为“1 级”的工艺过程不需要采取特殊的处理措施，只要保证工艺设计得当，常规的应急泄压以及反应混合物的蒸发冷却等，均可以作为系统的安全屏障。

当 $T_p \leqslant MTSR < T_{D24} < MTT$ 时，反应工艺危险度等级为“2 级”。在反应体系发生热失控以后，体系温度会迅速升高，达到热失控时工艺反应可能达到的最高温度（MTSR），但是，MTSR 低于技术最高温度（MTT）和体系在绝热过程中最大反应速率到达时间为 24h 时所对应的温度 T_{D24}，此时，如果反应物料持续长时间地停留在热累积状态，那么将

很有可能会导致物料发生二次分解反应，如果二次分解反应继续放热，最终将使体系达到技术最高温度（MTT），对于开放体系有可能会导致反应体系剧烈沸腾，引发冲料；对于密闭体系有可能导致体系超过设备允许的最大压力，甚至导致爆炸等危险事故。

当 $T_p \leqslant MTT \leqslant MTSR < T_{D24}$ 时，反应工艺危险度等级为“3 级”。在反应发生热失控后，工艺反应达到热失控时可能达到的最高温度（MTSR）大于技术最高温度（MTT），而 MTSR 小于体系在绝热过程中最大反应速率到达时间（TMR_{ad}）为 24h 时所对应的温度 T_{D24}，此时，容易引起反应体系剧烈沸腾导致冲料，甚至可能导致反应体系压力瞬间显著升高，引起爆炸等危险事故的发生。但是，体系温度并未达到体系在绝热过程中最大反应速率到达时间（TMR_{ad}）为 24h 时所对应的温度 T_{D24}，不会引发反应物料的二次分解反应，不会导致危险情形进一步恶化。此时，反应体系的安全性取决于体系达到技术最高温度（MTT）时反应放热速率的快慢。

当 $T_p \leqslant MTT < T_{D24} < MTSR$ 时，反应工艺危险度等级为“4 级”。反应失控后，反应可能达到的最高温度（MTSR）大于体系技术最高温度（MTT）和体系在绝热过程中最大反应速率到达时间（TMR_{ad}）为 24h 时所对应的温度 T_{D24}，此时的 MTT 低于 T_{D24}，也就是说，体系的温度不能够在技术最高温度（MTT）的水平维持稳定，从理论上来说将会引发物料发生二次分解反应。在这种情况下，在技术最高温度（MTT）时的目标反应和二次分解反应的放热速率决定了整个工艺的安全性和稳定性情况。反应混合物的蒸发冷却和降低反应系统压力等措施有一定的安全保障作用，但是一旦发生技术措施失效，则会引发反应物料的二次分解反应，导致整个反应体系变得更加危险。

当 $T_p < T_{D24} < MTSR < MTT$ 或 $T_p < T_{D24} < MTT < MTSR$ 时，反应工艺危险度等级为“5 级”。反应失控后，反应体系技术最高温度（MTT）大于可能达到的最高温度（MTSR）和体系在绝热过程中最大反应速率到达时间（TMR_{ad}）为 24h 时所对应的温度 T_{D24}。并且 MTT 和 MTSR 均大于体系在绝热过程中最大反应速率到达时间（TMR_{ad}）为 24h 时所对应的温度 T_{D24}，此时，反应体系一旦发生热失控，就会引发二次分解反应。由于二次分解反应不断放出热量，在放热过程中能够使体系达到极限工艺温度。当体系达到技术最高温度（MTT）时，二次分解反应放热速率更大，反应所释放的大量能量不能及时移出，将会导致反应体系处于更危险的情形。单纯依靠物料蒸发冷却和降低反应体系压力等措施，不能完全满足保障体系安全的要求。因此，当工艺危险度为“5 级”时，是一种非常危险的情形。

综合反应安全风险评估结果，考虑不同的反应工艺危险度等级，明确安全操作条件，从工艺设计、仪表控制、报警与紧急干预（安全仪表系统）、物料释放后的收集与保护，厂区和周边区域的应急响应等方面建立相应的风险控制措施。

对于反应工艺危险度为“1 级”的工艺过程，应配置常规的自动控制系统（分布式控制系统或可编程逻辑控制器），对主要反应参数进行集中监控及自动调节。

对于反应工艺危险度为“2 级”的工艺过程，在配置常规自动控制系统，对主要反应参数进行集中监控及自动调节（DCS 或 PLC）的基础上，应设置偏离正常值的报警和联锁控制系统；宜根据设计要求及规范设置但不限于爆破片、安全阀；应根据安全完整性等级（SIL）评估要求，设置相应的安全仪表系统。

对于反应工艺危险度为“3 级”的工艺过程，在配置常规自动控制系统，对主要反应参数进行集中监控及自动调节的基础上，应设置偏离正常值的报警和联锁控制系统；宜根据设计要求及规范设置爆破片、安全阀等，设置紧急终止反应、紧急冷却降温控制设施等；应根据 SIL 评估要求，设置相应的安全仪表系统。

对于反应工艺危险度为“4 级”和“5 级”的工艺过程，尤其是风险高但要实施产业化的项目，应优先开展工艺优化或改变工艺方法降低风险；应配置常规自动控制系统，对主要反应参数进行集中监控及自动调节；应设置偏离正常值的报警和联锁控制系统；宜根据设计要求及规范设置爆破片、安全阀等，设置紧急终止反应、紧急冷却控制设施等；应根据 SIL 评估要求，设置独立的安全仪表系统。对于反应工艺危险度达到“5 级”并要实施产业化的项目，在设计时，应设置在防爆墙隔离区域中，并设置完善的超压泄爆设施，实现全面自控，除装置安全技术规程和岗位操作规程中对于进入隔离区域有明确规定的，反应过程中操作人员不应进入隔离区域内。

3.5.6 全流程反应安全风险评估

全流程反应安全风险评估是《危险化学品安全专项整治三年行动计划方案》（安委〔2020〕3 号）提出的要求。全流程是指化工生产从原料投入生产开始，到最终产品产出为止的全过程，包括原料预处理、分步化学反应、产品分离及精制等。无论某种化学品的全流程分布在几个车间，都应开展全流程反应安全风险评估。

全流程反应安全风险评估，主要考虑以下四个方面的内容：

① 对反应中涉及的原料、中间物料、产品等化学品进行热稳定性测试，对化学反应过程开展热力学和动力学分析。原料、中间产品、产品及副产物在使用或生产过程中可能具有热敏性，会因为温度的升高而发生分解，需要测试其热稳定性，明确其起始分解温度及分解过程放热量。

② 蒸馏过程是物质提纯的过程，如果被蒸馏的物质具有热敏性，很可能在蒸馏过程中发生分解，引发火灾、爆炸事故。蒸馏单元评估需要研究蒸馏过程中不同浓度梯度对蒸馏体系安全性的影响，确定最危险的浓度梯度，从而获取安全操作温度。

③ 干燥过程既要考虑物质热敏性的风险，也要考虑粉尘爆炸风险。干燥过程会产生粉尘，粉尘与空气混合后，遇静电等点火源可能会发生爆炸，因此，还需要重点测试粉尘云最小点火能、粉尘云最小点火温度、粉尘层最小点火温度、爆炸严重度、粉尘云爆炸下限及粉尘云极限氧浓度等粉尘敏感参数，评估干燥过程的安全性。

④ 储存的化学品如果具有热敏性，则具有分解放热并引发火灾、爆炸的风险，需要重点评估该物质在当前包装规格下的 SADT，即一定包装材料和尺寸的反应性化学物质在实际应用过程中的最高允许环境温度，是实际包装品中的反应性化学物质在 7 日内发生自加速分解的最低环境温度。化学品储存过程中，一旦储存环境温度高于 SADT，该物质有发生火灾、爆炸事故的风险。

3.5.7 压力及毒物释放扩展评估

目前，我国精细化工企业对反应安全风险认识不足，对工艺控制要点不掌握或认识不科学，开展基于温度参数反应安全风险评估是提高我国工艺安全水平的第一步。但是，对于失控情形而言，反应放热过程通常都伴随气体或蒸气逸出，进而导致体系压力升高，如果逸出的气体或蒸气有毒或易燃，则可能还会导致二次破坏，并且二次破坏的后果往往更加严重。因此，随着《精细化工反应安全风险评估规范》的不断推广和执行，考虑对压力或毒物参数进行扩展评估也将逐渐开展，相应的反应安全风险评估方法、反应安全风险评估流程及评估标准也将不断补充和完善。压力及毒物释放扩展风险评估，通常需要结合化学品的阈限值进行考虑。阈限值（Threshold Limit Value，TLV）是美国政府工业卫生学家委员会（ACGIH）推荐的生产车间空气中有害物质的职业接触限值。阈限值有三种表达形式，分别为：时间加权平均浓度（TLV-TWA）、短期接触限值（TLV-STEL）和极限阈限值（TLV-C）。一些国际先进公司，也有对常用的化学品进行定义的 OEL 值，化工厂在使用这些阈值的同时参考相关化学品的毒理学数据、外部权威数据库如 TLV 数据库来定义一个合理的 OEL 值进行产业安全管理应用，并定义相关化学品的“健康等级”，落实与之相对应的工程技术措施。

① TLV-TWA。等同于国内标准的时间加权平均容许浓度（Permissible Exposure Concentration-TWA）；根据限值来判断长时间操作活动的工程措施是否足够，例如，是否需要采用密闭操作或者局部通风措施，以满足健康安全的要求。

② TLV-STEL。等同于国内标准的 PC-STEL 短时间接触（15min）允许的浓度；根据限值来判断短时间操作活动的安全防护措施是否足够，例如短时间的取样操作等。

③ TLV-C。等同于国标中的最高允许浓度（MAC），该限值是任何时间、工作地点的化学有害因素均不应超过的浓度。

3.5.7.1 严重度扩展评估

反应释放出的热量越大，失控后反应体系温度的升高情况越显著，更容易导致反应体系温度超过某些组分的热分解温度，引发分解反应以及二次分解反应，产生气体或者造成某些物料本身的汽化，进而导致体系压力的增加。体系压力增大时，可能导致反应容器的破裂甚至爆炸事故。

反应体系的压力变化也与反应体系本身性质相关。在密闭体系中，反应失控将导致反应器压力升高；在开放体系中，气体或蒸气将从反应器释放出来。根据不同的体系特征，进行评估所需考虑的参数不同：

① 密闭体系特征。通常，主要有三个原因可以造成密闭体系反应体系压力升高：反应器内初始压力随温度升高的变化；各组分饱和蒸气压；目标反应生成的气态产物及二次分解反应产生的气体。

密闭体系可分为密闭蒸气体系和密闭气体体系，密闭蒸气体系又称密闭调节体系，指溶剂蒸气释放于密闭反应器中的反应体系。密闭气体体系是指在失控时，目标反应及二次分解反应产生气体，并释放于密闭的反应器内部的体系。

密闭体系总压力计算方法如下：

$$P=P_i+P_v+P_g \tag{3-61}$$

式中 P_i——备压，即反应器内初始压力，bar；

P_v——温度 T_{mes}（失控时体系所能达到的最高温度）下体系的饱和蒸气压，bar；

P_g——产气压力，即目标反应和二次分解反应产生的气体在体系最终温度 T_{mes} 下所对应的压力值，bar。

对于反应工艺危险度为“2 级”的工艺过程失控时体系所能达到的最高温度 T_{mes} 为 MTSR；对于反应工艺危险度为“3 级”或“4 级”的工艺过程，T_{mes} 为 MTT；对于反应工艺危险度为“5 级”的工艺过程，T_{mes} 为 T_f，包括目标反应及二次分解反应导致的最终温度。

此时，需要采用温度 T_{mes} 对压力进行修正。对于高压反应过程（如加氢、聚合等）体系备压 P_i 随温度升高而明显升高，备压变化不能忽略，根据理想气体方程，能够得到：

$$P_i = P_0 \frac{T_{mes}}{T_0} \tag{3-62}$$

式中 T_0——初始温度，通常为反应温度，K；

P_0——初始温度 T_0 下体系的压力，Pa。

同一物质在不同温度下饱和蒸气压不同，并随着温度的升高而增大；获得体系最终温度 T_{mes} 下的饱和蒸气压 P_v 的常规计算方式存在如下两种：

第一种是 Clausius-Clapeyron 方程：

$$P_v = P_{v,0} \exp\left[\frac{-\Delta H_v}{R}\left(\frac{1}{T_{mes}} - \frac{1}{T_0}\right)\right] \tag{3-63}$$

式中 $P_{v,0}$——初始温度 T_0 下体系的饱和蒸气压，Pa；

ΔH_v——反应体系的蒸发焓，$kJ \cdot mol^{-1}$；

R——理想气体常数，值为 $8.3145 J \cdot mol^{-1} \cdot K^{-1}$。

第二种是 Antoine 方程：

$$\lg P = A - \frac{B}{C+T} \tag{3-64}$$

式中 A、B、C——物性常数，不同物质对应于不同的 A、B、C 的值。

采用上述两种常规计算方式求取蒸气压需要较多基础参数，而很多混合物体系与纯净物的基础参数不能完全匹配，就会导致计算结果与真实的失控情形相比存在一定的误差。因此，可通过反应量热、绝热加速量热等测试方法获得相对准确的混合物饱和蒸气压。

对于热失控伴随气体或蒸气产生的过程，产生的气体或蒸气也将导致体系压力的显著升高，可以采用绝热量热、反应量热等进行测试，获得目标反应和二次分解反应产生的气体在温度 T_{mes} 下所对应的压力 P_{mes}，但是由于测试体系与实际生产体系的装载量可能不同，需要通过放大规模进行修正，则产气压力 P_g 为：

$$P_g = k P_{mes} \frac{T_{mes}}{T_0} \times \frac{V_r}{V_{r,g}} \tag{3-65}$$

式中 k——放大系数，指反应体系的放大规模；

P_{mes}——测试过程目标反应和二次分解反应产生的气体在温度 T_{mes} 下所对应的压力，Pa；

V_r——反应测试装置（绝热量热、反应量热等测试设备）中气体的自由体积，m^3；

$V_{r,g}$——放大规模后反应器中气体的自由体积，m^3。

在密闭蒸气体系中，通常无明显气体产生，密闭蒸气体系的压力升高主要取决于挥发性化合物的蒸气压及备压。在密闭气体体系中，热失控伴随明显气体生成，密闭气体体系的压力升高由产气压力、饱和蒸气压及备压同时决定。根据不同体系，分析反应过程产生压力所能达到的最坏结果，并以此作为密闭体系扩展严重度评估的判据。

在密闭体系中，根据设备的特征压力限制，扩展压力严重度评估的重要判据包括泄压系统的设定压力（set pressure of pressure relief system，P_{set}）、最大允许工作压力（maximum allowable working pressure，P_{max}）、试验压力（test pressure，P_{test}）。

泄压系统的设计压力 P_{set} 是指设定的压力容器顶部的最高压力，通常指安全阀或爆破片的泄放压力，与相应的设计温度一起作为设计载荷条件，其值不得低于工作压力。

最大允许工作压力 P_{max} 是指在设计温度下，容器顶部所允许承受的最大表压力。最大允许工作压力的作用是设定容器超压限度的最低压力，充分利用容器的厚度，尽量拉大工作压力与安全阀或爆破片泄放压力之间的压力差，使压力容器的工作更为平稳。当采用最大允许工作压力作为设定容器超压限度的最低压力时，应考虑以最大允许工作压力代替设计压力进行压力试验。

试验压力 P_{test} 即是在进行耐压试验或泄漏试验时，容器所能承受的最大压力。

将体系能够达到的最大压力与设备特征压力相比，就可以进行基于温度、压力的密闭体系严重度评估，也是对表 3-17 失控反应严重度评估标准的补充。

② 开放体系特征。开放体系中，失控反应过程产生的蒸气、气体都将从反应器中释放出来。开放体系可分为开放蒸气体系和开放气体体系。

开放蒸气体系又称开放可调节体系，开放体系在常压条件下达到沸点，产生蒸气从反应器中释放，可以利用汽化潜热来阻止温度升高从而调节温度。开放气体体系目标反应、分解反应或二次分解反应产生气体，并从反应器中释放出来。

开放体系蒸气或气体释放严重程度取决于所释放蒸气或气体的性质。对于毒性气体而言，可以根据立即威胁生命和健康浓度（IDLH）判断毒气云体积，根据毒气云体积和相应的危险阈值，可以估算毒物的危险区域或范围；对于易燃气体或蒸气而言，可以根据爆炸下限（LEL）判断易燃气体或蒸气体积。与体积相比，距离更易于比较及评估。因此，建议采用计算半球半径来表征气体或蒸气的扩散影响范围，如式（3-66）～式（3-68）所示。

立即威胁生命和健康浓度指有害环境中空气污染物达到可以引起致命、永久损害健康或使人立即丧失逃生能力等危险水平对应的浓度。

爆炸下限（LEL）指可燃气体在空气中遇明火种爆炸的最低浓度。

$$V_{tox}=\frac{V}{\mathrm{IDLH}} \tag{3-66}$$

$$V_{ex}=\frac{V}{\mathrm{LEL}} \tag{3-67}$$

$$r=\sqrt[3]{\frac{3V_{tox}/V_{tex}}{2\pi}} \tag{3-68}$$

式中　V——开放气体体系产生的气体体积或开放可调节体系释放的蒸气体积，m^3；

V_{tox}——有毒气体体积，m^3；

V_{ex}——可燃爆气体体积，m^3；

r——气体或蒸气的扩散影响范围，m。

对于开放可调节体系，根据汽化潜热和特征温度可以计算体系释放蒸气的质量，如式（3-69）所示：

$$M_v=\frac{(T_{mes}-\mathrm{MTT})C_pM_r}{\Delta H_v} \tag{3-69}$$

式中　M_r——反应体系的质量，kg；

C_p——反应物的比热，$kJ\cdot kg^{-1}\cdot K^{-1}$；

ΔH_v——汽化潜热，$kJ\cdot kg^{-1}$。

根据理想气体方程，蒸气体积计算公式如式（3-70）所示：

$$V_v=\frac{M_vRT}{M_gP_o} \tag{3-70}$$

式中 M_g——蒸气的摩尔质量，$g\cdot mol^{-1}$；

P_o——体系的压力，Pa。

对于开放气体体系，反应体系产生的气体体积 V_g 可以通过反应量热、绝热量热等测试方法获得。该方法简单易行，不使用复杂的模型和气相信息，也未考虑传播等效应，可以给出气体或蒸气释放时可能影响区域的几何参数的数量级，对于开放体系气体释放影响范围严重度评估非常有效。

将计算获得的气体或蒸气扩散影响范围与设备、车间和现场的特征尺寸（如生产场所一般大于 50m，车间一般为 10～20m）相比较，来评估开放体系气体释放影响范围严重度。

③ 扩展严重度评估判据。结合表 3-18 失控反应严重度评估标准，基于失控反应绝热温升、密闭体系压力及开放体系气体释放影响范围的严重度评估标准见表 3-20。当需要运用多个判据进行严重度评估时，需要选择最严重的情形，即严重度等级更高的结果作为评估结果。

表 3-20 密闭体系的压力及开放体系的气体释放影响范围的扩展严重度评估判据

严重度	ΔT_{ad}/K	密闭体系压力（P）①	气体释放影响范围②	后果
1	≤50	$<P_{set}$	设备	可忽略
2	>50 且<200	$P_{max}-P_{set}$	车间	中等
3	≥200 且<400	$P_{test}-P_{max}$	生产场所	严重
4	≥400	$>P_{test}$	>生产场所	灾难

①密闭体系压力适用于密闭体系；②气体释放影响范围适用于开放体系。

采用系统压力和气体释放的影响范围评估严重度，可按照表 3-21 进行简化考虑。

表 3-21 压力拓展严重度评估

严重度	密闭体系压力 P	敞开体系气体释放影响范围的半径 R/m
灾难	$>P_{max}$	>50
严重	$P_d\sim P_{max}$	20～50
中等	$P_s\sim P_d$	10～20
低等	$<P_s$	<10

注：P_{max}＝设计压力×1.05；P_d＝反应器设计压力；P_s＝泄爆片或安全阀启动压力。

当密闭体系压力超过系统允许的最大工作压力甚至反应器的试验压力时，迅速增长的压力将导致反应器出现严重的后果；当密闭体系压力低于泄压系统的设定压力时，反应产生的气体或蒸气的压力效应在可控制的范围内，这种情况的严重度较低。当开放体系气体释放影响范围超过车间或生产场所范围时，将对周边环境造成影响，出现严重的后果；当开放体系气体释放影响范围未超过设备范围时，所释放的气体或蒸气的扩散效应在可控制的范围内，这种情况的严重度较低。

3.5.7.2 扩展可能性评估

对于刚刚发生的失控反应，主要考虑失控时是否具有能够控制的可能性，也就是反应失控时终止反应的可能性。该方法的核心原理是评估在给定温度（如 MTT）时反应的热特性

（如反应热、分解热），并通过反应的热特性推测在该给定温度下反应体系的放热、放气及蒸发汽化等其他放热、放气行为。

① 目标反应放热速率。反应失控后，体系温度将逐渐升高，根据阿伦尼乌斯定律，在体系温度升高的过程中，反应速率逐渐加快；但同时，反应体系原料逐渐被消耗，反应物浓度逐渐降低，反应速率又逐渐降低。因此，失控后，反应速率和放热速率处于比较复杂的状态。

假设某反应级数为 1 级，结合阿伦尼乌斯方程和温度与转化率的关系，在 MTT 温度下的目标反应放热速率可估算为：

$$q_{(\mathrm{MTT})}=q_{(T_\mathrm{p})}\exp\left[\frac{E}{R}\left(\frac{1}{T_\mathrm{p}}-\frac{1}{\mathrm{MTT}}\right)\right]\frac{\mathrm{MTSR}-\mathrm{MTT}}{\mathrm{MTSR}-T_\mathrm{p}} \tag{3-71}$$

式中 $q_{(\mathrm{MTT})}$——在 MTT 温度下的反应放热速率，$\mathrm{W\cdot kg^{-1}}$；

$q_{(T_\mathrm{p})}$——工艺温度下的反应放热速率，$\mathrm{W\cdot kg^{-1}}$；

T_p——工艺温度，K。

工艺温度下的反应放热速率可以通过微量热、反应量热等测试手段获得；如果放热速率未知，则可用反应器的冷却速率来代替，因为对于等温工艺，反应的放热速率显然必须低于冷却系统的冷却速率。

但是实际反应过程的动力学方程都比较复杂，通过假设反应级数估算和利用冷却能力计算的结果可能误差都比较大，建议对目标反应进行反应动力学研究，获得如反应级数、活化能、指前因子及反应动力学常数等关键的动力学参数，进而能够得到在给定温度下目标反应的放热速率。

② 二次分解反应放热速率。二次分解反应通常用失控体系达到最高温度对应的最大反应速率到达时间（$\mathrm{TMR_{ad}}$）来表征。$\mathrm{TMR_{ad}}$ 越长，意味着可以用来采取措施降低风险的时间越长，说明在该温度下失控反应可控性越好；$\mathrm{TMR_{ad}}$ 较短，意味着可以用来采取措施降低风险的时间较短，说明在该温度下失控反应可能无法停止。

$\mathrm{TMR_{ad}}$ 等于 24h 时所对应的温度下的放热速率，可根据式（3-72）计算得到：

$$q'_{\mathrm{D24}}=\frac{C_pRT_{\mathrm{D24}}^2}{24\times3600\times E_{\mathrm{dc}}} \tag{3-72}$$

式中 q'_{D24}——$\mathrm{TMR_{ad}}$ 等于 24h 时所对应的温度下的放热速率，$\mathrm{W\cdot kg^{-1}}$；

T_{D24}——最大放热速率到达时间为 24h 所对应的温度，K；

E_{dc}——T_{D24} 温度下分解反应的活化能，$\mathrm{kJ\cdot mol^{-1}}$。

因为放热速率是温度的指数函数，需要进行迭代求解。给定温度 T 时二次分解反应的放热速率为式（3-73）：

$$q'_{(T)}=q'_{\mathrm{D24}}\exp\left[\frac{E_{\mathrm{dc}}}{R}\left(\frac{1}{T_{\mathrm{D24}}}-\frac{1}{T}\right)\right] \tag{3-73}$$

与目标反应放热速率类似，由于式（3-67）及式（3-68）计算都进行了假设和简化，可能导致计算结果与实际二次分解反应过程放热速率存在一定的偏差，因此，建议对二次分解反应进行反应动力学研究，除了能够获得如活化能、指前因子及反应动力学常数等关键的动力学参数，也能得到如 T_{D24}、T_{D8} 等关键的分解数据，进而能够得到在给定温度下二次分解反应的放热速率。

③ 气体释放速率。假设气体释放速率与放热速率都取决于所有反应过程放出的能量总和，包括目标反应及二次分解反应，将总放热量与在确定的温度条件下的放热速率结合，就能够得到确定的温度条件下的气体释放速率。

气体释放速率可用式（3-74）计算：

$$v_g = V_g M_r \frac{q_{(T)}}{Q} \tag{3-74}$$

式中 Q——反应放热量，kJ；

$q_{(T)}$——温度为 T 时的反应放热速率，$W \cdot kg^{-1}$。

这里的放热速率及放热量均为所有反应的放热速率及放热量的总和，当反应工艺危险度为“3 级”时仅指目标反应；当反应工艺危险度为“5 级”时指目标反应和二次分解反应。

通过下列可以计算得到设备中气体的释放速率：

$$u_g = \frac{\nu_g}{S} \tag{3-75}$$

式中 S——管道系统如气体泄放系统中最窄部分的截面积，m^2。

④ 蒸气释放速率。蒸气释放的质量流速与放热速率成正比，结合蒸汽密度，可得到开放体系蒸汽流速为：

$$\nu_v = \frac{q_{(T)} M_r}{\Delta H_v \rho_v} \tag{3-76}$$

式中 ρ_v——蒸气的密度，$kg \cdot m^{-3}$。

与式（3-75）类似，装置中蒸气的释放速率为：

$$u_v = \frac{\nu_v}{S} \tag{3-77}$$

需要注意的是，释放的气体或蒸气经过容器中液体表面时，可能会导致液位上涨，对于填装系数高的反应器，除可能会导致液位上涨外，也可能会导致在冷凝器中形成两相流，需要根据容器的截面积和管路的横截面积来进行可能性评估。此外，评估装置设备的蒸气流量时，还需要考虑比较冷凝器的冷却能力和体系放热速率。

⑤ 扩展可能性评估依据。结合表 3-17 失控反应可能性评估准则，基于失控体系达到最高温度对应的最大反应速率到达时间，体系放热速率或气体、蒸气的释放速率进行的扩展可能性评估标准见表 3-22。当需要运用多个判据进行严重度评估时，需要选择最严重的情形，即严重度等级更高的结果作为评估结果。

表 3-22 反应失控时中止失控可能性的评估判据

可控性	TMR_{ad}/h	$q/W \cdot kg^{-1}$（搅拌）	$q/W \cdot kg^{-1}$（未搅拌）	$u/m \cdot s^{-1}$（管路中）	$u/m \cdot s^{-1}$（容器中）	可控性
1	＞100	＜1	＜0.1	＜1	＜1	容易
2	50～100	1～5	0.1～0.5	1～2	1～5	没问题
3	24～50	5～10	0.5～1	2～5	5～15	可行
4	8～24	10～50	1～5	5～10	15～20	临界
5	1～8	50～100	5～10	10～20	20～50	困难
6	＜1	＞100	＞10	＞20	＞50	不可能

a. 对于密闭体系，不涉及气体或蒸气释放效应，气体或蒸气的释放速率判据并不适用。扩展可能性评估时可以考虑用特征压力参数代替释放速率，但是，当设备的装载量较高时，即使释放气体或蒸气的量不大，也可能导致压力的急剧升高。因此，使用特征压力参数局限性很大，目前可以单独考虑搅拌或未搅拌状态下体系的放热速率作为判据即可。

b. 对于开放体系，可以将气体或蒸气的释放速率作为评估判据，因为可能性评估的目的是在失控反应进一步恶化之前将其控制住，这种评估方法就不适用于应急泄压时的气体流速。对于液体膨胀情形的评估，需要确定管路中气体流速和容器中液体表面的气体流速。

压力拓展可能性评估可按照表 3-23 进行简化考虑。

表 3-23 压力拓展可能性评估

可控性	敞开体系出口气体流速 $u/m \cdot s^{-1}$	密闭体系安全阀起跳时的泄放速率 $u/m \cdot s^{-1}$
不可控	＞20	＞20
难控	8～20	8～20
可控	2～8	2～8
易控	＜2	＜2

3.5.7.3 矩阵评估

在可能性和严重度评估的基础上，建立下述压力拓展严重度和可能性评估矩阵，进行矩阵评估，见表 3-24。

表 3-24 矩阵评估

不可控	Ⅱ	Ⅲ	Ⅲ	Ⅲ
难控	Ⅱ	Ⅱ	Ⅲ	Ⅲ
可控	Ⅰ	Ⅱ	Ⅲ	Ⅲ
易控	Ⅰ	Ⅰ	Ⅱ	Ⅲ
	低等	中等	严重	灾难

矩阵评估等级为“Ⅰ级”的是可接受风险，“Ⅱ级”为有条件接受风险，“Ⅲ级”为不可接受风险，应根据评估结果，建立适当的风险控制措施。

3.5.7.4 反应工艺危险度扩展评估

压力拓展工艺危险度评估比较复杂，需要同时考虑热风险、压力风险和毒物释放风险，温度、压力和毒物释放浓度等多因素耦合模型的建立有一定的技术难度，实际应用也有一定的难度，本书不做深入探讨。化工生产过程中，可以结合反应安全风险对工艺危险度等级的划分，进行压力风险评估和风险防控。

针对工艺危险度为“1 级”的工艺过程，发生热失控后，体系温度既不能达到技术最高温度 MTT，也不会引发物料二次分解反应。只有当反应物料长时间停留在失控体系可能达到的最高温度（MTSR）时，才会发生二次分解反应并导致体系温度升高。此时，需要关注体系气体的生成情况，考虑可能引起的密闭体系压力升高，或开放体系气体及蒸气的释放。

针对工艺危险度为“2 级”的工艺过程，与工艺危险度为“1 级”的类似，不同的是此时技术最高温度（MTT）高于失控体系最大反应速率到达时间（TMR_{ad}）为 24h 对应的温

度 T_{D24}，有可能发生二次分解反应，所以二次分解反应不可以忽略。体系发生二次分解反应后，有可能引起体系压力的升高或气体及蒸气的释放。

针对工艺危险度为“3 级”的工艺过程，发生热失控后，首先体系达到技术最高温度（MTT），此时，不会引起二次分解反应。只需要考虑目标反应放热情况造成的潜在的体系压力升高，以及气体、蒸气的释放情况，根据体系在 MTT 的放热速率和气体逸出速率，获得气体和蒸气的释放速率，考虑可能带来的压力风险。

针对工艺危险度为“4 级”的工艺过程，在工艺危险度为“3 级”的基础上，考虑失控体系可能达到的最高温度（MTSR）高于失控体系最大反应速率到达时间（TMR_{ad}）为 24h 对应的温度 T_{D24}，并有可能引发二次分解反应。此时，应计算产生气体的体积和体系的最终温度，并考虑二次分解反应。应确认二次分解反应的气体释放速率，结合气体、蒸气的释放速度，评估超压风险。

参考文献

[1] Thomas H. Use reaction calorimetry for safer process designs[J]. Chemical Engineering Progress，1992，1(1)：70-74.

[2] 傅玉普．多媒体 CAI 物理化学[M]．大连：大连理工大学出版社，2004.

[3] 王世广，贺高红，潘艳秋，等．化工原理(上册)[M]．大连：大连理工大学出版社，2002.

[4] Gygax R．Chemical reaction engineering for safety[J]．Chemical Engineering Science，1988，43(8)：1759-1771.

[5] Stoessel F. What is your thermal risk? [J]. Chemical engineering progress，1993，89(10)：68-75.

[6] Cox J D，Pilcher G. Thermochemistry of organic and organometallic compounds[M]. 3rd ed. London：Academic Press，1970.

[7] Carven A. A simple method of estimating exothermicity by average bond energy summation[C]//Hazardous from pressure：exothermic reactions，unstable substances，pressure relief，and accidental discharge，symposium series，1987，102：97-111.

[8] Cruise D R. Notes on the rapid computation of chemical equilibria[J]. The Journal of Physical Chemistry，1964，68(12)：3797-3802.

[9] Pantony M F，Scilly N F，Barton J A. Safety of exothermic reactions a UK strategy[J]. Plant/Operations Progress，1989，8(2)：113-117.

[10] Zaldívar J M，Bosch J，Strozzi F，et al. Early warning detection of runaway initiation using non-linear approaches[J]. Communications in Nonlinear Science and Numerical Simulation，2005，10(3)：299-311.

[11] Roduit B，Borgeat C，Berger B，et al. Advanced kinetic tools for the evaluation of decomposition reactions [J]. Journal of Thermal Analysis & Calorimetry，2005，80(1)：229-236.

[12] Mcintosh R D，Nolan P F．Review and experimental evaluation of runaway chemical reactor disposal design methods[J]. Journal of loss prevention in the process industries，2001，14(1)：17-26.

[13] Wiss J，Stoessel F，Killé G. A systematic procedure for the assessment of the thermal safety and for the design of chemical processes at the boiling point[J]. Chimia，1993，47(11)：417-417.

[14] Simpson L L，Becker G，Coats E. Guidelines for pressure relief and effluent handling systems[J]. New York：AIChE，1998.

[15] Lees F. Lees' Loss prevention in the process industries：Hazard identification，assessment and control [M]. Butterworth-Heinemann，2012.

[16] Zatka A V. Application of thermal analysis in screening for chemical process hazards[J]. Thermochimica Acta，1979，28(1)：7-13.

[17] Fisher H G, Forrest H S, Grossel S S, et al. Emergency relief system design using DIERS technology: The Design Institute for Emergency Relief Systems (DIERS) project manual[M]. John Wiley & Sons, 2010.

[18] Collins R L. Process hazard analysis quality[J]. Process Safety Progress, 2010, 29(2): 113-117.

[19] Murphy J F, Chastain W, Bridges W. Initiating events and independent protection layers[J]. 2009.

[20] United Nations. Recommendations on the transport of dangerous goods: manual of tests and criteria[M]. UN, 2009.

[21] Gray P, Lee P R. Thermal explosion theory, oxidation and combustion reviews[J]. Elsevier, Amsterdam, 1967, 2: 1-183.

[22] 施特塞尔．化工工艺的热安全:风险评估与工艺设计[M]. 陈网桦，彭金华，陈利平，译．北京：科学出版社，2009：40.

[23] Gibson S B. The design of new chemical plants using hazard analysis[C]//I. Chem. E. Symposium Series. 1976 (47).

[24] Fauske H K, Grolmes M A, Clare G H. Process safety evaluation applying DIERS methodology to existing plant operations[J]. Plant/Operations Progress, 1989, 8(1): 19-24.

[25] Nolan P F, Barton J A. Some lessons from thermal-runaway incidents[J]. Journal of hazardous materials, 1987, 14(2): 233-239.

[26] Maddison N, Rogers R L. Chemical runaways, incidents and their causes[J]. Chem. Technol. Eur, 1994: 11-12.

[27] Majer V, Svoboda V. Enthalpies of vaporization of organic compounds: a critical review and data compilation[J]. 1986.

[28] Poling B E, Prausnitz J M, O'connell J P. The properties of gases and liquids[M]. New York: Mcgraw-hill, 2001.

[29] Reid R C, Prausnitz J M, Sherwood T K . The Properties of Gases and Liquids. 3rd ed[J]. 1977.

[30] 张宇英，张克武．精确计算液体醇在任一温度下的汽化热公式[J]. 黑龙江大学自然科学学报，2004，21(1)：94-99.

[31] 张宇英，张克武．预测不同温度下有机纯质汽化热的新方程[J]. 化工学报，2005，56(12)：2259-2264.

[32] 于婷婷．连续与间歇化工工艺过程特点与流程[J]. 民营科技，2013 (2)：23-24.

[33] Schneider M A, Stoessel F. Determination of the kinetic parameters of fast exothermal reactions using a novel microreactor-based calorimeter[J]. Chemical Engineering Journal, 2005, 115(1-2): 73-83.

[34] Lerchner J, Seidel J, Wolf G, et al. Calorimetric detection of organic vapours using inclusion reactions with organic coating materials[J]. Sensors and Actuators B: Chemical, 1996, 32(1): 71-75.

4 重要安全性参数实验测试及实例分析

开展反应风险研究与工艺风险评估，需要进行安全性实验测试，主要包括物料的热稳定性测试、气体逸出速率测试、爆炸性测试和对化学反应的量热测试等。通过安全性实验测试，获取工艺反应的安全性实验数据，作为对工艺反应进行安全性评价的主要依据。实验得出的安全性评价结果对于工艺的进一步放大和安全生产具有一定的指导作用。

在开始安全性实验测试之前，化工工艺研究、反应风险研究和工艺风险评估需要依据文献数据对实验室小试工艺反应的安全性做出评估。文献数据可以检索到工艺中所用的化学物质，包括工艺中所用的溶剂和一些常见的原材料、中间体及产物的物理和化学性质。然而，文献数据给出的结果不一定具有很高的期望值。例如，合成工艺中常常使用四氢呋喃作为化学反应的溶剂，四氢呋喃很容易与氧气结合形成爆炸性的过氧化物，这是操作过程中存在的重要风险之一。为了有效避免风险的发生，要求在操作过程中使用抗氧剂对过氧化物进行处理，同时利用惰性气体进行严格的保护。但是，值得注意的是文献数据并不能取代安全性实验测试和危险性实验测试，对于一个全新的化学反应工艺，当没有相应的文献安全数据作为参考时，实验测试是一个必不可少的研究起点，常用的实验测试手段是采用一些高端、精确的测试仪器，诸如最低引燃能量测试装置、实验室全自动反应量热仪（RC1 和 Simular）、绝热反应量热仪（ARC）、快速筛选量热仪（TSU）和差示扫描量热仪（DSC）等。

此外，有很多计算程序也可以用来对化学反应潜在的风险性进行估算，例如 CHETAH 程序。CHETAH 程序是一种对化学品热力学和能量释放情况进行评价的程序，是预测化学反应的热力学性质和化学反应潜在风险的基础性工具。使用 CHETAH 程序，首先需要知道物质的化学结构，根据物质分子结构对其爆炸性进行估算。CHETAH 程序的热力学计算基于气态状况。CHETAH 程序使用固定的技术分析模型，根据分子结构对物质的爆炸性估计是初始的，但是，该程序可以估计反应热、反应熵、热容、自由能等热力学数据，通过初步扫描，可以评估有机化合物的反应风险情况。通过使用 CHETAH 程序，可以得到化学反应的放热量，但不能得到相应的放热速率值；可以估算物质的热力学性质；可以预测化合物或者混合物的爆炸性和燃爆倾向等情形。

CHETAH 程序对于初始的合成工作很有帮助。但是，由于 CHETAH 程序是基于气态状况进行的热力学计算，而大多数化学过程不是在气体状态下完成的，所以，依据气态状况进行热力学计算的 CHETAH 程序具有一定的缺陷。然而，大量的数据显示，CHETAH 程序对多数冷凝态情况下影响的偏差很小，对结果不会产生明显的影响，因此，CHETAH 程序具有很大的实用价值。但是，CHETAH 程序或其他任何方法仅可用于对实验测试结果进行补充和比较，用于帮助和指导进行实验测试，并不能取代对物质的安全性数据测试。尤其对一个全新的化工工艺研究和开发过程的风险评估，实验测试显得尤为重要。

下面将对化工安全领域重要的安全性参数及实验设备进行介绍。

4.1 重要安全性参数

通常情况下，精细化工生产过程所指的工艺参数是温度、压力、物料配比、加料速度、反应时间和反应 pH 值等。其中，一些参数如果控制不当，即使发生微小的变化将直接影响工艺过程的稳定性及安全性，甚至引发反应热失控，导致爆炸事故的发生。此外，某些参数一旦超标，将难以通过常规的措施控制，进而引发物质及反应过程状态的巨大变化（如物质分解、反应过程热失控和反应器超压等）。这一系列影响化工生产过程稳定性及安全性的参数可称为敏感性参数。敏感性参数控制不当将造成严重的化工生产事故，如近年来我国某双苯厂的苯胺装置硝化单元由于反应器超温，引发燃烧、爆炸事故，最终导致多人死亡，直接经济损失巨大，并引发附近江、河水污染；再如某国际化工厂在蒸馏过程中发生爆炸，造成十余人死亡，周边环境遭到破坏及污染。化工生产事故给企业和人们造成了重大伤害，经验教训数不尽数。

化工过程敏感性参数是工艺小试研发乃至放大生产整个产业链上关键性的技术数据，是实现精准工艺、精确设计及精确生产的重要保障。在实验室小试工艺研发阶段，工艺研发人员一般通过专业性期刊、专利及互联网上的专业性网站查询工艺中所用溶剂和一些常见的原材料、中间体、副产物及产品的物理和化学性质，以及通过反应类型、分子官能团等对工艺路线的安全性及稳定性进行初步的判断，目的是在小试研发阶段规避高含能、高风险、不稳定的原材料、中间体及强放热、难控制的化学反应。小试工艺条件基本确定后，需要开展下一阶段的工艺放大试验，这时候对于工艺放大研究人员来说，更需要明确工艺过程的能量平衡、物料平衡数据，如反应热、放热速率、反应动力学方程、加料速度及反应时间、蒸馏温度和蒸馏时间等参数，依据反应过程热力学及动力学数据确定科学合理的工艺放大条件，选择合适的反应器设备及工程控制措施。目前，有较多的软件、测试设备及研究方法可以帮助工艺研发人员获得所需要的物质、反应过程安全性信息，例如前文介绍过的 CHETAH 软件。

目前，随着各国对化工安全生产的高度重视，过程安全技术及设备研发的科技进步得到了大力推动，众多的专业技术及高精度设备应运而生，大大提高了工艺研发人员的工作效率，为科技人员提供了获得化工过程敏感性参数的有效途径。

对于一个精细化工生产过程，敏感性参数都包括哪些？通过什么方法、哪些设备可以获得敏感性参数？明确敏感性参数范畴，建立敏感性参数研究测试方法，将工艺条件严格控制在安全限度以内是实现化工过程安全生产的核心问题，对工艺放大及安全生产具有重要的指导作用。

敏感性参数具体是指影响化工工艺过程稳定性及安全性的重要数据，按照研究内容划分，主要包括工艺敏感性参数及风险控制敏感性参数，以下将对精细化工生产过程所涉及的敏感性参数进行介绍。

4.1.1 工艺敏感性参数

工艺敏感性参数通常是指能够影响工艺稳定性及产品质量的关键性参数，包括反应温度、反应压力、冷却介质流量、加料速度及加料量、升温/加热功率等。

① 反应温度。温度是化工生产过程需要严格控制的敏感性参数。每个化学反应都有其适宜的温度范围，合理地控制反应温度是保障化工生产高转化率及高选择性的有效途径。反应温度控制精确可以保证产品的质量，也是防止发生化学反应热失控所必需的。如果反应温度控制不当，可能造成反应物的分解及反应器的超温、超压，甚至引发爆炸。除此之外，反应温度控制不当也会带来副反应，生成不稳定的副产物或者过反应物。升温过快可能引发剧烈反应，导致反应失控。另外，温度过低也会造成反应速率减慢或反应停止，使反应原料在体系内大量累积，一旦温度恢复正常，往往会造成反应原料在短时间内快速反应，瞬间释放大量的反应热，引发爆炸事故。此外，温度过低还会造成物料的冻结，使管道堵塞或破裂，导致易燃物料泄漏，进而引发火灾爆炸事故。

② 反应压力。与反应温度相似，反应压力同样是化工生产过程需要严格控制的敏感性参数。压力过低可能引发反应得不充分，副产物增多，负压条件下甚至造成反应器的破损；压力过高，可能导致反应速度过快，反应释放的热不能被及时带走，反应体系温度持续升高，压力随着温度的升高继续增大，压力达到反应器的承压上限，安全阀、泄爆片等控制措施一旦不能及时地排出系统内压力，最终将导致反应器的爆裂，甚至火灾爆炸事故。

③ 冷却介质流量。化工生产中通常采取控制冷却介质流量的方式控制反应器温度，移出反应器中多余的热量。冷却介质的流量控制对化工安全生产尤为重要。冷却介质的流量对反应器体系的温度影响较大，流量越小，对反应器温度影响越大。当冷却介质流量低于 $10kg \cdot s^{-1}$ 时，即使冷却介质流量发生微小的变化，都可能导致反应器温度的急剧升高。冷却介质流量如果控制不当，不能及时地移出反应热，将导致反应体系的飞温，引发安全事故。

④ 加料速度及加料量。对于半间歇及连续流反应形式，在化学反应某一过程向反应体系内加料是实现半间歇、连续反应的重要手段，如何确定合适的加料速度及加料量是影响化学反应进程的重要问题。加料过慢可能影响反应选择性及产品的质量，延长反应周期，降低工作效率及生产能力；加料过快可能造成反应瞬时放热速率高，反应热不能及时移出，进而引发反应热失控及爆炸事故。因此，合理的加料速度及加料量是保证化学反应顺利进行的关键参数，需要结合化学反应过程能量平衡及物质平衡综合确定。

⑤ 升温/加热功率。升温/加热功率是所有反应形式的重要工艺参数。升温过慢，将会导致体系内原料的大量累积，一旦温度控制不当，存在反应热失控风险；升温过快，将会造成反应速度加快，若反应热放出速率超出系统的冷却速率，将引发反应体系温度的持续上升，最终将引发安全事故。另外，针对蒸馏、回流工艺，加热功率过大会导致体系物料的快速汽化，一旦超出冷凝器的负荷能力，将会引发冷凝器的堵塞，进而造成反应器的爆炸。因此，明确升温/加热功率是工艺放大及生产过程面对的重要问题。

⑥ 杂质控制。原料及产品中的杂质控制是影响工艺稳定性及安全性的重要问题。反应过程中杂质的控制不当，可能会影响反应进程，导致副反应或过反应，进而引发火灾及爆炸事故。化工原料及产品中杂质的定量、定性分析是质量控制的重要指标，对安全生产及管理有着重要的作用。例如，乙炔与氯化氢合成氯乙烯的工艺过程，要严格控制反应体系中游离

氯的质量分数不超过0.005%，因为过量的游离氯将会与乙炔发生反应，生成四氯乙烷引发爆炸。此外，应规避反应过程中生成过氧化物。众所周知，过氧化物较不稳定，容易造成事故，因此，反应过程中要避免过氧化物的生成。在小试研发阶段，应尽量规避有过氧化物副产物、产品生成的工艺路线。再有就是，要防止蒸馏过程中四氢呋喃、异丙醚及乙醚等物质与空气发生氧化反应生成不稳定的氧化物，因为在蒸馏时过氧化物的存在极易引发爆炸。

4.1.2 风险控制敏感性参数

工艺风险控制敏感性参数通常是指能够影响工艺安全性的关键性参数，按照研究对象可以分为物质分解热、分解速度、产气量、粉尘云爆炸最低引燃能量、最低着火温度、反应过程放热量、反应过程放热速率、反应绝热温升等。

物质热风险敏感性参数主要包括：物质分解热、起始放热分解温度、分解放热温升速率、压升速率、分解放气量、分解活化能、指前因子、物质自加速分解温度、不同温度下物质分解速率等。通过物质热风险敏感性参数研究测试，可以明确物质安全操作温度及安全操作时间，例如，物料受热安全操作温度、干燥温度、干燥时间、蒸馏温度、蒸馏时间等。此外，通过物质自加速分解温度测试，还能够明确物质仓储、运输条件。

物质爆炸性敏感性参数主要包括：固体粉尘云最低着火温度、粉尘层最低着火温度、粉尘云最低引燃能量、粉尘云爆炸最大压力、最大压升速率、爆炸严重度、气体爆炸极限、可燃液体燃烧性及氧化性等。通过物质粉尘爆炸性研究，可明确固体粉尘对于静电火花的敏感程度，用于电气设备选型及遏制爆炸、泄爆孔尺寸设计等方面。

反应过程敏感性参数主要包括：表观反应热、放热速率、反应绝热温升、绝热条件下体系最高温度、反应放气量、放气速率、反应活化能、指前因子、反应常数、反应级数、反应动力学方程和二次分解参数等。表观反应热、放热速率、反应绝热温升、绝热条件下体系最高温度、反应放气量和放气速率等参数可用于反应操作条件设定（反应温度、加料时间、加料速度、升温速率、反应时间等）、工程化设计（反应器类型、反应器换热方式、换热面积、冷却介质类型、冷却介质温度、冷却介质流量、冷却介质等）及工艺优化（反应活化能、指前因子、反应速率常数、反应级数及反应动力学方程）。

物质及工艺过程中涉及众多敏感性参数，这些敏感性参数对于精细化工工艺优化及风险控制具有重要意义，下文将从爆炸性测试、差热量热、绝热量热、反应量热等几方面介绍精细化工生产敏感性参数的测试方法及测试手段。

4.2 燃爆性测试

燃烧和爆炸风险是化工行业存在的重大风险，需要最大可能地避免。大多数有机化合物具有燃爆性，均需要对其进行燃爆性测试。如果对反应使用的原料、反应混合物或反应中间产物进行爆炸性测试，结果表明该物质具有潜在严重的燃爆或爆炸危险，最好对反应原料进行更换，对设计工艺进行改进，对工艺路线进行调整，改变反应中间体的化学结构。通过上述多种途径均可以实现燃爆或者爆炸危险的规避。但是，对工艺路线进行改变，工艺重新设计往往存在一定的困难。对现有工艺采取特殊的预防措施是较为切实可行的做法，保证工艺过程的安全实施，避免发生燃爆等危险性事故。本节主要介绍几种常用的爆炸性和燃烧性测试方法。

4.2.1 粉尘爆炸性筛选测试

粉尘爆炸性筛选测试是判断粉尘是否具有可爆性的初步筛选方法，通常情况下，可先在改进的哈特曼管（图 4-1）中采用感应电火花进行测试，如果测试粉尘发现火焰传播，则认为该粉尘是爆炸性粉尘。如果测试粉尘未发现火焰传播，则需要在 20L 爆炸试验装置（图 4-2）内进一步测试予以确认。在 20L 爆炸试验装置内以一定的能量尝试引燃被测试粉尘，如果测试过程中单次爆炸测试最大压升达到一定数值，则认为该粉尘具有可爆性，相关的测试标准包括：ASTM E1226（Standard Test Method for Explosibility of Dust Clouds），ISO/IEC 80079-20-2（Explosive Atmospheres Part 20-2：Material Characteristics-Combustible Dusts Test Methods），VDI2263（Dust Fires and Dust Explosions；Hazards，Assessment，Protective Measures；Test Methods for the Determination of the Safety Characteristic of Dusts）。确认粉尘具有可爆性后，可进一步获取粉尘云最低引燃能量、粉尘着火温度、爆炸严重度、粉尘云极限氧含量、爆炸云极限下限浓度等重要参数。

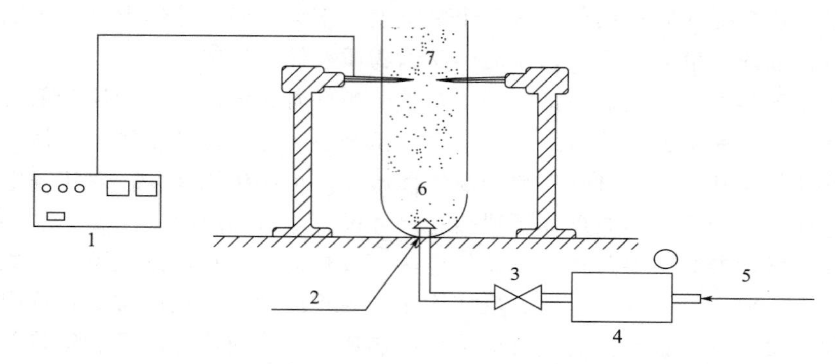

图 4-1 粉尘最低引燃能量测试装置（哈特曼管）示意图
1—电火花发生器；2—喷头；3—喷粉阀；4—储气罐；5—压缩气源；6—盛粉室；7—电极

4.2.2 最低引燃能量测试

发生燃烧的三要素主要有可燃物质、助燃物质和引燃能量，称为“火三角”，燃烧发生必须三要素同时存在。在化工生产过程中，大多数有机化工原料均具有可燃性，可燃物质这一因素一直存在。大部分燃烧反应的助燃物质均为空气中存在的氧气，助燃物质这一因素存在较为普遍。引燃能量的来源主要包括外界加热、化学反应过程中的放热以及其他能量来源。生产过程中经常使用大量的有机溶剂，若操作不当，则会导致静电荷大量累积聚集。静电作为引燃能量的一种主要来源，较易造成燃烧和爆炸现象的发生，很多事故发生的燃烧和爆炸危险均是静电作用导致的。可燃物质的最低引燃能量这一参数是非常重要的安全性参数，掌握了不同物质对应的最低引燃能量的大小，对于安全操作条件的确定、保证化工安全生产具有重要意义。

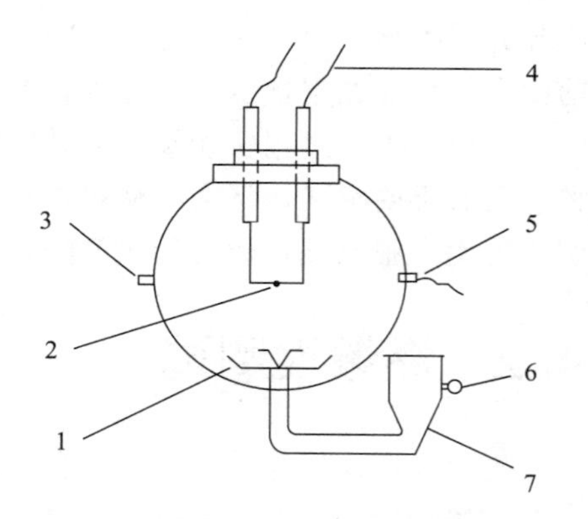

图 4-2 20L 爆炸试验装置
1—扩散器；2—点火源；3—排气口；4—点火引线；5—压力传感器；6—压力表；7—储尘罐

通过固体粉尘云最低引燃能量测试装置测试引起粉尘云爆炸的最小火花能量，间接评价粉尘云存在的潜在爆炸危险性。相关的测试标准包括：ASTM E2019（Standard Test Method for Minimum Ignition Energy of a Dust Cloud in Air），EN 13821：2002（Potentially Explosive Atmospheres-Explosion Prevention and Protection-Determination of Minimum Ignition Energy of Dust/Air Mixtures），IEC 61241-2-3（Electrical Apparatus for Use in the Presence of Combustible Dust-Part 2-3：Test Methods for Determining Minimum Ignition Energy of Dust/Air M ixtures），GB/T 16428（《粉尘云最小着火能量测定方法》）。

图 4-1 为固体粉尘的最低引燃能量测试装置示意图。最低引燃能量的测量方法是：首先将两根相对的电极水平插入测试管，将粉尘装入测试管底部，通过进气阀将压缩空气充入储气罐，开启喷粉阀，通过压缩空气将粉尘吹浮起来分散到测试管中形成粉尘云，将不同的能量加到电火花发生器上，对粉尘进行引爆，固体粉尘的最低引燃能量即粉尘突然燃爆时所需的最低能量。

可燃气体最低引燃能量的测试与固体粉尘最低引燃能量的测试原理较为类似，可燃气体最低引燃能量测试装置示意图如图 4-3 所示。

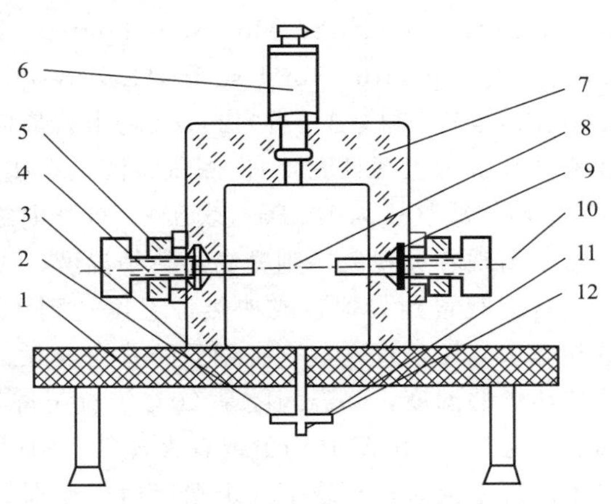

图 4-3　可燃气体最低引燃能量测试装置示意图

1—底座；2—排气口；3—密封圈；4—电极调节杆；5—压紧螺栓；6—安全阀；7—反应器；8—电极；9—密封圈；10—电极引线；11—进气口；12—压力表接头

可燃气体最低引燃能量的测试方法：在配气容器中把可燃混合气体预先配制好，然后将混合气体导入到气体爆炸容器内，通过调节放电电压产生的不同能量的电火花，引燃爆炸容器内的混合气体。通过压力传感器记录点火后容器内的压力变化情况形成压力曲线，通过压力曲线判定气体的点燃情况，混合气体的最低引燃能量即为点燃混合气体所需的最小能量。

可燃固体粉尘和可燃气体的最低引燃能量数量上通常是几毫焦耳，测试的难度较大，所以测试装置采集的数据必须精确可靠，否则测试结果会存在很大的偏差。

4.2.3　粉尘着火温度测试

在固体粉尘处理的操作过程中存在潜在粉尘爆炸的危险，可能会导致重大的财产损失，并且严重威胁人员财产及生命安全。安全处理粉尘的关键是对其易燃性、点火灵敏度和爆炸强度进行全面了解。对相关参数进行定性、定量分析的一个重要部分就是进行实验室测试。粉尘与空气混合形成可燃的混合物，在遇明火或高温物体后，极易发生着火，顷刻间完成燃烧并且释放大量热能，燃烧气体体积猛烈膨胀，产生很高的膨胀压力。燃烧时粉尘氧化反应十分迅速，很快将产生的热量传递给相邻粉尘，从而引起一系列联锁反应。粉尘爆炸将对设备、工厂等产生巨大的破坏。准确的实验室测试数据将为选择防止粉尘爆炸的方法提供依据，通过采取相应的保护措施将粉尘爆炸的危害降到可控范围内。

任何呈细粉状态存在的固体物质即为粉尘。固体粉尘分为粉尘云和粉尘层两种存在形式。粉尘云（dust cloud）是指悬浮在空气中或容器中的高浓度粉尘颗粒与气体的混合物；粉尘层（dust layer）是指沉积或堆积在物体表面上或地面上的粉尘群。粉尘云或粉尘层的着火温度是指粉尘云或粉尘层在受热条件下发生燃爆时的最低温度。由于粉尘云和粉尘层的存在形式不同，所以各自的着火温度测试方式有一定的差别。

粉尘云最低着火温度测试是测试粉尘云在加热环境中发生着火敏感度的一种测试方法。大量的粉尘在温度足够高的加热空气中扩散，可能会发生自发燃烧现象。粉尘云着火的定义是，测试时在加热炉管的下端有火焰喷出或存在火焰滞后喷出，若只有火星而没有火焰，则不能认为是发生着火。粉尘云最低着火温度测试相关的测试标准包括：IEC 61241-2-1：1994（Electrical Apparatus for Use in the Presence of Combustible Dust-Part 2：Test Methods；Section 1：Methods for Determining the Minimum Ignition Temperatures of Dust），EN 50281-2-1：1999（Electrical Apparatus For Use In The Presence of Combustible Dust-Part 2-1：Test Methods；Methods F）和 GB/T 16429（《粉尘云最低着火温度测试方法》）。

粉尘云最低着火温度测试装置示意图见图 4-4。测试方法是在盛粉室中装入适量的粉尘，设置加热炉的温度为 500℃，储气罐气压为 10kPa（表压）。打开电磁阀开关，将粉尘喷入加热炉内。观察是否着火，若未出现着火现象，则升高加热炉温度，重新将相同质量的粉尘装入加热炉内继续进行试验，直至观察到火焰，或加热炉温度达到 1000℃为止。若出现着火现象，则改变粉尘的质量和喷尘气压，直到观察到剧烈的着火现象。然后，保持粉尘质量和喷尘压力固定不变，降低加热炉的温度，降温间隔是 20℃，直至进行 10 次试验均没有出现着火现象时为止。如果加热炉温度为 300℃时仍出现着火现象，则以 10℃的降温步长将加热炉的温度降低。直到试验未出现着火时，再取下一个温度值，分别采用粉尘质量较低和喷尘压力较高一级的规定值进行试验。若试验需要，可继续降低加热炉的温度，直到 10 次试验均未出现着火。记录发生点火时炉子的最低温度（炉子温度高于 300℃时减 20℃，等于或低于 300℃时减 10℃）作为粉尘云的最低点火温度。

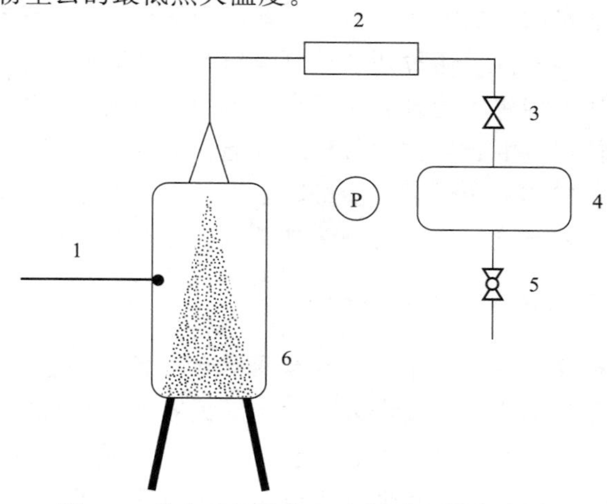

图 4-4 粉尘云最低着火温度测试装置示意图

1—热电偶；2—盛粉室；3—电磁阀；4—储气罐；5—截止阀；6—粉尘云

采用板式热炉装置测试粉尘层最低着火温度，示意图如图 4-5 所示。

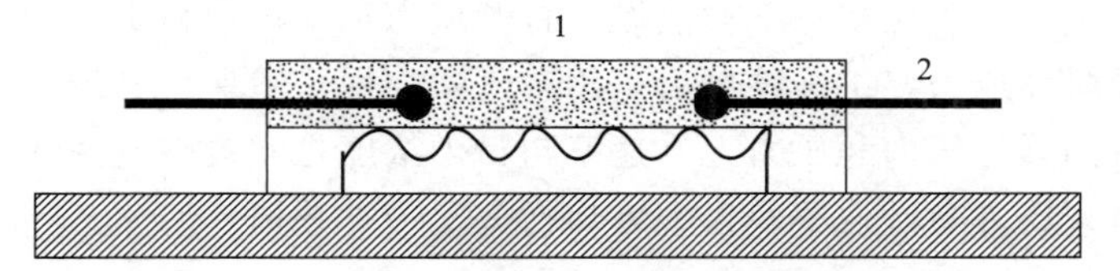

图 4-5　粉尘层最低着火温度测试装置示意图
1—粉尘层；2—热电偶

对于粉尘层着火的定义有：粉尘层着火时能够观察到粉尘发生有焰燃烧或者发生无焰燃烧；粉尘层着火温度≥450℃；粉尘层着火温度较热表面温度高 250℃。

粉尘层最低着火温度测试装置的用途是测试堆积在热表面上规定厚度的粉尘发生着火时热表面所处的最低温度。待测的粉尘层发生无焰燃烧或发生有焰燃烧，或粉尘温度大于 450℃，或其温升高出热表面温度 250℃时都视为发生着火。粉尘层最低着火温度测试相关的标准包括：IEC 61241-2-1：1994（Electrical Apparatus for Use in the Presence of Combustible Dust-Part 2：Test Methods；Section 1：Methods for Determining the Minimum Ignition Temperatures of Dust），EN 50281-2-1：1999［DIN EN 50281-2-1（1999-11）Electrical Apparatus For Use In The Presence Of Combustible Dust-Part 2-1：Test Methods；Methods F］和 GB/T 16430—2018（《粉尘层最低着火温度测定方法》）。

粉尘层着火温度的测试方法如下：首先是设定热板炉表面的温度，将热板炉表面加热到预先设置的温度，并稳定一段时间使其在一定的范围内，然后取被测样品放置于热板中心处，形成规定厚度的粉尘层（操作过程中不可以用力压粉尘层）。迅速加热使热板炉温度达到未放置样品前热板炉的温度，观察粉尘层是否发生着火现象。如果 30min 或更长时间未观测到粉尘有明显自热现象，则停止试验，然后更换新的粉尘层并调整热板炉温度重新进行着火温度测试试验，观察是否发生着火，如果发生着火，则应当立即更换新的粉尘层样品并对热板炉进行降温，继续进行着火温度测试试验。粉尘层的最低着火温度就是采用此方法测得的。通常最高未着火的温度低于最低着火温度，其差值小于 10℃。

固体粉尘着火温度参数主要用于探究扩散粉尘在工厂设备的表面温度下是否会发生自动着火，对于多尘环境中选择设备具有重要的指导意义。运用数据时通常要考虑小规模测试的不确定因素，在此基础上留有一个安全极限。

4.2.4　爆炸严重度测试

爆炸严重度是评估固体粉尘发生爆炸后的威力大小的重要参数，其中包括粉尘云最大爆炸压力及粉尘云最大压力上升速率，相关测试数据可用于指导爆炸防护设施的设计。

前面介绍了 20L 爆炸试验装置（图 4-2），该设备也用于测试固体粉尘爆炸严重度、极限氧含量和下限浓度。

固体粉尘爆炸严重度测试的相关标准主要有：ASTM E1226（Standard Test Method for Explosibility of Dust Clouds），BS 6713（Explosion Protection Systems-Method for Determination of Explosion Indices of Combustible Dusts in Air），ISO 6184. Part 1（Explosion Protection Systems-Part 1：Determination of Explosion Indices of Combustible Dusts in Air）和 GB/T 16426（《粉尘云最大爆炸压力和最大压力上升速率测定方法》）。

粉尘云最大爆炸压力和最大压力上升速率测定方法如下：

将粉尘试样放入粉尘容器中，设置压缩空气压力为2.0MPa。将爆炸室抽成一定程度的真空状态，保证粉尘在大气压状态下被点燃。打开压力记录仪与粉尘容器的阀门，之后点燃点火源，同时记录爆炸压力。试验结束后，用空气吹扫爆炸室保持其清洁。重复进行不同粉尘浓度的试验，得到爆炸压力和压力上升速率与粉尘浓度之间关系的曲线，从曲线中可求得最大爆炸压力、最大压力上升速率及最大爆炸指数三个参数值。

4.2.5 爆炸极限测试

在热爆炸学中爆炸极限是一个非常重要的参数。在化学工业中，很大一部分爆炸事故发生的原因是达到了可燃气体或者可燃蒸气爆炸极限浓度。在进行某一化学工艺反应风险研究和工艺风险评估时，首先必须明确反应工艺过程中涉及的各种物料的爆炸极限浓度，从而规避爆炸风险。前章已描述，虽然可通过一些公式计算物料的爆炸极限，但是，计算数值精度不高，有时存在较大的误差，通过试验测试才能得到精确可靠的爆炸极限值。

固体粉尘爆炸极限浓度的测试方法（进行试验时，试验粉尘浓度需要按照10g·m^{-3}浓度的整数倍进行确定）如下：

① 当试验得到的爆炸压力$P \geqslant 0.15$MPa，则试验需按照10g·m^{-3}的整数倍减小粉尘浓度，连续进行3次相同的试验，直到试验的压力值$P<0.15$MPa。

② 当试验得到的爆炸压力$P<0.15$MPa，则试验需按照10g·m^{-3}的整数倍增加粉尘浓度，连续进行3次相同的试验，直到试验的压力值$P \geqslant 0.15$MPa。

所测粉尘试样爆炸下限浓度应该介于3次连续试验压力$P<0.15$MPa和3次连续试验$P \geqslant 0.15$MPa所对应浓度之间。

爆炸极限测试仪（图4-6）的适用条件是在标准大气压、设定的温度下测试可燃性蒸气或气体发生燃烧时的浓度下限与上限。还可以用于存在少量惰性气体条件下测定燃烧的上下限。该方法的初始压力要略小于101kPa或更低。测试得到的数据用来测定和评价在实验室条件下物质加热和燃烧的反应特性，同时可作为评估火灾风险的重要参考因素。

可燃气体爆炸极限测试的相关标准主要有：ASTM E681（Standard Test Method for Concentration Limits of Flammability of Chemicals）和GB/T 12474（《空气中可燃气体爆炸极限测定方法》）。

可燃气体爆炸极限浓度的测试方法如下：

① 首先将装置做抽真空处理，直至压力降$\Delta P \leqslant 5$mmHg，保持5min后，压力降$\Delta P \leqslant 2$mmHg。

② 按分压法配制混合气，然后打开反应管底部的泄压电磁阀进行点火，同时观察火焰是否传至管顶。

③ 用渐近测试法寻找极限值，在同样条件下连续进行三次点火试验，点火后若火焰均未传至管顶，则应调整进样量，进行下一个浓度的点火试验。

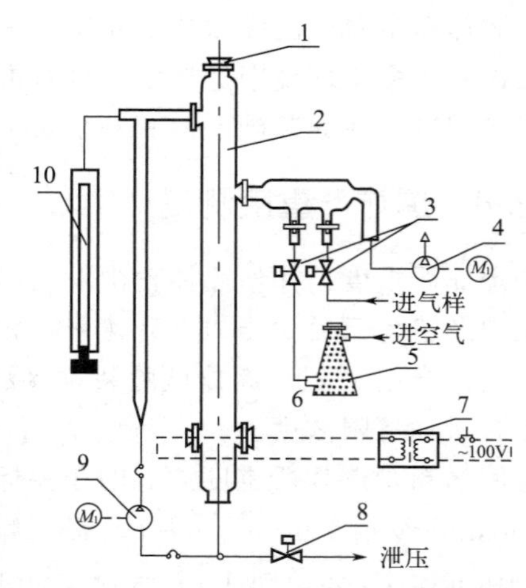

图4-6 爆炸极限测试仪示意图

1—安全塞；2—反应管；3—电磁阀；4—真空泵；5—干燥瓶；6—放电电极；7—电压互感器；8—泄压电磁阀；9—搅拌泵；10—压力计

测试样品增加量进行爆炸下限测试时每次增加应该≤10%，进行爆炸上限的测试时每次减少量应≥2%。最后取最接近的火焰传播和不传播的两点对应的体积分数的算术平均值作为爆炸极限值。

每次进行试验后，试验装置要用湿度小于 30% 的清洁空气进行冲洗，包括反应管壁及点火电极，避免产生污染。

4.2.6 自燃温度测试

自燃点的含义是将物质放置在空气中，大气压的条件下，物质被均匀加热直到产生燃烧现象时的最低温度，是用来判断、评价可燃性物质发生火灾危险性的重要指标之一。自燃点越低，则可燃性物质发生自燃火灾时的危险性会越大。在进行燃烧试验时，将少量的可燃性物质放置于开口的锥形瓶中。然后用电炉加热烧瓶，同时观察在加热温度下试样是否会发生燃烧现象。最后，用空气将烧瓶中残留的可蒸发组分吹出。自燃点测试的相关标准主要包含：DIN 51794（Testing of Mineral Oil Hydrocarbons；Determination of Ignition Temperature），ASTM E659（Standard Test Method for Autoignition Temperature of Chemicals），IEC 60079-4（Electrical Apparatus for Explosive Gas Atmospheres. Part 4：Method ofTest for Ignition Temperature），GB/T 21791（《石油产品自燃温度测定法》）。自燃温度的测试装置示意图如图 4-7 所示。

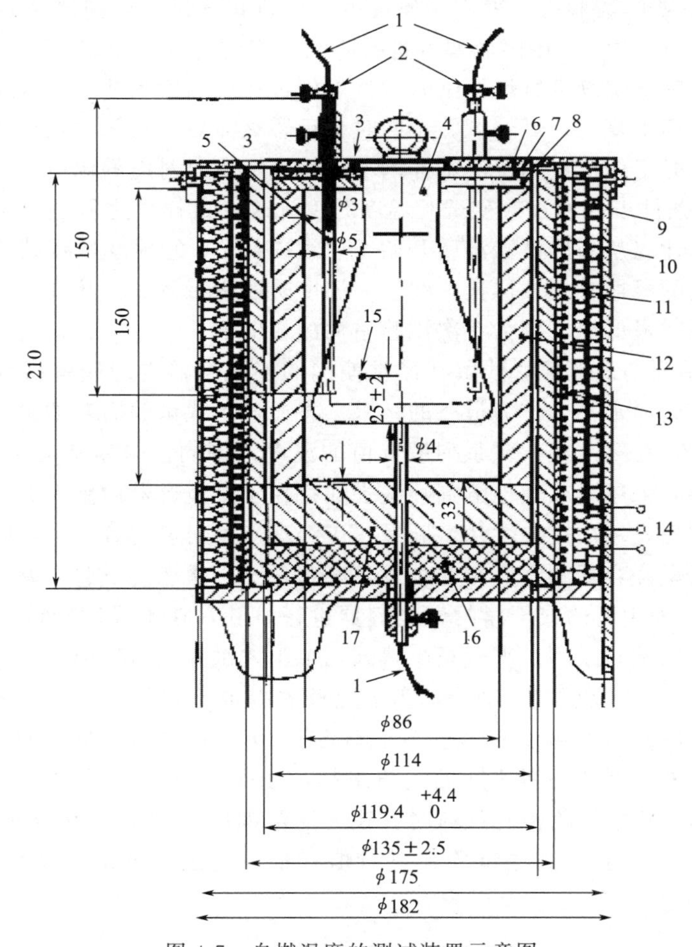

图 4-7 自燃温度的测试装置示意图

1—热电偶；2—固定套管；3—绝热密封条；4—燃烧容器（容量 200mL）；5—陶瓷外套管；6—盖板顶板；7—绝热材料制对开环；8—盖板底板；9—绝热体；10—热线圈；11—陶瓷管；12—金属内膛芯；13—耐高温黏结剂；14—接 220V 电压，并接地；15—热电偶端点；16—绝热材料制圆盘；17—金属基座

可燃性的液体及气体的自燃点测试步骤如下：

① 装样。液体试样一般采用移液管，对于一些动力黏度大于 50mPa·s 的黏稠试样则采用注射器。将试样以快速且呈连续滴状的方式移入到燃烧容器内。在进行试样移取前，需取初沸点小于 60℃的试样进行冷却，同时将移液管或注射器在沸点以下至少 30℃的温度下进行冷却。在进行此操作步骤时，应严格避免试样及仪器受到来自空气中的水分的污染。采取气体试样时，从样品容器的蒸气区进行，并按照以下方式注入到燃烧容器内：先在样品容器中去除部分样品，如有需要，可通过减压器采用活塞泵在支管的连接处进行，通过位于燃烧容器外部的弯管进行排除，然后对所有的弯管及管线经数次冲洗操作，待气体试样被充满后，注入所需量的气体试样至燃烧容器中，流速约为 $25mL \cdot s^{-1}$。

② 预试验。首先以 $3 \sim 5℃ \cdot min^{-1}$ 的加热速率对燃烧容器加热，进行粗略的预试验对自燃温度进行测试，当温度每升高约 20℃时，向容器中加入 50mL 气体试样或者 5 滴液体试样。在每个温度下均需测试试样是否会发生燃烧。在新的试样加入前，均需采用手动球形泵对容器进行吹扫，以便容器保持清洁状态。在此测试条件下，将首次观察到的自燃温度作为正式试验时的初始温度。

③ 首次试样系列的最低值。采用初始温度，进行正式试验，向燃烧容器中加入与预试验相同量的试样，以每次 5℃的降温幅度进行降温，当到达首次不发生燃烧的温度时，改变试样的量，在此温度下继续进行燃烧试验。如果此过程中持续发生燃烧现象，则再降低 5℃燃烧容器的温度继续重复进行燃烧试验，同时记录燃火滞后的时间以及加入的试样量。通过此试验方法，确定对于任何量的待测试样均不会发生燃烧时对应的温度。然后在此温度下及高于此温度 5℃的条件下，通过改变试验温度并少许改变试样量进行进一步的试验。当进行此项试验操作时，建议从高的试验温度开始，后续以约 2℃的幅度递减试验温度，少许改变每个试验温度对应的最适宜的试样量，在每一温度阶段进行测试。将在这些条件下仍可观察到燃烧现象时对应的最低温度作为首次试验系列的最低值。

④ 正式试验系列的最低值。残留在经常使用的燃烧容器中的残留物将会影响首次试验系列的最低值，因此通常不会作为最终的结果。将通过正式试验后期的第二次试验系列测试得到最终的最低值，在第一次试验系列最低值的温度范围内，采用新的、干净的燃烧容器，或采用水，当必要时采用酸或其他溶剂冲洗去除存在于燃烧容器内壁上的残留杂质后，经过干燥进行试验。此外，每次完成燃烧试验后，应经球形泵对燃烧容器进行吹扫清洁。因采用冷空气吹扫而造成燃烧容器的温度存在少许下降，在下一次燃烧试验开始前应使其恢复。

⑤ 重复试验。采用新的或干净的燃烧容器进行试验，在正式试验得到的最低温度值范围内继续做进一步的试验系列，直至至少得到三个正式试验的最低值，且这些试验值符合以下条件：在不高于 300℃的温度条件下，互相之间的差值不超过 10℃；在高于 300℃的温度条件下，互相之间的差值不超过 20℃。对于不高于 300℃的试验结果，如果首次试验系列的最低值与正式试验的最低值两者之间的差值未超过 20℃，则可将首次试验系列的最低值作为最低重复值。当试样状态为液化气体时，在上述范围内进行试验得到至少三个最低值后，再进行多次的重复性试验，这些试验在进行取样前，通过蒸发的方式将样品容器中高达 10%的原样品排出。

4.2.7 固体相对自燃温度测试

对于固体样品，以 $0.5℃ \cdot min^{-1}$ 的升温速率在大气压条件下加热，当由于自热导致其自身温度升高至 400℃时对应的加热炉的温度，被称为固体相对自燃温度。固体相对自燃温度测试的相关标准主要有 GB/T 21756（《工业用途的化学产品 固体物质相对自燃温度的测定》）。

固体物质相对自燃温度测试方法如下：将待测的固体样品装入金属丝网的立方体（由如图 4-8 所示丝网折叠而成）中。经轻轻压实后，将金属丝网立方体装满。采用悬挂的方式将样品置于温度为室温的烘箱中心处。将一个热电偶插入至立方体中心位置，另一个热电偶则放置于烘箱的炉壁和立方体之间。设定烘箱温度，以 0.5℃ · min^{-1} 的升温速率将烘箱升温至 400℃或固体样品的熔化温度（当固体样品熔化温度小于 400℃时），连续记录烘箱温度及样品温度。当样品发生自燃时，样品中热电偶的温度相比于烘箱中的热电偶温度将会出现较明显的快速升高现象。

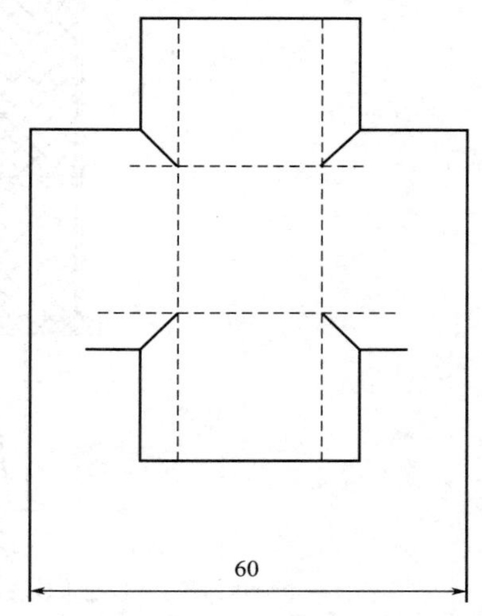

图 4-8 边长 20mm 的试验用立方体模型用金属丝网

4.2.8 可燃液体和可燃气体引燃温度测试

将可燃液体或者可燃气体放入已经被加热的试验烧瓶中，当样品出现清晰可见的火焰和（或）发生爆炸性的化学反应，且反应的延迟时间未超过 5min 时，则称物质被引燃。物质被引燃时对应的最低温度称为引燃温度（Ignition Temperature）。

图 4-9 所示为常用的可燃液体和可燃气体引燃温度测试装置示意图。可燃液体和可燃气体引燃温度测试试验方法的相关标准主要包含：IEC 60079-4：1975（Electrical Apparatus for Explosive Gas Atmospheres. Part 4：Method of Test for Ignition Temperature）和 GB/T 5332（《可燃液体和气体引燃温度试验方法》）。

对于可燃液体和可燃气体试样，其引燃温度的测试方法是将 200mL 一定量的可燃液体或可燃气体试样注入到加热的、敞口的锥形烧瓶中。将测试装置置于暗室中，以便清楚地观察烧瓶内的物质是否发生引燃现象。若在一段时间内样品未发生引燃，则需将锥形烧瓶的测试温度升高，同时需更换待测的液体或气体试样，重复进行测试，直至样品发生引燃。反之，如果在某一温度下样品已发生引燃，则需要更换待测的液体或气体试样，同时降低烧瓶的温度，重复进行测试直至不发生引燃。通过此方法测得的试样最低引燃温度即是样品在空气中的常压引燃温度。

4.2.9 氧化性液体测试

氧化性液体由于具有强烈的氧化性，遇到酸碱、受潮、强热、震动、撞击、摩擦等条件下或与易燃物、有机物、还原剂等物质接触时能够迅速分解释放出热量，具有潜在的燃烧、爆炸等危险。根据物料的性质不同，可将氧化性液体进行如下分类：

① 一级无机氧化剂，其性质不稳定，极易发生燃烧爆炸，例如碱金属、碱土金属的氯酸盐、硝酸盐、高锰酸盐，高氯酸及其盐和过氧化物等。

② 一级有机氧化剂，具有强烈的易燃性和氧化性，例如过氧化二苯甲酰。

③ 二级无机氧化剂，性质较一级氧化剂相对稳定，例如重铬酸盐、亚硝酸盐等。

④ 二级有机氧化剂，例如过乙酸。

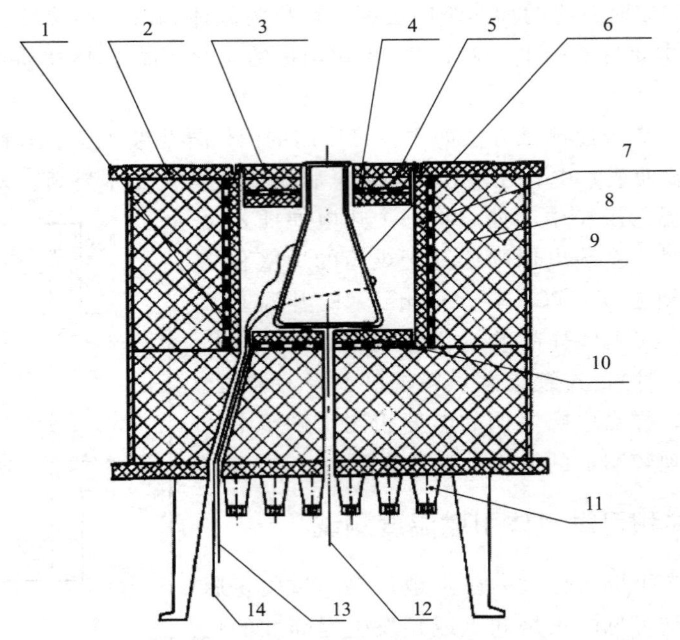

图 4-9 可燃液体和可燃气体引燃温度测试装置示意图

1—主加热器；2—石棉水泥板外盘；3—石棉水泥板圆盘盖；4—颈部加热器；5—陶瓷棉隔层；6—200mL 锥形烧瓶；7—耐火绝缘材料圆柱体；8—耐热绝缘材料；9—固定圆柱体；10—底部加热器；11—接线柱；12—热电偶；13—热电偶；14—热电偶

图 4-10 为常用进行氧化性液体的危险性测试试验装置，主要用于测试液态物质与一种可燃性的物质完全混合的情况下，评估该可燃性物质的燃烧速度及燃烧强度增加的潜力，或者评估其形成自发着火的混合物的潜力。进行氧化性液体测试的相关标准主要有：GB/T 21620（《危险品 液体氧化性试验方法》）和《关于危险货物运输的建议书——试验和标准手册》。当进行测试时，在玻璃杯里将一定配比的待测试验液体和纤维混合，然后用玻璃棒搅拌使其均匀，在压力容器中对其加热，设置通过点火塞的电流为 10 A，至少 1min 的通电时间。通过测试软件自动记录压力的升高时间，重复进行多次试验，通过得到的压力上升的平均时间对氧化性液体的危险性等级进行分级。

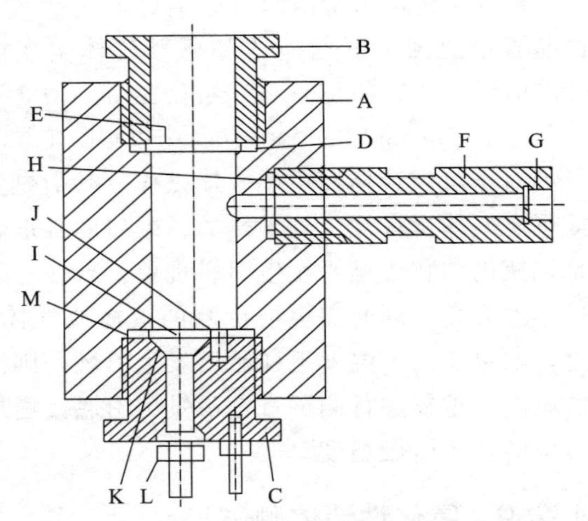

图 4-10 氧化性液体危险性测试装置示意图

A—压力容器体；B—防爆盘夹持塞；C—点火塞；D—软铅垫圈；E—防爆盘；F—侧壁；G—压力传感螺纹；H—铜垫圈；I—绝缘电极；J—接地电极；K—绝缘体；L—钢锥体；M—垫圈变形槽

4.2.10 持续燃烧测试

可以将物质的燃烧分为持续燃烧及不持续燃烧两种。对于一个试样，发生下述的任何一种情况都可将其判定为持续燃烧：

① 当试验火焰处在“关”的位置时，能够将试样点燃并能够进行持续燃烧。

② 当试验火焰在试验位置停留 15s 时点燃试样，并且当试验火焰回到“关”的位置后，持续燃烧时间仍能够超过 15s。

当发生间歇的迸发火花现象，不应当判定为持续燃烧。通常当时间到达 15s 时，燃烧现象已明显停止或者继续。如果无法轻易地对此做出判断，则应视为物质进行持续燃烧。

进行物质持续燃烧测试的相关标准主要包括《关于危险货物运输的建议书——试验和标准手册》和 GB/T 21622（《危险品 易燃液体持续燃烧试验方法》）。

常用的进行物质持续燃烧测试的试验装置示意图见图 4-11，此装置用于研究当物质在试验条件下加热并暴露于火焰环境时是否能够持续燃烧。物质持续燃烧测试方法：加热凹陷处（即试样槽）的金属块至某个规定的温度，然后将一定量的样品放入到试样槽内，在标准条件下用火焰喷嘴加热 60s，若试样没有发生燃烧，则将火焰转移至位于试样槽边上的某位置，使火焰在此位置保持 15s，然后将火焰喷嘴撤离（常见的火焰喷嘴装置示意图见图 4-12）。重复进行三次测试，对每次的试验情况分别进行记录。如果没有发生持续燃烧现象，应延长加热的时间或者升高初始规定的温度，重复进行测试。

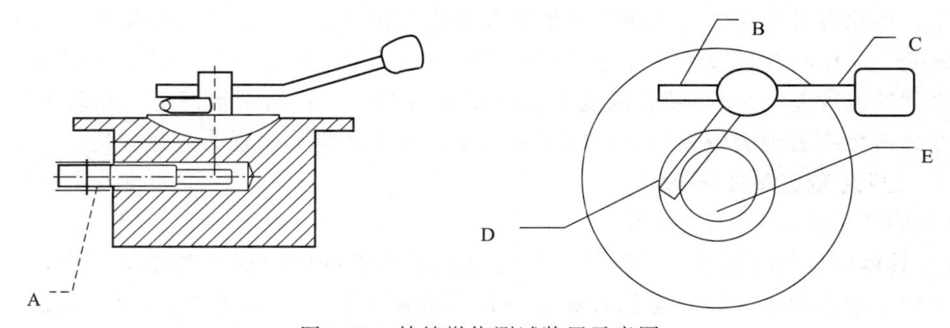

图 4-11　持续燃烧测试装置示意图

A—温度计；B—关闭；C—手柄；D—试验气体喷嘴；E—试样槽

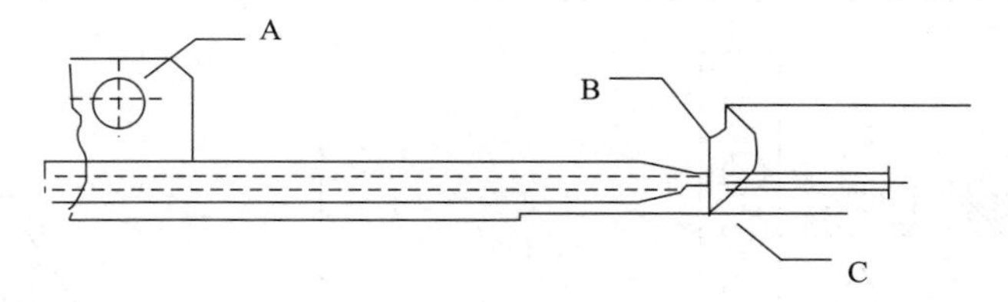

图 4-12　常见火焰喷嘴装置示意图

A—丁烷气入口；B—试验火焰；C—试样槽

4.3　差热量热

经过对物质进行的爆炸性测试，可以确认工艺反应的燃爆及爆炸风险，进一步则需要对反应工艺中的物料以及化学反应进行差热量热测试，获得物料的热稳定性和分解特性等安全性数据。差热量热是研究物质的热安全性有效的测试手段，具体的测试方法主要包括差热分析（different thermal analysis，DTA）、差示扫描量热（differential scanning calorimetory，DSC）、热重分析（thermal gravimetric analysis，TG 或 TGA）等，测试样品的量可以从毫克级到公斤级，对于高附加值产品甚至可以达到吨级。

为了得到物质分解特性和物质混合反应性等安全性数据，应用差热量热对单一物料或物料间化学反应进行扫描量热测试。通常差热量热具有较宽的测试温度区间，范围为 20～500℃，对于一些特殊的装置可实现－80～1000℃的测试范围。差热量热适用于各种实验室样品测试，除了可对纯物质热安全性进行研究以外，还可以进行不同阶段反应性研究，探究反应混合物的热稳定性以及物料发生受热二次分解的可能性，如测试在不同反应温度条件下反应时间对物料热稳定性的影响，或测试在特定温度条件下不同测试时间对物质热稳定性的影响。实验还可以测得吸/放热量及吸/放热速率、气体产生量及逸出速率，以及反应物质剧烈分解爆炸等信息。

4.3.1 差热分析

差热分析（DTA）是在程序控制的条件下进行程序升温，比较测量物质与参比物质之间的温度差与温度关系的一种扫描分析技术。通过差热分析测定，可以得到相应的 DTA 曲线。DTA 曲线描述的是试样与参比物之间的温度差（ΔT）随着温度或时间的变化。在 DTA 测试实验中，有些物质会发生相转变、晶格转变等物理变化，而有些物质则会发生分解、氧化、还原等其他化学。当物质发生物理变化或化学反应时，试样的温度会由于物质发生的相转变、晶格转变以及由于反应的吸热或放热等热效应发生变化，并由此记录为试样与参比物之间的温度差（ΔT）随着温度或时间变化的曲线。在通常情况下，相转变、还原反应和一些分解反应表现为吸热效应，而晶格转变、氧化反应等表现为放热效应。

4.3.1.1 DTA 测试基本原理

DTA 测试实验如图 4-13 所示。

DTA 具体测试的方法是将试样和参比物分别放入不同的坩埚 1 和坩埚 2 中，将坩埚 1 和坩埚 2 置于加热炉中，以一定的升温速率进行程序升温，升温速率 $v=\mathrm{d}T/\mathrm{d}t$。以 T_s 和 T_r 分别表示试样和参比物各自的温度，假设试样和参比物的热容量分别为 C_s 和 C_r，C_s 和 C_r 不随着温度的变化而变化，它们的升温曲线如图 4-14 所示。

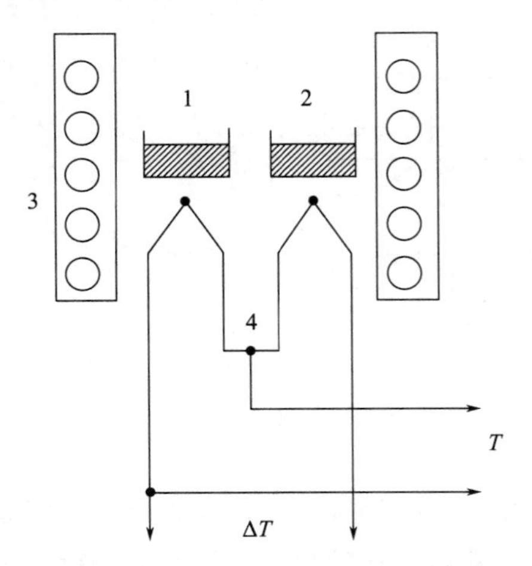

图 4-13　DTA 测试图示

1—参比物坩埚；2—试样坩埚；3—炉体；4—热电偶

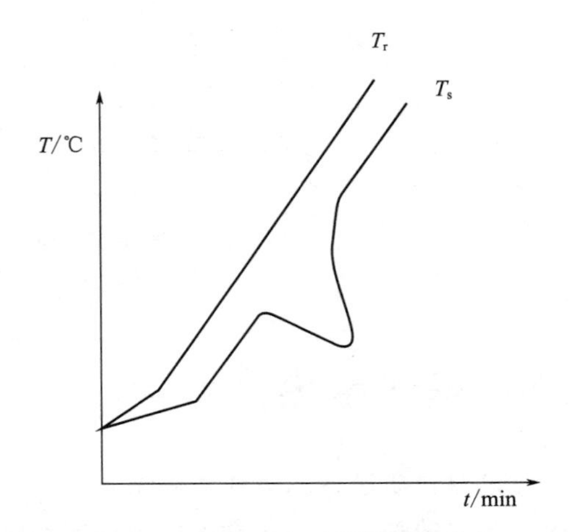

图 4-14　试样和参比物的升温曲线

T_r—参比物升温曲线；T_s—试样升温曲线

如果以 $\Delta T=T_s-T_r$ 对时间 t 作图，得到的温度差随着时间变化的 DTA 曲线，如图 4-15 所示。

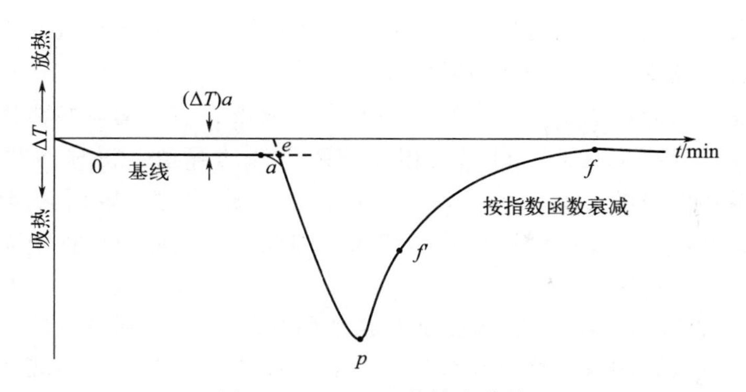

图 4-15　DTA 吸热转变曲线

在 $0\sim a$ 时间区间内，ΔT 基本上是保持在一定的数值，形成了温度差随时间变化的 DTA 曲线的基线。随着温度的升高，测试样品由于相转变、晶格转变或化学反应等产生了热效应，测试样品的温度与参比物之间的温度差发生了变化，在温度差随着时间变化的 DTA 曲线中表现为有峰出现，通常情况下放热用向上的峰表示，吸热用向下的峰表示，也可以反之表示，吸热用向上的峰表示，放热用向下的峰表示。峰值越大则代表温度差越大，峰的数目越多代表试样发生变化的次数越多。所以，在物质的温度差随着时间变化的 DTA 测试中，各种吸热和放热峰的个数、峰的形状、峰的面积大小和峰的位置及其相应的温度，可以用来定性地判断所研究物质的热稳定性情况，热量变化的多少。

4.3.1.2　DTA 主要影响因素

差热分析操作简单，但是，在实际工作中往往会遇到这样或那样的问题，例如，当同一个试样在不同的仪器上进行测试时，或者不同的操作人员在同一台仪器上进行测试操作时，所得到的差热曲线往往会有所差异。测试峰表现出的最高温度、峰的形状、峰面积值的大小都会存在不同程度的变化。其主要原因是热量与诸多因素有关，物质在发生物理变化或者化学变化时，传热情况往往比较复杂，容易得到不同的结果。虽然，差热分析结果受很多因素的影响，但是，只要严格控制各种条件，仍能获得较好的重现性。

DTA 实验测试需要注意下述几个方面的问题。

① 参比物质的选择。DTA 实验测试基线非常关键，要想获得平稳的基线，参比物质的选择是非常重要的因素。参比物质的选择有一定的原则要求：在加热或者冷却过程中不能发生任何的变化。根据物质的稳定性，通常选择 α-三氧化二铝（α-Al_2O_3）、煅烧过的氧化镁（MgO）或者石英砂作为参比物质。此外，在整个升温过程中，参比物质的比热、热导率、粒度等要尽可能与试样保持一致或者与试样相近，尽可能保证基线的平稳。

② 试样的预处理及用量。DTA 实验测试物质用量的确定是另一个重要因素，如果试样用量较大，容易使相邻的两个峰重叠，造成峰的分辨率降低。因此，应尽最大的可能降低测试样品的用量。测试样品的颗粒度大小最好在 100～200 目，细颗粒虽然可以改善导热条件，但是，测试物质的颗粒太细可能会破坏试样的晶体结构，对于容易分解产生气体的测试样品，测试物质的颗粒应该稍大一些。参比物质的颗粒度、装填情况及紧密程度应该与测试样品保持一致，尽可能减少基线的漂移。

③ 温升速率的选择。DTA 实验测试温升速率的选择同样是一个重要因素。温升速率不仅可以影响出峰的位置，而且还会影响峰面积的大小。在通常情况下，较大的温升速率会导

致峰面积相对变大，峰型变得较为尖锐。而且，较大的温升速率还会造成测试样品由于分解而偏离平衡条件的程度变大，容易导致基线出现漂移。更为突出的缺点是有可能导致相邻两个峰的重叠，造成峰的分辨率下降。在较小的温升速率条件下，基线漂移相对减小，容易使体系接近平衡条件，分辨率提高，可以使相邻的两个峰的峰型变得扁而宽，增强峰的分辨率，使得峰之间得到更好的分离。但是，由于通常选择测试的灵敏度为 8～12℃·min^{-1}，对仪器的灵敏度要求较高，测定时间也相对较长。因此，真正应用过程中需要根据实际情况选择合适的升温速率进行实验。

④ 气氛和压力的选择。DTA 实验测试气氛和测试压力的选择同样是一个重要因素，测试气氛和测试压力可以影响测试样品化学反应和物理变化的平衡温度和峰的形状。所以，必须根据测试样品的性质选择适当的测试气氛和测试压力。通常情况下，由于多数测试样品容易被氧化，需要选择氮气（N_2）或氦气（Ne）等惰性气体作为测试气氛，并根据具体测试要求确定合适的压力条件。

4.3.2 热重分析

热重分析（TG 或 TGA）也是一种常见的热分析技术，可以用来研究物质的热稳定性和组分变化等情况，TGA 是物质稳定性研究比较常用的检测和监测手段。热重分析技术是指在程序控制条件下进行程序升温，测量待测试样品的质量随着温度或者时间的变化，广泛应用于研发、质量控制和物质风险研究中，在实际的物质分析过程中，热重分析经常与其他分析方法联用。例如，热重分析与差示扫描量热联用，称为热重-差示扫描量热，简称 TG-DSC 技术。TG-DSC 技术可以应用于综合热分析，全面准确地分析化学物质的热稳定性。热重分析所使用的仪器是热天平，测试样品量一般为 2～5mg，由于热天平灵敏度很高，通常可达 0.1μg，样品量不能过多，如果测试样品量过多，样品加热时的传热效果较差，导致测试样品内部温度变化梯度增大，有时甚至会使测试样品产生热效应，造成测试样品的温度偏离线性程序升温，导致热重曲线发生较大的变化。另外，测试时用于盛放测试样品器皿材质需要能够耐受高温，并且要对测试样品、中间产物和最终产物都具有相对的惰性，不能与测试样品、中间产物和最终产物发生任何反应。因此，通常使用的试样器皿材质有陶瓷、石英、铂金、铝等等。在进行热重分析测试时，不同材质的试样器皿用来测试不同理化性质的实验样品，保证测试器皿不会受到损坏。一般情况下，在进行热重分析之前，首先需要了解测试样品的相关腐蚀活性等性质，以便于选择合适的试样器皿，保证能够进行准确的热重分析测试。

（1）热重测试的基本原理　热重分析测试的基本原理是考虑当测试样品质量发生变化时的情况，将样品质量发生变化所引起的天平称量数值位移量转化成电磁量，微小的电磁量变化经过放大器放大后，传送给电脑，由电脑进行采集并记录实验数据。测试过程中产生的电磁量变化的大小与测试样品的质量变化的大小成正比。实际测试过程中，当被测物质在加热过程中发生汽化、升华、分解产生气体或者失去结晶水而表现出失重时，被测试物质的质量就会发生变化，电脑则会及时地在线记录被测物质的质量变化情况，最后得到热重曲线。热重 TG 曲线纵坐标为测试物质的质量，自上而下表示质量减少；横坐标为温度或者时间，自左至右表示温度或者时间增加。对得到的热重 TG 曲线进行分析，就可以知道被测试物质在什么温度情况下产生怎样的变化，并且根据 TG 测试的失重量，可以得到样品热变化所产生的热性质方面的信息。

（2）热重测试的应用　热重分析技术的显著特点是具有相对较强的定量性，能够准确地获得测试物质的质量变化及质量变化的速率情况。只要被测试物质受热时能够产生质量的变化，就可以使用热重分析技术对其变化过程进行测试研究。热重分析技术可以测试的对象包括腐蚀、高温分解、溶剂的损耗、氧化/还原反应、水合/脱水反应等等。目前，热重分析技术广泛应用于化工原料、塑料、橡胶、涂料、药品、无机材料、催化剂、金属材料以及复合材料等各个相关领域的研究开发、工艺优化和质量监控等等，具体研究领域包括无机化合物、有机物、聚合物的热稳定性研究；反应动力学的研究；爆炸材料的研究；金属在高温下受各种气体腐蚀过程的研究；液体的蒸馏和汽化研究；煤、石油和木材的热解过程研究；含湿量、挥发物及灰分含量的测定研究等等。

4.3.3 差示扫描量热

差示扫描量热（DSC）是指在程序升温控制条件下，选择适当的参比物质，测量待测物质与参比物质之间的能量差随温度变化的一种测试技术。差示扫描量热测试，可以反映出待测物质的热稳定性情况，显示出化学物质的热分解状况。常规的差示扫描量热可以进行少量物质的测试，物质用量为 1～20mg，如果特定物质具有极高的附加值，也可以在特定条件下进行特定物质较大量的差示扫描量热，测试物质量可以达到上百公斤甚至 1 吨，大量物质的 DSC 测试，整个测试系统需要设计安装比较完善的测量设施。典型的差示扫描量热测试是将少量待测物质（1～20mg）置于金属小容器内，在－20～500℃温度区间内，以某个恒定的加热速率加热，通常选用的加热速率为 1～10K・min^{-1}。在差示扫描量热测试过程中，常常以惰性物质作为参比，通过传感器检测待测物质的热量变化情况，输出信号的强弱和待测物质与参比物质的能量输出差值大小成正比。由此，可以测试到待测物质与参比物质热量变化的差异情况。仪器测试室是绝热的，使用在特定温度下吸收已知热量的样品作为标准品，通常使用的标准样品是熔融的金属铟。温度图形代表化合物的吸热和放热活性，通常用峰表示能量逸出总量及逸出速率，放热峰的斜率表示风险等级。

4.3.3.1 DSC 测试基本原理

根据测量方法的不同，差示扫描量热分为热流型和功率补偿型两大类。

① 热流型差示扫描量热。热流型差示扫描量热用铜片作为热量的传递通道，热量经过铜片传递到样品中，并从样品中传递出来，此外，铜片也是测温热电偶结点的一部分。热流型差示扫描量热的原理与差热分析（DTA）相似，是外加热式，其结构如图 4-16 所示。

热流型差示扫描量热测试采取外加热方式，均温块受热后通过空气和康铜做的热垫片，把热量传递给试样杯以及参比试样杯，通过镍铬丝和镍铝丝组成的高灵敏度热电偶对试样杯的温度进行检测，通过镍铬丝和康铜组成的热电偶对参比试样杯的温度进行检测。热流型差示扫描量热在等速升温的同时，还可以自动调节差热放大器的放大倍数，通过对补偿仪器常数 K 值随温度的升高而减少的峰面积值进行计算，可以定量地测定物质的热效应。

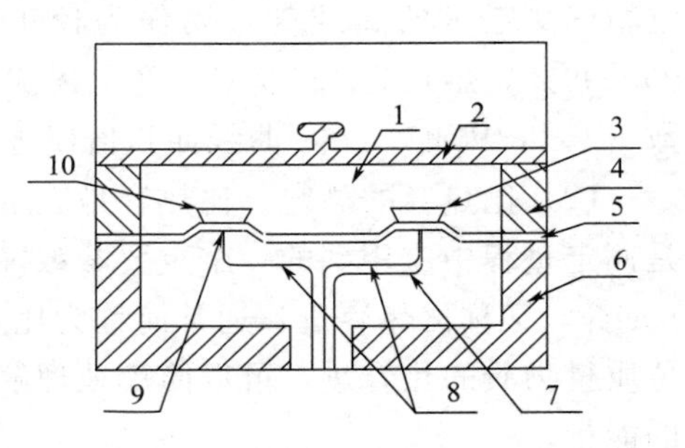

图 4-16　热流型 DSC 原理

1—动态样品室；2—盖；3—试样杯；4—银环；5—热电片；6—均温块；7—镍铝丝；8—镍铬丝；9—热电偶接点；10—参比杯

② 功率补偿型差示扫描量热。功率补偿型差示扫描量热整个仪器由两个控制电路进行监控，其主

要特点是测试样品和参比物质分别具有独立的加热器和传感器，结构示意图如图 4-17 所示。

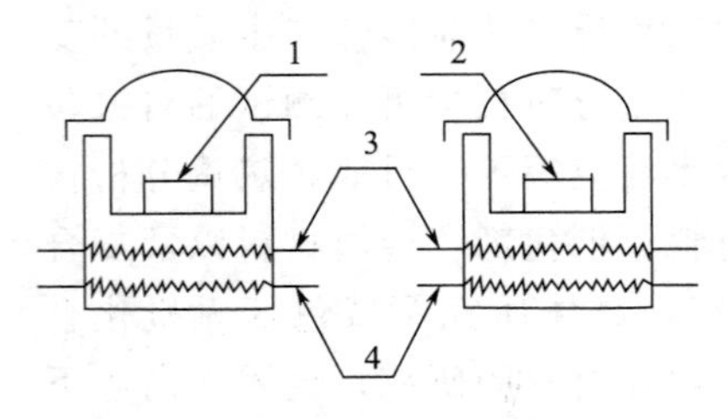

图 4-17 功率补偿型差示扫描量热仪结构示意图
1—样品；2—参比物；3—Pt 传感器；4—各自加热电阻丝

功率补偿型差示扫描量热有两个控制电路，其中的一个控制电路控制温度，使测试样品和参比物质在设定的温度速率下升温或者降温；另一个控制电路用于补偿测试样品和参比物质之间的温度差。样品和参比物质之间的温度差来源于样品的吸热或者放热效应。仪器工作时，通过功率补偿电路的作用，可以使测试样品和参比物质的温度基本保持相同，便于从补偿功率直接求算出热流率，公式如式（4-1）所示：

$$\Delta W=\frac{\mathrm{d}Q_{\mathrm{S}}}{\mathrm{d}t}-\frac{\mathrm{d}Q_{\mathrm{R}}}{\mathrm{d}t}=\frac{\mathrm{d}H}{\mathrm{d}t} \tag{4-1}$$

式中 ΔW——所补偿的功率，W；

Q_{S}——样品的热量，mJ；

Q_{R}——参比物的热量，mJ；

$\mathrm{d}H/\mathrm{d}t$——单位时间的焓变，即热流率，$\mathrm{mJ\cdot s^{-1}}$。

4.3.3.2 DSC 的应用

（1）热焓的测定 热焓及焓是表示物质系统能量的一个状态函数，通常用 H 来表示，其数值上等于系统的内能 U 加上压强 P 和体积 V 的乘积，即 $H=U+PV$。

前面已经讲到，功率补偿型差示扫描量热仪的工作原理是根据补偿的功率得到热流率 $\mathrm{d}H/\mathrm{d}t$，把热流率 $\mathrm{d}H/\mathrm{d}t$ 作为 DSC 曲线的纵坐标，温度变化作为 DSC 曲线的横坐标，DSC 曲线显示了差示热流率 $\mathrm{d}H/\mathrm{d}t$ 随着温度变化的曲线。所以，对整个 DSC 测试曲线峰相对于时间进行积分，可以得到测试样品在某个转变过程或反应时间的热焓，见式（4-2）。

$$\Delta H=\int\frac{\mathrm{d}H}{\mathrm{d}t}\mathrm{d}t \tag{4-2}$$

式中 $\int\frac{\mathrm{d}H}{\mathrm{d}t}\mathrm{d}t$——峰面积。

通过上述计算积分可以看出，测试样品的热焓值直接与 DSC 曲线下面所包含的峰面积成正比，在采用仪器校正常数 K 对热量和面积的转换进行校正以后，通过 DSC 曲线得到的峰面积值就可以直接得到反应的放热量或者吸热量。在通常情况下，DSC 测试选择熔融热焓精确测定过的高纯度金属作为校正标准，经常采用的是纯度较高的金属铟，其纯度为 99.999%，熔点为 156.4℃。在上述测定条件下，反应热量与 DSC 曲线面积的转换校正常数 $K=1$，因此，DSC 曲线面积值就等于热焓变化。

（2）比热容的测定 比热容是表示物质热性质的物理量，通常用符号 C_p 表示。比热容是测定过程中应用到的一个重要参数，常用于进行反应热计算，英文表达为 specific heat capacity，又称比热容量，通常简称为比热，简单的英文表达为 specific heat。比热容指的是单位质量物质的热容量，可以简单地理解为单位质量的物质改变单位温度时需要吸收或是释放的能量。

如上所述，DSC 曲线的纵坐标为 $\mathrm{d}H/\mathrm{d}t$，通过 DSC 曲线面积，可以得到试样的吸热量或放热量，再根据吸热量或放热量与时间的关系，可以得到吸热或放热速率。

比热容 $C_p=\mathrm{d}H/\mathrm{d}T$，其与吸热或放热速率存在如下关系。

$$\frac{dH}{dt}=\frac{dH}{dT}\times\frac{dT}{dt} \tag{4-3}$$

式中　$\frac{dT}{dt}$——升温速率,℃ · min^{-1}。

所以，通过吸热或放热速率与升温速率的比值就可以得到比热容 C_p 的数值。

此外，根据热力学原理，在等压过程中，当系统不做非体积功的时候，倘若没有物态的变化或者是化学组成的变化，等压热容如下。

$$C=\left(\frac{dH}{dT}\right)_p \tag{4-4}$$

比热容如下：

$$C_p=\frac{C}{m}=\left(\frac{dH}{dT}\right)_p\times\frac{1}{m} \tag{4-5}$$

将式（4-5）代入到式（4-3）中，可以得到：

$$\frac{dH}{dt}=C_p m\ \frac{dT}{dt} \tag{4-6}$$

从上式可见，dH/dt 为热焓的变化速率，是 DSC 曲线中的纵坐标；dT/dt 为升温速率，是 DSC 曲线中的横坐标；m 为试样质量；C_p 是比热容，其单位为 $J \cdot g^{-1} \cdot K^{-1}$。所以，采用 DSC 测定比热容非常便捷，比热容是进行反应热计算或反应热测量必不可少的常数，它的取得非常重要，特别是反应混合体系的比热容，只有通过实验测试才能得到。

采用 DSC 测定比热容的方法有直接法和间接法两种，间接法又称为比例法。

① 直接法。在 DSC 曲线上通过纵坐标和横坐标的数值，可以直接读取热焓变化速率 dH/dt 和升温速率 dT/dt，将热焓变化速率 dH/dt 和升温速率 dT/dt 代入到式（4-6）中，利用$\frac{dH}{dt}=C_p m\ \frac{dT}{dt}$，即可计算得到比热容 C_p。但是，这种方法通常会带来比较大的误差，这些误差主要来源于测试所用的仪器设备，主要包括以下几个方面的因素。

因素之一：在测定的温度范围内，升温速率 dT/dt 不可能绝对地保持线性；

因素之二：在整个测定区间内，仪器的校正常数不可能是一个恒定的数值；

因素之三：在整个测定范围内，基线不可能保持绝对的平直。

上述三个主要的因素，容易给比热容 C_p 的直接测试方法带来比较大的误差，采用下述间接法测定比热容，可以减少这些误差。

② 间接法。在相同的条件下，间接法测试比热容是针对测试样品和标准物质同时进行扫描测试，然后通过两者的纵坐标 dH/dt 热焓变化速率数值进行计算。对于所选择的标准物质，其比热容必须是已知的，并且要求标准物质在所测试温度范围内不能发生任何物理变化或者化学变化。常用的标准物质是蓝宝石。具体的测试方法（如图 4-18 所示）是首先在 DSC 设备内放入两个空的样品皿，以某个恒定的升温速度进行空白测试，作出一条基线；

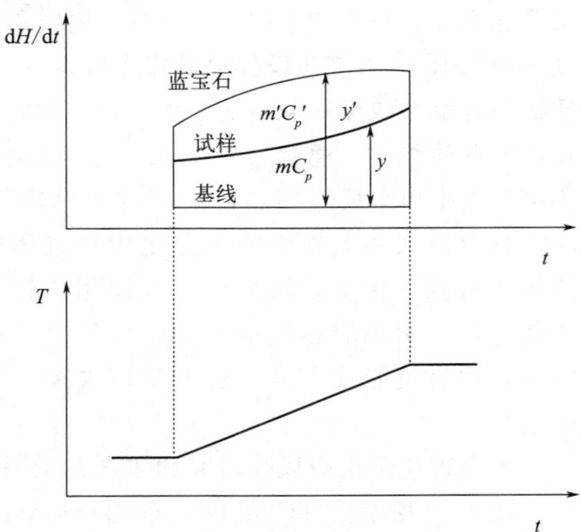

图 4-18　间接法测定比热容

然后放入蓝宝石标准物质，在相同的实验条件下进行蓝宝石标准样品测试，作出标准样品的DSC曲线；最后放入测试样品，在同样的实验条件下，进行样品测试，作出测试样品的DSC曲线。

根据式（4-6），在某一温度下，试样的热焓变化速率如下：

$$\frac{dH}{dt}=y=C_p m\frac{dT}{dt} \tag{4-7}$$

蓝宝石的热焓变化速率如下：

$$\frac{dH}{dt}=y'=C'_p m'\frac{dT}{dt} \tag{4-8}$$

式（4-7）与式（4-8）相除得：

$$\frac{y}{y'}=\frac{C_p m}{C'_p m'} \tag{4-9}$$

从而，可以计算出试样的比热容，试样的比热容如下：

$$C_p=C'_p\frac{m'y}{my'} \tag{4-10}$$

式中 C_p——试样的比热容，$J \cdot mg^{-1} \cdot K^{-1}$；

C'_p——蓝宝石的比热容，$J \cdot mg^{-1} \cdot K^{-1}$；

m——试样的质量，mg；

m'——蓝宝石质量，mg；

y——试样在纵坐标上的偏离；

y'——蓝宝石在纵坐标上的偏离。

（3）物质的热分解温度 通过采用DSC方法对化学工艺中所使用的原料、中间体以及产品进行扫描测试，从扫描谱图中可以得到测试条件下物质的热分解温度和分解热等热信息。化学物质的热分解温度是一个特别重要的安全性参数，物料的热分解温度直接决定了物料在受热条件下发生放热反应的风险性大小，物料的起始热分解温度也会对物质的安全操作温度范围给出限定条件。开展化工反应风险研究和工艺风险评估，首先需要仔细关注物质的热风险信息，通过采用DSC测试方法，获得物质的热分解温度，进而通过反应量热测试，得到化学工艺过程的过程风险数据，同时需要充分考虑反应工艺失控后有可能达到的最高温度（MTSR），给工艺设计提供安全数据支持，确定安全的工艺操作温度条件，避免由于物质的热分解导致爆炸危险的发生。在实验室进行的小试研究开发过程中，由于实验室采用的反应容器体积小，通常为500mL以下，反应的传热效果较好，所以工艺条件比较容易控制，不容易发生由于反应物料温度超过物料热分解温度而导致不可控危险发生的情况。然而，在工程化放大和大规模的工业化生产过程中，由于反应容器大幅度增大，反应设备的传热面积有限，传热效果与小试规模相比较会有不同程度的降低，在反应过程中，一旦发生热失控，累积的热量不能及时被移出，就容易导致反应釜内物料温度超过物料热分解温度，也有可能发生进一步的反应失控，引发二次分解反应，导致发生更加危险的安全事故。

在进行化工反应风险研究和工艺风险评估时，通常需要将热重分析（TG）和DSC联用，图4-19所示为TG和DSC联用扫描谱图，对扫描谱图进行分析，可以获取测试物质的热分解温度、分解热、放热或者吸热情况等。

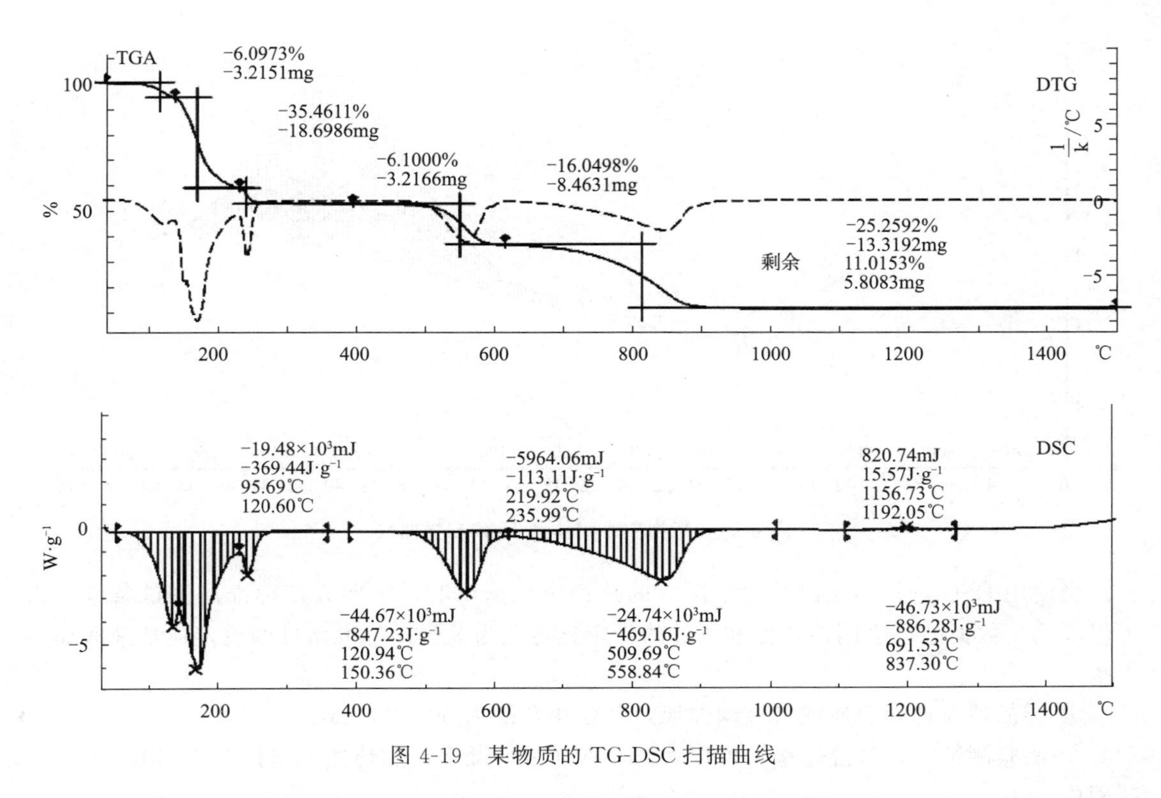

图 4-19 某物质的 TG-DSC 扫描曲线

使用 DSC 进行安全性研究时，最好的选择是使用高压密闭坩埚。使用高压密闭坩埚可以防止样品挥发或蒸发，避免测量信号掩盖放热反应，测定样品的准确潜能值。图 4-20 和图 4-21 为某液体物质使用敞口坩埚和高压密闭坩埚的 DSC 测试谱图。敞开体系中，由于液体物料挥发或蒸发吸热，导致整个测试过程显示出一个较大吸热峰；密闭体系中，避免了液体物料挥发或蒸发吸热，测试过程中物料发生复杂放热分解。显然，在高压密闭坩埚中测试的结果最为接近真实地体现了样品的热特性。

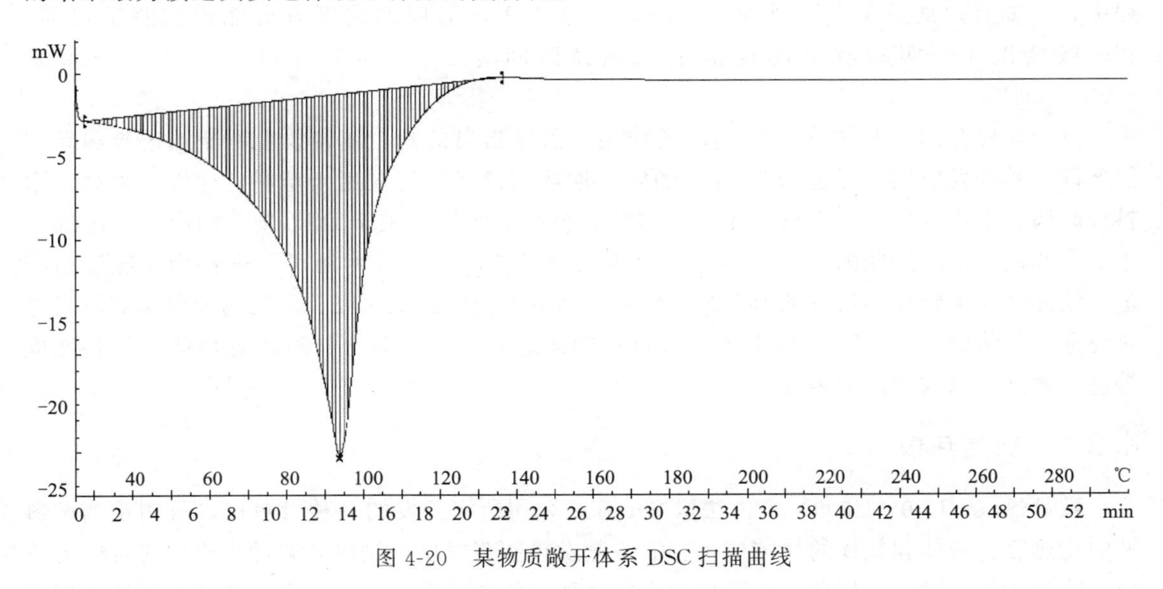

图 4-20 某物质敞开体系 DSC 扫描曲线

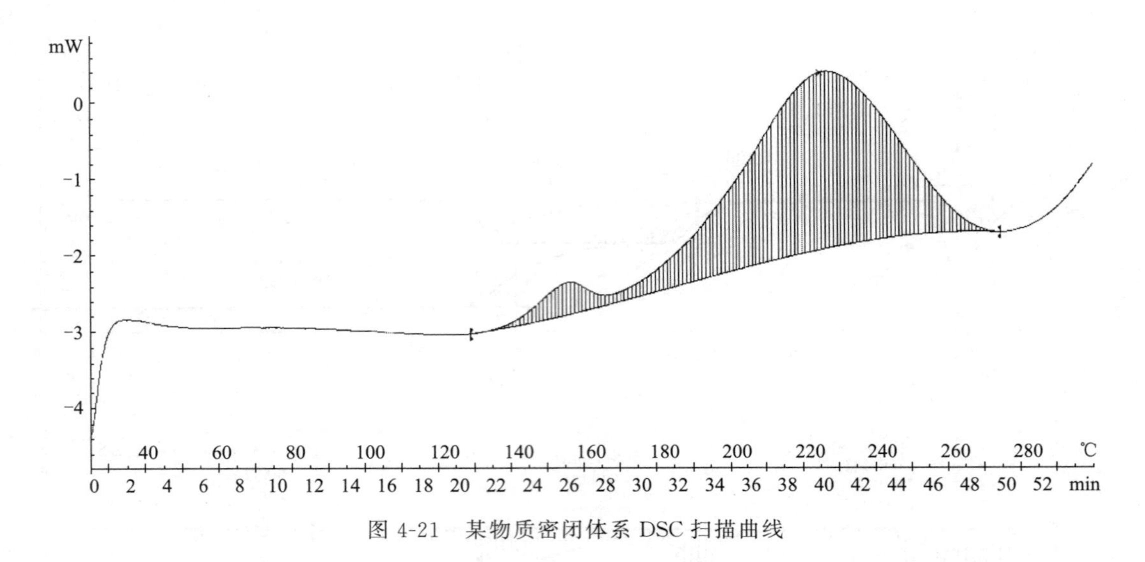

图 4-21　某物质密闭体系 DSC 扫描曲线

当使用 DSC 进行物质以及化学反应的热稳定性测试时，需要设定标准的测试条件。为了保证测试数据的可应用性，标准条件的设定显得尤为关键。标准条件的设定通常采取如下方法：

① 样品器皿选择金属或者玻璃器皿，其耐压范围为 50～200bar。

② 实验测试时，升温速率不可以太大，在通常情况下，加热速率选择在 2～5K・min^{-1} 范围内。

③ 实验室测试样品量不可以太大，样品量越大，风险越大。实验测试过程中，需要避免加入大量高风险物质，避免由于物质的分解，造成对测试仪器的损害。在通常情况下，使用的样品量为 5～10mg，如果待测化学物质的化学结构显示出物质具有较高的分解能量，需要使用 5mg 或者比 5mg 更少的样品量。

④ 实验测试温度范围的选择，同样也有一定的要求：温度越高，风险越大，测试过程中，需要有效地避免高温风险。在高风险条件下，器皿的爆裂有可能损伤测试仪器。在一般情况下，实验测试温度范围的选择区间为 20～300℃、20～500℃，或者是 −20～500℃。

以上简要介绍了 DSC 的一些基本的应用，需要指出的是，随着技术不断地进步和新型仪器设备的开发应用，通过 DSC 进行的安全性测试已经广泛应用于塑料、橡胶、食品、涂料、医药、生物有机体、无机金属材料与复合材料等领域。关于 DSC 技术的应用，远远不止上述我们介绍的这些内容，除了上述应用领域以外，DSC 技术还可以进行物质纯度的测定、结晶度测试研究、反应动力学测试研究、结晶动力学测试研究、氧化诱导期测试研究等研究测试，除此之外，DSC 技术还可对材料的耐老化性能、混合材料相容性能、材料纯度等进行测试和结构性能的表征。

4.3.4　微量热仪

微量热仪（C80、C600）是由法国 Setaram 公司研究开发的一种量热仪，可用于测试料液的比热容、液体和气体的热传导率、液体蒸发热和蒸气压，物料分解过程热效应及压力效应，除此之外，微量热仪还是研究化学反应过程热效应的重要工具。微量热仪的测试原理与差示扫描量热仪（DSC）类似，测试时将被测试样和一种热惰性物质作为参比分别放于样品池中同时进行加热，测试记录热流变化情况。但微量热仪又区别于DSC，微量热仪的测试样品量为克级，一般情况下，测试样品量为1～10g，相对于DSC的毫克级来说，测试的样品量要大很多，因此，可以方便地安装配备搅拌、混合装置等设备形式，可以满足不同反应量热测试的需求。微量热仪测试要求盛放样品的样品池也要比DSC测试的大，最高可达12mL，所以，微量热仪通常被认为是放大了的DSC。微量热仪的温度范围为室温～600℃，压力最高可达100MPa，通过配备不同类型的测试池，可实现包括结晶、相转变、聚合和分解反应等热效应测量，恒温模式下可完成药物的多晶型筛选。配备膜混合测试池后，微量热仪能实现两种组分（液-液、固-固、固-液）的混合，且可以进行搅拌；在恒温条件下研究混合、熔化、水化、溶解、中和、聚合等热效应，获得反应热焓及反应时间等数据；还可以用于药物相容性研究。匹配安全测试池后，微量热仪甚至可以实现一种或多种物料的定量加入，可用于研究等温加料过程的放热特性，还可以进行鼓泡过程的搅拌效应研究。此外，配备压力传感器后，微量热仪能够对反应过程的动力学进行研究；配合气体循环测试池，可实现气-固或气-液混合反应热测试，还可通入惰性气体保护样品，通入载气测试其吸收热或者反应热。微量热仪还可用于湿润气氛中的药品性质研究，预测药品在不同温、湿度条件下的性质变化；配合高压测试池或测压池，可实现高压条件下的等温和扫描量热等功能，适用于带压条件下的反应热和分解热的测定，以及有气体放出的间歇反应等，也可以用于反应性筛选及危害性评估，从而辨识及预判生产中可能的危险情况。微量热仪的应用范围较广，适用于如下领域：

① 生命科学及医药研究。通过分解反应特性研究物质的多态性，还可以满足不同温、湿度条件下药物的多态性及结晶度、生物新陈代谢和药物中间体的热稳定性研究等。

② 过程安全。在过程安全领域，物质的分解热及反应热特性研究是明确工艺过程风险的重要问题，通过反应微量热测试手段，依据测试获得的物质热安全性数据及反应过程热特性数据对工艺过程的安全风险进行评估。

③ 能源。在能源领域，反应微量热测试方法可用于电池安全性研究，沸石对柴油催化脱硫，沥青-盐混合物的反应测定，气体水合物形成及分解，催化剂表征，氢吸附（燃料电池），核废料的稳定性，核原料热性能研究等。

④ 食品。反应微量热测试方法可用于油中游离脂肪酸的中和反应，凝胶/溶胶，溶解、熔化，结晶化，稳定性及抗氧化性研究。

总而言之，工艺过程安全性研究需要综合采用差示扫描量热测试、绝热加速量热以及反应量热测试等研究测试手段，测试化学物质热安全相关性质及化学反应过程风险。开展反应风险研究，通过对物料的操作使用和化学工艺反应过程的危险性进行研究和评估，进而获得全面的工艺安全数据，并对工艺过程的危险性做出评估，对工艺过程的放大以及生产应用提出可行性意见。

4.4 绝热量热

我们在对化工工艺过程进行反应风险研究和工艺风险评估的过程中，既要开展工艺条件下的反应风险研究和工艺风险评估，也要对反应发生失控的情况进行研究和评估。特别需要对反应失控时的极限状态进行评估，有助于防止失控反应的发生，并最大限度地降低反应发生失控后造成的损失。

对于某化学反应，描述失控反应特性需要涵盖以下相关信息：

① 为保证反应正常进行，预防系统失控现象的发生，对于较易发生失控的反应体系，需严格设定极限控制温度。

② 对于发生失控的情况，失控反应的热产生量以及热产生速率必须进行详细的研究，从而得到相关重要参数。

③ 在失控条件下，需要考察失控反应中气体产生情况，如气体压力和气体产生速率，并得到相关的研究参数。

④ 在失控情况下，对于密闭系统内可能产生压力的情况，需要对系统密闭时失控反应产生的最大压力进行必要的研究，并得到相关的研究参数。

⑤ 在失控情况下，对于滴加物料的间歇操作反应体系，需要对不同的加料顺序和不同的加料速度进行必要的研究，并得到相关的研究参数。

为保证化工生产安全进行，除对失控反应状态进行必要的研究以外，还必须为可能发生的失控情况建立妥善的应急处理机制和方案。对精细化工行业来说，工艺发生失控的主要原因是放热反应过程中体系的冷却能力不足或冷却系统失效。在冷却能力不足或者失效的情况下，反应放出的热量不能被及时地移出反应体系，导致反应体系内温度的不断升高，当温度被升高到一定的数值时，过高的温度可能引发其他副反应的发生，随后反应体系将发生一系列的反应。在反应体系发生热失控后，众多副反应可能在短时间内同时发生，此时的反应体系相当于绝热体系，失控反应发生后所引起的温度升高相当于反应体系的绝热温升。因而，对化学反应进行绝热量热测试，对评估工艺反应发生失控时的极限情况具有重要意义。开展绝热量热测试工作，是化工安全生产的重要保障。绝热温升和温升速率可以通过绝热量热测试得到，其精确数值需要通过绝热量热仪测试获得。一些特殊的绝热量热仪，还能获得超压泄放量、泄爆面积等重要设计参数。

对放热反应来说，反应发生热失控的条件与反应体系的温度有关，且引起失控反应发生的最低温度并没有固定的数值，与生产规模、工艺条件以及系统散热等密切相关。通常在常规冷却条件下，50L 反应器的热损失经验数值是 $0.2W \cdot kg^{-1} \cdot K^{-1}$；对于 $20m^3$ 甚至更大的反应设备，其热损失数值约为 $0.04 \sim 0.08W \cdot kg^{-1} \cdot K^{-1}$。如果在实验室精确计算失控反应的最低温度，则必须使用复杂的仪器设备，保证实验室反应过程的热量散失与放大生产规模时的热量散失相同。这样的条件在实验室实现起来比较困难，而且很难得到精确的数值，实际测量的数据仅可作为工艺设计的参考值。因此，在实际工艺设计过程中，工艺操作温度通常确定为测量得到的热分解温度以下至少 50～60K，称“50K 原则”或“60K 原则”。近年来，为更加有效地保障化工安全生产，对于一些危险性较高的化学反应，尤其是大规模工业化生产时，工艺设计常常依据“100K 原则”，即要求工艺安全的操作温度低于反应中涉及的各物质 DSC 测试得到的最低放热分解温度 100℃以上，并且根据工艺反应设备大小，进一步降低工艺操作的温度。

显然，通过差示扫描量热仪获得的测试结果与大规模工业化生产中的实际情况会存在一定偏差。所以，研究者们寻求一种测试手段，其获得的测试结果能够更接近于工业化大规模生产的实际状况，从而为工业规模生产提供更加准确的指导。在这种需求背景下，绝热量热测试方法及装置被开发出来。绝热量热仪器是以绝热条件为前提，进行相关的量热试验测试。为了使反应体系达到近乎绝热的状态，通常有两种方式：一是通过隔热手段使反应体系与外部环境隔绝，最大限度降低热量交换从而达到绝热状态，如使用绝热杜瓦瓶量热仪对体系进行的绝热试验测试；二是根据反应体系温度，不断调整外部环境的温度，使其追踪体系温度，并补偿反应体系的热量散失，从而以近乎绝热环境的方式达到体系绝热的状态，例如绝热加速量热仪。不过，无论采用哪种近似方式，都不可能达到绝对的绝热状态。在绝热试验测试过程中，并非所有反应放出的热量都用于反应体系自身温度的升高，而是一部分热量用于加热测试容器。基于以上原因，必须对试样容器进行校正，一般采用 phi 因子进行热校正。绝热量热更贴近化工生产的失控状况，根据绝热量热测试结果，工艺操作温度通常确定为绝热测试得到的热分解温度以下 10～30K，称“10～30K 原则”。

phi 因子的概念如下：

phi＝（样品的热效应＋设备的热效应）/样品的热效应

在绝热状态下，被测样品与反应容器在热力学上可建立如下的热平衡方程。

$$m_s C_{ps} \Delta T_s = (m_s C_{ps} + m_b C_{pb}) \Delta T \tag{4-11}$$

式中 m_s——被测样品的质量，g；

C_{ps}——被测样品的比热容，$J \cdot g^{-1} \cdot K^{-1}$；

ΔT_s——被测样品的理论温升，K；

m_b——盛放样品容器的质量，g；

C_{pb}——盛放样品容器的比热容，$J \cdot g^{-1} \cdot K^{-1}$；

ΔT——试验测得的样品温升，K。

对式（4-11）进行整理可以得到下式：

$$\Delta T_s = \frac{m_s C_{ps} + m_b C_{pb}}{m_s C_{ps}} \Delta T = \left(1 + \frac{m_b C_{pb}}{m_s C_{ps}}\right) \Delta T \tag{4-12}$$

式（4-12）中（$1+m_b C_{pb}/m_s C_{ps}$）称为 phi 因子，也称为试验容器热修正系数，phi≥1。通过式（4-12）可以看出，当 $m_s \gg m_b$ 时，phi 因子近似等于 1，试验容器无需进行修正，反之当 m_s 相对于 m_b 较小时则必须进行修正。当反应容器体积比较小时，如在实验室小试，phi 因子比较大，随着反应容器体积增大，phi 因子数值越接近于 1。因此，利用低 phi 因子试验容器进行绝热量热测试，结果就更接近于工业化生产。每种绝热量热设备配备的试验容器均有已知固定的 phi 因子。

下面我们简要介绍几种常见的绝热量热测试设备。

4.4.1 杜瓦瓶量热仪

杜瓦瓶（Dewar Flask）量热仪是一种绝热温升测量装置，利用夹套真空反应瓶或者设备减少内外传热，达到减少热量散失的目的后，测量反应热效应过程的温升情况，并根据系统温升估算反应热，评估反应的安全性。在绝热温升测试过程中，在一定时间内，设备内部温度与外部环境温度差异不大时，绝热杜瓦瓶量热仪中损失的热量可忽略不计，绝热杜瓦瓶量热仪可以近似被认为是绝热容器。不过如果从严格角度上讲，杜瓦瓶量热仪内部并不是完全意义上的绝热状态。

杜瓦瓶量热仪示意图如图 4-22 所示。

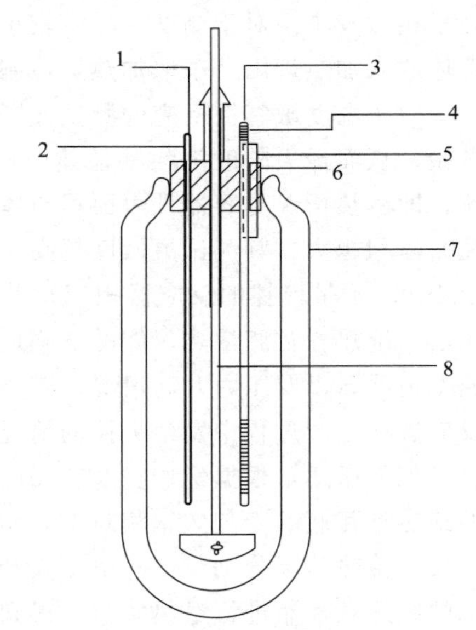

图 4-22 杜瓦反应瓶示意图

1—温度计连接通信线；2—温度计；3—能量供给；4—加热器；5—排气口（与冷凝器相连接）；6—塞子；7—500mL 杜瓦瓶；8—搅拌器

绝热杜瓦瓶压力测量量热器是在玻璃杜瓦瓶基础上改进而成的量热设备。用不锈钢材质的量热反应瓶取代传统玻璃材质的反应瓶，使反应可以在较高的压力下进行。在测试绝热温升的同时，绝热杜瓦瓶压力测量量热器还可以获得反应过程中气体的产生情况。绝热杜瓦瓶压力测量装置一般会安装在高强度的器皿内，可以确保实验者的安全。

与玻璃杜瓦瓶相同，压力杜瓦瓶量热仪也可以安装加热器连接设备、取样管、搅拌器、温度检测以及压力检测等配套的部件。其夹套可以通入冷热介质，以适合于不同温度下进行测试。杜瓦瓶量热器的测试结果更接近于工业生产的实际情况。应用杜瓦瓶量热仪的实验数据，评估得到的化工反应失控时反应器的热力压力情况，与实际情况更相符合，具有实际应用的价值。应用杜瓦瓶量热器测试物料绝热温升时，要根据实际工艺操作，将反应原料缓慢滴入反应体系，或者把反应混合物逐渐加热到反应起始温度，同时要求加入物料的温度应与杜瓦瓶内温度一致，避免其他热效应的影响。

图 4-23 所示为杜瓦瓶量热温度-时间关系曲线。

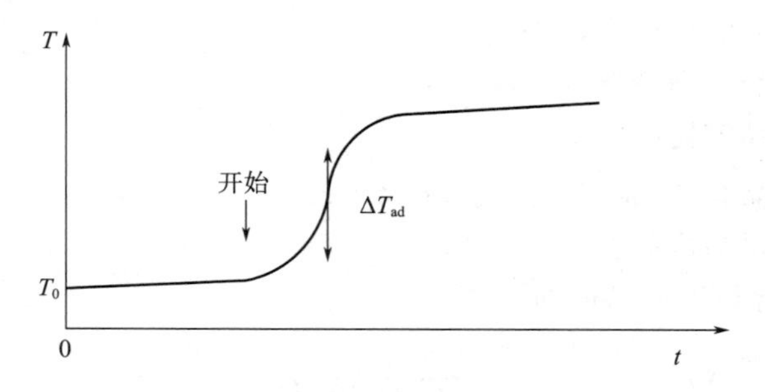

图 4-23　杜瓦瓶量热实验温度-时间曲线

应用绝热杜瓦瓶进行绝热温升测试时，样品、设备与操作工艺三者间的温度差异都会给体系造成热效应。对于 300～1000mL 容积较大的杜瓦瓶，由于样品使用量较大，所以 phi 因子相对较小。对于测试样品量较小的反应，应使用小型的杜瓦瓶量热仪，还可以将杜瓦瓶整体放入加热炉内，采取加热炉控制设备追踪样品温度的方式，从而避免 phi 因子效应。

对于温度敏感性反应的测试，同样也可以使用较大容积的绝热杜瓦瓶量热仪来进行量热试验，从而最大限度消除其他热效应的影响。理论上，体系散热情况和容器比表面积成正比，即散热情况与容器外表面积与体积的比值成正比，用 A/V 来表示。相对来说，绝热杜瓦瓶体积越大，其测试灵敏度越高。对于容积为 1L 的绝热杜瓦瓶，它的热散失近似与工业上 $10m^3$ 不带搅拌的反应器相当，散热系数约为 $0.018W \cdot kg^{-1} \cdot K^{-1}$。在经过 phi 因子校正后，绝热杜瓦瓶量热仪能够准确地测得试验条件下物料的初始放热温度、测试过程中温升速率情况，以及压力升高情况。应用不同规格的绝热杜瓦瓶来估算与之对应不同容积的工业反应釜在生产过程中发生失控的情况，从而为工厂的安全设计提供必要参数。

如上所述，根据经验数据 500L 和 2500L 的工业生产装置冷却效率与 250mL、500mL 的绝热杜瓦瓶的冷却效率相对应，也可以将上述经验数据理解为 500L、2500L 放大设备的传质、传热情况分别与 250mL、500mL 的绝热杜瓦瓶测试实验结果对应。因而采用较小容积的绝热杜瓦瓶进行量热实验，得到的实验结果有助于估算工业放大生产情况下反应产热的情况，包括根据绝热温升情况对反应产生总热量进行估算，以及实验过程汇总实时监测的热量产生速率。但要注意的是，待测反应本身的反应热情况和压力情况必须是杜瓦瓶本身能够承受的，同时要求反应中搅拌的形式也是杜瓦瓶能够实现的。

绝热杜瓦瓶量热实验，适用于模拟放大规模的工业化生产过程中的产热情况，也适用于研究滴加进料方式的间歇操作。例如对于两种物料的反应，一种物料打底，另一种物料持续滴加或分为若干等份加入，如果加料速度过快，有可能由于温度升高太多而引发其他的副反应的发生。

4.4.2 加速量热仪

1970 年，美国 Dow 化学公司首先研究开发出加速量热仪（accelerating rate calorimeter，ARC），后来由 Columbia Scientific 公司将其实现商品化。加速量热仪是一种绝热量热测试装置，不同于绝热杜瓦瓶量热仪所采用的隔热方法，而是通过调整加热炉温，并使其始终追踪所测得的样品池温度，从而达到降低量热测试体系的热散失、保证绝热测试环境的目的。由于样品池与炉温环境不存在温度梯度，所以没有热量流动，理论上可以达到完全绝热的环境。使用加速量热仪能够开展多种潜在失控反应的量热测试实验，并量化化学反应或化学物质的放热危险性以及放气危险性。

加速量热仪测试具有操作简便、检测灵敏度高、可以测试各种物态样品、结果易于处理和分析等优点。加速量热仪的测试结果经常用于评价化学反应或物质的安全性。在加速量热仪量热实验测试过程中，通过将测试样品保持在绝热环境中，在给定工艺条件下完成反应过程，测定过程中的放热量情况、放热量随时间的变化情况、放热量随温度的变化情况和压力变化情况等化工安全参数。化学工艺过程中温度的变化和压力的变化是工艺热危险性的主要来源。加速量热仪在测试过程中能够得到多种数据曲线，包括时间-温度曲线、时间-压力曲线、温升速率-时间曲线、温升速率-温度曲线、压力-温度曲线、升压速率-温度曲线以及温升速率-升压速率曲线等等。加速量热仪的具体实验方法是将 1～10g 的样品置于特定材质（玻璃、不锈钢、钛合金或哈式合金等）球形样品池内，随后将测试池密封在安全性较强的空间内，在测试升温过程中，通过控制较窄的温升范围，观察测试样品是否有温升大于 $0.02K \cdot min^{-1}$ 的现象发生，以此来确定样品是否存在自加热行为。如果监测到被测样品存在自加热情况，则系统将跟踪样品由于自加热升高的温度，并实时记录下样品池内温度和压力的变化情况。

加速量热测试方法可以为化学物质的反应动力学和分解动力学研究提供重要的基础性参数。加速量热仪是国际推荐使用的测试化学过程比较新型的绝热量热测试装置。

加速量热仪的主体结构如图 4-24 所示。

加速量热仪的工作原理可以简单描述如下：一般在加速量热仪的量热测试中，将一个能够盛装 1～50g 样品的球形测试池安装在内部表面镀有金属铜、镍等材质的夹套装置中，球形样品容器通过一个口径为 1/4 或 1/8 英寸的管子穿过夹套，与用于测量样品温度的热电偶和用于测定内部压力的压力传感器相连。夹套设备的上部、中部和底部三个区域用加热器和热电偶控制夹套温度，其中固定在夹套内上部和底部表面的两个热电偶，分别测试夹套设备的最热点和最冷点。球形样品容器的外表面插有相同型号的热电偶，所有热电偶温度测量误差都小于 0.01℃。ARC 通过给夹套一定加热功率使之追踪样品容器内温度来实现测试池内绝热的条件。ARC 的温度操作范围通常为 0～600℃，压力操作范围通常为 0～20MPa。

加速量热仪的 H-W-S 操作模式如图 4-25 所示。

加速量热仪首先被加热（heating）到预设初始温度，随后进入等待程序（waiting），等待一段时间使系统内部达到稳定状态后，开始搜寻程序（seeking）。这样的实验程序模式称

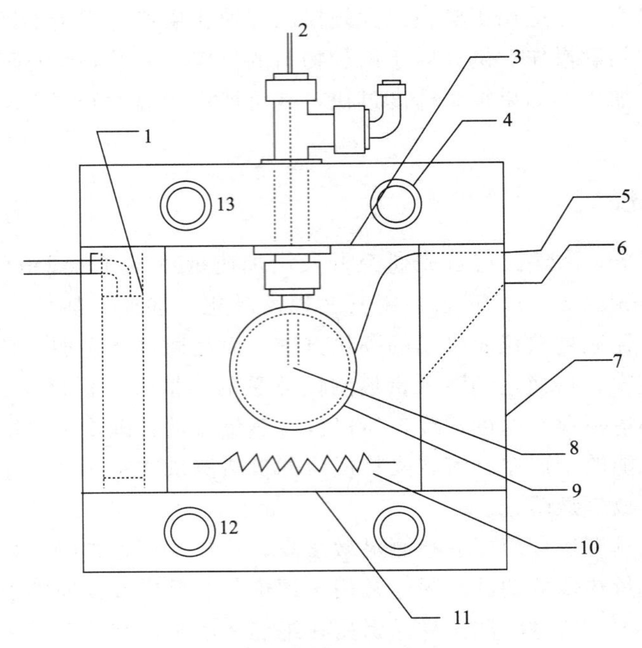

图 4-24　ARC 的主体结构

1—加热器；2—压力传感器；3—顶部区域热电偶；4—加热器；5—样品池热电偶；6—夹套热电偶；7—夹套；8—内部热电偶；9—球形样品池；10—辐射加热器；11—底部区域热电偶；12—底部区域；13—顶部区域

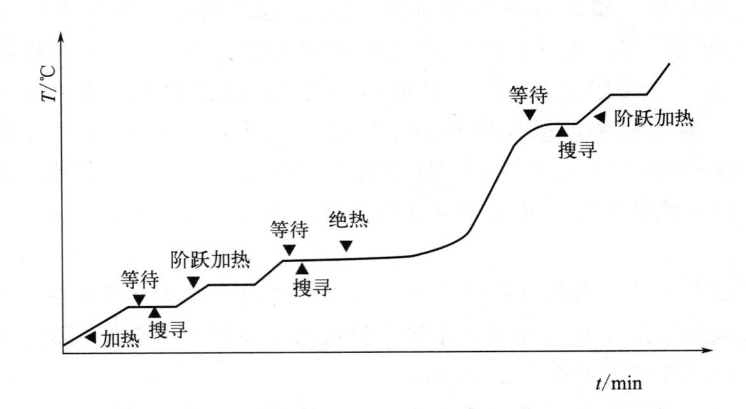

图 4-25　ARC 的 H-W-S 操作模式

为“加热-等待-搜寻”程序，简称 H-W-S 程序（heating-waiting-seeking）。加速量热仪检测样品自加热温升速率判定条件通常设为 0.02K·min^{-1}，当温度控制系统检测样品池内温升速率低于预设的温升速率检测限（如 0.02K·min^{-1}），加速量热仪将继续按照 H-W-S 程序自动进行循环测试；若检测到样品池内温升速率超过预设温升速率检测限，则夹套开始追踪样品池温度使体系保持在绝热状态下，体系靠自热升温，最终得到体系的绝热温升。而当不稳定物质需要在一定温度条件下储存较长时间时，则就要对待测样品进行等温量热操作。应用加速量热仪的等温测量模式研究含微量杂质或具有自催化特性的化合物的热稳定性具有很高的实用价值。

加速量热仪作为研究物质的自放热效应以及物质在工艺过程中发生二次分解反应的主要

研究手段，通过其获得的热稳定性数据可在化工生产中作为重要的安全评价参数。加速量热仪的主要应用如下。

4.4.2.1　热动力学参数的确定

进行化工反应风险研究和工艺风险评估，首先需要对危险源进行辨识，辨识方法有许多种，例如保护层分析（LOPA）方法，安全检查表（Checklist）方法，危险与可操作性分析（HAZOP 分析）方法等等。但是无论哪种危险辨识方法，都是在对化学物质的热化学特性研究基础上进行的。应用加速量热仪测试结果进行热力学/动力学分析能够得到反应放热速率、绝热温升等重要的反应热力学和动力学参数。

放热反应的反应热可以由下式得到：

$$\Delta_r H_m = \frac{mC_p \Delta T_{ad}}{n_A} \tag{4-13}$$

对于简单的 n 级反应，绝热温升速率方程可以表示如下：

$$\frac{dT}{dt} = k_0 \exp\left(-\frac{E_a}{RT}\right)\left(\frac{T_f - T}{\Delta T_{ad}}\right)^n \Delta T_{ad} C_{A0}^{n-1} \tag{4-14}$$

利用上述公式可以求得反应的活化能 E_a 和指前因子 k_0。借助于专业的数据处理软件进行模拟可以求得多组分的复杂反应体系反应的动力学参数，例如，用 SimuSolv 非线性优化程序来拟合简单反应的放热速率数据，从而计算得到反应的动力学参数。

4.4.2.2　最大温升速率到达时间

最大温升速率到达时间用 TMR_{ad} 表示，其意义是指在绝热条件下，化学反应从起始温度开始到达最大放热速率所需要的时间，它是化学反应热安全性评价中的一个重要的参数。利用 TMR_{ad} 可以对化工反应可能发生的最危险情况设定报警时间，便于在失控情况发生后，在一定的时间限度内，及时采取相应的补救措施降低风险或者对人员进行强制疏散，达到最大限度地避免火灾、爆炸等灾难性事故发生的目的，保证化工生产安全。

在动力学参数已知的情况下，最大温升速率到达时间 TMR_{ad} 可以由下述公式估算得到：

$$TMR_{ad} = \frac{C_p R T^2}{Q E_a} \tag{4-15}$$

式中　C_p——反应体系的比热容，$kJ \cdot kg^{-1} \cdot K^{-1}$；

R——摩尔气体常数，其值为 $8.314 J \cdot mol^{-1} \cdot K^{-1}$；

T——反应温度，K；

Q——反应的放热速率，$W \cdot kg^{-1}$；

E_a——反应的活化能，$J \cdot mol^{-1}$。

从 TMR_{ad} 计算公式中不难发现，反应活化能 E_a 值出现很小的偏差足以给 TMR_{ad} 的计算结果带来很大误差，所以该计算方法对数据的要求较高，采用精度不够的数据计算得到的结果并不精确，只是给出较保守的数据，在使用时需要特别注意。

采用加速量热仪进行物料稳定性测试，可以获得温升速率-温度曲线，当最大温升速率确定以后，从每个温度节点到达最大温升速率对应温度都需要相应的时间，因此，我们可以做出温度-最大温升速率到达时间的关系曲线，见图 4-26。从温度-最大温升速率到达时间曲线上可以得到化学反应的安全生产温度。

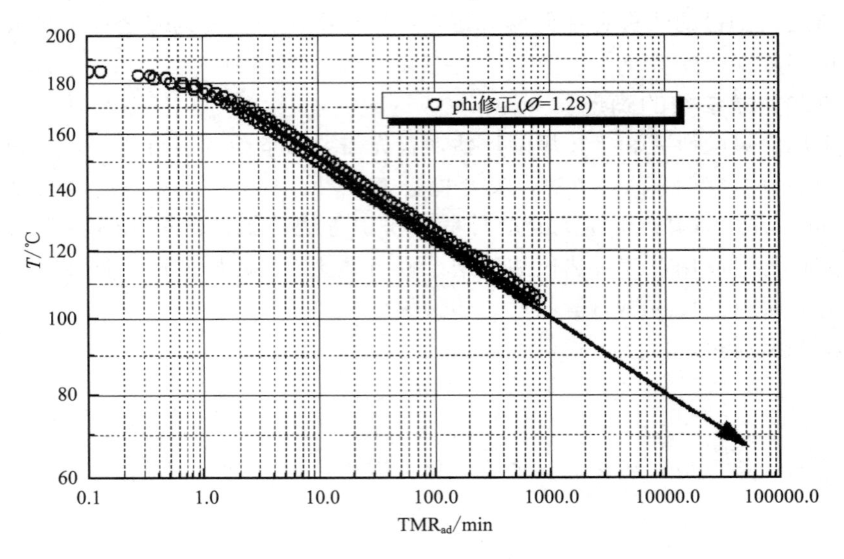

图 4-26　ARC 测试的最大温升速率到达时间图

4.4.2.3　自加速分解温度

活性化学物质在生产、制造、运输和储存等过程中，可能由于副反应的发生而出现放热现象。当热量不能被及时地从体系中移出，自加热的情况就会发生，进而引发物料的二次分解反应，甚至会引发火灾或爆炸等事故。目前，国际上普遍采用评估物质热安全性的方法是自加速分解温度方法。

自加速分解温度（SADT）的定义是：在包装化学品的过程中，具有自加热反应性的化学物质，在 7 日内发生自加速分解反应的最低环境温度。

图 4-27 为放热反应系统的热平衡示意图。

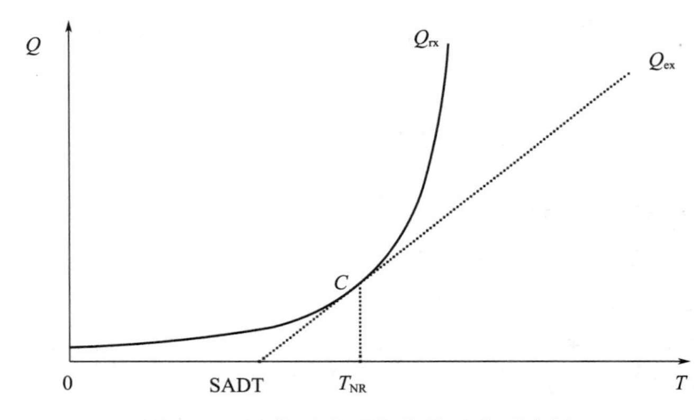

图 4-27　放热反应系统的热平衡示意图

自加速分解反应的热生成速率遵循阿伦尼乌斯方程，反应热的生成随温度呈指数变化，而从体系移出的热量则随温度呈线性变化。在一定冷却条件下，放热曲线和散热曲线相切，散热曲线与横坐标交点对应的温度即为 SADT，放热曲线和散热曲线切点所对应的温度为反应不可控的最低温度（T_{NR}）。

化学反应不可控的最低温度（T_{NR}）和自加速分解温度（SADT）是评价反应安全性非常重要的两个参数，这两个参数的确定，对于化工安全工艺设计和应急预案的制定具有重要的指导意义。

不可控的最低温度（T_{NR}）和自加速分解温度（SADT）之间有如下数学关系：

$$\mathrm{SADT}=T_{NR}-\frac{R(T_{NR}+273.15)^2}{E_a} \tag{4-16}$$

采用加速量热仪进行测试，得到绝热条件下化学反应的温升速率、最大温升速率到达时间，依据不可逆温度方程，可直接从最大温升速率到达时间-温度关系曲线上得到不可控最低温度（T_{NR}），并计算出自加速分解温度（SADT）。

4.4.2.4 工艺安全和工艺过程开发

如果化工工艺过程中使用的或工艺涉及到的化工物料具有热不稳定的特性，可以根据量热测试的研究结果提出改变、调整工艺路线的建议，避免一些强放热反应过程和热敏性物质的应用。但有时规避热敏性反应和物质是不可能实现的，这时就需要对热敏性反应的关键性步骤或危险性步骤实施全程监控，充分保证反应体系的可靠性和可操作性，这也是加速量热仪设计开发过程中的总体思路和核心内容。对于一些具有特殊热敏性的物质，可以采用减压蒸馏或旋转闪蒸的蒸馏方法，采用低温及物料短时间受热的操作模式，从而保障化工操作过程的安全。

4.4.2.5 事故原因调查

化学工业生产中常见易引发事故的反应主要包括聚合反应、磺化反应、硝化反应以及水解反应。绝热加速量热测试手段在事故原因调查中也能够发挥重要的作用。下文将举例说明某物质的绝热加速度测试结果，并对结果进行分析，系统地介绍加速量热测试在化工安全风险评价中的应用。

将5.0g物料B装到样品池中，采用H-W-S操作模式进行测试。起始温度设置为30.00℃，自加热速率测试检测限设置为0.02℃·min^{-1}。测试系统（包括样品和样品池）在初始设置温度条件下校准一段时间之后，开始进入H-W-S的循环过程，其循环加热台阶设置为10℃，等待时间为15min。当进行搜索程序时，样品池热电偶若检测到样品系统的温升速率超过检测限设置的0.02℃·min^{-1}，则反应系统将依靠反应分解放热自主加热，并通过绝热加速量热数据采集系统记录反应过程中温度和压力变化，测试结果如图4-28所示。

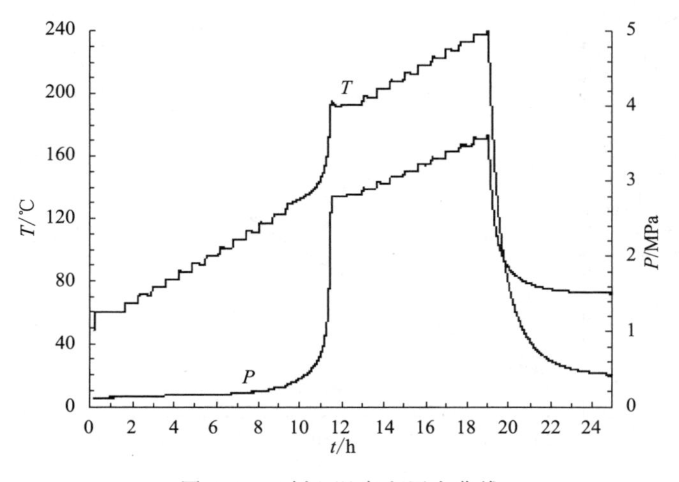

图4-28 时间-温度和压力曲线

通过对实验测试结果进行分析和处理，可以获得B物质一系列的温度、压力等数据及相关谱图，表4-1给出了物料B受热分解特性数据。

表4-1 测试结果

名称	数值
样品质量/g	5.00
phi因子	2.07
初始自加热温度/℃	129.74
初始升温速率/℃·min^{-1}	0.07
反应系统最高温度/℃	194.80
反应系统绝热温升/℃	65.06（校正后134.67）
最高温升速率/℃·min^{-1}	5.18
最高温升速率温度/℃	185.21
反应系统最高压力/MPa	2.80
最高压升速率/MPa·min^{-1}	0.26
最高压升速率温度/℃	186.53

依据图4-29温度-压力变化曲线和图4-30的温度-温升速率变化曲线不难看出，待测物料B在30℃时并没有发生放热分解，而是经过多个H-W-S循环程序后，当温度升至129.74℃时，绝热加速量热温度控制系统检测到样品发生了放热分解反应，反应系统开始自主加热，温度缓慢上升。由于起始放热分解过程比较缓慢，温升速率变化很小，随着分解反应的继续进行，温升速率逐渐变大。当系统温度上升至185.21℃时，体系达到了最大温升速率，约5.18℃·min^{-1}。随后温升速率逐渐下降，放热分解反应变慢。物料B热分解反应最终使系统上升到最高温度194.80℃，对应的分解反应放热量为240J·g^{-1}。测试物质分解反应的放热量是评估该物质分解反应危害程度的重要参数。可以根据绝热加速量热测试的温升结果计算待测系统放热量的多少，因此，可以将体系的绝热温升作为热安全性判据之一，在本次测试中，校正计算后样品的绝热温升为134.67K。

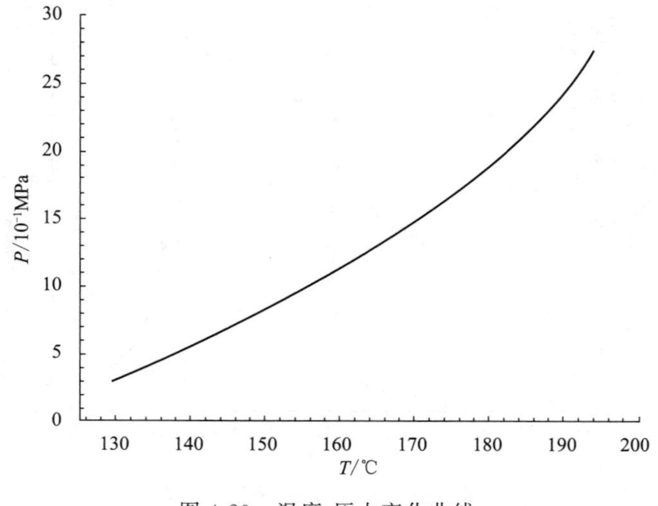

图4-29 温度-压力变化曲线

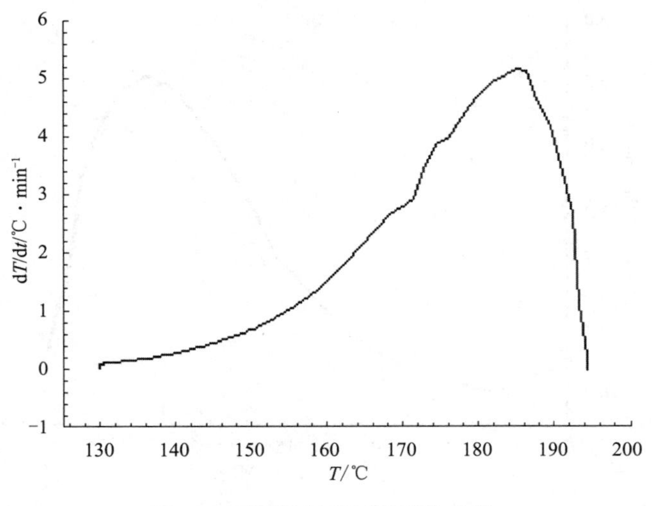

图 4-30 温度-温升速率变化曲线

图 4-31 温度-压升速率变化曲线和图 4-32 压力-压升速率变化曲线表明反应开始时，压力上升较为缓慢，经过一段时间后，系统压力迅速上升至 2.78MPa，最大压升速率为 $2.54\mathrm{MPa}\cdot\mathrm{min}^{-1}$，最大压升速率对应温度为 186.23℃。

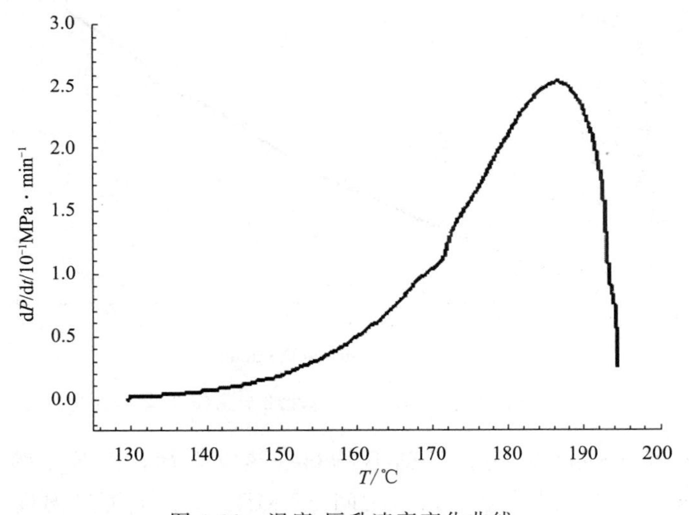

图 4-31 温度-压升速率变化曲线

图 4-29 和图 4-33 分别为分解反应的温度-压力变化曲线和温升速率-压升速率变化曲线，由曲线关系能够看出，在检测到放热反应起始温度之后，压力开始发生变化，在整个分解过程中，温度与压力间具有较好的线性关系，压升速率与温升速率间近似呈现直线变化。

热分解反应的激烈程度可以用 $\mathrm{TMR_{ad}}$ 也就是到达最大温升速率所需的时间来表征。在绝热条件下，物料 B 发生热分解反应的 $\mathrm{TMR_{ad}}$ 温度曲线如图 4-34 所示。

图 4-34 显示被测物料的 T_{D8} 为 107.8℃，T_{D24} 为 98.9℃。不同温度条件下最大温升速率到达时间 $\mathrm{TMR_{ad}}$ 数据可以从侧面给出物料 B 发生热分解反应最危险情况对应的报警时间，当失控反应发生时，可以有多长的时间采取应急措施降低风险或强制疏散，从而最大限度地避免火灾、爆炸甚至人身危害等灾难性事故的发生。此外，应用绝热加速量热仪还可以

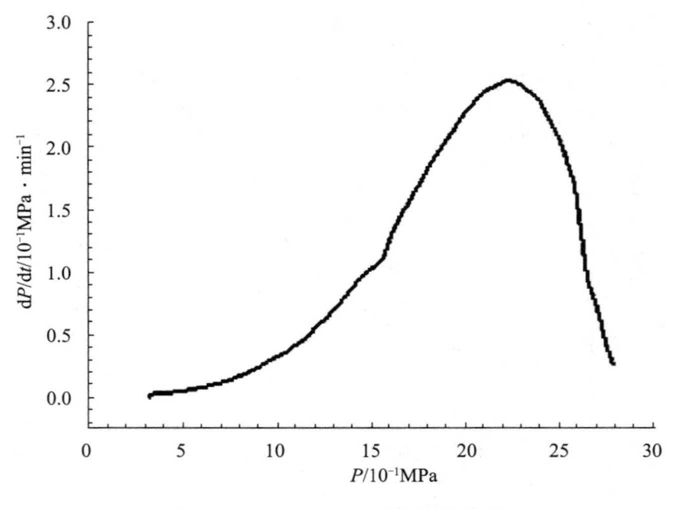

图 4-32 压力-压升速率变化曲线

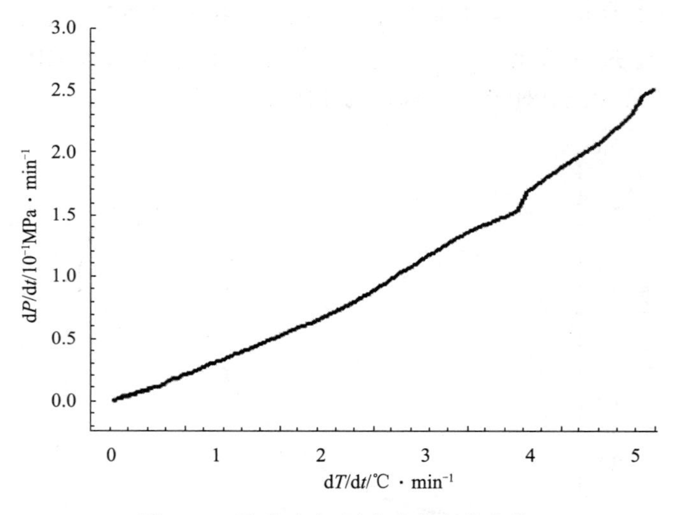

图 4-33 温升速率-压升速率变化曲线

根据自加热分解温度（SADT）方法评估 B 物料的热安全性，即基于图 4-34 的数据基础，根据系统的温升速率、最大温升速率到达时间（TMR_{ad}）和不可逆温度方程，计算得到物料 B 自加热分解温度（SADT）。由于在绝热加速量热测试中，样品分解反应放出的热量不仅用于加热自身，还要加热盛装样品的测试池，所以测试的结果是样品与测试池共同组成的反应系统的温度数据。若样品反应放出的热量全部用于加热自身，则温升和温升速率都要比测量值高很多。所以在使用绝热加速度的测试结果时，需采用 phi 因子对测试结果进行校正。

差热扫描测试对物质热性质进行测试，得到的是物质的放热分解温度以及放热量。而加速量热测试是对物质受热分解化学过程进行热测试，从而得到物质在化学过程中的热数据及压力数据。一般来说，差示扫描量热测得的物质热分解温度要高于加速量热测试得到的放热分解温度。因此，加速量热仪测试的结果更贴近工业化规模，在反映事故发生的实际状况时更加准确。此外，随着加速量热仪技术的革新以及应急释放系统设计技术（design institute for emergency relief systems，DIERS）的发展，我们还可以采用加速量热测试的数据指导设计应急释放系统的尺寸大小，在应急释放系统设计领域发挥作用。

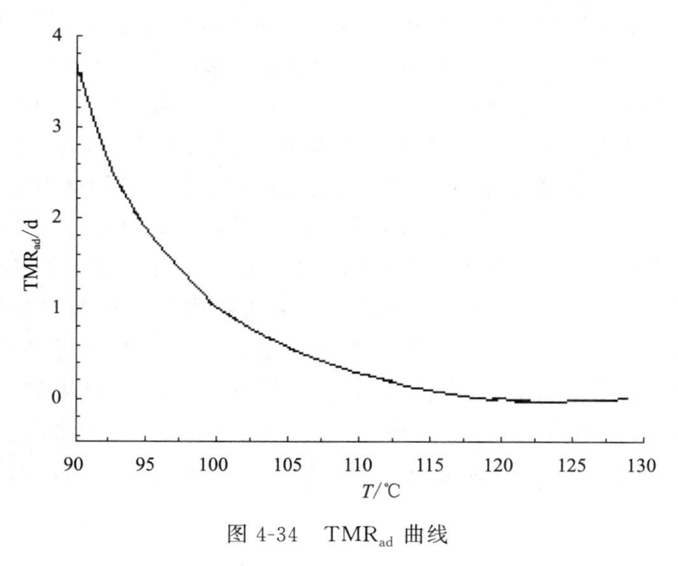

图 4-34　TMR_{ad} 曲线

4.4.3　高性能加速量热仪

传统加速量热仪基于其绝热设计原理，能够较好地模拟待测样品在绝热条件下的热力学及动力学行为。不过常规的加速量热测试池壁厚且体积小，为了避免物料分解状态下或水体系在高温条件下产生过高压力造成的测试池破坏，加料量较小，因而导致了体系的 phi 因子较大，测试结果与工业化实际情况差距较大，无法为工艺放大提供准确的数据。

为了降低测试体系的 phi 因子值，使量热测试结果能对工业生产规模下的实际情况做出准确的反映，英国 HEL 实验室开发了一种高性能绝热量热仪（PHI-TEC）。相比传统加速量热仪，高性能绝热量热仪的不同之处在于其压力补偿系统，即通过实时测量测试池内压力，让外部系统自动补偿压力以确保测试池内外压力始终一致，从而可以在量热过程中采用壁更薄、体积更大、质量更轻的测试池，使体系具有更低的 phi 值（更接近工业生产）。PHI-TEC 可以用于各种相态，以及混合态体系的热安全性研究，它既可以用于测量泄爆口尺寸设计中需要的参数，还可以用于测量失控反应危险性评价所需要的参数。PHI-TEC 测试仪样品量最高可达 100～110g，相比加速量热仪具有很大提升。PHI-TEC 温度测试范围室温～500℃，压力测试范围 0～14MPa，温升分辨率 0.02℃·min^{-1}，温升追踪速率最高 200℃·min^{-1}。进行实验测试时，测试池内物质可以向外部放出，用于模拟外部失火情况下反应失控的情形。实验容器的上部、侧部、底部分别设有一套加热器和高分辨热电偶，用于进行工艺管道流程自动控制。通过 PHI-TEC 量热实验可以测得精确的量热曲线，如绝热条件下温度-时间、压力-时间关系曲线以及压升速率-温升速率曲线。根据所得数据参数能够更准确地模拟工业规模下热失控反应，描述反应超温、超压及加料失控等极端状况下可能出现的后果，进而能够在实验室中得到准确可靠的工艺放大数据参数，这对于化学工艺由实验室规模到工业化规模的转变过程至关重要。

4.4.4　phi 1 绝热加速量热仪

phi 1 绝热加速量热仪是美国 Omnical 公司开发的一款参比式绝热加速量热仪，测试范围为室温～500℃。与传统的热补偿式绝热加速量热仪原理不同，传统的绝热加速量热仪通过外界补偿的方式实现测试过程绝热状态，但是，即便是装样量（100～110g）较大的高性能绝热加速量热仪，也无法规避测试过程中，测试池会吸收样品分解放出热量的问题，需要对测试结果进行 phi 值修正，以便获取准确可靠的工艺放大数据。而 phi 1 绝热加速量热仪，采用了差分热容补偿技术，通过参比测试池消除测试过程的 phi 影响，获得 100%绝热状态下的测试数据，测试过程不受装样量的影响，能够在较低装样量的情况下，获取可靠的工艺放大数据，尤其在军工、航天等领域，涉及高含能物质，分解过程放出大量的热和气体，传统的绝热加速量热仪在进行高含能物质测试时，基于装置安全考虑，装样量通常较小，有时甚至低于 1g，在装样量较小的情况下，测试过程无法获取到完整的热分解特征信息，对结果进行 phi 值修正时误差往往较大，获得的结果无法真实地反映出样品的分解特性；此外，传统的绝热加速量热仪受限于测试原理，往往测试周期较长，通常以 5℃或 10℃台阶进行升温，每个台阶下需进行等待、扫描等程序，通常情况下，1～2d 才能获取到测试结果，而 phi 1 绝热加速量热仪采用差分扫描模式，能够在 4～5h 内完成测试，大大地缩短了测试周期，提高工作效率。

4.5 反应量热

对于化学工艺过程中涉及到的化学反应，反应过程放/吸热量、放热速率、放气速率等参数的获得对于工业化安全生产至关重要，对于化学反应机理研究、工艺路线优化、工程放大及过程安全设计等诸多方面有着重要意义。化学反应热研究需要深入研究能量平衡、物质平衡，更偏向于化工安全技术与工程学科。开展化工反应性研究，能够为工艺的优化提供技术性依据，为工业设计提供数据支撑。完整的实验室规模量热研究能够取得以下数据：

① 反应的吸/放热量、换热系数以及反应热生成速率和热交换速率。

② 对于工艺条件下有气体生成的反应，可获得气体的生成量以及气体逸出速率。

③ 反应动力学参数，包括动力学方程、反应物浓度与反应速率的关系。

④ 温度、压力、浓度等反应条件偏离状态下反应的热力学及动力学特性。

⑤ 反应热失控情况下的温升速率、压升速率等反应安全性数据及失控状态发生后可能引发的后果。

反应量热重点关注的是化工反应过程的热力学及动力学特性，通常进行反应性测试的设备主要有反应量热仪、微反应量热仪等，下文将对常用的反应量热设备进行介绍。

4.5.1 反应量热仪

反应量热仪是研究工艺反应过程热力学表现和反应安全性的测试仪器之一。反应量热仪的设计目的是使实验室工艺条件更加贴近工业化实际操作条件，明确工艺过程能量平衡关系，为工业化生产操作温度的设置提供技术依据。反应量热仪在测试过程中，允许以一定的控制方式实现物料的匀速进料，允许反应在蒸馏或者回流等条件下进行。此外，对于反应过程中有气体产生的情况，反应量热仪测试装置的操作条件和工业釜式搅拌反应设备是相同的。研发反应量热仪的最初目的是对化工反应进行安全性分析，随着研究的逐渐深入，人们很快意识到反应量热仪对工艺研发和工程放大具有重要的指导作用。反应量热测试通过对温度的精确控制可以对反应放热速率进行精确测量，这对于开展动力学研究有重要意义。通过对反应量热仪进行功能性拓展，实现在线红外检测、在线 pH 值监测、在线拉曼检测等，以配合反应动力学研究，为工艺优化提供更完整的数据检测手段。

目前，通用性较强的反应量热仪主要有 RC1、SIMULAR 等型号。

4.5.1.1　反应量热仪 RC1

RC1 是由瑞士 Ciba-Geigy 公司研发的一种自动实验室反应量热设备，在 1986 年，由瑞士的 Mettler 公司将其产品化，设备如图 4-35 所示。

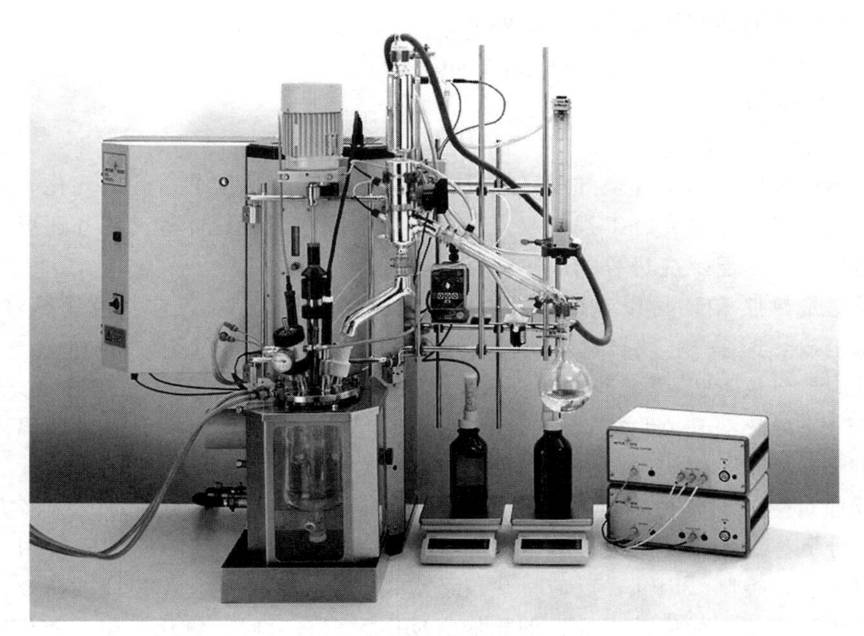

图 4-35　全自动实验室反应量热仪（RC1）

RC1 是间歇或半间歇反应釜的近似模型，是工艺开发、工艺优化以及工程化放大研究的理想工具。RC1 由反应釜、电子控制装置、温度控制装置以及电脑控制软件四部分组成。RC1 能够以立升的体积规模近似模拟工业化规模下的化工过程单元操作，同时对反应过程中的条件参数进行测量和控制，如温度、压力、操作条件、混合过程、加料的方式、反应热、热传递参数等。RC1 的电脑控制软件部分还可以对数据进行处理，从而得到进一步的工程化放大以及规模化的工业生产研究过程中的重要参数。同样也可以模拟规模生产工艺条件，将化工生产过程缩小到立升测试规模，进而更加便捷、更加安全地对化学反应工艺进行优化。

RC1 的基本热平衡可以用式（4-17）进行表示：

$$Q_r + Q_{cal} = Q_{flow} + Q_{accum} + Q_{dos} + Q_{loss} + Q_{add} \tag{4-17}$$

式中　Q_r——反应热、相变热或混合热的热流量，W；

Q_{cal}——校正用加热器的热流量，W；

Q_{flow}——反应料液体系向反应釜夹套传递的热流量，W；

Q_{accum}——反应料液体系的热累积流量，W；

Q_{dos}——滴加料液引起的热流量，W；

Q_{loss}——反应装置上部和仪器连接部分向外的散热流量，W；

Q_{add}——自定义的其他热损失热流量，W。

其中，反应料液体系向反应釜夹套传递的热流量计算式如下：

$$Q_{flow}=KA(T_r-T_j) \tag{4-18}$$

式中 K——传热系数，$W \cdot m^{-2} \cdot ℃^{-1}$；

A——传热面积，m^2；

T_r——反应釜内的温度，℃；

T_j——反应釜夹套导热硅油的温度，℃。

反应料液体系的热累积流量计算式如下：

$$Q_{accum}=mC_p(dT_r/dt) \tag{4-19}$$

式中 m——反应物的质量，g；

C_p——比热容，$J \cdot g^{-1} \cdot K^{-1}$。

反应量热仪可以应用于许多方面，如反应工艺开发、反应工艺过程的优化、反应工艺过程的设计、工艺安全性研究、工程化放大和规模化生产的工厂设计等，此外还可以进行绝热反应、等温反应、变温反应过程的放热特性研究。

利用反应量热仪 RC1 可以直接获取的热风险研究数据包括：反应料液比热容 C_p、反应热量 Q、反应放热速率 q、热转化率 x、换热面积 A 和换热系数 U。

利用反应量热仪 RC1 可以间接计算获取的热风险研究数据包括：反应热 $\Delta_r H$ 或者摩尔反应热 $\Delta_r H_m$、绝热温升 ΔT_{ad}、工艺合成反应冷却失效或者热失控后体系的温度 T_{cf} 及最高温度 MTSR。

RC1 反应量热仪与各种分析测试仪器或控制单元联合使用，实现对反应多方面的在线控制与实时分析，满足更高的使用要求，例如，与在线红外分析 React IR 联用，实现对多种化学反应的进程控制。因此，反应量热仪可应用于多种不同的化学反应的研究，尤其是具有危险性的化学工艺，如格氏反应、催化加氢反应、聚合反应、氧化反应、硝化反应以及其他多种危险反应。RC1 反应量热仪典型应用实例是对格氏反应的实时在线分析控制，本章选取 RC1 反应量热仪应用于格氏反应的实例进行介绍。

卤代物与金属镁反应生成有机金属化合物的反应称为格氏反应，也称为 Grignard 反应。所用卤代物可以是烷基卤代物，也可以是芳香卤代物，反应产物称为格氏试剂。格氏反应是由法国化学家维克多·格林尼亚在 1900 年发现的，此反应通常需要在无水乙醚或无水四氢呋喃（THF）中进行，有机金属化合物产物在有机合成上有着十分广泛的用途。然而，格氏反应的危险性也十分明显，可能发生的危险主要包括以下几个方面。

① 格氏反应易导致卤代物原料的积累，在反应延迟或反应不均匀的情况下，由于反应迅速引发而导致反应失控。

② 格氏反应非常剧烈，反应热非常大，反应经常瞬间发生并完成。因此，格氏反应热风险较高。

③ 在工程化放大或工业化生产过程中，由于温度计和压力显示仪通常带有套管，存在温度显示或者压力显示滞后的情况，若依照常规方式对格氏反应进行量热测试，可能会造成对反应起点判断的延迟，使卤化物加料过多过快，导致物料累积，进而造成失控反应的发生。

④ 格氏反应速度非常快，属于高活性反应，如果进行常规的取样离线测试控制，由于滞后性实用性较差。为了保证格氏反应的安全运行，需采用实时控制的手段对反应进行全过程监测，因而格氏反应需要采用反应量热和在线红外测试联用的方式，反应量热仪 RC1 与

React IR 联用可以很好地满足上述要求。

反应量热仪 RC1 与在线红外测试 React IR 分析控制方法联用，可以显示卤化物与金属有机化合物产物实时红外吸收情况。通过在线分析控制，以便确定反应需要的引发时间和引发反应最低原料浓度，并且可以对开车阶段卤化物的滴加速度进行自动控制，防止物料累积，从而提高反应过程的安全性。

RC1 与 React IR 联用的方法还可以显示格氏反应接近终点时卤化物和金属有机化合物产物浓度变化的情况，实现对反应全程中物料浓度变化的在线监控，从而得到卤化物滴加过程中浓度逐渐升高达到的最高点和滴加停止后浓度下降的情况，进而解析卤化物的滴加速度和浓度与格氏反应速率的相对关系，为确定和优化各物料间的配比提供完整的数据支撑。此外，联合方法的使用还可以实时获得反应过程中各阶段的热数据，通过数据的整合和处理可以计算得到整个反应的动力学情况，结合反应进程信息对过程安全性做出综合评判。结合 React IR 采集的信息，为反应安全放大提供数据支撑，防止放大过程中反应失控的发生。

RC1 与 React IR 联用，对反应进行实时监测具有以下优势：

① 可以对反应物进行实时监测，并考察反应中间体及产物浓度变化的情况，及时获取反应相关信息，避免反应失控情况的发生。

② 实现实时在线分析监控，尤其对于使用易燃有机溶剂的强放热反应来说，在反应过程中及时获得有效的分析信息，避免了取样以及离线分析的延迟性和不准确性，不仅能够保证反应的安全进行，并且对反应的优化和反应质量的保证提供有力支持。

③ 能够结合反应动力学信息和热力学信息，从而为反应放大提供有力的数据支撑，为加速实现反应放大以及实验室到大规模工业化生产的转化提供重要帮助，对防止失控反应的发生起到至关重要的作用。

联合测试得到的基础数据可以用于计算反应釜冷却能力和反应的动力学，建立对应的反应动力学模型，进而进行反应动力学研究及过程危险性分析。下面我们将针对某化学反应的反应量热测试结果进行案例分析，详细介绍反应量热仪 RC1 在化工安全风险评价中的应用。

化工生产中绝大多数反应都伴随有热效应，RC1 可以通过控制反应过程操作条件，如反应釜内温度、压力、加料方式、搅拌转速等达到对反应进程的控制。下面以一种典型的化学反应为例，通过 RC1 对这一反应过程进行数据采集和热力学研究，进而得到反应放热速率曲线、绝热温升（ΔT_{ad}）、摩尔反应热（$\Delta_r H_m$）、热失控条件下体系可能达到的最高温度 MTSR 以及混合物料的比热容（C_p）等热力学数据，通过对热力学数据的分析，建立反应动力学模型，最后对反应热失控危险性进行研究。

实例分析：向反应釜中分别加入溶剂和反应底物 A、B，升温至约 60℃，向反应釜中滴加反应物料 C，反应放热速率曲线如图 4-36 所示。

由图 4-36 可知，反应物 C 开始滴加时，反应即开始放热。随着加料的不断进行反应的放热速率逐渐增大，反应的最大放热速率出现在加料结束时，为 $12.61\mathrm{W\cdot kg^{-1}}$，此时反应的热转化率为 28.7%，说明反应存在物料累积。通过对反应热数据进行计算，可以得到目标反应的摩尔反应热为 $-49.03\mathrm{kJ\cdot mol^{-1}}$，绝热温升为 21.27K。实际工业化生产中，需要注意控制反应物 C 的滴加速度，防止因滴加速度过快导致大量物料的累积。

由图 4-37 中 T_{cf} 曲线可知，随着反应的进行，反应体系能达到的最高温度 T_{cf} 随时间变化呈现先增大后减小的趋势。当加料量达到化学计量点时，T_{cf} 最大，即为体系的 MTSR。根据 RC1 测得的反应温度、反应混合物的质量及反应混合料液比热容，可以计算

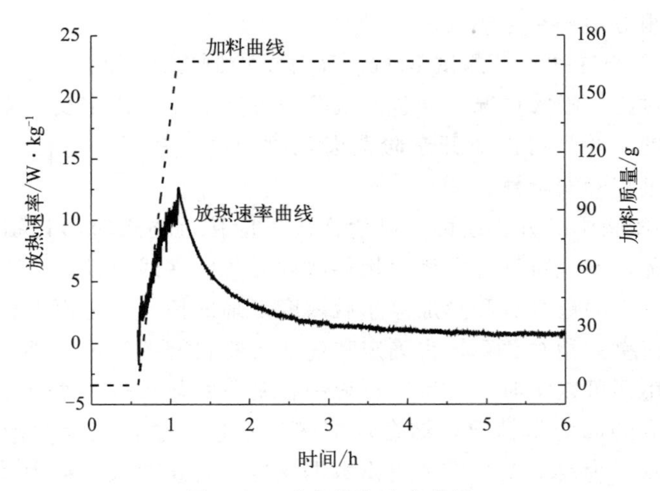

图 4-36 反应放热速率曲线

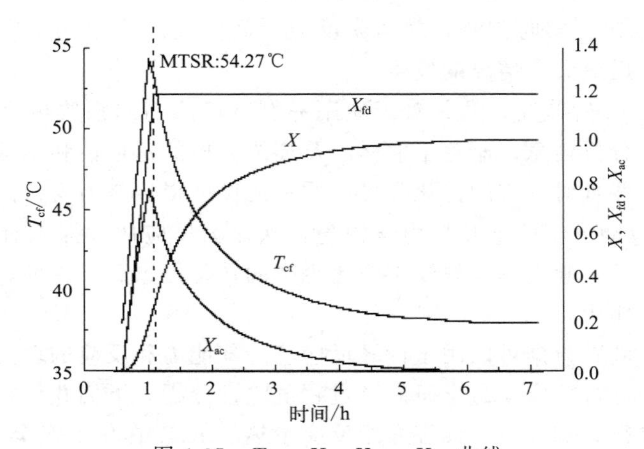

图 4-37 T_{cf}、X、X_{fd}、X_{ac} 曲线

得到反应的 MTSR 为 54.27℃。通过 X_{ac} 曲线可以看出，在化学计量点时，体系的热累积达到最大，即此时发生冷却失效所引发的绝热温升最大，工艺危险性最大。配合绝热加速量热对目标反应原料、料液及产物进行进一步测试，可以得到对应物料的热分解数据，根据目标反应的 MTSR、物料的分解数据以及反应的工艺操作条件，可以评估目标反应热失控发生时引发物料二次分解的可能性与危险度。

通过分析量热数据，能够建立目标反应的动力学模型，进而通过计算得到目标反应中重要的动力学参数，为进一步优化反应条件提供依据，反应速率表示如下：

$$r_A = -dC_A/dt = -dC_{A0}(1-X)/dt = kC_A^n = kC_{A0}^n(1-X)^n \tag{4-20}$$

根据阿伦尼乌斯方程，反应速率 k 与温度之间有以下关系：

$$k = A\exp(-E/RT) \tag{4-21}$$

当加料结束后，反应体系的体积不再发生变化，此时的反应体系可以看作是间歇反应，得到如下计算式：

$$r_A = -dC_A/dt = -d\Delta_r H_m/[V(\Delta_r H_m/n_{A0})dt] \tag{4-22}$$

结合式（4-20）～式（4-22），得到如下算式：

$$d\Delta_r H_m/[V(\Delta_r H_m/n_{A0})dt] = A\exp(-E/RT)C_{A0}^n(1-X)^n \tag{4-23}$$

又有：

$$dC_A = n_A / V \tag{4-24}$$

$$d\Delta_r H_m / dt = Q_r \tag{4-25}$$

式中 A——反应的指前因子；

E——反应活化能，$J \cdot mol^{-1}$；

T——反应温度，K；

Q_r——RC1 量热试验测得的反应放热速率，W。

把式（4-23）、式（4-24）带入式（4-25），并对方程两边取对数，可得如下算式：

$$\ln(C_{A0}/\Delta_r H_m) + \ln Q_r = \ln A + n\ln[C_{A0}(1-X)] - E/RT \tag{4-26}$$

通过 Q_r 对 X 进行非线性拟合，结果如图 4-38 所示。

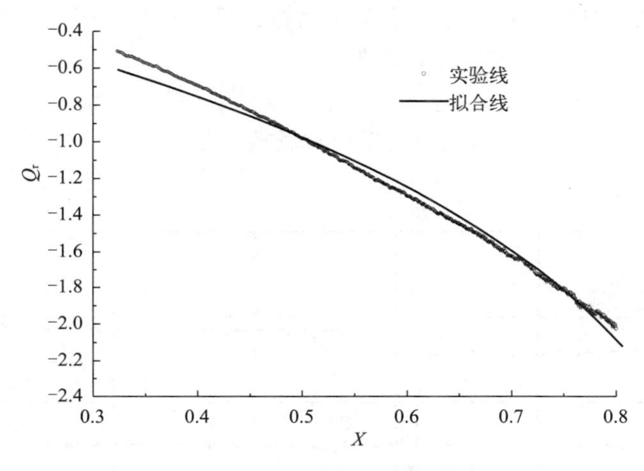

图 4-38 目标反应动力学曲线

通过数据计算可以得到目标反应级数、反应活化能、指前因子和速率常数等参数，最后得到目标反应的动力学模型。根据得到的反应动力学参数间的关系，可以确定目标反应的动力学特性，为反应条件进一步优化提供依据。

4.5.1.2 反应量热仪 SIMULAR

反应量热仪 SIMULAR 是由英国 HEL 公司研发的一款在线量热设备，能够实时测量反应过程放热速率、放热量等参数及其变化，SIMULAR 设备如图 4-39 所示。

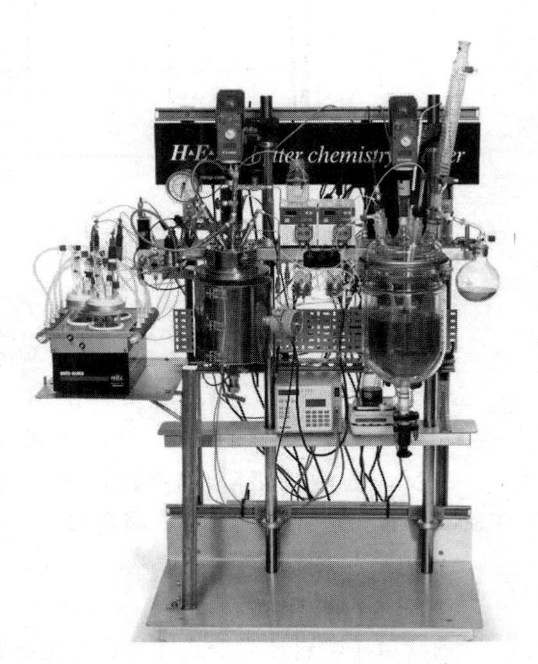

图 4-39 SIMULAR 全自动反应量热仪

SIMULAR 能够对反应过程热效应进行精确测量，进而得到反应可行性、安全性、失控反应可能引发的后果及相关工艺优化数据，为反应放大提供数据支持，是反应放大研究的有力工具。SIMULAR 全自动反应量热仪包括液体加料系统、气体检测系统、温度控制系统、电子控制系统和 PC 软件五个部分，能够实现自动加料，生成实时在线图表，实时在线数据编辑等。

SIMULAR 全自动反应量热仪能够覆盖多种化学反应条件范围，无论是反应温度范围，还是反应釜规格。量热系统具备功率补偿量热、热流量热和回流量热三种量热模式，可以根据不同反应条件设定相应的反应程序，能够对实际生产进行模拟，所得数据可以进一步应用于工程放大及大规模工业生产。

通过全自动反应量热仪 SIMULAR 可以直接获取的热风险研究数据包括：反应料液比热容 C_p、反应焓变 Q、放热速率 q 和热传导速率 UA。

通过全自动反应量热仪 SIMULAR 可以对已采集的数据进行分析计算，获取的热风险相关数据包括：绝热温升 ΔT_{ad}、摩尔反应热 $\Delta_r H_m$、反应冷却失效或热失控后体系温度 T_{cf} 及最高温度 MTSR。

SIMULAR 的热量计算依据的是反应釜内物料、反应釜外循环油浴和冷凝器之间的热量平衡。SIMULAR 的基本热平衡可用下式进行表示：

$$Q_r = Q_{rem} + Q_{loss} + Q_{accum} + Q_{dos} \tag{4-27}$$

通过式（4-27）右侧的计算得到指定反应过程放热量，反应放热量是通过反应体系釜温和油温的关系计算得到，如图 4-40 所示。

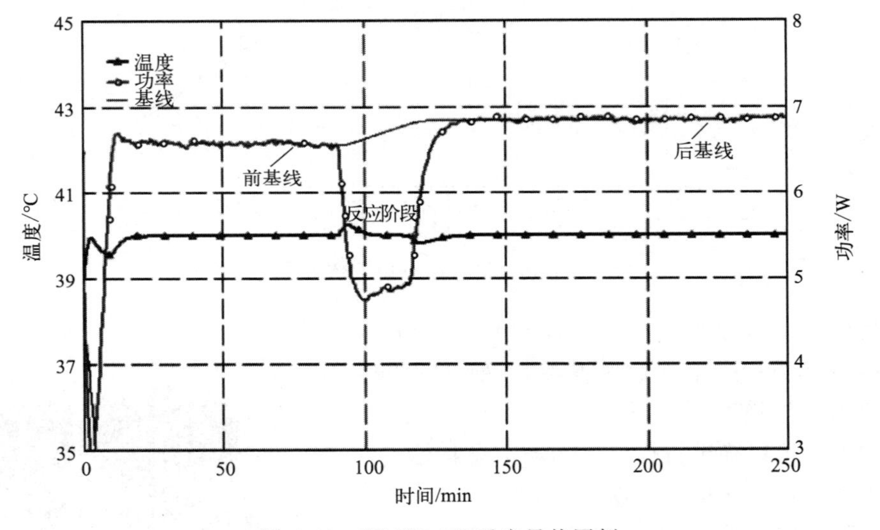

图 4-40 SIMULAR 反应量热图例

在前基线测定过程中，反应尚未进行，得到下面等式：

$$Q_{loss}^{i} = -Q_{rem}^{i} \tag{4-28}$$

同理，反应后基线测定过程中也存在上述热平衡关系：

$$Q_{loss}^{f} = -Q_{rem}^{f} \tag{4-29}$$

在反应前后校正阶段，通过 Q_{rem} 的测量可以得到反应前后系统的热量损失 Q_{loss}。SIMULAR 可以提供三种方式测定 Q_{rem}：功率补偿法、热流法和回流法。

SIMULAR 反应量热仪是通过式（4-30）进行放热量的计算，关系式如下：

$$Q_{rem} = UA\Delta T \tag{4-30}$$

通常由于物料性质变化和体积变化等原因，反应前后混合物料液会发生比热变化，而比热变化必将引起 UA 值的变化，进而可能影响热量测量的准确性。SIMULAR 通过对反应前

后的 UA 进行校正，进一步修正测量结果，得到更准确的反应热量值。根据工艺不同，SIMULAR 反应量热模式有如下几种：

① 恒温热流模式。恒温热流模式是最常用的反应热量测量模式，在实验测量过程中采用循环油浴将反应放出的热量移出，保证反应釜内温度的基本恒定。通过反应前后的热量校正得到前后基线，通过积分的方式最终得到反应过程中的放热量。恒温热流模式测量界面如图 4-41 所示。

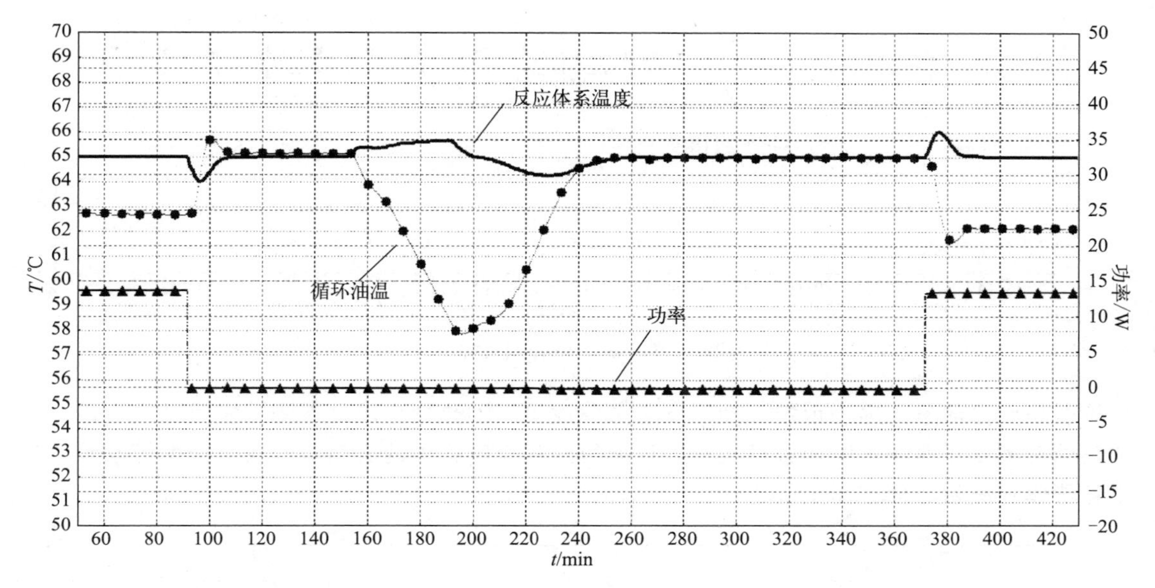

图 4-41　恒温热流模式测量界面

在反应开始前，首先运行校正程序，软件自动对反应前体系 UA 值进行校正，通过反应釜夹套中循环导热油使反应釜内体系维持在工艺温度，由于热量损失导热油与釜内物料存在一定的温度差，其差值与环境温度及物料特性相关，通过差值计算出系统的热量损失 Q_{loss}^{i}。反应开始后，反应放出热量，体系内温度上升，导热油通过与釜壁进行热交换及时将反应放出的热量移出，使体系温度恒定在工艺温度。反应结束后，系统再次运行校正程序，对反应后体系进行 UA 校正，测定反应后系统的热量损失 Q_{loss}^{f}，最后计算出反应过程中放出的热量、反应放热速率等相关热数据。

② 回流模式。如图 4-42，在回流模式中，反应釜夹套导热油温度高于反应釜内物料，并始终维持一定的温度差，由于温度差使釜内物料始终处于回流的状态。SIMULAR 通过对冷凝器内冷却介质流量及冷凝器进出口温差的监控，测量出回流过程中目标反应的热数据。

回流模式与恒温热量模式校正方式相似，需先对反应前体系 UA 值进行校正，测定反应前系统的热量损失 Q_{loss}^{i}。由于体系始终处于回流状态，釜内物料回流所带出的热量被冷凝器内冷却介质移出。反应开始后，反应放出的热量被冷凝器内冷却介质移出，因此，在反应物滴加过程中冷凝器出口介质温度因反应放出热量而升高。反应结束后，再次运行校正程序，对反应后体系进行 UA 校正，测定反应后系统的热量损失 Q_{loss}^{f}，最后经过一系列计算获得反应过程的相关热数据。

③ 功率补偿模式。在功率补偿模式中，反应釜夹套内导热油温度和流量恒定，反应体系通过反应釜内部已知功率的加热器进行功率补偿以维持温度恒定。反应开始后，通过改变

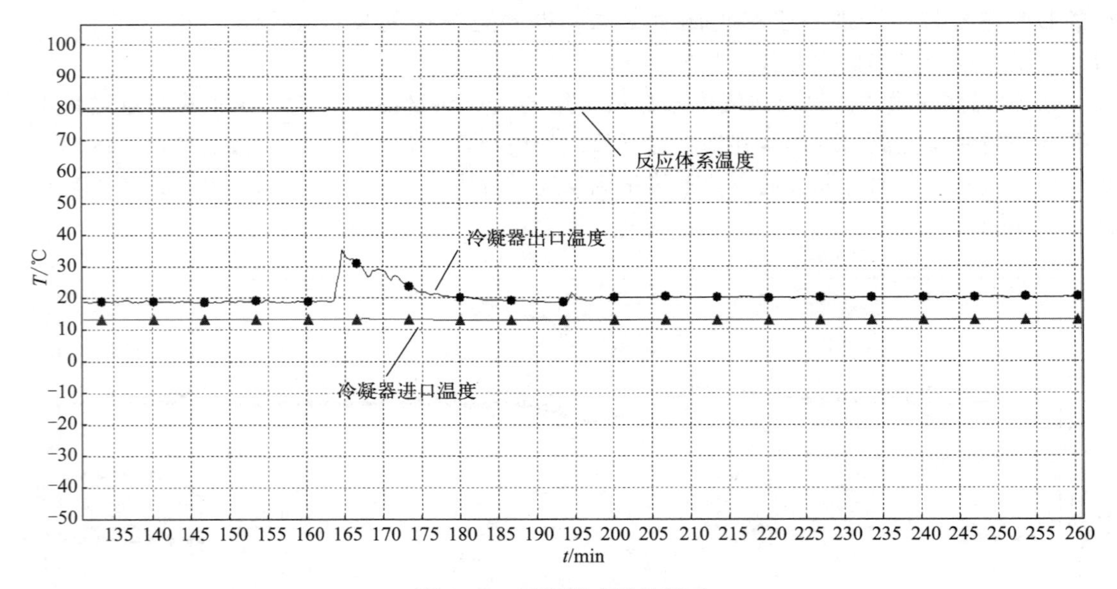

图 4-42 回流模式测量界面

加热器功率保证釜内温度恒定，随着反应热的放出，加热功率随之下降。实验结束后通过对加热器功率变化曲线对时间进行积分，计算得到反应过程中的放热量及放热速率等参数。功率补偿模式测量界面如图 4-43 所示。

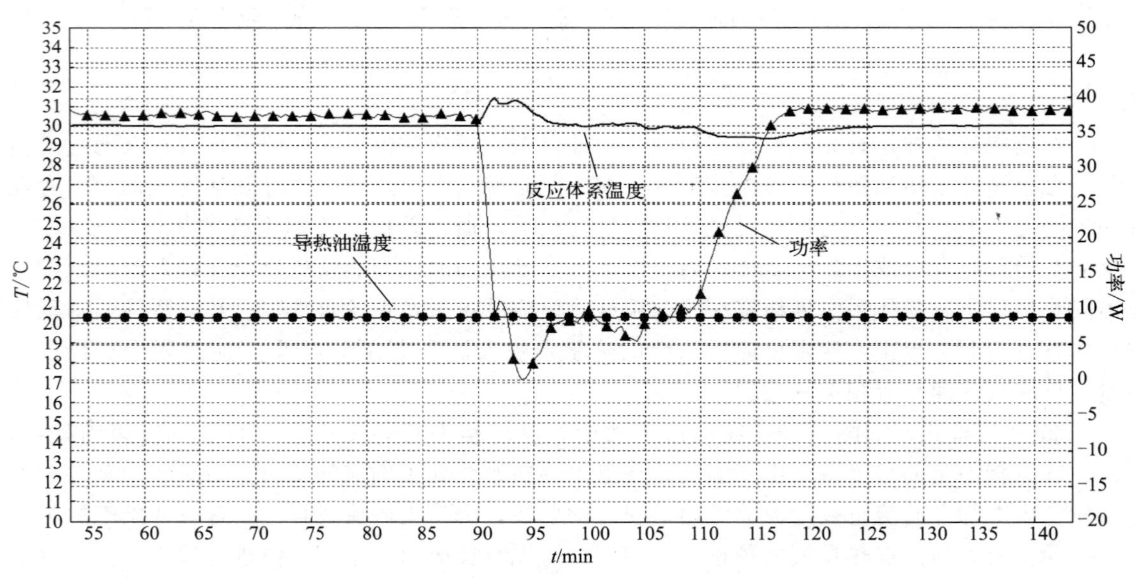

图 4-43 功率补偿模式测量界面

4.5.2 热传递量热器

热传递量热器是一种操作简便的量热设备，通过模仿工厂的单元操作设备，采用带夹套的玻璃反应器。反应器大小根据工艺要求从 2～20L 不等，物料用量从 1～10kg 不等。热传递量热器的反应器内还可以安装冷却盘管，采取夹套控温和内置冷却盘管控温联用的方式控制强放热反应温度保持恒定。仪器通过测试反应器内物料温度与夹套介质温度的差值，进一步计算得到反应热数据。

4.5.3 连续流反应量热仪

对于化工尤其是精细化工行业，采用物料量更小、换热面积更大的连续式工艺取代物料量较大的釜式工艺是未来发展的趋势。连续式反应与釜式反应不同，要求原料连续进入、产物连续流出反应器，以一定的停留时间控制原料在反应器中的反应进程，较为充足的换热面积实现了反应过程的精确控温。而连续流反应量热仪就是针对上述反应过程开发的一种反应量热设备，其通常为列管式结构；根据材质不同，能够实现室温～400℃，甚至更高的测试温度范围；根据工艺特征，选取不同的管径；根据需要在列管中放入一定量的催化剂。连续流反应量热仪采用功率补偿原理，在反应前通过向反应体系施加一定功率实现热平衡校准，通过功率变化实现反应量热测试，获得反应放热功率、表观反应热等数据。连续流反应量热仪根据需要能够实现氟化、加氢、硝化等连续工艺的反应量热测试，满足精细化工行业快速可持续发展的需要。

4.5.4 CRC 反应量热仪

CRC 反应量热仪全称 SUPERCRC，是美国 Omnical 公司开发的一种小样品量差分参比结构反应量热测试仪，测试池通常为 0～15mL，压力范围为 0～2000psi（1psi＝6.895kPa），测试温度范围为零下（根据制冷介质）至 200℃。CRC 通常配备有磁力搅拌系统，支持高压进料，能够实现快速和强放热反应的反应量热测试，以及反应热力学、转化率、诱导时间、馏分转换、加氢、聚合、结晶和溶解度等研究。CRC 配有动力学校正系统，能够彻底消除热流时滞，开展快反应动力学研究，获取原位条件下的反应动力学参数，明确反应动力学表现规律。此外，针对强腐蚀、高危险的化学反应，升为单位的反应量热测试装置可能会导致意想不到的实验室安全隐患。CRC 采用毫升级微量样品，能够以较小的样品量获取实验数据，确保实验人员安全，避免安全隐患。

4.5.5 ISOPERIBOLIC 量热仪

ISOPERIBOLIC 是最初始、最简单的量热器之一。测试时，首先设定热交换介质的温度，随后根据反应物温度的变化测量反应热及热传递情况，进而通过计算得到反应热数据。

该量热方式比较落后，在没有其他测量仪器辅助情况下应用，不能准确地测量反应热数据。在反应放热较大的情况下，温度势必会升高，该测试方法测量的热传递过程不具有线性，从反应动力学角度及反应热的角度考虑，测试结果不能得到可靠的反应动力学和反应热力学参数，很难得到反应温度与热量传递曲线的斜率，不能应用于测量反应热。在反应放热量较小的情况下，可以进行粗略的测量。

上述几种量热器均可用于测量半间歇工艺过程的反应热，即首先将一种或几种反应物料加入到反应器中作为底料，另外一种或几种物料以一定速度加入反应器内，加料速度可以根据工艺要求进行控制。上述量热设备，均可以通过适当改造及调整模仿不同的工艺过程，得到不同条件下的工艺参数，考察不同条件对反应性的影响，进而优化反应工艺条件，例如，改变搅拌方式和搅拌速度，改变加料速度，进行蒸馏反应，以及进行回流反应等等。但上述量热设备中无论是哪一种，都仅适用于液体或者是悬浮液体系及气-固相、气-液相体系，而对于气-气反应均不适用。

4.6 其他测试

除了上述通用性较强的测试方法外，还有如下一系列专业性的方法，用于过程安全、理化性质等方面的参数测试。

4.6.1 快速筛选量热

快速筛选量热是反应风险评估的初步筛选工具，具有DSC/DTA分析的优点，如可以得到初步测试物料的熔点、相转变温度等信息，同时快速筛选量热又具有DSC/DTA所不具备的压力数据，能够为更准确地评估系统潜在的爆炸性或其他重要的安全因素提供数据支撑。

快速筛选量热的测试结果一般用于初步评价化学物质的安全性，为是否继续进行热稳定性测试提供安全性参数和数据支持。快速筛选量热可测定反应过程中温度的变化情况、压力的变化情况、反应的剧烈程度等数据。快速筛选量热测试是将待测样品置于球形样品池中，通过外部炉体按照预定程序进行升温加热，并通过电脑实时监测测试物料温度、压力的变化情况。快速筛选量热测试周期短、样品量较大，使得测试结果更具代表性。快速筛选量热可测试各种固体、液体及混合物样品，快速得到样品的基本稳定性信息。在化学工艺过程中，热危险性往往来源于工艺过程中温度或压力变化过程中的危险，常规快速筛选量热测试能够得到多种不同的数据，包括温度、压力与时间变化的关系、温升速率与温度的变化关系、压升速率与温度变化关系等。

快速筛选量热仪包括RCD、RSC、TSU等型号。实验过程通常是将球形样品池安装在镍、铜等材质的加热炉腔内。样品池材质通常有玻璃、钛、哈氏合金、不锈钢以及其他合金。流动性好的液体通常测试用量为1～8mL，固体或者较黏稠物质通常测试用量为0.5～5g。测试池上方连有压力传感器，炉体内和测试池内/测试池边缘上设有热电偶，通常温度操作范围为0～500℃，压力操作范围为0～200bar，样品加热速率设为0.5～10℃ • min^{-1}。本文中以TSU为例对快速筛选量热进行介绍，TSU设备结构图如图4-44所示。

TSU通过炉体对测试体系进行程序升温，在升温过程跟踪记录样品池内物料的温度和样品池压力变化情况。若测试过程中发生放热/吸热现象或气体生成现象，温度和压力曲线会显示出峰型曲线，线性偏离点（相对于炉温基线，如峰型曲线）即为放热/吸热反应的起始温度“onset”温度。后续的温升曲线可以明显地反映出物质热风险的严重程度。TSU是一种非绝热测试仪器，实验过程中炉体会不断地向样品池提供热量，与此同时被测试体系也在不断向外扩散热量。通常体系散热速率远远小于炉体供热速率，测试体系会按照预设程度不断升温直到最高设定温度。如果被测物料放热量较小，则易在升温过程中被炉体提供的热量所掩盖，峰型曲线不易察觉；如果被测试物料有明显热效应，则升温曲线上将有明显的峰型曲线。但是，物料的实际放热量无法根据TSU直接得到，需根据实际需

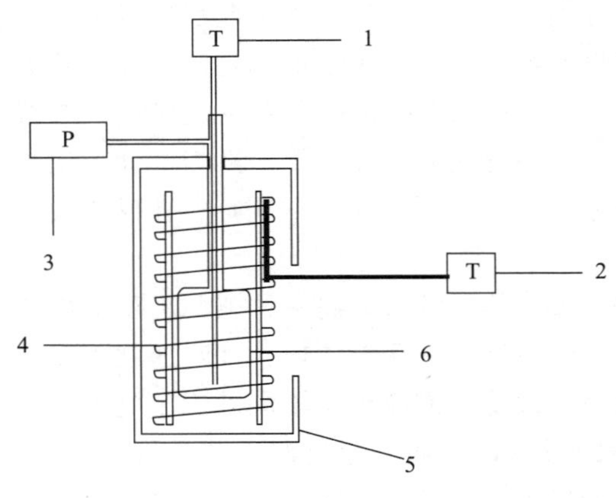

图 4-44 TSU设备结构图

1—顶部热电偶；2—内部热电偶；3—顶部压力传感器；4—加热器；5—夹套；6—样品池

要进行进一步热稳定性测试，从而得到该物料的热稳定性信息。此外，可对 TSU 设备配备外部冷却循环装置，对常温稳定性差的物料和工艺进行低温甚至超低温测试。当被测物质需要在某特定温度情况下储存较长时间时，则需要对物料进行等温测试。标准操作模式有：梯度扫描模式、恒温模式和恒温-升温-扫描模式三种。

快速筛选量热设备能够快速完成样品的量热筛选。在进行更深入的量热实验之前，对样品进行快速量热筛选，在化工生产中广泛应用。快速筛选量热测试的主要应用方向如下：

4.6.1.1 反应原料、中间体和产品热稳定性分析

快速筛选量热作为危险化学品热稳定性的快速筛选手段，能够对原料、反应中间体、蒸馏料液以及产品等样品进行稳定性筛选，具有耗时短、效率快、成本低等诸多优点。快速筛选量热测试对物质危险性进行初步筛选，可以得到待测物料初始分解温度（onset temperature）、初始分解压力、放气量和温度/压力升高速率等安全性数据，针对这些数据进行热力学计算，可初步判断测试物料的热分解情况以及分解剧烈程度、有无燃爆危险性等信息，进而指导下一步热稳定性测试的进行。

4.6.1.2 物质长期暴露于高温模式下的性能评估

对于某些特定的物质，如果需要测试其长期处于在某个特定温度下的热稳定性情况，则可选用快速筛选量热仪预设的恒温模式程序进行测试，使用者可以通过设定较大的样品加热速率，快速达到设定温度。

4.6.1.3 评估安全操作温度和物质储藏温度

对于化工企业来说，对化学品进行安全评估主要包括：化工工艺、工艺放大、化学品的储存、化学活性材料、危险化学品的运输以及化学反应的危险性等。评估上述安全性参数是非常有必要的。利用快速筛选量热可以快速得到热稳定性数据，从而初步地评估化工工艺的安全操作温度和工艺涉及特殊物料的储藏温度，为改进工艺条件提供参考性数据。

通过快速筛选量热对物质进行初步热筛选，得到待测物料的热安全性信息，如有无热分解、初始受热分解温度以及分解过程中压力变化等信息，对待测物料的稳定性进行初步分析。下面我们将以 A 物料为例，介绍快速筛选量热物质热稳定性测试初筛方面的应用。

应用快速筛选量热对 A 物料进行测试，程序设定以 2.0℃ • min^{-1} 的升温速率从室温加热到 400℃，测试结果如图 4-45 所示。

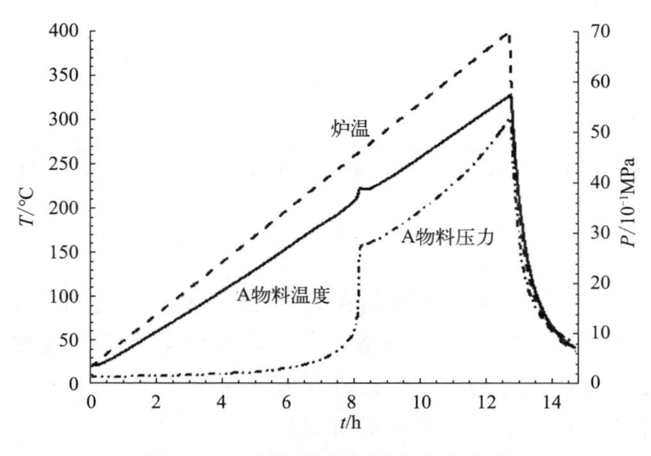

图 4-45 时间-温度与压力变化曲线

由测试曲线可以看出，测试过程中A物料的温度和压力有明显的峰型出现，此线性偏离点对应着A物料的初始分解温度，即“onset”温度。根据图4-46中A物料压力回归曲线（$\ln P \propto 1/T$）可以看出，测试结束后体系压力没有回归，因此判定A物料热分解过程中伴随着不可逆气体生成。根据压力回归曲线，还可以进一步计算分解过程中不可逆气体的生成量，共同作为评估物质安全性的参考数据。对A物料温度-温升速率变化曲线（见图4-47）、温度-压升速率变化曲线（见图4-48）共同进行分析，以更加准确地确定A物料的起始分解温度和起始放气温度。

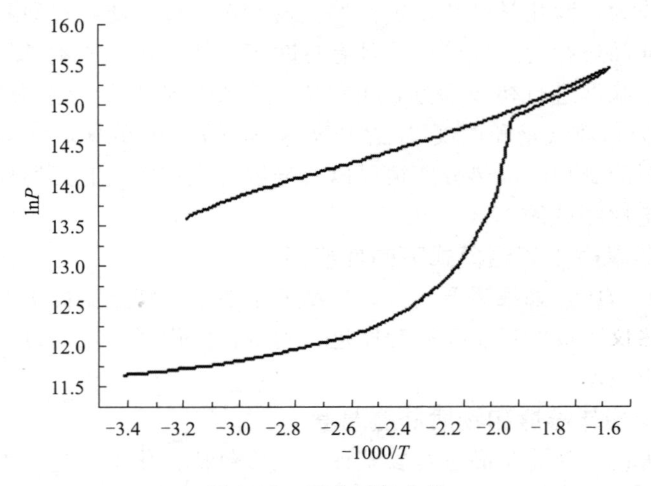

图4-46 压力回归曲线

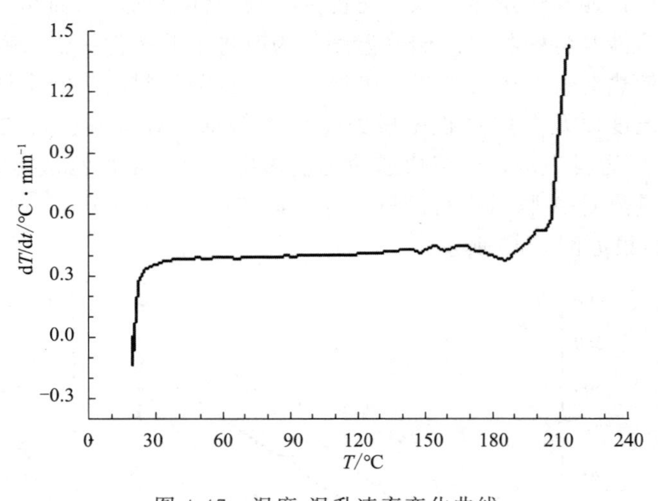

图4-47 温度-温升速率变化曲线

由图4-47和图4-48可以发现，A物料在达到165℃时温升速率和压升速率开始发生变化，可初步判定A物料于165℃发生热分解，分解过程中最大温升速率为1.43℃·min^{-1}；同时热分解过程伴随不可逆气体的生成，最高压升速率为0.17MPa·min^{-1}。

综上，从快速筛选量热测试结果中我们可以发现，A物料一旦发生热分解，就会导致体系温度的上升，并伴随着不可逆气体的放出，易导致体系超压，从而引发爆炸事故。对于与A物料类似具有较明显放热、放气的物料，需要根据实际情况，进行进一步热稳定性测试，以获得更加详细和准确的热安全性数据。

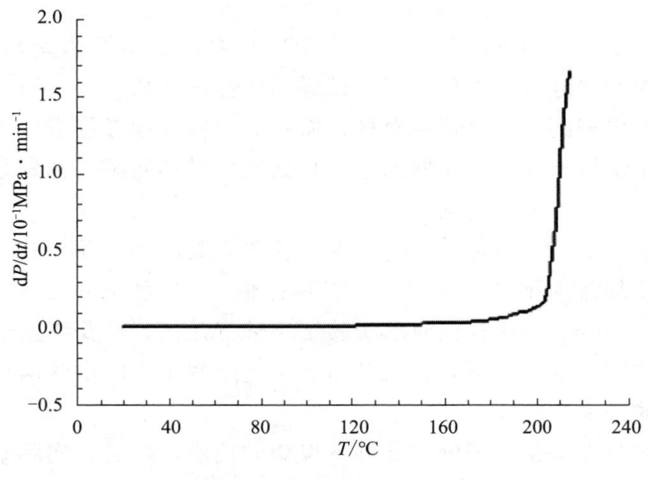

图 4-48　温度-压升速率变化曲线

4.6.2　泄放口尺寸研究

对于一些热效应较明显且伴随着气体排出的合成工艺，根据气体释放情况需要慎重设计尾气排放管的尺寸大小，很多测试设备的测试数据可以用于为尾气排放的设计提供参考依据。对于一些低热能的反应，确定泄放口尺寸大小可以采用泄放口尺寸测试装置（Vent Sizing Package，VSP）进行实验测试。1975～1984 年，美国化学工程师学会应急系统研究所在实施研究项目过程中研究开发了泄放口尺寸测试装置，由 Fauske 和 Associates 公司成功研究开发。当反应装置在失控情况时，VSP 主要是用来为释放压力装置提供数据支持。该装置加热管的大小约 100mL，采用较薄的金属片，通常使用不锈钢、钛材及哈氏耐腐蚀合金等材质，内外可通过敞开或者关闭以平稳地控制压力，对于不均匀体系、不互溶液体体系也可以实现实验测试，可以采用电磁搅拌器搅拌被测试样。VSP 测试温度范围是室温至 500℃，测试压力为 0～14MPa，温度分辨率达到 0.1℃ · min^{-1}。目前，经过改进的 VSP 设备型号为 VSP2，可直接将其测定的实验数据在实际生产装置中进行放大使用。

4.6.3　分解压力测试

分解压力测试（decomposition pressure test，DPT）方法也是一种在绝热条件下进行测试的方法。测试过程为将一定量试样放置在搪玻璃的压力容器中，将用于产物分解的泄压阀安装在压力容器上，将压力容器放入加热炉内，以恒定的升温速率在测试温度范围内对加热炉进行加热，试样的温度及内部压力变化情况通过传感器被实时记录。在绝热条件下进行分解压力的测试，当产生足够高的压力时，由于测试用的样品管不完全封闭的原因，样品将产生一定量的损失。因此，通过绝热条件下的分解压力测试实验，想要得到物质热分解时的产生气体速率及相应的压力数据存在一定的困难。物质分解压力的测试数据，将为工厂的安全性设计提供数据参数，可通过在设备上安装必要的泄压阀及应急释放系统的方式，保证发生工艺失控时的操作安全。

4.6.4 绝热放热测试

绝热放热测试（insulated exotherm test，IET）方法在早期是用来测试初始放热反应的，其实质上是一种差热分析。将称量好的试样与惰性参考物质装入同一个容器后，放入到绝热的杜瓦瓶中，采用相同的加热速率对杜瓦瓶中的试样和参考物进行加热，同时记录试样和参考物质的温度及试样与标准物质的温差。杜瓦绝热量热测试技术是通过对夹套抽真空保温，然后测试热效应的方法来实现的。

实验证明，对于 500L 和 2500L 容量的生产装置，其冷却效率可以和 250mL 及 500mL 绝热杜瓦瓶实验的冷却效率相对应，因此，想要评估 500L 和 2500L 生产装置的绝热温升，可以采用 250mL 和 500mL 绝热杜瓦瓶的实验结果进行评估。想要快速模仿工厂的实际生产情况，绝热杜瓦瓶的实验结果较适合，尤其适合工艺过程中半间歇式滴加一种物料的生产模式，结果具有较高的参考价值。

绝热杜瓦瓶的实验方法是基于绝热条件下发生的反应，但是，实际基本不存在没有热量散失的理想绝热状况，通常热量损失很小的情况近似认为是绝热情况。根据实验过程中记录的温度及温差情况，可确定相对于参考物质试样的自加热情况，根据绝热温升数据可计算反应的放热情况。

4.6.5 气体逸出速率测试

对于一些产生气体的化学反应，开展气体产生量以及逸出速率的测试非常重要，其是非常重要的参数，对于开展反应风险研究和工艺风险评估具有较大的价值。气体的产生及其逸出速率对于研究反应特征和反应动力学来说是较基础的数据，是满足安全生产的基本要求。尤其在进行工艺放大的过程中，当系统中产生气体时，反应对反应釜的搅拌形式、加料速率、温度控制、反应时间及尾气排放系统的设备材质、气体排出管道设计等都有特殊的要求，需要进行严格的工艺设计研究和反应风险研究，充分考虑如何进行气体量的有效控制和应急释放，考虑极端危险情况下的应急预案以及制定预防可能发生的各种情况的措施。对于一些有气体产生的反应是非常危险的工艺反应，若工艺条件不完善和操作方法不恰当，将对反应带来重大的影响，可能会造成爆炸等较严重的后果。

在工艺合成过程中，对于一些有气体产生的反应，及不能带压操作的反应系统，通常反应的风险系数较高，必须测量反应气体的逸出情况。气体逸出速率的测试，是一项非常重要的测试，对于尾气吸收塔或尾气排放系统的设计是必需的工艺参数。

有很多简单可行的方法可以测试气体的逸出速率，例如，可以采用简单的方法将反应生成的气体收集到一些液体中，可以通过排水法收集不溶性的气体，采用排硅油法收集水溶性气体。通过测量收集气体的量以及气体的收集时间，初步估算出气体的逸出速率。

这种测量气体逸出速率的方法虽然是一种时间消耗测量法，但是，因为不需要高端精密的仪器设备及投资，在实验室内就可以做到，因此这是一种很实用的测量方法。对于气体逸出速率测试，除了可采用上述简易的方法外，也可以采用气体自动收集测量仪进行测量。当使用气体自动收集测量仪测量时，可以采用 U 形 ICI 测试管测试气体逸出速率和逸出量。

4.6.6 反应系统筛选测试

反应系统筛选装置（reactive system screening Tool，RSST）的测试基本属于绝热条件测试，它是一种代替 VSP 的装置，为设计反应失控时压力泄放口的尺寸而研究开发的。RSST 具有 VSP 的设备精度、DSC 的廉价性与可操作性，是一种优良的筛选反应危险性的实验装置。RSST 的特征是将 1 个 10mL 玻璃球形测试池置于一高压容器内，为了避免能量损失，配有磁力搅拌器，高压容器外壁设有加热元件，对测试体系进行热量补偿。通过 RSST 能够开展热失控反应研究，快速获取失控反应过程的温升速率、反应热及气体释放速率等参数，是一种重要的化工安全技术实验装备。

4.6.7 闭口/开口闪点测试

闪点的含义是当可燃性挥发液体的蒸气与空气混合形成的可燃性混合物浓度达到一定数值时，遇到火源对应起火的最低温度。燃烧在此温度下无法持续进行，但如果温度继续升高则可能引发大火。闪点和着火点温度存在很大的不同，着火点是指可燃性混合物能够进行持续燃烧对应的最低温度，着火点高于闪点。闪点的大小是衡量可燃性液体是否安全的重要指标之一。对于油品来说，闪点是油品的安全性指标之一，闪点的高低代表油品的易燃程度，易挥发性化合物的含量、汽化程度。因此，根据闪点也能定性判断油品的轻质组分和重质组分的含量，对于大多数油品，尤其燃料油，此项指标是必检指标之一。油品发生火灾的危险性可根据闪点指标判断。闪点愈低，代表油品愈易燃，火灾危险性也就愈大。所以也根据闪点对易燃液体进行分类。易燃液体的闪点小于 45℃，可燃液体的闪点大于 45℃。根据闪点的高低可为其储存、运输和使用制定防火安全措施。

目前测定油品闪点的方法有两种：开口杯法和闭口杯法。两者主要的区别是油品蒸气是否可以自由扩散到周围空气中。闭口闪点仪在密闭容器中加热油气，不能扩散到空气中。因而同一油品当用两种仪器进行闪点值测试时，结果是不同的。油品的闪点越高，两者的差别就越大。因而通常采用闭口杯法进行燃料和轻质油品的闪点测试，开口杯法进行重质油品的闪点测试。

闪点测试的相关标准主要有 GB/T 261（《闪点的测定 宾斯基-马丁闭口杯法》）、GB/T 3536（《石油产品闪点和燃点的测定 克利夫兰开口杯法》）。

4.6.8 燃烧热值测试

燃烧热的定义是指可燃物与氧气进行完全燃烧时放出的热量，一般用单位质量、单位体积或单位物质的量的燃料完全燃烧时放出的热量表示。燃烧反应通常是指烃类物质在氧气中完全燃烧放出二氧化碳、水并放出热量的反应。可以用弹式量热计对燃烧热进行测量，也可以直接获得反应物、产物的生成焓标准数据相减后求得。

氧弹量热仪是一种等温量热系统，用于测试宽范围有机或无机样品（固态样品如煤等，以及燃料和化学品等一些液态样品）的燃烧热值，也可用于测试一些推进剂、烟火剂、火炸药等含能材料。根据需要可以完成不同气氛包括氧气、空气及惰性气氛等的燃烧热值测试，可达最高 200MPa 的压力。燃烧热值测试方法采用的主要相关标准包括 ISO 1928（Solid Mineral Fuels-Determination of Gross Calorific Value by the Bomb Calorimetric Method and Calculation of Net Calorific Value）及 GB/T 213（《煤的发热量测定方法》）。

4.6.9 ICI 测试

ICI 测量法使用的是可承受 1MPa 以下压力的 U 形石英玻璃管。其原理是：以一定的速度加热反应，将反应产生的气体收集于带有精确刻度的 ICI 管中，在测试管中装入一定量的液体，当反应产生的气体进入 ICI 测试管后，U 形管内液体的高度将会随之发生改变，通过刻度可自动显示体积数值，当液体的高度改变达到一定数值后，位于 ICI 测试管后面的螺线管控制阀门将会自动开启，同时，质量流量计将自动连续记录气体的产生量和排出量。ICI 测量法与简易的气体逸出测量相比，具有一定的自动化特点，用起来较方便。ICI 测量法可以对多种气体包括一些腐蚀性气体进行逸出量及其逸出速率的测试。

对于任何封闭的测试方法，包括 ICI 测试方法，因测试时是将样品封闭于管内进行的，反应物料温度的升高将导致物料蒸气压的相应升高，物料蒸气压升高时，突然的压力升高，尽管可以代表物料此时发生了分解，并放出了大量的气体，但是，根据压力的升高速率很难判断气体逸出情况，计算气体的逸出速率也存在一定的难度。想要评估具有分解性质的反应，气体逸出速率的测试显得极其重要。根据气体逸出速率情况，可间接评估失控条件下达到的最坏情况，同时通过合理的控制手段，制定相应的应急方案，有效控制失控情况的发生，保证生产安全。有较多的方法可以用于气体逸出速率的测试，其中一种是等温定量测试方法。

4.6.10 75℃热稳定性测试

物质在高温条件下的热稳定性评价即采用 75℃热稳定性试验进行，是一种判断物质是否存在运输危险性的测试方法。在测试过程中，如果发现样品发生着火或爆炸，或者设备记录到的温度差（即自加热）已经大于 3℃或更大，结果即为“＋”。如果未出现着火或爆炸现象，记录到的温度差小于 3℃，则需要进行进一步的试验（热分解温度、自加速分解放热、热稳定性测试、热感度）。

75℃热稳定性测试方法采用的标准主要有 GB/T 21280（《危险货物热稳定性试验方法》）、联合国《关于危险货物运输的建议书——试验和标准手册》及 EN 13631-2：2002（Explosives for Civil uses-High Explosives-Part 2：Determination of Thermal Stability of Explosive）。

75℃热稳定性测试方法如下：

在 75℃下将少量样品加热 48h，如样品在试验过程中发生着火或者爆炸，则认为物质具有热不稳定性，即不能运输；在测试过程中，如果样品没有发生着火或爆炸，但出现了某种自热现象（如冒烟或分解），应进行如下试验：称量 100g 样品然后放入一根管子内，同时取相同质量的参考物质放入另外一根管子内，将两根热电偶分别插入装有样品及参考物质的管子中，将热电偶放置于管内物质一半高度的位置（如使用的热电偶对于样品和参考物质均不具有惰性，则应采用惰性外罩将热电偶包住），将另外一根热电偶和两根已经盖好盖子的管子移入烘箱内，当样品和参考物质均达到 75℃后，在 48h 内，测量样品与参考物质之间的温度差，同时记录试样分解的过程。如物质试验过程中没有出现不稳定现象，则物质被认为是稳定的。

参考文献

[1] Carl B. Use of the RC1 reaction calorimeter to evaluate the potential hazards of pilot plant scale-up[J]. RC User Porum，1999，9(19)：1-5.

[2] Rogers R L. The advantages and limitations of adiabatic dewar calorimetry in chemical hazards testing[J]. Plant Operation Progress，1989，8(2)：109-112.

[3] 钱新明，刘丽，张杰．绝热加速量热仪在化工生产热危险性评价中的应用[J]. 中国安全生产科学技术，2005，1 (4)：13-18.

[4] Cutler D P. Current techniques for the assessment of unstable substances. Hazards in the process industries：Hazards IX[J]. Symposium Series，1986，97：133-142.

[5] Frurip D J，Freedman，E，Hertel G R. A new release of the ASTMCHETAH programme for hazard evaluation：versions for mainframe and personal computer[J]. Int symp on Runaway Reactions，1989：39-51.

[6] Benson S W. Thermochemical kinetics methods for the estimation of thermochemical data and rate parameters[M]. 2nd ed. Wiley，1976.

[7] Wright T K，Rogers R L. Adiabatic dewar calorimeter. Hazards in the process industries：hazards IX[J]. Symposium Series，1986，97：121-132.

[8] Wright T K，Butterworth C W. Isothermal heat flow calorimeter. Hazards from pressure[J]. Symposium Series，1987，102：85-96.

[9] Steel C H，Nolan P F. The design and operation of a reflux heart flow calorimeter for studying reactions at boiling[J]. Int Symp on Runaway Reactions，1989：198-231.

[10] Townsend D I，Tou J C. Thermal hazard evaluation by an accelerating rate calorimeter[J]. Thermochimica Acta，1980，37：1-30.

[11] Ottaway M R. Thermal hazard evaluation by accelerating rate calorimetry[J]. Analytical Proc，1986，23：116.

[12] Fauske H K，Clare G H，Creed M T. RSST-laboratory tool for characterizing chemical systems[J]. Int Symp on Runawat Reactions，1989：367-371.

[13] Dickon-Jackson K. Use of DSC in assessment of chemical reaction hazards[J]. Conference on Techniques for the Assment of Chenical Reaction Hazards，1989.

[14] Rogers R L. The use of Dewearcalorimetery in the assessment of chemical reaction hazards. Hazards X：process safety in fine and speciality chemical plants[J]. Symposium Series，1989，115：97-102.

[15] Lambert P G，Amery G. Assessment of chemical reaction hazards in batch processing[J]. Int Symp on Runaway Reactions，1989：523-546.

[16] 王耘，冯长根，郑娆．含能材料热安全性的预测方法[J]. 含能材料，2000，8(3)：119-121.

5 化工过程放大策略

化工过程是涵盖从起始原料到目标产品的全部过程，包括溶解、反应、分离、干燥、存储等各个单元操作，同时包含为了满足工艺条件要求的原料前处理，以及为达到目标产品指标要求的后处理；此外，还包括溶剂、原料、催化剂等循环使用和废弃物预处理等，以满足成本控制和环境保护的要求。化工过程的基础是“三传一反”，以主要的化学反应和反应工程为核心，目标是实现“三传三转”，包括物质转化与传递、能量转化与传递，以及工程与信息的转化与传递。

化工过程放大，是指一个化学产品从实验室技术开发、过程设计到实现规模化生产的全部过程。在这一过程中，依托实验室规模研究得到的相关参数，有些不能够直接应用于实际规模化生产过程中，这是因为化学工业具有过程相关性，从实验室到产业化，在能量转化与传递，以及工程转化与传递过程中存在“放大效应”。本章主要探讨“放大效应”相关概念，以及工程放大和产业化相关问题。

在研制开发化学品的制备工艺，研究一个全新的工艺路线，或者改变部分工艺路线，以及从实验开发到产业化应用的过程中，往往会遇到一些始料未及的问题。这些问题可能是化学方面的问题，也可能是工程、设备或其他方面的问题。这里将通过一些化学工艺放大过程所遇到的典型问题实例，进行分析探讨。

化工生产使用化学品，运行化学反应，遇到的显著问题之一就是工艺流程中存在某些杂质，杂质的存在，可能导致诸如催化反应、导致催化剂失去活性、引发副反应、降低目标反应选择性等偏离工艺目标的情况发生，从而不同程度地改变反应的途径或目标可控性。这些杂质对工艺和工程放大影响的意外情形，有可能在工程设计及各阶段试验前没有充分考虑到，导致工程放大及产业化阶段要付出很大的代价进行工程改造及工艺优化。例如，水是化工生产过程中最常见的物质，同时也是很多化学反应的禁忌物，化工生产过程中，存在许多可能的途径使水“进入”到反应体系。原则上水可以通过传统的处理方法及机械设备除去，但是，去除水的过程，不仅会导致工序复杂化，而且带来能耗、物耗等成本增加，如果水的分离去除过程涉及物料受热，还会存在物料分解等安全隐患。此外，生产使用的机械设备，需确保在工程建设过程中装备完好，否则，一旦热交换器等设备发生蒸汽渗漏，导致水进入反应体系，将可能引发水解、分解等副反应。因此，规模化工业生产之前，研发人员必须要搞清楚水或其他可能引入的杂质对反应的影响，避免有影响的杂质进入系统，同时考虑相应的预防及控制措施。

化学工业运行的大部分化学反应是有机化学反应，使用大量的有机化合物，因此，对于体系爆炸范围的考虑至关重要。研究发现，实验室、微工厂（mini plant）等小型实验室设备中测定的有机化合物体系的爆炸范围往往比工业化生产规模设备中测定的范围窄，给人的直观感觉是实验室获得的测试结果更加安全，这种表观上较窄的爆炸范围，是因为小型设备具有较高的传热效率，通过设备器壁和表面的传导和辐射作用，较高的传热速率降低了温度随时间上升的危险性，弱化了达到形成爆炸的条件。产业化规模应考虑正确使用体系爆炸范围的测试数据，进行适当的模拟测试和修正。另外，还应妥善考虑体系的能量规模，通常通过实验室测试获得的体系物料分解热与放大条件测试结果不同，原因是小试设备测试的物质分解过程产生的热量，实际上有相当一部分热量被测试容器所吸收，随测试规模增大，容器吸收的热量比例逐渐减少，在工业规模上，物质分解所释放的能量几乎全部用于升高体系温度，应妥善考虑热量和温升数值的修正。

实验室到产业化，为了使工程放大得以顺利实施，要通过多方面的技术及手段针对研究对象进行透彻的研究，权衡多方面的问题，需要将工艺、安全与工程有机结合。在确定反应器规模、形式及操作模式的过程中，涉及到化学工艺、化工安全、化学工程等基础科学间的交叉和协同，可以通过相互影响的物理及化学方面等因素的综合分析，使工艺放大和产业化顺利进行，选择符合化学反应动力学及相应的以本质安全为前提的反应器和工艺流程。在设备设计和选择的每一阶段，都存在热力学、动力学等各学科的基础理论和工程原理间的相互交叉和互相影响。化学工程的放大，往往不是简单直接地以理论为基础，或者以经验为依据，而是通过工艺、安全与工程的最佳协同方式使两者结合，是理论与实践相结合的研发模式。

在讨论某工艺的放大问题时，存在一个隐含的概念，被称作“放大率”，也就是我们常说的放大倍数，是工业设备的设计规模与能够采集数据的试验规模间的比例关系：

放大率＝工业生产速率÷阶段性试验生产速率

中试工厂与实验室规模间同样存在放大率，尤其是精细化工涉及的间歇、半间歇反应，考虑适宜的放大率极为重要，历史上，通常是按照一定的放大率，进行逐级放大。随着技术进步，通过模拟仿真，解决工程放大问题，有效缩短实验室到产业化距离，是技术创新的方向和技术进步的途径。化学是一门实验科学，只有掌握了大量的实践经验，在明确反应机理、反应安全及反应动力学和热力学的情况下，才能安全实现放大生产。选择相互差异性较大的试验规模作为研究对象是确定放大率的前提条件，例如，塔式反应器的放大，应考虑填充塔中表面积与体积比，高度与直径比，填料尺寸与塔的直径比，以及其他特征参数都达到明显的差异，进行试验并获取数据，让规模差异大到足以暴露显著效果的变化。

实验室到产业化放大过程中差异性较为显著的几个方面内容简述如下：

① 反应器的形状结构。反应器的形状结构不同，会导致搅拌效果、液体流动及反应器内浓度梯度的差异。

② 反应器及管道材质。特殊的酸性或碱性反应体系，或催化加氢等反应体系，容易受反应器及管道材质影响，涉及到反应器及管道的耐蚀性差异，以及金属离子等污染物的引入对反应的影响。

③ 操作模式。不同的操作模式，影响反应体系中反应物浓度的变化及停留时间。

④ 反应器规格。反应器表面积与体积比、流动形态与反应器的几何尺寸等因素，影响反应器内反应物浓度，以及温度的梯度差异。

⑤ 反应器的热散失。小试研发过程，设备规模小，散热效率高，放热反应在此阶段并不能显现出来，人们往往难以关注到反应过程的热效应。但是，随着工程放大和产业规模的

放大，反应的热效应越来越显著，能量转化与传递逐渐成为核心问题，应充分考虑放大过程的热交换和热安全，需要通过反应风险研究，解决能量转化与传递方面的科学问题。

综上所述，化工过程涉及到物质转化与传递、能量转化与传递，以及工程与信息的转化与传递，通过工艺开发实现了物质的转化与传递，通过反应风险研究解决能量转化与传递的科学问题，通过过程与过程强化研究解决工程与信息的转化与传递问题，实现工艺、安全与工程的有机结合与协同创新，解决实验室到产业化的瓶颈问题。

5.1 化工过程放大设计

研究的最终目的是实现产业化，将研究成果转化为商品或市场化的服务，为企业创造效益，满足人们的生活需求，为国家的发展做出贡献。对化工过程来说，实现从实验室研究到工业化成果的产业化应用，要经过工艺研究、反应风险研究及工程化放大研究等过程，系统研究化工过程的物质转化与传递、能量转化与传递及工程与信息转化与传递的科学问题。工艺、安全与工程的有机结合与协同研究，明确了新产品、新工艺产业化过程中的传热、传质，物料平衡、能量平衡和操作周期等，这是工艺从实验室走向产业化工艺设计的主要研究内容。

化工过程主要包含两种类型，第一种是传递过程，主要包括质量传递、热量传递和动量传递过程，通常属于没有发生物料组分变化的物理传递过程；第二种是化学反应过程，是化工原料向产品转化的过程，属于物料组分发生变化的化学过程。这两种化工过程体现在所有的化工单元操作中。化工生产过程，由多种单元操作构成，其中流体的输送、过滤、沉降、固体流态化等单元操作属于动量传递过程，加热、冷却、蒸发、冷凝等单元操作属于热量传递过程，蒸馏、吸收、萃取、干燥等单元操作属于质量传递过程，这些化工单元操作，包括有化学反应发生的操作，往往在化工过程中交叉发生。化工过程放大是新产品开发过程中的必由之路，其基础是研究物质转化与传递、能量转化与传递，以及工程与信息的转化与传递，在新产品或是新工艺产业化过程中，必须弄清楚整个工艺路线的物质、能量、工程与信息转化与传递的全过程。

研究物质转化与传递、能量转化与传递及工程与信息的转化与传递，其理论基础是经典的流体连续性方程。连续性方程是表达流体流动状态时的质量守恒关系式，是化工过程最基本、最重要的微分方程之一。该方程假设流体是连续介质，在运动的过程中，流体充满了整个场所，并在场所内连续不断地运动。由微分质量衡算得到。在直角坐标系中，三维空间内取某个固定位置、固定尺寸的微元体积，其各空间方位对应的边长分别为 dx、dy 和 dz，假设流体在运动场中任何一点（x、y、z）在各空间方位方向对应的速度分量分别为 U_x、U_y、U_z，流体密度为 ρ，根据质量守恒定律得到：

输出的质量速率－输入的质量速率＋累积的质量速率＝0

空间微元体积输入和输出的质量速率可按 x、y、z 三个方向分别考虑，可推导得到直角坐标系的连续性方程：

$$\frac{\partial \rho}{\partial t}+\frac{\partial(\rho U_x)}{\partial x}+\frac{\partial(\rho U_y)}{\partial y}+\frac{\partial(\rho U_z)}{\partial z}=0 \tag{5-1}$$

连续性方程可适用于稳态流动和非稳态流动、理想流体和非理想流体、可压缩流体和不可压缩流体以及牛顿型流体和非牛顿型流体。

将式（5-1）展开，得到下式：

$$\frac{\partial \rho}{\partial t}+U_x \frac{\partial \rho}{\partial x}+U_y \frac{\partial \rho}{\partial y}+U_z \frac{\partial \rho}{\partial z}+\rho(\frac{\partial U_x}{\partial x}+\frac{\partial U_y}{\partial y}+\frac{\partial U_z}{\partial z})=0 \tag{5-2}$$

式（5-2）左侧前 4 项为密度 ρ 的随体导数，即：

$$\frac{\partial \rho}{\partial t}+U_x \frac{\partial \rho}{\partial x}+U_y \frac{\partial \rho}{\partial y}+U_z \frac{\partial \rho}{\partial z}=\frac{\mathrm{d}\rho}{\mathrm{d}t} \tag{5-3}$$

将式（5-3）代入式（5-2），可得：

$$\frac{\mathrm{d}\rho}{\mathrm{d}t}+\rho(\frac{\partial U_x}{\partial x}+\frac{\partial U_y}{\partial y}+\frac{\partial U_z}{\partial z})=0 \tag{5-4}$$

对于不可压缩流体，密度 ρ 为常数，且不随时间和空间位置变化，因此对于稳态流动和非稳态流动，不可压缩流体的连续性方程相同，均为：

$$\frac{\partial U_x}{\partial x}+\frac{\partial U_y}{\partial y}+\frac{\partial U_z}{\partial z}=0 \tag{5-5}$$

在研究某些具体场合时，为方便计算，可根据场景需要，使用柱坐标系或球坐标系。柱坐标系或球坐标系流体连续性方程同样可以取固定空间位置、固定尺寸的微元体积，根据质量衡算进行推导。

不可压缩流体的柱坐标系连续性方程如下：

$$\frac{\partial \rho}{\partial t}+\frac{1}{r}\times\frac{\partial(\rho r U_r)}{\partial r}+\frac{1}{r}\times\frac{\partial(\rho U_\theta)}{\partial \theta}+\frac{\partial(\rho U_z)}{\partial z}=0 \tag{5-6}$$

式中　θ——方位角。

对于不可压缩流体，柱坐标系连续性方程可简化为：

$$\frac{\partial U_r}{\partial r}+\frac{U_r}{r}+\frac{1}{r}\times\frac{\partial U_\theta}{\partial \theta}+\frac{\partial U_z}{\partial z}=0 \tag{5-7}$$

同样方法推导得出不可压缩流体的球坐标系连续性方程如下：

$$\frac{1}{r^2}\times\frac{\partial(r^2 U_r)}{\partial r}+\frac{1}{r\sin\theta}\times\frac{\partial(U_\theta \sin\theta)}{\partial \theta}+\frac{1}{r\sin\theta}\times\frac{\partial(U_\phi)}{\partial \phi}=0 \tag{5-8}$$

式中　r——矢径；

θ——余纬角；

ϕ——方位角。

5.1.1 物质转化与传递

工艺开发主要研究物质的转化与传递，研究反应过程各组分间相互作用的反应性及各组分浓度对反应的影响，是化学工艺从小试研究到工业化实施过程所涉及的重要技术内容。物质转化与传递主要分为两个方面：一方面研究化学反应过程中物质转化过程，需要通过基础研究，明确反应历程，获取反应过程各组分间的转化关系；另一方面，要研究反应体系的质量传递规律，获取目标反应性、目标产物收率等信息。

5.1.1.1 化学反应工程

化学反应工程是化学工程的一个重要分支，其主要方向为化学工业过程的反应性研究，研究内容主要包括反应技术开发、反应过程优化及反应器的设计等。现如今，随着化学反应工程学科的高速发展，其应用的领域也日益拓展，已经由原本的化工行业，扩展到环境科学、材料科学、生命科学等多个科学领域，并在这些领域中发挥着不可代替的重要作用。以化工过程为例，化工生产过程通常包括三个重要环节：原料预处理、化学反应过程和产物分离提纯。在这三个环节中，“原料预处理”和“产物分离提纯”大多数情况下是物理过程，在此过程中不涉及化学反应，主要为系统内部动量的交换与传递、能量的交换与传递及质量的交换与传递；而化学反应过程与前两个阶段不同，过程中涉及化学反应，是组分的化学性质发生了改变的过程，在此过程中体系中存在化学能转变为热能、机械能及其他形式的能量变化过程，是工艺开发的核心单元。化学反应工程的核心是研究反应转化率、选择性、产品收率及反应动力学等。

① 转化率、收率和选择性。化学反应过程主要包括反应进度、原料转化率、产品收率及选择性等方面问题，下面将从这几个方面展开论述。

a. 反应进度。在化学反应中，反应原料的消耗量及产品的生成量间存在一定的比例关系，这种关系被称为反应过程的化学计量关系，就是我们常说的反应方程式，如果把方程式用待定系数法配平以后，得到的数字就是计量数。化学计量数的概念应包括其内涵与外延，即化学计量数之比与粒子数之比、物质的量之比、气体体积比、反应速率之比等的关系。

在下面的反应式中，ν_A、ν_B、ν_R 分别是组分 A、B 及 R 的化学计量系数，其中 ν_A、ν_B 为负值，ν_R 为正值。

$$\nu_A A+\nu_B B \longrightarrow \nu_R R \tag{5-9}$$

假设反应开始时，反应体系中组分 A、B、R 物质的量分别为 n_{A0}（mol）、n_{B0}（mol）、n_{R0}（mol），反应进行过程中，在某个时间 t 时，反应体系中组分 A、B、R 物质的量分别为 n_A（mol）、n_B（mol）、n_R（mol），则用终态的值减去初态的值即为反应的量，且有如下关系：

$$(n_A-n_{A0}):(n_B-n_{B0}):(n_R-n_{R0})=\nu_A:\nu_B:\nu_R \tag{5-10}$$

显然 $n_A-n_{A0}<0$，$n_B-n_{B0}<0$，说明反应原料的量在反应的过程中逐渐减少，而 $n_R-n_{R0}>0$，说明产品的量在反应的过程中逐渐增加。式（5-10）也可写成：

$$\frac{n_A-n_{A0}}{\nu_A}=\frac{n_B-n_{B0}}{\nu_B}=\frac{n_R-n_{R0}}{\nu_R}=\xi \tag{5-11}$$

式（5-11）中，相同时间下，反应式中任意反应组分的反应量与其化学计量数的比为定值且均相同，这个比值被定义为 ξ，被称作反应进度，ξ 总为正值。

将式（5-11）推广到任何反应节点，可表示为如下关系：

$$n_i-n_{i0}=\nu_A\xi \tag{5-12}$$

反应进度 ξ 是用于描述一个化学反应的进行程度的化学量，单位为摩尔。

b. 转化率。转化率是指某一反应物转化的百分率，用于表示某个反应进行的程度，其定义如下：

$$X=\frac{\text{某一反应物的转化量}}{\text{该反应物的起始量}} \tag{5-13}$$

由式（5-13）可知，转化率研究的是反应体系中某一原料的改变情况，通常情况下，同一个反应过程中存在多种反应原料，根据不同反应原料计算获得的转化率数值可能不同，但反映的都是同一客观事实。化工反应过程中所用的原料之间的比例通常会与化学计量关系存在差异，研究过程中，选择不过量的反应物作为计算转化率的基准，这种少量的组分被称作关键组分。关键组分转化率的最大值可达到 100%，其余过量组分的转化率小于 100%。

c. 收率。产物的收率是反应在某一时刻，体系中生成产物所消耗的关键组分量与反应起始时该关键组分量的比值，即

$$Y=\frac{\text{生成反应产物所消耗的关键组分量}}{\text{关键组分的起始量}} \tag{5-14}$$

收率和与转化率之间的关系分为两种情况：单一反应的转化率和收率在数值上相等；同时有多个反应发生的体系中转化率在数值上大于收率。

d. 选择性。在复杂反应体系中，会同时发生多个化学反应，除目标反应外，还会有副反应发生，消耗的反应物同时生成目标产物和非目标产物。可以采用反应选择性来描述关键组分转化成目标产物的份额，即

$$S=\frac{\text{生成目的产物所消耗的关键组分量}}{\text{已转化的关键组分量}} \tag{5-15}$$

选择性用来表示反应体系中关键原料的利用程度，复杂反应的选择性在数值上小于1，而单一反应的选择性等于1。转化率、收率和选择性三者的关系可表示如下：

$$Y=SX \tag{5-16}$$

② 化学反应动力学。化学反应动力学是研究化学反应速率以及其影响因素的科学领域，它通过实验和理论分析，揭示了反应速率与反应物浓度、温度、催化剂等因素之间的关系，是研究化学反应工程、反应器设计和工艺分析的重要理论基础。根据反应体系中物质形态的组成，化学反应可分为均相反应和非均相反应，均相反应居多，均相反应的动力学内容详见本书前面的章节，这里将不重复介绍。

③ 反应操作方式。化工行业中，生产设备主要有三种操作方式：间歇操作、半间歇操作及连续操作，对于精细化工行业来说，采用工艺多为间歇、半间歇操作方式。

a. 间歇操作。间歇操作是将反应所需的原料一次性加入反应器内，然后发生反应，在反应达到预期转化率后将反应产物和未反应完全的原料一次性卸出反应器，然后清洗反应器再继续进行下一批反应操作。间歇反应过程是一种非稳态的操作过程。间歇反应器在反应过程中既没有物料的输入，也没有物料的输出，不存在物料的流动。一般实际生产中所用的间歇反应器大多为釜式反应器，对于反应速率慢、产量小的化学品生产过程，可考虑采用间歇反应操作。

b. 半间歇操作。半间歇操作是将一种或几种原料加入反应器，其余一种或几种原料在反应过程中逐渐加入反应器。半间歇操作具有连续操作和间歇操作的某些特点，但是，半间歇反应器的反应体系组成既随时间而变化，也随反应器内位置的变化而变化。

c. 连续操作。连续操作的特点是在反应过程中原料连续进入反应器，产物连续流出反应器。这类采用连续操作的反应器称作连续反应器。连续操作反应过程是一种稳态的操作过程，任何操作参数（温度、浓度以及压力等）都不随时间的变化而变化。大规模生产的反应器通常是连续反应器，它具有产品质量稳定、劳动生产率高、便于实现机械化和自动化等优点。

④ 常见反应器类型。工业反应器是化学反应工程的主要研究对象，其种类繁多，从反应器的结构特点来分类，可以分为以下几种类型：

a. 管式反应器。管式反应器的结构特征为反应管的长度远大于其直径，使管内物料流动的方式接近于活塞流。管式反应器可以进行均相和非均相反应，通常采用连续操作的方式，与连续釜式反应器相比较，管式反应器可以得到更高的转化率。在石油化工行业中，轻油裂解生产乙烯所用的裂解炉多采用管式反应器。当管道小到一定程度时，也称为微通道反

应器，微通道反应器由于反应器持料量少，能量规模小，安全系数提高。微通道反应器的适用范围有一定的局限性，例如要求满足反应速度快、停留时间短等条件。

b. 釜式反应器。釜式反应器多用于液液均相反应，也可用于气液反应、液液反应、液固反应等非均相反应。釜式反应器高度通常与其直径相等或稍高，釜内设有搅拌装置和挡板来提高反应物料的混合程度。根据反应热效应特点，可以不使用换热器，也可以安装换热器或在釜外安装夹套进行换热。釜式反应器的操作方式可以是间歇、半间歇或者连续操作，对于连续流动釜式反应器还可以按照工艺需要采用多级串联操作方式。

c. 塔式反应器。塔式反应器一般是直立设备，反应器的高度一般为直径的数倍甚至十余倍。塔式反应器主要用于两相流体反应，因此，反应器塔内常设有可提供两相接触的元件，例如填料、塔板等。根据内部两相接触情况，塔式反应器可以分为填料塔、板式塔、鼓泡塔、喷雾塔等。填料塔内装有填料，两相在填料表面接触进行反应。板式塔内两相在塔板上进行接触发生反应，可用于气液反应和液液反应。鼓泡塔多用于气液反应，气体以气泡形式通过液体相，进行反应。喷雾塔也是用于气液反应，气液两相呈逆流流动，液相成雾滴状喷淋下来，气体从塔底向上流动，从而实现气液接触反应。

d. 固定床反应器。固定床反应器的结构特点是反应器内填充固定不动的固体颗粒，这些颗粒可以是催化剂，或者是固体反应物。固定床反应器是一种被广泛应用的多相反应器。对于放热反应，通常使用冷的原料作为热载体，借此将其预热至工艺温度，然后进入床层，这种反应器称为自热反应器。此外，也有在绝热条件下进行反应的固定床反应器。除多相催化反应外，固定床反应器还可用于气固及液固非催化反应。

e. 流化床反应器。流化床反应器是一种固体颗粒参加反应的反应器，与固定床反应器不同的是这些颗粒始终处于运动状态，且运动的方向为四面八方。一般可以分为两类，一类是固体被流体带出，固体经分离后可以循环使用，称为循环流化床；另一类是固体在流化床反应器内运动，流体与固体颗粒所构成的床层类似沸腾的液体，故又称为沸腾床反应器。

f. 移动床反应器。移动床反应器也是一种有固体颗粒参加反应的反应器，与固定床反应器相似，不同点在于固体颗粒自反应器顶部被连续加入，自上而下移动，从底部卸出，若固体颗粒是催化剂，则通过提升装置将其输送至反应器顶部后返回反应器内。反应流体与颗粒构成逆流，此类反应器适用于催化剂需要连续再生的催化反应和固相加工反应。

5.1.1.2 质量传递

物质在介质中由一部位向另一部位迁移的过程称为质量传递。质量传递的主要动力是浓度差，在含有两种或两种以上组分的体系中，高浓度组分会向低浓度组分移动，最终使体系达到浓度的平衡。在实际的化学工业生产过程中，质量传递现象较为普遍，例如精馏、萃取、吸收、分离等操作过程均涉及质量的传递，质量传递主要分为分子扩散及对流传质两种方式。分子扩散又被称为分子传质，是指分子、原子等在浓度差的推动力下发生热运动所引起的空间位移现象，与系统内的宏观流动没有任何关系。对流传质是指运动流体与壁面或与另一股流体间发生的质量传递，该现象由流体的宏观热运动所致，仅存在于流动的流体中。

质量传递、动量传递及热量传递是传递理论的主要研究内容。三种传递的运动规律相近，因此数学表达方式也相似，研究过程中，三种传递的研究方法、理论内容及分析方法可相互借鉴。质量传递过程主要研究的问题为体系中物质的浓度分布状态和传质速率的计算。通常情况下，工业化研究的质量传递过程多发生于混合物中，描述混合物中各组分间的变化关系要比单组分复杂。需要在一定的研究基础上开展传质过程研究，研究前应明确多组分混合物中单一组分传质的基本概念及数学关系式。

① 混合物的组成。对于混合物，其中各组分的浓度可以有多种表达形式，一般采用单位体积内某一组分的质量或物质的量表示，称为该组分的质量浓度和或者物质的量浓度。

a. 质量浓度。组分 i 的质量浓度 ρ_i 的定义为单位体积混合物中组分 i 的质量，即：

$$\rho_i=\frac{m_i}{V} \tag{5-17}$$

式中 ρ_i——混合物中组分 i 的质量浓度，$kg \cdot m^{-3}$；

m_i——混合物中组分 i 的质量，kg；

V——混合物的体积，m^3。

混合物的总质量浓度 ρ 可表示为：

$$\rho=\sum \rho_i \tag{5-18}$$

单组分的浓度常常用质量分数来表示，即混合物中单组分的质量与混合物的总质量之比。质量分数的定义式为：

$$w_i=\frac{\rho_i}{\rho} \tag{5-19}$$

式中 w_i——混合物中组分 i 的质量分数,%。

b. 物质的量浓度。物质的量浓度其定义是单位体积混合物中某组分的物质的量，即：

$$c_i=\frac{n_i}{V} \tag{5-20}$$

式中 c_i——混合物中组分 i 的物质的量浓度，$kmol \cdot m^{-3}$；

n_i——混合物中组分 i 的物质的量，kmol。

混合物的总物质的量浓度 c 可表示为：

$$c=\sum c_i \tag{5-21}$$

单组分物质的量浓度还可采用摩尔分数来表示，是某组分物质的量占混合物总物质的量的比值。如对组分 i 摩尔分数可表示为：

$$x_i=\frac{c_i}{c} \tag{5-22}$$

式中 x_i——混合物中组分 i 的摩尔分数,%。

一般常以 x 来表示液相中的摩尔分数，以 y 来表示气相中的摩尔分数。根据道尔顿分压定律，对气体可表示为：

$$y_i=\frac{c_i}{c}=\frac{p_i}{p} \tag{5-23}$$

c. 质量浓度与物质的量浓度之间的关系。由质量浓度和物质的量浓度的定义，可以得到它们之间的关系满足：

$$\rho_i=c_iM_i \tag{5-24}$$

$$\rho=cM \tag{5-25}$$

质量分数和摩尔分数的关系为：

$$w_i=\frac{x_iM_i}{\sum_{i=1}^{N}x_iM_i} \tag{5-26}$$

$$x_i = \frac{w_i/M_i}{\sum_{i=1}^{N} w_i/M_i} \tag{5-27}$$

② 多组分系统的运动速度。流体的相对运动速度需选定参照的基准，不同的参照基准下，流体的相对运动速度也有所不同。

a. 以静止坐标为参考基准。在双组分混合物流体中，相对于静止坐标系，组分 A 和 B 的速度分别表示为 U_A 和 U_B，当 $U_A \neq U_B$ 的时候，混合物的平均速度定义不同。例如，如果组分 A 和 B 的质量浓度分别为 ρ_A 及 ρ_B，则混合物流体的质量平均速度 U 定义为：

$$U = \frac{1}{\rho}(\rho_A U_A + \rho_B U_B) = w_A U_A + w_B U_B \tag{5-28}$$

同理，如果组分 A 和 B 的物质的量浓度分别为 c_A 及 c_B，混合物流体的物质的量平均速度 U_M 的定义为：

$$U_M = \frac{1}{c}(c_A U_A + c_B U_B) = x_A U_A + x_B U_B \tag{5-29}$$

b. 以质量平均速度 U 为参考基准。以质量平均速度为参考基准时，能够研究各组分的质量相对运动速度。A 组分和 B 组分相对于质量平均速度的扩散速度分别为 $U_A - U$ 和 $U_B - U$。

c. 以物质的量平均速度 U_M 为参考基准。取摩尔平均速度作为参考基准时，能够研究各组分物质的量的相对运动速度。A 组分和 B 组分相对物质的量平均速度 U_M 的扩散速度分别为 $U_A - U_M$ 和 $U_B - U_M$。

相对运动速度表达了某组分相对于总体流动的运动速度，它是由分子的无规则热运动所引起的，又称为扩散速度。组分的绝对速度等于扩散速度和总体流动速度之和。

③ 传质通量。混合物中，某一单个组分在单位时间内通过垂直于传质方向截面上单位面积内的质量（物质的量）称为传质通量，又称为传质速率，其方向与该组分的速度方向一致。与速度表示方法相对应，传质通量常用质量通量或摩尔通量表示，它们都是浓度与速度的乘积。

a. 质量通量。混合物中组分 i 的质量通量单位为 $kg \cdot m^{-2} \cdot s^{-1}$，根据参考坐标的不同，组分 i 的质量通量有以下几种表示方法。

相对于静止坐标，以绝对速度表示时，组分 i 的质量通量为：

$$n_i = \rho_i U_i \tag{5-30}$$

相对于质量平均速度，以相对速度来表示组分 i 的质量通量为：

$$j_i = \rho_i (U_i - U) \tag{5-31}$$

b. 摩尔通量。混合物中组分摩尔通量的单位为 $kmol \cdot m^{-2} \cdot s^{-1}$，同样因参考坐标的不同而有不同的表示方法。

相对于静止坐标，以绝对速度表示时，组分 i 的摩尔通量为：

$$N_i = c_i U_i \tag{5-32}$$

相对于质量平均速度，以相对速度表示的摩尔通量为：

$$J_i = c_i (U_i - U_M) \tag{5-33}$$

c. 菲克定律。由于质量传递主要由于体系内部存在浓度差引起的，因此质量传递的速率（质量通量）与浓度的变化速率（浓度梯度）有关，二者之间的变化规律可以用菲克扩散定律来描述。根据菲克扩散第一定律，在等温等压下，对于一维稳态扩散（沿 x 方向），以质量浓度为基准，则由浓度梯度所引起的质量扩散通量可表示为：

$$j_{Ax}=-D_{AB}\frac{\partial\rho_A}{\partial x}=-D_{AB}\rho\frac{\partial w_A}{\partial x} \tag{5-34}$$

式中 j_{Ax}——组分 A 在 x 方向上的质量通量，$kg \cdot m^{-2} \cdot s^{-1}$；

D_{AB}——组分 A 在组分 B 中的扩散系数，$m^2 \cdot s$；

$\frac{\partial\rho_A}{\partial x}$——组分 A 在扩散方向上的浓度梯度，$kg \cdot m^{-3} \cdot m^{-1}$。

若以物质的量浓度为基准，则摩尔扩散通量可表示为：

$$J_{Ax}=-D_{AB}\frac{\partial c_A}{\partial x}=-D_{AB}\rho\frac{\partial x_A}{\partial x} \tag{5-35}$$

式中 J_{Ax}——组分 A 在 x 方向上的摩尔通量，$kmol \cdot m^{-2} \cdot s^{-1}$；

$\frac{\partial c_A}{\partial x}$——组分 A 在扩散方向上的浓度梯度，$kmol \cdot m^{-3} \cdot m^{-1}$。

整理式（5-30）、式（5-31）和式（5-34）可得：

$$n_{Ax}=j_{Ax}+\rho_A U_x=j_{Ax}+w_A n=-D_{AB}\rho\frac{\partial w_A}{\partial x}+w_A(n_{Ax}+n_{Bx}) \tag{5-36}$$

同理，整理式（5-32）、式（5-33）和式（5-35）可得：

$$N_{Ax}=J_{Ax}+c_A U_{Mx}=J_{Ax}+x_A N=-D_{AB}\rho\frac{\partial x_A}{\partial x}+x_A(N_{Ax}+N_{Bx}) \tag{5-37}$$

式（5-36）和式（5-37）为菲克第一定律的普遍表达式。由公式可以看出，相对于静止坐标，单一组分的总传质通量由两部分组成，其一是由浓度梯度所引起的分子扩散，其二是由于混合物的总体流动而产生的对流扩散。组分的传递是分子扩散和总体流动共同作用的结果，即组分的总传质通量=分子扩散通量+总体流动通量。

④ 质量传递微分方程。在一般的多组分系统当中，浓度和扩散通量表现形式不同，因而相应的质量传递微分方程也不尽相同。

a. 质量传递微分方程通用形式。对于多组分混合体系，当体系中因浓度不同而发生传质时，一般通过建立目标组分浓度分布的传质微分方程来表征其传质过程。对于多组分体系，设定其混合物总浓度 ρ 为常数，目标组分 A 的质量传递的连续性方程为：

$$\frac{d\rho_A}{dt}+\rho_A\nabla\cdot U+\nabla\cdot j_A=0 \tag{5-38}$$

式中的$\nabla\cdot j_A$ 为组分 A 因扩散而引起的质量传递数量。当体系中组分 A 参与了化学反应时，组分 A 的连续性方程式（5-38）转化为：

$$\frac{d\rho_A}{dt}+\rho_A\nabla\cdot U+\nabla\cdot j_A=R_A \tag{5-39}$$

式中 R_A——组分 A 由于化学反应导致的单位体积的质量变化速率，$kg \cdot m^{-3} \cdot s^{-1}$。

结合菲克定律式可衍生出多个方程，适用于多种情形。

b. 质量传递微分方程的单值条件。质量传递微分方程与动量传递微分方程类似，在求解具体问题时，需要获得能够定量描述传递现象的各种单值条件。单值条件包括：

Ⅰ. 几何条件：目标系统的尺寸大小和几何形状。

Ⅱ. 物理条件：目标系统与改变过程有关的物性数据。

Ⅲ. 初始条件：目标系统中扩散相初始时刻浓度与空间坐标之间的关系。

Ⅳ. 边界条件：在质量传递过程中，边界条件一般包括给定边界上的特定组分浓度值，给定边界处的特定组分质量通量或摩尔通量，给定边界处的化学反应速率。

5.1.2 能量转化与传递

5.1.2.1 化工过程能量的转化

在介绍化工过程各种形式能量转化之前，先要介绍下能量转化的相关概念，热量传递的两个基本定律，热力学第一定律和盖斯定律。热力学第一定律表达了热量可以从一个物体传递到另一个物体，也可以与机械能或其他能量互相转换，但是在转换过程中，能量的总值保持不变。盖斯定律表达了反应焓是状态函数，在条件不变的情况下，化学反应的热效应只与起始和终点状态相关，与过程无关。

对于化工生产过程，涉及到多种形式的能量传递与转化过程，在传递与转化过程中，能量总值始终保持不变。例如，通过压缩机、流量泵等装置实现物料的压缩或者输送，在这个过程中涉及机械能、动能、热能的相互转化与传递；在反应器内发生化学反应的过程，搅拌装置始终处于一定转速下，通过搅拌装置实现物料的均匀混合及传质、传热，该过程涉及机械能与动能、热能的相互转化与传递；同样在反应器内发生化学反应过程中，各原料组分间通过化学反应释放反应热，该过程中涉及化学能与热能的相互转化与传递；除了上述操作单元涉及的能量转化与传递外，干燥、分离、结晶、过滤等过程也都涉及不同形式能量间的相互转化与传递。化工过程涉及的物料绝大多数为流体，在研究其能量传递的过程中，还涉及管道内、设备内及绕过物体表面流动时流体的运动阻力、速度分布及压力分布等问题，流体的动量转化与传递是工艺放大不可缺少的重要研究内容；此外，对于一个完整的化工过程，能量的释放主要集中在化学反应的过程，为保证控制条件稳定，操作人员需要通过适当的方法将反应过程中释放的热量及时地移出。因此，明确工程放大过程各种形式能量间的转化关系是控制反应条件平稳、反应过程安全的重要基础。

在总结前人科学研究的基础上，有必要提出表观反应热是过程函数的概念。在化工生产过程中，原料溶解、气体吸收、固体结晶，以及相关的化学反应，在化工生产过程中交叉发生，每个过程都有热行为表现，因此，化工过程涉及的操作单元不同，表观反应热不同，能量转化与传递的要求不同。表观反应热的过程函数特性解析了化学工业的过程相关性。

5.1.2.2 化工过程动量及热量的传递

（1）动量传递 化工过程中，质量传递和热量传递过程多涉及动量传递。所以，动量传递是传递现象的基础，也是化工装置研究和设计的基础。

在流体流动过程中，因速度差引起的分子间的动量传递，可以用牛顿黏性定律来描述，在任一截面 $y=y_0$ 处，单位面积、单位时间内所传递的动量，即为动量通量，表示式如下：

$$F_{yx}\big|_{y=y_0}=-\mu\frac{\mathrm{d}U_x}{\mathrm{d}y}\big|_{y=y_0} \tag{5-40}$$

对于不可压缩流体，流体密度 ρ 为常数，式（5-40）可转化为：

$$F_{yx}\big|_{y=y_0}=-\mu\frac{\mathrm{d}U_x}{\mathrm{d}y}\big|_{y=y_0}=-\nu\frac{\mathrm{d}(\rho U_x)}{\mathrm{d}y}\big|_{y=y_0} \tag{5-41}$$

式中 F_{yx}——x 方向上动量在 y 方向上传递的通量，$\mathrm{N\cdot m^{-2}}$；

μ——黏度，$\mathrm{Pa\cdot s}$；

ν——运动黏度（μ/ρ），又称为动量扩散系数，$m^2 \cdot s^{-1}$。

1877 年波西涅斯克提出了涡流传递通量的概念，表达式为：

$$\tau_{yx,e}=-\nu_e \frac{d(\rho U_x)}{dy} \tag{5-42}$$

当流体处于湍流状态时，传递通量由分子传递通量和涡流传递通量组成，所以，湍流传递的动量通量为：

$$\tau_{yx}^t=\tau_{yx}+\tau_{yx,e}=-(\nu+\nu_e)\frac{d(\rho U_x)}{dy} \tag{5-43}$$

与 ν 不同，ν_e 不是流体的物理性质，它与流动形态、壁面粗糙程度及空间位置都有关。

动量传递的研究基础是牛顿第二运动定律。但与刚性固体不同，流体只要受到很小的外力作用，就能够引起流体内各流层间的相对流动，导致不同流层之间产生复杂多变的作用力，所以对动量传递的研究必须对不同流层之间的作用力进行分析，然后才能够把牛顿第二运动定律应用于流体。为方便研究，需采用微分计算，从微观角度出发进行分析，在流体内取空间 x、y、z 三个方向上均为微分尺寸的控制体进行计算，最终推导出流体流动的最重要和最基本的方程，即纳维-斯托克斯方程，结合连续性方程，能够处理稳态或非稳态下多数流体流动的问题。

纳维-斯托克斯方程仅适用于研究牛顿型（流体黏度可视为常数）不可压缩流体的层流流动。纳维-斯托克斯方程可用向量式表达，即

$$\rho \frac{dU}{dt}=s\rho-\nabla p+\mu \nabla^2 U \tag{5-44}$$

对于层流流动，运用基本微分方程组求解动量传递问题是比较成熟的方法，但是，基本微分方程组是二阶非线性微分方程组，求解较为困难。在实际研究动量传递过程中，通常的求解方法有两种：一是对于简单的层流流动，将非线性微分方程组简化为线性方程进行求解，可解出精确解；二是对于复杂的层流流动，根据问题的特点，抓住其主要方面，忽略其次要方面，对方程组简化后进行求解，可解出解析解。

纳维-斯托克斯方程和连续性方程是描述流体运动规律的基本微分方程。对于不可压缩流体流动，式（5-43）和式（5-44）组成微分方程组描述了动量传递的共同规律，所有流体流动的过程都可用此两式微分方程组描述。而对于某一具体过程，想获得唯一具体的解，需要获得该过程的单值条件。单值条件包括：

① 几何条件：目标流道的几何尺寸和形状。

② 物理条件：目标流体的物理性质。

③ 定解条件：对于非稳态流动，定解条件包括初始条件（初始时刻应该满足的条件）和边界条件（边界上应该满足的条件）；对于稳态流动过程，只有边界条件，无初始条件。

化学工业生产过程中，管道或容器内的流体大部分情况下以湍流的形式运动。为了提高流体的传热系数及传质系数，大部分场合流体的流动形式也被设计成湍流的状态。流体在湍流状态下，分子间的热运动及互相混杂、互相碰撞的漩涡使流体发生动量传递，这时漩涡的动量传递作用要大于分子间热运动的效果。因此，在湍流状态下，流体的运动阻力远远大于层流状态下的阻力。由于湍流状态下往往伴随漩涡的无规则运动，而漩涡的形状及大小又难以预测，故而，湍流状态下流体的运动情况也更为复杂。目前，尚没有较为严格的理论能较好地解决湍流状态下流体的运动问题，仅能根据试验，在一定假设的前提下对湍流状态下的

流体运动进行分析，得到一些半经验或者半理论的关系式。

当流体以湍流形式运动时，流体的内部充满了漩涡，漩涡除了沿着流体流动方向运动外，也会发生各个方向上的高频脉冲运动，运动不规律。流体中漩涡形成的必要条件之一是流体具有黏性，流体黏性使流体内不同流速的相邻层流间产生了剪切力，速度快的流层被速度较慢的流程拖拽，其剪切力的方向与流体流动的方向相反，同时速度较慢的流体会受到一个拉力，其剪切力的方向与流体流动的方向相同，方向相反的两组剪切力在流体内部形成了流力偶，这就是产生漩涡的必要条件。流体中漩涡形成的另一个必要条件是流层间的波动，流层因某种原因产生了轻微的波动，流层受到了横向的压力，在此压力下又加剧了流层的波动，最终流层在横向压力及剪切力的共同作用下形成了漩涡。流体在发生湍流流动时，内部不断地产生漩涡及交换，流层中各质点的运动轨迹毫无规律，质点的速度及方向一直随时间的变化而不断变化，所以认为湍流是一种非稳态的流体运动形式。流体中物理量（速度、黏度、压力）的表述方式有瞬时量、时均量及脉动量等，流体内某点在某一瞬时状态下的物理量称为瞬时量，瞬时量一般围绕平均值上、下波动，在某一时间段内该点各瞬时量的平均值被称作时均量。

流体的所有运动形式都遵循牛顿第二定律及质量守恒定律。层流及湍流的根本区别在于湍流状态下流体各质点的高频脉动使流体内的参数随时间发生不断的变化，瞬时量采用时均量及脉动量之和来表示，且此状态下脉动量的时均值为零，湍流可按时均值处理，进而降低湍流问题的分析难度。时均量概念的引入为流体湍流状态研究带来了很大的方便，但是，瞬时量的时均化处理只是一种简化问题的方法，当进行湍流流体的物理本质研究时，还应考虑质点脉动及质点间相互混杂发生动量交换对流体运动的影响，否则会带来较大的误差。为了避免上述问题，雷诺引入了瞬时速度，建立了以应力表示的运动微分方程，对各项进行时均值处理，得到了描述流体湍流运动的新方程，即雷诺方程，雷诺方程能够形象地描述脉动产生的影响。

（2）热量传递　热量传递简称为“传热”，是自然界普遍存在的物理现象。根据热力学第二定律，凡是有温度差别存在的物体之间，就会有热量从高温处向低温处传递的现象，所以，在工业生产及日常生活中都时常涉及传热过程。化工生产过程与传热过程关系非常密切，因为在化工生产过程中，多数单元过程均需进行加热或冷却，例如，为保证化学反应在某一温度下进行，就需要向反应器输入或移出热量；化工设备的保温、蒸发、精馏、吸收、萃取、干燥等单元操作都与传热相关。

根据传热机理的不同，传热可分为三种基本方式，即热传导、对流传热和热辐射。热传导又称导热，是指热量从物体高温部分向低温部分传导，或从一个高温物体向一个与其接触的低温物体传递的过程。对流传热是依靠流体的宏观位移，将热量从一处带到另一处的传递现象，在化工生产中的对流传热一般指流体与固体直接接触时的热量传递。热辐射又称为辐射传热，是指因热量的传递产生的电磁波在空间传递。热传导和对流传热是通过介质才能进行热量传递，而热辐射可以在真空中进行传播，例如，地球和太阳之间，热传导或对流传热无法实现，但可以通过热辐射传热。在传热形态中，各点的温度分布不随时间变化的传热过程为稳态传热。稳态传热时各点的热流量不随时间变化，连续生产过程中的传热过程多为稳态传热，传热体系中各点的温度随空间变化的传热过程为非稳态传热。除此之外，热传递的作用方式主要有无搅拌状态下反应器的热传递及有搅拌状态下反应器的热传递两种，本节将从热传递的三种基本方式、不同搅拌状态下反应器中热传递的作用、传热计算以及传热强化等方面介绍热传递。

① 热传导。热传导基本上可以看作是靠温度差为推动力的分子传递现象，体系中各点存在温度差异是热传导发生的必要条件，热传导的传热速率取决于物体内部温度的分布。傅里叶定律是热传导的基本定律，表示为单位时间内通过给定截面的热量，正比于垂直于该截面方向上的温度变化率和截面面积，即：

$$\psi=-\lambda A\ \frac{\partial T}{\partial n} \tag{5-45}$$

式中 ψ——热流量，W；

λ——热导率，$W\cdot m^{-1}\cdot ℃^{-1}$；

A——导热面积，m^2；

$\frac{\partial T}{\partial n}$——温度梯度，$℃\cdot m^{-1}$。

式（5-45）中负号表示热流量方向与温度梯度的方向相反。公式中，热导率 λ 是表征物质导热性能的一个物理性质数据，λ 值越大，物质导热速度越快，λ 值的大小与物质的组成、结构、密度、温度、湿度等因素相关。一般情况下，金属的热导率最大，非金属固体次之，液体的热导率较小，而气体的热导率最小。金属热导率通常随温度升高而降低；非金属固体的热导率通常随密度增加而增大，也随温度升高而增大；非金属液体中水的热导率最大，除水和甘油外，绝大多数液体热导率随温度升高而降低，纯液体热导率通常要高于溶液热导率；气体热导率较小，热导率随温度升高而增大。

② 对流传热。对流传热是指流体中由质点位置发生移动而引起的热交换。对流传热只发生在流体中，与流体的流动状况有密切关系。对流传热实质上是流体的对流运动和热传导共同作用的结果。在化工生产中，对流传热常见于流体与固体壁面之间的传热，其传热速率与边界层的状况及流体性质密切相关。无论流体被加热或被冷却，壁面与流体之间对流传热均可用下式表达。

$$\psi=hA\Delta T \tag{5-46}$$

式中 h——表面传热系数，$W\cdot m^{-2}\cdot ℃^{-1}$；

A——传热面积，m^2；

ΔT——壁面温度与壁面法向上流体的平均温度差，℃。

式（5-46）又称为牛顿冷却定律，其中表面传热系数 h 是指壁面和流体之间具有单位温差时，单位时间内通过单位传热面积的热流量，其数值大小反映了对流传热过程中热交换的强弱程度。表面传热系数 h 与热导率不同，它不是流体自身的物理性质，而是流体的物性、流动状态、流动空间形状、大小位置等许多因素的综合反映。虽然表面传热系数 h 表面形式上很简单，但并未揭示出对流传热过程的实质，只是将影响对流传热的一切复杂因素都包含在表面传热系数 h 之中。

表面传热系数 h 除了与热边界层的状况相关外，还与流体的物性、流体的流动状况、相变化等因素有关。对表面传热系数 h 影响较大的流体物性有比热、热导率、密度及黏度等。通常情况下，这些因素的影响规律为，流体的比热容量越大，表面传热系数 h 越大；流体的热导率越大对传热越有利，表面传热系数 h 越大；流体的黏度越大，越小的雷诺数对流动和传热均不利，所以表面传热系数 h 也越小；流体流动过程中，在其他条件相同时，流体的流速增加，雷诺数也增大，表面传热系数 h 随之增大，因此，湍流流动时的对流传热效果要好于层流流动；在传热过程中，若流体发生相变化，则影响表面传热系数 h 的因素相应增加，流体发生相变时的表面传热系数比未发生相变时的大得多。

③ 热辐射。热传导和对流传热都需要物体直接接触传递热量，传递过程需要介质，而热辐射则不需任何介质，能量以电磁波的形式向外发射，可以在真空环境中传播。电磁波的波长范围极广，但能被物体吸收从而转变为热能的辐射线主要有可见光和红外线两部分，二者统称为热射线。任何热力学温度在零开以上的物体，都能进行热辐射。热辐射能力与物体温度相关，物体的温度越高，热辐射的作用也越大，高温时，热辐射起决定作用，温度较低时，若对流传热不是太弱，热辐射作用相比较小。只有气体在自然对流传热或低气速的强制对流传热时，热辐射作用才不能忽略。

热辐射与可见光一样，具有反射、折射和吸收等特性，传播规律符合光的反射和折射定律，能在均匀介质中进行直线传播。热辐射可以完全透过真空和大多数气体，但对于固体和液体，绝大多数情况下热辐射则不能透过。假设单位时间投射到某一物体上的总辐射能为 I，一部分能量 I_A 被吸收，一部分能量 I_R 被反射，余下能量 I_D 透过物体。根据能量守恒定律，可得：

$$I_A+I_R+I_D=I \tag{5-47}$$

即

$$\frac{I_A}{I}+\frac{I_R}{I}+\frac{I_D}{I}=1 \tag{5-48}$$

式中 I_A/I——物体的吸收率；

I_R/I——物体的反射率；

I_D/I——物体的透射率。

当吸收率（I_A/I）=1 时，表示辐射能全部被物体吸收，物体称为黑体或绝对黑体；当反射率（I_R/I）=1 时，表示辐射能全部被物体反射，物体称为镜体或绝对白体；当透射率（I_D/I）=1 时，表示辐射能全部透过物体，物体称为热透体。自然界中不存在绝对的黑体和绝对的白体。

（3）非搅拌反应器中的热传递　实际生产过程中，并不是所有反应系统都设置搅拌，有些工艺中并不适合采用搅拌，例如，无机金属反应、单体聚合反应、多组分聚合反应、固定床催化反应及活塞流反应等。虽然开发出了多点测温技术用作非搅拌容器中失控状态的研究，但是，该方式并不总能检测到热点的出现。有些情况下，如果放热反应系统中无搅拌存在或者搅拌中途停止，体系中的热量将很难散失，就会出现热失控的危险情况。自然对流情况下，液体上部会出现界面，典型实例是硝化反应，在没有搅拌的情况下，反应体系中的无机物与有机反应物分层，从而发生严重的热失控，产生大量的气体产物。另一个非搅拌系统的实例是存储状态下的物质反应，要避免非搅拌情况下垂直圆柱形容器的中心顶层（可能的热点）的热分解，关键是确保反应流体与冷却流体（可能是周围空气）之间的最大温度差总是小于公式值：

$$\Delta T_{max}<\frac{2RT_m}{E_a} \tag{5-49}$$

式中 T_m——起始冷却温度，℃。

对于充分搅拌的反应器，公式与上述相似，适用于非搅拌无对流液体的公式是：

$$\Delta T_{max}=\theta\frac{2RT_m}{E_a} \tag{5-50}$$

式中 θ——形状系数（板为1.19，圆柱为1.39，球为1.61）。

多数反应的ΔT_{max}值都不是很大，对于100℃时发生的反应，温度每升高10℃，速率增加一倍，ΔT_{max}的值仅为14℃。为了了解失控下的可能情形，实验测量绝热温升以及温升对系统的风险评估十分有用，普遍认为150℃及以上的绝热温升是强放热过程，会造成反应器的损坏。

（4）搅拌反应器中的热传递　如果放热反应在间歇反应器中进行，则反应过程中的产热会有所变化，温度可由外部冷媒控制，反应过程中必须注意保证冷媒的温度不会太低。例如，在半间歇反应器中，使用温度过低的冷媒可能会导致反应混合物温度的下降，从而降低反应速率，这会导致反应物的累积，存在温度失控风险。

反应器内热传递速率的主要影响因素有搅拌的速度和类型、传热表面的类型（盘管或夹套）、反应流体的性质（牛顿型或非牛顿型）和容器的几何形状。生产上常在带搅拌的间歇或半间歇反应器中设置挡板，用来增加热传递速率及湍流程度，如果雷诺数小于1000，添加挡板可以将热传热速率提高至35%。

可以通过夹套、内部盘管及两者并用等方式为间歇、半间歇或连续搅拌反应器提供传热表面。从成本方面考虑，盘管的造价更低，传热系数更高，可允许的操作压力也相对较高，并且更易于维护。但是，如果采用接近容器壁板的大型搅拌器处理高黏度材料，则不能使用盘管，只能采用夹套的方式。另外，污染物是造成反应热失控的潜在因素，如果间歇反应器之间存在交叉污染，为了方便清洗反应器，应优选夹套的形式实现加热。从安全的角度来看，多数情况下采用夹套换热更为合适，但是夹套传热面积会受到容器几何形状的限制。

另一种冷却技术是通过溶剂的相变汽化移出多余的热量，通常采用回流的方式，采用此技术时，必须保证溶剂的量和冷凝器的冷凝功率。

在搅拌反应器中，热量传递方程遵循如下关系：

$$Q=UA_s\Delta T_m \tag{5-51}$$

夹套用于制冷时，总传热系数U值一般在100～600J·m^{-1}·℃$^{-1}$·m^{-2}之间，用于加热时，一般在200～1000J·m^{-1}·℃$^{-1}$·m^{-2}之间。而对于盘管，两种情况下的U值范围分别为200～800J·m^{-1}·℃$^{-1}$·m^{-2}和600～1500J·m^{-1}·℃$^{-1}$·m^{-2}。准确计算U值很重要，可以确定反应器的换热面积。

（5）传热计算　在反应器设计及工艺生产操作条件制定等方面需要应用到传热过程计算。反应器设计是根据反应过程的热力学状态，一方面，通过传热计算确定反应装置中换热设备的传热面积及结构，能够使反应过程中放出热量被及时地移出；另一方面，在设计工艺操作条件时，可以根据已知反应器、换热器的结构参数及公用工程条件，计算设备的传热效果，根据计算结果初步判断换热设备是否能够满足工艺生产需求，同时估计极限热力学状态下反应器的危险性，设计制定相应的风险控制措施。无论哪种传热过程计算，都会应用到总传热速率方程及热流量衡算。

① 总传热速率方程。传热过程总传热速率方程如下：

$$\psi=KA\Delta T_m \tag{5-52}$$

式中 K——总传热系数，W·m^{-2}·℃$^{-1}$；

A——传热面积，m^2；

ΔT_m——平均传热温差,℃。

② 热流量衡算。热流量衡算体现了流体在换热过程中温度变化的相互关系，在无热损失的条件下，稳态传热过程中热流体放出的热流量等于冷流体吸收的热流量。在进行热量衡算时，体系中发生相变和未发生相变传热过程的计算公式有所差别。

对于未发生相变的传热过程，热流量衡算表示如下：

$$\psi=q_{m,h}C_{p,h}(T_{h1}-T_{h2})=q_{m,c}C_{p,c}(T_{c2}-T_{c1}) \tag{5-53}$$

式中 ψ——冷流体吸收或热流体放出的热流量，W；

$q_{m,h}$，$q_{m,c}$——热、冷流体质量流量，$kg \cdot s^{-1}$；

$C_{p,h}$，$C_{p,c}$——热、冷流体比热容，$kJ \cdot kg^{-1} \cdot ℃^{-1}$；

T_{h1}，T_{c1}——热、冷流体进口温度,℃；

T_{h2}，T_{c2}——热、冷流体出口温度,℃。

对于发生相变的传热过程，两流体在换热过程中，一侧流体发生相变化，热流量衡算表示如下：

$$\psi=q_{m,1}C_{p,1}(T_{h1}-T_{h2})=Wr \tag{5-54}$$

两侧流体均发生相变化，热流量衡算表示如下：

$$\psi=W_1r_1=W_2r_2 \tag{5-55}$$

式中 r——流体相变热，$J \cdot kg^{-1}$；

W——相变物流量，$kg \cdot s^{-1}$。

(6) 传热强化 随着化工生产技术水平的提高，化工行业正向着绿色、环保、高效节能等方向快速发展，世界化工的总体形势是在不牺牲环境的情况下，利用更少的能源生产更多的产品，释放最小的污染。在此形势下，逐步强化化工换热设备的换热能力，开发高效节能的设备设施，在较小的设备上实现更大的生产效益，成为化工工业发展的一个重要研究方向。通过式（5-52）可以看出，要提高热流量 ψ，实现强化传热，需要从提高总传热系数 K、传热面积 A、传热温差 ΔT_m 这三个方面来实现。

① 提高总传热系数 K。总传热系数的影响因素比较复杂，可以通过减小体系各项热阻增大系统的总传热系数。减小热阻的方法为：

a. 增大流体湍流程度，减少层流底层厚度。提高流体流速是提高雷诺数的一种常用方式，流速提高可以使流体的湍流状态加剧，但是，从流体力学的关系式可以看出，流速提高的同时也会使流动阻力增加。因此，需要综合考虑流速与流体阻力的关系，在压力降允许的范围内，通过适当提高流体速度增大流体湍流的程度。此外，在管内插入旋流元件、麻花铁、螺旋圈等结构组件，通过不断改变流体的运动方向，也可达到提高湍流程度的目的。

b. 改变传热面形状和增加粗糙度。强化传热效果的另外一种常用方式是增加表面的粗糙度，粗糙的表面能够使壁面处的流体产生边界层分离及漩涡，在粗糙顶峰的地方使流体运动加剧，更能降低层流底层厚度。这种方法对单一的层流流动或粗糙程度较低（粗糙峰仍在层流内层）的情况效果并不明显。

c. 降低污垢热阻。通过冲刷清洗管壁的方式可以清除或减少管中的污垢，在设备运转一定时间后对管壁进行清洗，可有效减少管中的污垢带来的热阻，提高体系的传热效果。

② 提高传热面积 A。增加传热面积是一种简单、直接且很有效的强化换热途径，也是研究最多的一种强化传热方法。增加换热面积的方法比较多，最简单快速的方法是通过增加换热设备件数、改变换热设备尺寸的方式提高换热面积，但这种方法设备投资成本高，对传

热的强化效果也不显著，实际生产中，通常采用结构设计更加有效地增加设备的传热面积，如在换热面开槽、使用波纹管以及增加翅片结构等。

③ 提高传热温差 ΔT_m。在工艺允许的条件下，提高换热介质进、出口的温差同样是强化传热效果的有效方式，例如，加热或者冷却某种物料时，采用的热源及冷源分别为加热蒸汽和冷却水，介质的进、出口温度是可以调节的，在工艺范围内可以通过适当地升高蒸汽压力、增大冷却水流量等方式提高传热温差，达到强化传热的目的。

5.1.3 工程与信息的转化与传递

过程放大另外一个重要的研究内容是化工过程中工程与信息的转化与传递。工程与信息的转化与传递主要体现在两个方面：一方面是实验室规模如何转化为产业化规模，主要是选择符合目标要求的工程方式，以及把实验室获取的数据转化为工业化生产能够应用的数据，为过程放大及产业化服务；另外一个方面是如何通过实验室和微工厂获取的数据进行产业化仿真模拟，提出产业化的工程转化条件，以及实时采集及分析数据，建立实验室、微工厂与化工生产的相关联系。

5.1.3.1 实验室规模数据的信息转化与应用

在进行化工工艺过程的放大之前，应考虑选取合适的仪器设备进行相关技术参数的测试，建立恰当的试验测试方法，在实验室规模下获取放大过程所必要的数据，并且对数据进行修正，获得放大规模及产业化规模下的技术参数。

（1）获取数据的试验方案　获取信息的第一步就是制定合适试验方案，方案要求既能得到所需技术数据又能兼顾反应参数灵敏度。如果试验过程涉及到强放热反应或高含能物质，那么试验可安排在一个小型的半间歇反应器中进行，这是因为小规模实验室设备的冷却能力与大规模设备相比强很多。表 5-1 列出了安全要素、信息需求，以及获取所需信息和数据的方式等核心问题。

表 5-1　安全性要素

问题	内容	获取的数据	可选择的方法
1	物质热稳定性	分解热 分解压力 放热速率 放气速率	DTA/DSC/TSU/ARC/C80
2	反应过程的热特性及反应体系的分解特性	反应热 绝热温升 反应体系的热稳定性	DTA/DSC 杜瓦试验 反应量热 ARC/RSST/VSP
3	副反应情况 杂质的影响	副反应热 反应动力学方程 副产物的热稳定性	
4	反应热累积情况	反应放热速率 反应热转化率	
5	物理原因所造成的温升	热传递 热辐射	测试数据 设计数据

任何不完全的假设都有可能导致错误的答案，比如错误的动力学假设，过大的进料速率，过低的反应温度，错误的反应，不充分的混合，甚至是意外引入杂质都可能造成反应物

或中间物的累积。同样，反应过程中存在很多因素能造成额外的热量生成。物质的安全处理还需要考虑副反应产物，以及研究冷却能力、原料的添加及回流条件、催化剂、杂质、污染物及溶剂对生成热、产率和选择性的影响。虽然试验方案大体相似，但是实际上具体细节却多种多样。

（2）系统研究　系统中各组成部件的物理状态对整个系统的危险评估具有显著影响。搅拌器的类型、位置、一个或多个混合平面、混合速率、容器的几何形状和挡板结构等都是影响产量和选择性的重要因素，尤其是带搅拌的两相系统。对于液-固系统，混合速率取决于悬浮固体颗粒所需的力。对于低混合速率下的气-液系统，气体可能从反应的液体中流过，导致较小的界面面积。在较高的混合速率下，气泡尺寸减小，从而增大了界面面积。气体流动的增加（较大的表面动力）可能导致反应器的全覆盖。混合的状态决定了质量传递，特别是对于非均相系统。液-液系统中的质量传递只能发生在两层的界面处，混合速率突然增加，接触面积将会增加，例如，打开搅拌器后紧接着停止，将导致转化率的快速增加并因此产生热量。

至于液-气反应，通常搅拌器在低速下运行，搅拌器的速度增加会加强质量传递，实现更高的反应速率。在设计系统的时候必须考虑到超出普通操作之外的动作，如果混合不充分或者分散系统不好，可能会导致反应物的累积。如果反应物在开始就存在累积，随反应进行，累积逐渐增加，很可能会引发失控反应。由此可见，为了得到可信的动力学数据，必须要考虑混合的效果。质量传递系数，很大程度上由混合效果决定，特别是在混合物系统中。

（3）试验结果　依据合理有效的试验方案开展相应的试验测试，能够获得各项化工过程放大所需要的重要数据，其中包括工艺优化数据、安全数据及工程设计数据。以反应热为例，通过反应量热、微量热、绝热量热等测试方法及相应的设备装备，能够获得反应过程最大生成热和绝热温升数据。绝热温升提供了绝热情况下体系发生失控的热特性。为了确定实验过程的热力学和动力学，需要根据原料、中间体、最终产物和副产物的温度特性，获取特定温度限值范围内的数据。例如，如果最佳温度为 T，可使温度在 $T\pm25$℃之间波动，也可以根据工艺特性选择合适的温度波动范围，进而获得一定温度范围内的反应热力学数据。

对于简单的间歇/半间歇反应，可以采用阿伦尼乌斯作图法直接确定活化能和指前因子。在半间歇系统中，反应方程式是已知的，因为反应物的浓度在不同温度下具有差异性，想要获得半间歇系统的活化能就比较困难，可通过求取表观活化能或拟合不同的反应级数的方法获得活化能的值。

总热效应通过试验和计算来获得。总热效应是放热速率对反应时间的积分，可以通过放热速率与时间的对应关系求取在反应过程中的转化率，通常情况下，化学分析显示的值和化学热测定值基本一致。绝热温升可以通过总放热量和反应器内容物的比热容计算，相关参数均可通过反应量热、微量热、绝热量热等恰当的测试方法来获取。

对于小规模的慢速反应，反应过程中反应器本身也吸收热量，必须对测试结果进行校正。对于大规模反应器的快速反应，体系接近绝热状态，在放大规模时必须考虑这一方面。实际应用中，在小规模设备中获得的测试数据需要谨慎使用。体系失控后，反应系统的最高温度的计算依据绝热温升的测试结果，即 $T_{max}=(T_r+\Delta T_{ad})$。实际上，如果在 T_r 和 $T_r+\Delta T_{ad}$ 之间发生其他放热反应，则绝热温升的计算结果就会低于实际情况。因此，必须确定在较高温度范围内是否存在发生其他副反应的可能性，才能够确定体系热失控的程度。

在大多数小规模反应仪器中，还可以进行绝热试验，进行此类测试时，必须采取预防措施以避免在最后阶段发生不可控制的热失控反应。从绝热的试验中，可以获得类似副反应或分解反应开始的温度以及可能的控制要求。当绝热温升超过 50～100℃，应使用差示扫描量热仪、快速筛选量热仪或绝热加速量热仪等测试手段获得类似信息更为安全，因为这些仪器使用样品的量相对较小，可有效降低测试设备中发生不可控行为的可能性。

通常情况下，实验室规模测试过程中，反应期间产生的所有热量可完全被冷却介质移除。反应最大放热速率决定设备最大冷却能力，因此，可以限定空气冷却及高湍流液体冷却系统的类型和容量，如果冷却能力受到限制，则必须通过降低反应温度或降低加料速率来降低最大放热速率。需要注意的是，在间歇反应中使用温度过低的冷却剂，也可能导致热失控。

(4) 实验室规模试验结果的放大　对于放大过程数据的信息转化与应用，关键问题是实验室规模测试结果的放大应用，在本节将针对绝热加速量热测试结果及泄爆口尺寸测试结果的放大应用进行简要介绍。

① 绝热加速量热测试结果的放大。绝热加速量热测试数据可用于确定分解过程体系温升速率、压升速率和最大压力，可用于计算重要的反应热及分解热。使用最大压力也可以计算单位质量物料反应产生的气体量，该参数可用于反应器设计和工厂布局设计。温升速率和最高温度值可以用来估算失控时间，绝热加速量热测试的结果可用于工艺设计开发。Kohlbrand 等人提出了使用绝热加速量热测试数据开发未冷却储罐的应急控制的策略，将活性单体混合物在 6h 内连续加入到 $10m^3$ 的罐中，混合物保持非黏性直至转化率达到约 40%，水箱充满 40%，产生 $8m^2$ 的有效传热面积。但是，需要对实验室规模的绝热加速量热测试进行校正。例如，在绝热条件下，温度由 45℃（起始温度）升高至 95℃大约需要 675min，这样的测试结果基于初始放热速率（即在 45℃下为 0.025℃ · min^{-1}），该测试结果仅仅表示在一定 phi 值条件下的测试结果，但是，实际生产过程中，反应器内物料的温度及热交换环境往往与实验室规模存在一定差异，这时候技术人员需要对实验室规模获得的绝热加速量热测试结果进行修正，获得工业化规模下所需要的安全性数据。

② 泄爆口尺寸测试结果的放大。$100cm^3$ 的测试规模意味着在某些情况下，测试的样本可能无法完全代表工业化规模时系统在极端情况下内部的热力学及动力学特性。这方面的研究需要使用 PhiTec（一种超压泄放研究装置）或 VSP 试验获得的数据，这两种测试数据可以应用于各种泄爆口尺寸设计，用来获得单相或两相泄放口尺寸。在泄爆口尺寸试验研究过程中，热失控过程的泄放类型与系统中蒸气和气体的性质有关。对于一个纯蒸气体系，热失控可由溶剂的蒸发焓控制。对于气体体系，黏度是非常重要的参数，热失控的泄放过程取决于体系中蒸气和气体的比例。此外，在实验室规模测试过程中，应充分考虑 phi 值及试验样品量对放大的影响，一方面，测试体系的 phi 值应与工业化规模的热交换条件一致；另一方面，测试的样品量应尽量接近于工业化规模的投料量，这样测试的结果更贴近于工业化系统内部的热力学及动力学环境。

5.1.3.2 产业化数据的采集与反馈调节

工艺经小试试验放大研究后，进入中试及产业化阶段，通常情况下，中试及产业化生产过程应通过自动控制系统来实现温度、压力、流量、加料等工艺参数的控制，整个过程是将工艺过程数据转化为自动控制系统的控制程序和控制参数。自动控制系统是多个自动控制装置的集成，通过各控制电子部件实现生产过程中的动作控制和重要参数的自动调节，目的是在工艺受到外部影响出现偏离时，及时地对工艺参数进行调整，将工艺参数控制在目标范围内。针对化工自动化生产而言，大多数是连续性的生产过程，各设备互相关联，当其中某一设备的操作条件发生改变后，都可能引发其他设备设置化学反应的偏离，这时候就需要自动控制系统根据操作者设置的数值进行参数调整，满足工艺需求。

操作者所设置的参数对自动控制系统的调节能力有着决定性的作用。小试及中试生产过程中，通过在线设备的数据收集使工艺研发、放大人员对工艺有直观的认识，在这些阶段，由于生产规模较小，反应体系的换热能力相对较强，可以通过开展温度偏离、压力偏离、加料偏离等条件试验研究极端情况下反应体系的热力学及动力学特性，通过差示量热、快速筛选量热、绝热量热、反应量热等试验方法获得不同条件下反应体系的敏感性参数，获取敏感性参数与工艺条件的因果关系，依据敏感性参数设置自动控制系统的控制参数，自动控制系统根据设置的参数进行工艺反馈调节。例如，在进行某个化学反应过程中，正常工艺条件下的反应温度为60℃，反应器通过夹套内的冷却水移出反应过程放出的热量，整个工艺过程中通过自动控制系统实现工艺过程数据的采集及反馈调节。反应风险研究结果表明，该反应对温度较为敏感，当温度超过75℃，体系会引发副反应，副反应的放热量及放热速率较为显著，一旦引发副反应，可能导致反应的热失控。放大及设计人员根据反应风险研究结果，对自动控制系统进行参数设置，将报警温度设置为70℃，报警后立即启动应急措施，自动控制系统采用停止加料、增加冷却介质流量、降低冷却介质进口温度等方式实现温度调节，控制措施与体系的温度实现数据的交换与反馈，构成放大及生产过程数据的信息转化与传递。

5.1.4 本质安全策略

一般来说，所有安全工作的目的都在于降低危险事故的可能性和严重性。用于降低事故概率的措施称为预防措施，用于降低事故严重性的措施称为保护措施或缓解措施。众所共知的本质安全策略有替代、最小化、简化和缓和，基于这些本质安全策略，进行合理的工艺流程设计是实现工艺过程本质安全应遵循的原则，在大规模应用和产业化之前，应该按照化学品、化学反应和反应失控分类，对确定的工艺过程开展反应风险研究和工艺风险评估，落实风险控制措施，打开本质安全设计的技术内核，在设计过程中防范和控制风险。

实现本质安全的第一步是鉴别和理解化工过程基本的热动力学数据，安全系统性的方法需要的信息包括：系统的能量平衡；目标反应和非目标反应的放热速率曲线；反应速率和反应动力学；失控反应的潜在后果；工艺本身的安全隐患及防控措施。

5.1.4.1 本质安全经验法则

化学反应的热危险基于其发生热失控的潜在严重性和可能性。在固有安全的设计中，应该充分考虑这两个因素，可以通过以下方法来减轻其潜在严重性危害。

① 在工艺可接受范围内操作，避免反应性物料的累积，稀释反应物，使用高比热容物质。

② 缩小反应器尺寸，减少反应器中潜在危险物料的总量。

③ 在安全操作范围内进行。

④ 提供充足的冷却能力，应对紧急事件。

获取反应过程放热特性、目标反应及副反应放热特性、反应动力学方程、冷却失效情况下体系的热效应，以及失效模型及最坏后果等信息，将帮助我们找出方法，降低热危险严重性和可能性的等级。

5.1.4.2　设计和操作中的本质安全策略

工厂设计本质安全性可通过过程危害评估来进行量化的判断，评估的方案如图 5-1 所示，图中显示了评估所需的基本数据。其中，反应焓和反应物质比热容决定了体系释放的所有热积聚在反应器中（即在绝热条件下）可能出现的最大温升，活化能、反应速率常数和反应焓是决定放热速率的重要参数，通过这些参数能够确定热失控状态下体系所需要的移热能力。

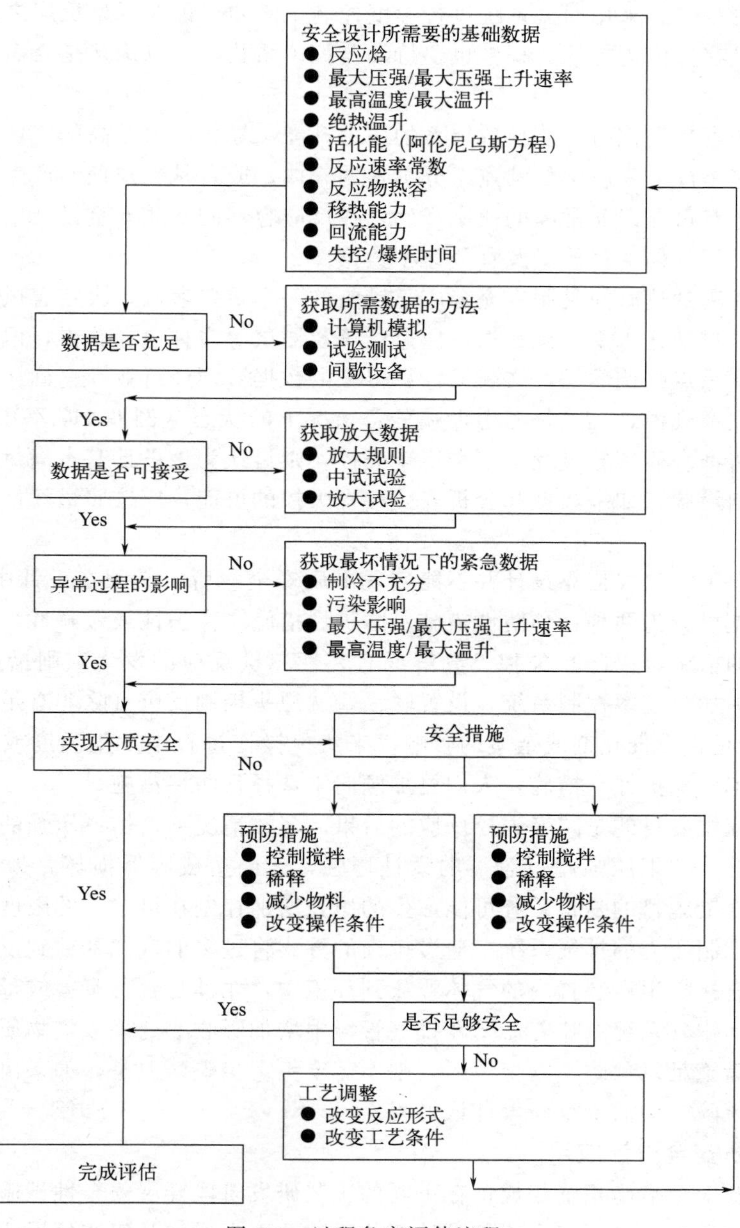

图 5-1　过程危害评估流程

在实际生产过程中，只要操作参数在控制范围内，温度升高本身并不危险，只有当发生二次反应或当温度控制失败时，温度的升高才会导致失控反应。对于放热过程，可以通过多种方式进行冷却，比如使用独立的冷却系统或回流系统。采用冷却系统的方式，需要使用冷却剂通过热传导完成热量的移出。采用回流系统，通常是在反应系统中加入溶剂，所选溶剂的沸点应该小于或等于反应器的温度上限，反应产生的所有热量可通过沸腾溶剂的蒸发焓移出，汽化后的溶剂经过反应器顶部的冷凝器将热量换出，重新冷凝成液态并回流至反应器。在回流状态下，安全操作的基本因素和溶剂或稀释剂的性质（沸点、蒸发焓）、溶剂的用量（取决于最大蒸发率）、回流系统的冷却能力（必须冷凝足量的蒸发性稀释剂），以及冷凝溶剂的回流流速等相关。采用回流系统进行温度控制，必须保证在开始反应之前体系中存在足够的溶剂，并且在反应进行的过程中也要持续监控体系状态，以确认是否需要补充额外的溶剂/稀释剂。

反应过程中发生失控时可能导致体系的压力升高，导致压力升高的气体可能是目标反应的产物，也可能是反应物料中低沸点组分蒸发的气体，或者是失控期间产生的副产物。在失控条件下，气体有可能以非常高的速率产生，在反应容器的本质安全设计中，必须掌握常规操作和紧急条件下气体的释放量及释放速率数据。

最大反应速率到达时间是制定充分应急措施的一个重要参数，决定着风险控制措施的完善性及其操作的自动化水平，该数据可通过计算及测试等多种途径获得，但是需要确保数据的可靠性，需要重点强调的是，文献或计算得来的数据必须经行业专家确认。获得的数据必须确认适用于生产规模，尤其是考虑极端危急情况下的状态（例如 HAZOP 分析）。如果所有的数据和分析都表明试验过程中不会出现失控，则可认为该设计基本满足本质安全，不需采取额外的控制措施；如果数据和分析表明存在失控的可能，应按照最坏情形设计和构建反应器。

大多数情况下，仅仅依靠设计并不能实现本质安全，所以必须在设计中采取控制措施。使用的安全措施可分为两种：预防性措施及防护性措施（保护性或缓解性）。

如果采取的措施可以防止失控、分解或有害性二次反应的发生，则措施属于预防性措施。如通过添加加料速率控制系统，设置联锁，从源头控制反应（除非有足够的稀释剂或冷却系统），测试是否有催化剂或杂质的影响，来避免操作过程中发生温度或压力的偏离。比起保护性或缓解（保护性）措施，人们更加倾向于选择预防性措施。

保护性措施主要目的是减轻失控反应的后果。多数情况下，体系压强的提高是失控所要面对的主要问题，如果压强超过容器的设计压强，就会造成容器损坏，为避免这种情况发生，多数保护性措施目的是将系统可能产生的压强增加控制在可接受的限度内。典型的保护性措施是使用控制压力的排气系统，通过排气的方式将过多的气体释放到反应系统之外。一般来说，不能直接将生产装置内的气体释放到环境中，尤其是含有有害或毒性化学物质的装置。所以，增加排气系统意味着需要在排气管线中增加吸收或处理放气物质的辅助设备，如果采取的安全措施足以预防不安全情形，则不需要更多步骤。但是，如果出现了不安全状况并且无法消除风险，则需要重新设计该过程。

5.1.4.3 本质安全设计应用

工艺设计及安全措施相辅相成，在不同的工艺研发阶段开展安全性试验，根据工艺类型及涉及物料的性质进行过程安全工艺设计至关重要，下面通过几组实例说明本质安全设计策略在几个典型方面的应用。

① 过氧化物应用实例。采用过氧化物和氢过氧化物试验数据进行工艺安全设计。过氧

化物过程危害主要为热不稳定性，以及液相和气相的爆燃危险性。试验研究通过小型测试来定义和量化危险性，热失控危险性测试在 VSP 或 PhiTec 中进行。运行三种类型的基础测试，如下所示：

a. 密闭试验，评价失控反应的后果，即确定最高压力、最大压升速率及最大温升速率。

b. 快速泄放试验以确定可能进入溢流管线的汽液比率。

c. 量热测试以确定热生成速率。

过氧化物和氢过氧化物的密闭试验中的典型结果是分解过程所引发的高压及高温工况。通过超压泄爆试验，可以获得两相流泄放的测试结果。此外，试验发现泄放后残余物中过氧化物浓度约是原始浓度的两倍。

某过氧化物试验结果表明，在温度达到 190℃时，样品开始出现热失控，期间伴随溶剂蒸发，随后样品温度可能由于体系的浓缩而再次升高。液相爆燃测试得出了温度-浓度关系，确定了过氧化物发生和不发生爆燃的时间。液相爆燃测试得出的关系取决于试管直径（使用直径为 2.5cm 和 7.6cm 的试管），因此测试时需要特别关注试管的直径。在 120℃温度下，在 5L 容器中使用加热丝作为点火源研究气相爆燃，获得与过氧化物或氢过氧化物极限压力与浓度的关系，对于任何给定的操作压力，尽管在所涉及的温度下仍可能发生失控，但可确定过氧化物或氢过氧化物在气相中爆燃的最大安全水平。

② 连续硝化的应用实例。该实例为苯与硝酸在连续搅拌反应系统中制备单硝基苯的连续硝化方法。对该过程进行了本质安全设计，没有使用外部冷却，使用硫酸充当散热剂和硝化增强剂，反应物料通过反应物（硫酸及水混合物）本身加热至工艺温度范围。运行过程中，如果硫酸泵失效，硝酸和苯泵将自动关闭，停止加料。在该工艺的风险评估中，发现单硝基苯、硫酸混合物在高于 150℃时会放出热量，体系中酸的浓度决定了起始放热温度和放热的程度，在正常工艺条件下，连续搅拌釜反应器和连续操作分离器中的温度为 135～148℃。然而，运行过程的电子记录显示，在某些进料速率远远超出正常操作范围的情况下，体系温度可达到 180℃，因此，反应体系可能发生热失控反应。对反应进行安全性研究，步骤如下：首先运行 DSC、TSUARC 测试确定最危险的情况，获得起始放热温度、反应放出的热和最大反应速率到达时间。然后对热稳定性、压升速率及泄爆口尺寸进行了大样品量测试，进一步获得放大后的数据。并且在实际测试之前模拟泄放操作，研究除了泄放之外的防护措施（例如，反应容器的快速泄放和淬灭，以及与大气相关的问题）。

在封闭容器中进行 DSC 试验，取 10～20mg 样品以 5℃ · min^{-1} 的加热速率进行反应，反应焓为 410～1175J · g^{-1}，测试发现样品显著放热。与反应焓相对应的绝热温升约为 200～580℃，该温升范围会造成压力的升高，结果表明，反应失控后有较高的超压爆炸风险。而在测试条件下，放热的起始温度通常远高于 200℃。基于 DSC 数据的最坏情况分析，开展进一步的绝热加速量热测试，得到绝热条件下初始温度和时间-最大反应速率之间的关系图。获得起始放热温度为 170℃，最大速率到达时间为 2h，之后进行大样品量泄爆口尺寸研究，测试后发现，若高于操作压力 0.1MPa 进行泄爆，10cm 泄爆片就足够。

分离器中的液位控制失效可能导致酸溢出到单硝基苯的储罐中，并且可能在储罐中发生放热。研究期间通过测试 90%有机物和 10%废酸组成的两相混合物来模拟这种情况，试验容器利用率为 50%（实际上，利用率低于 25%），泄爆压力比操作压力高 6bar，模拟最坏的情况，研究结果表明高于操作压力 2bar 进行泄爆，使用 25cm 泄爆片足以完成安全泄放。DSC 测试结果显示，如果系统失控后不泄压，主反应可能导致显著放热。根据等温测试

（即恒温试验），确定不同温度下的最大反应速率到达时间，与 DSC 数据获得的速率相当，大样品量测试数据显示，温度越高，反应速率越快。因此，决定较低温度下使用 DSC 数据，较高温度下使用大样品量测试数据进行风险评估。对反应的蒸气泄放进行模拟，在模拟中考察了几个参数的偏离情况，例如反应速率增加十倍，反应焓增加一倍，还模拟了控制系统的故障和操作员的失误。研究结论是系统可以成功泄放，并且分解速率并未大到能产生显著的自加速效果。在泄放前可以设计缓解措施，用于快速泄放硝化器、分离器和单硝基苯罐，泄放的目的是在达到更高温度的紧急情况前排空容器，将液体排入含有冷浓硫酸的骤冷罐中，计算排出每个单元体积所需的时间，并与失控分解反应所需的时间进行比较。计算表明，每个容器有足够的时间排空，在运行期间检查实际排放时间，与计算值一致。通过初始冷媒温度、流体与冷硫酸之间的比率评估淬灭过程，采用 30℃的冷媒进行淬灭，终止温度为 90℃。

气体泄漏将导致气体浓度高于爆炸下限的蒸气云产生，必须避免这种泄漏，并且应当使用合理的控制措施。通过某些特定的测试可确定区域中没有任何可能形成蒸气云的爆炸源。试验、模拟及计算的结果表明，硝化器温度偏离的唯一可预见失控过程是加料失控，生产工艺设计安装自动化加料控制设施和联锁，可减少这种可能性。硫酸流量控制单元设计成散热器的流动换热在流量控制器完全失效时不停止，低硫酸流量将造成硝酸和苯进料的自动关闭，本质安全设计要求在该硝化过程采用多项额外的保护措施来应对现实工况中的温度偏差。

5.2 逐级放大

放大过程是工业开发研究的核心。放大过程包括从实验室研究到工业化生产，也就是从小规模试验到大规模生产。从实验室到工业化的放大研究，是通过在新的条件下，引入工程特征后进行的研究，来架通实验室和工业化之间的桥梁。放大研究要考虑许多在实验室规模无法考察到的问题，需在小试理论研究的基础上进行放大试验，明确所开发技术的可靠性。同时，还需要解决包括原料来源、杂质控制要求、物料运输和存储、循环使用、冷却和加热、产品精制、热量回收、三废处理等一系列的问题。化工过程开发一般比较复杂，除化学反应本质规律之外，还要考虑到内部传质、流体流动阻力、传热情况等的影响。这一过程还涉及到化学基本原理、化学工程理论、化工机械与设备、自动化控制、材料和防腐、技术经济等多个领域，包括选题、小试试验、放大、工程设计和试生产等几个环节。目前，国内外间歇及半间歇工艺过程的方法研究，最为经典的放大方法为逐级经验放大法。

逐级放大就是在放大过程缺乏理论依据时，依靠小型试验成功的方法和测量数据，加上开发者的经验，逐级恰当地加大试验的规模，修正之前逐级试验确定试验参数，来摸索化学反应过程和化学反应器放大规律的方法。通过小试进行工艺试验，优选出操作条件和反应器类型，确定工艺的技术经济指标，根据空时得率相等原则（反应规模不同，但单位时间、单位体积内反应器所生产的产品量或处理的原料量相同），通过物料平衡和额定的生产指标，计算获得放大产能规模下所需处理的原料量根据空时得率的经验数据，求得放大反应过程所需反应器的容积。根据计算结果设计和制造放大规模的装置，进行模型试验。

具体的放大过程一般按下述几个步骤进行。

① 反应器的选型。反应器的选型主要依据小试研究结果。在小试研究阶段，可以根据工艺条件的要求，采用不同形式和不同结构的反应器，对所开发的反应过程进行小试研究。

通过比较试验结果的优劣，最终确定反应器形式和主要结构。在试验过程中，主要考察设备的结构和形式对反应的转化率、选择性和收率的影响。

② 工艺条件优化。在设备选型确定以后，可以在选定的小型试验设备中进行优化工艺条件试验。试验时主要是考察各种工艺条件参数对反应的转化率、选择性和收率的影响，并从中筛选出最佳工艺条件。试验规模放大后，反应器内物料所具有的一些物理规律会受放大影响发生改变，因此，小试确定的工艺条件，在放大模型试验和中试过程中需要有相应的调整，尽管如此，小试确定的最佳工艺条件仍然是后续放大研究工作的基础。

③ 反应器放大。反应器放大研究方法主要是逐级经验放大法，采用搭建模型装置的方式进行逐级放大，每放大一级都必须重复前一级试验确定的条件，仔细考察放大效应，并取得设备放大的有关数据和放大判据。原则上由小试规模放大到生产规模应经过若干级的放大过程，在各级放大过程中，通过调整工艺条件或调整设备结构等措施来消除或抑制放大效应。

通过经验放大研究，基本上可以取得化工过程开发所需要的设备形式、较优的工艺条件，以及放大的判据和数据，为设计建设生产装置提供可靠的依据。

经验放大模型包括小试装置、中间装置、中型装置、大型装置，最后将模型研究的结果放大到实际生产的规模。逐级放大过程中每进行一级放大，都必须建立相应的实物设备，对模型试验中所产生的各种现象做出详细的记录，通过专业的技术分析获取放大研究结果。每一级的放大都需要基于上一级试验所得到的研究结果，每一级放大后需要对上一级的放大参数进行修正。想达到一定生产规模，按保守的低放大系数逐级经验放大，需要耗费大量的人力物力，并需要很长的开发周期。提高放大系数，理论上可节省中间步骤，缩短开发周期，但这样做会增加不确定因素，放大试验的风险也会增加，难以达到预期的结果。放大系数的确定，要根据化学反应的种类，放大理论的成熟程度，并结合放大人员的工作经验和对所研究过程规律的掌握程度等等而定。

5.2.1 小试

从实验室研究到工业化生产的过程中，小试研究是一个极为重要的环节，是对实验室研究成果的初步探索，是对工业化生产条件的探索与尝试。小试研究所取得的数据是后期各级工业化放大的基础和依据。

化工过程放大的小试研究与实验室工作有着显著的区别，小试研究是在实验室研究基础上进行的，是在假设流程通过初步技术经济评价，研究工作正式立项后进行的系统工作。它是在按工程要求收集和整理技术情报资料的基础上，进行目标明确、尽量结合工业生产实际情况的试验工作。小试研究的主要任务为：对实验室原有的合成路线和方法进行总体的、系统的设计改造，验证开发方案的完整性和可行性；通过小试规模批量试验，积累数据，筛选出一条适合于大规模生产的工艺路线，明确目标化学反应的特征和影响因素，确定工艺过程、单元操作和工艺条件，明确原料质量要求、催化剂的使用周期和催化剂活性表征等指标，确定产物精制和分离方案，并在此基础上完成热量衡算和物料衡算；测定和收集需要的各种化学数据，建立产品的分析方法和过程监测的方法。小试试验的研究重点应紧紧围绕影响工业生产的关键性问题，如缩短合成路线，提高产率，简化装置和操作，降低成本和提高生产安全性等。

小试研究通常会与实验室研究交叉进行。因为许多小试中碰到的问题，如分析方法、催化剂筛选、动力学研究等，均由实验室完成。但是，实验室的装置，大多数是间歇操作，动力学、热力学数据大多数是通过间歇操作得到的，如设计连续化工业装置，仍数据不足，这一步走的好坏是以后工业化放大能否成功的决定因素。随着时代的进步，小试放大过程开始被越来越多的研究开发人员重视。

小试放大研究首先需要考虑装置规模放大带来的变化因素，例如，温度、压力、搅拌转速等，经过小试研究，明确这些因素放大过程的主要影响，确定最佳的工业化生产过程方案，包括反应合成工艺路线、后处理方案和溶剂循环使用方案等。通常情况下，同一个化工产品往往可以用不同的路线和方法合成，而实验室研究阶段以合成目标产品为目标指向，在技术开发过程中对产率也不作过高要求，也同样很少考虑到原材料成本、废弃物治理、设备材质选型等生产问题，因此，实验室研究阶段最初确定的合成路线和方法不一定适合工业化放大，但这些问题对工业生产却十分重要，需要通过小试研究优化完善工艺条件，设计开发完整过程方案，确定主要单元操作方式和采用的设备形式。

小试研究还需考虑原料和溶剂的回收套用问题。合成反应一般要用大量溶剂，多数情况下反应前后溶剂没有明显变化，可直接回收套用。有时溶剂中可能含有反应副产物、反应不完全的剩余原料、挥发性杂质，应通过小试工作实现原料、溶剂及杂质的分离，将反应结束后料液中有价值的成分提炼出来，这一部分研究通过大量数据验证方法的经济性及可操作性。该阶段的工作对工艺最终实现工业化生产具有很大的价值，原料及溶剂等有价值成分的分离与提纯不仅仅能够降低工业化生产的成本，提高工艺的经济效益，而且有利于减轻企业的三废排放压力。

小试放大研究的另一个主要内容是原料质量指标的研究，确定工业原料的差异性影响。实验室研究通常使用高纯物料，原料中很少存在杂质，但是实际生产过程中往往使用的是工业级原料，原料中杂质含量较高，有些原料随着生产厂家不同，使用的生产工艺不同，其中的杂质也有差异，这些杂质可能会对工业化生产造成一定的影响。同时，工业生产中还存在杂质积累的问题，回收的原料和溶剂，随着循环使用的次数增加，其中的某些原本微量的杂质会累积增多，也可能会对工业化生产造成一定的影响。因此，杂质的分析及研究也是小试阶段工作的重要研究内容，需要在此阶段明确工艺放大过程杂质影响，并明确原料及回收溶剂的指标要求，减少生产波动隐患。

5.2.2 放大试验及过程强化

5.2.2.1 放大研究

随着工业化放大仿真模拟技术的发展与应用，某些工艺可实现直接产业化放大。特殊情况下，也存在很难实现放大生产的状况。建设模块化的微工厂，将满足从实验室到产业化的工程放大及工业化生产所需的技术参数。

一般情况下，微工厂应具备未来工业化生产所需要的主要单元过程和设备设施。它与小试研究的区别主要有以下几方面：

① 设备的处理量不同。相比于小试装置设备，微工厂的规模与实验室比较，将得到几十到几千倍的放大，在此阶段会研究设备设施体积放大所带来的时间、空间因素对合成工艺的影响，辅以热力学和动力学协同交叉研究，将明确系统传质、传热，以及工程转化的特征。

② 工艺流程更加完整。小试的处理量较为灵活，往往会忽视一些工业化生产的影响因

素，微工厂是小试研究的工程放大研究，关注产业化问题，与小试研究相比，是工艺的全流程模拟。

③ 研究侧重点和时间节点不同。小试研究的目的是打通技术路线，取得理想的质量和收率指标，但是，微工厂则关注的是放大过程中会遇到的各种传递和传输问题，是进一步实现中试放大或产业化的基础。

在微工厂开展的工程放大研究，可以替代或部分替代中试放大研究。相比中试，微工厂内的设备设施、管道连接等更具有通用性，多采用模块化单元设计，工艺流程的调整及操作方法更为灵活，比较适合于品种多、工艺变更快、批处理量小的精细化工产业，如医药等行业等。大多数情况下，小试研究结束，确定了工艺路线和产业化方案以后，通常需要工程放大研究加以验证，微工厂研究对产业化的作用尤为重要。

小试研究数据通过相关理论公式计算直接应用到工业化生产，会与实际情况存在很大的差异，为生产带来很大的风险隐患，仅仅从理论上去解决问题难度较大，而微工厂中进行的工作能够为最终形成工业化反应及操作条件提供基础数据，在微工厂中使用的设备形式和公用工程形式都十分接近工业化生产，能够模拟实际的生成过程，通过配备各种在线监测设备及采取相应的测试手段能够获取工程放大所需要的数据，根据需要建立相应的工程数学模型，实现生产装置中工艺放大的预测。微工厂不但适用于间歇、半间歇工艺过程，还可用于管式等连续流工艺。某些情况下，微工厂可以代替中试放大。

通过工程放大研究，可获得以下 7 个方面的信息：

① 原料和产品的处置方法、必要的回收循环工艺，以及对反应器等设备的结构和材质提出要求。

② 验证小试条件，收集完整、更可靠的经验数据，解决工程放大问题，提供基础设计所需的数据，提供生产连续化、自动化的参数设置问题。

③ 考查自动控制、程序控制方法，以及相关仪表等设备的选择。

④ 工艺、安全与工程有机结合，研究工程放大的安全性问题，考察杂质的生成与积累的影响，以及三废的处理和环保，并研究设备的选型及材料的耐腐蚀性能。

⑤ 评估可达到的生产指标，计算各项经济指标，为产业化经济评价提供数据。

⑥ 提供产品加工和应用试验所需要的样品，必要情况下，提供足够数量的副产物，进行产品登记，以及综合利用研究。

⑦ 研究风险控制方案，并培训产业化技术人员。

反应器的选型和放大以及随之而来的反应特征的研究，是工程放大研究的核心问题。化工过程开发中的若干问题往往不能在小试阶段充分暴露，通过工程放大加以研究和解决。例如，在管式反应器上进行的反应，小试因设备尺寸所限，不可能对喷嘴之类结构进行详细研究，工程放大研究过程中，可以认真解决这类问题。

5.2.2.2 中试

通常情况下，对于一个有待产业化的工艺来说，在完成小试和微工厂研究后，当放大效应极其明显的情况下，需要进一步开展中试放大研究，明确装置中各反应条件的变化规律，持续的完善小试研究阶段获取的工艺条件，发现并解决工程放大敏感问题，此外，一些特殊反应需要开展中试研究。例如，对气固反应筛选催化剂研究，只有开展中试才可能研究流化床反应器，考察反应器材质、结构、散热等一系列问题。

化学反应本质上不会因试验条件的不同而发生改变，但是，随着设备设施、换热水平、传质水平的改变，反应器中的实际条件参数发生变化，导致实际反应数据与小试和微工厂研究结果产生差异，这就是中试放大研究工作中所要解决的问题。

中试是中间放大试验的简称，是微工厂研究工作的进一步放大过程，但是，中试放大的工作并不是简单地将实验室的投料量增多，也不是在新的环境中寻求新的工艺条件，而是在新的环境中如何实现小试研究的最优条件。不同质量的物料导致物料的积累时间和空间的传热各不相同，因而会导致在相同的操作条件下得到不同的试验结果。同样，想要获得同等的结果所需的条件一般都会不一样，甚至有时需要改变手段，这就是所谓的放大效应。

中试是从小试和微工厂研究到工业化生产必经的过渡环节，确保工程放大过程按操作规程能够稳定生产出预期质量水平的产品。中试是利用小型生产设备进行生产的过程，其设备的设计要求、选择及工作原理与大生产基本一致；在小试和微工厂研究完成后进行中试，研究相关工艺的工业化可行性，对所选的设备形式进行验证，为工业化生产设计提供根据。所以，中试放大的目的是验证、复审、完善实验室所研究确定的合成工艺路线是否成熟、合理，主要经济技术指标是否符合生产要求，研究选定的工业化生产设备的结构、材质、安装和车间布置等，为正式生产提供数据和最佳物料量与物料消耗。总之，中试放大要证明每个化学单元反应的工艺条件和操作过程，在使用既定的原材料的情况下，在模型设备上能生产出预期质量指标的产品，且具有良好的重复性和可靠性。

中试放大的消耗大，中试阶段的主要目的是提供工业化所需要的工艺数据和工程数据，建立一定规模的放大装置，对开发过程进行全面的模拟研究，明确运转条件、操作、控制方法，并解决长期连续稳定运转的可靠性等问题。

5.2.2.3 过程强化

由于当代化工机械和其他相关领域已给化工单元操作提供了较多的选择机会，中试设备不能是实验室小试装置的简单放大，而应是实际工厂的缩小。在保证研究顺利进行的同时，在中试阶段应力求寻找新的技术，提高开发过程的技术含量。

过程强化技术是化学工程学科的研究前沿和热点方向之一，旨在通过在生产过程中采用新工艺、新设备等手段，实现缩减操作单元、减小设备体积、提高生产能力及能量利用效率的目的，是实现化工过程安全、高效、绿色的重要途径。

目前工业化推广较多的过程强化技术主要有超重力技术、微反应技术和膜强化技术等。

① 超重力技术。超重力工程技术主要用于强化传递、混合与反应过程。利用旋转造成一种稳定的、可以调节的离心力场，从而可以代替常规的重力场是超重力工程技术的基本原理。超重力技术的应用范围包括蒸/精馏、吸收、解吸、微生物发酵、有机无机复合功能材料制备、烟气脱硫脱硝、氨氮废水处理等方面在内的多种化工过程，具有广泛的适用性。

② 微反应技术。微反应技术是指在微时空尺度下完成“三传一反”化工过程，以微反应器、微混合器、微分离器、微换热器等设备为典型代表，以精密加工技术制作的微反应设备中有大量的微型通道，它可以提供极大的比表面积，传质传热效率极高，可以有效地强化系统内流动、混合、传递过程的速率和可控性，缩短反应和分离时间，缩小物料在流程中滞留量，减少副产物的生成。该技术可以实现微观尺度下的工业化生产，工艺放大不是通过增大微通道的特征尺寸，而是通过增加微通道的数量来实现的，所以小试最佳反应条件不需做任何改变就可直接用于生产，不存在常规批次反应器的放大难题，从而大幅缩短了产品由实验室到市场的时间。用于易燃易爆化合物合成、剧毒化合物的现场生产等可大大降低生产风险。

③ 膜强化技术。膜强化技术分支较多，主要应用方向有膜分离、膜分散和膜蒸馏等。膜分离技术是利用多孔材膜的选择透过特性，实现物质的分离操作。膜分离过程是一个高效、环保的分离过程，是多学科交叉的高新技术，在物理、化学和生物性质上呈现出各种各样的特性，具有较多的优势。随着技术的发展，已开发出膜分离反应器，即在一个反应器内同时实现催化反应和分离操作，实现反应与分离的集成。针对具体的反应体系，采用膜催化反应器可以显著提高生产能力。

膜分散强化技术利用多孔材膜的微孔特性，将气体或液体通过膜转化为微小气泡或液滴，可使物料在较短时间内达到分子级混合。此项技术可有效地强化相间传质，在化学反应和萃取分离方面都有应用。

膜蒸馏技术基于膜两侧水蒸气压力差的作用，热测的水蒸气通过膜孔进入冷侧，然后在冷侧冷凝下来。该技术具有可在常压和稍高于常温的条件下进行分离的独特优点，可以充分利用工业余热和废热等低价能源，且设备简单、操作方便。目前该项技术的主要应用方向有海水淡化、超纯水制备、水溶液浓缩与提纯、共沸物分离、废水处理等。

5.2.3 产业化

经过小试的初步探索，明确了工艺的操作条件，如压力、温度、反应时间、反应物配比等因素，再经过微工厂、中试放大对小试研究结果进行修正，全面获取工业化所需要的工艺数据和工程数据，解决小试过程中没有发现的工程问题，最终实现放大到实际工业生产的规模，即实现工业化大规模的生产。工业化大规模生产需要根据中试放大生产的数据、资料及化学工程知识来进行工厂设计。

车间大规模生产前需要做好以下准备：

① 确定工艺路线及操作条件。依据各级的放大经验，对每项工艺条件及安全性参数进行工业规模修正，制定工业化规模下的工艺，明确各步工艺的安全操作限值。

② 确定设计基准。设计基准包括如下因素，需在生产设计前予以确定。

a. 确定原料和产品的规格。产品的规格应以符合工艺的研发水平及市场需求为原则。化工产品按纯度划分存在不同的等级及质量规格，在生产前必须明确产品的规格，以便确定工艺路线。综合权衡产品规格、原料价格、生产成本及工艺操作水平等因素，作出符合客观规律的决策。

b. 确定生产规模。根据市场需求、生产能力及操作水平确定生产规模，生产规模一经确定，不得轻易更改，避免因规模变更造成设计不合理。

生产规模与生产成本、投资、经济效益等多项问题都相关，从化工行业的整体发展趋势来看，规模效益是化工企业发展壮大所遵循的原则。但是，生产规模达到一定程度后，规模扩大来的经济效益将随之减缓，并且过大的装置规模或多或少也会带来一定的工程及技术问题，增加了放大研究、设计、操作、安全、环境等方面问题的复杂程度，更为重要的是，生产规模应遵循市场规律，以满足市场需求为准则。

c. 确定操作方式。根据工艺的特点选择合适的工艺操作方式。对于精细化工行业，间歇及半间歇的方式较为机动灵活，可满足不同工艺间设备的相互切换，但是存在过程操作步骤多，操作多依赖人工，自动化程度差，工艺控制难，各批次间质量波动大，过程潜在风险高等一系列问题；而连续化的工艺设备利用率高，产能大，生产过程较为平稳，各项参数更易于实现自动化控制，节约人工成本。

d. 确定开工频率。开工频率是指生产装置每年开工时间与自然时间的比值，设备利用越充分，开工频率越高，取得的经济效益越大，理想条件下开工频率为1，但是，考虑到设备检修、开停车时间、政府环境要求等情况，实际生产时开工频率要小于1。一般情况下，设备每年生产运行约300～330天，开工频率为0.8～0.9。对于市场需求不清晰、技术不完善的项目，开工频率可考虑适当低一些，以便获得与预计估计偏差较小的结果。

③ 制定工艺流程及工艺设计。工艺流程设计是产业化放大的核心。工艺流程设计的成果是通过工艺流程图形象具体地表示，工艺流程图反映了化工生产从原料到产品的全过程，包括物料和能量的变化，物料的走向以及化工生产中所经历的工艺过程和使用的设备仪表。

工艺流程图集中地概况了整个生产过程的全貌，是工艺流程设计的表达形式；工艺流程图不单单是制图，而是复杂、系统的设计问题。工艺流程设计的合理与否直接关系到研发工艺的先进性、安全性及可靠性，同时也直接影响到产品的经济指标，是化工过程放大及产业化较为重要的一个部分。

a. 工艺流程示意图。工艺流程示意图是化工工艺设计初期最先产生的一种流程表达方式，是在粗略考虑生产过程中原料到产品的转化及需要设备的基础上，提出的工艺路线的定性表达。在设计并绘制工艺流程示意图时，设计人员主要考虑工艺路线的先进性、合理性及生产中的实际环节，制定可行的流程，这一阶段的设计不涉及到物料与能量变化的定量关系和具体设备的尺寸。因此，工艺流程示意图通常只是能显示主要物料流向，能直观表现关键设备相对大小的若干设备的集成图或方框图，以此将工艺流程路线展现出来，并在图中加以标注和说明。

工艺流程示意图是工艺放大及产业化设计的起点。随着设计工作的进一步开展，最初的工艺流程示意图经过仔细的推敲及详细的计算，特别是结合物料及能量平衡数据，充分考虑实际工况的各种情形之后，形成最终的工艺流程图。在这个过程中，制作原始的工艺流程示意图是十分必要的，有了流程示意图后，才能按照流程示意图开展后续的相关工作。

b. 物料衡算。在设计阶段，放大人员将根据小试及中试阶段获取的试验数据，计算出产业化规模中每种原料在一定周期内的消耗，各操作环节中废液、废水、废气及废渣的产出量，通过进一步的核算，确定最终的产能及需要采取的环保、安全控制措施及对策。

c. 能量衡算。根据前期反应风险研究获得的数据进行工艺过程的能量衡算，在此过程中，尤其应关注反应过程中的放热量、放热速率等信息，根据这些信息可确定生产规模下反应器的类型、换热面积及需要采取的控制措施；此外，在前期反应风险研究过程中取得的其他安全性数据，例如物料的起始分解温度、温升速率、压升速率及放气量等数据，也是设置工业化生产过程蒸馏温度、蒸馏时间及抽气速率等关键参数的重要依据。

d. 设备的选型。依据工艺过程物料衡算及能量衡算结果，通过详细的设计计算，进一步确定设备形式、数量、尺寸、材质、结构等具体参数，后续生产建设基于该参数进行相关设备的选购。

e. 设备布局。按工艺要求及车间实际情况确定相应设备的安装位置，在此过程中不仅应充分考虑到工艺信息、生产操作、设备安装、设备检修及安全等方面因素，还需兼顾整齐、卫生、美观、集中、便于管理等原则。楼层间的设备布局应综合考虑物料的位能，比如计量槽应处于高位，储罐、过滤槽应处于低位，并保证与反应设备之间留有足够的放料位差。此外，还需考虑物料性质等细节问题，如黏稠物料应尽量减少流经弯头的数量等。

f. 工艺流程图的设计。在完成物料衡算、能量衡算、设备选型及设备布局等工作的基础上，还需根据实际情况进一步对原始工艺的流程图进行修订及调整，设计并绘制出具有量化物流数据、体系操作关系的工艺流程图，又称作工艺物料流程图，简称 PFD 图。工艺流程图不仅表达了方案的成果，而且是进行化工工艺计算的图解。

g. 带控制点的工艺流程图。带控制点的工艺流程图也被称作带控制点的管道流程图，简称 PID 图。相比前面的几种流程图，带控制点的工艺流程图中表达的内容更加详尽，除了工艺流程图中全部的设备、管道、阀门、仪表以及对设备及物流的要求外，在图中还标识出设备、管线、辅助管线、阀门等的编号、管径、材质、规格等详细数据，是工艺设计流程、设备设计、设备和管道布置设计、自控仪表设计的综合成果。在带有控制点的工艺流程图中，管路将占用较多的笔墨。除了主要的工艺管路外，图中还需要包括开车、停车、检验、控制及公用工程等各种辅助管路。不同的管路用不同的粗细线条来表示，并使用管路编号来表达相关内容。标明工艺条件且带控制点的工艺流程图，可用作工艺设计的最终成果表达形式。工艺流程图是所有工程设计的依据，在带控制点的工艺流程图及其他类型工艺流程图的设计制作过程中，工艺设计人员需要根据工艺反复地与其他专业工程设计人员商榷，经过多次的修改，最终达到满意的结果。

h. 工艺设计说明书。工艺设计的内容除了绘制带控制点的工艺流程图外，还包括编制工艺设计说明书。工艺设计说明书需包括如下内容：设计的依据、设计的基础及采用的相关标准；目标工艺过程的原理、流程的阐述；设计项目工厂的选址；目标产品生产的指标；设备选型、布局及安装注意的事项，管路图及安装的要求；设计项目三废处理过程的描述；人员编制。

在工艺设计说明书的基础之上，可以向非工艺专业人员提出设计条件及要求。向非工艺专业人员提出的设计委托书需要包括：工艺概况、方法及特点；生产的规模；工艺详细的说明，包括原料的名称、分子量、物理化学性质、反应方程式、物料配比及流程图等；原料及能源的消耗指标；设备选型及布局，控制方法；人员、安全及三废处理等。

5.3 相似模拟放大

相似理论是很早就被建立起来的理论，主要是对现实情况中相似作用的影响元素及其表现出来的物理性质进行分析，是一种较为系统的方法，是工业放大的理论基础。化工过程中存在很多相似现象，例如运动相似、动力相似、几何相似、化学相似、热相似等。相似模拟放大运用了相似理论及相似准数（无因次准数）概念，根据放大后体系与原体系之间的相似性进行放大，在化工单元操作方面取得了一定成绩。

5.3.1 相似理论技术

相似模拟放大法的基础是建立数学模型，该数学模型按相似原理建立，与原型相似，通过模型来研究放大过程运行规律。对于化工过程放大来说，这里建立的模型主要是指同类工艺及机理相似的工艺，借助反应量热仪、微量热仪等精密的测试设备研究工艺过程涉及的动力学、热力学及流体力学等内在特征，找出变化规律，建立各参数间的数学模型，利用模型来研究同类相似工艺，从而解决化工过程放大中的实际问题。与逐级放大相比，该研究方法具有直观、简便、经济、快速及放大过程周期短等优点，对于已掌握了充分的动力学、热力学、流体力学等参数的过程，模型较为准确且贴近实际，可省去微型中试、中试等中间放大环节，节约人力、物力成本。此外，可通过模型研究某些参数变化后对整体工艺的影响规律。

相似理论的基本内容可概括为相似三定理。

① 相似第一定理。相似第一定理可表达为：彼此相似的物理现象必定具有数值相同的特征数（即相似准数）。因为在相似系统中，准数的数值保持不变的情况下，某个系统的准数与相似系统的准数相比，其比值永远等于1。该准数之比，也称作相似指标，认为相似现象中的相似指标等于1。上述结论也给出了这种可能性，即可以对描述某种物理现象的微分方程进行相似转换，在不用数学求解的情况下，把这些微分方程表示成准数函数的形式。这样相似第一定理就表明了在试验中应测量包括在相似准数或微分方程中的哪些量。相似第一定理也称为费捷尔曼-列夫辛斯基定律，该定律可表达为：可以用相似准数的函数关系来表示微分方程的积分结果。这个定律说明某一状态下的各物理量间的关系均可用相似准数 $K_1, K_2, K_3 \cdots K_n$ 表示或将之称为准数方程的形式，即：

$$f(K_1, K_2, K_3 \cdots K_n)=0 \tag{5-56}$$

所有试验的数据均可用相似准数的形式表示，这简化了函数的关系。因此，可以说相似第一定理解决了应该如何整理试验数据的问题。

② 相似第二定理。相似第二定理即白金汉（Buckingham）定理，为彼此的物理相似现象中的特征数数目应满足的规则，即由 n 个物理量描述的 m 个物理现象达到相似时，相似准数数目为 $n-m$ 个。

③ 相似第三定理。相似第三定理也称为基尔皮切夫-古赫曼定理，该定理指出：当同一类物理现象的单值条件相似，且由单值条件中的物理量组成的特征数对应相等时，这些现象必定相似。也就是说小试试验的结果只能应用于与小试试验的单值条件相似、特征数对应相等的放大装置中。

5.3.2 研究方法

要运用相似理论去解决化工过程放大涉及的问题前，首先要明确相似产生的条件。

5.3.2.1 几何相似条件

相似的概念最早源自几何学，例如，不同直径的圆是相似的，不同边长的正方形是相似的，不同大小的等边三角形也都是相似的，诸如此类现象被称为几何相似。以圆柱体为例，通过小型的圆柱体的参数放大，可以直接获得与其形状相似的大圆柱体的参数，如式(5-57)，这就是几何放大，此时的 C_l 就是几何放大倍数。

$$\frac{l'_1}{l_1}=\frac{l'_2}{l_2}=\frac{l'_3}{l_3}=C_l \tag{5-57}$$

式中 l_1、l_2、l_3——为小型圆柱体的直径、底面周长及高；

l'_1、l'_2、l'_3——为放大圆柱体的直径、底面周长及高。

这种概念可以推广到任意一种物理现象。例如，研究流体运动的动力相似，温度和热流的热相似，离心泵性能的功能相似，以及研究质量传递的传质相似等。实际研究中，除了几何相似外，还有时间相似、物理相似以及开始与边界相似条件，下面将对其他三种相似条件进行介绍。

5.3.2.2 时间相似条件

在几何相似系统中，对运动体系来说，当某一状态转变为另一状态时，对应的点或对应部分沿几何相似路程运动而达到另一对应的点所需时间的比为一常数，这种现象被称作时间相似，这种关系表达如下：

$$\frac{\tau'_1}{\tau_1}=\frac{\tau'_2}{\tau_2}=\frac{\tau'_3}{\tau_3}=C_\tau \tag{5-58}$$

只有在不稳定的状态下（如传热不稳定）才有时间相似的问题。当状态稳定时，无须考虑时间相似。

5.3.2.3　物理相似条件

在相似系统中，无论在相似空间还是相似时间上，各对应点或者对应部分的所有因素的物理量之比为常数，则称该现象为物理量相似，关系如下：

速度相似：
$$\frac{u'_1}{u_1}=\frac{u'_2}{u_2}=\frac{u'_3}{u_3}=C_u \tag{5-59}$$

温度相似：
$$\frac{T'_1}{T_1}=\frac{T'_2}{T_2}=\frac{T'_3}{T_3}=C_T \tag{5-60}$$

式中的相似常数（C_u、C_T）的大小与空间坐标和时间都没有关系，各因素相似常数的数值可以彼此不同。应强调的是物理量相似仅作用于同类量（即具有相同的物理意义及因次），此状态下不仅要现象的性质相同，而且要求该状态能用同一形式及内容的方程式或关系式表达。如果只是形式相同而内容不同，则该现象被称作“类似”。例如，导热和扩散现象就是类似的概念，即相似的概念只能用于同类状态。

5.3.2.4　开始与边界相似条件

系统的开始状态及边界状态相似，即系统在开始的状态与在边界时的状态具有几何相似、时间相似和物理量相似特征。例如，流体在导管入口处的速度分布情形满足这三种相似条件，这种状态被称为边界相似。在研究个别的现象时，仅当在特定的开始和边界条件下，才能将其表达完全。

相似模拟放大法的基础是建立数学模型，该数学模型是否适用取决于对过程实质的认识程度，而认识又来源于实践，因此，试验是模拟放大法的主要依据。相似模拟放大法的实质是利用现有的技术数据，在化学工程知识及小型试验经验的基础上整理出抽象的理论模型。描述工业反应器中每个参数之间关系的数学表达式，通常使用微分方程和代数方程。影响化学反应过程的因素错综复杂，想要用数学模型来完整、定量地描述实际过程的全部真实情况并不现实，研究过程中要对反应过程进行恰当的简化，将化学与物理过程交织在一起的复杂反应过程分解为相对独立或联系较少的两个子过程：化学过程（实验室研究）与物理过程（大型冷模试验），然后分别研究各子过程本身特有的规律，再将各子过程（小型试验、建立数学模型、中间试验）联系起来，用数学方程来表述这些子过程之间的相互影响和总体效应，通过方程的联立求得表征化学反应过程的性质、行为和结果的解。由于化工过程的复杂性，需要对化工过程进行分解，简化过程运行规律。

数学模型法研究的侧重点和难点在于找到简化过程的合理途径，建立的模型并不要求在理论规律上对过程进行完整模拟，而是要求结果与实际过程运行结果的偏差在允许范围之内，通过合理简化过程的运行规律，建立等效模型。理论建立的模型需要根据实际数据来计算并修正偏差，提高模型的适用性，这一过程中，实验研究是必不可少的环节。由于化学反应规律不受设备规模影响，所以，化学反应规律完全可以在小型试验装置中求取。传递规律受设备的尺寸影响较大，故而必须在较大型装置中进行，由于需要考察的只是传递过程，无须实现化学反应，所以完全可以使用空气、水和沙子等廉价的模拟物料进行试验，通过冷模放大试验，研究和探明传递过程随设备规模放大的变化规律。根据试验研究结果建立数学模型，通过数学模型可以在计算机上模拟反应器中各个参数变化对反应过程的影响，将计算机获得的数据与相似缩小的小型工厂试验数据进行对比，如果两者能够符合就认为数学模型是符合实际情况的，可以直接用于下一步放大设计；如果不符合，则需要对放大系数进行数学模型修正，反复地检验，直到数学模型符合试验数据。通过中试检验数学模型的等效性，将中试结果与数学模型在相同条件下的计算结果对照比较，如果两者相同或十分相近，证明该数学模型与实际过程等效，可以直接得出工业反应器的各种性能结论，进行工业反应器放大的设计。大型化技术的发展和生产的局部工艺改革，不必一定采用小型工厂试验结果作对比，应该利用化学工程分析及基础数据建立模型，再利用现有生产设备或类似生产设备的生产结果与计算机计算模拟的结果作对比，模型修正后，再以此作为依据进行新的设计计算。

虽然建立正确的数学模型难度很大，完全运用数学模型法来开发放大的化工生产过程的实例还不多见，尤其是精细化工（包含制药）行业中间歇釜式反应，大多数放大仍以逐级经验放大法居多，但数学模型法具有经验放大法不可替代的优点，它能够实现高倍数放大，缩短开发周期。随着计算机技术的发展，数学模型放大法将是化工过程技术发展的主导方向。

参考文献

[1] 许文．化工安全工程概论[M]．北京：化学工业出版社，2002.

[2] 中国腐蚀与防护学会．腐蚀科学与防腐蚀工程技术新进展[M]．北京：化学工业出版社，1999.

[3] Ferenc D，Volker H，Gyorgy D. Flow chemistry[M]. Berlin：De Gruyter，2014.

[4] Gibson N，Maddison N，Rogers R L. Case studies in the application of DIERS venting methods to fine chemical batch and semi-batch reactors[J]. Hazards from Pressure，Symposium Series，1987，102：157-173.

[5] Dixon J K. Heat flow calorimetry-application and techniques. Hazards X：process safety in fine and speciality chemical plants[J]. Symposium Series，1989，115：65-84.

[6] Rogers R L. Fact finding and basic data part 1：hazardous properties of substances[R]. IUPAC Conference Safety in Chemical Production，Basle，1991.

[7] Hofelich T C. and Thomas，R. C. The use/miuse of 100 degree rule in the interpretation of thermal hazard tests[R]. Int Symp on Runaway Reactions，1989：74-85.

[8] Grewer T，Klusacek H，Loffler U，et al. Determination and assessment of the characteristic values for evaluation of the thermal safety of chemical processes[J]. J Loss Prev Process Ind，1989，2：215-223.

[9] Chapman F S，Holland F A. Heat transfer correlations for agitated liquids in process vessels[J]. Chem Eng，1965(18)：153-158.

[10] Kamil W. Heat transfer in agitated vessels[J]. Chemical Engineering Science，1994(49)：1480-1483.

[11] Steel C H. Scale-up and heat transfer data for safe reactor operation[R]. Int Symp on Runaway Reactions，New York，1989：597-632.

[12] Fogler H S. Chemical reaction engineering[M]. 4th ed. Lindom：Prentice Hall，2006.

[13] Lees F P. A review of instrument failure data，process industry hazards[J]. Symposium Series，1976，47：73.

[14] Kauffman D，Chen H J. Fault-dynamic modelling of a phthalic anhydride reactor[J]. J Loss Prev Process Ind，1990，3：386-394.

[15] Brazendale J，Lloyd I. The design and validation of software used in control systems-safety implications. Hazards X：process safety in fine and speciality chemical plants[J]. Symposium Series，1989，115：309-320.

[16] Froment G F, Bischoff K B. Chemical reactor analysis and design [M]. New York: John Wiley&Sons, 1979.

[17] Duxbury H A, Wilday A J. Calcuation methods for reactor relief: aperspective based on ICI experience [J]. Hazards from Pressure, Symposium Series, 1987, 102: 175-186.

[18] Fauske H K. Pressure relief and venting: some practical consideration related to hazard control[J]. Hazards from Pressure, Symposium Series, 1987, 102: 133-142.

[19] Duxbury H A, Wilday A J. Efficent design of reator relief systems[R]. Int Symp on Runaway Reactions, New York, 1989: 372-394.

[20] Leung J C. Two phase discharge in nozzles and pipes-a unified approach[J]. J Loss Prev Process, 1990, 3: 27-32.

6 工厂操作常规风险及风险控制

化工生产相对于其他制造行业来说，危险性比较高，由于使用大量的有机化工原料，特别是低沸点、低闪点以及毒性高和存在热不稳定性化学原料以及中间体应用和生成，存在各种各样潜在的风险。化工产品开发生产的主要风险来自于两个方面，一是制备过程中使用的化学物质的风险，二是制备工艺过程牵涉到的化学反应带来的过程风险。物质风险来自于化工生产中用到的各种原料的不稳定性、生产过程中生成的各种中间体的不稳定性以及最终得到的目标产品存在的不稳定性。这些物质的不稳定性主要体现在具有的易燃、易爆、有毒、有害等危险性，因此，生产过程中使用的各种化工原料，它们的存储、运输和使用，均会带来较大的风险，引发严重的事故。

过程风险来自于复杂多样化的化工工艺过程牵涉到的各种化学反应，例如氧化反应、还原反应、缩合反应、分解反应等。化学工艺过程可能产生的风险包括常规工艺过程的化学反应带来的风险以及由于反应失控导致分解反应发生或者是二次分解反应发生带来的风险。

控制物质风险和过程风险，必须要对相关物质的物理性质、化学性质、物质的相关稳定性质以及生产过程的工艺条件进行深入的反应风险研究和风险评估，确定安全可行的化学物质储存、运输以及使用方法，并根据物质的性质确定安全可靠的生产工艺操作条件。

物质风险和过程风险都可能导致设备的腐蚀、物料的泄漏、工艺过程的失控等事故的发生，造成燃烧爆炸、人员的中毒和伤害以及环境的污染等各种严重程度不同的后果。

案例一 2010 年 7 月 28 日上午，南京栖霞区万寿村 15 号，途经南京塑料四厂拆迁工地丙烯管道被施工人员挖断，丙烯泄漏蔓延到距中心区域 500m 后与空气混合达到爆炸极限，遇明火后发生爆炸。丙烯原材料的泄漏爆炸事故造成了重大的人员伤亡和财产损失，共造成 22 人死亡，120 人住院治疗，其中 14 人重伤，爆炸区域周边 1 公里以内的建筑物受到损坏，离爆炸地点 100m 范围内的建筑物屋顶坍塌、玻璃破碎，钢筋水泥都被炸开。爆炸时由于有明火蹿起，火势猛烈，蹿起的火苗有 10m 多高，喷射的火焰同时也引发了远处其他几个地方着火，直接经济损失约 4800 万元。

案例二 2010 年 7 月 16 日，原国家安监总局和公安部通报了大连中石油输油管道爆炸火灾事故，在油轮已暂停卸油作业的情况下，负责作业的公司继续向输油管道中注入含有强氧化剂的原油脱硫剂，造成了输油管道内发生化学爆炸。事故的原因是事故单位对所加入原油脱硫剂的加入方法和安全使用没有进行反应风险研究和工艺风险评估，没有进行正规的设计，没有对加注作业进行风险辨识，没有制定安全操作规程，并且在原油接卸过程中的安全管理存在漏洞。事故造成电力系统损坏，应急和消防设施失效，罐区阀门无法关闭。事故引发爆炸和引起大火，超过 1500t 的原油泄漏入大海，造成周边 $50km^2$ 的海域被污染，影响范围达 100km^2。一名消防战士在救火中牺牲。

案例三 1952～1979 年间，日本发生各类粉尘爆炸事故 209 起，伤亡共 546 人。近年来，中国发生的粉尘爆炸尤其是系统爆炸，造成了严重损失。1987 年哈尔滨亚麻厂的亚麻尘爆炸事故，死亡 58 人，轻重伤 177 人，直接经济损失 882 万元。2010 年 2 月 24 日 16 时，中国淀粉行业著名企业河北省秦皇岛某淀粉股份有限公司淀粉 4 号车间发生淀粉粉尘爆炸事故，造成 19 人死亡，49 人受伤。粉尘爆炸具有极强的破坏性，涉及的范围很广，煤炭、化工、医药加工、木材加工、粮食和饲料加工等部门都时有发生。

6.1 工厂操作常规风险

6.1.1 燃烧和爆炸风险

精细化工生产常常采取的生产方式是间歇操作和半间歇操作，间歇操作指的是起始全部加入物料的操作方式，半间歇操作则是部分物料采取滴加的操作模式。对于起始全加料的间歇反应过程，反应原料在初始阶段按照投料的先后顺序全部加入到反应釜内，工艺过程可以分解为加料过程、反应过程和后处理出料过程三个部分，归结为进出料和反应两大类别，每个类别的潜在风险都需要认真分析。

间歇式、半间歇式反应过程的生产操作可能发生的风险分析汇总如下：

6.1.1.1 加料和出料过程存在的风险

在有机化工原料和中间体的加料过程和在目标产物的处理和出料过程中，会遇到液体物料和固体物料的输送和流动，由于液体或固体的输送流动，不可避免与管壁或设备产生摩擦，可能引起静电荷的聚集而产生火花，这种火花作为物质燃烧和爆炸的最低引燃能量，能够引发已达到爆炸极限的有机物蒸气及固体粉尘，从而引发爆炸事故。因此，所有的加料管线和设备必须完好接地，有效消除静电积聚，防止静电危险。

大多数有机化工原料，特别是有机溶剂的使用操作，要求相关设备必须进行预先的惰化处理，有效去除氧气，避免氧气的存在带来的燃烧和爆炸风险。在反应釜惰化不够或者开启加料孔时，会导致反应设备内重新进入空气，由于釜内存在有机化合物的蒸气，其浓度范围容易达到爆炸极限的范围，在一定能量存在的情况下，例如静电火花或摩擦能量的产生，将导致反应釜内发生有机化合物蒸气的爆炸事故。因此，加料过程中的氮气惰化操作必须严格执行，并在设备开启手孔的过程中反复执行惰化操作，保证操作系统内的氧气含量符合指标要求。

在液体或者固体反应原料通过加料罐或固体加料器加入到反应釜内时，应该避免有外部能量的存在，因为，在有外部能量或称点火源存在的情况下，有可能引燃正在操作的化工原材料，导致液体加料罐或固体加料器内的有机化合物发生蒸气爆炸或固体粉尘爆炸事故。

6.1.1.2 反应过程存在的风险

反应过程的主要风险来自于反应失控，特别是针对热效应明显的放热反应来说，在反应失控的情况下，将导致放热反应的体系温度在瞬间急剧升高，引起反应物料的分解、燃烧和爆炸，在反应失控的情况下，一旦体系温度达到了物料的二次分解温度，将进一步引发二次分解反应。无论是分解反应还是二次分解反应，都将造成体系温度的进一步升高，带来严重的后果。反应失控以及分解反应和二次分解反应是反应过程中发生燃烧和爆炸的主要因素。

此外，对于起始全加料的反应过程，在反应过程中，如果冷却失效、公用工程等阀门控制失灵，也是引起反应失控、导致反应过程中燃烧和爆炸事故发生的重要因素。

分解、燃烧和爆炸不仅仅来自于反应的失控，还来自于生产体系的自动引燃或外部引燃，包括无保护的电气设备火花、搅拌电机火花、有机化合物进出料过程中可能产生的静电火花等等。

上述是间歇或半间歇反应过程的操作可能发生的主要风险。燃烧和爆炸风险是化工生产的重大风险，燃烧和爆炸风险产生的原因多种多样，为了有效地预防燃烧和爆炸风险的发生，生产的每个环节、每个步骤必须进行如下仔细周密的考虑。

① 明确物质风险，清楚生产使用的所有可燃性物质，包括生产工艺过程中可能生成的所有可燃性物质及其热稳定性和燃烧燃爆特性；清楚所有可燃性物质发生燃烧和爆炸的条件，包括压力条件、温度条件、相变条件等等；清楚所有的可燃性物质形成可燃性气体的必要条件。

② 研究反应风险，评估工艺风险，明确工艺过程的风险来源。反应风险研究已经成为化工安全生产的重要研究内容。反应风险研究将以工艺研究为基础，对生产品种的工艺过程开展详细的反应风险研究，在反应风险研究的基础上，开展工艺风险评估，清楚工艺过程的潜在风险，特别是可能发生的反应失控以及分解反应和二次分解反应发生的风险等等。

③ 明确可能带来风险的各种操作途径，包括可能引发事故的能量类型和来源、物料进出过程可能存在的惰化不充分和静电聚积等风险，对各种可能带来风险的操作途径进行有效的控制和合理的监控。

④ 在明确各种可能风险的情况下，对各种危险源的控制和监控设置设立可行的安全措施，包括监控手段。

上述信息是化工安全生产必备的常规工艺操作文件。但是，由于化工生产针对不同的生产品种，每个生产品种的合成工艺都使用不完全相同的工艺原料，需要通过相关的文献查阅和实验测试，明确各种物质和各种工艺过程的相关风险，需要根据物质风险和工艺过程风险对工艺安全操作作出合理的规范和限定。

下面结合具体事例，仅仅关注物质风险，对物质操作需要收集和测试的已知信息、风险分析和安全操作要求等进行简要说明。

例：某工艺过程使用液体有机溶剂和固体有机化工原料，有机溶剂储存于较大的储罐里，储罐内的溶剂经泵打入计量罐后加入到反应釜内使用；固体物料采用真空系统加入到固体加料器后加入到反应釜。加料过程为首先开启搅拌，先加入液体物料，再加入固体物料，加料完成后，关闭加料阀门，升温至70℃，保温反应6h后，降至室温，进行后续处理。

已知信息汇总如下：

反应釜规格：5.0m^3；

反应釜材质：碳钢衬搪瓷；

搅拌形式：浆式搅拌，可调频变速；

反应釜夹套设计压力：6.0bar。

工艺使用溶剂的主要理化性质如下：

溶剂闪点：4℃；

加入温度：25℃；

燃烧范围：1.2%～7.1%（体积分数）；

自燃温度：480℃。

工艺使用固体物料的主要理化性质如下：

爆炸等级：A级易爆物；

粉尘引燃温度：450～500℃；

最低引燃能量：25mJ；

固体物料在300℃条件下稳定，但是，固体物料具有燃烧特性。

针对液体有机溶剂和固体物料的上述性质，汇总安全操作要点如下：

① 工艺使用有机溶剂的闪点为4℃，溶剂的加料温度为25℃，在高于其闪点的温度下操作，因此，工艺生产设备中含有可燃性溶剂蒸气，整个系统必须进行全面的惰化处理来隔绝空气，采取有效的惰性气体保护措施，避免有机溶剂的燃烧和爆炸风险。

② 在固体物质加料时，气相中同样存在可燃性有机溶剂蒸气，同样需要有效的惰性气体保护措施，真空系统的进料要求采用氮气进行真空补偿，固体加料器下部需要安装氮气管线，始终保持体系的氮气微正压操作，避免固体物质加料的同时带进氧气，避免燃烧和爆炸风险。

③ 禁止易燃有机溶剂和危险性固体物质的敞开式操作，严格执行惰性气体保护措施。惰性气体保护范围包括釜内、加料管和尾气排放系统。

④ 对于引燃源的规避，需要考虑每个设备完好地接地，包括加料桶的接地和操作人员工作鞋的接地，确保塑料管线等其他绝缘设备不用于含有可燃成分的操作过程中，保证所有的物料管线进行完整的静电跨接。

⑤ 确保设备材质的选择正确，含有可燃成分的设备不含有例如镁、铝、钛等轻金属，保证金属催化剂的安全使用。

⑥ 保证排放系统的合理设计和安装，所有加料罐、储罐等设备尾气都连接到排风系统上，并将有机气体蒸气统一引入到气体焚烧系统进行焚烧处理，气体焚烧管线系统合理安装阻火器。

⑦ 电气设备，特别是泵类设备的选择，要符合与区域等级相匹配的原则，严格考虑区域物质的热性质，生产过程中要进行设备保养和检查维护。

燃烧和爆炸风险是化工生产的重大风险，所有的化工生产，必须开展严格的物质风险测试和评估，开展过程风险的研究和评估，合理进行装置设计和安装，并以此为依据制订完整的对策，这是化工安全生产的重要保障。

6.1.2 毒物风险

化工生产使用化学物质的毒性有高有低，毒性物质带来的风险各不相同，其主要风险包括下述两个方面：化工毒性物质带来的风险对操作人员以及公众社会的影响；化工毒性物质带来的风险对生态环境可能造成的影响。

6.1.2.1 物质风险控制的健康准则

无论化学物质能够带来何种风险，风险控制的要求和准则大致上是相同的。在通常情况下，对于物质风险控制的健康准则如下：

① 对工艺使用的化工毒物进行风险确认，明确毒物风险起因以及可能带来的后果，并考虑最坏的情况。

② 对毒物可能带来的风险采取有效的控制措施，尽可能最大限度地控制毒物风险。

③ 采用仪器或设备对毒物风险进行实时监控，监测并控制毒物风险的发生以及发展情况。

④ 对操作员工进行严格的培训，使操作人员懂得毒物风险发生的原因，掌握控制毒物风险的有效方法。

6.1.2.2 毒物风险评估

化工安全生产，需要对毒物风险进行评估。毒物风险评估的重要内容是关注员工的身体健康和人身安全。进行系统的毒物风险评估，主要包括下述内容。

① 熟悉岗位使用的各种化工原料，清楚地知道在生产操作过程中，具体使用了何种毒性物质。

② 掌握操作过程中使用的化工原料的物理和化学性质，清楚化学物质间相关禁忌性。

③ 对操作过程中使用的化工原料的存放位置非常清楚，并明确其相关使用要求以及防护要求。

④ 了解操作过程中使用的化工原料的安全特性，特别是对于有机溶剂类的物质，要清楚地知道物质的爆炸极限情况。

⑤ 清楚地懂得工艺过程中牵涉到的所有化学物质在发生意外的情况下需要采取的应急行动以及防护措施。

为了有效地控制化工生产的毒物风险，要求化工生产必须经过反应风险评估，包括毒性物质的风险评估。没有经过风险评估的物质不能在工艺中使用，工艺过程中牵涉到的工程方法也非常重要，例如良好的通风和严格的惰化操作。良好的通风和严格的惰化可以保证有毒有害化学物质蒸气浓度在爆炸极限范围以外和不被操作者吸收，局部隔离是一种非常特殊的防止风险的方法，一些有毒有害物质在封闭间内操作可以防止蒸气粉尘泄漏到工厂空气中。合理的工程方法适用于化工生产的任何情况，适宜的工程方法可以保护操作人员免受毒害物质的伤害。

化工生产人员必须按要求穿戴防护用品，操作工人穿戴防护服也是必要的保护措施之一，防护服、防护手套和防护眼镜能够阻隔化学物质与操作人员的皮肤接触，阻止有毒物质通过皮肤吸收和经呼吸吸收，保护操作人员免受伤害。防护服、防护手套、防护眼镜、防毒面具等等都是化工生产必备的防护用品。

建立健全的控制方法并不是防止风险发生和控制风险的唯一手段，还需要对控制方法采取合适的监控措施。例如，通风系统的正常运行可以保证操作环境的安全和保护环境，监测方法可以采用常规的工厂气体取样分析方法。此外，生产设备需要定期检查，保证运行优良。

对操作员工的培训也非常重要，系统的培训有助于操作员工理解有毒物质的处理方法以及采取的保护措施。

6.1.3 腐蚀风险

当设备受到腐蚀后，轻则导致设备的强度发生改变，严重则导致设备损坏，进一步引起化学物质的泄漏。如果设备内装有易燃、易爆危险品，一旦发生泄漏，有可能引起一系列的燃烧、火灾以及爆炸等事故的发生，因此，腐蚀而导致化学物质泄漏引起的火灾和爆炸事故后果严重，如果牵涉到高毒性物质的泄漏，可能导致化学毒物泄漏的毒性事故，也可能发生环境的污染和自然资源的破坏事故。化学毒物的危害还与有毒物质本身所固有的特性和有毒物质的泄漏量、人员暴露于危险环境的程度等因素有关。此外，在设备腐蚀、化学物质发生泄漏事故以后，还需要对受影响的设备进行更换、清理或维修，需要投入一定的人力和物力，对环境进行清理。事故处理期间，设备装置处于停工状态，必将给生产企业造成更为严重的经济损失，包括直接经济损失和间接经济损失。直接经济损失是指更换被腐蚀的结构、机械和其他零部件所需要的费用，例如对机械、装置构件以防护为目的涂层费用；管道的保护或更换牵涉到的工程设施费及其维护费；更换材质、采用耐蚀合金比采用碳钢所增加的额外费用；有时还有添加缓蚀剂的费用；设备零件的保存和干燥费用。间接经济损失包括：停产损失，即由于设备腐蚀造成的停产、停工和更换设备产生的损失；损坏系统中由于物料泄漏而造成的产品、溶剂、原料等损失，以及修复设备而需要的费用；由于腐蚀泄漏而引起的产品污染，导致产品报废等费用；腐蚀产物堆积、附着造成管线堵塞、降低热传递效率，而提高泵功率等费用；为了延长设备使用寿命，对设备、构件、装置进行的过度设计，设计时加大设计预留量、增加管壁厚度等发生的费用。

6.2 不同阶段主要危险因素分析

化工项目从开发到生产一般需要经过研发、放大、设计和产业化这四个阶段。各阶段的主要危险因素不同。

6.2.1 研发阶段主要危险因素

项目研发阶段技术含量高、创新性强、探索性强，通常使用装置规模较小，化学品使用存放量也较少，主要风险来自于化学品自身的毒性、燃爆性、腐蚀性和化学反应的不确定性。危险化学品因其物理化学特性，可能具有毒害、腐蚀、爆炸、燃烧、助燃等危险性。工艺过程操作的危险性是指物料在工艺加工或生产过程中因温度、压力、液位等操作条件失去有效控制，或设备保护失效，有可能导致过程失控、物料泄漏、设备故障等意外事件，进而引发火灾、爆炸或中毒事故。

在新建项目初期项目研发过程涉及到的未知领域比较多，不确定性较大，结果难以预料。研发初期需要根据研发背景和参考文献进行风险预判，并在研发过程中渐进性详细研究，对各项危险因素进行判断和危险性评估。

6.2.2 放大阶段主要危险因素

项目放大阶段，随着使用设备规模的增大，实验周期延长，参与人员的增多，风险因素主要体现为装备设施的腐蚀风险，工程放大的传质传热障碍风险，原辅料质量风险，工艺变更或偏离风险，以及员工操作风险。

放大实验阶段风险主要有：

（1）腐蚀风险　主要是反应系统、后处理装置以及管道等不耐腐蚀，导致腐蚀泄漏，腐蚀后金属离子、换热或吸收等介质进入反应系统，导致催化或抑制反应等副作用引发的风险。

（2）传质传热障碍风险　主要源于反应动力学和反应热力学研究不充分，反应速率、放热功率、热传导、热扩散、化学反应对传质和换热的条件及其影响因素和控制要求不明确。

传质传热障碍风险不仅会导致放大失败，还存在重大安全隐患。

（3）原辅料质量风险　主要是原料、辅料等相关物料指标不明确，尤其是活性杂质进入反应系统，发生引发、催化或抑制反应等副作用，引发的风险。

（4）工艺变更和工艺偏离风险　主要是放大实验过程中，调整工艺配方，改变实验条件，以及实验条件偏离导致的风险。工艺变更和工艺偏离是放大实验的重要风险因素，容易导致爆炸、燃烧、中毒等事故的发生。

（5）员工操作风险　主要是放大实验自动控制程度差，手动操作多，带来的操作偏离，引发的热累积、突发反应等风险。员工操作风险容易引发爆炸、燃烧、中毒等事故。放大实验装置应尽可能实现自动化控制，有效实施产业化模拟，避免放大风险。

6.2.3　设计阶段主要危险因素

（1）厂址选择与周边设施的相互影响风险　建设项目如果发生火灾、爆炸或有毒物泄漏可能会对周边公共设施和人员产生安全影响。同时，如果周围设施发生事故也会对建设项目安全造成影响。另外，当地自然条件不存在不利影响和外部安全防护距离满足要求，这些都是新建项目非常重要的安全条件。

（2）建设项目总图布置不合理的风险　建设项目的平面和竖向布置不合理将导致项目先天不足，不仅影响装置稳定运行，也可能成为重大安全事故隐患。

（3）项目外部依托条件不足的风险　建设项目依托外部提供的公用工程条件，如电源、水源、压缩空气、仪表风、蒸汽、燃料气等，如果没有稳定可靠的保障将直接影响到项目建成后的安全平稳运行。如果周边交通运输不便利，消防站、医院等应急救援条件不完善或距离太远，不利于防止事故升级和避免灾难性事故。

（4）合法合规性风险　如果不了解或没有严格执行国家及当地政府对新建项目的法律、法规、标准及相关程序和审批要求，有可能出现违法、违规问题，使建设项目不能顺利开展。

（5）选择合作单位的风险　如果项目建设前期选择的合作单位，如编制可研报告的咨询单位、安全评价单位以及反应安全风险评估单位等，不具备国家或行业的资质条件，或者完全没有类似的工程业绩，则提交的文件可能存在不符合法规、标准的问题，甚至无法获得审批通过。

（6）改扩建项目与现有装置相互影响的风险　改扩建项目可能涉及到多套现有装置或毗邻现有装置。改扩建的工艺系统与现有装置上下游之间的设计压力、设计温度、设计能力不匹配，改扩建装置的施工安装、投料开车与现有装置的生产运行及设备、管道连通时的相互影响，都有可能导致安全事故。另外，改扩建项目可能对现有装置或设施及人员集中的控制室、办公楼等的安全风险增加。

（7）依托现有装置的风险　改扩建项目如果依托现有储存设施，当现有储存设施难以满足新增危险化学品储量和品种要求时，可能导致储量不足、禁忌物混存、超量储存等风险。如果依托现有装置的公用工程条件，如电源、水源、压缩空气、仪表风、蒸汽、燃料气等，当现有装置余量不足或不能完全满足改扩建项目开、停车等各种工况条件时，有可能因为公用工程条件故障引发事故。如果依托现有装置的安全与应急系统，如安全泄放的火炬系统、消防系统、消防救援设施等，当现有系统或设施的能力不能同时满足改扩建项目的需要时，有可能存在事故升级危险。

（8）利旧设备或利旧系统的风险　利用旧设备、旧系统及旧建筑物存在能否满足重新使用要求的问题。如果已经使用过的设备或系统存在由于腐蚀或各种原因造成的缺陷而没有被发现或被修复，可能成为改扩建项目投产运行后的潜在事故隐患。如果改变原有建筑物使用功能，可能产生新的火灾、爆炸以及人员安全疏散等风险。利旧建筑物承载能力如不能满足新增荷载要求，可能导致建筑物结构受损或坍塌。

（9）合法合规性风险　现有装置一般都是按照当时的标准规范设计的，在此基础上进行改扩建的建设项目，由于受到现有场地和设备设施条件的限制，可能会出现不符合现行标准规范的问题。

（10）电气元器件兼容性风险　电元器件更新迭代周期短，改建和扩建过程中新使用的电气元器件，如仪表卡件、接口等与原系列不兼容，将导致工艺失控。

（11）选择设计单位的风险　如果项目分包设计，或设计单位与安全设施设计专篇编制单位为不同单位，各单位之间相互交接不畅，将导致相关工艺设计、安全设计不匹配。建设单位选择的基础工程设计（或称为初步设计）和施工图设计（或称为详细工程设计）的设计单位，不符合国家或行业资质条件，或者完全没有类似的工程设计业绩，提供的设计文件可能会存在不合法规问题。如果参加项目设计的人员资质不符合要求，也会直接影响到设计文件的安全质量。

（12）前期安全审查意见落实不到位的风险　对安全条件审查阶段开展的安全评价、工艺技术可靠性论证和反应安全风险评估等报告和审查意见落实不到位，在初步设计中对未采纳的建议措施也没有进行论证说明，会导致安全设施设计不完整或者存在缺陷。

（13）安全设施设计与详细工程设计脱节的风险　如果安全设施设计与详细工程设计单位为不同单位，可能存在详细工程设计单位对安全设施专篇及审查意见不理解或落实不到位的风险，导致安全设施设计与详细工程设计脱节。

（14）设计质量存在重大缺陷的风险　如果设计单位没有建立和实施安全设计管理体系和程序，在人员资质管理、设计文件校审、设计安全审查和严格执行强制性标准条款等方面存在问题，有可能使设计文件存在安全设计质量缺陷，甚至是重大失误。

（15）缺乏设计变更控制的风险　通过了政府部门审查备案的设计文件，如安全条件审查、安全设施设计专篇审查，以及经过 HAZOP 分析等安全审查的文件，在后期的设计过程中或在采购施工过程中，如果发生了设计变更，但没有对变更进行必要的危险分析评估，对变更可能带来的新风险缺乏认识和控制管理，可能造成潜在的事故隐患。

6.2.4 生产阶段主要危险因素

6.2.4.1 建设施工阶段

（1）施工、监理单位选择风险　项目建设任务主要由施工单位承担，如果选择的施工单位不具备相应资质，可能会在施工方案编制、施工组织、安全措施制定和落实等方面出现隐患。选择的工程监理单位不具备相应资质，或者监理人员降低对设计、材质、施工质量的监督管理要求，将造成安全设施施工质量存在严重缺陷。

（2）施工安全条件准备风险　项目施工开始前未开展相关安全条件准备或未按照要求进行审批、报备，将严重影响安全设施施工质量，并有可能导致安全生产事故发生。

（3）设备、材料质量风险　设备和材料质量不符合国家法规和规范要求，或者未按要求开展相关设备、材料的检验检测，及时发现设备、材料缺陷，将严重影响安全设施质量，会将潜在的事故风险和安全隐患引入生产运营阶段，有可能引起项目建设或生产运行阶段的安全生产事故。

（4）施工质量风险　施工过程中偷工减料或降低材料标准、不符合设计文件或标准规范要求、未按照相关要求进行技术指标控制、未对施工过程或成品进行检验验收、未进行相关调试测试、未建立相关过程记录等，会直接影响安全设施的安全使用和使用年限。施工质量把控不严将会为生产运营埋下严重安全隐患。

6.2.4.2 试生产阶段

在完成项目现场施工后，企业应进行装置首次开车前的准备，开展项目试生产工作。本阶段的安全风险主要包括：

① 人员的风险。参与生产的人员在学历和专业方面是否符合法定的条件，是否都得到了充分的培训，主要负责人、专职安全管理人员、特种作业人员、特种设备作业人员是否经过培训考核取得相应的合格证书；参与生产的人员是否包括具有开车经验的技术、管理、操作等人员。

② 管理的风险。生产方案是否符合设计和实际生产要求，试生产规章制度及操作规程内容是否完整，是否经过审查和批准；是否有效开展开车前安全审查，在投料开车前审查发现的问题是否整改到位。

③ 作业的风险。在试生产过程中，各类操作、维护、作业和变更过程是否严格执行安全生产管理制度、操作规程；对特殊作业是否严格按照《危险化学品企业特殊作业安全规范》（GB 30871）要求进行风险分析、落实管控措施。

④ 物资准备与应急响应的风险。是否按计划配备试生产所需的物资、个体防护用品；是否编制了应急预案并组织进行了学习和演练。

6.2.4.3 竣工验收

在试生产工作结束后，企业应做好正常运行安全管理、开展项目安全设施竣工验收工作。本阶段的安全风险主要包括：

① 项目合规性问题。消防设施、防雷防静电装置、防爆电气验收与检测检验合格记录，特种设备登记使用许可，特种作业人员、特种设备作业人员、专职安全管理人员培训与取证记录，重大危险源备案证明，化学品登记和应急预案备案，为从业人员缴纳工伤保险费的证明等法规标准规定的事项完成情况。

② 竣工验收过程中发现的问题。试生产总结报告、竣工验收评价报告中提出的问题的整改落实情况。

新建项目在首次开车后，企业应根据“管业务必须管安全”的要求，全员参与做好安全管理各项工作，切实落实安全生产主体责任。按照《化工过程安全管理导则》（AQ/T 3034）中涉及的要素，抓好各项安全风险防控。

6.2.4.4 正式生产阶段

对于化工企业而言，安全风险无处不在，生产阶段应定期进行隐患排查和治理。化工生产过程危险、有害因素主要有 15 类：物体打击、车辆伤害、机械伤害、起重伤害、触电、灼烫、火灾、高处坠落、坍塌、锅炉爆炸、容器爆炸、其他化学性爆炸（混合气体爆炸和粉尘爆炸）、中毒和窒息、淹溺、其他伤害。

参考《企业职工伤亡事故分类》（GB 6441—86），常用的风险辨识方法有：

① 危险与可操作性分析。应用于各类工艺过程和项目的风险评估工作过程中，参见

《危险与可操作性分析（HAZOP 分析）应用指南》（GB/T 35320）。

② 保护层分析。是由事件树分析发展而来的一种风险分析方法，是风险辨识和评估的半定量工具，参见《保护层分析（LOPA）应用指南》（GB/T 32857）。

③ 其他风险辨识方法。可应用于化学品开发、生产、使用等各个环节，主要包括安全检查表（SCL）法、事件树分析（ETA）、事故树分析（FTA）、作业危害分析（JHA）法、定量风险评价（QRA）、故障假设分析（WI）法、预先危险性分析（PHA）等。

6.3 安全基础的选择

化工安全生产需要坚持反应过程风险最小化的安全性原则，要坚持反应工艺合理加热的安全性原则，要坚持加料方式选择的安全原则，要坚持控制仪表的安全性原则，要坚持阀门的安全性原则和测试的安全性原则。但在对安全措施进行选择之前，安全基础的选择至关重要，这将对安全生产产生重要影响。

安全过程的选择通常有七个方面的重要因素需要考虑，包括：化学工艺过程所用的原材料的选择；化学工艺过程工艺路线的选择；工艺过程中加料方式的选择；工艺过程里最坏情形的确认；失控反应及其避免和预防反应失控的方法；安全措施的选择及其有效操作的兼容性；工艺的安全控制条件及其工厂的优化条件。对这七个方面的重要因素分别阐述如下。

6.3.1 工艺物料的选择

化工生产过程依据工艺路线的不同，所需要使用的工艺原料也不尽相同，对于已选定的工艺路线条件，工艺原料的选择已经基本得到确定。因此，首先应该根据工艺所用物料的物理性质、化学性质以及危险特性进行详细的分析与评估，并对一定的工艺过程可能经过或者产生的中间体作出总体的考虑与评价。

工艺过程使用的物料依据作用的不同可以被划分为主要物料和辅助物料两大类别。工艺过程的主要物料是指从工艺路线中的初始原料开始，直至达到目标产品的整个工艺流程上的所有物料，这包括反应使用的原料、催化剂、反应过程中生成的中间体、目标产物、副产物以及整个工艺过程使用到的各种溶剂、尾气吸收系统中使用的吸收试剂和反应过程中的添加试剂等等。生产工艺过程的辅助物料是指在实现整个化工工艺的过程使用到的辅助物料，其中以公用工程物料为主，同时也包括能够在燃烧区有效地破坏燃烧条件，能够拟制燃烧或终止燃烧的物质。例如，冷冻系统使用的冷冻剂、系统加热和冷却使用的流体、消防系统使用的灭火剂、重复使用的冷热循环汽液介质等等。常用的冷却剂有空气、水、盐水、乙烯、丙烯、液氨、氟利昂等；常用的灭火剂有水、泡沫、干粉、二氧化碳、卤代烷等等。

在工艺设计过程中，依据工艺条件要求、工艺研究结果与反应风险研究结果，首先需要编写工艺过程使用的物料目录，并建立物料安全性数据卡，还要做出工艺过程的物料平衡图，记录工艺过程中全部物料在工艺条件下的有关性质资料，作为工艺过程危险评价与安全设计的重要依据。

对于化工工艺过程的物料，典型的资料建立如下：

6.3.1.1 一般性说明资料

一般性说明资料需要包括化工物料的名称与别名，分子式、分子结构式，物质的分子量，物料的物理状态，纯度要求，存储条件要求，外观性质，气味或味道，化学稳定性，主要用途，重要的腐蚀性参数，危险性和污染因素，必要的防护措施等等。

6.3.1.2 基础物性资料

基础物性资料包括物质的相对密度、固体物料的熔点与粒度及其分布状况、玻璃化温度，液体物料的沸点与闪点、pH 值、在水中以及相关溶剂中的溶解性、黏度、临界参数、蒸气密度等等。此外，为了确保工艺物料的安全使用，尤为重要的是获得物料的易燃性资料。在一般情况下，易燃性物料指的是闪点在 21～55℃之间的液体物质或制剂，大多数溶剂和许多石油馏分都是易燃性物料。对于易燃性物料，通常以其闪点、着火点、爆炸极限、最低引燃能量等作为主要的评价指标。

对于固体物料来说，还要关注其粉尘爆炸方面的性质。固体物质的粉尘爆炸性指的是能够引起物质粉尘发生爆炸的物理及化学性质。影响固体物质发生粉尘爆炸的因素包括以下几个方面：

① 物质的物理及化学性质。物质的燃烧热越大，则能够导致其粉尘发生爆炸的危险性也就越大。例如，煤、碳、硫等易燃的化学物质具有较高的燃烧热，那么其粉尘也同样具有相对较高的粉尘爆炸性。

物质越容易被氧化，则其粉尘就越容易发生爆炸。例如，镁、染料、氧化亚铁等物质，在空气中容易被氧化，具有相对不稳定的性质，因此其粉尘具有很强的粉尘爆炸性。

物质的粉尘越容易带电，就越容易发生粉尘爆炸。在生产过程中，物质粉尘存在互相摩擦、碰撞等相互作用，在这些作用下产生的静电不易散失，造成了静电积累，当静电的累积量达到一定数值时，就容易出现静电放电现象，当静电不能及时导出或导出不良时，静电就会产生电火花，从而引起粉尘爆炸和火灾事故。

② 物质的粉尘颗粒大小。粉尘发生爆炸的原因是粉尘物质与氧气产生接触及粉尘表面吸附了空气中的氧气，所以有一定量的氧气存在是粉尘发生爆炸的先决条件。粉尘物质的颗粒越细、比表面积越大，能够吸附的氧气就会越多，发生粉尘爆炸的可能性也就越大，而且粉尘物质的着火点越低，其爆炸下限也相应降低。随着粉尘颗粒的精细化及粉尘物质粒径的减小，不仅粉尘物质的化学活性会提高，而且静电富集的可能性也随之增加，粉尘发生爆炸的危险性增强。

③ 粉尘的浓度。与可燃气体的情况类似，粉尘爆炸也需要具有一定的浓度范围，粉尘物质同样也存在爆炸上限与爆炸下限。在文献报道中，多数只列出了粉尘爆炸的爆炸下限，这是因为粉尘爆炸的爆炸上限往往较高，通常情况下不容易达到。

6.3.1.3 化学反应性资料

物质的化学反应性资料是化工生产过程中必须要关注的重要资料。化学反应性资料通常包括物质操作风险资料与工艺过程风险资料。就物质的化学反应性资料而言，一般包括工艺过程中使用的各单一物质的热分解实验数据、自燃性测试数据等主要的物质化学安全性数据。对于化工工艺过程中的化学反应性资料，就需要考虑相应工艺过程反应的热稳定性实验数据、反应量热数据、反应绝热温升数据、反应腐蚀性实验数据等等，同时还需要考虑到爆燃引起的爆炸扩散等危险情况。

6.3.1.4 物质的毒性资料

化学物质通常都具有一定的毒性，一般来说，有机化合物的毒性与其成分、结构和性质有着密切联系，这是人们已经熟知的事实。例如，当卤素原子加入到有机化合物的分子中以后，几乎都能使有机化合物的毒性得到加强。对毒性反应能够起重要作用的化学键的基本类型通常包括共价键、离子键和氢键，除此之外，还有范德瓦耳斯力等等。化合物分子中官能团的引入通常也会增加物质的毒性作用。例如，有机化合物分子中引入氨基、硝基、亚硝基官能团后，化合物的毒理学性质会被剧烈地改变，而羰基的存在或化合物的分子被乙酰化后则化合物的毒性可能会降低。目前，大多数常规化工原料的毒性资料比较全面，但对于非常规化学物质和反应中间体的毒性资料则需要在工艺研究过程中进行补充与完善。物质的毒性资料通常包括物质毒性的危险等级、物质的卫生标准、吸入或食入危险性、环境中的最大允许浓度、皮肤刺激测试数据和眼刺激测试数据、急性经口毒理学测试数据、致敏性测试数据、急性经皮毒理学测试数据、微核试验数据、亚慢性实验数据、慢性毒性实验数据以及细菌回复突变性测试 Ames 测试数据等。Ames 测试是检测物质是否具有细胞突变性和致癌性的一种测试方法，是非常重要的物质毒理学测试方法。此外，还包括具有特殊放射性化学物质的放射性试验数据等等。

化学物质的毒性通常可以被简单划分为以下五种情况，这五种情况的简要说明如下：

① 未知毒性。对于毒性不明确或未知的物质，通常用字母“U”表示，是英文单词 unknown 的首字母大写形式。化学物质标识为“U”的情况，一般用于以下几种类别的化学物质。

a. 该类物质为创新化合物，在当前的文献报道中查找不到该物质的任何毒性信息，人们目前对该物质的毒性资料一无所知。

b. 该类物质很新颖，尽管已经具有基于动物试验的一些信息，但对于详细的物质毒性信息的研究和报道并不多。

c. 该类物质很新颖，已经研究、报道及公开的毒性数据信息存在着疑点，需要进一步研究与完善。

② 无毒性。可以认为绝对没有毒性的物质是不存在的，化学意义上没有毒性的物质通常使用“0”来表示，表示物质的毒性为“0”级，化学物质标识为“0”级毒性的情况，一般用于以下几个类别的化学物质。

a. 该类物质的毒性资料齐全，在任何条件下使用该物质都不会对操作人员造成中毒性伤害。

b. 该类物质的毒性资料齐全，仅仅在超大的剂量下或最不寻常的条件下使用，才可能对操作人员造成一定的毒性伤害。

③ 轻度毒性。具有轻度毒性的物质用“1”标识，轻度毒性情况通常包括慢性局部中毒、慢性全身中毒、急性局部中毒和急性全身中毒。轻度毒性的具体情况如下：

a. 慢性局部中毒指的是物质在连续或重复暴露持续数日、数月甚至数年的情况下，无论暴露的程度是大或小，对相关人员的皮肤或黏膜造成了轻度伤害。

b. 慢性全身中毒指的是物质在连续或重复暴露持续数日、数月甚至数年的情况下，毒性物质通过呼吸或皮肤吸收的方式进入相关人员体内，无论暴露的程度是大或小，对相关人员造成了轻度伤害。

c. 急性局部中毒指的是化学物质在一次性连续暴露了几秒、几分或者几个小时的情况下，不论暴露的程度如何，都对操作人员的皮肤或黏膜造成了轻度伤害。

d. 急性全身中毒指的是相关化学物质一次性连续暴露了几秒、几分或者几个小时的情况下，毒性物质通过呼吸或皮肤吸收的方式进入相关人员体内，或者毒性物质被人员一次性服入，不论毒性物质的暴露程度如何，也无论吸收或服入者吸收或服入的剂量多少，仅对相关人员产生了轻度影响。

一般而言，被列为“轻度毒性”类的物质在人体中的变化往往是可逆的，中毒者会随着化学物质暴露的结束，经过医治或无须医治而逐渐消除中毒症状，恢复到健康状态。

④ 中度毒性。具有中度毒性的物质用“2”来标识，中度毒性情况同样包括慢性局部中毒、慢性全身中毒、急性局部中毒和急性全身中毒。中度毒性往往发生于毒性物质一次性连续暴露几秒、几分或者几个小时的过程中，对皮肤或黏膜造成了中度中毒影响。上述影响可以来自于几秒的强暴露或几个小时的中度暴露。被列为“中度毒性”类的物质往往会在人体中产生不可逆的中毒症状，但有时也会有可逆的变化发生。需要说明的是，这些不可逆的中毒症状或可逆的变化并不会严重到危及人的生命或对身体造成严重的永久性的伤害。

⑤ 重度毒性。具有重度毒性的物质用“3”标识，重度毒性情况同样也包括慢性局部中毒、慢性全身中毒、急性局部中毒和急性全身中毒。重度毒性也同样常常发生于物质一次性连续暴露几秒钟、几分或者几个小时的过程中，对皮肤或黏膜造成了重度中毒影响。上述影响可以归因于几秒的强暴露或者几小时的中度暴露。被列为“重度毒性”类的物质会对人体产生不可逆的中毒影响，有时也可能有可逆的变化发生。需要说明的是，这些不可逆的中毒症状或可逆的变化会危及到生命或对人体造成严重的永久的伤害。

6.3.2 工艺路线的选择

化工产品的合成通常可以采用多条不同的化学工艺路线，通过多种不同的化学反应来完成。工艺路线的选择一般在合成工艺的探索研究时开始，工艺路线的确定则需要在进入正式工艺研究阶段之前和进入正式工艺设计的最初阶段完成，与此同时，还需要依据已确定的工艺路线，完成相对应的反应风险研究。工艺路线选择主要依据工艺路线的安全性评价，包括充分考虑工艺过程本身是否具有潜在危险性，工艺过程中为了合成目的产物所要进行的相关操作如物料加入、移出、转移和贮存等过程中潜在的危险性的考虑以及其他危险性因素是否能够在工艺过程中有所加强等的考虑。

6.3.2.1 具有潜在危险性的工艺过程

任何化学工艺过程都是具有潜在危险性的，具有潜在危险性的合成工艺过程在一般情况下是指化学合成过程一旦失去了控制就有可能会造成灾难性后果的工艺过程，比如，放热反应过程在热失控的情况下有可能发生飞温、冲料、爆炸、火灾、毒性气体的释放等事故。

现将具有潜在危险性的工艺过程进行简要的总结归纳：

① 使用的液体化学物质沸点与闪点较低，具有一定的燃烧性与燃爆性的工艺过程，特别是工艺反应条件为在物料的爆炸极限范围附近进行操作的工艺过程。

② 本身有气体生成，存在爆炸危险性的工艺过程。

③ 本身是放热反应，特别是剧烈放热反应的工艺过程。

④ 条件较为苛刻，需要在高温、高压或深度冷却等条件下进行操作的工艺过程。

⑤ 使用了一些最低燃爆能量较低、具有一定的粉尘爆炸性固体物质的工艺过程。

⑥ 使用的物料具有热不稳定性，容易引起分解反应、二次分解反应或爆炸反应的工艺过程。

⑦ 使用的原料，生成的某些中间产物、副产物具有较高毒性的工艺过程。

对于任何确定的工艺过程，如果具备上述危险条件中的一种或几种，那么该工艺过程则具有潜在的高风险，需要认真开展工艺研究与反应风险评估，并要全面开展反应过程的安全性分析，确保工艺过程中的风险能够得到全面的评估及有效控制，保障化工生产安全进行。

6.3.2.2 反应过程的安全性分析

化工生产的目的是实现物质之间的转化。物质间的转化过程通常较为复杂，化学反应过程常常会因为反应条件的微小变化而导致反应结果偏离了预期的反应途径，严重的会导致分解反应或二次分解反应的发生，甚至引发灾难性后果，同时，工艺过程存在较多的危险特性，开展反应风险研究与评估，充分评估化学反应工艺过程存在的危险性，将有助于保证化工生产的安全。

化学反应过程的安全性分析通常包括以下内容：

（1）化学物质及其反应的安全性分析　工艺过程涉及到的化学反应是化工生产中最主要的风险源，需要认真分析生产过程中发生的所有反应，包括副反应，并对潜在的具有热不稳定性的反应物、中间产物、目标产物和相应的反应与副反应进行全面的分析，辨明潜在的风险。例如，要对具有自燃性质和燃爆性质物质的使用进行认真分析，对相关反应潜在的危险性进行全面考察，并考虑如果反应物的相对浓度或其他操作条件发生改变的情况下，是否会减小或加剧反应的危险程度等。

（2）物料混合风险分析　化学物质之间进行混合，常常因为物料之间产生相互作用，带来新的风险，因此对于工艺涉及到的所有化学物质，应该采取建立矩阵列表的形式来充分考虑物质之间的相互作用，考虑物质间在混合过程中可能会导致的风险，考虑反应物与热源的配置以及加热方式的选择，考虑可能会发生的冷却失效、反应失控等操作故障，这就要求在工艺设计方面要充分考虑可能发生的失误和失控，考虑到由于化学物质间的混合导致潜在的各种风险。

（3）物质理化性质风险分析　工艺过程中使用到的所有化学物质，包括溶剂与添加剂，都需要充分了解其物理及化学性质，考虑各种物质是否能够吸收空气中的水分变潮或发生潮解，是否具有因为发生了吸潮或潮解而引起表面黏附从而具有毒性或具有腐蚀性的液体或气体的特性。要认真地评价工艺过程可能会发生的反应及副反应，考虑是否能够生成有毒物质，反应或副反应发生是否会产生大量的气体，甚至导致爆炸事故，要充分考虑工艺过程中所有使用的危险性物质，尤其是对于痕量可燃物、痕量不凝性的有毒易燃物、有毒易燃性中间体或积累的副产物等等。此外，还需要充分考虑工艺过程中是否会形成具有危险性的垢层，垢层的形成会影响热传递的正常进行，从而导致热量累积、引发风险等各种情况。要明确工艺过程中存在的杂质对化学反应及工艺过程的影响，要明确设备的材质与选型、管道材质与选型对化学反应及工艺过程的影响。此外，对于涉及使用催化剂的工艺过程，还需要对催化剂各个方面的催化性质进行严格考察，例如催化剂的活化、再生、老化、中毒及催化剂粉碎等情况。

6.3.2.3 潜在危险性较高的工艺操作

在经过细致的工艺研究、反应风险研究与工艺安全风险评估之后，确认了一些危险程度相对较高的或具有潜在高危险性的工艺过程。在实施危险性相对较高的或具有潜在危险性的工艺过程操作之前，需要认真分析研究具体操作过程将会面临的危险性，确定出安全操作方案，这是过程安全评价的重要内容。

下面列举出了一些常见的具有潜在较高危险性的操作过程：

① 涉及可燃、有毒固体的过滤、干燥、粉碎的操作过程。

② 涉及易燃、有毒液体或气体的蒸发过程、反应过程。

③ 易燃物质与强氧化剂的混合反应操作过程。

④ 涉及易燃、具有强氧化性氧化剂的操作过程。

⑤ 涉及不稳定性物质的升温、升压操作过程。

⑥ 具有热敏性的化学物质与工艺过程中使用的不参与反应的组分的分离操作过程，例如，将具有热敏性的物质与溶剂或催化剂分离的操作过程。

6.3.3 间歇和半间歇操作

精细化工生产与石油化工生产的最大区别之处在于前者生产过程复杂，不容易实现全面的连续化生产，而以石油化工为代表的连续工艺过程通常适用于自动化控制操作，属于大批量的连续化操作。从经济性的角度来看，连续化的操作过程明显优于间歇的操作过程。在连续化操作过程中，反应物能够连续不断地加入到反应器中，经过相互连通的各个操作单元完成反应，产物也连续不断地移出反应体系。由此可知，在连续化的生产工艺中，尽管产能相对较大，但工艺原料在系统内的累积存在量相对较少，未反应的原料也较少，所以，连续化过程的稳定性更好，周期性波动较小。

在化工工艺的设计中，反应风险的来源主要体现在工艺过程的选择上，需要在连续工艺与间歇工艺之间做出选择。对于大规模连续化的生产模式而言，多数采取自动控制，开、停车相对较少，因此，潜在的反应风险是相对固定的。精细化工合成反应能够全面实现连续化操作的工艺过程不多，其中绝大部分需要采用间歇操作或者半间歇操作的模式来完成。化工间歇操作过程重大风险取决于安全技术措施的复杂性、延展性及任意时间内反应器中化学物质量的多少。在任意时间内，反应器内化学物质的量越少，工艺过程的安全性越高。

虽然连续化工艺过程的产能较大，技术上也比较容易控制，容易实现稳定操作，同时经济优势显著，但是，连续化反应器及连续化操作工艺的应用与实施具有一定的局限性，连续化生产对设备的自动化程度要求较高，固定资产的一次性投资相对较大，就这些方面而言，连续自动化的生产模式并不能完全满足精细化工生产的需要，间歇操作和半间歇操作仍旧是当今精细化工行业在生产上采用的主要生产模式。

向反应器内滴加物料的操作模式称为半间歇操作，而预先一次性投入物料的操作模式称为间歇操作。与半间歇操作过程相比，间歇操作方式可能具有较大的风险，一旦由于超温引发反应体系热失控，反应器中大量的原料在温度升高的过程中快速发生化学反应，释放出大量的能量，释放的能量加剧体系的升温，在这种情况下，没有有效的风险控制措施能够阻止体系温度的持续升高，最终可能会引发反应体系的二次分解反应，造成火灾、爆炸等事故。相比之下，采用半间歇操作方式相对安全，可以通过控制物料的加入量及加入速度，控制反应过程的能量释放，达到安全生产的目的。尤其对于强放热反应而言，采取半间歇操作模式可以更有效地控制反应的放热量与放热速率，减小由于反应热失控造成的风险。但是，对于一些间歇或半间歇的操作过程，有时需要在两个或几个连续操作批次之间清洗反应器，有可能存在设备清洗程序不完善、清洗准备不充分、清洗不彻底或没有完全移除清洗液的问题，从而引入了新的危险源，从这一点上看，考虑新危险源的引入，间歇、半间歇操作相对于连续操作来说具有较高的工艺危险性。此外，在间歇或半间歇操作中，如果对化学工艺、化学反应热、物质热稳定性等认识不足，缺乏足够的过程数据，将会进一步影响工艺设计的合理性，造成安全控制系统配置的不匹配，以及操作程序的不完备，给工艺带来更多的风险。

对于半间歇操作模式来说，尽管主要反应物料采用滴加的方式逐渐加入到反应体系中，但也存在着一定的风险性。该工艺风险主要来自于物料的滴加速度及加入量，物料的加入速度要与反应系统的移热能力相匹配，加入太快就会导致反应热在反应体系内大量累积，体系温度持续上升，当体系温度升高到一定程度时，将会引发偏离目标工艺的副反应，甚至引起体系中不稳定物料的分解或反应体系的沸腾，最终导致意外事故。如果当体系温度低于反应温度时，供热能力不足，反应不能够及时发生，也会造成物料的累积，当体系温度快速达到反应温度时，积累的原料将会以较高的浓度发生突发反应，这时，如果生成的热量不能被及时移出反应体系，体系内的温度将会持续上升或突然升高，这有可能引起反应体系中物料发生分解反应或二次分解反应。对于有气体生成的反应，反应的快速引发还将会造成体系内压力的急剧升高，可能导致爆炸事故。例如，某产品的合成过程，按照工艺要求应在不低于75～80℃的温度条件下进行，原料 A 要在 4h 内滴加完，但由于操作过程出现偏差，操作人员没有按照工艺要求的温度加入原料 A，其滴加时反应釜内温度为 70℃，在 70℃的温度条件下，目标反应的反应速率较小，加之投入的是低温物料，造成滴加过程体系温度降低至 55℃，在如此低的温度条件下，操作者又人为地加快了原料 A 的滴加速度，于 70min 内投入了全部的原料 A，并随后对反应体系进行了加热。当体系温度上升至反应温度时，发生了剧烈反应，大量放热，由于反应热来不及被移出而造成体系温度的骤升，仅在 10min 内体系温度就升高至 200℃以上，导致釜内物料的进一步分解，产生了大量的气体，最终造成了爆炸事故的发生。

对于有气体产生放热半间歇操作，物料的加入速度对反应也会有一定影响，除了影响反应速度以外，也会影响体系产气的速度，尾气的排放速度如果超过反应器排放管路的设计限值，可造成反应器憋压及气体的逸出。例如，某农药生产工艺中的取代三唑生产岗位，反应过程中会生成甲硫醇气体，由于原料滴加速度太快，反应生成的甲硫醇气体来不及被完全吸收而产生外逸，造成了严重的环境污染事故。因此，工艺控制会对工艺安全产生至关重要的影响，对于在工艺操作过程中遇到的任何异常现象，首先是要搞清楚引起这一异常现象的原因，不能盲目地使用补加反应物、提高反应温度或加快物料滴加速度的方法，对于需要在一定温度条件下完成的放热反应来说，要充分考虑到反应热的传递和移除效应。对于放热显著的化学反应，还需要考虑采取在反应温度条件下将关键的反应物料逐渐滴加的方式，没有足够安全性数据的情况下，绝不能采取预先投入大量物料，之后再进行加热升温的间歇式操作方式。在投料过程中，还需要严格注意物料的投入顺序并保证设备合理的利用率，确保温度探头、热电偶等温度测量装置能够浸入到反应料液内部，使测温装置能够显示出反应体系的真实温度，避免因温度不准确而导致危险性事故。

6.3.4 最坏情形的确定

对于工艺风险，可以简单地理解为一个事物的发展过程所具有的不确定性，只要在一个事物的发展过程中能够出现几种不同的结果，且各种结果都会伴随有一定的危险性情况的出现，我们就可以认为此事物的发展是处于风险之中。通过风险在发生后造成的危害结果的严重程度就可以对工艺风险的危险性进行分析和评估，以此来确认最坏的情形。对于可能发生的危险情况可以通过最坏局面的确认，提前采取一定的预防及保护措施，有助于降低工艺风险的危害程度。例如，反应系统安全阀的安全性评估及选用，不仅需要满足在系统超压时能够把介质迅速排放的要求，还要能够保证承压设备的压力不能超过设备允许的限值，因此，选择系统的安全阀门，要同时考虑压力容器的工作温度、工作压力、目标介质特性以及危险发生时可能会发生的情况等。由于压力反应其本身具有相对较大的危险性，因此，许多标准、法规都对设计标准进行了规定，在设计过程中，除了需要严格执行这些标准、法规，还要考虑压力容器或压力设备的结构、材料、设计强度、制造方法、金属厚度等诸多因素。例如，对于压力不高的承压设备大多数可选用杠杆式安全阀；需要在高压条件下完成反应的压力容器多数可以选择弹簧式安全阀；对于压力高、流量大的承压设备最好选择全开式安全阀；如果压力反应使用的介质为易燃、易爆或有毒有害的有机溶剂，建议选择封闭式安全阀。对于系统的设计温度及设计压力，应该参考工艺过程中的最高限值来确定。压力容器通常造价昂贵，为了便于后期维修、检查和保养，压力容器上必须留有一定尺寸、一定数量的检查孔。在操作或处理具有腐蚀性的反应原料、产品时，除了要充分考虑设备、容器、管道的耐腐蚀性以外，还要考虑安装完善的排液系统，并要严格注意防止压力容器的放空口和安全阀门由于排出的危险物质产生滞留而带来的二次危险性。此外，对于有泄压阀的反应系统，必须要进行严格的工艺研究、反应风险研究及工艺风险评估。

事实上，安全系统仅仅适用于某些特殊的情形，往往在最坏的情形下，常规的设计不能够提供全面的防护措施，只有在反应风险研究和反应安全风险评估后，对安全系统设计进行完善，才能在任何情形下都能提供保护措施。

在进行安全系统设计时需要考虑各方面的因素，例如原料因素、搅拌因素、温度控制因素等，如果对主要的控制因素不了解、不清楚，控制不到位或控制发生了偏离，都可能会导致严重后果。

① 原料因素。对原料的物理及化学性质，包括熔点、沸点、闪点、燃点、蒸气压、酸碱度、自燃温度、热稳定性、毒性等方面了解不够全面，使用了错误的原料、原料吸水受潮、原料中混有杂质、原料的加入速度太快或太慢、原料的投料量过多或过少、原料在金属或其他材质的设备内长期存储、质量发生了改变，均会带来一定的工艺风险。

② 搅拌因素。搅拌是保证反应体系传质、传热的重要手段，如果对搅拌设计不当，对搅拌器或搅拌速度的选择存在缺陷，当搅拌在工艺过程中出现意外情况，没有考虑任何的补救措施，例如，停电或者其他设备出现故障导致搅拌失灵等，最终都可能会导致危险事故的发生。

③ 温度控制因素。反应温度对化学反应速度会产生重要影响。反应温度的控制与冷却设备、冷却介质、冷却系统的移热能力以及系统中各设备与部件的正常运行密切相关。如果冷却系统的移热能力不足、供冷失灵、冷凝器阻塞、仪表失灵、温度设置错误、泵失灵、停电、阀门故障及其他相关机械出现故障，都将导致反应温度的失控。例如，某一放热反应，反应物 A 与 B 以物质的量 4∶1 的比例加入到反应釜内，初始设计时，物料通过各自的加料罐滴加到混合釜中，经过混合后再加入到反应器，当物料全部混合完毕后，混合器出料阀门全开，将混合物料全部加入到反应釜内。实际上，反应物 A 和 B 的反应过程较为缓慢，并且放热不剧烈，在室温条件下反应放热需要几小时才能达到体系的沸腾温度，在常规操作条件下，原料滴入混合器混合完成后会被迅速排净，没有潜在风险。但是，当停电或计算机失灵等意外故障发生时，有可能导致反应物在混合器中发生存积，此种异常现象如果持续时间较长，最终可导致温度升至 150℃、压力升至 1MPa 的情况发生，此时会超过混合器的设计压力，造成喷料或爆炸等事故。为了规避此类风险可以考虑在混合器上加设应急泄压装置。

而更好的解决方法是取消混合过程，将反应物 A 和 B 以一定的速度直接加入到反应釜，这样做不仅有利于节约资源，更有利于保证安全生产。

6.3.5 不同情形的过压问题及其安全方式

化工生产过程中，除了有常压条件、真空条件的反应外，还经常会遇到高压反应，例如高压加氢还原、催化空气氧化、催化水解、高压聚合等。一般情况下，与常压反应相对，高压反应对设备的要求较为严格，潜在的危险性相对较高，但大多数的压力反应由于其工艺过程没有或很少有废水、废固和废液产生，其原子经济性通常较高，因此，压力反应过程既经济又环保，例如，高压催化加氢反应可以称为绿色的化学过程。对于高压反应而言，反应过程的重要风险来自于反应压力过高，一旦反应压力超出了预定压力值，有可能引起副反应或二次分解反应的发生，造成体系内联锁分解反应的发生，并且会对反应设备造成一定威胁。设备过压问题不仅仅针对压力容器与压力反应，而是所有的常压反应设备、化工容器等，都有一定的耐压要求。为了有效地预防过压问题可能带来的风险，在所选择的化工设备上安装压力释放装置是重要和必需的安全措施。

对于所有的化工设备和化工容器来说，如果没有配备合理的压力释放装置，一旦反应过程出现过压，不仅可能会引发副反应，而且还可能会因体系过压引起罐体的破裂及相应设备的损坏。造成体系过压问题的原因各有不同，包括外界因素造成的设备过压、反应进行过程中引起的过压以及操作失误造成反应体系过压等。

下面介绍三种主要的过压情况：

6.3.5.1 超常吸热导致的过压

压力容器的安装和使用都有相应的规范要求，需要相对隔离并远离火源与热源。当化工生产装置近距离接触热源或者火源时，都将致使设备温度升高，从而导致设备内压力的迅速升高。如果容器内存有的物质需要低温的条件进行保存，在装有低于环境温度流体的设备保温失效时，同样也会引起体系温度的升高，最终将导致设备压力的快速升高。对于没有夹套的设备或液体储罐而言，当完全暴露于无约束燃烧的火焰中或者处于其他热源中时，其液体润湿表面的热吸收速率可以达到 $390000kJ \cdot h^{-1} \cdot m^{-2}$。发生上述危险情况，极易造成储罐内液体的沸腾、膨胀而导致蒸气爆炸。对于含有低温流体的管线或容器，当发生保温失效时，尽管其吸热速率比在火焰中暴露的吸热速率低，但仍比较高。最终，会由于超常吸热引起过压，进而带来危险。

6.3.5.2 化学反应引起的过压

对于反应物为气体的或生成物为气体的化学反应，溶剂为低沸点、低闪点物质的化学反应，以及反应速度较快的工艺过程，由于有气体或蒸气产生的不稳定性质，往往会给选择反应设备的压力释放装置带来困难，难以遵循绝对的标准。在上述反应体系中，反应生成的气体和反应体系内的溶剂蒸气会同时释放，有时还会存在液体的夹带释放，释放出口的确定就会变得很复杂，如果严格按气体或蒸气负荷大小来确定压力释放装置就很有可能与实际产生偏离。因此，对于具有潜在风险的化学反应来说，安全的控制原则是选择适当的终止剂，一旦发生应急情况，立即向反应体系内加入终止剂，及时终止反应，防止过压情况的发生；对于溶剂为低沸点、低闪点的反应体系，要求自始至终保持惰性气体氛围，实施有效的惰性气体保护措施，避免发生副反应，避免因过压产生危险。

6.3.5.3 故障或失误引起的过压

生产过程中常会遇到设备故障，有时会出现人为操作失误的情况。设备故障或人为操作失误有时会导致反应设备、化工容器、气体或液化气钢瓶以及管道出现过压现象，造成爆炸或燃爆等事故。在化工生产过程中，一般情况下全部装置流程中的设备之间都会采用安装阀门或管道的方式进行连接，在关闭阀门的情况下，各工艺过程装置的每个部分都会与其他部分做到相对隔绝，因此，每个不同生产单元内的主要设备都必须配备独立的泄压装置，保证在工艺过程中每个不同的操作步骤都可以做到独立的应急泄压，避免在其他环节操作失误的情况下，造成联锁效应，导致反应系统出现过压的情况。此外，为避免操作系统过压需要对设备故障及操作失误的各种情况进行详尽的分析，做到在不同的实际操作条件下，准确预测各个系统所需要的泄压能力与泄压部位，建立相应的规避措施及解决方案，有效地避免在设备发生故障和人为操作失误的情况下，进一步导致反应系统出现过压现象。

目前，化工生产的每个过程尽管都设计有压力应急释放系统，但由于应急释放系统的设计往往比较复杂，没有固定的设计标准与设计方案，因此，压力应急释放系统并不适用于所有的反应，设计应急释放系统应该遵循能妥善处理事故的原则。对于特殊的化学反应过程，如果应急释放的相关气体为有毒有害的，不允许直接排入大气，通常还需要设计安装尾气吸收装置，必要时安装吸收塔等辅助设施。对于反应放热剧烈、反应较快的过程，有时不可能设计出一个足够大的应急释放系统，极快的反应速度，将导致系统压力的急剧升高，应急释放并不能完全消除风险，应对这样的危险情况，可以考虑采用淬灭反应等方式来取代应急释放。因此，合适的应急释放系统的安装与应用具有一定针对性。

6.3.6 工厂操作的有效性和兼容性

对于化工生产来说，仅仅依靠稳定可行的工艺技术并不能达到安全、高效的生产目的，实现工厂安全操作的基础是操作的有效性和兼容性，而工厂操作的有效性和兼容性来自于切实有效的基础设计。所以在初始设计的启动阶段，就需要通过文献资料查询相关的数据信息、实验室内小试阶段的实验数据、中试规模的工程化放大试验数据以及反应风险研究数据。从工艺设计开始直到工厂满负荷的生产运行，工艺过程的设计者必须认真研究工艺过程及其所有的实验数据及实验结果，综合考虑小试、中试及大生产操作中的放大效应，从设计的角度来保证工厂操作的有效性和兼容性。

考虑工厂操作的有效性和兼容性，大致包括以下内容：

① 比较大规模化工生产使用的工业原料与实验室使用的小试原料在质量上的差异性，建立原材料质量使用标准，明确纯度不高的化学品在使用过程中可能存在的质量风险及安全风险。

② 清楚地了解工艺使用的各种原材料的特性，将稳定性差、化学性质活泼、毒性物质等进行合理化分类，明确各种工艺中的原材料、中间产物、产品及副产物的储存要求，对存储问题以及可能带来的影响作出评估。

③ 明确化学反应的反应热及绝热温升情况，认真考虑反应风险，也要考虑传质、传热效果的不同对反应的影响以及可能带来的放大效应，达到良好的传质与传热效果，满足生产上的要求。

④ 认真考虑工艺过程中反应时间的差异带来的影响，明确延长加料时间与反应时间的延迟可能会带来的影响，并在生产中有效避免由于反应时间的延长产生的影响。

⑤ 反应体系内金属离子的存在可能会对化学反应起到催化作用，明确可能存在的金属离子的种类及其对工艺过程可能造成的影响，对设备材质进行合理选择，避免由于设备选材不当带来影响与产生风险。

⑥ 关注整体工艺过程，如果各步反应产出的中间产物没有涉及蒸馏、精制等处理过程，直接进入下步反应中，需要认真考虑连续操作过程中各种杂质尤其是敏感性杂质的积累情况，考虑其可能带来的质量风险和反应风险。

⑦ 从工艺设计以及操作执行的角度出发，明确操作过程监控方法的偏差以及在自动控制的过程中可能存在的影响和差异。

与此同时，化工生产的安全保证及风险控制不仅仅涉及到工程过程、工艺过程与工艺操作，还会涉及到工厂建设和人员配置等各个方面。

工厂建设是进行化工安全生产的初始步骤，工厂建设及人力资源的相关配置对化工生产具有重要的影响。工厂建设与人员配置的基本要求如下：

① 工厂设计与工厂建设要坚持经济性与实用性的原则，充分考虑系统设备的相互兼容性，在关键工艺步骤采用合理的自控设计，实现控制自动化，最大限度避免人为操作失误对工艺运行的稳定产生影响。

② 化工生产设备需要进行定期的维护与保养。化工生产单位需要有足够的维修能力，并配备专业的设备维护与保养人员，保证生产设备及装置的正常运行。

③ 在设计初始阶段，就应根据生产岗位配备相应的人员，对人员素质提出合理的要求，并对操作人员进行必要的相关培训，让所有的操作人员都清楚地知道本岗位的工艺技术条件，生产岗位的操作人员还必须充分理解和掌握本岗位的工艺操作方法和设备操作方法。

④ 对精细化工行业而言，化工产品根据市场需求的变化，往往更新换代较快，要求生产车间通常具有多功能性质，建议采取柔性连接，在满足相同性质或者不同性质的生产品种间进行切换的要求，满足生产的需要，技术人员应非常清晰和明确在工厂建设或工艺操作条件发生改变时，对这种改变可能造成的影响，在设备清洗及生产过程中避免交叉污染风险。

6.3.7　工艺控制及工厂优化

很多化工工艺过程受多种因素的影响，有些因素的存在是不可控的，因此，化工工艺的改进与优化是一项持久且连续的重要工作。尤其是对于一些可控性较差的危险工艺，反应风险研究与反应安全风险评估就尤为重要，更应该持续进行工艺技术改进与工艺优化。工厂和其中的各种设备是为维持工艺操作在允许范围内的正常运行而设计的，在设计、建设、开车、试生产或停车等各阶段中，有可能存在某些条件的改变，从而与正常设定的产生操作偏离。对于风险性较大的反应，工艺操作条件的微小改变或工厂设备的细微偏差都有可能导致严重的后果，从而引发危险事故。这就需要通过反复的反应风险研究与反应安全风险评估来规避风险，完善工艺条件及安全控制措施，满足反应安全风险评估以及生产安全的控制要求。

危险工艺的影响因素有很多，主要及常见的影响因素列举如下：

① 反应在工艺要求温度范围内，延长反应时间导致发生了不可控的放热副反应。

② 如果某一反应对温度非常敏感，按反应的温度要求，一般对于在30～70℃区间内发生的反应，通常选择热水或其他非水物质作为热源，如果使用蒸汽进行加热，将存在巨大的风险。

③ 由于设备材质选择不当，将金属离子带入反应体系，在金属离子的催化作用下，发生副反应或分解反应。通常的情况应该选择搪玻璃设备，如果错误地选择了不锈钢材质的设备，一旦设备发生腐蚀，将进一步带来巨大的风险。

④ 采用不锈钢材质的管路输送有机物料，可以有效地防止静电产生，当管路由不锈钢改成了搪玻璃或聚合物时，将导致静电的产生和聚集，在静电跨接或导出不良的情况下，聚集的电荷将有可能会导致爆炸。

为了规避工艺过程中的反应风险，确保化工生产能够安全进行，工厂及工艺的优化需要对设计及操作过程的每一细节逐一严格校对，安全校对的内容主要包括以下几点：

6.3.7.1 物料的安全校对

检测和分析工艺过程使用的所有物料，向供应商咨询有关物料的性质与特性，明确工艺使用的物料在相关工艺过程与工艺条件下的有关物理及化学性质，切实掌握物料在储存、生产加工与应用安全方面的知识或信息，并确保物性资料的来源可靠，鉴别所有工艺过程中涉及到的原材料、中间体、产物及副产物的危险性，收集工艺过程物料的安全性技术资料；查询工艺使用的所有物料的毒性信息，确定物质被机体吸收的不同进入途径与进入模式，分析短期、长期对人体的影响及其允许接触的限值；考察工艺过程中物料放出的气味与毒性之间的关系，确定物料气味是否只是令人厌倦或是否会对健康产生影响，在工业卫生识别、鉴定与控制方面建立相关方法；根据物质危险性质，将物料在生产、加工、储存的各个阶段对物料量、物理状态等相关要求与其危险性进行关联考虑；明确在产品的运输过程中，可能给相关人员，例如仓储人员、承运人员、铁路工人以及民众，可能带来的危险，并建立安全的防护防范措施。

6.3.7.2 反应的安全校对

工艺过程根据相应的化工原料，通过特定的化学反应得到目标产物，以对原材料进行安全校对为基础，再对工艺牵涉到的化学反应进行校对，反应的校对主要内容包括：化学反应过程会对工艺安全产生重要影响，为了使反应能够安全地进行，首先必须对工艺过程进行全面的研究与分析，对反应过程中的主反应、副反应以及意外发生的化学反应都要进行全面的考虑，分析出在工艺过程中一切可能发生的化学反应，确定这些化学反应潜在的和可能带来的风险；结合工艺工程研究与反应风险研究，考察反应进程、反应速率与其他相关变量之间的关系，确定能够阻止反应过程中副反应、分解反应及二次分解反应等危险化学反应发生的关键条件，采取有效的手段与措施加以控制，同时，对于放热的反应，确定在热量累积的情况下反应可能达到的极限程度，并确定应急控制措施与应急方案；对化学物质进行稳定性研究和分析，对于不稳定的相关物料，通过实验确定其在受热过程、氧气氛围，在受到振动或摩擦、加压等条件下的不稳定程度，明确物质在暴露、存储、使用等情况下的相关危险性，建立相应规程，保证安全操作；对工艺反应过程进行仔细研究，对工艺过程中涉及的化学反应进行反应热相关测试，获得反应热、绝热温升等热数据，明确反应过程的热效应，对工艺过程的传热、传质提出具体要求。同时，还要考察在相关工艺条件发生改变时可能带来的反应风险，例如，反应温度、反应物的相对浓度、物料滴加速度、操作压力等条件发生改变时，是否会导致潜在失控的风险。如果有潜在的风险发生，要评估所发生的风险对人员、设备以及周围环境等可能造成的危害，并严格评估发生风险的可接受程度。

6.3.7.3 化工安全生产的总体要求

化工生产行业属于风险性较高的一类制造业，我国政府对化工安全生产有着严格的法律规定与相关要求。对于化工生产企业来说，化工安全生产的总体要求包括：化工产品的生产过程总是从小试、中试最终至放大生产，化学反应必须经历必要的放大过程，对于某化学反应，必须要考虑反应类型与整体的恰当性，满足一定规模的放大要求，我们通常所采用的是逐级放大方法；鉴别化工过程的主要危险性，需要在工艺流程图、平面图上做出明确标识，并标记出危险区域，要充分考虑所选择的工艺反应过程，设计方案必须符合安全放大的相关要求；对于既定的工艺路线，需要考虑工艺过程中所有的原材料，包括工艺过程中使用的溶剂、添加剂等，在工艺初始研究阶段，尽最大可能选择危险性较小的原材料、工艺溶剂、催化剂等物料，同时，考虑工艺过程中使用的各化学物质间的相互作用与相互影响，考虑加料顺序的改变可能给工艺过程带来的影响及其在质量风险及反应风险上的严重程度；认真考虑工艺过程中废弃物的排放情况，考虑在工艺过程中产生的所有废弃物排放的必要性及其排放与处理方法，如果工艺过程确实必须要排放废弃物，要严格遵守国家的相关法律法规要求，要充分考虑产生废弃物的处理方法、规范操作以及排放要求，制定出的排放规程要符合国家与地方政府的相关环保法规要求，对于所有的废弃物，要做到达标排放；在工艺设计的初始阶段，成立由工艺专家、设计专家、工程专家以及反应风险研究专家构成的专家工作小组，结合工艺研究、工程研究以及反应风险研究的结果，通过专家小组的工作，对工艺过程的每一步进行严格的检查，校核工艺过程的设计是否恰当，相关的工艺设计说明是否清晰，正常条件与非正常条件的设计考虑是否充分，意外风险是否都能得到有效控制，工艺设计中采取的处理方式是否恰当，所有相关参数的使用是否合理等。在设计的初始阶段就要依据每个工艺过程的安全性制定各种应急预案；考虑工艺研究过程是否经历了从小试到中试的放大研究过程，考虑工艺过程放大研究的完善性、正确性与准确性，根据小试研究与中试放大研究结果，认真考虑并核对工艺过程中热传递设施的设计与选择是否合理，特别是对于有明显放大效应的化学反应，更要充分考虑热传递设施的安装与控制，要求设施选择、安装和监控恰当与完备，保证能够严格控制与减少反应风险的发生。对于放热过程显著的具有高风险的化学反应，要充分考虑其热分解反应及二次分解反应发生时潜在的反应风险，工艺过程须采取自控操作，考虑如果在工艺过程中发生了由于热失控或压力失控导致的火灾、爆炸等风险时，设计的自控操作安全设施能自动进行控制，保证安全生产。

6.3.7.4 正常操作的安全问题

对于自控操作或是人工控制的工艺过程，都存在非正常操作发生的可能性，对于非正常操作的发生及其相关安全性的考虑，主要包括：生产过程通常都具有一定的危险性，对于一个化学反应过程，需要考虑当偏离了正常操作条件时会有什么样影响，考虑分解反应、二次分解反应发生的可能性及潜在的危险性，对于偏离了正常操作条件下的各种情况，需要考虑采取适当的预防与控制措施；化工生产车间的开车与停车过程非常重要，很多事故常常发生在初始开车阶段或停车处理阶段，当工厂处于开车、停车状态及热备用状态时，要充分考虑工艺流程和设施设备是否畅通，考虑工厂开车、停车时物料的状态是否会发生变化，物质在相变过程发生膨胀、收缩或固化、汽化等现象，可否可以被工艺接受，并能确保安全生产；考虑在开车、停车、热备用状态等应急处理时，排放系统能否解决大量非正常排放问题；认真考虑设备在开车、停车过程中的清洗、净化等阶段是否会引入与工艺过程内的物料有交互作用的其他物料，这些物料的存在是否会对工艺过程产生危害；对于具有热效应和使用有机溶剂进行操作的设备，需要安装压力应急释放系统，确保在紧急状态下，反应系统的压力或过程物料的负载能得到有效而安全的降低或释放；惰性气体是保证有机物质安全使用的重要条件，要充分考虑惰性气体的合理使用以及惰化过程操作的方便性，在化工生产车间，需要保证惰性气体在使用过程中没有任何障碍；对于特定的工艺过程，要对各种工艺条件的操作限值进行测定与明确，例如最低与最高温度限值、最低与最高压力限值、最低与最高流速限值、最低与最高物料浓度限值等各种工艺条件的极限值，并严格按照操作规程进行，任何操作均不能超出工艺操作条件的极限值，一旦超出限值，必须及时测定并加以校正。必要条件下，需要安装报警装置或自动断开装置，警示和阻止超出操作极限的情况；车间的开车生产是一个相对连续化的过程，在开车后，就需要保证用于生产过程的公用工程设施能够正常运行并提供持续供应，用于开车生产的各种化学原材料要保证充足的存储以保障供给，对于任何原因造成的意外停车，都将会带来较大的损失，甚至引发风险。此外，还需要考虑各种场合下需要使用的火炬或闪光信号灯的使用方法是否安全可靠。

6.4 风险预防与控制措施

保证化工生产的安全，最为重要的措施是预防措施。预防措施是化工安全生产的基础要求，为了保证化工安全生产，需要首先对工艺风险的发生条件进行确认，把事故消除在萌芽状态。预防的主要目的是识别危险，确定保证安全的关键部位，评价各种危险的程度，确定安全的设计准则，提出消除或控制危险的措施。此外，预防措施还可以提供制定或修订安全工作计划信息，确定安全性工作安排的优先顺序，确定进行安全性试验的范围，确定进一步分析的方法，可以采用故障树分析方法，确定不希望发生的事件，例如，编写初始危险分析报告，进行分析结果的书面记录，确定系统或设备安全要求，编制系统或设备的性能及设计说明书等等。安全操作的安全条件通过工艺设计和工厂建设来达到，并依据仪器条件、报警设施、系统控制等相关条件建立完善，此外，在操作规程中需要严格控制操作条件。

保护措施是针对反应失控的情况考虑的，保护措施建立的基本原则是考虑把可能造成的损失降低到最低。保护措施建立的基本方法是以工艺研究和反应风险研究为基础，根据工艺研究结果和反应风险研究结果，对于反应危险性较高、容易发生分解反应和引发二次分解反应的工艺过程，要求在工艺设计初始过程中，就妥善考虑设计采取相应的保护措施，常用的保护措施包括停止加料、停止升温、终止反应、淬灭反应和应急释放等等。在保护措施确认以及实施设计之前，需要对工艺风险进行全面的评估，尤其要对失控反应过程进行严格的评估，考虑到最坏的情况，保护系统必须能够妥善处理操作失控时的最坏情况。但是，保护措施的建立并不能替代预防措施，预防是安全的基础。

6.4.1 化学反应及控制

6.4.1.1 温度控制

各种化学反应的完成都需要一定的温度条件，并具有其最适宜的反应温度范围，正确地控制反应温度不仅可以保证产品的收率与质量，而且也是防止危险情况发生的重要条件，因此，温度是化工生产中最重要的控制参数之一。对于化学反应来说，如果反应超温，反应物可能会发生分解反应或二次分解反应，导致反应体系压力的升高，更为严重的将导致剧烈的联锁分解反应，进一步发生爆炸；也可能因为反应温度过高而引起副反应的发生，生成危险性高的副产物或不稳定的中间体。体系升温过快、温度过高或冷却失效时，都有可能造成剧烈的分解反应或二次分解反应的发生，甚至导致冲料或引发爆炸。当然，反应温度也并非越低越好，反应温度过低会导致反应速度减慢甚至停滞，反应时间延长，物料在体系内累积，一旦反应温度恢复至正常，往往因原料的大量累积使反应浓度过高，导致反应加剧，严重的会引发冲料或爆炸。温度过低还能使某些物料冻结，导致管道堵塞或破裂，致使内部易燃物料泄漏引发火灾或爆炸事故。

为了防止未反应原料的积累，需要知道反应温度的上限与下限，需要清楚生产条件下有可能发生失控的最低温度，并依据最低失控温度进一步来确定安全操作温度。

对于自动化程度高、连续性强的化工生产过程，在温度控制上要求具有自动测量、自动记录、自动报警、自动调节、自动切断等自动化功能。一般情况下，要求同时设置下限温度报警与上限温度报警。当达到极限温度时，系统将自动报警并自动切断进料或出料，最大限度终止化学反应的进行。

6.4.1.2 加料控制

化工生产与物质间的化学反应息息相关，一般而言，对各种反应物的加入有着不同要求，首先要保证加入的物料是正确的，其次要保证物料的加入量、加入节点及加入速度必须准确。加料错误、加入量错误、加料时间错误或加料速度错误都会给工艺过程带来巨大的风险。所以要避免加料错误，就要确保原料存储及标识的准确无误。物料在使用前须进行严格的取样分析，保证物料的质量及加料量正确无误。加料后要按照工艺要求进行取样跟踪测试分析，确保反应能正常进行，保证产物质量符合要求。为了确保操作人员的加料正确，依据系统的移热能力，要对加料的最大速度给予限定，必要时需要安装限流控制或定量加料装置，保证加料速度与加料量不超过最大限量。

物料加入速度的控制不仅对化工生产的稳定性有重要影响，而且对保证生产安全也至关重要。对于反应热明显、危险性较大的生产工艺，加料过程的控制尤为重要。对于反应放热量大、反应速度快的生产过程，物料的快速加入会导致冲料事故，严重的甚至会造成火灾、爆炸等事故。目前，随着技术水平的不断提高，将加料系统与测温系统进行联锁已经可以轻易地实现，在反应温度过高或过低的情况下，能够做到自动停止加料，避免物料的累积；还可以通过加料与搅拌的联锁，避免由于混合不够充分造成物料累积，影响传质效果。除此之外，对于放热明显和热累积大的反应过程，可以采取分段加料的方式控制反应风险。分段加料是把反应分成几个部分，结合反应动力学数据，对加料过程进行优化，使反应过程放出的热量平稳地被移热系统移出，确保工艺安全。

6.4.1.3 压力控制

化工合成常常涉及到压力反应，反应过程需要监控体系压力，考虑能够导致体系压力升高的任何因素，准确地测量工艺系统各个部位的压力是确保安全生产的重要条件。

为了能够准确地测量出系统的真实压力情况，在选用压力表时，应注意以下几点：

① 安装在受压容器上的压力表，其最大量程要与容器的工作压力相适应。一般情况下，压力表的量程，最好选择为容器工作压力的 2 倍，最大不能大于 3 倍，最小不能小于 1.5 倍。如果压力表的量程过小，容器的工作压力就会接近或等于压力表的极限值。表内弹簧会经常处于极大形变下，容易产生永久形变，增大压力表的误差。同时，压力表的量程过小，在容器稍微超压时，操作人员往往会产生错觉，造成错误操作，引发事故；如果压力表的量程过大，此时允许误差的绝对值增大，继而会对压力读数的准确性产生影响。一般要求压力表使用的压力范围为：在稳定压力下不超过压力表刻度极限的 70%，在波动压力下不应超过压力表刻度极限的 90%。

② 使用的压力表必须要有一定的精确度。压力表的精确度是以所允许的误差占压力表刻度极限值的百分数（按照级别）来表示的。一般测量用的压力表可选用 1.6 级或 2.5 级；至于精密测量用的压力表则应选用 0.4 级、0.25 级或 0.16 级。

③ 为方便操作人员能准确地看清压力表，表盘的直径不应过小。一般情况下在管道和设备上安装的压力表表盘直径为 100mm 或 150mm；在仪表气动管路及其辅助设备上使用的压力表，表盘直径为 60mm；对于安装在照明度较低、位置较高或示值不容易被观测场合的压力表，表盘直径一般选择为 150mm 或 200mm。

④ 压力表的接管应直接连接在受压容器的本体。为便于卸换与校验，可在接管中的垂直管段上安装旋塞阀。压力表所在的位置应有足够的照明，以便于观察与检验。

对于连续性强或危险性大的生产工艺过程，要求系统能够进行压力自动调节，实现自动测压、自动记录、自动报警、自动调节、自动切断，保证生产安全进行。自动报警应具有低压报警、高压报警、危险压力报警，并且与温度及加料系统联锁。

6.4.1.4 尾气处理

对于有气体产生或逸出的反应，无论排放的气体是有害的还是无害的，都会与系统溶剂或其他有害成分相关联，所以在排放过程中常常会夹带有害物质一同排放。因此，需要在工艺设计和设备安装阶段考虑尾气排放系统以及尾气处理系统，要结合工艺实验结果、反应风险研究结果以及相应的工艺要求来确定正常状态下和非正常状态下的气体排放与吸收处理方法，确定气体的逸出速率，确保尾气排放系统与尾气处理系统在工艺设计以及设备安装方面的合理性与实用性。在选择尾气处理方法时，要充分考虑废气处理工艺与处理系统的安全性问题，还要对尾气吸收处理反应进行风险研究与评估。

化工生产中，除了化学反应放出的气体需要吸收处理以外，装有化工原料的反应设备以及各种溶剂储罐也会有尾气排出。有机化合物废气往往都具有不同程度的毒性，不允许直接向环境中排放，都需要安装尾气排放系统，收集后并做相应的集中处理，在达到国家和地方规定的标准之后才可进行排放。

目前，处理有机化合物废气一般有以下几种方法：

① 催化燃烧法。使用催化燃烧法处理工业有机化合物废气是从 20 世纪 40 年代末开始的，其原理是在催化剂的作用下，使有机化合物废气中的碳氢化合物在较低的温度下迅速发生氧化反应，在生成水和二氧化碳以后进行排放。

催化燃烧法处理有机化合物废气的优点在于不需要较高的燃烧温度且简便易行。可以处理多种混合性气体，不受有机化合物浓度的限制。此外，由于燃烧后生成的产物主要为二氧化碳和水，通常不会有较为严重的二次污染发生。

催化燃烧法处理有机化合物废气，虽然有着显著的优点，但如果有机化合物废气中存在焦油、油烟、粉尘、重金属化合物或含有硫、磷、卤族元素等的化合物，尤其是在上述各类化合物具有一定浓度时，往往会对催化燃烧处理方法所使用催化剂的活性造成严重的影响，而且，多数重金属催化剂造价高昂，有些催化剂容易中毒或不耐高温，在工艺过程中非常容易使催化剂的活性大大降低。例如，贵重金属钯和铂催化剂对含硫化合物非常敏感，硫元素的存在可以导致钯和铂催化剂发生中毒而使催化剂失去催化活性。为了保证催化剂的催化活性与降低处理成本，一般采用预先处理的办法，催化剂在使用前要先去除可能导致催化剂中毒的物质，保证催化剂的催化活性。但是，预先处理过程往往会增加处理成本。此外，考虑到低碳环保，保护自然资源、生态环境与大气环境，也要考虑控制二氧化碳气体的排放，实现低碳经济。所以，催化燃烧法处理有机化合物废气需要进行进一步完善与改进。

② 活性炭吸附法。该方法的原理是利用活性炭内部存在的大量微孔，吸附废气中的组分，将有害组分与其他组分分开，从而达到治理有毒废气的目的。目前，广泛采用的是将活性炭加工为各种各样的吸附材料，填装在吸附塔内吸附小分子有毒气体，在吸附失效后，可以采取加热再生的方法重复使用，也可以进行焚烧处理。活性炭吸附法的处理效率取决于活性炭对相应气体的吸附能力以及吸收塔内活性炭的装填量，还与吸收塔的设计、安装与相应的合成工艺和有害气体的排放量相关，可以根据吸收塔的阻力情况采取多级串联或并联的设计方式。如果活性炭可以进行再生处理，在设计中就需要考虑活性炭的再生处理装置及其他配套装置，例如空气压缩、加热系统等等。总体来讲，活性炭吸附及其再生处理，对设备的投资较大，运行费用也相对较高，操作、管理也比较复杂，在实际应用过程中受到了一些限制。在我国暂时没有实现大规模的推广使用，但在西方发达国家，使用活性炭吸附处理目标产物和废弃物的方法已经非常普遍，专业的活性炭加工公司能够为应用单位提供活性炭处理装置，也可以对使用后的活性炭进行回收与再生处理，使用者只需要采购成型的装置就可以实施应用。

③ 微生物处理法。该方法的原理是以微生物悬浮液作为喷淋溶液，将工艺过程中产生的废气通过喷淋处理，经过反复的洗脱吸收，把废气中的有害成分反复洗涤到微生物悬浮溶液中，通过微生物的持续作用，降解毒性物质分子，从而达到处理有毒物质的目的。使用微生物降解处理方法符合降耗减排以及保护自然资源与生态环境的现代化要求，但是，由于微生物需要大量的营养进行生长，还需要不断地给微生物补充氧气，因此，要在微生物吸收降解体系添加营养物质，还要安装氧气通入系统，保证微生物的生存、生长需要，因此，微生物处理法对设备及操作条件要求较高，目前，还做不到广泛的推广与应用。

④ 吸收法。该方法的工作原理是把适宜于不同物质的液体作为吸收剂，同微生物处理方法相似，也需要安装洗涤吸收系统，产生的废气在通过洗涤吸收装置进行吸收处理后，废气中的有害成分被相应的液体吸收，其他无害气体进行有组织的排放，达到净化废气中有害成分的目的。与上述其他方法相比，吸收处理法的投资费用较少，运行成本也比较低，操作起来也较为方便，只要是工艺废气里的有毒气体能够使用适宜的溶液进行吸收处理，均可以采用吸收处理方法。目前，吸收处理方法已在一些中、小型企业，乃至大规模化工企业中得到了广泛应用。

6.4.1.5 安全时间

由于化工产品的不断开发与生产应用，活性化合物的结构正趋于复杂化，合成工艺步骤逐渐增多，以往只有 2～3 步反应就可以完成的药物合成，目前已很难出现。从商业化的原材料算起，活性组分的合成平均需要 7 步以上的工艺过程才能实现。在精细化学品合成工艺的开发过程中，要求对合成工艺过程涉及到的每一个工艺步骤，都要进行详细的工艺研究，并确定最优的反应条件，例如反应温度、反应浓度、反应时间、反应压力等。经过详细的工艺研究后，得出的所有的优化工艺条件都是能够保证工艺过程相对稳定并得到预期结果的基础条件。需要注意的是，在优化的工艺条件下以及优化条件范围内的任何反应温度区间，都要有允许保持的极限时间，这个时间被称为不同优化条件下的安全时间。生产上要有在相应的优化温度下的最长保持时间的规定，并在岗位操作过程中严格执行，保证操作人员严格执行相关操作规程。

此外，还需要根据反应风险研究的结果考虑反应失控时的情况，一旦在反应过程中发生冷却失效或控制失效的意外情况，体系会以无法控制的反应速度达到最大的反应速率，此时在类似于绝热的条件下，温度的升高有可能进一步导致分解或二次分解反应的发生。在二次分解反应过程中，有一个非常重要的时间参数——最大反应速率的到达时间（TMR_{ad}），TMR_{ad} 的长短直接影响到是否有足够的时间来有效地控制风险，防止危险发生。因此，在对工艺反应进行风险研究过程中，必须通过差示扫描量热或者加速量热等方法得出在绝热条件下反应到达最大反应速率的时间 TMR_{ad}。

6.4.1.6 仪表和控制系统

仪表和控制系统是在工艺过程中进行监控的主要工具，化工生产车间所使用的仪表设备和控制系统必须具有防爆功能，并保证能够准确及时地指示温度、压力、搅拌速度等重要参数。在化工生产过程中，操作人员要根据设计要求执行正确的仪表操作程序，对于反应失控的情况以及失控的后果，在仪表设计与操作条件制定时也要有所考虑。为了保证工艺以及仪表等设计能够满足相关要求，在工艺设计初始阶段，需要利用危险与可操作性分析（HAZOP 分析）方法、事件树分析（ETA）、事故树分析（FTA）等方法，分析工艺过程中可能发生的风险，并明确说明风险发生后可能导致的后果，明确在仪表失灵和系统失控的条件下，可能对人身安全和工厂造成威胁的严重程度，并采取相应的控制措施。仪表和控制系统的设计需要满足可以接受的最低标准。

6.4.1.7 人员

化工生产属于高危行业，为了保障操作人员的健康与安全，首先要为员工提供一个安全舒适的工作环境，车间设备的安装要满足相关的安全规范要求，相关设施要完善，建立健全安全的操作规程与规章制度，为操作人员提供足够的信息资料，并对操作人员进行严格的岗前培训，确保操作人员能够清楚地认识操作中的风险，严格执行操作规程，掌握操作要点。不仅如此，还要对操作人员进行必要的指导与监督。

对于以人工控制为主的化工生产车间，在生产操作过程中，操作人员的行为通常受生理因素、心理因素、周围环境、生产条件、操作技术水平等诸多因素的影响，容易造成实际作业效果与目标之间的巨大偏差。引起这种偏差的原因多种多样，但大多数偏差来自于人为的操作失误，例如操作人员的操作失误、判断失误、违章作业、违章指挥、精神不集中、疲劳操作等。为了防止发生操作失误和操作偏差，生产过程最好采用自控操作，对于需要人为控制的操作过程，要严格做好以下工作。

① 对操作人员进行安全培训，使其掌握安全技能、学习安全技术知识，组织操作人员参加安全活动，并教育操作人员严格遵守各项安全生产规章制度。

② 操作人员要对所负责岗位的工艺情况进行按时巡回检查，及时发现问题，并对出现的问题进行准确的分析，能够判断与处理生产过程中的常规异常情况，如出现不能妥善处理的异常情况，则要及时上报，保证生产过程中出现的任何异常情况与隐患都能得到及时的处理和解决。

③ 操作人员要精心操作，严格执行本岗位操作规程，遵守纪律，保证操作记录清晰、真实和整洁。

④ 认真做好设备维护和保养，对于发现的设备故障与隐患要及时消除，并做好记录，确保作业场所清洁和设备完好。

⑤ 严格并认真执行交接班制度，在交接班时，操作人员必须认真检查本岗位所有的设备和安全设施，确认本岗位所有的设备和安全设施齐全完好。

⑥ 正确使用与妥善保管各种劳动防护用品、防护器具、防护器材，确保车间及工作场所消防器材的完备与完好。

⑦ 坚决杜绝违章作业，并及时劝阻、制止他人违章作业，对于违章指挥有权拒绝执行，同时，要及时向上级报告。

6.4.2 应急减压

应急减压不同于超压泄爆，在失控初期，即温升速率与放热速率均相对较低时，可以采取应急减压措施，利用减压操作使物料蒸发冷却，达到快速降温的目的。

以下面的胺化反应为例进行说明：在设计压力为10MPa的$1m^3$的高压釜中，氯代芳烃化合物经胺化反应转变为相应的苯胺化合物，氯代芳烃化合物投料量为315kg（约2kmol）、30%氨水的投料量为453kg（约8kmol），多余的氨水能够与生成的盐酸发生中和反应，维持pH值大于7以避免腐蚀问题。反应温度为180℃，停留时间为8h，反应结束后转化率达到90%，该反应的反应焓为$175kJ \cdot mol^{-1}$。反应方程式如下：

$$Ar—Cl + 2NH_3 \xrightarrow{180℃} Ar—NH_2 + NH_4Cl$$

根据研究结果，胺化反应失控后体系温度可达到323℃（MTSR），但在249℃时就可达到10MPa的设计压力。如果达到安全阀的开启温度——240℃之前，想要通过应急减压的方式进行控制，那么蒸气释放速率应如何确定？要回答这个问题，需要对反应动力学有所掌握。现有的信息是在180℃反应8h后，反应转化率为90%。如果考虑该反应级数为一级，那么，由于反应中氨是大量过量，通过计算得到180℃时的速率常数为：

$$\frac{dX}{dt} = k(1-x) \tag{6-1}$$

$$k = \frac{-\ln(1-x)}{t} = 0.288h^{-1} = 8\times10^{-5}s^{-1}$$

于是，放热功率为：

$$q_{rx} = k(1-x)Q_{rx} = 28kW$$

该式计算了180℃时加入2kmol物料并且反应转化率为零这一保守状态下的放热情况。对于该工艺，在失控初期（如190℃）就采取措施中断失控反应是完全有可能实现的。考虑温度升高与反应速率的关系，假定190℃时的放热功率为56kW。根据Clausius-Clapeyron方程可计算出此时的蒸发潜热为：

$$\ln p = 11.46 - \frac{3385}{T} \tag{6-2}$$

$$\Delta H_v = 3385 \times 8.314 = 28(kJ \cdot mol^{-1})$$

于是，可得到蒸气蒸发速率：

$$N_{NH_3} = \frac{56kW}{28kJ \cdot mol^{-1}} = 2mol \cdot s^{-1}$$

摩尔体积：

$$0.0224m^3 \cdot mol^{-1} \times \frac{463}{273} = 0.038m^3 \cdot mol^{-1}$$

得到在190℃、标准大气压下的体积流量为$0.076m^3 \cdot s^{-1}$。

如果使用直径为0.1m的管进行应急减压，则蒸气流动速率为：

$$\mu=0.076\times\sqrt{\frac{4}{\pi\times0.1^2}}=0.86(m/s)$$

考虑到应急减压具有可操作性，因此，应急减压是一种可行的技术措施。在减压过程中，为了避免产生两相流（因为蒸汽会带走部分反应物料），减压速率必须足够小。在上述示例中，认为蒸气仅为氨气，实际上水也会随之蒸发，但由于水的蒸发热要高于氨，所以得出的结果依然是安全的。

6.4.3 应急冷却

一旦体系发生热失控，超过极限安全温度时，可以启动应急冷却系统代替正常的冷却系统。通常应急冷却系统通过反应器夹套或冷却盘管进行冷却，但是需要独立的冷却介质源，避免正常冷却系统和应急冷却系统同时失效。

必须在体系放热速率低于紧急冷却系统的冷却能力时启动应急冷却措施，若体系放热速率高于冷却系统的冷却能力，体系温度将持续升高，应急冷却措施就会失效。

采取应急冷却措施的温度不得低于反应物料的凝固点，如果低于物料凝固点，将导致物料凝固，影响体系传热，可能导致管道堵塞或破裂，致使反应再次失控。此时，由于低温条件下物料累积，可能导致更严重的后果。

此外，体系搅拌对采取应急冷却措施也非常重要。若体系搅拌失效，只能通过对流进行热量传递，体系传热系数大大降低。如果反应器中物料量大，体系近似为绝热，紧急冷却措施也将失效。

6.4.4 应急卸料

应急卸料是指将反应物料转移至装有抑制剂或稀释剂的容器或安全池内，采取应急卸料措施能够将反应物从反应器中转移出来，从而起到了保护反应器的作用。在反应过程中，容器或安全池内存有抑制剂或稀释剂，准备随时接收反应物料。应急卸料的管路必须经常检修，避免发生管路堵塞或阀门损坏，使应急卸料措施失效。在设计时也必须确保在公用工程出现故障时，仍然可以转移物料。

6.4.5 应急淬灭

应急淬灭是指向反应体系中加入淬灭介质，与应急卸料措施类似，通过降低反应体系温度、稀释反应体系浓度及减缓或终止分解反应或目标反应，防止反应继续失控。应急淬灭与应急卸料不同的是不需要将反应物料转移，而是直接向反应体系中加入淬灭介质。选择淬灭剂、确定淬灭温度、淬灭剂的加入速度及加入量对建立应急淬灭措施非常重要。应急淬灭有两种途径，一种途径是加入特定的反应终止剂或抑制剂，例如在聚合反应失控时加入阻聚剂，终止聚合反应。这种情况下，为保证加入的终止剂均匀地分散在反应体系中，必须确保体系搅拌系统正常，必要时可以将终止剂容器加压，应急情况下加压或喷射加入到反应体系中。另一种途径是淬灭剂与反应体系进行热量稀释和热量交换，例如常温或冷却的淬灭剂加入体系降低体系温度。淬灭剂加入体系后在体系中汽化回流，通过汽化潜热吸收反应体系的热量，使反应体系温度降低，同时也能够稀释反应体系。淬灭剂的加入需要保证反应器内有足够的容纳体积。

6.4.5.1 应急淬灭类型

正常情况下，大多数放热化学反应的反应温度都能被很好地控制，但是，冷却失效或反应失控，导致反应体系温度升高，引发安全事故的案例也屡见不鲜。对于敞开反应体系，根据反应放热特性及反应物料的热稳定性，可以将应急淬灭分为如下两种情形：

（1）不引发二次分解反应的热失控　不引发二次分解反应的热失控是指反应失控后，体系温度的升高，可以超过反应物料沸点，但是，不能引发二次分解反应。如果反应发生失控，一定时间内，反应放出的热量足以使反应料液达到沸腾状态，为了避免反应体系出现气、液两相的复杂状态，并引发系统压力升高，应急淬灭措施需要考虑在体系沸腾前实施。淬灭措施的建立，首先需要对目标反应进行反应量热测试，得到反应的放热量及放热速率等信息，进一步根据反应放热类型及反应特性确定合适的淬灭速率。通常情况下，淬灭速率要高于反应放热速率。

（2）引发二次分解反应的热失控　引发二次分解反应的热失控指的是由于反应失控后体系温度上升，导致反应物料发生二次分解反应，二次分解反应放出的热量促使反应温度进一步升高，有可能达到体系的沸点。引发二次分解反应热失控，需要对反应物料进行绝热量热测试，得到反应物料二次分解特性，根据物料二次分解反应特征，确定淬灭温度及淬灭速率。对于能够引发二次分解反应的热失控，要求在引发二次分解反应前，对体系进行应急淬灭。二次分解反应的最大反应速率到达时间 TMR_{ad} 是紧急淬灭技术需要考虑的关键性参数，相当于绝热系统的等待时间或诱导期，可以依据二次分解反应的起始温度，以及最大反应速率到达时间 TMR_{ad}，确定淬灭温度和淬灭时间。

最大反应速率到达时间 TMR_{ad} 是温度的函数，与温度的关系如下：

$$TMR_{ad}=\frac{C_{p0}RT^2}{q_0E} \tag{6-3}$$

式中 C_{p0}——物料比热容，$kJ\cdot kg^{-1}\cdot ℃^{-1}$；

R——气体常数；

T——热力学温度，K；

E——反应活化能，kJ；

q_0——反应放热速率，$kJ\cdot s^{-1}$。

最大反应速率到达时间 TMR_{ad} 也可以简单地理解为人为处置危险事故发生可利用的时间。通常情况下，在应急处置情况下，应选择最大反应速率到达时间为 0.5h 对应的温度（$T_{D0.5}$）为淬灭点，特殊情况下，可以考虑选择较短时间对应的温度为淬灭点，例如 $T_{D0.2}$ 或 $T_{D0.1}$。

6.4.5.2 淬灭介质

淬灭介质是影响淬灭效果的重要因素，通常情况下，淬灭介质通过两种途径达到减慢或者停止反应的目的。途径一是淬灭介质通过与反应体系进行简单的热量交换，从反应体系中吸收热量，最终实现反应体系温度降低，包括淬灭介质在体系中通过蒸发回流带走体系的热量，实现安全目的。途径二是淬灭介质作为特定的反应终止剂或反应抑制剂，达到淬灭反应的效果。淬灭介质是影响淬灭效果的重要因素。

优良的淬灭介质应具备以下特征：

① 具有足够大的比热容和较低的黏度。反应体系与换热体系间的温差是传热过程的推动力，相同时间、相同质量、升高相同温度的淬灭介质，比热容大的淬灭介质能够吸收更多

的热量，换言之，在转移相同热量的情况下，比热容较大的淬灭介质温升较小，传热推动力更大。对于黏度来说，相同时间内，黏度低的介质质量流量更大，相同时间可以移除的热量更多。因此，在淬灭介质与反应物料没有相互作用的情况下，比热容大、黏度低的介质具有优良的淬灭效果。

② 淬灭介质不能与被淬灭物料发生反应。水的比热容较大，为4.2kJ·kg^{-1}·K^{-1}，热交换过程中，可以吸收更多的热量。另外，在化工园区内，水是一种常见的冷却介质，廉价易得。因此，通常状况下水可以作为较好的淬灭介质。但是，在两种情况下，水不能作为淬灭介质。一是水能够参与反应，当水能够参与反应时，水的加入将引发副反应，带来更为严重的后果。例如，水与氯化亚砜、三氯化磷等氯化试剂能发生剧烈的化学反应，并放出大量的气体，因此不可以作为酰氯化反应的淬灭剂。二是反应体系在水的存在下能够析出固体，水的加入将导致反应物料传热系数降低，影响淬灭效果，大量固体的析出，也有可能影响搅拌效果或导致搅拌故障。此外，反应体系或淬灭点温度在零摄氏度以下，会导致水结冰的过程，也不宜选择水作为淬灭介质，以免导致更严重的后果。实施应急淬灭的过程，淬灭剂与反应体系物料的混合状态很重要，混合效果差会影响淬灭效果，例如，在高黏度、发泡多的反应体系中，淬灭剂的选择非常重要，应从体系传热、传质等方面进行考虑确保良好的淬灭效果。

6.4.5.3 淬灭点

淬灭点就是体系的淬灭温度点，淬灭点的选择，应基于风险研究获得的反应体系物料二次分解放热和放气特性数据，包括放热速率、压力升高速率、温度升高速率、最大反应速率到达时间，以及体系的稳定性等数据。应详细开展差热、绝热等联合测试，尤其是开展热失控条件下的绝热量热测试，获得失控情况下的温度、压力随时间的变化曲线，以及温度-温升速率曲线和压力-压升速率曲线，获取最大反应速率到达时间对应的温度。

淬灭点的确定，通常选择体系压力达到泄爆片或安全阀起跳压力的70%～80%时对应的温度，并根据温升和压升速率突起情况，确定初步的淬灭点；进一步开展分解动力学研究，考虑二次分解反应最大反应速率到达时间为0.5h对应的温度（$T_{D0.5}$），也可以根据二次分解剧烈程度选择更短的时间对应的温度，例如$T_{D0.2}$或$T_{D0.1}$等参数，并与初步确定的淬灭点进行比较，两者取低值，确定为淬灭点。

精细化工行业中所涉及的合成反应绝大多数为放热反应，反应过程中会放出一定的热量使反应物料温度上升，通过反应量热测定反应过程中放热量、放热速率、目标反应的绝热温升等信息，并通过对测试结果的分析，设定目标反应体系的最终淬灭温度。此外，如果反应失控能够引发二次分解反应，需要通过绝热量热（Phi TEC Ⅱ），对反应料液进行热稳定性及恒温测试，得到反应物料二次分解的放热速率、压力升高速率及恒温稳定性、最大反应速率到达时间等数据，并通过对测试结果的分析，最终确定应急淬灭的温度。

6.4.5.4 淬灭速度和淬灭量

淬灭介质的加入是为了降低或者减缓目标反应的反应速度。一般情况下，淬灭介质有两种作用，一是作为抑制剂或者稀释剂，阻碍反应的进行；二是淬灭介质从反应体系中吸收热量，与反应失控状态下的物料进行热量交换，通过热量平衡，对反应实现安全控制。

根据热量转化与传递的基本原理，淬灭介质的最低加入量按下面的通式考虑：

$$m_q=\frac{m_r C_r (T_{max}-T_q)}{C_q (T_q-T_a)} \tag{6-4}$$

式中 m_q——淬灭介质质量，kg；

m_r——反应体系物料质量，kg；

C_r——反应体系物料比热容，kJ·kg^{-1}·℃$^{-1}$；

C_q——淬灭介质比热容，kJ·kg^{-1}·℃$^{-1}$；

T_{max}——反应体系允许达到的最高温度,℃；

T_q——淬灭介质温度，K；

T_a——环境温度（一天内淬灭介质所处地点的最高温度），K。

实际操作中，淬灭介质的加入速度要满足淬灭介质的冷却功率大于失控体系放热功率的要求，以达到理想的淬灭效果。即满足：

$$MC_q (T_q-T_a)>Q_r \tag{6-5}$$

式中 M——冷却介质质量流量，kg·s^{-1}；

Q_r——失控体系放热功率，kW。

此外，可以根据分解动力学研究数据，计算获取淬灭速度和淬灭量。

例如，当选择 $T_{D0.5}$ 作为淬灭点时，$T_{D0.5}$ 温度下的反应放热速率见式（6-6）。

$$q_{(T_{D0.5})}=q_{(T_p)}\exp\left[\frac{E}{R}\left(\frac{1}{T_p}-\frac{1}{T_{D0.5}}\right)\right] \tag{6-6}$$

式中 $q_{(T_{D0.5})}$——在 $T_{D0.5}$ 温度下的反应放热速率，W·kg^{-1}；

$q_{(T_p)}$——工艺温度下的反应放热速率，W·kg^{-1}；

E——表观活化能，kJ·mol^{-1}；

R——气体常数值，为 8.314J·mol^{-1}·K^{-1}；

T_p——工艺温度，K。

采用低热惰性绝热加速量热仪对反应体系热稳定性进行测试，得到 $T_{D0.5}$ 温度下的温升速率，采用 ϕ 因子对测试结果进行修正，获得失控体系最大反应速率到达时间为 0.5h 的温升速度 $(dT/dt)_{T_{D0.5}}$。

$T_{D0.5}$ 时二次分解反应的放热功率见式（6-7）。

$$q'_{(T_{D0.5})}=\frac{(dT/dt)_{T_{D0.5}}}{60}\times C_{p,r}\times 1000 \tag{6-7}$$

式中 $q'_{T_{D0.5}}$——失控体系最大反应速率到达时间为 0.5h 时所对应温度下的放热功率，W·kg^{-1}；

$(dT/dt)_{T_{D0.5}}$——测试条件下，失控体系最大反应速率到达时间为 0.5h 对应温度下的温升速度,℃·s^{-1}；

$C_{p,r}$——物料比热容，kJ·kg^{-1}·℃$^{-1}$。

实际操作过程中，淬灭介质的加入速度要满足淬灭介质的冷却能力大于反应放热功率、二分分解反应放热功率和体系自降温之和的要求，见式（6-8）：

$$\int_{t_0}^{t_1} MC_{p,q}(T_{end}-T_q)dt \geqslant \int_{t_0}^{t_1}\frac{q_{(T_{D0.5})}}{1000}\times m_r dt+\int_{t_0}^{t_1}\frac{q'_{(T_{D0.5})}}{1000}\times m_r dt+m_r C_{p,r}(T_{D0.5}-T_{end}) \tag{6-8}$$

式中 t_0——淬灭介质开始加入时间，为 0 s；

t_1——淬灭介质加料结束时间，s；

M——淬灭介质加入速度，$kg \cdot s^{-1}$；

$C_{p,q}$——淬灭介质比热容，$kJ \cdot kg^{-1} \cdot ℃^{-1}$；

T_{end}——淬灭后体系温度,℃；

T_q——淬灭介质温度,℃；

m_q——淬灭介质质量，kg；

m_r——物料质量，kg。

将式（6-6）和式（6-7）代入式（6-8），计算获得淬灭介质加入速度 M，单位为 $kg \cdot s^{-1}$。

淬灭介质的加料量按照式（6-9）计算。

$$m_q = \int_{t_0}^{t_1} M dt \tag{6-9}$$

实施案例如下：

某化合物合成温度为 70～80℃，合成反应釜内物料量为 2500kg，物料的比热容为 $1.2kJ \cdot kg^{-1} \cdot K^{-1}$。

通过反应风险研究获得的相关数据如下：该反应过程最大反应放热速率为 $30W \cdot kg^{-1}$，反应活化能为 $32kJ \cdot mol^{-1}$，体系物料在 92℃开始发生放热分解，分解过程最大反应速率到达时间为 0.5h 所对应的温度为 97℃，该温度下，物料分解温升速率经 ϕ 因子修正后的数值为 $0.15℃ \cdot min^{-1}$。

针对上述反应失控过程，建立应急淬灭风险控制措施，选取水作为淬灭介质。水比热容为 $4.2kJ \cdot kg^{-1} \cdot K^{-1}$，淬灭点为 25℃，淬灭终止温度设定为 67℃，淬灭时间为 10min。

$q_{(T_{D0.5})}$ 的获取计算如下：

$$q_{(T_{D0.5})} = 30 \times \exp\left[\frac{32000}{8.3145} \times \left(\frac{1}{80} - \frac{1}{97}\right)\right] = 49.5(W \cdot kg^{-1})$$

该过程涉及物料分解，$q'_{T_{D0.5}}$ 的计算过程如下所示：

$$q'_{(T_{D0.5})} = \frac{0.15}{60} \times 1.2 \times 1000 = 3(W \cdot kg^{-1})$$

淬灭介质加入速度 M 的计算如下：

$$M = \frac{\int_{t_0}^{t_1} \frac{q_{(T_{D0.5})}}{1000} \times m_r dt + \int_{t_0}^{t_1} \frac{q'_{(T_{D0.5})}}{1000} \cdot m_r dt + m_r C_{p,r}(T_{D0.5} - T_{end})}{\int_{t_0}^{t_1} C_{p,q}(T_{end} - T_q) dt}$$

$$= \frac{\frac{49.5}{1000} \times 2500 \times 10 \times 60 + \frac{3}{1000} \times 2500 \times 10 \times 60 + 2500 \times 1.2 \times (97 - 67)}{2.5 \times (67 - 25) \times 10 \times 60}$$

$$= 1.59 \ (kg \cdot s^{-1})$$

淬灭介质的加入量：$m_q = 1.59 \times 10 \times 60 = 954$ (kg)。

本文选择以某化合物的合成反应为例，考虑在反应热失控情况下，建立应急淬灭风险控制措施。

该合成反应是一个典型的放热反应，体系沸点为 78℃，体系比热容为 $2.061kJ \cdot kg^{-1} \cdot K^{-1}$，甲苯比热容为 $1.68kJ \cdot kg^{-1} \cdot K^{-1}$。

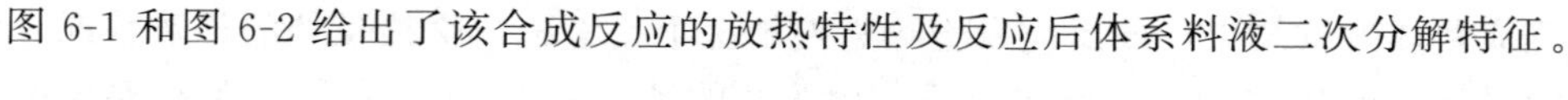

图 6-1 和图 6-2 给出了该合成反应的放热特性及反应后体系料液二次分解特征。

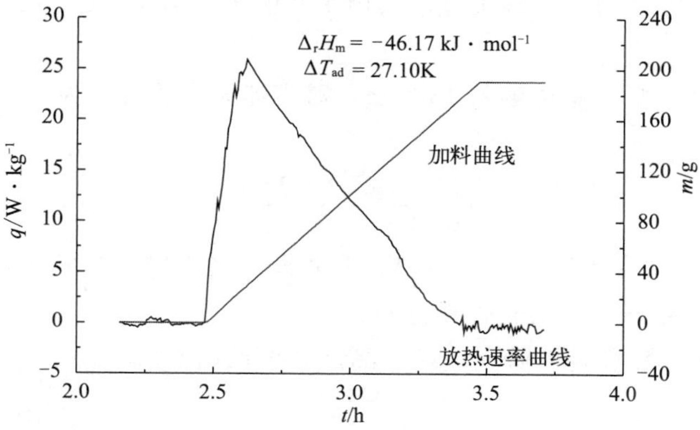

图 6-1 反应放热速率曲线图

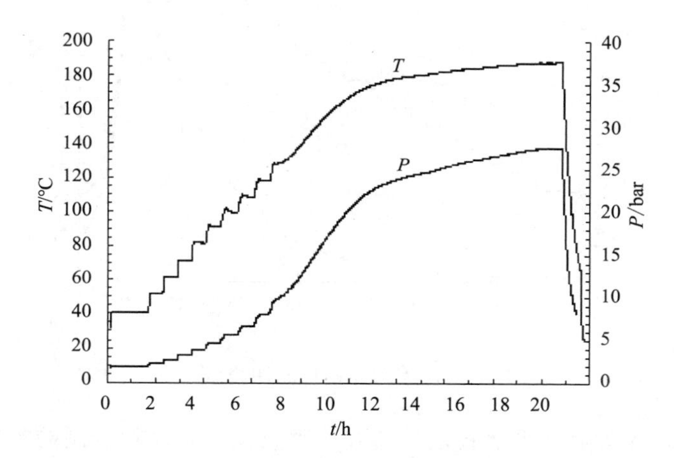

图 6-2 反应后体系料液绝热量热测试图

由图 6-1 可知，该反应的绝热温升为 27.1℃。一旦反应发生热失控，由于反应体系温度升高，可以达到体系沸点。由图 6-2 可见，反应后料液的二次分解温度为 130℃，二次分解温度高于体系的沸点。为了避免失控冲料引起爆炸和进一步二次分解反应的发生，失控反应的淬灭需要考虑在体系到达沸点以前，向反应体系中加入淬灭介质对反应体系进行淬灭，并通过反应放热量确定淬灭介质的需要量。本反应使用甲醇钠作为反应用碱。水会与甲醇钠进行反应，放出大量的热量，使反应体系变得更加复杂，引发更大的风险，因此，不能使用水作为淬灭介质。根据反应具体情况，选择甲苯作为淬灭剂。

淬灭后反应体系温度计算如下：

$$T_{mix}=T_r+\frac{m_q}{m_r+m_q}(T_q-T_r) \tag{6-10}$$

式中 m_q——冷却介质质量，kg；

m_r——反应物料质量，kg；

T_{mix}——混合体系温度，℃；

T_r——反应体系沸点，℃；

T_q——淬灭介质沸点，℃。

根据反应量热测试结果，该反应发生热失控情况下，考虑热交换最坏的绝热情况，体系所能达到的最高温度为 95.1℃，淬灭介质（甲苯）的沸点为 110℃，按淬灭后体系温度降低至 70℃进行考虑。

假设环境温度为 25℃，釜内物料 1500kg，需要淬灭介质的量为 1026kg。

算式如下：

$$m_q=\frac{1500\times 2.061\times(95.1-70.0)}{1.68\times(70.0-25.0)}=1026.4(\text{kg})$$

应急淬灭系统设计时，需要安装 1000kg 甲苯罐，当反应发生热失控时，向体系中加入 1000kg 室温（25℃）甲苯，对失控体系进行淬灭。

对淬灭后体系进行热稳定性研究，绝热测试结果见图 6-3。

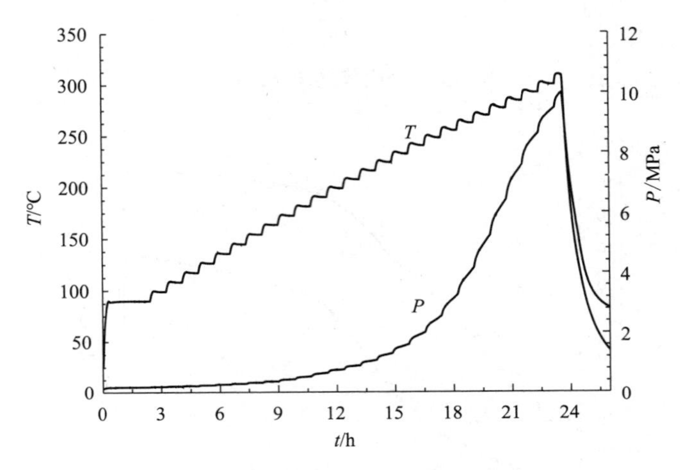

图 6-3　淬灭后体系稳定性测试结果

研究结果表明，淬灭后体系热稳定性良好。紧急淬灭是风险控制的重要措施，尤其适用于精细化工间歇与半间歇工艺过程，可以实现安全治理模式向事前预防转变，最大限度地控制危险事故的发生。因此，对于危险性高、反应工艺危险度高的精细化工工艺过程，应研究建立应急淬灭风险控制措施，切实保证安全生产。

6.4.6 超压泄放

超压泄放是指设备或者反应器内的压力超过自身所能承受水平后，系统通过排放气体、蒸气等的方式将系统内多余的压力从受限空间内排出，使设备或反应器内的压力控制在安全的范围内，避免设备或反应器因超压导致的损坏及爆炸。超压泄放风险控制技术主要用于控制热失控反应的进一步恶化，通常是在已有的风险预防或控制措施失效情况下最后的应急控制措施。在系统内压力达到设备或反应器设定的极限水平后，通过开启泄压面或泄压阀，使系统内蒸气、气体或反应物从指定的路线排出，阻止体系内压力的进一步增长，从而达到保护设备或反应器的目的。根据实施效果，超压泄放主要分为平衡泄压及非平衡泄压两种情况。当设备或反应器内部的压力增长速率低于或者等于系统泄放压力速率时，该种情形被称为平衡泄压；当系统内压力增长速率高于泄放压力速率时，泄放后并不能立即使系统内压力停止增长，随着系统内压力的累积，待系统内压力增长到一定程度时，压力开始下降，达到设备或反应器的安全压力范围，此种情形称为非平衡泄压。此外，在设计超压泄放系统前，应首先明确系统内部压力增长的原因，确定泄放体系的类型。

6.4.6.1 超压泄放的类型

上文已经描述过，超压泄放技术的主要控制对象为热失控反应，在热失控反应过程中，往往会放出大量的热，放出的热使体系温度持续升高，引发体系中部分不稳定物质的分解，分解过程产生气体。通常情况下，使体系压力持续增长的主要原因来自于体系内原料、溶剂及产品等物质的蒸气分压，另外，如果失控反应引发了系统内某个或者某些物质的分解，可能产生不可凝性的气体，如一氧化碳、二氧化碳及氮氧化物气体等，这些气体也会导致体系压力的持续增长。因此，在进行超压泄放研究前，应首先确定造成系统内压力增长的原因，明确超压泄放的类型，按照超压的原因进行分类，超压泄放类型主要有蒸气泄放、气体泄放及混合气体泄放三种类型。

(1) 蒸气体系　蒸气体系系统内的超压行为完全由体系内物料的蒸气压引起。在发生热失控反应时，体系内的压力随着温度的上升而增大。在进行泄放操作的过程中，由于排出的蒸气带走了系统内大量的热，使反应体系温度趋于稳定，进而使反应速率得到有效的控制，阻止了体系温度的继续升高。蒸气体系属于平衡泄压。但对于某些温度不敏感，反应本身为催化或者 pH 值控制体系，控制温度并不能有效地阻止反应的继续进行，该情况下要考虑系统内物料蒸干的后果。可通过 Clausiua-Clapeyron 方程判断体系是否属于蒸气体系，如果测试结果符合 Clausiua-Clapeyron 方程，则可认为被测试体系的压力效应由蒸气主导，属于蒸气体系。

(2) 气体体系　气体体系热失控反应过程中产生的气体是反应系统压力持续升高的主要原因，在泄放过程中排出的气体带走的热量与蒸气体系相比相当有限，泄放后并不能立即阻止体系温度的持续升高，无法显著降低反应体系的反应速率。气体体系属于非平衡泄压。热失控反应过程中产生的气体与体系温度、物料浓度、反应器结构、分解热等因素有关，该过程的压力效应可以采用理想气体状态方程进行估算。气体体系的失控要比蒸气体系危险，超压泄放参数求取也相对更难。

(3) 混合体系　由气体及蒸气共同作用造成设备或反应器内压力效应的情况称为混合体系。试验结果取决于系统内气体及蒸气的释放速率，根据系统内蒸气及气体的组成不同可以为平衡泄压或非平衡泄压，一般情况下，体系内的气体比例越高，则该系统越倾向于非平衡泄压。

6.4.6.2 超压泄放研究装置

超压泄放研究结果可直接应用于工业化的设备或反应器，测试装置要实现较低的热散失，系统绝热性好，测试体系 phi 值能够在 1.05～1.20 之间，使测试结果更加贴近于工业化规模下的热力学环境。

目前，超压泄放的研究装置主要有 PhitecII 及 VSP 等。两种测试装置均能满足超压泄放试验的要求，可以精确地模拟工业化规模下的热失控反应，能够得到绝热条件下时间-温度与压力、温度-温升速率、温度-压升速率等曲线及低 phi 值条件下的放大数据。每种设备都有自身相应的特点，PhitecII 更倾向于绝热环境的营造，VSP 可进行泄放口验证试验。研究人员可以根据自身的需求及工艺特点选择相应的测试装置进行超压泄放研究。

6.4.6.3 超压泄放设计

针对压力反应及有气体放出的反应，在反应超压或热失控的情况下，采取超压泄放的方式完成体系内压力的释放是较为通用的方法。超压泄放系统的设计通常包括下述步骤。

（1）危险场景分析　对设备或反应器超压后果的危险场景进行筛选，分析超压工况下体系的热力学及动力学状态，构建失控反应最坏局面的场景，场景通常包括：加料失控、搅拌失效、温度、压力偏离等。

（2）选择合适的试验方法及测试装置　根据工艺特征及失控反应场景选择相应的试验方法及测试装置，通过装置改造、装置联用等方式实现热失控反应的动力学及热力学外部环境，除此之外，还应保证测试过程中装置及操作人员的安全。

（3）建立试验方案，开展超压泄放试验　装置及设备调试完成后，根据前期热失控反应危险性评估结果，选择合适的测试样品量，在这一阶段，样品量的选择要结合工业实际情况（考虑绝热性、投料系数、气体的自由体积、搅拌转速等因素），但要兼顾热失控反应的危险性，填装的样品量应在试验可控的范围内，避免因热失控反应剧烈导致装置的损坏及人员的伤害。样品装填完毕后，向系统内输入试验所需要的各项温度、压力及时间等控制参数，启动试验。

（4）超压泄放类型　试验结束后，通过 Clausiua-Clapeyron 方程、理想气体状态方程等方式对试验结果进行分析，分析系统内压力产生的原因（系统压力是来自反应过程中生成的气体、被测试体系的蒸气压，或是气体及蒸气的混合效应），明确热失控反应的超压泄放类型。

（5）构建超压泄放模型　超压泄放涉及的模型众多，应用较为广泛的包括 Leung 模型、Omega 模型、Huff 模型及 DIERS 模型等，每种模型均有与之相适应的工况条件及应用的前提假设，研究人员在使用上述模型过程中应根据热失控反应的具体状态选择相应的计算模型。

（6）泄放压力　泄放压力是最终决定泄放面积大小的重要参数，泄放压力设定过大，则需要的泄放面积也相对较大，通常情况下，会选择在较小的体系压力下进行泄放。大多数热失控反应的反应速率与温度呈指数性关系，当体系温度较高时，反应速率也相对较高，因此，在较低的压力下实施超压泄放，意味着体系的温度也相对较低，此时系统内的反应速率更好控制，超压泄放的成功率较高。从压力效应考量，超压泄放的作用是控制体系压力在安全的范围内，通过安全阀或泄爆片以一定的途径将体系内的蒸气、气体或者物料排放出去，如果将泄放压力设置的较低，那么泄放压力与设备或反应器的设计压力之间存在足够的压差，此时需要的泄放面积也相对较小。

（7）泄放面积　根据测试结果及应用的模型对超压体系的泄放量、反应放热速率及泄放能力等重要参数进行计算，最终确定反应系统的超压泄放面积，如果泄放面积不能满足工业化安全生产的需求，则可通过进一步调整泄放压力、泄放温度等方式获得较为合适的泄放面积。

6.4.6.4　超压泄放实例分析及理论模型建立

某反应温度为 35～50℃，釜内物料约为 5650kg，反应溶剂主要为甲醇和甲苯，反应过程中持续向反应体系通入氧气，并滴加反应原料，氧气通入量为 200～250kg·h^{-1}，原料滴加速度为 1300～1700kg·h^{-1}，反应釜压力为 0～100kPa（表压），通过反应风险研究和评估发现，该反应过程最大反应温升速率为 6.1℃·min^{-1}，绝热温升为 152.5K，表观反应热为－1877.8kJ·kg^{-1}（以原料计）。

（1）泄放类型研究　首先开展泄放类型研究，对反应终点体系物料进行 PhitecII 测试，测试结果如图 6-4 所示。

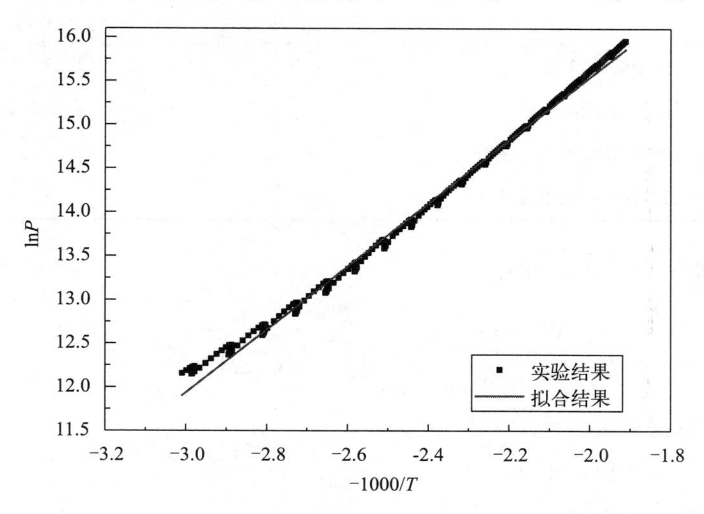

图 6-4 lnP 与−1000/T 的关系

根据实验结果，选取典型实验数据，以 lnP 和−1000/T 作图，同时进行数据拟合，得到 Antoine 方程的各项系数，其中相关系数 R 为 0.99781，R^2 接近于 1。根据实验结果，反应体系超压泄放类型为蒸气体系，体系超压由反应体系的蒸气压引起。

（2）危险场景筛选　根据反应实际操作及特点，结合 HAZOP 分析，反应可能存在的最危险场景总结如下：

① 反应过程中，氧气、原料进料流量过大或压力过高，导致反应热失控，压力回路控制失效，SIS 压力联锁失效，未能及时切断氧气和原料进料，造成反应体系飞温，反应器超压。

② 由于循环泵、冷却器等装置故障造成冷却失效，导致局部温度过高，温度高联锁装置失效，未能及时切断氧气和原料进料，造成反应体系飞温，反应器超压。

③ 反应过程中，BPCS 故障导致搅拌失效，反应放出的热量无法及时移出，造成局部温度过高，引发反应器热失控反应，温度高联锁装置失效，未能及时切断氧气和原料进料，造成反应体系飞温，反应器超压。

综上分析，反应过程持续进入氧气和原料，由于设备故障导致的冷却失效、搅拌失效、进料流量过大均会引发热失控反应，在温度、压力及进料联锁失效的情况下，进一步引发反应体系的超温及反应器的超压，该情景为反应热失控的最危险情形，后续将考虑温度、压力及进料联锁失效情形下的热失控反应研究，根据研究结果，开展后续超压泄放模型建立及相关技术参数求取。

（3）热失控反应研究　开展热失控反应研究，获得失控反应放热特性数据。

测试条件：向反应器中加入打底物料，起始温度为 35℃，持续向反应体系中加入原料及氧气，获得热失控反应数据。

测试结果如表 6-1 所示。

（4）泄放量　根据委托方提供的工艺信息，反应器的体积为 $10m^3$，反应器泄放装置的泄放压力设定为 0.53MPa，反应器的设计压力为 1.5MPa。

表 6-1 热失控反应测试数据

phi	1.22
失控起始温度/℃	36.9
失控停止温度/℃	162.1
最大温升速率/℃ · min^{-1}	6.1
最大温升速率对应的温度/℃	51.6

泄放量采用如下公式进行计算。

$$W=\frac{m_R q}{\left[\left(\frac{V}{m_R}\times\frac{h_{fg}}{v_{fg}}\right)^{0.5}+(C_f\Delta T)^{0.5}\right]^2} \tag{6-11}$$

式中 m_R——反应物质量，kg；

V——反应器体积，m^3；

h_{fg}——潜热，kJ · kg^{-1}；

v_{fg}——气液相比容差，$m^3 \cdot kg^{-1}$；

C_f——液相比热容，kJ · $kg^{-1} \cdot K^{-1}$；

ΔT——泄放压力到最大累积压力的绝热温升，K；

q——单位质量平均放热速率，W · kg^{-1}。

其中 v_{fg} 表达式如下：

$$v_{fg}=\frac{1}{\rho_g}-\frac{1}{\rho_f} \tag{6-12}$$

式中 ρ_g——蒸气密度，kg · m^{-3}；

ρ_f——液体密度，kg · m^{-3}。

平均放热速率采用如下公式进行计算。

$$q=0.5C_f\left[\left(\phi\frac{dT}{dt}\right)_R+\left(\phi\frac{dT}{dt}\right)_m\right] \tag{6-13}$$

表 6-2 是样品的测试数据以及计算所需要的物性参数。

表 6-2 泄放压力和最大累积压力下的数据及物质参数

参数	泄放压力下的数据	最大累积压力下的数据	均值
压力/MPa	0.53	1.5	—
温度/K	377.25	418.05	—
液相密度/kg · m^{-3}	—	—	828
液相比热/kJ · kg^{-1} · K^{-1}	—	—	1.98
潜热/kJ · kg^{-1}	—	—	735
蒸气密度/kg · m^{-3}	—	—	2.75
温升速率/℃ · min^{-1}	6.1	3.5	—
气液相比容差/kg · m^{-3}	—	—	0.36

注：泄放压力下温升速率采用热失控反应过程最大温升速率值。

单位质量平均放热速率计算结果如下：

$$q=0.5C_{\mathrm{f}}\left[\left(\phi\frac{\mathrm{d}T}{\mathrm{d}t}\right)_{\mathrm{R}}+\left(\phi\frac{\mathrm{d}T}{\mathrm{d}t}\right)_{\mathrm{m}}\right]=193.3\ (\mathrm{W}\cdot\mathrm{kg}^{-1})$$

泄放量计算结果如下：

$$W=\frac{m_{\mathrm{R}}q}{\left[\left(\frac{V}{m_{\mathrm{R}}}\times\frac{h_{\mathrm{fg}}}{v_{\mathrm{fg}}}\right)^{0.5}+(C_{\mathrm{f}}\Delta T)^{0.5}\right]^{2}}=10.23(\mathrm{kg}\cdot\mathrm{s}^{-1})$$

（5）泄放能力　泄放能力是指安全泄压装置动作后，单位时间单位面积通过泄放口的介质的质量流量。采用如下模型对蒸气体系泄放装置的泄放能力 G 进行计算。

$$G=\frac{h_{\mathrm{fg}}}{v_{\mathrm{fg}}\sqrt{C_{\mathrm{f}}T}}=2287.76(\mathrm{kg}\cdot\mathrm{m}^{-2}\cdot\mathrm{s}^{-1})$$

（6）泄放面积　为了确定泄放面积，根据具体的泄放装置，假设选取泄放系数 $C_{\mathrm{V}}=0.8$：

$$A=\frac{W}{C_{\mathrm{V}}G}=0.00564(\mathrm{m}^{2})$$

6.4.7 其他措施

化工生产过程需要预防和维护，首先根据装置或设备出现故障的频率，通过定期检查及维护，在其故障前进行更换或维修。预防维护除了保证设备免于故障以外，更能够保证设备的正常运行，保证工艺过程的安全、稳定运行，保障操作人员的人身安全，保证安全生产。生产设备需要定期维护和保养，维护和保养需要按照每个工厂或车间的具体生产计划进行，工艺运行过程中严格遵守计划的时间表进行检验、维修或零部件更换，防止由于设备故障导致事故的发生。

工厂及车间的全部安全系统、安全原因记录以及安全行动的选择都至关重要，工厂设计和设备安装结束后，工厂运行前必须要系统地检查安全系统。在运行过程中，安全系统还需要定期检查，至少达到每季度一次，定期进行安全系统的维护和优化必须持续不断。最理想的安全系统与工厂设计和建设相关，与实际运行工艺过程相关，而反应风险研究与评估是保证工厂和车间安全设计和安全运行的重要方法和主要手段，开展反应风险研究与评估势在必行。

参考文献

[1] Cronin J,Nolan P F,Barton J. A strategy for thermal hazard assessment in batch chemical manufacturing. Hazards from Pressure[J]. Symposium Series, No. 102: 113-122.

[2] Gibson S B. The design of new chemical Plant using hazard analysis[J]. Process Industry Hazards, Symposium Series, 1976, 47: 135.

[3] Fauske H K, Grolmes M A,Clare G H. Process safety evaluation applying DIERS methodology to existing plant operations[J]. Plant/Op Progress, 1989.

[4] Harris G F P,Harrison N,McDermott P E. Hazards of the distillation of mono nitrotoluenes. Runaway Reactions[J]. Symposium Series, 1981, No. 68. 4/w: 1.

[5] Gibson N,Maddison N,Rogers R L. Case studies in the application of DIERS venting methods to fine chemical batch and semi-batch reactors[J]. Hazards from Pressure, Symposium Series, 1987, 102: 157-173.

[6] Dixon J K. Heat flow calorimetry-application and techniques. Hazards X: process safety in fine and speciality chemical plants[J]. Symposium series, 1989, 115: 65-84.

[7] Rogers R L. Fact finding and basic data part 1: hazardous properties of substances[J]. IUPAC Conference Safety in Chemical Production, Basle, 1991.

[8] Hofelich T C, Thomas R C. The use/miuse of 100 degree rule in the interpretation of thermal hazard tests [J]. Int Symp on Runaway Reactions, 1989: 74-85.

[9] Grewer T, Klusacek H, Loffler U, et al. Determination and assessment of the characteristic values for evaluation of the thermal safety of chemical processes[J]. J Loss Prev Process Ind, 1989, 2: 215-223.

[10] Chapman F S, Holland F A. Heat transfer correlations for agitated liquids in process vessels[J]. Chem Eng, 1965, 18: 153-158.

[11] Chapman F S, Holland F A. Heat transfer correlations in jacketed vessels[J]. Chem Eng, 1965: 175-182.

[12] Steel C H. Scale-up and heat transfer data for safe reactor operation[J]. Int Symp on Runaway Reactions, 1989: 597-632.

[13] Roy P, Rose J C, Parvin R. The protection of exothermic reactors and pressurised storage[J]. 1984, 23.

[14] Lees F P. A review of instrument failure data, process industry hazards[J]. Symposium Series, 1976, 47: 73.

[15] Kauffman D, Chen H J. Fault-dynamic modelling of a phthalic anhydride reactor[J]. J Loss Prev Process Ind, 1990, 3: 386-394.

[16] Brazendale J, Lloyd I. The design and validation of software used in control systems-safety implications. Hazards X: process safety in fine and speciality chemical plants[J]. Symposium Series, 1989, 115: 309-320.

[17] Duxbury H A, Wilday A J. Efficient design of reactor relief systems. Int Symp on Runaway Reactions [J], 1989: 372-394.

[18] Duxbury H A, Wilday A J. Calcuation methods for reactor relief: aperspective based on ICI experience [J]. Hazards from Pressure, Symposium Series, 1987, 102: 175-186.

[19] Fauske H K. Pressure relief and venting: some practical consideration related to hazard control. Hazards from Pressure[J]. Symposium Series, 1987, 102: 133-142.

[20] Duxbury H A, Wilday A J. Efficent design of reator relief systems[J]. Int Symp on Runaway Reactions, 1989: 372-394.

[21] Leung J C. Two phase discharge in nozzles and pipes-a unified approach[J]. J Loss Prev Process, 1990, 3: 27-32.

[22] Harold G. DIERS Research Program on Emergency Relief Systems[J]. Chemical Engineering Progress, 1985(Aug.): 33-36.

[23] API RP 521. Guide for Pressure-Relieving and Depressuring Systems. 4th ed[J]. Washington, DC: American Petroleum Institute, 1997: 1-3.

[24] Fauske H K. Revisiting DIERS Two-Phase Methodology for Reactive Systems Twenty Years Later[J]. Process Safety Progress September 2006, 25(3): 180-188.

[25] Jasbir Singh. Vent Sizing for Gas-generating Runaway Reaction[J]. J. Loss Prev. Prcoess Ind., 1994, 7 (6): 481-491.

[26] Dennis C. Hendershot, Aaron Sarafinas. Safe Chemical Reaction Scale up[J]. Chemical Health & Safety, November/December, 2005: 29-35.

7 安全生产及其技术文件管理

7.1 安全生产管理办法

化工安全生产管理极其重要，化工生产与经营企业需要根据国家和地方的安全生产法律法规、方针政策和相关标准要求，结合企业的实际情况，制定安全管理制度和安全规章制度，切实保障安全生产。安全管理制度包括综合安全管理、人员安全管理、设备设施安全管理、环境安全管理，以及特种设备安全管理等。安全规章制度主要是根据标准规定和标准化体系建设要求，以及职业安全、健康管理体系规定，制定相关安全技术标准、安全管理标准和安全工作标准。安全规章制度的建立健全，可以参照体系管理模式，按照管理手册、程序文件、作业指导书方式制定，并持续更新和完善。

7.1.1 综合安全管理制度

综合安全管理制度应涵盖但不限于下述内容。

（1）安全生产管理目标、指标和总体原则　生产与经营单位需要确定安全生产的具体目标和指标，明确安全生产的管理原则和管理责任，明确安全生产管理的体制、机制和组织架构，安全生产风险防范、风险控制的主要措施，以及日常安全生产监督管理的重点工作等相关内容。

（2）安全生产责任制度　生产与经营单位应建立安全生产责任制，明确各级领导、管理人员、职能部室，以及各生产岗位的安全生产责任、权利和义务，增强生产与经营单位的各级负责人员、各职能部室、工作人员，以及各岗位的生产人员对安全生产的风险意识和责任感，充分调动各级人员和各管理部门在安全生产方面的积极性、主观能动性和属地责任感，加强自主管理，落实属地责任，明确相关责任追究原则和追究依据。

（3）安全管理定期工作制度　生产与经营单位需要定期召开安全工作会议，经常性地进行安全经验分享，定期组织安全学习，举办安全活动，开展安全检查等。

（4）承包与发包工程安全管理制度　生产与经营单位要确定建设工程承包与发包的具体条件，并负责对相关资质进行审查；应落实各方的安全责任，制定安全生产管理协议，建立施工安全的组织管理措施和技术防范措施，开展现场安全检查，按规定要求做好承包商管理和统筹协调。

（5）安全措施和费用管理制度　生产与经营单位要对相关安全措施进行日常的维护与管理，应按规定要求落实安全生产费用保障，同时根据国家、行业新的安全生产管理要求、所属地理位置的季节特点，以及生产与经营的变化情况，保障生产与经营单位的安全生产费用。

(6) 重大危险源管理制度　生产与经营企业要建立重大危险源档案，建立登记与管理制度，进行定期的检测、评估、监控，并上报有关地方人民政府负责安全生产监督管理的部门和其他有关部门进行备案和接受管理。应建立相应的应急预案，并定期组织应急演练。

(7) 危险物品使用管理制度　生产与经营单位要建立健全使用和存储危险物品清单，明确危险物品的名称、种类和危险性；应建立使用和管理危险物品的程序和领用手续；制定危险物品安全操作注意事项；明确存放的条件，制定日常监督检查制度。同时应针对各类危险物品的性质，在相应的区域设置人员紧急救护和处置设施等。

(8) 消防安全管理制度　生产与经营单位应建立消防安全管理原则，设立组织机构，进行日常管理，建立现场应急处置原则和处置程序；制定相关消防设施、器材的配置、维护保养、定期试验制度；开展定期防火检查、防火演练等。

(9) 隐患排查和治理制度　生产与经营单位应建立隐患排查和治理制度，明确隐患排查的设备、设施和场所，制定隐患排查和治理的人员、周期和标准；制定发现问题的处置程序、跟踪管理内容等。

(10) 交通安全管理制度　生产与经营单位应建立交通安全管理制度，明确相关车辆的高度、检查维护保养内容、检验标准等，应对相关驾驶员进行组织学习、培训和考核。

(11) 防灾减灾管理制度　生产与经营单位应建立防灾减灾管理制度，明确所属地区的地理环境、气候特点，以及生产与经营的性质，并有针对性地建立防范台风、洪水、泥石流、地质滑坡、地震等自然灾害相关工作管理制度；应进行组织管理，落实技术措施，建立相关工作标准，开展日常管理。

(12) 事故调查报告处理制度　生产与经营单位应建立事故调查报告处理制度，建立各种事故认定标准，制定各种事故报告程序、现场应急处置、现场保护、资料收集、相关当事人调查、技术分析、调查报告编制等相关制度，并制定相关事故向上级主管部门报告的流程、内容、程序等制度规定。

(13) 应急管理制度　生产与经营单位要建立应急管理制度，落实应急管理部门责任，制定应急预案（包括总体预案、专项预案、现场预案等内容），组织开展应急演练和应急管理培训。

(14) 安全奖惩制度　生产与经营单位应建立安全奖惩制度，建立健全安全奖惩的原则和规定，明确奖励或处分的种类、额度等相关奖惩内容。

7.1.2　人员安全管理制度

人员安全管理制度应涵盖但不限于下述 7 个方面的内容。

(1) 安全教育培训制度　生产与经营单位要建立安全教育培训制度，开展对各级领导和管理人员的安全管理知识培训。对操作人员进行岗位安全操作规程培训，进行新材料、新工艺、新设备操作和使用培训，进行应急处置培训；针对新员工，还要开展三级教育培训和岗位变更培训；针对特种作业人员，还应进行特种作业培训。应明确各项培训的对象、内容、时间及考核标准。

(2) 劳动防护用品发放使用和管理制度　生产与经营单位应建立劳动防护用品发放使用和管理制度，明确劳动防护用品的种类、适用范围和领取程序，建立劳动防护用品使用前检查标准，明确使用方法和使用周期等内容。

（3）安全工器具的使用管理制度 生产与经营单位要建立安全工器具的使用管理制度，明确安全工器具的种类、使用前检查标准、定期检验标准、使用寿命和更换周期等内容。

（4）特种作业及特殊作业管理制度 生产与经营单位要建立特种作业及特殊作业管理制度，明确危险性较大的特种作业的岗位和作业人员，应对特种作业及特殊作业的一般安全措施和特殊安全措施提出具体要求，应建立特种作业及特殊作业的组织和管理程序，制定特种作业及特殊作业的安全组织措施、技术措施等内容。

（5）岗位安全规范 生产与经营单位应建立岗位安全规范，切实保障相关人员的人身安全与健康，并对相关作业岗位的人员提出预防火灾、爆炸等事故的一般要求和特殊要求。

（6）职业健康检查制度 生产与经营单位要建立职业健康检查制度，明确职业禁忌的岗位名称，组织定期的健康检查，执行《职业病防治法》要求的相关内容；对于女职工，还要按规定进行合理的保护。

（7）现场作业安全管理制度 生产与经营单位要建立现场作业安全管理制度，以及现场作业的组织管理制度，包括建立健全工作联系单、工作票、操作票等制度规定，建立作业的风险分析与控制制度，建立违章管理制度等。

7.1.3 设备设施安全管理制度

设备设施安全管理制度应涵盖但不限于下述5个方面的内容。

（1）“三同时”制度 生产与经营单位新建、改建、扩建工程要执行“三同时”组织管理程序，并建立必要的上报、备案等执行程序。

（2）定期巡视检查制度 生产与经营单位要落实所有设备、设施的种类、名称、数量，建立日常和定期检查责任制，明确检查周期、标准、线路，并建立发现问题的处置程序等。

（3）定期维护检修制度 生产与经营单位要建立所有设备、设施清单和管理制度，明确设备、设施的维护周期、维护范围、维护标准，对相关设备、设施进行定期维护和及时维修。

（4）定期检测、检验制度 生产与经营单位应建立设备定期检测、检验制度，明确设备种类、名称、数量的检测内容和检测标准，明确安全使用证、安全标志及其管理等内容，并对相关部门或检测人员、检测标准及检测结果进行必要的管理。

（5）安全操作规程 生产与经营单位要建立涉及各类设备、仪表、锅炉、压力容器、内部机动车辆、机加工等方面的安全操作规程，避免对人身安全、健康产生影响；对生产工艺流程及周围环境有较大影响的设备、装置，应建立详细的安全操作规程，同时建立生产岗位、取样分析、质量控制、三废治理等岗位标准操作规程。

7.1.4 环境安全管理制度

环境安全管理制度应涵盖但不限于下述3个方面的内容。

（1）安全标志管理制度 生产与经营单位要建立健全现场安全标志管理制度，包括安全标志的种类、名称、数量；并建立对安全标志进行定期检查、维护和保养制度。

（2）作业环境管理制度 生产与经营单位要建立作业环境管理制度，对生产经营场所的通道、照明、通风等进行管理，建立管理标准，并建立相应的人员紧急疏散方向、标志等管理内容。

（3）工业卫生管理制度 生产与经营单位要建立工业卫生管理制度，对尘、毒、噪声、辐射等涉及职业健康危害的种类、场所进行管理，建立定期检查、检验、实施监测和控制等管理制度。

7.1.5 特种设备安全管理制度

化工生产牵涉到很多的特种设备，例如锅炉、压力容器、压力管道、起重机械、电梯等。特种设备的管理，应经国务院特种设备安全监督管理部门核准的检验检测机构进行检验，同时按照安全技术规范的要求进行检验监督，未经检验监督并取得合格证的特种设备，不得出厂或者交付使用。特种设备的使用，需要执行相关标准、技术文件和操作规程。应开展特种设备的检验检测管理和使用管理，当特种设备出现故障，并需要检修时，应制定特种设备检修过程中的相关安全措施，分析特种设备常见故障可能引发的风险或事故，采取风险或事故预防控制措施，规避因特种设备故障引发事故。

生产与经营单位应当在特种设备投入使用前或者投入使用后 30 日内，向属地特种设备安全监督管理部门登记，并将登记标志置于或者附着于该特种设备明显的位置。

生产与经营单位应当逐台建立特种设备安全技术档案，安全技术档案应符合安全技术规范要求，包括以下内容：特种设备的设计文件、制造单位、产品质量合格证明、使用维护说明等文件以及安装技术资料；特种设备的定期检验和定期自行检查的记录；特种设备的日常使用状况记录；特种设备及其安全附件、安全保护装置、测量调控装置及有关附属仪器仪表的日常维护保养记录；特种设备运行故障和事故记录；高耗能特种设备的能效测试报告、能耗状况记录以及节能改造技术资料。

设备使用单位应建立特种设备应急管理制度，并制定事故应急专项预案，应定期组织应急演练。特种设备事故发生后，事故发生单位应当立即启动事故应急预案，组织抢救，防止事故扩大，减少人员伤亡和财产损失，并及时向事故发生地县以上特种设备安全监督管理部门和其他有关部门报告。电梯作为特种设备之一，使用单位应重视其日常维护与保养，应对电梯的维护与保养的安全性能负责，并与供应商建立维保合同，有关约定应当在维保合同中予以明确。维保单位接到电梯故障通知后，应当立即赶赴现场，并采取必要的应急救援措施，保障电梯使用安全。

7.1.6 安全生产教育培训

生产经营企业要根据安全生产相关法律法规和政策等相关规定，分析企业安全生产教育培训需求，制定和实施安全生产教育培训方案，评估教育培训效果。

企业的主要负责人，以及安全生产管理人员，要按规定接受国家安全生产方针、政策和有关安全生产的法律、法规、规章及标准等方面的培训；必须具备安全生产管理基本知识、安全生产技术、安全生产专业知识；熟悉重大危险源管理、重大事故防范、应急管理和救援组织以及事故调查处理的有关规定；掌握职业危害及其预防措施；自觉学习国内外先进的安全生产管理经验；普及典型事故和应急救援案例分析。对已经取得上岗资格证书的有关领导和安全生产管理人员，应定期进行再培训，再培训的主要内容是新知识、新技术和新颁布的政策、法规：有关安全生产的法律、法规、规章、规程、标准和政策；安全生产的新技术、新知识；安全生产管理经验；典型事故案例。

特种作业人员必须经过专门的安全技术培训，通过考核并合格，取得《中华人民共和国特种作业操作证》后，方可上岗作业。特种作业人员的安全技术培训、考核、发证、复审工作实行统一监管、分级实施、教考分离的原则。特种作业人员应当接受与其所从事的特种作业相应的安全技术理论培训和实际操作培训。跨省、自治区、直辖市从业的特种作业人员，可以在户籍所在地或者从业所在地参加培训。

从事特种作业人员安全技术培训的机构，必须按照有关规定取得安全生产培训资质证书后，方可从事特种作业人员的安全技术培训。培训机构应当按照安全监管总局、煤矿安监局制定的特种作业人员培训大纲和煤矿特种作业人员培训大纲进行特种作业人员的安全技术培训。特种作业操作证由安全监管总局统一式样、标准及编号。

生产与经营单位其他从业人员需要经过培训和考核，需要进行厂、车间、班组三级安全教育培训。厂级安全生产教育培训是入厂教育的一个重要内容，其重点是生产与经营单位安全风险辨识、安全生产管理目标、规章制度、劳动纪律、安全考核奖惩、从业人员的安全生产权利和义务、有关事故案例等。车间级安全生产教育培训是在从业人员工作岗位、工作内容基本确定后进行，由车间一级组织。培训内容重点是：本岗位工作及作业环境范围内的安全风险辨识、评价和控制措施；典型事故案例的分析；岗位安全职责、操作技能及强制性标准；自救互救、急救方法、疏散和现场紧急情况的处理；安全设施、个人防护用品的使用和维护。班组级安全生产教育培训是在从业人员工作岗位确定后，由班组组织。班组安全教育培训的重点是岗位安全操作规程、岗位之间工作衔接配合、作业过程的安全风险分析方法和控制对策、事故案例等等。班组培训方式除班组长、班组技术员、安全员对其进行安全教育培训外，还需要重视自我学习。我国传统的师傅带徒弟的方式，也是搞好班组安全教育培训的一种重要方法。进入班组的新从业人员，都应有具体的跟班学习、实习期，实习期间不得安排单独上岗作业。由于生产与经营单位的性质不同，学习、实习期，国家没有统一规定，应按照行业的规定或由生产与经营单位自行确定。实习期满，安全规程、业务技能考试合格方可独立上岗作业。

从业人员调整工作岗位后，由于岗位工作特点、要求不同，必须重新进行新岗位安全教育培训，并经考试合格后方可上岗作业。

7.1.7　安全生产检查与隐患排查治理

生产与经营单位应根据安全生产相关法律法规和政策规定，组织编制安全生产检查表，定期开展安全生产检查，排查事故隐患，建立事故隐患信息档案，提出治理方案和治理计划，并按计划及时统计分析和上报事故隐患排查治理情况。

安全生产检查具体内容的确定，应本着突出重点的原则。对于危险性大、容易发生事故、事故危害大的生产系统、部位、装置、设备等装备设施，应加强检查。重点检查内容一般应包括：易造成重大损失的易燃易爆危险物品、剧毒品、锅炉、压力容器、起重设备、运输设备、冶炼设备、电气设备、冲压机械、高处作业，以及本企业易发生工伤、火灾、爆炸等事故的设备、工种、场所及其作业人员；易造成职业中毒或职业病的尘毒产生点及其岗位作业人员；直接管理的重要危险点和有害点的部门及其负责人。

经过现场检查和数据分析后，检查人员应对检查情况进行综合分析，给出检查的结论和意见。一般来讲，生产与经营单位自行组织的各类安全检查，应由生产与经营单位的安全管理部门会同技术、设备等有关部门对检查结果进行综合分析；上级主管部门或地方政府负有安全生产监督管理职责的部门组织的安全检查，应经检查组统一分析研究后，得出检查意见和检查结论。

针对检查过程中发现的问题，应根据问题性质的不同，提出措施要求，如立即整改、限期整改等。通常情况下生产与经营单位自行组织的安全检查，由安全管理部门会同有关部门，共同制定整改措施计划并组织实施。上级主管部门或地方政府负有安全生产监督管理职责的部门组织的安全检查，由检查组提出书面的整改要求，生产与经营单位制定整改措施计划并组织实施。

对安全检查过程中发现的问题和隐患，生产与经营单位应从管理的高度，举一反三，对同类问题一并制定整改计划并积极落实整改。

生产与经营单位自行组织的安全检查，在整改措施计划完成后，本单位的安全管理部门应组织有关人员进行验收。对于上级主管部门或地方政府负有安全生产监督管理职责的部门组织的安全检查，在整改措施完成后，生产与经营单位应及时上报整改完成情况，并申请复查或验收。

对安全检查过程中经常发现的问题或反复发现的问题，生产与经营单位应从关键环节入手，如规章制度的健全和完善、从业人员的安全教育培训、设备系统的更新改造、加强现场检查和监督等，做到持续改进，不断提高安全生产管理水平，防范生产安全事故的发生。

7.1.8 劳动防护用品管理

生产与经营单位应根据安全生产相关法律法规和政策规定，选用和验收劳动防护用品，并监督和指导从业人员正确使用。

对于特种劳动防护用品应根据国家安全生产监督管理总局《劳动防护用品监督管理规定》，实行安全标志管理。特种劳动防护用品安全标志管理工作由国家安全生产监督管理总局指定的特种劳动防护用品安全标志管理机构实施，受指定的特种劳动防护用品安全标志管理机构对其核发的安全标志负责。

企业生产的特种劳动防护用品，必须取得特种劳动防护用品安全标志。经营劳动防护用品的单位应有工商行政管理部门核发的营业执照、有满足需要的固定场所和了解相关防护用品知识的人员。经营劳动防护用品的单位不得经营假冒伪劣劳动防护用品和无安全标志的特种劳动防护用品。生产与经营单位不得采购和使用无安全标志的特种劳动防护用品；购买的特种劳动防护用品须经本单位的安全生产技术部门或者管理人员检查验收。

7.2 HSE 管理或 QHSE 管理

HSE 管理指的是健康（health）、安全（safety）和环境（environment）三位一体的管理体系，部分企业也建立和执行 QHSE 管理体系。QHSE 管理是在 HSE 管理的基础上增加了质量（quality）管理。HSE 管理或 QHSE 管理分别从健康、安全、环保三个方面或者是质量、健康、安全和环保四个方面指挥和控制相关组织的管理体系。

HSE 管理或 QHSE 管理的工作方法是按照 PDCA 循环方法，进行计划（plan）、实施（do）、检查（check）和改进（action）。通过安全知识宣传员、安全制度监督员、安全技能培训员、安全事故救生员、安全文化传播员的“五员”工作法，推进 HSE 管理或 QHSE 管理。

HSE 管理或 QHSE 管理体系均要求组织进行风险分析，确定其自身活动可能发生的危害和后果，从而采取有效的防范手段和控制措施防止其发生，以便减少可能引起的人员伤害、财产损失和环境污染。它强调预防和持续改进，具有高度自我约束、自我完善、自我激励机制，因此是一种现代化的管理模式，是现代企业制度之一。

HSE管理或QHSE管理体系以顾客、员工和社会为关注焦点，依存于顾客、员工和社会。理解顾客、员工和社会当前和未来的需求，满足顾客、员工和社会要求，并争取超越顾客、员工和社会的期望。

HSE管理或QHSE管理作为三位一体或四位一体的管理体系，要保证人员的身体健康，使员工保持积极向上的精神状态；在劳动过程中，通过努力改善劳动条件，克服不安全因素，保证生产活动的有效运行，并保证企业的财产不受损失；生产经营活动要有效进行废物治理，保护自然资源和环境不受破坏。安全是企业的生命线，HSE管理或QHSE管理对化工生产极为重要。健康、安全、环境保护与质量的管理在实际工作中有着紧密相连的关系，健康、安全、环境保护和质量作为一个整体，是企业实现现代化管理、走向国际市场的有力保障。

7.2.1 风险评价和隐患治理

反应风险研究是HSE管理或QHSE管理有效的技术支撑。以反应风险研究为基础，企业应对危险源辨识、风险评价的工作过程、辨识评价方式、形成结果及其整改要求做出明确规定，开展反应风险研究与工艺风险评估，保障工艺的本质安全，同时指导工艺优化，提升产品质量和降耗减排。危险源辨识和风险评价必须覆盖企业所有工作领域，保证全体员工参与。按企业要求的评价方法确定危险源（环境因素）的风险级别，进行相应的整改。高风险等级危险源（环境因素）的整改应列入目标和计划，整改完毕后确认效果。

7.2.2 变更和应急管理

变更管理是HSE管理或QHSE管理的重要内容，在人员、机械设备、工艺条件、作业条件、操作环境、目标和计划等发生变化时，应进行HSE管理或QHSE管理变更。变更应按HSE管理或QHSE管理规定中明确提出的控制方法和程序，进行危险源辨识和风险评价。应及时对相关岗位的人员进行HSE管理或QHSE管理事项的告知、培训。

应急管理是指对生产、运输及存储等过程进行全面、系统的分析和研究，对可能发生的突发事件和紧急情况进行识别，制定出切实可行的防范措施和应急预案。制定应急预案的编制、评审、发布、下发、修订、备案等事项的管理规定应在综合预案中给予规定。应按照有关规定的要求编制本企业的应急预案。企业的应急预案应包括综合预案、专项预案和现场处置方案。生产规模小、风险不高的生产与经营单位，可以合并编写综合应急预案和专项应急预案。按照法律规定企业必须编制的专项预案有：自然灾害应急预案、重大危险源应急预案、特种设备应急预案、危险化学品应急预案、职业病危害应急预案、灭火和应急疏散预案、环境突发事件应急预案。企业应进行应急培训和定期演练，并按有关规定进行应急预案的备案。预案制定前应查询有关事故资料、危险源辨识和风险评价。企业应健全应急物资管理、保管存放、更新等方案。

7.2.3 检查和监督

检查和监督是HSE管理或QHSE管理体系的关键活动，它确保了HSE管理或QHSE管理组织按照其既定的管理方案开展工作。

企业应定期或者不定期地组织每种形式的 HSE 管理或 QHSE 管理检查，全体成员在其工作范围内制定 HSE 管理或 QHSE 管理检查规程，确定检查时间、方式、人员、对象及内容、所需工具、检查步骤、检查记录、整改要求等内容。检查和监督过程中，要以国家和企业的法律、法规、标准、制度及文件为依据，执行国家相关规定。

7.3 建设工程管理

工程建设项目管理范围包括新建、改建、扩建、迁建等工程建设项目，项目建设投资大。为了规范工程建设管理，完善工程建设项目管理体系，提高项目的投资效益，国家以及各企事业单位，都建立了工程建设管理制度，如工程建设项目的质量管理、安全环境目标管理、进度和造价管理、档案管理等。这些制度可以用于从项目勘察设计、施工、竣工验收，直至项目后期效果评价各阶段的项目管理工作。

建设单位的工程建设活动应符合国家有关法律法规和强制性标准的规定，对于境外工程建设项目还应遵守项目所在国（地）法律法规要求。建设项目的建设管理程序应符合各自行业的规范管理规定，严格执行基本建设管理程序，坚持先勘察、后设计、再施工的原则，杜绝边勘察、边设计、边施工的“三边”工程。

项目管理单位设立工程建设项目管理专职部门或明确承担该项责任的管理部门，行使对工程建设项目的管理职能；各建设单位需要设立专门的工程管理部门，对工程建设全过程进行监督管理，并按照专业分工的原则，各部门行使分管工作范围内的工程管理职能；建设单位需要负责工程建设项目的实施。

工程建设项目应建立管理规章制度，建立项目管理计划书，核准初步设计及投资概算，跟踪检查项目实施过程，组织项目监理、稽查、竣工验收、项目后评价、工程管理绩效考核等各方面的工作。

建设单位要负责制定工程建设项目管理制度，办理工程建设所需的各项政府审批文件；负责工程质量、进度、造价、HSE 等项目管理目标的控制工作；负责组建工程建设团队，审核项目管理计划书、初步设计及概算，并报上级部门审批；按照授权组织开展项目稽查、竣工验收及后评价，及时了解项目实施过程中出现的偏差和问题并督促改正，定期向上级部门上报项目进展情况。

建设单位应根据拟建工程项目规模及复杂程度选择项目管理模式，配备项目负责人和必要的工程技术、工程采购、计划控制、质量管理、造价管理、HSE 管理、财务管理、档案管理等专业技术及管理人员。

项目负责人应具有与所负责项目相应的工程管理经验和业绩，其他主要工程管理及技术人员应持有国家认证的专业资格或岗位证书。建设工程管理应持续跟进国家和企业管理要求，开展项目管理计划书制定、初步设计及投资概算、施工管理、采购管理、合同管理、风险管理、档案管理、生产准备及试运行、竣工验收，以及项目后评价等各方面的工作。

① 管理计划书。在项目可行性研究报告批准后，建设单位应组织编制工程建设项目管理计划书，并向上级部门履行审批手续，未经核准不得擅自开展现场施工工作。

② 初步设计及投资概算。项目初步设计文件应根据批准的项目可行性研究报告内容和审批意见，以及有关建设标准、规范、定额、询价资料等进行编制，初步设计文件应包括设计说明、图纸、主要设备材料用量表和投资概算等。初步设计文件应由具有相应工程设计资

质的机构编制，并达到规定的深度。

建设项目初步设计及概算应该履行核准手续，建设单位要严格按照核准的初步设计和概算进行建设，不得擅自改变建设规模、内容及标准等。建设项目经批准的初步设计，其厂址选择、建设规模、内容、工艺路线及技术、主要设备引进、重要基础条件等内容如发生重大变化，应按照审批权限重新报批。建设项目概算投资批准后，原则上不得调整，当因物价等变化影响，需调增概算投资超过原批准概算 3%～5%时，应重新进行可行性报告论证，按照审批权限报上级投资决策机构审批。

建设单位应当建立设计变更管理制度。因过失造成设计变更的，应当实行责任追究制度。

③ 施工管理。建设项目工程施工前，建设单位应根据国家相关法规要求，履行消防、安全、劳动卫生、环保、工程质量监督等专项评估核准程序，并取得施工许可证。

建设项目工程施工前，建设单位的上级部门需要对施工建设项目实行开工准备备案管理。项目管理单位应在项目开工 2 周前，将建设单位的工程管理体系建设、政府审批、参建方项目管理文件送上级主管部门备案。

④ 采购管理。建设单位必须严格执行国家、地方政府和上级主管部门关于招投标的法律、法规和相关制度，加强招投标管理，规范招投标程序。除不适宜招标的特殊项目外，对工程建设的勘察、设计、EPC 总承包、施工、设备材料、监理、咨询服务等的采购，均需实行招标。不得将工程建设项目进行拆分，规避招标程序。

建设单位应加强承包商和供应商管理，制定承包商和供应商管理制度，明确承包商和供应商管理的责任部门，完善承包商和供应商评审和评价程序，对承包商和供应商工作合规性及工作质量进行考核评价，并定期向工程部上报承包商和供应商考核结果。

⑤ 合同管理。建设单位应建立合同管理制度，明确合同管理责任部门，做到程序化和规范化。建设项目的勘察设计、施工、设备材料采购、工程监理、咨询服务等工作必须与受委托单位签订合同，合同主要内容及必要的事项都应满足有关技术标准及质量要求，工期明确，合同条款齐全、清晰、准确；应明确工期控制、质量控制、投资控制和安全环保管理目标。合同变更、终止的有关通知、协议必须采用书面形式。合同发生重大变更、终止，建设单位应呈报原合同审查部门核准。

⑥ 风险管理。建设单位是工程建设风险管理工作的责任主体，负责工程建设风险管理，制定工程建设风险管理计划、目标，定期进行全面风险识别与更新，制定有效的风险应对策略。建设单位应通过项目实施过程的动态监控，降低风险影响。发生重大风险事件时，建设单位应及时向上级单位上报。

⑦ 档案管理。建设单位应建立工程文档管理制度，规范工程档案的归集、鉴定、编目、存档工作。建设项目档案管理应履行规范的验收手续，并按有关规定向地方城建档案管理部门移交项目档案资料。

⑧ 生产准备及试运行。建设单位要根据项目特点，组织编制试生产方案，并在组织、人员、资金、技术、物资、培训等方面做好充分准备，以确保工程建设项目顺利投产。

⑨ 竣工验收。建设单位应在项目建成、试生产合格，并满足专项验收、质量评定、竣工决算审计等前置条件下，及时提出总体竣工验收申请，按期完成验收工作，保证建设项目及早转入正式生产并发挥投资效益。

⑩ 项目后评价。工程建设项目在项目建成投产，达到设计能力后的一年至二年内应进

行项目后评价。通过对项目的立项、决策、设计、施工、竣工投产、生产运营等全过程进行系统评价，改进未来项目的决策、实施、管理、监控等工作，提高决策水平和管理水平。

7.4 重要安全技术

化工安全技术涉及的范围比较广，重要安全技术主要包括化学品安全技术、工艺安全技术、设备安全技术、电气安全技术、静电防护安全技术、防雷安全技术、防火防爆安全技术和消防安全技术，同时应强化过程安全管理。管理是重中之重，有了安全技术，管理跟不上也不能保障化工安全。

本章节仅针对化学品安全技术、工艺安全技术、设备安全技术、电气安全技术、静电防护安全技术、防雷安全技术、防火防爆安全技术和消防安全技术进行简要介绍，其他方面的内容，根据实际情况学习借鉴其他教材。

7.4.1 化学品安全技术

应按照化学品危险因素，化学反应危险因素，废弃化学品处理危险因素，以及实验场所危险因素分类进行分析，在MSDS的基础上，开展化学品静态安全风险研究、在工艺条件下的动态安全风险研究、物理危险性测试研究、固体粉尘安全性研究等方面的研究，包括必要的从毫克级到公斤级的安全测试研究，获取相关安全性数据，保障化学品储存、运输和操作使用安全。

化学品危险因素分析应考虑下述内容，并根据风险分析内容，匹配化学品安全技术内容。

① 化学品危险因素。研发过程使用的危险化学品数量多，物理状态不同，应重点分析化学品在实验场所储存、操作使用、化学品质量指标偏离，以及化学品撒漏带来的风险。

② 液体化学品危险因素。分析液体化学品的易燃、易爆、有毒、有腐蚀性等危险特性，导致人员中毒、灼伤、经皮肤或呼吸道吸收引起伤害等事故的风险。

③ 固体化学品危险因素。分析固体化学品在操作和使用过程中，因形成粉尘颗粒而导致固体粉尘爆炸的风险。

④ 特殊化学品危险因素。分析自燃化学品、遇湿易燃化学品、易燃固体等特殊化学品，在与空气接触发生氧化反应，遇水或受潮发生反应，遇点火源或受外部加热、撞击或摩擦引起火灾和爆炸，并散发出有毒烟雾或有毒气体的风险。

⑤ 化学品质量风险。分析原料、辅料等化学品指标改变，尤其是活性杂质进入反应系统，引发自催化或抑制反应等副作用带来的风险。

⑥ 化学品撒漏风险。分析有毒、易燃化学品撒漏，在敞开空间蒸发、扩散，引起中毒，形成可燃蒸气云，遇点火源发生火灾和爆炸，以及在受限区域蒸发、扩散、聚积，引起中毒，并与空气形成爆炸性混合物，遇点火源发生爆炸和火灾的风险。

⑦ 化学反应危险因素。研发过程中涉及运行各种不同条件的化学反应，应重点分析危险工艺（包含金属有机反应）、>200℃的高温化学反应和<－50℃的低温化学反应、>5.0MPa的高压化学反应、使用气体或有气体生成的化学反应，以及负压化学反应风险。

⑧ 静电危害风险。静电危害风险分析适用于实验室研究、放大和产业化各个阶段。应分析各种过程中，在人体、设备及化学品静电消除不到位，引起静电荷的聚集产生静电，导

致化学品火灾和爆炸的风险，建立静电消除技术措施。

⑨ 化学品生产阶段危险因素。精细化工以间歇和半间歇操作为主，生产操作加料种类多，许多原料或中间产物需要现场暂存，容易造成混淆、加料错误，发生火灾或爆炸等。应认真分析各种化学品的性质、中间产物暂存，以及矩阵划分和标识管理存在的风险。

精细化工使用的原料和中间产物的质量与其中的杂质组成对工艺影响很大，更换供应商或供应商的制备工艺发生变更，均会导致原料和中间产物的质量发生变动，导致目标生产工艺的偏离。液体原料多使用储罐、罐车进行储运，许多储罐、罐车存在一罐、一车多用现象，应分析潜在的交叉污染，以及导致生产异常的风险。

精细化工品种多，生产季节性强，每个生产季节结束后，剩余原料和中间体、溶剂等需要退库存放至下个生产季使用。应分析存储和标识不当，造成质量改变，导致再次生产时出现工艺偏离或波动，以及潜在不稳定物料分解，引发质量改变或爆燃等安全事故的风险。

精细化工合成工艺复杂多变，存在产品收率和原料转化率不高等问题，原料、中间产物和溶剂往往需要回收循环使用，受工艺特点和物料性质限制，回收化学品中常常含有杂质，部分杂质随着循环使用次数的增加而富集，导致工艺偏离。应分析回收原料、中间产物和溶剂的质量指标不完善，引发质量改变和安全事故的风险。

7.4.2 工艺安全技术

工艺安全技术是保障化学品形成商品化的重要内容，应结合化学品的制备工艺过程，分析各种潜在风险，建立相应的工艺安全技术体系，确保工艺安全。

工艺安全技术的主要内容是开展反应风险研究和工艺风险评估，为工艺开发和产业化提供安全技术保障。工艺安全技术的开发应用，应首先分析危险工艺的热风险，尤其在冷却失效、加料失控、工艺偏离、设备设施故障、操作失误等失控条件下的风险，以及体系温度升高，引发副反应和二次分解反应，导致冲料和分解，引发爆炸或火灾事故的风险。根据风险分析结果，开展相对应的反应风险研究，确定工艺安全技术。

针对高温或低温工艺过程，应分析＞200℃的高温化学反应和＜－50℃的低温化学反应的安全特性和反应动力学特性，分析瞬时放热功率和反应热累积与温度的关系，分析加热或冷却温度变化及温度失控导致反应失控，以及遇到外部热源时，引起体系温度升高，导致体系沸腾、膨胀，造成压力升高，引起爆炸和火灾的风险，建立特殊条件反应风险研究技术体系。

针对压力反应工艺过程，应分析＞5.0MPa 的高压化学反应风险，进行超压识别，分析诱导反应、引发反应与催化剂用量、催化剂质量和活性的关系，分析瞬时放热功率和热累积与温度、压力和催化剂的关系，分析超压爆炸和反应失控导致爆炸的风险，建立压力反应风险研究技术体系。

此外，应分析使用气体和有气体生成反应的风险，分析控制反应的因素，尤其是使用低沸点、低闪点有机溶剂并且有气体生成的反应，以及在反应速度较快的情况下，一旦失控导致体系温度上升和压力升高超过反应系统耐压上限时，引发爆炸和火灾的风险。应分析负压反应风险，分析负压对反应的控制和影响，尤其是真空失效，导致空气或换热介质等进入反应体系，与反应体系混合或反应，发生爆炸和火灾的风险。建立健全正、负压体系反应风险研究和工艺安全技术。

工艺安全技术应通过工艺危险因素分析，匹配必要的技术体系。工艺危险因素分析，应至少包含下列主要内容。

① 工艺风险。应充分考虑化工反应、分离、干燥等单元操作特性，分析化学反应传质和换热条件及其影响因素和控制的要求，分析放大试验的传质传热障碍风险，分析放大失败风险，分析潜在的重大安全隐患风险，根据风险分析，建立各种单元操作的安全技术体系。

② 工艺条件变更风险。工艺变更和工艺偏离是化工放大和产业化过程中的重要风险，容易导致爆炸、燃烧、中毒等事故的发生，应分析放大和产业化过程中，调整工艺配方，改变实验条件，以及实验条件偏离导致的风险，及时开展反应风险研究，确定工艺安全界限。

③ 反应失控风险。应分析放大和产业化过程中，化学反应因冷却失效、加料失控等因素导致反应失控，释放出大量的热和气体，导致设备或容器超压引发爆炸和火灾的风险。并根据风险分析结果，建立应急淬灭反应和超压泄放技术体系，并设计应用，规避失控风险。

④ 废弃物处置风险。化工项目产生的三废应进行妥善的处理，废水、废气排放应满足国家和地方规定的标准要求，危险废弃物应经过有资质单位的无害化处理，实现循环经济、绿色增长。应分析放大和产业化过程中，废弃物生成和处置风险，包括溶剂回收、废弃物蒸馏或蒸发分离、干燥潜在的分解、爆炸，以及毒物释放风险。应根据风险分析结果，建立相应的废弃物处置安全技术。

⑤ 技术来源风险。精细化工项目应有明确的技术来源，并向着工艺过程安全、可控，工艺技术先进、成熟，工程放大流畅、可靠的目标迈进，实现三废有效治理，达标排放。工艺过程安全、可控的主要标志是获取了全流程的能量释放数据，明确了风险点和控制措施，并实施了有效的管理。工艺技术先进的主要标志是原子经济性好，体现在反应收率高，风险等级低，原料消耗低，废物产生少，并有合理的回收套用和治理方法；应从深入的机理研究和合成路线选择方面实现单步反应收率达到或接近理论收率水平，并从原料安全易得、反应条件温和、产物分离容易、操作简便等方面进行评价，此外，还应考虑能源消耗低，产品质量保证度高，综合生产成本有优势。工程放大流畅、可靠的主要标志是开展了工程放大研究，有完整的能量平衡数据，建立了满足工艺要求的能量转化与传递方案和应急风险控制方案，并实施了必要的过程强化研究与应用。成熟工艺的主要标志是已经有了类似的生产线或生产技术方法，项目本身完成了小试研究、分析方法研究、放大试验研究、反应风险研究、三废治理研究，进行了工艺路线先进性验证和对比，有完整的物料平衡、能量平衡、操作周期等数据，并能提出工程转化、设备设施、电气仪表、公用工程等具体条件要求，成熟工艺应通过省级及以上有关部门组织的技术鉴定。

首次工艺的主要标志是生产线或技术方法是首次开发应用，项目本身应完成小试研究、分析方法研究、放大试验研究、反应风险研究、三废治理研究，有完整的物料平衡、能量平衡、操作周期等数据，并能提出工程转化、设备设施、电气仪表、公用工程条件等具体要求。首次工艺应根据《危险化学品建设项目安全监督管理办法》（原国家安全监管总局令 第45号，第79号令修订），由国家或省级有关部门组织安全可靠性论证，从反应机理，反应热风险，原料、产品及中间产物的热稳定性，过程强化，以及关键设备成熟可靠性等方面，论证首次工艺安全可靠。

应建立工艺风险防控技术，应根据《化学品分类和标签规范》（GB 30000.2～30000.29）系列标准、《化学品分类和危险性公示通则》（GB 13690—2009）、《危险货物分类和品名编号》（GB 6944—2012），对工艺涉及的化学品进行物理危险分类、环境危害分类、健康危害分类。应根据《化学品安全技术说明书　内容和项目顺序》（GB/T 16483）、《化学品分类和标签规范》（GB 30000.18～30000.27）系列标准，建立健全化学品安全技术说明书（MSDS）和标签制度。应根据《精细化工反应安全风险评估规范》（GB/T 42300），对化学品进行热稳定性测试，全面获取化学品的分解热、起始分解温度、分解温升和压升速率、最大反应速率到达时间（TMR_{ad}）等安全数据，并结合工艺条件，测试获取金属离子、水分、pH 值等因素对化学品稳定性的影响；开展化学反应风险研究，测试获得化学反应的表观反应热、绝热温升、放热速率、气体生成速率、热累积、反应能达到的最高温度等参数，并开展精（蒸）馏单元、干燥单元、存储单元安全风险评估。应根据《粉尘云最小着火能量测定方法》（GB/T 16428）、《粉尘云最低着火温度测定方法》（GB/T 16429）、《粉尘层最低着火温度测定方法》（GB/T 16430）、《粉尘云最大爆炸压力和最大压力上升速率测定方法》（GB/T 16426）、《可燃粉尘云最低爆炸浓度的标准测定方法》（ASTM E 1515-14）和《可燃粉尘云极限氧（氧化剂）浓度的标准试验方法》（ASTM E 2931-13）等，对固体化学品进行粉尘安全性测试，全面获取粉尘云最小着火能，粉尘层最低着火温度，粉尘云最低着火温度、爆炸严重度，粉尘云爆炸下限，粉尘云极限氧浓度等参数。应开展应急风险控制研究，根据实际需要建立应急冷却、应急减压、应急卸料、应急淬灭和超压泄爆风险控制措施。应通过设备、设施的预防和维护性保养，降低故障发生的概率，保证设备的正常运行和工艺过程安全，规避风险事故的发生。

应防控工程放大风险，工程放大试验前，应编写详细的操作规程、安全规程和应急处理规程，对操作人员进行培训；建立物料平衡，包括三废排放节点、排放量及处理方法，明确放大的物耗、能耗和产品质量目标。应按照确定的工艺条件，完成全流程反应安全风险评估，建立完整的能量平衡，确定操作周期，提出设备选型和公用工程条件要求。应进行放大试验，采用模块化、自动化、多功能放大装置，通过模拟仿真开展放大研究，从降低能量规模、降低瞬时放热功率和反应催化入手，实施过程强化。应根据瞬时放热功率、表观反应热、化学品热稳定性和反应动力学研究结果，对可能导致放大试验传质、传热障碍的工艺有充分的认识，提出过程强化要求，有效降低能量规模，降低瞬时放热功率，缩短受热时间，避免热累积和热分解。应建立反应单元过程强化技术，对于瞬时放热功率大、表观反应热大、含热敏性物料的液液均相或非均相反应，可以考虑采用微反应或管式反应进行过程安全强化；对于气液、气固、液液等混合效果要求高的非均相反应，可以考虑采用超重力、膜反应进行过程强化。过程强化技术主要包括催化反应技术、超重力技术、膜反应技术、微反应技术、管式反应技术等。应针对多功能放大试验装置，建立不同品种的放大试验变更管理规定，建立系统清洗规程，建立不同污染成分的交叉污染防范措施和清洗控制标准。工程放大设备具有多功能性，应建立明确的变更管理规定，品种切换前，开展风险评估和交叉污染分析，建立评估矩阵和清洗及污染水平控制指标。放热量大于 $500kJ \cdot mol^{-1}$、瞬时放热功率大于 80W、反应速度快、热累积小于 5%的放热反应，可以考虑选择管式或微通道连续化反应器替代釜式反应器，通过最小化和替代原则进行过程强化和风险控制。应开展液液分离过程强化，根据蒸馏风险研究和评估结果，明确规定蒸馏温度和受热停留时间限值。考虑采用分子蒸馏、降膜脱溶、转鼓蒸发、塔式蒸馏等替代釜式蒸馏。对于热敏性物料的分离，宜采用分子蒸馏、降膜脱溶等进行蒸馏过程强化。应开展干燥过程强化，可以根据干燥风险研究和评估结果，明确规定干燥温度限值和干燥时间限值。对于热敏性物料的干燥，可以考虑采用气流干燥和盘式干燥替代耙式干燥。

应开展工艺安全可靠性论证，对于首次工艺、扩大产能的工艺，以及发生过工艺安全事故的工艺，应从原料、产品及中间产物的热稳定性，反应机理，反应热风险，工程化，以及关键设备成熟可靠等方面进行工艺安全可靠性论证。工艺安全可靠性论证需要的基本信息包括项目基本情况，技术路线及国内外工艺技术对比，应通过反应风险研究和反应安全风险评估，提供物料平衡和热量平衡数据，提供完整的工艺安全信息。工艺安全可靠性论证需要开展各种异常工况风险研究，进行超压识别和泄放研究，提供本质安全设计参数。工艺安全可靠性论证需要开展 HAZOP 分析和保护层分析（LOPA），提出工艺控制和自动联锁条件，开展腐蚀研究，提出设备、管道材质选型。工艺安全可靠性论证需要完成并提供小试研究、中试研究报告，根据实际情况提供产业化试验报告。

7.4.3 设备安全技术

7.4.3.1 本质安全设计

设备安全技术主要考虑本质安全设计，本质安全设计源于装置的设计者，在设计阶段采取相应措施来消除装置、设备和机械的危险。本质安全设计可采用安全检查表法、作业危害分析（JHA）法、预先危险性分析（PHA），以及危险与可操作性（HAZOP）分析等，进行危险因素识别，根据风险识别完善相关设计，实现本质安全设计。此外，还应考虑机器的安全防护装置设计，机器安全防护装置可按控制方式或作用原理进行分类，常用的类型有：固定安全装置；联锁安全装置；控制安全装置；自动安全装置；隔离安全装置；可调安全装置；自动调节安全装置；跳闸安全装置；双手控制安全装置等。

7.4.3.2 设备安全

化工设备包括动设备、静设备、成套设备等，机械本质安全的主要措施包括：消除产生危险的因素；减少或消除接触机器的危险部件的次数；使人们难以接近机器的危险部位（或提供安全装置，使得接近这些部位不会导致伤害）；提供保护装置或者防护服。

此外，设备设施实现安全布局也很重要，安全布局时要考虑的因素包括：空间，便于操作、管理、维护、调试和清洁；照明，包括工作场所的通用照明（自然光及人工照明，但要防止炫目）和为操作机器而特需的照明；管、线布置，不要妨碍在机器附近的安全出入，避免磕绊，有足够的上部空间；维护时的出入安全。

装置设备防腐蚀非常重要，应分析相关设备和管道的腐蚀风险，主要包括反应系统、后处理系统，以及管道等因腐蚀泄漏，腐蚀后金属离子进入反应系统，以及换热或吸收等介质进入反应系统，引发催化或抑制反应等副作用的风险。根据腐蚀风险分析，选择耐蚀性材料和设备，确保装置与设备安全。

针对蒸汽锅炉、气体压缩机、高压釜、气体钢瓶、液化气罐等压力容器，应分析由于超压或设备容器失效，导致爆炸的风险；分析放大实验过程中，电气、仪表故障或失灵，搅拌失效，控制偏离导致的不反应、过反应等引发爆炸等事故的风险，建立风险防控措施。

7.4.4 电气安全技术

电气安全技术的主要内容包括以下方面：触电分析、电气火灾和爆炸、雷电危害、静电危害、射频电磁危害和电气装置故障危害；直接接触电击防护措施、间接接触电击防护措施、兼具直接接触和间接接触电击的防护措施；危险物质及危险环境、防爆电气设备和防爆电气线路；防雷措施、防静电措施；变配电站安全、主要变配电设备安全、配电柜安全、用电设备和低压电器。

7.4.4.1 电气危险因素及事故种类

电气危险因素主要有触电危险、电气火灾爆炸危险、静电危险、雷电危险、射频电磁辐射危害和电气系统故障等。按照电能的形态，电气事故可分为触电事故、雷击事故、静电事故、电磁辐射事故和电气装置事故。

触电事故是指由电流及其转换成的其他形式的能量所造成的事故，主要分为电击和电伤两种。

电击是电流通过人体，刺激机体组织，使肌体产生针刺感、压迫感、打击感、痉挛、疼痛、血压异常、昏迷、心律不齐、心室颤动等伤害的形式。

感知电流是引起人有感觉的最小电流。男性感知电流约为1.1mA，女性约为0.7mA。摆脱电流是人触电后能自行摆脱带电体的最大电流。就平均值（概率50%）而言，男性约为16mA，女性约为10.5mA。就最小值（可摆脱概率99.5%）而言，男性约为9mA，女性约为6mA，室颤电流是通过人体引起心室发生纤维性颤动的最小电流。当电流持续时间超过心脏跳动周期时，室颤电流约为50mA。

流过人体电流决定于人体接触电压和人体电阻。在除去角质层、干燥的情况下，人体电阻约为1000～3000Ω；潮湿的情况下，人体电阻约为500～800Ω。

电伤是电流的热效应、化学效应、机械效应等对人体所造成的伤害。电伤包括电烧伤、电烙印、皮肤金属化、机械损伤、电光性眼炎等多种伤害，电烧伤是最为常见的电伤。大部分触电事故都含有电烧伤，电烧伤可分为电流灼伤和电弧烧伤，电流灼伤指人体与带电体接触，电流通过人体时，因电能转换成的热能引起的伤害。电流愈大、通电时间愈长、电流途径上的电阻愈大，则电流灼伤愈严重。电流灼伤一般发生在低压电气设备上。电弧烧伤，指由弧光放电造成的烧伤，是最严重的电伤。

7.4.4.2 电气火灾爆炸事故

电气火灾爆炸是由电气引燃源引起的火灾和爆炸，或者是电气装置及电气线路自身发生燃爆。电气引燃源主要形式是电气装置在运行中产生的危险温度、电火花和电弧。

① 危险温度。造成危险温度的典型情况有短路、过载、漏电、接触不良、铁芯过热、散热不良、机械故障、电压异常、电热器具和照明器具、电磁辐射能量等。

② 电火花和电弧。电火花的产生原因多是电极间的击穿放电，电弧则是大量电火花汇集而成的。电火花和电弧可分为工作电火花及电弧、事故电火花及电弧。电气设备正常工作或正常操作过程中，比较容易产生电火花，例如，闸刀开关、各种控制器接通和断开线路时，插销拔出或插入时都会产生电火花。当各种各样的电火花能量超过周围爆炸性混合物的最小引燃能量时，就有可能引起爆炸。设备或线路发生故障时可能频繁出现火花或形成电弧，例如，绝缘损坏、电路发生故障、熔丝熔断、导线断线或连接松动导致短路或接地时产生火花等。事故火花还包括由外部原因产生的火花，如雷电直接放电及二次放电火花、静电火花、电磁感应火花等。

③ 电气装置及电气线路发生燃爆。电气装置及电气线路发生燃爆的主要情形是电动机着火和电缆火灾爆炸。电缆火灾的常见起因包括电缆绝缘损坏、电缆头故障使绝缘物自燃、电缆接头存在隐患、堆积在电缆上的粉尘起火、可燃气体从电缆沟蹿入配电间、电缆起火形成蔓延等。

④ 雷电危害。雷电是大气中常见的一种放电现象，雷电具有电流幅值大、电流陡度大、冲击性强、冲击电压过高等特点，其危害同时具有电性质、热性质和机械性质等三方面的破

坏作用。雷云对大地目标物之间的一次或多次电击（于建筑物、其他物体、大地或外部防雷装置上），将同时产生电效应、热效应和机械力，造成雷击危害。雷电也可以在附近导体上产生静电感应和电磁感应，导致金属部件之间产生火花放电，带来闪电危害。雷电放电时也容易形成发红光、橙光、白光或其他颜色光的火球，造成球雷危害。雷电能量释放可带来极为严重的后果，导致火灾和爆炸、触电、设备和设施毁坏，以及大规模停电等事故。

⑤ 电气装置故障危害。电气装置故障危害主要是由于电能或控制信息在传递、分配、转换过程中失去控制而产生的。其典型表现有断路、短路、异常接地、漏电、误合闸、误掉闸、电气设备或电气元件损坏、电子设备受电磁干扰而发生误动作、控制系统硬件或软件的偶然失效等。其主要危害包括引起火灾和爆炸，产生异常带电、异常停电，以及安全相关系统的失效。

⑥ 触电防护技术。防止直接接触电击的主要防护措施包括绝缘、屏护和安全间距，防止间接接触电击的防护措施包括 IT 系统、TT 系统、TN 系统。

IT 系统是指保护接地，字母 I 表示配电网不接地或经高阻抗接地，字母 T 表示电气设备外壳接地。保护接地的做法是通过把故障情况下可能呈现危险的对地电压的金属导电部分与大地紧密地连接起来，将故障电压限制在安全范围以内。

a. 保护接地适用于各种不接地配电网。在这类配电网中，凡由于绝缘损坏或其他原因而可能呈现危险电压的金属部分，除另有规定外，均应接地。

b. 在 380V 不接地低压系统中，一般要求保护接地电阻 $R_E \leqslant 4\Omega$。当配电变压器或发电机的容量不超过 100kV·A 时，要求 $R_E \leqslant 10\Omega$。

c. 在不接地的 10kV 配电网中，如果高压设备与低压设备共用接地装置，要求接地电阻不超过 10Ω，并满足：$R_E \leqslant 120/I_E$。

TT 系统是指配电网接地，字母 T 分别表示配电网直接接地和电气设备外壳接地。

a. TT 系统的接地 R_E 能大幅度降低漏电设备上的故障电压，但通常无法降低到安全范围以内。因此，采用 TT 系统必须装设漏电保护装置或过电流保护装置，并优先采用前者。

b. TT 系统主要用于低压用户，即用于未装备配电变压器，从外面引进低压电源的小型用户。

TN 系统是指保护接零，其安全原理是当某相带电部分碰连设备外壳时，会形成该相对零线的单相短路，短路电流促使线路上的短路保护元件迅速动作，从而把故障设备电源断开，消除电击危险。这种做法虽然能降低漏电设备上的故障电压，但一般不能降低到安全范围以内，其第一位的安全作用是迅速切断电源。

在同一接零系统中，一般不允许部分或个别设备只接地、不接零的做法；如确有困难，个别设备无法接零而只能接地时，则该设备必须安装漏电保护装置。

重复接地指零线上除工作接地以外的其他点的再次接地。重复接地的安全作用是进一步降低漏电设备对地电压，改善架空线路的防雷性能和缩短漏电故障持续时间。

⑦ 电气防火防爆技术。爆炸危险物质可分为三类，如表 7-1 所示。

表 7-1 爆炸危险物质分类表

分类	危险物质	细分
Ⅰ类	矿井甲烷	按引燃温度分为 6 组：T1～T6
Ⅱ类	爆炸性气体、蒸气、薄雾	按最小点燃电流比和最大试验安全间隙分为ⅡA 级、ⅡB 级、ⅡC 级
Ⅲ类	爆炸性粉尘、纤维	按引燃温度分为 3 组：T1～T3 按其导电性和爆炸性分为ⅢA 级和ⅢB 级

危险环境也可分为三类，如表 7-2 所示。

表 7-2 危险环境分类

危险环境	分类	定义
气体、蒸气爆炸危险环境	0 区	指正常运行时连续出现或长时间出现或短时间频繁出现爆炸性气体、蒸气或薄雾的区域
	1 区	指正常运行时可能出现（预计周期性出现或偶然出现）爆炸性气体、蒸气或薄雾的区域
	2 区	指正常运行时不出现，即使出现也只可能是短时间偶然出现爆炸性气体、蒸气或薄雾的区域
粉尘、纤维爆炸危险环境	10 区	指正常运行时连续、长时间或短时间频繁出现爆炸性粉尘、纤维的区域
	11 区	指正常运行时不出现，仅在不正常运行时短时间偶然出现爆炸性粉尘、纤维的区域
火灾危险环境	21 区	有闪点高于环境温度的可燃液体
	22 区	有悬浮或堆积状的可燃粉体或纤维
	23 区	有可燃固体存在

爆炸性环境需使用防爆电气设备，防爆电气设备分为Ⅰ类、Ⅱ类、Ⅲ类，与爆炸危险物质的分类相对应。

防爆电气设备具有“很高”的保护等级，该等级具有足够的安全程度，使设备在正常运行过程中、在预期的故障条件下或者在罕见的故障条件下不会成为点燃源，能够有效保障设备运行安全。

7.4.5 静电防护安全技术

在有爆炸和火灾危险的场所，静电放电火花有可能会成为可燃性物质的点火源，造成爆炸和火灾事故。人体因受到静电电击的刺激，还有可能引发二次事故，如坠落、跌伤等。此外，对静电电击的恐惧心理还会对工作效率产生不利影响。此外，在某些生产过程中，静电的物理现象会对生产产生妨碍，导致产品质量不良，电子设备损坏。

静电的存在形式包括固体静电、人体静电、粉体静电、液体静电、蒸气和气体静电。静电的起电方式包括接触和分离起电、破断起电、感应起电、电荷迁移起电。静电常用的消散方法为中和与泄漏，前者主要通过空气发生，后者主要通过带电体本身及其相连接的其他物体发生。静电的主要影响因素如下：

7.4.5.1 材质和杂质的影响

通常情况下，杂质有增加静电的趋势，但当杂质能降低原有材料的电阻率时，加入杂质则有利于静电的泄漏。液体内含有高分子材料（如橡胶、沥青）杂质时，会促进静电的产生。液体内含有水分时，在液体流动、搅拌或喷射过程中会产生静电，液体内的水珠在沉降过程中也会产生静电，比如油罐或油槽底部积水，经搅动后可能由静电引发爆炸事故。

7.4.5.2 工艺设备和工艺参数的影响

通常情况下，物体接触面积大、接触压力大或摩擦强烈，会强化电荷的分离，以致产生更多的静电。工艺搅拌速度越快，产生的静电越强。

容易产生和积累静电的典型工艺过程有：固体物质大面积的摩擦，如纸张与辊轴摩擦、橡胶或塑料碾制、传动皮带与皮带轮或辊轴摩擦等；固体物质在压力下接触而后分离，如塑料压制、上光等；固体物质在挤出、过滤时与管道、过滤器等发生摩擦，如塑料的挤出、赛璐珞的过滤等；固体物质的粉碎、研磨过程，粉体物料的筛分、过滤、输送、干燥过程，悬浮粉尘的高速运动等；在混合器中搅拌各种高电阻率物质，如纺织品的涂胶过程等；高电阻率液体在管道中流动且流速超过 $1m \cdot s^{-1}$ 时，液体喷出管口时，液体注入容器发生冲击、冲刷和飞溅时等；液化气体、压缩气体或高压蒸汽在管道中流动和由管口喷出时，如从气瓶放出压缩气体、喷漆等；穿化纤布料衣服、穿高绝缘（底）鞋的人员在操作、行走、起立时等。

静电最为严重的危险是引起爆炸和火灾，因此，静电防护主要是对爆炸和火灾的防护。

防静电措施汇总如表 7-3 所示。

表 7-3　防静电措施

措施	具体要求
环境危险程度控制	取代易燃介质、降低爆炸性混合物的浓度、减少氧化剂含量等措施
工艺控制	采用导电性工具，如采用阻值为 107～109Ω 的导电性工具。 烃类燃油在管道内流动时，流速与管径应满足：V2D≤0.64（式中，V 为流速，$m \cdot s^{-1}$；D 为管径，m）。 在液体灌装过程中不得进行取样、检测或测温操作。 将注油管延伸至容器底部；装油前清除罐底积水和污物，以减少附加静电
接地	金属导体应直接接地。 将可能发生火花放电的间隙跨接连通起来，并予以接地。 防静电接地电阻原则上不超过 1MΩ 即可；金属导体要求接地电阻不超过 100～1000Ω。 产生和积累静电的高绝缘材料，宜通过 106Ω 或稍大一些的电阻接地
增湿	为防止大量带电，相对湿度应在 50%以上
加入抗静电添加剂	在容易产生静电的高绝缘材料中加入抗静电添加剂
静电中和器	主要用来消除非导体上的静电
加强静电安全管理	包括制订关联静电安全操作规程、制订静电安全指标、静电安全教育、静电检测管理等内容

7.4.6　雷击防护安全技术

各类防雷建筑物应采取防直击雷和防雷电波侵入的措施，如安装避雷针、避雷线、避雷网、避雷带等，独立避雷针不应设在人经常通行的地方，避雷针的保护范围按滚球法计算。装有防雷装置的建筑物，在防雷装置与其他设施和建筑物内人员无法隔离的情况下，应采取等电位连接。

为了防止二次放电，不论是空气中或地下，都必须保证接闪器、引下线、接地装置与邻近导体之间有足够的安全距离。在任何情况下，第一类防雷建筑物防止二次放电的最小距离不得小于 3m，第二类防雷建筑物防止二次放电的最小距离不得小于 2m，不能满足间距要求时应予跨接。

有爆炸和火灾危险的建筑物、重要的电力设施应考虑感应雷防护措施。将建筑物内不带电的金属装备、金属结构连成整体并予以接地。为了防止电磁感应雷的危险，应将平行管道、相距不到 100mm 的管道用金属线跨接起来。

变配电装置、可能有雷电冲击波进入室内的建筑物应考虑雷电冲击波防护措施。为了防止雷电冲击波侵入变配电装置，可在线路引入端安装阀型避雷器。

7.4.7 防火防爆安全技术

防火防爆安全技术主要包括点火源及其控制、爆炸控制、防火防爆安全装置及技术等。

7.4.7.1 燃烧和爆炸风险分析

燃烧可分为闪燃、阴燃、爆燃和自燃。闪燃是指可燃物表面或可燃液体上方在很短时间内重复出现火焰一闪即灭的现象。阴燃是指没有火焰和可见光的缓慢燃烧，通常产生烟和温度上升等现象，例如，很多堆积起来的固体物质，包括纸张、锯末、纤维织物、纤维素板、胶乳橡胶等，都有可能发生阴燃。爆燃是指过程伴随爆炸，并以亚音速传播的燃烧，例如，炉膛中积存的可燃混合物瞬间同时燃烧，使炉膛烟气侧压力突然升高的现象。自燃是指可燃物在空气中没有外来火源的作用，靠自热或外热而发生燃烧的现象，例如黄磷在空气中的自燃，煤的自燃等。

爆炸是物质系统的一种极为迅速的物理的或化学的能量释放或转化过程，是系统蕴藏的或瞬间形成的大量能量在有限的体积和极短的时间内骤然释放或转化的现象，在释放和转化的过程中，系统的能量将转化为机械功以及光和热的辐射等。

按照能量来源，爆炸可分为三类，物理爆炸、化学爆炸和核爆炸。

根据爆炸物相态进行分类，爆炸可分为气相爆炸、液相爆炸和固相爆炸。

① 气相爆炸。包括可燃性气体和助燃性气体混合物的爆炸；气体的分解爆炸；液体被喷成雾状物在剧烈燃烧时引起的爆炸（称喷雾爆炸）；飞扬悬浮于空气中的可燃粉尘引起的爆炸等。

② 液相爆炸。包括聚合爆炸、蒸馏爆炸以及由不同液体混合所引起的爆炸，例如，硝酸和油脂、液氧和煤粉等混合时引起的爆炸；熔融的矿渣与水接触或钢水包与水接触时，由于过热发生快速蒸发引起的蒸汽爆炸等。

③ 固相爆炸。包括爆炸性化合物及其他爆炸性物质的爆炸，例如，乙炔铜的爆炸；导线因电流过载，由于过热，金属迅速汽化而引起的爆炸等。

在判断某工艺条件下的爆炸危险性时，应根据危险物品所处的条件来判断其爆炸极限和爆炸危险性，主要影响因素如下：

① 温度的影响。混合爆炸气体的初始温度越高，爆炸极限范围越宽，爆炸下限降低，上限增高，爆炸危险性增加。

② 压力的影响。混合气体的初始压力对爆炸极限的影响较复杂，当初始压力在0.1～2.0MPa时，对爆炸下限影响不大，对爆炸上限影响较大；当压力大于2.0MPa时，爆炸下限变小，爆炸上限变大，爆炸范围扩大。

混合物的爆炸极限范围随初始压力减小而缩小，当压力降到某一数值时，则会出现下限与上限重合，这就意味着初始压力再降低时，不会使混合气体爆炸。爆炸极限范围缩小为零时对应的压力称为爆炸的临界压力。

③ 惰性介质的影响。若在混合气体中加入惰性气体（如氮、二氧化碳、水蒸气、氩等），随着惰性气体含量的增加，爆炸极限范围会逐渐缩小。当惰性气体的浓度增加到某一数值时，使爆炸上下限趋于一致，混合气体不发生爆炸。

④ 容器对爆炸极限的影响。容器的材料和尺寸对爆炸极限有影响，若容器材料的传热性好，管径越细，火焰在其中越难传播，爆炸极限范围越小。当容器直径或火焰通道小到某一数值时，火焰就无法传播下去，这一直径称为临界直径或最大灭火间距。

⑤ 点火源的影响。点火源的活化能量越大，加热面积越大，作用时间越长，爆炸极限范围也越大。

生产中很多物质都具有粉尘爆炸危险性，常见的有金属粉尘（如镁粉、铝粉等）、煤粉、粮食粉尘、饲料粉尘、棉麻粉尘、烟草粉尘、纸粉、木粉、火炸药粉尘及大多数含有 C、H 元素，与空气中氧反应能放热的有机合成材料粉尘等。

粉尘爆炸具有三大特点：爆炸速度或爆炸压力上升速度比气体爆炸小，但燃烧时间长，产生的能量大，破坏程度大；粉尘爆炸感应期比气体长得多；有产生二次爆炸的可能性。

粉尘存在不完全燃烧现象，燃烧后的气体中常含有大量的 CO 及粉尘（如塑料粉）自身分解的有毒物质，会伴随中毒死亡的事故。

评价粉尘爆炸危险性的主要特征参数有爆炸极限、最低引燃能量、最低着火温度、粉尘爆炸压力及压力上升速率。

① 粉尘爆炸极限的影响因素主要为粉尘粒度、分散度、湿度、点火源的性质、可燃气含量、氧含量、惰性粉尘和灰分温度等。

通常情况下，粉尘粒度越细，分散度越高，可燃气体和氧的含量越大，火源强度、初始温度越高，湿度越低，惰性粉尘及灰分含量越低，粉尘爆炸极限的范围就会越大，粉尘爆炸危险性也越大。

② 粉尘爆炸压力及压力上升速率（dP/dt）主要受粉尘粒度、初始压力、粉尘爆炸容器、湍流度等因素的影响。粒度对粉尘爆炸压力上升速率的影响较大，比对粉尘爆炸压力的影响大得多。

粉尘粒度越细，比表面越大，反应速度越快，爆炸压力上升速率就越大。对密闭容器的粉尘爆炸压力及压力上升速率随初始压力的增大而增大，当初始压力低于压力极限时（如数十毫巴），粉尘则不再可能发生爆炸。

控制产生粉尘爆炸的主要技术措施有缩小粉尘扩散范围，消除粉尘，控制火源，适当增湿等。对于产生可燃粉尘的生产装置（如 Al 粉的粉碎等），则可以在生产装置中通入惰性气体进行惰化防护，使实际氧含量比临界氧含量低 20%。需要注意的是在通入惰性气体时，必须把装置里的气体完全混合均匀。在生产过程中，还需对惰性气体的气流、压力或对氧气浓度进行测试，保证不超过临界氧含量。

还可以采用抑爆装置来控制产生粉尘爆炸。抑爆装置由爆炸压力探测器、信号放大器和抑爆剂发射器组成。

7.4.7.2 防火防爆技术措施

根据火灾发展过程的特点，常用的防火防爆基本技术措施包括：以不燃溶剂代替可燃溶剂；密闭和负压操作；通风除尘；惰性气体保护；采用耐火建筑材料；严格控制火源，阻止火焰的蔓延；抑制火灾可能发展的规模；组织训练消防队伍和配备相应消防器材。

防爆的基本原则是根据对爆炸过程特点的分析采取相应的措施，防止第一过程的出现，控制第二过程的发展，削弱第三过程的危害。主要应采取的措施有：防止爆炸性混合物的形成；严格控制火源；及时泄出燃爆开始时的压力；切断爆炸传播途径；减弱爆炸压力和冲击波对人员、设备和建筑的损坏；检测报警。

消除着火源是防火和防爆的最基本手段，化工生产企业需要对点火源进行控制。生产中常见的点火源有明火、化学反应热、化工原料的分解自燃、热辐射、高温表面、摩擦和撞击、绝热压缩、电气设备及线路的过热和火花、静电放电、雷击和日光照射等。

生产中常用的消除点火源的措施见表 7-4。

表 7-4 防火防爆措施

点火源	控制措施
明火	（1）易燃物料要彻底清洗或清理； （2）动火现场应配备必要的消防器材，并将可燃物品清理干净； （3）气焊作业时，应将乙炔发生器放置在安全地点； （4）电杆线破残应及时更换或修理，防止电路接触不良； （5）有爆炸危险的车间和仓库内，禁止吸烟和携带火柴、打火机等
摩擦和撞击	（1）易燃易爆场合应禁止工人穿钉鞋，不得使用铁器制品； （2）搬运储存易燃液体的金属容器时，应当用专门的运输工具，禁止在地面上滚动、拖拉或抛掷，并防止容器互相撞击，以免产生火花； （3）装可燃易爆物料用的起重设备和工具，应经常检查，防止吊绳等断裂下坠发生危险； （4）机件的运转部分应该用两种材料制作，其中之一是不发生火花的有色金属材料（如铜、铝）
电气设备	（1）需保持电气设备的电压、电流、温升等参数不超过允许值； （2）保持电气设备和线路绝缘能力以及良好的连接； （3）应定期清扫电气设备，以保持清洁； （4）具有爆炸危险的厂房内，应采用防爆型电气设备
静电放电	（1）控制流体在管道中的流速； （2）保持良好接地； （3）采用静电消散技术； （4）生产和工作人员应避免穿尼龙或的确良等易产生静电的工作服，最好穿布底鞋或导电橡胶底胶鞋。工作地点宜采用水泥地面； （5）增大厂房或设备内空气的湿度
化学能和太阳能	（1）电石、金属钠、五硫化磷应特别注意采取防潮措施； （2）硝化棉、赛璐珞等不能受热； （3）有爆炸危险的厂房和库房必须采取遮阳措施，窗户采用磨砂玻璃，以避免形成点火源

化工生产过程中，还需避免在设备和系统里或在其周围形成爆炸性混合物，常用的预防措施主要有设备釜密闭、厂房通风、惰性介质保护、以不燃溶剂代替可燃溶剂、危险物品隔离储存等。预防措施的选择应综合考虑可燃易燃物质的燃烧爆炸特性，以及生产工艺和设备等条件。

由于爆炸的形成需要有可燃物质、氧气以及一定的点火能量，用惰性气体取代空气，避免空气中的氧气进入系统，就消除了引发爆炸的一大因素，从而使爆炸过程不能形成。

在化工生产中，常见的惰性气体（或阻燃性气体）主要有氮气、二氧化碳、水蒸气、烟道气等。下面列举一些生产采用惰性介质保护的场景：

可燃固体物质的粉碎、筛选处理及其粉末输送时，采用惰性气体进行覆盖保护；处理可燃易爆的物料系统，在进料前用惰性气体进行置换，排除系统中原有的气体，防止形成爆炸性混合物；将惰性气体通过管线与具有火灾爆炸危险的设备、储槽等连接起来，在发生危险时通入；易燃液体利用惰性气体充压输送；在有爆炸性危险的生产场所，对有可能引起火灾危险的电器、仪表等采用充氮正压保护；易燃易爆系统检修动火前，使用惰性气体进行吹扫置换；发现易燃易爆气体泄漏时，采用惰性气体（水蒸气）冲淡；发生火灾时，用惰性气体进行灭火。

阻火隔爆是通过某些隔离措施防止外部火焰蹿入存有可燃爆炸物料的系统、设备、容器及管道内，或者阻止火焰在系统、设备、容器及管道之间蔓延。按照作用机理，可分为机械隔爆和化学抑爆两类。机械隔爆是依靠某些装置、固体或液体物质阻隔火焰的传播；化学抑爆主要是通过释放某些化学物质来抑制火焰的传播。

机械阻火隔爆装置主要有工业阻火器、主动式隔爆装置和被动式隔爆装置等。其他阻火隔爆装置有单向阀、阻火阀门、火星熄灭器（防火罩、防火帽）。

化学抑爆是在火焰传播显著加速的初期通过喷洒抑爆剂来抑制爆炸的作用范围及猛烈程度的一种防爆技术。爆炸抑制系统主要由爆炸探测器、爆炸抑制器和控制器三部分组成。

生产系统内一旦发生爆炸或压力骤增时，可通过防爆泄压设施将超高压力释放出去，以减少巨大压力对设备、系统的破坏或者降低事故损失。防爆泄压装置主要有安全阀、爆破片、防爆门等。

安全阀的作用是防止设备和容器内压力过高而爆炸，包括防止物理性爆炸（如锅炉、蒸馏塔等的爆炸）和化学性爆炸（如乙炔发生器的乙炔受压分解爆炸等）。

爆破片的防爆效率取决于它的厚度、泄压面积和膜片材料的选择。所选的爆破片爆破压力一般为设备、容器及系统最高工作压力的1.15～1.3倍。防爆门（窗）一般设置在使用油、气或燃烧煤粉的燃烧室外壁上，在燃烧室发生爆燃或爆炸时用于泄压，以防设备遭到破坏。

7.4.8 消防安全技术

消防是扑救火灾的技术措施，水是消防使用的主要物资，但是，部分化工火灾对水有禁忌要求，不能用水扑灭的火灾汇总如下：

① 密度小于水和不溶于水的易燃液体如汽油、煤油、柴油等的火灾。苯类、醇类、醚类、酮类、酯类及丙烯腈等的大容量储罐，用水扑救时，则水会沉在液体下层，被加热后可能引起爆沸，形成可燃液体的飞溅和溢流，使火势扩大。

② 遇水产生燃烧物的火灾，如金属钾、钠、碳化钙等的火灾，不可以用水，而应用砂土灭火。

③ 硫酸、盐酸和硝酸引发的火灾，不能用水流冲击，因为强大的水流能使酸飞溅，流出后遇可燃物质，有引起爆炸的危险。酸溅在人身上，可能造成人员灼伤。

④ 电气火灾未切断电源前不能用水扑救，因为水是良导体，容易造成触电。

⑤ 高温状态下化工设备的火灾不能用水扑救，高温设备遇冷水后骤冷，可能引起形变或爆裂。

工业火灾的扑救可以使用空气泡沫灭火剂或干粉灭火剂。空气泡沫灭火剂根据发泡倍数的不同可分为低倍数泡沫、中倍数泡沫和高倍数泡沫灭火剂。高倍数泡沫灭火剂的应用范围远比低倍数泡沫灭火剂广泛得多，高倍数泡沫灭火系统替代低倍数泡沫灭火系统是当今的发展趋势。高倍数泡沫灭火剂的发泡倍数高（201～1000倍），能在短时间内迅速充满着火空间，特别适用于大空间火灾，并具有灭火速度快的优点；而低倍数泡沫灭火剂则与此不同，它主要靠泡沫覆盖着火对象表面，将空气隔绝而灭火，且伴有水渍损失，所以它对液化烃的流淌火灾和地下工程、船舶、贵重仪器设备及物品的灭火无能为力。高倍数泡沫灭火技术已被各工业发达国家应用到石油化工、冶金、地下工程、大型仓库和贵重仪器库房等场所，尤其在近10年来，高倍数泡沫灭火技术多次在油罐区（液化烃罐区、地下油库、汽车库）、抽轮、冷库等场所起到决定性作用。

干粉灭火剂由一种或多种具有灭火能力的细微无机粉末组成，主要包括活性灭火组分、疏水成分、惰性填料组分，粉末的粒轻大小及其分布对灭火效果有很大的影响。其灭火效能主要体现为窒息、冷却、辐射及对有焰燃烧的化学抑制作用，其中化学抑制作用是灭火的基本原理，起主要灭火作用。干粉灭火剂中的灭火组分是燃烧反应的非活性物质，当进入燃烧区域火焰中时，能够捕捉并终止燃烧反应产生的自由基，降低燃烧反应的速率，当火焰中干粉浓度足够高、与火焰的接触面积足够大时，自由基中止速率大于燃烧反应生成的速率，链式燃烧反应被终止，从而使火焰熄灭。

干粉灭火剂与水、泡沫、二氧化碳等相比，其优点体现在灭火速率、灭火面积、等效单位灭火成本效果三个方面，具有灭火速率大，制作工艺过程不复杂，使用温度范围宽广，对环境无特殊要求，以及使用方便，不需外界动力、水源，无毒、无污染、安全等特点，目前在手提式灭火器和固定式灭火系统上得到广泛的应用，是替代哈龙灭火剂的理想环保灭火产品。

灭火器种类及其使用范围如表 7-5 所示。

表 7-5 灭火器种类及其使用范围

灭火器类型	适合扑救的火灾	不适合扑救的火灾
清水灭火器	可燃固体物质火灾，即 A 类火灾	
泡沫灭火器	脂类、石油产品等 B 类火灾以及木材等 A 类物质的初起火灾	B类水溶性火灾；带电设备及 C 类和 D 类火灾
酸碱灭火器	A 类物质的初起火灾，如木、竹、织物、纸张等燃烧的火灾，它不能用于扑救	B 类物质燃烧的火灾；C 类可燃气体或 D 类轻金属火灾；带电场合火灾
二氧化碳灭火器	600V 以下带电电器、贵重设备、图书档案、精密仪器仪表的初起火灾，以及一般可燃液体的火灾	
卤代烷灭火器	易燃、可燃液体、气体及带电设备的初起火灾，固体物质如竹、木、纸、织物等的表面火灾，尤其适用于扑救精密仪器、计算机、珍贵文物及贵重物资仓库等处的初起火灾；也能用于扑救飞机、汽车、轮船、宾馆等场所的初起火灾	
干粉灭火器	普通干粉主要用于扑灭可燃液体、可燃气体以及带电设备火灾；多用干粉不仅适用于扑救可燃液体、可燃气体和带电设备的火灾，还适用于扑救一般固体物质火灾	轻金属火灾

生产场所需要安装火灾探测器，其基本功能就是对烟雾、温度、火焰和燃烧气体等火灾参量作出有效反应，通过敏感元件，将表征火灾参量的物理量转化为电信号，送到火灾报警控制器。根据对不同的火灾参量响应和不同的响应方法，分为若干种不同类型的火灾探测器。主要包括感光式火灾探测器、感烟式火灾探测器、感温式火灾探测器、复合式火灾探测器和可燃气体火灾探测器等。

7.5 人员及班组管理

7.5.1 标准化制度

车间管理做到制度化、标准化、分级管理、分工负责、定期检查、严格考核。建立班组日常管理制度，包括劳动纪律、奖惩条例、安全管理、交接班、绩效考核等。结合实际情况制定作业标准、控制指标及劳动定额。按照公司或部门下达到本班组应担负的各项安全、生产、经营、服务指标制定班组完成计划的具体措施，有本班组月、周工作计划，按计划完成，未完成应有说明或分析。根据每月计划安排，确定部门月度安全、生产计划目标，制定部门及班组工作完成进度图表并上墙。指标内容要与班组考核有机结合，每个班组根据自己的实际情况考核。

各班组管辖的设备范围或工作范围清单，无漏项，清单应具体到管辖的区域、设备、标识等。按清单，对本班设备（或工作）进行管理分工，包括设备的巡检巡视、维修维护、缺陷管理、档案资料记录等，制定设备管理标准和管理分工要求，有管理分工一览表。

班组内部要确定好相关的工作职责，需要细化并确定班组成员的岗位职责、权限和任务，包括班组所有的岗位。建立健全班组岗位责任制，明确工作分工和班组日常管理分工，班组岗位职责明示上墙。

班组的每项记录均有填写与管理的要求，均有专人负责管理，有班组记录管理分工一览表。制定《班组记录分工明细表》，实现班组各项记录专人负责管理。制定记录填写与管理要求和班组自查管理办法，确保记录符合规定要求。制定班组各种记录存档要求。将部门各项记录汇编、整理成册，统一进行要求，明确时间及分工，以便于部门管理。

建立科学的量化考核标准，严格执行班组绩效考评，利用 PDCA（计划、执行、检查、处理）管理循环开展工作，对于评比长期落后的班组，制定提升目标和计划，鼓励班组成员在各项工作中达到以计划、执行、检查、处理循环为基础，不断循环上升，不断改进。

7.5.2 人员能力要求

对生产人员制定的岗位职责要求如下：

① 明确岗位责任主体。通常各工序岗位操作人员是本岗位安全生产第一责任人，对本岗位安全生产负责。

② 明确岗位管理的范围。即每个岗位所涵盖的工艺步骤节点、设备装置范围、物料使用种类等。

③ 明确岗位职责要求。遵守安全生产规章制度，严格执行岗位安全操作规程，服从管理，严禁违章操作、无证上岗。认真执行交接班制度，按时巡回检查，认真做好原始记录，严格各原料使用过程安全要求和各工艺步骤的技控点要求，不弄虚作假。正确使用、妥善保管本岗各种劳动防护用品、器具和安全防护器材、消防器材。进入生产区，必须立即戴好安全帽和防护眼镜。在从事生产操作、装置检修等作业时，还应按规定佩戴相关的专业防护装备。严格执行特殊作业许可和检维修操作票制度，在未获得书面作业许可前，不得从事动火、临时用电、登高、动土、断路、进入受限空间、吊装、抽堵盲板等高风险作业。主动参加安全培训学习和隐患排查活动，积极参与综合和专项应急演练。熟悉本岗危险化学品 MSDS。掌握本岗位工艺规程、安全规程。熟记各项工艺指标、联锁控制方案，清楚在工艺指标上下限时可能导致的各种后果以及要采取的各种紧急处理措施。正确分析生产状态。掌握如何防止异常反应、异常温度、异常压力、跑冒滴漏等异常现象的出现。发现上述现象后，能正确采取紧急处理措施。正确使用和维护本岗位设备设施和电气仪表，发现缺陷及时消除，不能解决的要及时汇报，并做好记录，保持作业场所卫生清洁。正确操作设备、判断设备仪表故障。巡检确认设备安全附件完好再用，且在有效校验期内。能够识别生产中安全隐患，准确判断温度计、压力表、流量计等仪器仪表显示结果是否准确，明白设备故障、破

损泄漏、仪表失真时可能导致的后果。发现上述现象后，能正确采取紧急处理措施，确保生产系统安全平稳运行。具备事故应急处置技能。清楚岗位个性应急预案的要点，熟悉汇报程序和应急处置措施，熟记本岗位的洗眼器、应急水头、疏散出口的位置，熟悉使用现场手动火灾报警、应急喷淋、推车式干粉灭火器、空气呼吸器、消火栓、手拎式灭火器。发现事故隐患或不安全因素时应立即向上级汇报，第一时间内采取应对措施，及时消除险情，排除隐患，将影响、损失控制在最小。发生各类生产安全事故时，应立即向上级汇报，采取可能采取的控制措施，保护好事故现场，并严格按照“四不放过”的原则，配合事故的调查、分析、处理。

7.5.3 人员培训

7.5.3.1 新员工上岗前培训

从业人员上岗前应进行强制性安全培训教育，保证从业人员具备满足岗位要求的安全生产知识，熟悉有关的安全生产法律法规、规章制度、操作规程，掌握本岗位的安全操作技能、安全风险辨识和管控方法以及应急处置措施。经考核合格后方可上岗作业，并根据实际需要，定期进行复训考核。

新入职从业人员上岗前，应经过厂、车间、班组三级安全培训教育，经考核合格后方可上岗作业。

7.5.3.2 岗位/工艺变更培训

新建企业要在装置建成试车前 6 个月（至少）完成全部从业人员的招聘工作，并进行安全培训教育，经考核合格后，方可上岗作业。

从业人员转岗、脱离岗位 1 年（含）以上重新上岗时，应进行车间级和班组级安全培训教育，经考核合格后，方可上岗作业。

采用新工艺、新技术、新材料或者使用新设备前，应进行专门安全生产培训，使有关从业人员了解、掌握其安全技术特性，确保安全操作并具备事故预防和应急处置能力。

7.5.3.3 专业技能培训

特种作业人员应按照国家有关规定，经专门安全作业培训，取得相应资格后，方可上岗作业，并定期接受复审。

专职应急救援人员应按照有关规定，经专门应急救援培训，考核合格后，方可上岗，并定期参加复训。

7.5.4 班组人员配置

班组是企业的最小生产单位，班组管理是企业生产管理中的基础，企业的所有生产活动都依托班组进行，所以班组工作的好坏直接关系着企业经营的成败。化工企业的班组规模通常较小，成员少、结构简单，通常情况下是一人一岗，工作目标明确，工作内容详细具体。班组长作为班组的领头人，在班组管理中发挥着十分重要的作用，选择有能力的班组长是做好班组管理的首要条件。由于班组长之间在操作水平、技能、阅历、年龄、性格、体能等各方面都会存在差异，所以在人员结构的安排上，需要优化班组队伍结构，综合考虑个人之间的关系和体能方面，以及操作经验方面，让班组内部人员在各因素中要达到互补和支持。

班组人员数量上应根据实际工作需要进行合理的人员核定，人员过少，日常工作负荷过重，班组人员易感到劳动强度过大而力不从心，工作差错的发生率提高，在安全生产方面存在较大的隐患。人员过多，则劳动者在工作时间不能达到最佳工作负荷，产生劳动力的浪费，甚者在班组管理中、劳作中产生工作攀比，一项简单的工作得不到快而有效的完成，从而形成劳力臃肿，工作效率下降，最终也会影响安全生产。

班组在工作配合上，除了需要一位出色的班组长进行管理，还需要注意保持班组人员的相对固定。因为组员之间经过长时间的相处，能达到默契配合、关系融洽，有利于形成一种宽松、和谐的工作环境，对保障安全很有利，故在没有很特殊的情况下，一般不应随便调整和打乱班组建制，否则，班组人员还要重新适应，重新磨合，乃至重新开始，在无形中削弱了班组力量，实在不得已的，需要慎重考虑，不宜大调，可微调，不致影响原班组的融洽气氛和环境。

7.5.5 交接班管理

7.5.5.1 管理机构及职责

交接班制是上下班之间交接工作进展情况，保证生产连续稳定运行的保障。交接班记录内容包含生产情况、任务完成情况、工艺指标执行情况、设备仪表运行和使用情况、原料使用和产品质量情况、跑冒滴漏情况、交接岗位区域卫生情况、出现的异常、发现的不安全因素和事故隐患以及已采取的防范措施和事故处理情况、未完成的工作、上级要求和下一步注意事项等。

由生产管理部门负责制定岗位交接班管理的原则和要求，并检查考核运行车间执行情况。运行车间负责按照本标准制定岗位交接班的细节要求，并检查考核班组执行情况。岗位操作人员按所在岗位交接班的具体要求执行。

7.5.5.2 岗位交接班程序

交班者必须认真填写交接班记录。由交班班长向接班班长介绍本班生产情况。各岗位交接结束后，接班者向接班班长报告交接班结束。所有岗位交接班结束后，由接班班长通知交班班长，交接班结束，交班人员集体下班。

7.5.5.3 岗位交接班要求

交接严格按“十交”“五不接”的内容进行。

“十交”：一交本班生产情况；二交工艺指标的执行情况和存在问题；三交事故原因和处理情况及处理结果；四交设备运转和维护保养情况；五交仪器、仪表、工具的保管和使用情况；六交记录表的填写情况；七交室内外及设备卫生；八交跑、冒、滴、漏及机械用油情况；九交安全生产情况；十交领导的指示。

“五不接”：交班项目交代不清不接；存在不安全因素不接；事故原因不清，处理不完不接；设备运转异常不接；工具不全、设备、现场不清不接。

交接班记录填写要求做到：内容齐全，简明扼要，情况真实，书写认真，字迹工整，干净整洁，无涂改。

班长要把岗位交接班日志妥善保管。交接班日志的内容要包括：接班情况；本班工作情况（生产任务完成情况；质量完成情况；工序管理情况；安全生产情况；设备状况；岗位卫生情况；作业票执行情况；上锁挂签情况）；交班情况（注意事项；遗留问题及处理意见；上级指示通知）。

交接班要求：交接班时必须保证控制室始终有人监控。接班者未到，交班者必须坚守岗位，未经班长或部门负责人同意不得离开。运行车间应每天检查交接班记录表是否齐全，并督促各班和岗位认真执行，对生产中出现的异常情况，应认真分析并及时处置。

7.5.5.4 生产不正常和事故状态下的交接班要求

当班人员必须如实反映生产不正常或事故情况，故意隐瞒一经发现，一律追究当事人的责任；由于接班者未认真交接、未能发现存在问题而发生的事故，由接班者对事故负责。

当班发生的事故由当班处理，发生事故不处理、故障不排除，接班者可拒绝接班；事故发生后当班已积极处理，但未能处理完毕，经接班者同意后，可以下班。

视事故发生的具体情况，接班者有义务在班组或部门负责人的安排下配合当班人员共同处理以尽快恢复正常生产。

7.5.6 化工生产常见设备故障

化工生产设备正常运行是保证生产安全稳定的重要因素，而对设备运行状态的监控和故障隐患排查是保障设备安全稳定运行的重要保障。下面就设备常见的问题和监控维修措施进行简单介绍。

① 设备密封性能下降。设备密封性能下降是化工生产设备最常见的问题之一，设备运行过程中接触的腐蚀性气体或液体，会对设备造成侵蚀和破坏，导致设备出现渗漏问题。渗漏问题不仅会影响设备自身的性能，还可能造成人员中毒、火灾、爆炸等事故。

② 裂缝。设备长期处于超负荷状态容易出现裂缝，不仅会影响设备安全性，也可能对工作人员造成人身伤害。

③ 运行不畅。设备运行不畅是化工生产过程中较为常见的问题，原因很多，出现运行不畅时需要对设备内部结构进行全面的检查，分析故障原因，如发现有零件破损、变形等问题需及时更换处理。

④ 仪器仪表故障。设备上的仪器仪表故障也是化工生产中多发、频发的问题，主要有两种，第一种是仪表自身结构出现故障，如显示表数值不准确；第二种是变送器等线路信号传输异常导致的数据显示异常。仪器仪表是化工生产操作的重要依据，其故障将直接影响生产稳定、产品质量、控制安全等。

7.5.7 设备运行状态监控手段

（1）设备启动前检查　对于新投入使用或检修后重新投入使用的设备，需要在启动前进行详细的检查，以确保设备性能、清洁程度、材质耐蚀性、密封性和运行状态等满足生产运行要求。检查以小组的形式进行，小组成员建议包括设备、电气仪表、工艺技术、检维修、安全环保、设备主要操作人等多方面人员。检查前需制定详细的检查计划，制作成标准表单，按照检查表内容逐一检查，检查合格并由全体检查成员签字确认后方可启动使用。

（2）现场巡检　设备的现场巡检是设备状态监控的重要手段，现场巡检的主要任务是检查设备外观，连接部件的完好性，相关仪表（现场一次表）的运行情况（压力、温度、油位等），设备是否存在跑、冒、滴、漏等情况，对于动设备还需要结合相关的测量仪器等（测振仪）看其运行状况，听其运转噪声，看是否有异常的声响，设备运转的振动情况是否异常。

（3）自动化监控系统　随着化工生产自动化的逐步推行，越来越多的化工企业选择自动化系统对设备运行状态进行实时监测，可以直观、有效、及时地监控生产设备的运行状态，保障生产安全稳定地进行。自动化控制监控系统的使用可有效地减少现场人员数量，降低运行波动，是化工行业未来的主要控制手段。但自动化控制不能完全替代人工，需要结合现场巡检，避免系统错误或线路故障问题影响生产。

（4）设备点检　它是指定期对设备或设施进行检查、清洁和维护的过程。点检的目的是早期发现设备故障、预防设备故障、延长设备寿命，并确保设备的正常运行。点检常由设备操作人员或专门的点检人员进行。他们按照预定的点检计划，对设备进行定期的检查和保养工作。点检内容包括设备的外观检查、润滑部件的添加、紧固件的检查、传感器和仪表的校准等。通过点检，可以及时发现设备的异常情况、磨损或故障，并采取相应的维修或维护措施，以保证设备的正常运行和可靠性。点检是一项重要的工作，能够提高设备的可用性和生产效率，降低设备故障的风险，保障生产的顺利进行。

7.5.8 设备管理要求

7.5.8.1 管理机构及职责

车间负责按照本标准制定具体岗位巡检内容、明确巡检点位、巡检路线、巡检时间。各车间增加设备、增加线路、增加点位、内容修改、频次修改、设备停用需进行审批，审批完成后交生产管理部门备案。车间应组织巡检人员对巡检内容培训学习，巡检人员应熟知各点位巡检内容及检查要求，负责本标准执行情况的检查与考核。巡检人员应按照岗位巡检管理的具体细节和要求执行。

7.5.8.2 巡检的具体内容

车间负责组织相关管理人员、技术人员、操作人员等，根据生产工艺特点、岗位操作规程、风险分析结果及重点设备装置分布制定具体巡检路线，明确巡检内容、巡检标准、巡检频次、巡检人员。

巡检内容应涵盖本岗位生产过程中工艺、设备、电气、仪表、安全设施以及工艺指标执行情况。主要侧重于生产过程中工艺参数是否符合工艺要求、设备和安全设施是否完好并正常运行、设备管线等是否存在跑冒滴漏、仪表及检测器件是否正常工作、作业现场是否存在违反安全生产规章制度和安全操作规程的行为等。

7.5.8.3 巡检人员要求

巡检人员必须根据公司要求及岗位需要佩戴 PPE（个人防护用品），携带相应的工具，如巡检器、防爆手电筒、防爆对讲机等。

巡检时要集中注意力，采用“听、摸、看、擦、比、测、记”七字操作法，即听音、手摸、眼看、擦洗、比较、测量、记录，对装置进行检查。

巡检发现问题要及时汇报，及时处理，不能耽搁或隐瞒。对影响较大而又处理不了的问题，要及时上报部门管理人员，并在交接班生产原始记录中生产记事文件内做好详细记录。因处理问题而耽搁剩余点位巡检时需在交接班记录中做好详细记录；在周边环境正常的条件下必须按照规定完成巡检内容。

巡检人员必须按规定的巡查时间，沿规定的巡查路线，根据巡查检查点的巡回检查内容逐项检查，并使用巡检设备将内容上传。

7.5.8.4 原始记录要求

原始记录是指记载生产活动的记录，是组织生产、加强工艺技术管理的重要依据，包括但不限于生产岗位操作记录、生产岗位交接班记录、生产岗位巡回检查表、生产装置开停车操作票、物料交接记录等。

生产岗位操作记录应包含以下内容：操作记录（填写注意事项）、岗位名称、批次、班次、班长、操作人、时间、记录参数、操作内容、符合性、确认人等。其中记录参数为生产过程需记录的温度、压力等，操作内容为岗位需要执行的操作动作及工艺过程控制参数及反应状态现象描述等。

生产岗位交接班记录的表式设计应体现交接班的规范化与岗位的个性化，明确需要交接的重要事项。表式应包含以下主要内容：日期、班次、生产记事、交班人、接班人、编号等。其中的生产记事应包括生产过程中岗位巡回检查情况、工艺指标执行情况、设备仪表运行和使用情况、出现的异常、发现的不安全因素和事故隐患以及已采取的预防措施、未完成的工作和下一步应当注意的事项等。

7.6 物料使用、储运及管理

7.6.1 物料入厂检验

物料到厂后，仓库保管员要依据采购部采购员提供的所购物料入库通知单，现场办理交接手续，检查车辆是否符合入厂要求，核对物料名称批次信息是否符合、清点数量是否准确，货物本身或外包装有无破损及标识是否清晰，签发收货单、收取供应商质检报告单。

物料入库后，首先应填写报检单并附供应商提供的质量报告单，报质检部门检测，同时物料标为待检状态（限制性库存）。质检人员接到通知后，到仓库指定货位随机取样进行质量检验，检验完成后，将检验结果以分析报告单的形式通知仓库保管员。未经检验和检验不合格的物资不准投入使用，并做好明显的状态标识。

7.6.2 物料存储

经检验合格的物料，保管员负责更改货物状态标识，并及时填写增减卡，保证账、物必须相符。

保证库房建筑设施完好，必须符合化学性质、活性组分的区分原则，按照化学相容性矩阵表和不同活性，隔离储存或隔开储存，严禁酸性、碱性原料共存，严禁氧化性和还原性原料共存，严禁除草剂和杀虫、杀菌剂共存。保证原料、辅助材料、半成品、成品在储运过程中按化学性质的不同严格分开。

不合格物品，放不合格标识，隔离储存，待不合格品的处置结果。最终按照不合格品处置结论，对可让步使用的物料发货给车间、退货物料协助采购部退给供应商。

物料存储过程中，仓库管理人员必须根据储存物资的特点，做好“五防”——防潮、防压、防腐、防火、防盗，“五无”——无腐烂变质、无损坏丢失、无隐患、无杂质积尘、无老鼠。

对温度和湿度敏感的物资必须在其仓储地点合理设置温湿度监控。对于仓储易燃、易爆物资设立独立库房，要做好日常巡检并留存相关记录。物料相关 MSDS 需齐备。

物资的储存保管，原则上应以物资的相容相斥的属性、特点和用途规划设置仓库，并根据仓库的条件考虑划区分工，凡周转量大的物资宜落地堆放，周转量小的物资宜货架存储，落地堆放以类别和规格摆放，物资标识清楚、醒目。

物资堆放的原则是堆垛稳妥、安全合理。根据货物特点，必须做到标识清楚、过目见数、检点方便、成行成列、文明整齐。

仓库要严格安全防火制度，危化品库房内不得使用铁质工具。禁止非本库管理人员擅自入库，并严禁烟火。

7.6.3 物料领用管理

仓库发料时，按“推陈储新，先进先出，按规定供应，节约用料”的原则发放材料。

保管员按照物料领用单进行发料，其应在发送物资前将原料名称、批号、规格、库存数量等相关信息反馈给生产车间。物资发出后要第一时间与车间相关人员完成物料交接并双方签字确认。

剧毒物品发放，必须严格履行审批手续，由使用部门领导签字，经 QHSE 管理部批准，才能发放。剧毒物品的管理实行“双人双锁”管理，领料时需使用部门、物流管理部、QHSE 管理部三方复核后领取。

7.6.4 现场临时储存要求

现场物料严格按照禁配性要求分区存储。存储量不得超出每日最大用量。存储区域及原料包装上应张贴醒目标识（包括但不限于物料名称、批号、MSDS 等）。对于有毒、需冷藏、有自燃风险等原料，不宜在车间内储存，应该做到随用随调。

生产过程中产出的固、液废弃物，应按照预定的处置方案，及时转运至预处理或环保焚烧装置，开展下游处置。装运过程中应做好废弃物的统计、标识、交接工作，并留有记录。

中间体在各车间内部流转使用，应严格按照禁配性要求分区存储于车间指定位置。存储区域及包装上应张贴醒目标识（包括但不限于物料名称、批号、MSDS 等），特别是不合格品，应做好隔离。需要使用料桶或料车进行转运的，不同活性物质运输时要做到专桶专用、专车专用。

7.6.5 运输

7.6.5.1 槽罐车物料运输

槽罐车进厂装卸料时，保管员首先要对车辆进行检查，确认车辆是否佩戴防火帽、是否超载、是否张贴 MSDS 标识、卸料口是否泄漏、送货人员 PPE 佩戴是否齐全，符合标准后相关保管员在门卫签字，车辆进厂检斤，进入指定停车场，保管员填写报检单报检，拿到合格单后与相关车间联系，车间同意后引导车辆进入相关车间。

槽罐车进入相关车间需要保管员带领，严禁私自进入生产区域。到达指定卸料位置后，物流管理部保管员和车间现场负责人员将共同检查车辆是否停稳、前后轮是否掩挡、静电接地是否连接，在所有安全措施完成后物流管理部保管员与车间现场负责人员交接签字确认。

7.6.5.2 叉车物料运输

叉车司机应具有叉车操作证，做到定人定车，并会正确使用消防器材。司机应对车辆进行日常检查，包括油门、刹车、离合、灯光及电路系统。

叉车厂内行驶速度不得超过 $15km \cdot h^{-1}$，转弯及仓库内行驶速度不得超过 $5km \cdot h^{-1}$。叉车在运送物料过程中如果物料码放遮挡视线，需要倒车行驶，速度不得超过 $5km \cdot h^{-1}$。

采取必要的通风措施，谨慎操作，轻拿轻放，密切注意作业现场周围的动态，防止中毒、失火、爆炸等事故的发生。

物料为固体时入库和发放时生产车间和物流部必须使用托盘盛放，如外包装形状不规整易发生倾倒则需要用紧固膜缠绕。

装卸作业过程中，不准饮食。

7.7 岗位标准操作规程

岗位标准操作规程（SOP）是指一般企业为了方便管理，将一些操作记录下来，定一个标准的流程，化工生产过程中使用的岗位操作规程通常可分为工艺技术规程和现场操作规程两种。

7.7.1 工艺技术规程

工艺技术规程是对生产使用的工艺技术的专项说明，主要指导人群为车间管理人员和技术人员，如车间主任、工段长、工艺员、设备员、安全员、核算员等，其主要内容如下：

（1）项目简介　简要说明装置的概况，包括装置生产的品种、装置的概况等。

（2）工艺过程说明及工艺流程图　对产品和中间体的性质、结构式、分子式等信息进行描述，简述产品在生产过程中所采用的生产技术（包括化学反应方程式），绘制出带关键控制点的流程框图，框图必须和工艺流程描述相一致。

（3）主要工艺指标和技术经济指标　描述合成工艺中各个岗位需要关注的控制指标，包括温度、压力、中控、收率等指标。

（4）主要原料及辅助材料质量指标　介绍产品所使用的原材料、中间体的名称、规格、外观等信息，包括引用的国标、行标或企标以及指标的控制范围。

（5）产品及中间产品性质　产品的基本信息、用途介绍，中间体的介绍，包括化学名、结构式、分子式等，以及项目所涉及物料的安全性信息、物料化学品反应矩阵以及装置中存有化学品的最大库存量。

（6）主要设备一览表及其主要设计参数　装置所涉及设备的台账，包括设备名称、位号、主要的设计参数等信息。

（7）DCS控制方案　列出主要工艺过程控制方案、主要仪表性能及联锁逻辑设定值。

（8）安全、环保、健康、卫生技术规定　包括HSE要求、交接班要求、特种作业要求、安全隐患注意事项、劳保佩戴要求、剧毒品使用要求、三废处理方法、环境要求和注意事项、物料撒漏注意事项等。

7.7.2 现场操作规程

现场操作规程是对生产过程中各岗位具体操作的标准化操作说明，主要指导人群为岗位现场操作人员，需要将整体的流程按岗位和操作进行详细的划分，一个生产流程通常可划分为多项岗位操作规程，其主要内容如下：

（1）岗位情况概述　简要说明岗位的概况，包括生产规模、能力、建成的时间和历年改造情况等。

（2）岗位工艺流程图　包括岗位工艺流程描述以及岗位的工艺流程图。

（3）岗位的任务和职责范围、权限　包括岗位的任务，岗位的职责范围、权限、与上下游及系统间的关系。

(4) 岗位开车操作　指岗位开车时需要进行的准备工作，包括开车前准备及确认（确认原辅料、设备、仪表、联锁、盲板、公用工程等）和开车操作。

(5) 岗位停车操作　指岗位停车时需要进行的准备工作，包括停车前准备及确认（确认原辅料、设备、仪表、联锁、盲板、公用工程等）和停车操作。

(6) 正常操作步骤及控制标准　指开车操作后岗位的正常操作步骤，包括正常操作步骤（设备列表、投料表、操作步骤等）和控制标准（标准操作条件、质量分析控制指标、工艺联锁及报警）。

(7) 特殊操作步骤　特殊操作因装置而异，主要包括装置三剂（溶剂、催化剂、添加剂）的特殊处理程序及标准。前面没有提到的特殊单元、设备等的各种工况的开、停车步骤，检查、切换、维护步骤及应达到的标准。

(8) 异常事件的处理程序　包括合成工艺中产品品质、消耗或各个岗位曾经发生过的其他异常现象、可能存在的偏差，以及停水、停电、停蒸汽、停氮气、DCS异常、通风损坏、设备异常等紧急事故的处理方法和预防措施，紧急停车操作（车间突发紧急情况的操作，编制参考厂区和车间应急预案）等异常事件的处理方法。

(9) 安全、环保、健康、卫生相关要求　包括安全环保管理规定及要求、装置主要危险品及三废情况、装置开停工安全环保操作要求、装置危险化学品的化学品安全技术说明书（MSDS）、装置事故处理预案等。

(10) 清洗规程　装置开、停车以及转产所需的装置清洗规程，分为开车前清洗规程和停车清洗规程。

(11) 工艺卡片　对岗位涉及到的产品质量、生产安全等控制措施的总结，包括岗位描述、投料表、质量控制指标、工艺关键控制要点及偏离预防措施、公用工程条件等。

7.8 检维修

7.8.1 一级保养

设备的一级保养也称为日常保养，具体实施时以车间管理人员及操作人员为主，主要有实时检查和润滑保养两项内容。

7.8.1.1 实时检查

检查皮带是否松动；检查制动开关是否正常；检查安全防护装置是否完整；检查设备易松动的部件是否坚固；检查设备运作环境是否清洁、有无障碍物。

7.8.1.2 润滑保养

润滑保养是日常保养的重要内容。做好设备润滑的“五定管理”工作，就是把日常润滑技术管理工作规范化、制度化，以保证润滑工作的质量，并做好记录。

(1) 定点　根据润滑图表上指定的部位、润滑点、检查点，进行加油、添油、换油，检查液面高度及供油情况。

(2) 定质　确定润滑部位所需油料的品种、品牌及要求，保证所加油质必须经化验合格。采用代用材料或掺配代用，要有科学根据。润滑装置、器具完整清洁，防止污染油料。

(3) 定量　按规定的数量对各润滑部位进行日常润滑，要搞好添油、加油情况和油箱的清洗。

（4）定期　按操作规程上规定的间隔时间进行加油，并按规定的间隔时间进行抽样检验。

（5）定人　按图表上的规定分工安排工作人员分别负责加油、添油、清洗换油，并规定负责抽样送检的人员。

7.8.2　二级保养

设备的二级保养也称为定期保养，具体实施时以操作人员为主，维修人员为辅。其主要内容包括以下几点：

① 清扫、检查电器箱、电动机，做到电器装置固定整齐，安全防护装置牢靠。

② 清洗设备相关附件及冷却装置。

③ 按计划拆卸设备的局部和重点部位，并进行检查，彻底清除油污、疏通油路。

④ 清洗或更换油毡、油线、滤油器、滑导面等。

⑤ 检查磨损情况，调整各部件配合间隙，紧固易松动的各部位。

一般而言，设备累计运转500h可进行一次二级保养，保养停机时间约8h。

7.8.3　三级保养

三级保养的实施主要以维修人员为主，操作人员参加。其主要内容有以下几点：

① 对设备进行部分解体检查和修理。

② 对各主轴箱、变速传动箱、液压箱、冷却箱进行清洗并换油。

③ 修复或更换易损件。

④ 检查、调整、修复精度，提高校准水平。

三级保养要保证主要精度达到工艺要求，三级保养的周期视设备具体情况而定。一般来说，设备每运转2500h就要进行一次三级保养，停机时间大约32h。

7.8.4　设备检维修

设备检维修由检维修部门负责组织，由维修人员做好检维修机具和安全工具的准备工作，具体要求如下：

① 拆下的零部件和准备换上的新零件均要放在专用盒内，不准乱放和丢失。

② 维护中使用的工具要放在指定地点，不准乱放和丢失。

③ 因故设备不能马上装完、拆卸的，大、中、小零件应放在指定点集中存放，小件存放在专用盒子里。所有轴承等精密的部件要盖好，地面及设备均应打扫干净。

④ 维修时，车间工艺人员要告知检维修人员管道、设备、仪器内介质的物理性质和化学性质。

⑤ 高处作业时，必须遵守高处作业的规定，架梯应放牢靠，注意防滑，使用安全带，现场有人监护。

⑥ 临时行灯必须采用安全电压36V，槽罐、装置、沟道、潮湿场所采用安全电压12V，绝缘要良好，使用电动工具要有可靠接地。

⑦ 检维修中要服从指挥，做到：

四不施工：没有检维修任务单不施工；检维修安全措施不落实不施工；起动设备不合格不施工；高空作业和多层交叉作业无防护不施工。

四不拆：设备带电不拆；传动设备电源未断不拆；高温、高冷设备过热、过冷不拆；工具不合格不拆。

⑧ 清洗设备和零部件时不准使用挥发性强易燃液体，用过的布条等应及时回收，不得乱扔。

⑨ 检维修设备时，不得带压作业。

⑩ 在易燃易爆场所检维修时，应严禁所使用的工具工作时产生火花。

⑪ 传接工具和材料时，不可投掷，以免发生事故。

⑫ 保持工作现场周围无危险品及障碍物，工作地点保持清洁。

⑬ 电气设备的检维修必须是专业人员进行维修，非专业人员严禁作业。

⑭ 在检维修过程中车间主任应安排专职人员与检维修人员配合，做到分工明确、紧张有序地完成各自任务。

⑮ 检维修结束，要做到：清理零部件、工具、油料，不准丢失在机器和物料里；彻底清扫检维修区域设备和环境的卫生；检修负责人必须对工作现场进行全面认真检查，操作人员、车间负责人、检维修人员共同调试、验收、签字，合乎技术质量要求后交付使用。确认一切无误后，方可离去。

7.8.5 仪表维护保养

① 根据《中华人民共和国计量法实施细则》的规定，属于强检的设备如气相色谱仪、液相色谱仪、汽车衡等，条件保障中心要向政府计量部门指定的计量检定机构申请进行周期检定。并保存鉴定报告以及在测量装置上张贴校准状态标签。

② 压力表、温度计等本单位有检定资质的设备，可以由本单位归口部门负责检定与校准。压力表的检验期限为 6 个月，温度计检定期限为 12 个月。检定完成后，应填写校准记录，校验后的仪表必须张贴检定合格证标签，标明相应的负责人、检定日期。校准记录要保存 1 年。

③ 对非强制检定的监视、测量仪表，不便在生产过程中进行检定的，可自行设立检定周期，推荐为一年。在线不可拆的测量装置，或因设备连续运转无法按周期进行校准的测量装置，可在设备进行大修或修理时对测量装置进行校准，但必须加强日常维护。

④ 安全阀每年检定一次，由市以上计量检定部门检定。爆破片由使用部门每一个生产周期检查一次。

7.8.6 仪表检维修

① 仪表在使用中，失控和偏离校准状态时，应及时联系电仪人员校准、维修，非专业人员不得随意拆卸。

② 维修后、搬运、贮存期间已失效的监视与测量装置应重新进行校准，并保留校准记录，校准合格后方可使用。暂时不能修复的要封存，并做好记录和标识。

③ 修复后经校准不能达到原有精度的，应禁用或报废。

④ 凡发生下列情况可进行测量装置的报废处理：a. 准确度不符合规定要求或有故障的测量装置，经修理后仍不能达到规定要求；b. 工作中损坏，已无法修复的测量装置；c. 属国家明令停止生产的淘汰测量装置；d. 非法定计量单位的测量装置。

7.9 技术文件管理

技术文件是化工生产企业的核心技术资料，是保证化工企业生产规范、生产运行稳定、产品质量和消耗符合要求，保证安全生产的重要基础材料。完整完善的技术文件不仅可以有效地指导车间生产，还可以通过对项目生产技术文件的管理和持续升级，帮助项目负责人整理研究思路、总结研究成果、制定项目改进计划，进而探索项目新工艺开发研究方向等等，还可能会帮助项目的生产工艺设计者及工艺流程的制定者适时开展车间生产设备的改造优化，进一步取得更为理想的结果。工艺研究、分析方法研究和反应风险研究的技术文件是化工企业安全生产的重要基础资料，在化工生产过程中，工艺操作规程、安全操作规程、分析规程和岗位标准操作规程（standard operation procedure，SOP）都是以工艺研究、分析方法研究和反应风险研究的技术文件为基础资料，经过工程化放大和试生产应用后进行规范的编辑和应用。此外，技术文件还是科学技术交流的工具，更是科学成果有效转让的媒介。因此，开展技术文件的编辑、应用和管理，规范技术文件的内容，是化工生产管理的重要组成部分，工艺研究和化学反应风险研究技术资料的规范管理，是开展工艺风险评估和化工安全生产的基础条件。

化工产品的开发生产，需要依据各种不同的技术文件开展相关的生产活动，常规的技术文件包括工艺指南、研究技术文件和生产技术文件、生产工艺变更和生产品种变更等，分别叙述如下。

7.9.1 工艺指南

化工生产的工艺指南是生产品种基本资料的简要介绍，也可以称为项目简介，工艺指南通常包含下述几个方面的内容。

7.9.1.1 产品介绍

产品介绍的内容需要清楚地介绍生产品种的主要信息和基本理化性质信息，包括产品的中文和英文通用名称、商品名、化学名称，产品的化学结构式、分子式和分子量、美国化学文摘登录号（CAS 编号），产品的主要物理和化学性质，例如外观、状态、熔点、沸点、闪点、黏度、分解温度、自燃温度、在不同溶剂中的溶解度、挥发性、致敏性、毒性等重要信息；产品的主要用途、使用方法及用量，相关的主要禁忌；产品的存储、包装和运输等注意事项；此外，还需要为具体生产操作人员提供必要的安全性信息等。

7.9.1.2 合成工艺原理简介

对于化工生产涉及到的每一步化学反应，需要对反应步骤及合成工艺原理进行介绍。合成反应步骤及工艺原理介绍是理解合成工艺最为快捷有效的途径，也是工艺人员寻找工艺改进点和突破点的根本依据。因此，在技术文件的工艺指南中，必须涵盖反应步骤及合成工艺原理相关内容。

对于相关产品合成原理的表述，不必进行复杂介绍，通常要求依据合成的工艺步骤，以化学反应方程式的形式进行逐一的表示，并对每一步工艺过程进行简单的文字描述，同时涵盖合成工艺中的重要注意事项。对于不需要离析的中间产物来讲，在反应式里通常以中间过渡态的形式表示，不需要以独立的工艺步骤进行表示或描述。

合成原理的表示和描述，以简明扼要、通俗易懂、适合于广大操作员工的理解和消化为标准即可。

7.9.1.3 生产目标和原料消耗

任何的生产活动，都以创造价值、实现利润为目的，化工生产也不例外。化工生产过程中对原材料消耗、动力（水、电、气）消耗、人工成本、三废治理成本等生产成本的控制至关重要。生产过程中的成本大部分来自原材料消耗，在一般情况下，原料成本占总生产成本的65%以上，对于管理优秀的生产企业，生产过程中的原材料消耗可占总生产成本的75%以上。因此，降低原材料消耗是企业提高利润的最有效途径，降低原材料消耗的主要方法是提高合成收率。通过实验室小试研究、工程化放大研究和试生产，可以获得合成工艺的收率指标和原材料消耗定额。在实际运行规模化生产的过程中，目标收率和原材料消耗的确定，还需要进一步的核准，结合实际运行数据确定各步工艺的收率指标和原材料消耗指标。因此，在实际的规模化生产过程中，首先需要依据实验室小试研究和工程化放大研究的收率目标值，同时考虑放大效应，根据试生产具体情况，采集10～20批次的连续化试生产数据，以试生产的结果为依据，最终确定生产目标和原材料消耗定额。对于连续运行，并持续进行技术改进和技术水平提升的生产项目，随着生产技术水平的不断提高，需要及时对技术文件以及车间岗位标准操作规程进行版本更新和升级，及时调整原材料消耗指标，加强生产管理，提高收益水平。

7.9.1.4 岗位人员配置

岗位人员的配置以项目基础设计为依据，需要根据车间具体设备情况、根据生产目标和工作任务对人员进行选择、调配和使用。对于化工生产车间的岗位人员，需要进行阶段性的上岗培训和相关考核，并且取得上岗证，没有取得上岗证的人员不允许进入化工生产岗位，特别是冷冻岗位以及一些使用特殊设备的特殊岗位，化工生产必须严格执行操作人员岗位资格管理。对于一些牵涉到使用特殊设备的特殊岗位操作，需要通过地方政府部门组织的上岗培训和考试，保证选择合适的人员去完成规定的任务，从而保证车间生产目标和各项任务的完成。

岗位能力要求需要依据生产品种需要使用的生产设备和生产操作条件，确定各生产岗位的人员需求情况，包括岗位基本情况说明，人员的需求原则，岗位人员需求数量和岗位技能要求等等。此外，还需要对人员调配的原因及依据进行说明，并规定人员负责的具体工作内容以及对岗位具体操作人员的业绩考评等等。

生产岗位人员的设置情况说明是车间人员配备的主要依据，也是影响生产成本的重要因素，在符合国家相关法律法规的前提下，化工生产岗位的人员设置要合理可行。对于特殊设备的操作运行，需要根据特殊工种的工作要求，设置具有特殊技能的特殊岗位操作人员。

7.9.1.5 设备产能

对于固定设备的工艺指南，除了关注产品信息、工艺信息、原料消耗和操作人员信息以外，装置的设计产能也同样是一项非常重要的指标，设计产能指标的规定能够对生产效率进行有效的控制。生产技术人员和车间管理人员能够根据工艺条件和装置的设计产能，对当前的设备及其使用率进行限定，并通过设备之间的相互调配，可以有效地提高生产效率。生产管理人员能够依据装置的产能情况，对生产设备进行合理的生产排程，并要求相关生产人员按照装置的产能和排程进行生产操作，按时并保质保量地开展生产活动。设备产能通常核算至单个批次产量、日产量、月产量和年产量。

7.9.1.6 工艺三废

化工生产牵涉到多种不同的化学反应，在多数反应过程中，除了生成目标产物以外，还伴随着多种有机副产物以及酸、碱或盐的生成，并产生一定量的废液、废水、废渣或废气，即俗称的三废。其中，生产废水通常在化工生产过程的水解、萃取分相、尾气吸收等工艺过程产生，生产废水中存在各种有机杂质、无机盐、硫化物等物质。废水中有机物质含量多少通常可以由 COD 值来表示。COD 为化学需氧量，又称化学耗氧量，英文全称为 chemical oxygen demand。COD 是利用化学氧化剂，如高锰酸钾等具有氧化性质的物质将水中可氧化的物质，诸如有机物、亚硝酸盐、亚铁盐、硫化物等物质氧化分解，然后根据残留氧化剂的量计算出氧的消耗量。COD 是表示水质污染程度的重要指标。COD 的单位为毫克/升($mg \cdot L^{-1}$)，化学需氧量 COD 的数值越小，说明水质污染程度越轻；化学需氧量 COD 越大，说明水体受有机物的污染越严重。对于化学需氧量 COD 值较低的废水，例如 COD≤$1000mg \cdot L^{-1}$，通常采取生化处理方法进行处理；而化学需氧量 COD 值较高的废水，说明废水里的有机物质含量高，需要先经过厌氧处理过程去除大部分有机物后再进行好氧生化处理；对于化学需氧量 COD 值高达几万甚至几十万毫克每升的废水，通常需要经过焚烧处理。废液多产生于有机溶剂的蒸馏、有机化合物的脱溶、结晶、过滤等工艺过程，废渣多为化学反应生成的固体副产物，废液和废渣这两种废物通常情况下均需要采取焚烧处理方法进行治理。废气主要产生于有气体生成的化学反应过程中，工艺废气的吸收和处理要依据废气的物理性质和化学性质，常用的废气处理方法是采用吸收系统对废气进行吸收后，再进行进一步的处理。

7.9.1.7 产品指标要求

化工企业生产的产品指标主要是指质量指标，其要求主要分为两种类型，一种是达到企业生产指标要求的自身质量指标要求，另一种是满足客户需要的产品质量指标要求，两者既相互关联又相互影响。同一个产品有时会设置多个质量指标，以满足不同客户的需要，生产时，可以通过调整生产计划和生产方式，甚至是工艺操作条件，使得生产出的目标产品质量能够达到客户需要的产品质量指标要求；客户也会根据自身的需求或市场的调整，而不断更新或添加产品指标要求。因此，明确产品质量指标要求是企业和客户沟通的桥梁，也是企业衡量利润的根本。

目标产品需要满足用户要求，不同的产品用户对产品的要求不同，高端用户不仅对产品主含量和外观状态有明确的要求，还常常限定其中的杂质含量，特别是对毒性较高的有机杂质含量的限定，其含量要求小于 0.08%。此外，为了保证生产产品的制剂加工要求，产品的含水量以及相关无机离子的含量也有严格要求，需要在产品指标中清楚说明。在工业化生产过程中，需要严格按照产品的质量指标要求开展生产活动。

7.9.2 研究技术文件和生产技术文件

研究技术文件和生产技术文件是化工生产企业技术的核心资料，也是工艺设计和后续持续开展技术改进的思维源泉，还是生产规划和技术保障的坚实基础。做好技术文件和生产技术文件的编制和管理，是保证化工生产企业安全生产，实现可持续发展的重要保障。

7.9.2.1 研究技术文件

精细化工（包含制药）产品的开发生产，需经历小试工艺研究、反应风险研究和工程化放大研究，最终实现产业化。

（1）小试工艺研究报告 小试工艺研究报告是生产品种形成的系列技术文件中最初始的基础性技术文件，是在小试工艺研究的实验基础之上，对研究确定最优化的实验条件，以及实验过程中发现的重要信息进行总结分析，最终形成的技术文件资料。小试工艺研究报告是工艺技术的核心，也是后续开展反应风险研究和工程化放大实验研究的基础，小试工艺研究报告主要包括以下内容：

① 文献总结。主要归纳总结开发品种以及同类产品各种不同的合成路线和工艺方法，并对不同合成路线和工艺方法的优缺点进行综合比较，汇总所开发产品的特点，明确专利情况和相关研究领域填补空白的情况等等。研究工作根据文献总结展开，并根据文献情况以及相关提示设计开发工艺路线，确定研究工作计划。

② 产品性能信息。在小试工艺研究报告里，需要对产品的性能信息进行简明扼要的介绍，介绍产品的主要性能，包括产品的化学名称、结构式、分子式、基本物理性质和化学性质、毒理学实验结果、制剂加工和应用情况、产品登记情况、产品的生物活性以及田间药效实验结果。

③ 工艺合成路线简介。工艺合成路线简介是在文献总结的基础上，对本次研究选择采用的工艺路线进行简要和高度的概括。工艺合成路线简介通常以反应方程式的形式表达，并对合成工艺进行简单的描述。

④ 实验报告。实验报告是小试工艺研究报告的核心内容，是产品的合成工艺是否可以进行进一步放大研究的主要依据。实验报告内容包含正交试验结果、每一步合成工艺反应过程的实验方法和条件实验，较优的实验条件以及稳定实验，根据稳定实验结果进行物料衡算，明确三废排放节点以及三废排放量，最终得出研究结论，并对进一步的放大研究提出建议。

⑤ 原材料消耗定额及成本估算。小试研究阶段，根据小试稳定实验工艺研究结果，可以对目标产品合成所需要的原材料进行消耗定额估算以及成本估算。原材料消耗定额及成本估算决定着产品合成方法的可行性，是评价产品的开发生产能否为企业带来收益的重要指标，是决定开发的合成工艺能否实现产业化的关键指标。

⑥ 三废情况。三废排放情况以及三废处理方法是决定产品的合成工艺路线能否进行工业化生产的关键因素。化工生产是一门系统科学，需要各相关研究部门的协同合作，环境保护和企业的可持续发展是化工生产永恒的话题，随着国家对环境保护和节能减排工作的重视程度提升，绿色合成工艺的开发和合成工艺的减排降耗显得尤为重要，因此，小试研究报告里必须要有三废情况介绍，要求详细说明工艺过程的三废量、三废排放节点、三废主要组成及可以采取的治理方法。

⑦ 存在的问题以及对放大实验的初步建议。在对目标产品小试工艺研究进行总结的基础上，需要对研究过程中发现的相关问题进行较为细化的考虑，妥善提出合成工艺存在的问题以及对放大实验的初步建议，尤其关注原材料安全使用、工艺过程关键控制点的确定以及可能存在的工艺风险，对进一步的放大实验研究提出建议。

（2）中试工艺的研究开发 将实验室研究成果转化为生产规模实现产业化的技术活动，从实验室到车间生产的研究活动称为化工过程的放大。

化工过程有两种类型，包括物理过程和化学过程，物理过程指的是没有物系组成变化的过程，也称为传递过程，包括传动、传热和传质过程；化学过程是指过程中涉及到物质之间的化学反应，过程前后有组分变化的化工过程。

化工过程的放大实际上就是设备能力的放大。在设备能力的放大研究过程中，牵涉到的物理过程只发生物质量的变化，操作的物质没有发生改变，按相似规律成比例放大，只要能够实现，在技术上通常不会有什么问题，放大的结果只是数量上的重复与扩大。化学过程的放大不仅发生量的改变，而且发生物质的变化，将相似理论用于化学过程的放大，使其既满足物理相似又满足化学相似是无法做到的。随着化工过程规模的扩大，反应器规格需要增大，但是，增加到多大可以保证预期的效果不发生显著的改变，这是工业反应器的放大需要研究的主要问题。

因此，化学过程的放大不同于物理过程，长期以来，在反应器放大的研究和实践中，主要形成了两种放大方法，即逐级经验放大法和相似模拟放大，详见第五章。

中试相比于小试研究，不仅仅装置规模放大，也是工业化生产装置提供设计所需要基础数据的来源，根据《化工设计专有技术转让管理暂行办法》及《工艺包设计的内容》等文件的规定，结合农药、染料等精细化工项目的特点，并在此基础上进行简化，在中试过程中需要收集提供如下数据：

① 基础数据。基础数据主要是指化学物质的物性数据、热力学数据、物料衡算数据和操作条件。化学物质的物性数据包括所有原料、中间产品、最终产品的物性数据，包括分子量、状态、熔点、沸点、闪点、液体密度、气体密度、黏度、溶解性、腐蚀性、热稳定性、毒性等等；热力学数据包括比热、汽化潜热、反应热；物料衡算数据包括各单元设备的进出物料组成及进出物料量等；操作条件是过程中主要控制的条件参数，如操作温度和压力等。

② 物料流程图（PFD）。PFD图必须反映出全部工艺物料和产品所经过的设备，主要物料的管道，并表示出进出界区的流向，对于辅助工程，如冷却水、冷冻盐水、工艺用压缩空气、蒸汽及冷凝液系统，仅需表示在工艺设备中使用点的进出位置。物料流程图中应显示合成工艺使用的全部设备以及设计安装位号，主要设备名称、操作温度、操作压力，物流走向及物流号，与物流号对应的物流组成、温度、压力、状态、流量及物性的物料平衡表；对于泵类设备，还需要标出泵的流量和进、出口压力。

③ 工艺流程叙述。一般情况下，工艺流程叙述是按工艺流程的顺序，详细地说明生产过程，包括有关的化学反应以及反应机理，操作条件，主要设备要求和控制要求。工艺流程叙述通常由生产方法叙述和工艺流程简述两部分构成。

生产方法叙述需要说明所采用的工艺技术路线和工艺特点，从工艺、设备、操作和安全等方面说明装置的工艺特点以及每个部分的作用。

工艺流程简述需要说明物料通过工艺设备的顺序和生成物的去向，并且说明操作的主要技术条件，例如温度、压力、流量、物料配比以及主要控制要求等等。对于间歇操作，还需对操作加料量和时间周期进行简要说明。无论是连续操作还是间歇操作，都需要说明工艺设备的工作情况，包括常用、备用工作情况，还要说明副产品的回收、利用及三废处理方案。工艺流程简述还应包括生产规模、操作周期、原材料和辅助材料规格、公用工程条件、产品质量、收率和转化率、原料和动力消耗定额、三废排放量及三废治理方法等主要工艺信息，说明原材料及产成品采用的分析方法及分析频次，说明生产过程中主要物料的危险、危害，提出安全生产要求以及开、停车及事故处理原则。

（3）单元设备说明　单元设备通常包含下述几个方面的内容：

① 物料准备。物料准备包括物料的溶解和配制，需要说明设备内的投料比例、温度、压力要求，物料的储存时间。

② 反应设备。对于反应设备，需要说明设备形式、设备内的投料比例和投料顺序、反应放热量或吸热量、对设备内温度和压力的要求、是否有滴加物料要求、物料滴加速度、对搅拌形式和搅拌转速的要求、反应是否有尾气放出、尾气排放量及组成、尾气采取的处理方法等。

③ 蒸馏设备。对于蒸馏设备，需要说明蒸馏设备形式、设备内物料的组成、物料的比热、汽化潜热和黏度，设备内物料是否有过热分解的可能，设备内温度和压力的要求，对蒸出物料的浓度、蒸馏速度的要求，釜残如何处理等。

④ 精馏塔。对于填料精馏塔，需要说明精馏塔的进料量及进料组成，精馏塔的操作温度和操作压力，对塔顶及塔釜产品的浓度要求，采用的填料材质和形式。

⑤ 尾气吸收。对于尾气吸收设备，需要说明尾气处理采用的方案，尾气的最大量和最小量及组成，处理后尾气的排放要求，对吸收塔填料和材质的要求。

⑥ 冷凝器。对于冷凝器，需要说明热介质的流量、组成及压力，进口温度和对出口温度的要求，对冷介质的要求，对冷凝器材质和形式的要求。

⑦ 过滤设备。对于过滤设备，需要说明过滤物料量及组成，物料的温度，物料含固量及粒径，采用的过滤设备形式和材质。

⑧ 干燥设备。对于干燥设备，需要说明被干燥的物料量、组成及粒径，干燥前物料含湿量，干燥后物料含湿量，物料是否属于热敏物料，对干燥温度有何要求，建议采用的干燥设备形式和材质。

（4）中试研究报告　工程化放大研究对化工生产至关重要，完成工程化放大研究以后，需要形成中试研究报告。中试工艺研究报告主要内容可分为三部分：项目介绍、实验部分和结果与讨论部分。项目介绍部分主要包括工艺路线简介、原料规格要求、中控及定量分析（包括分析名称、分析项目、分析指标、分析方法等）、实验装置介绍、总体工艺流程介绍、控制及应急措施介绍等。实验部分需要按工艺步骤阐明合成原理、反应方程式及简单描述，包括热力学数据信息、单批投料量、流程示意图、主要设备及工艺流程、实验采集数据和发现问题等、物料衡算、操作周期、三废情况等内容，结果讨论部分需要根据实际得到的数据，进行深入的分析，最终给出中试结论，包括总收率、产品含量、与小试结果比较情况、放大影响、控制方案可靠性分析等，给出消耗定额及成本估算（包括原料消耗和动力消耗），给出工厂成本估算，此外，还需要给出三废及处理方法，包括三废量、排放节点、主要组成及治理方法。

经过小试研究和工程化放大研究，不同的研究阶段会发现不同的问题，由于中试放大接近于工业化生产，所以在放大实验期间暴露出的问题往往最具有代表性，最能反映出日后工业化生产存在的问题，通过工程化放大研究，使得问题提前暴露，提前解决，为进一步的工业化生产的顺利进行奠定基础。

（5）原料、中间体和产品分析方法　研究报告原料、中间体和产品的分析，是评判原材料可否使用、评价反应过程是否最优、评估产品质量是否合格的重要手段，在化工生产企业显得尤为重要。分析作为指导合成工艺研究开发的眼睛，需要有明确的分析指标和严谨的分析方法。而分析指标的制定和分析方法的确立，通常需要在产品的小试工艺研究阶段开展并完成。

每个项目都需要建立一整套分析文件，包括原料、中间体和产品的分析方法和工艺过程控制分析方法：

① 原料质量分析。工艺使用到的所有原材料，都需要建立分析方法，对于具有国标的原材料的分析，可以执行对应的国家标准。通过原料分析，检验原材料的质量是否能够满足反应工艺的要求，避免在产品中引入其他杂质，甚至影响合成工艺。

② 中间体质量分析。化工生产过程中，经常会使用到中间体，这类化学品通常不会作为商品出现在市场上，没有检测标准可以直接使用，因此需要建立中间体质量分析方法，方便对中间体质量进行控制和评价。

③ 反应过程控制。化工生产过程中的反应过程需要建立中控分析方法，通过取样中控来时时检测目标反应的进行情况，跟踪反应物的消耗情况和产物的生成情况，实现对反应过程的控制。

④ 产品分析。主要是检验最终得到产品能否满足客户的需求，达到各项检验指标的重要环节，在产品分析文件里，除了测试主产物含量以外，重要的是需要建立相关杂质的分析方法和控制指标，特别是含量大于 0.08％杂质的分析和控制。

在分析方法研究报告里面，需要包括全面的分析设备信息，介绍工艺原料、中间体和产品分析所用的分析仪器和试剂；介绍工艺原料、中间体和产品在工艺过程中分析控制指标情况；介绍实验方法，包括溶液的配制、色谱操作条件，例如色谱检测器、色谱柱、柱温、气化温度、进样量、流动相、流速、分析测定步骤、含量计算、允许误差、标准谱图等内容。

（6）反应风险研究报告　目前，化工工艺反应风险研究在我国处于空白或起步阶段，属于新兴的研究方向。在小试工艺研发阶段，工艺研发人员尝试不同的工艺路线，尽量避开过程不容易控制或使用危险原料的工艺路线。小试工艺研发阶段也是从工艺安全的角度出发，考虑选择最优的工艺路线。而在确定了小试工艺路线及最优工艺条件之后，反应风险研究人员需要开展系统的反应风险研究，针对工艺反应，分别从化学物质，包括原料、中间体及产品，反应工艺过程等方面入手，开展详细的反应风险研究，最终对所测试的数据进行整理、分析、总结，形成反应风险研究报告。

反应风险研究报告的主要内容包括下述几个方面：

① 合成工艺描述。反应风险研究以工艺研究为基础，因此，开展反应风险研究，需要首先明确工艺信息，需要对合成工艺进行简要的描述，包括清晰地描述工艺过程的主要操作条件和重要工艺参数。

② 反应风险研究范围及时间节点。针对特定的工艺过程开展反应风险研究，首先需要明确研究的范围，本书介绍的反应风险研究主要针对精细化工（包含制药）生产工艺的反应风险研究，对于广泛的化工生产具有指导意义。

反应风险研究的时间节点作如下规定：在工艺研究实验的工艺条件基本确定，并进入小试稳定实验和在工程化放大研究之前，开展反应风险研究。

③ 化学物质风险研究与评估。化学物质风险研究与评估主要阐述工艺过程中所涉及的化工原料、中间体及产品的相关安全性信息以及化学物质间的相互作用。对于一些检索不到安全信息的物料，需要进行相应的测试，例如 DSC 动态升温扫描确定热分解温度、分解热等信息，此外，还包括一些危险物料的安全使用试验等。通过分析试验测试数据，提出物料的安全使用条件。在对化学物质进行动态 DSC 扫描测试以后，如果物质的分解为吸热过程，则不必进行等温扫描；如果物质的分解过程为放热过程，且热分解温度点接近工艺反应温度，需要进行进一步的等温 DSC 测试。通过等温扫描，估算物质绝热条件下热分解最大反应速率到达时间（TMR_{ad}）。TMR_{ad} 是把分解反应保守地认为是零级反应所进行计算的结

果，用于评估反应体系热失控后导致物料分解发生危险事故的可能性。

④ 工艺过程风险研究与评估。工艺过程风险研究与评估主要阐述工艺过程中反应本身所具有的危险性，包括工艺反应量热测试、绝热温升测试和金属腐蚀性实验等研究内容。通过工艺反应量热测试，明确工艺反应的放热情况以及绝热温升情况，考察热失控后反应体系能够达到的最高温度情况等等，为工艺后续的再优化提供数据支撑。通过金属腐蚀性测试实验，明确工艺反应过程中物料对不同型号金属的腐蚀情况，为后续工艺的工程化放大研究和进一步的产业化设备选型提供依据。

根据物质风险测试和工艺过程反应风险研究的结果，确定安全的操作条件，形成反应风险研究结论，并突出工艺过程的危险性，提出工艺是否需要再优化，明确进一步放大研究需要注意的事项，确定安全的操作条件。

工艺反应风险研究包括物质风险研究和过程风险研究，物质风险研究关注物质的稳定性，以其热稳定性研究为主，并以差热扫描量热测试和加速度绝热反应量热测试为主要研究手段。工艺反应风险研究的主要研究内容是过程风险研究，过程风险研究以工艺研究为基础，以反应量热和绝热温升测试为主要研究手段。反应风险研究包括的主要内容以及工艺风险评估方法简要汇总如下：

a. 物质热稳定性实验研究报告。通过对工艺过程涉及的物料进行动态升温 DSC 扫描测试，根据扫描谱图，确定测试物料分解过程的吸热和放热情况，吸热分解过程危险性相对较低，但对于放热分解过程，需要明确最低热分解温度和分解热情况，并根据热分解温度确定物料的安全操作温度。

b. 反应量热研究报告。针对合成工艺，开展反应量热测试，可以采用梅特勒-托利多的反应量热仪 RC1 进行量热，也可以采用赫尔公司的量热反应仪 SIMULAR 测试反应的放热量、绝热温升、热失控后工艺反应能够达到的最高温度（MTSR）等热数据，并对热数据进行整理和详细的分析，对工艺操作条件给出评估，对现行工艺条件是否需要再优化给出合理的建议。

c. 燃烧和爆炸测试研究报告。对于工艺过程涉及的易燃、易爆物料，需要开展燃烧和爆炸测试，一般模拟车间常见的操作条件进行测试，根据测试的数据结果和现象，对物料的储存、使用提出要求，提出应急处理建议，避免车间操作时出现危险事故。

d. 关键工艺过程的腐蚀性实验研究报告。车间生产涉及的金属设备较多，例如反应器、储罐、离心机、真空耙干机等等，设备的材质有很多种选择，例如不锈钢、钛金属、碳钢等等。不同工艺所用原料对不同型号金属的腐蚀情况有所不同，这就需要对物料模拟反应或处理条件进行金属腐蚀性测试研究，通过腐蚀性研究，计算金属腐蚀速率，根据金属腐蚀评估判据对不同型号金属的耐腐蚀性进行评估。

e. 二次分解反应实验研究报告。二次分解反应实验研究以及评估报告主要借助加速度绝热反应量热仪（ARC）对工艺反应过程中的物料进行绝热升温扫描，测试工艺反应过程中热失控后，物料体系由于温升而发生的未知二次分解反应的危险性数据，包括物料体系温度情况和压力情况。并可以通过测试的温度和压力基本数据对反应体系的热失控状态加以详细描述，可以确定当物料温度达到最低热分解温度后到达最大温升速率的时间，也可以对二次分解反应的动力学进行分析，取得反应活化能、反应级数、反应热等数据。

f. 原料、中间体和产品的安全数据卡。原料、中间体和产品的安全数据卡的建立，通常是通过在不同的中英文权威网站上对物料进行检索，下载 MSDS，并对其进行整理汇编，最终形成整套的工艺原料、中间体和产品的安全数据卡文件。对于未见报道安全数据的中间体，可通过相关测试给予完善。

g. 三废治理研究报告。三废治理研究报告通常需要委托其他单位来完成，主要是对工艺过程中的三废情况进行研究，形成研究报告，报告中需要说明工艺过程的三废产生量、排放节点、三废主要组成，要重点详细说明相应的治理方法，并对工艺后续的工业化放大提出建设性意见。

上述各种研究报告是通过各种研究，对数据结果进行综合整理而形成的，然而，研究报告并不能满足实际生产的需要，化工生产需要依赖生产技术文件开展具体的生产活动，需要在研究的基础上建立适合于生产需要的生产技术文件，包括工艺描述、原料信息、工艺信息、岗位标准操作规程（SOP）等内容。特别是生产岗位标准操作规程，是化工生产和工厂技术管理必不可少的技术文件。

7.9.2.2 生产技术文件

项目生产技术文件不同于项目的技术文件，化工企业生产技术文件是用于指导生产活动的重要技术文件，需要详细地涵盖原材料、设备、公用工程、工艺以及三废等诸方面的信息，并且通俗易懂，言简意赅，方便实用。

生产技术文件通常包含的内容如下：

（1）工艺描述　工艺描述是生产工艺的缩写版，让生产者对生产工艺的主要信息一目了然，了解相关生产设备正常操作条件下的生产能力情况、操作周期情况和三废产生情况等。

主要内容包括如下几个方面：

① 所有工艺物料的化学名称、化学结构式和分子量。

② 合成工艺各步反应方程式以及简要的工艺描述。

③ 合成工艺分步收率，批次投料量，目标产品批次产量、日产量、周产量和月产量等。

④ 车间生产班制、合成工艺操作周期、日操作批次、周操作批次和月操作批次。

⑤ 合成工艺过程涉及的原材料单耗情况。

⑥ 合成工艺过程中三废产生情况、三废组成以及三废产量。

⑦ 车间生产设备情况。

（2）物料信息　物料需求信息是保证原材料供应和仓储充足的重要信息，原材料需求量包括批次需求量和吨产品需求量。物料信息的主要内容要求如下：

① 生产过程单元操作名称，单元操作设备列表，单元操作物料需求列表。

② 物料状态、批次单元操作需要的原料量、吨产品生产需要的原料量，包括物料含量、重量或体积。

③ 生产过程中各单元操作的进出物料平衡图。

④ 所有工艺原材料的安全数据卡。

⑤ 工艺物料的存储、运输要求和注意事项。

（3）生产工艺信息　生产工艺信息是化工生产依据的主要技术文件，以实验室小试研究、中试研究和逐级放大研究结果为基础，包含的主要内容如下：

① 每步生产工艺的合成原理及步骤，包括合成工艺的反应方程式及必要的文字叙述、合成工艺的流程框图。

② 生产产品的相关指标要求，包括原料、中间体以及目标产品的质量指标，合成工艺过程中控分析指标，各步工艺收率指标，各工艺步骤的产能指标以及目标产物产能指标

要求。

③ 合成过程中控分析的取样要求，包括取样节点、样品预处理和分析指标要求。

④ 主要工艺生产设备以及相关配置要求，包括设备容积大小、形式、材质情况等等。

⑤ 车间生产涉及的配套公用工程条件以及相关要求，包括冷冻、加热蒸汽、真空系统和氮气系统。

⑥ 各单元操作的工艺操作方法和主要工艺条件，尤其是与安全、质量和收率相关的主要工艺条件以及相关要求。工艺条件包括搅拌以及搅拌速度、pH 控制要求、反应温度要求、间歇或半间歇操作控制要求、真空度要求等工艺条件。

⑦ 各步工艺进出物料平衡信息和三废排放情况，包括三废排放节点、去向、处理方法。

⑧ 车间生产班制以及衔接要求。

（4）安全生产信息　安全生产信息是化工生产必不可少的文件内容，涉及的范围很广，关于 HSE 相关信息，将单独并详细地汇总说明。从反应风险以及风险控制的角度考虑，安全生产信息主要包括的内容如下：

① 工艺过程涉及的物料操作风险信息，包括所有物质的密度、黏度、pH 值、闪点、自燃温度、分解温度、沸点、蒸气压、爆炸极限以及供应商提供的原料安全性信息。

② 工艺过程涉及的物料操作安全要求，主要是根据不同物料的自身危险性，包括分解温度点、外界影响温度点等，确定物料的安全操作条件，例如，物料安全操作温度确定为低于物料本身热分解温度 60K 以下，易燃物料操作时应进行氮气惰化、隔绝助燃物氧气。

③ 工艺反应过程风险信息，包括反应量热数据、绝热温升数据、热失控后反应可能达到的最高温度以及其他热风险信息。

④ 工艺过程操作安全要求，对反应过程进行安全测试，包括量热测试和绝热温升实验测试和破坏实验测试，根据实验结果对工艺过程进行再优化，最终确定工艺反应过程的安全操作条件。

⑤ 在反应失控的条件下，尤其是在热失控的情况下，由于反应体系温升过高而发生的未知二次分解反应信息情况。

⑥ 根据工艺反应过程涉及的物料风险信息、反应过程风险信息、热失控后未知二次分解反应风险信息等具体情况，确定防止反应失控的安全操作要求。

⑦ 工厂的报警系统，例如高温报警、搅拌故障报警、气体应急释放报警以及其他发生意外时的联锁报警等。

⑧ 车间现场岗位操作人员的劳动保护要求和安全防护要求。

⑨ 生产工艺过程的安全操作注意事项。

⑩ 各步合成工艺过程所用的仪器设备，尤其是特殊设备的安全使用要求、设备维护以及事故紧急处理安全注意事项等。

⑪ 生产车间内部防火防毒注意事项，高毒、易燃易爆等危险物料的意外撒漏处理办法以及相应的应急处理方案。

⑫ 工厂布置图以及环境保护相关注意事项，包括气体排放情况、工艺过程的废液情况、废固情况以及相应的处理方法。

（5）质量要求　质量要求（requirement for quality）是指对产品特性的定量或定性的要求。化工产品质量至关重要，不符合质量指标要求的产品不仅不能为企业创造利润和价值，还可能引起其他相关问题，造成不利影响，损坏企业形象，严重的甚至会引发法律责任。因此，质量控制是化工生产的关键控制内容之一。

从质量控制的角度出发，化工生产在工厂组织结构中要设有专门的质量保障部门，包括质量控制（quality control，QC）以及质量保证（quality assurance，QA）部门。工厂需要有质量管理手册，所有的原材料、中间体和成品都要有技术指标要求以及对应的检测方法，并建立涵盖所有中间体、原材料和成品的取样方法。企业应及时保存和更新与质量有关的记录，包括每批次被检测物质的分析数据和样品留存。样品需要保存在工厂，并且不允许在数据审核后立即处理掉，要按规定时间保存数月或数年。样品应该保存在安全区域，并按一定的条件存储，样品储藏条件包括对温度和湿度的控制条件。分析使用的仪器设备需要建立校准程序，并有标准操作规程详细描述设备是如何进行校准的。每个生产单元都有书面的有效清洗程序，每个生产批次都有生产批次表，包括详细的组分和数量，产品有分析报告单（control of analysis，COA），并作为产品发送的一部分，操作分析设备或按取样程序取样的员工都需要经过培训，每一位分析人员都有合适的培训计划。原材料供应商变更或生产工艺本身变更实施之前需要先经过工厂管理部门的同意，并在变更执行之前首先进行风险评估，正规的化工生产企业需要通过 ISO 9001 认证。

牵涉到原材料、中间体和产品质量指标的基本内容有：原料质量指标；中间体质量指标；目标产物质量指标；质量控制，包括在线控制和非在线控制；分析设备需求。

（6）岗位标准操作规程（SOP）　岗位标准操作规程是生产车间岗位操作人员执行生产操作的重要指导性文件。岗位标准操作规程需要根据企业自身的规定，执行一定的标准和规范要求，规范的岗位操作规程中应该显示每种原料的含量规格、投料重量或体积，明确工艺反应步骤，量化具体温度、压力等工艺操作条件和要求，对岗位操作人员的每个行动都表述清楚，并详细地表达过程产品的形态，说明在工艺过程中是否周期长，需要有换班的情况发生等等。此外，岗位标准操作规程中要注意包含主要注意事项的编写，要针对工厂经常遇到的问题，例如搅拌故障和管路堵塞等问题，编写注意事项。例如，在发生搅拌故障时，必须清楚地交代重新启动搅拌时可能遇到的危险情况，以及相应的规避方法，清楚地交代在清理管路时会遇到的危险以及防护要求等等。操作人员必须清楚哪些方法是可行的，要从技术的角度预先给出必要的忠告。

岗位标准操作规程通常包含如下内容：

① 岗位设备。通常以表格形式列出整个岗位生产操作过程所用设备名称、规格大小、设备材质、设备位号以及其他相关配置要求。

② 投料表。通常以表格形式列出整个岗位生产操作过程所使用的原料名称、分子量、规格含量、投入的物质的量或质量以及其他相关要求。

③ 操作方法。操作方法是岗位标准操作规程的核心内容，要求简单明了、通俗易懂地介绍岗位生产操作过程的具体行动，操作方法中明确规定反应釜、储罐等具体设备进行相关操作的条件要求，操作工人要严格按照操作要求进行操作，保证生产的规范化和稳定性。

④ 注意事项。从设备操作、物料自身的危险性、工艺过程控制等方面详细地列出操作过程中的相关要求以及控制过程发生偏差后的应对措施等。

（7）健康、安全和环境（HSE）　HSE 管理是健康、安全和环境管理体系的简称。其中健康是指生产企业员工在进行生产活动过程中身体没有职业疾病和创伤，在心理上或精神上保持一种良好的积极的工作状态；安全是指生产企业在劳动生产过程中，要在保证员工的健康、保证企业的财产不受损失、保证人民生命安全的前提下顺利完成生产任务；环境保护是指生产企业通过努力改善自身生产技术，克服生产过程所带来的污染性因素，保护与人类密切相关的、影响人类生活和生产活动的自然环境，以达到企业自身可持续发展的目的。

化学工业所使用的原料及生产的产品大多数是有毒化学物质，化工生产过程可能会带来大量的三废排放，因此，国家对化工生产企业的健康、安全和环境保护要求非常严格，化学品生产企业需要严格实施健康风险评估。健康、安全和环境保护的审核和管理的主要内容阐述如下。

从健康的角度出发，化学品生产企业要具有持续更新的、涵盖所有化学品的库存清单，并具有持续更新的化学品安全技术说明书（MSDS），以及易发生泄漏、跑冒、着火、爆炸、中毒的部位说明及相应的防范措施，并使企业员工能够清楚地解读 MSDS 上的信息。在化学品的生产和包装过程中，操作人员必须穿戴具有合规性的个人防护用品，个人防护用品选择过程要有完整的记录文件，生产单位需要对正确使用个人防护用品进行严格的培训，工作场所有合适的标记，标明具体的个人防护用品穿戴要求。同时，化工生产企业要具有受过专业培训的医护人员，企业附近要求有医疗单位，例如健康医疗中心或急救中心等。对化工生产企业的员工，要有职业健康监测要求，所有员工都有健康记录档案和健康调查或健康评估的数据记录，并且有针对健康保护设备的维护保养计划，例如局部通风的安装和维护。

从安全的角度出发，化工企业生产车间和厂区内的相关运行部门都要进行风险评估，风险评估涉及化学反应区域，生产车间要依据操作规程开展生产活动；企业要有工作许可证程序，工作许可证程序涵盖热工作业、有限空间作业、登高作业等相关的生产作业；生产厂需要在整个企业里通报事故统计数据以及分享事故调查中获得的经验教训；车间的生产设备、容器、管道等标识清楚；车间容器和管道接地良好，特殊的反应设备上装有局部通风系统，车间安装安全喷淋装置和洗眼器，工厂的仓库和储罐区需要安装应急设施，例如消防栓、消防蓄水池、消防水泵、烟雾探测器等。

从环境保护的角度出发，化工生产企业需要获得相关生产许可，包括气体排放、废水排放、雨水排放、化学品和废弃物的储存和处理处置方法或措施；厂内废物应分开存放管理，以确保危险废物被分开并安全地集中处置，废物具有标签，标明其所属废物种类及相关的危险性；整个企业的不同区域包含其周界需要请当地相关部门进行空气质量监测，企业应该进行环境影响评价，通过环境影响评价和报告确定对环境的影响以及企业后续应该做的改进工作；企业的应急管理体系应该包含重大的围堵失效造成泄漏的应急处理等等。

化工生产车间目前多采用的是生产质量管理规范（good manufacturing practice，GMP）管理模式，生产技术文件针对公司内部不同的管理层开放，车间一线操作员工依据岗位标准操作规程进行生产操作，同时，需要对一线操作员工进行安全生产培训和应急预案培训以及应急演练，一线操作员工还需要掌握原材料信息、安全生产信息、工艺风险以及控制信息、产品质量要求等信息。详细的工艺信息需要受控发放到车间管理者以及车间以上的相关管理人员。

（8）危险与可操作性（HAZOP 分析）分析报告　HAZOP 工艺风险分析技术在欧洲发达国家比较常用，在我国正在逐渐推广应用。危险与可操作性分析报告的内容包括明确 HAZOP 工艺风险分析的目的和范围，针对分析范围内的工艺进行节点划分，对每个节点的设计意图进行比较详细的描述，提出参数，对参数可能存在的偏差进行原因和后果分析，给出风险控制建议。最后将所有节点的 HAZOP 工艺风险分析情况进行汇总，对风险情况进行分类，确定风险关键性或严重性。

对于化工生产来讲，HAZOP 分析是工艺风险评估的一项主要内容，要在物质安全信息和工艺风险检查的基础上，进一步完成相关项目的 HAZOP 分析，才能形成完整的工艺风险评估报告。

7.9.3 工艺变更

精细化工生产以间歇操作为主，在经历实验室小试工艺研究、反应风险研究、中试放大研究以后，进入工业化放大生产。在各个研究阶段，不可避免地会暴露出各个方面的问题，包括仪器、设备、水、电、气供应等各种公用工程设施以及工艺方面的问题，这就需要不断地优化和完善合成工艺和公用工程设施。通过工艺优化和控制条件的优化，可以在原工艺水平上不断地降耗减排，提高目标产品的质量和收率，取得更好的生产结果。但是，工艺条件和控制条件的变化同样可能带来风险，例如，催化剂的改变会导致反应速率的改变；设备材质的改变，会导致引入微量金属离子，发生金属离子的催化作用，有时存在导致发生剧烈的分解反应的风险。因此，工艺变更要尽可能确定优化后的所有潜在风险，要确保工艺变更后的安全性和适用性。

工艺变更可能带来的常见风险总结归纳如下：

① 工艺温度升高，提高了目标反应的反应速率，对于放热反应，反应温度非常关键，如果温度升高，一旦发生热失控，冷却失效，反应体系温度可能会超过物料的最低热分解温度，将会导致未知二次热分解反应的发生，会进一步放热，使反应体系继续升温，最终导致恶性后果。

② 工艺温度降低，降低了目标反应的反应速率，将会导致物料的累积，当温度达到工艺要求的温度，可能会引发突发反应或引起其他低温条件的副反应。对于放热反应，物料的累积是重大的风险，必须要避免物料累积现象的发生。在工业化生产时，初始阶段温度的降低，会造成物料累积，当物料累积时，尽管在低温条件下没有危险迹象，但是，随着时间的延长，一旦温度达到引发放热反应的条件，将会引发放热反应，在正常冷却能力无法控制温升的情况下，最终将导致反应热失控的发生，有可能酿成恶果。

③ 反应物浓度的改变，改变了工艺反应的反应速率。

④ 操作周期的延长，在大生产时有可能会导致热不稳定性物料的自催化热分解，可能会导致反应物料体系温度失控，发生危险事故。

⑤ 在进料过程中，使用塑料管取代金属管，将会增加产生静电的机会，化工生产时，当达到“火三角”的条件时，静电作为引燃源，将会导致易燃有机物的燃烧和爆炸。

⑥ 设备材质发生改变，例如材质由不锈钢变成碳钢，由于引入金属离子，可能成为反应料液体系中某些未知的副反应的催化剂，催化未知反应的发生，最终影响目标反应的收率和产品质量，若未知反应为放热反应，还可能会引起热失控，最终导致危险事故的发生。

⑦ 催化剂的更换，将导致工艺反应速率的改变，放大生产时有可能会造成不可控的恶性后果。

根据上述工艺变更后可能会出现的危险情况，在进行工艺变更时，需要依据工艺变更信息重新开展反应风险研究和工艺风险评估，并配合必要的计算以及研究测试。在反应风险研究和工艺风险评估没有完成之前，原则上工厂不能盲目在生产车间进行变更改造和运行变更后的合成工艺，必须在反应风险研究和工艺风险评估完成之后，对所有的变更行动做出清晰的评估和测试，并通过开车前的安全评审后，方可用于生产。

7.9.4 生产品种变更

精细化企业生产多存在生产品种多、产量小的特点，为了满足市场需要，降低运行成本，精细化工（包含制药）生产车间常常会根据市场变化切换生产产品。对应的多品种车间也以多功能模式进行建设和设备安装，以适应高产能、短周期的生产目标。对于多功能的化工生产车间，车间设备同时适用于几个品种的生产，车间生产品种变更的管理非常重要，必须在每个品种生产结束后，进行必要的清洗和变更，并满足下个生产品种的需要。

生产品种的变更，需要严格预防交叉污染现象的发生，变更前除了需要给出变更品种的生产技术文件以外，还需要建立适合品种变更要求的设备清洗规程，以便在一个生产品种生产周期结束后，及时对使用设备进行清洗，为下个品种生产做好准备。

此外，暂停生产的品种，由于操作人员长期操作，熟悉操作流程，积累了许多宝贵的生产操作经验，生产车间需要在生产周期结束时提交总结报告，并提出岗位操作优化相关建议，用于技术部门进一步开展工艺优化以及对技术文件进行版本升级，更有效地指导生产。

变更生产品种要求提供的技术文件：阶段生产总结和建议；生产车间清场操作规程；生产设备清洗操作规程；生产设备清洗检验规程和指标要求；生产设备改造要求；生产设备改造后调试以及进料要求。

生产事故和交叉污染事故多发生于品种的变更过程，化工生产车间需要重视生产品种的变更和变更管理，严格规范变更清场、设备清洗、清洗检验、设备改造和调试要求，保证化工生产能够安全和高效地进行。

参考文献

[1] Andow P K，Lees F P，Murphy C P. The propagation of faults in process plants：a state of the art review. Chemical Process Hazards Ⅶ-With Special Reference to Plant Design，Symposium Series，1980，58：244-255.

[2] 中国中化集团公司企业 HSE 管理体系指南，2009.